精通
Cocos2d-x
游戏开发（进阶卷）

王永宝 编著

清华大学出版社
北 京

内容简介

《精通 Cocos2d-x 游戏开发》分为《基础卷》和《进阶卷》两册。这两册都有明确的写作目的。《基础卷》专注于 Cocos2d-x 引擎基础，致力于让 Cocos2d-x 初学者成为一个基础扎实、靠谱的程序员。《进阶卷》专注于各种实用技术，是作者多年开发经验的结晶，书中的技术点大多是从实际工作中碰到的问题提炼而来的，从问题的本质出发到解决问题的思路，提供了多种解决方案，并对比各方案的优缺点，启发读者思考。

本书为《精通 Cocos2d-x 游戏开发》的《进阶卷》，共 36 章，分为 4 篇。第 1 篇为"实用技术篇"，主要内容有加密解密、增量更新、分辨率适配、调试技巧、Shader 特效、裁剪遮罩、物理引擎、骨骼动画、CocoStudio 最佳实践等实用技术。第 2 篇为"Lua 篇"，主要内容有 Lua 的基础知识、Lua 的 table 与面向对象、C/C++与 Lua 的通信、Cocos2d-x 原生 Lua 框架与 Quick-Cocos2d-x Lua 框架等。第 3 篇为"网络篇"，主要内容有网络基础、select IO 复用、Socket 和 Libcurl 等基础知识，以及弱联网、强联网、局域网等网络游戏的客户端和服务端开发。第 4 篇为"跨平台篇"，主要内容有 Android 和 iOS 平台的开发和打包知识，以及如何使用 AnySDK 快速接入第三方 SDK。

本书适合使用 Cocos2d-x 进行游戏开发的中高级读者阅读，尤其适合在使用 Cocos2d-x 开发过程中碰到问题的程序员，以及希望学习一些实用技术，从而丰富自身经验的程序员。对于大中专院校的学生和社会培训班的学员，本书也是一本不可多得的学习教程。

图书在版编目（CIP）数据

精通 Cocos2d-x 游戏开发（进阶卷）/ 王永宝编著. —北京：清华大学出版社，2017
ISBN 978-7-302-46125-8

Ⅰ. ①精…　Ⅱ. ①王…　Ⅲ. ①移动电话机–游戏程序–C 语言–程序设计②便携式计算机–游戏程序–C 语言–程序设计　Ⅳ. ①TN929.53②TP312③TP368.32

中国版本图书馆 CIP 数据核字（2017）第 010985 号

责任编辑：冯志强
封面设计：欧振旭
责任校对：徐俊伟
责任印制：宋　林

出版发行：清华大学出版社
　　　　　网　　　址：http://www.tup.com.cn, http://www.wqbook.com
　　　　　地　　　址：北京清华大学学研大厦 A 座　　　邮　　编：100084
　　　　　社 总 机：010-62770175　　　　　　　　　邮　　购：010-62786544
　　　　　投稿与读者服务：010-62776969, c-service@tup.tsinghua.edu.cn
　　　　　质量反馈：010-62772015, zhiliang@tup.tsinghua.edu.cn
印 刷 者：清华大学印刷厂
装 订 者：三河市新茂装订有限公司
经　销：全国新华书店
开　本：185mm×260mm　　　印　张：35.25　　　字　　数：883 千字
版　次：2017 年 3 月第 1 版　　　　　　　　　　　印　　次：2017 年 3 月第 1 次印刷
印　数：1～3500
定　价：99.80 元

产品编号：068164-01

前　言

笔者第一次接触Cocos2d-x是在2012年初。当时与一位朋友尝试着制作了一款小游戏，上了 App Store 平台。在开发中，笔者主要负责游戏美术，这其实不是笔者的长项，所以该游戏的美术效果可以用惨不忍睹来形容。虽然那时候的引擎版本只是 1.x，并且开发的游戏相当失败，但通过这个游戏，笔者对 Cocos2d-x 产生了浓厚的兴趣。

其实 Cocos2d-x 算不上是一款功能超强的游戏引擎，但它很简洁、小巧，是一款轻量级的游戏引擎。大多数程序员实际上更喜欢简洁的东西，而不是庞然大物。Cocos2d-x 简洁的设计结合丰富的 Demo，让人可以很快上手，并能使用它开发出一些简单的游戏。其代码的开源及跨平台特性也相当诱人。Cocos2d-x 本身的这些特性结合市场的需求，使其很快就成为手游开发的主流引擎之一。

在 Cocos2d-x 刚开始"火"的那一段时间，市面上关于 Cocos2d-x 的书籍还十分匮乏。笔者利用业余时间对该引擎进行了深入研究，并使用它开发了几个小游戏，也总结了一些开发经验。之后一段时间，笔者萌生了按照自己的想法写一本 Cocos2d-x 游戏开发图书的想法。这个想法很快便进入了实施阶段，但进展远没有想象的顺利。其原因一方面是笔者写作的速度跟不上 Cocos2d-x 的更新速度，另一方面是笔者的工作任务也很重，加之写作期间还开发了四五个游戏作品，这使得本来就不充裕的时间更是捉襟见肘。

的确，Cocos2d-x 的更新非常频繁，并且引擎更新的同时带来了很多接口的变化，一些代码甚至需要进行重构。除了原有内容的变化改动之外，日益增加的新功能也加大了写作的难度。虽然 2013 年底笔者已经完成了初稿，但是回过头来阅读一遍，发现书稿难以达到自己的预期。于是笔者做了一个决定：推翻重写。在经历了几个月的重写之后，Cocos2d-x 版本已经升级到了 3.0。笔者发现又有许多新增功能和新特性需要重新了解和学习，于是又经历了一段时间的学习和使用，不得不决定再次对书稿做较大的改动，几乎又推翻重写了一次。从开始写作直至完成书稿，整个过程一言难尽，饱含艰辛。在写作的过程中，Cocos2d-x 的书籍如雨后春笋相继面市，加上自己工作繁忙，写作时间有限，一度产生了放弃的念头。但写一本自己满意的 Cocos2d-x 图书的信念支撑笔者走到了最后。当然，这一切对笔者而言很有意义，也很有价值：其一是有机会能和读者共享自己的心得体会；其二是笔者自己也得到了提升。毕竟写书相对于写代码而言需要考虑的东西更多。代码写错还可以改正，而书写错则将误人子弟。

考虑到读者群体的不同，笔者将本书分为《基础卷》和《进阶卷》两个分册。《基础卷》主要是为了让读者夯实 Cocos2d-x 游戏开发的基础知识，适合没有经验的零基础读者阅读。《进阶卷》内容全面，且实用性很强，可以拿来就用，快速解决问题，适合想要进阶学习的读者阅读，也可以作为一本解决实际问题的手册使用。当然，对于想要全面而深入学习 Cocos2d-x 游戏开发的读者而言，则需要系统阅读这两本书。

　　本书是《精通 Cocos2d-x 游戏开发》的《进阶卷》，是一种实用的 Cocos2d-x 进阶图书，是在笔者完成《基础卷》写作之后，用了一年多的时间编写的。这一年多笔者工作繁忙，压力巨大，几乎很难在晚上 10 点之前下班，通常晚上一两点下班是家常便饭。最长的加班记录是到了第二天早上 9 点，也就是正常上班的时间。笔者在这种情况下利用大量业余时间写作完成书稿，实属不易。在写作过程中，笔者不断地将之前已完成的书稿中的一些过时内容及难以令自己满意的内容推翻重写，力求完美。

　　虽然工作繁忙，但笔者在工作中积累的经验也成为了《进阶卷》的宝贵素材。本书介绍了丰富的实用技巧，针对开发过程中需要用到的各种技术及可能碰到的各种问题，做了全面而深入的介绍。无论是需要解决问题的读者还是需要增长经验的读者，都能通过阅读本书有所收获。本书对读者的要求略高，需要读者熟悉 Cocos2d-x，最好能有一定的开发经验。虽然在编写时笔者尽量做到了图文并茂，让内容更加通俗易懂，但对于初学者而言还是有一定的难度。所以建议初学 Cocos2d-x 的读者先阅读《基础卷》，以巩固好基础，然后再来阅读《进阶卷》，这样学习效果会更好。如果是有针对性地解决某一问题，读者可以阅读相应章节。欢迎读者在本书的 QQ 群中对阅读中的疑问进行交流和讨论。相信本书能够让每一个基础扎实的 Cocos2d-x 程序员成为一个经验丰富的 Cocos2d-x 开发高手。

本书内容特色

1．内容新颖，紧跟趋势

本书内容新颖，紧跟技术趋势，以当前主流的 Cocos2d-x 游戏引擎版本 3.x 为主进行讲解，在一些必要的地方也兼顾了早期的 2.x 版本的内容，并对新旧版本之间的差异做了必要说明，适合更多的读者群体阅读。

2．覆盖面广，实用性强

本书专注于解决开发过程中碰到的各种问题，介绍各种常用的开发技术，涵盖了游戏客户端开发的大部分问题。

3．追求原创，与时俱进

相较于市场上千篇一律的 Cocos2d-x 学习教程，本书力求做到与众不同，与时俱进。书中内容的组织不是堆砌知识点和简单地翻译技术文档，而是从学习和理解的角度出发，并结合了笔者的实际开发经验，使用绝大多数章节都是"干货满满"。

4．风格活泼，讲述准确

刻板的风格不是笔者所钟爱的行文风格。笔者更喜欢用较为简单和自由的文字和读者交流，所以本书阅读起来并不会枯燥乏味。另外，讲解的准确性是对科技图书的基本要求，只有准确的表达才能让读者不至于出现太多的理解偏差。所以笔者对书中的表述经过了反复斟酌和提炼，并采用了大量例图、举例和类比等手法，以便于读者更容易理解和掌握。

5．举一反三，扩展思维

本书并不满足于按部就班地介绍功能和 API，而是从实际应用出发，扩散思维，在解决问题的同时，让读者思考问题的本质，以更深入地理解所学知识，从而达到举一反三、学以致用的效果。虽然本书介绍的是 Cocos2d-x，但对技术点的介绍并不局限于 Cocos2d-x，对于使用其他引擎的开发者，很多知识都是相通的，即所谓知行合一，方能真正掌握知识。

本书内容及知识体系

第 1 篇　实用技术篇（第 1～16 章）

本篇深入介绍了 Cocos2d-x 游戏开发的各种实用技术，涵盖了热更新、加密解密、骨骼动画、调试技巧、Shader 特效、物理引擎、分辨率适配等实用的技术点。读者可以根据自己的需求和兴趣挑选本篇的章节进行阅读。

第 2 篇　Lua 篇（第 17～22 章）

本篇介绍了在 Cocos2d-x 中使用 Lua 开发的技巧，包含了 Lua 的基础知识，以及在 Cocos2d-x 中如何使用 Lua，分析了 Quick-Cocos2d-x 框架和原生 Lua 框架的区别。

第 3 篇　网络篇（第 23～31 章）

本篇介绍了如何使用 Cocos2d-x 开发网络游戏，包含了网络基础知识的讲解，以及弱联网、强联网、局域网这 3 种网络游戏的前后端开发，并提供了一个简易横版实时对战游戏的 Demo，相信读者可以在 Demo 中更好地了解网络游戏的开发知识。

第 4 篇　跨平台篇（第 32～36 章）

跨平台开发是 Cocos2d-x 程序员所必须掌握的知识，初次进行跨平台移植的读者难免会遇到不少问题，本篇详细介绍了 iOS 和 Android 平台下的开发和打包，涵盖了丰富的知识点，如证书签名、ABI、JNI 等技术。打包也不是简单地罗列操作步骤，对打包过程中遇到的各种问题都会追本溯源。另外本篇还介绍了如何使用 AnySDK 在 iOS 和 Android 下快速接入第三方 SDK。

本书阅读建议

由于 Cocos2d-x 游戏引擎是基于 C++的，所以一些基础的 C++知识是必须知道的。假如读者完全没有任何编程方面的经验，则不适合阅读本书。

书中部分章节的内容可能较为深入，如果读者对这部分内容一时难以理解，可以先跳过而阅读后续章节，等读完后续章节再回头阅读这部分内容，也许就豁然开朗了。如果是为了解决某个问题或者系统学习某个技术点，这种有针对性的阅读效率会更高。

本书中的部分例子引用自 Cocos2d-x 引擎自带的 TestCpp，本书的配套资源中也提供了本书的代码下载方式，读者在学习的过程中可以参照 TestCpp 中的例子。

本书读者对象

- ❑ 有一定 Cocos2d-x 游戏开发经验的人员；
- ❑ Cocos2d-x 开发人员；
- ❑ 想系统学习 Cocos2d-x 的程序员；
- ❑ 想丰富 Cocos2d-x 开发经验的程序员；
- ❑ 想开发跨平台手机游戏的人员；
- ❑ 从其他开发转向 Cocos2d-x 的程序员；
- ❑ 大中专院校的学生和社会培训的学员。

本书配套资源获取方式

本书涉及的源代码等资源需要读者自行下载。请读者登录清华大学出版社网站 www.tup.com.cn，然后搜索到本书页面，在页面上找到"资源下载"栏目，然后单击"课件下载"或者"网络资源"按钮即可。读者也可以在笔者的 github 中获取，网址为 https://github.com/wyb10a10。

本书作者

本书由王永宝主笔编写。其他参与编写的人员有欧洲、吴穗勇、孙世志、吴穗智、李小妹、周晨、桂凤林、李然、李莹、李玉青、倪欣欣、魏健蓝、夏雨晴、萧万安、余慧利、袁欢、占俊、周艳梅、杨松梅、余月、张广龙、张亮、张晓辉、张雪华、赵海波、赵伟、周成、朱森。

本书的编写对笔者而言是一个不小的挑战，虽然笔者投入了大量的精力和时间，但只怕百密难免一疏。若读者在阅读本书时发现任何疏漏，希望能及时反馈给我们，以便及时更正。联系我们请发邮件至 wyb10a10@163.com 或 bookservice2008@163.com，也可以加入本书的 QQ 交流群 83177510，交流学习心得，解决学习中遇到的各种问题。

最后祝各位读者读书快乐，学习进步！

编著者

目　　录

第 1 篇　实用技术篇

第 2 篇　Lua 篇

第 3 篇　网络篇

第1篇 实用技术篇

第1章 文件读写

在游戏开发中，经常要读写一些文件，如读取游戏的数值配置文件、写入游戏的存档文件，对于不同的需求，可以使用不同的文件格式。

我们可以使用 Cocos2d-x 自带的 UserDefault 来实现存档功能，以及对 XML、PLIST、CSV、二进制文件的读写，除了这几种文件，还可以使用数据库、JSON 之类的格式来存储，这几种方式已经可以满足大部分需求了，而且简单易用。本章主要介绍以下内容：

- ☐ 使用 UserDefault。
- ☐ 读写 XML 文件。
- ☐ 读写 Plist 文件。
- ☐ 读写 CSV 文件。
- ☐ 读写二进制文件。

1.1 使用 UserDefault

UserDefault 是 Cocos2d-x 提供的一个用于游戏存档的工具类，以 Key-Value 的形式存储字符串 Key 对应的各种 Value，可以存储 bool、int、float、double、字符串以及二进制数据。UserDefault 底层的存储使用了 XML 文件格式，对于二进制数据，是通过 base64 编码转成字符串之后存储，读取内存数据时，通过 base64 解码将存储在 XML 中的 base64 字符串解析为内存数据。

XML 存储的路径位于 FileUtils::getInstance()->getWritablePath 路径下，**getWritablePath 会返回一个可写路径**，这个路径的位置视操作系统而定，并不是随便哪个路径都可以写入文件。默认的文件名为 UserDefault.xml，可以将 getWritablePath 获得的路径打印出来，然后在该路径下找到存档文件，进行修改。

cpp-tests 示例中的 UserDefaultTest 演示了 UserDefault 的用法，通过 UserDefault::getInstance()获取单例对象，然后调用各种 get()、set()方法来进行操作，大多数的 get()方法支持传入一个默认值，当不能获取这个 Key 时，自动写入默认值，并返回这个默认值，如果该 Key 已经存在，则直接返回该 Key 对应的值。set()方法可以设置一个 Key 的值，当调用完 set()方法之后，应该再调用一下 UserDefault 的 flush 方法来确保写入的内容进入磁盘中（多次 set 操作对应一次 flush 操作）。接下来简单了解一下 UserDefault 提供的接口。

```
//传入指定的 Key，获取一个 bool 值
bool getBoolForKey(const char* key);
//传入指定的 Key 和默认值，获取一个 bool 值，如果获取不到，则设置 Key 为默认值，并返回
```

```
默认值
virtual bool getBoolForKey(const char* key, bool defaultValue);
//传入指定的 Key，获取一个 int 值
int getIntegerForKey(const char* key);
//传入指定的 Key 和默认值，获取一个 int 值，如果获取不到，则设置 Key 为默认值，并返回默
认值
virtual int getIntegerForKey(const char* key, int defaultValue);
//传入指定的 Key，获取一个 float 值
float getFloatForKey(const char* key);
//传入指定的 Key 和默认值，获取一个 float 值，如果获取不到，则设置 Key 为默认值，并返回
默认值
virtual float getFloatForKey(const char* key, float defaultValue);
//传入指定的 Key，获取一个 double 值
double getDoubleForKey(const char* key);
//传入指定的 Key 和默认值，获取一个 double 值，如果获取不到，则设置 Key 为默认值，并返
回默认值
virtual double getDoubleForKey(const char* key, double defaultValue);
//传入指定的 Key，获取一个字符串
std::string getStringForKey(const char* key);
//传入指定的 Key 和默认值，获取一个字符串，如果获取不到，则设置 Key 为默认值，并返回默
认值
virtual std::string getStringForKey(const char* key, const std::string &
defaultValue);
//传入指定的 Key，获取一个 Data 值
Data getDataForKey(const char* key);
//传入指定的 Key 和默认值，获取一个 Data 值，如果获取不到，则设置 Key 为默认值，并返回
默认值
virtual Data getDataForKey(const char* key, const Data& defaultValue);

//设置指定的 Key 为传入的 bool 值
virtual void setBoolForKey(const char* key, bool value);
//设置指定的 Key 为传入的 int 值
virtual void setIntegerForKey(const char* key, int value);
//设置指定的 Key 为传入的 float 值
virtual void setFloatForKey(const char* key, float value);
//设置指定的 Key 为传入的 double 值
virtual void setDoubleForKey(const char* key, double value);
//设置指定的 Key 为传入的字符串
virtual void setStringForKey(const char* key, const std::string & value);
//设置指定的 Key 为传入的 Data 值
virtual void setDataForKey(const char* key, const Data& value);

//当调用了 setXXXForKey 之后，需要调用该方法进行刷新
virtual void flush();
//删除指定的 Key
virtual void deleteValueForKey(const char* key);
//获取单例对象
static UserDefault* getInstance();
//释放单例对象
static void destroyInstance();
```

具体的实现中，UserDefault 使用了 tinyxml 这个库来进行 XML 文件的读写操作，对具体细节感兴趣的读者可以自行查看 UserDefault 的实现。

1.2　读写 XML 文件

XML（Extensible Markup Language，可扩展标记性语言）文件是一种广为人知的文件格式，是 SGML（标准通用标记性语言）的子集，HTML 也是一种标记性语言，以 ML 结尾的一般都是标记性语言，它们的共同点就是使用**标签**来描述信息。例如，HTML 文件格式都会有一对这样的标签<html></html>，而 XML 也是用自定义的标签来描述数据的。但 HTML 和 XML 最大的区别在于，HTML 描述的是**显示信息**，而 XML 描述的是**存储信息**。

XML 作为一种存储格式，特点是简单，能够很快速地将要存储的内容描述出来，哪怕内容很复杂，XML 都可以描述出来。而且在程序实现方面，XML 有众多的开源库，这些开源库大多简单易用，可以轻易地使用 XML，在 Cocos2d-x 里也集成了 XML 库。所以当你需要读点什么配置的话，XML 应该会快速出现在脑海中。

那么 XML 有什么弊端吗？首先它是一种文本格式，也就是说，安全性很低，一般不适用于做游戏的存档文件，只要玩家找到存档的 XML 文件，即可修改存档，这对有些游戏可能无所谓，但对有些游戏可能是致命的。除了不适用于存储，用它来做配置文件应该是妥妥的了吧？也不一定，程序员一般喜欢 XML，但大部分的游戏策划是不喜欢 XML 的，因为对他们而言，直接导出 Excel 表格要省事多了。策划的表格一般都是 Excel 表格，如果你的文件需要由策划人员来维护，最好还是使用 CSV 格式。另外如果是用于网络传输，那么 XML 相比起二进制或 JSON、protocolbuffer 等格式而言，需要耗费更多的流量。

1.2.1　XML 格式简介

接下来简单介绍一下 XML 格式是什么样的。在 XML 中，使用节点来描述一个对象，一个节点由一对标签括起来，节点有**名字和属性**，节点之间可以嵌套，一个节点下可以有多个子节点，可以参考下面这个 XML 文件。

```xml
<?xml version="1.0" encoding="utf-8"?>
<root>
    <!-- 注释 -->
    <player attack="99" hp="100" def="50" speed="666">
        <weapon attack="50" />
        <shoes speed="100" />
    </player>
</root>
```

上面的 XML 文件开头的第一行是 XML 的序言，告诉我们使用的 XML 版本以及文件编码，这一行可以直接复制到你的 XML 文件中。接下来是节点，**每个 XML 文件都有且只有一个根节点**。每个节点可以有任意的属性，这里的根节点叫 root，在根节点下，有一个叫 player 的子节点，在这个 player 子节点下，又有两个子节点，分别是 weapon 和 shoes，这个简单的 XML 文件描述了一个 Player 对象，Player 对象有攻击力、生命值、防御力、速度等属性，Player 装备了武器和鞋子对象。

1.2.2 使用 TinyXML 读取 XML

Cocos2d-x 在早期是使用 libxml2 来处理 XML 文件，但后面改用了 **tinyxml**，这里简单介绍一下如何使用 tinyxml 来处理 XML 文件。以前面介绍的 XML 文件为例，了解一下如何使用 tinyxml 来读取 XML 文件。首先需要包含 tinyxml 的头文件：

```
#include "tinyxml2/tinyxml2.h"
```

在读取的时候，先创建 XML 文档对象，然后从文档中获取根节点，再根据 XML 文件的设计，按照设计的格式来读取 XML 中的节点，并查询节点相关的属性。

节点是 XML 文件中最基础的对象，tinyxml 使用 XMLNode 来定义它，XMLDocument（XML 文档）、XMLElement（XML 元素）、XMLComment（XML 注释）、XMLDeclaration（XML 声明）、XMLText（XML 文本）等对象都是节点，它们都对应 XML 文件中的一个标签。另外 tinyxml 还使用了 XMLAttribute 来描述节点的属性。下面的代码演示了如何读取 XML 示例文件。

```cpp
//初始化 XML
tinyxml2::XMLDocument* xmlDoc = new tinyxml2::XMLDocument();
std::string xmlFile = FileUtils::getInstance()->getWritablePath() +
"myxml.xml";
std::string xmlBuffer = FileUtils::getInstance()->getStringFromFile(xmlFile);
if (xmlBuffer.empty())
{
    CCLOG("load xml file %s faile", xmlFile.c_str());
    return ret;
}
//将 XML 文件的内容进行解析
xmlDoc->Parse(xmlBuffer.c_str(), xmlBuffer.size());

//获取 XML 文档的根节点
auto root = xmlDoc->RootElement();
if (root == nullptr)
{
    return ret;
}
//获取根节点下面的 player 节点
auto playerNode = root->FirstChildElement();
if (playerNode == nullptr)
{
    return ret;
}
//递归打印节点的属性以及其所有的子节点
dumpXmlNode(playerNode, "");
delete xmlDoc;
```

上面的代码使用了一个 dumpXmlNode()方法来递归打印节点的属性及其所有的子节点，下面是 dumpXmlNode 的实现。

```cpp
void dumpXmlNode(tinyxml2::XMLElement* node, std::string prefix)
{
    CCLOG((prefix + "%s").c_str(), node->Name());
    auto nodeAttr = node->FirstAttribute();
```

```
    //逐个取出属性，并打印属性名和属性值
    prefix += "\t";
    while (nodeAttr)
    {
        CCLOG((prefix + "%s attribute %s - %d").c_str(), node->Name(),
nodeAttr->Name(), nodeAttr->IntValue());
        nodeAttr = nodeAttr->Next();
    }
//递归查找子节点
    auto child = node->FirstChildElement();
    while (child)
    {
        dumpXmlNode(child, prefix);
        child = child->NextSiblingElement();
    }
}
```

运行程序后会输出以下内容：

```
player1
    player1 attribute attack - 99
    player1 attribute hp - 100
    player1 attribute def - 50
    player1 attribute speed - 666
    weapon
        weapon attribute attack - 50
    shoes
        shoes attribute speed - 100
```

1.2.3　使用 TinyXML 写入 XML

接下来了解一下如何写入 XML 文件，首先需要创建一个 XML 文档对象，然后构建一个节点树挂载到文档下，最后将文档对象保存起来。如果我们要做的是在已有的 XML 文件中进行修改，可以先调用 XMLDocument 的 Parse() 方法将 XML 文件解析到文档对象中，然后再对文档对象进行修改。下面的代码演示了如何创建 XML 文档对象并保存到 XML 文件中。

```
//创建一个 XML 文档
tinyxml2::XMLDocument* xmlDoc = new tinyxml2::XMLDocument();
//添加一个 XML 文档声明
tinyxml2::XMLDeclaration *pDeclaration = xmlDoc->NewDeclaration(nullptr);
xmlDoc->LinkEndChild(pDeclaration);
std::string  xmlFile  =  FileUtils::getInstance()->getWritablePath()  +
"myxml.xml";
//添加根节点
tinyxml2::XMLElement *pRootEle = xmlDoc->NewElement("root");
xmlDoc->LinkEndChild(pRootEle);

//构建节点，并将节点添加到根节点下
tinyxml2::XMLElement* playerNode = buildXmlNode(xmlDoc);
pRootEle->LinkEndChild(playerNode);

//保存文档
xmlDoc->SaveFile(xmlFile.c_str());
delete xmlDoc;
```

buildXmlNode() 方法构建了与示例文件一样的节点结构，buildXmlNode() 的实现如下。

```
tinyxml2::XMLElement* buildXmlNode(tinyxml2::XMLDocument* doc)
{
    //玩家节点
    tinyxml2::XMLElement* playerNode = doc->NewElement("player");
    playerNode->SetAttribute("attack", 99);
    playerNode->SetAttribute("hp", 100);
    playerNode->SetAttribute("def", 50);
    playerNode->SetAttribute("speed", 666);
    //武器节点
    tinyxml2::XMLElement* weapon = doc->NewElement("weapon");
    weapon->SetAttribute("attack", 50);
    playerNode->LinkEndChild(weapon);
    //装备节点
    tinyxml2::XMLElement* shoes = doc->NewElement("shoes");
    shoes->SetAttribute("speed", 100);
    playerNode->LinkEndChild(shoes);
    return playerNode;
}
```

更多关于 XML 的读写操作，可以参考 Cocos2d-x 引擎源码中 UserDefault 的实现。

1.3 读写 Plist 文件

Plist 是 Apple 公司提供的一种格式，只在 iOS 系统下使用，但 Cocos2d-x 将其发扬光大了，Plist 是一种 XML 格式，所以 XML 存在的问题，它也存在。对于 Plist 而言，Cocos2d-x 已经将接口封装好了，唯一存在的平台差异性问题，就是在 iOS 下的 Dictionary 和 Windows/Android 下的有些不同，在你遍历一个 iOS 下的字典时，是无序的，字典结构本身也是无序的，而在 Windows/Android 下，CCDictionary 是 Cocos2d-x 自己实现的，在遍历的时候，字典里面的每一项，跟你的 Plist 文件里每一项的顺序是一致的。所以，你的代码**不要依赖于字典的顺序**。因为最恐怖的事情不是代码通不过，而是代码有时候可以通过，有时候又通不过。

Cocos2d-x 里的粒子系统、动画、图集等大多都用到了 Plist，粒子编辑器、拼图工具、动画编辑器等都可以直接导出 Plist 格式的文件，其中粒子格式比较特殊的一点是将粒子图片也直接放到 Plist 文件里了，因为粒子图片一般都比较小，放到一起管理起来非常方便。

1.3.1 Plist 格式简介

Plist 里面有一些特有的结构，主要包含以下标签。
❑ <string>：UTF-8 字符串。
❑ <real>、<integer>：十进制的数字字符串。
❑ <true/>、<false />：真和假。
❑ <date>：日期字符串（ISO8601 格式，例如 2013-11-3）。
❑ <data>：Base64 编码的数据。
❑ <array>：任意长度的数组。
❑ <dict>：key-value 格式的字典，key 是<key>标签，value 可以是任意格式。

可以用 Notepad++或者 plist Editor 之类的软件来编辑 Plist 文件，下面是一个粒子系统的 Plist 文件的一部分内容，我们可以看到和普通的 XML 文件不同的是，Plist 文件多了一个 DTD 字段用于描述这个文件，而且**标签的名字并不是随意的**，基本由上面列出的标签组成，**根节点是一个名为 plist 的节点**。

```xml
<?xml version="1.0" encoding="UTF-8"?>
<!DOCTYPE plist PUBLIC "-//Apple//DTD PLIST 1.0//EN" "http://www.apple.com/
DTDs/PropertyList-1.0.dtd"/>

<plist version="1.0">
    <dict>
        <key>a</key>
        <string>string</string>
        <key>b</key>
        <false/>
        <key>c</key>
        <integer>123</integer>
        <key>d</key>
        <real>0.2500000</real>
        <key>e</key>
        <dict>
            <key>a</key>
            <string>string</string>
            <key>b</key>
            <false/>
            <key>c</key>
            <integer>123</integer>
            <key>d</key>
            <real>0.2500000</real>
        </dict>
    </dict>
</plist>
```

1.3.2　读写 Plist 文件

在 Cocos2d-x 中读取一个 Plist 文件是一件非常简单的事情，通过 **FileUtils** 单例的一些方法直接从 Plist 文件中加载并创建 ValueVector 和 ValueMap 等容器，但是要加载的 Plist 文件的 **plist** 节点下必须是 **dict** 或者 **array** 节点。

```cpp
//传入 Plist 文件名，解析后返回一个 ValueMap 对象
virtual ValueMap getValueMapFromFile(const std::string& filename);
//传入 Plist 文件名，解析后返回一个 ValueVector 对象
virtual ValueVector getValueVectorFromFile(const std::string& filename);
```

下面介绍一下 Plist 文件的读取，通过 FileUtils 的 getValueMapFromFile()方法将 Plist 文件解析成 ValueMap 并返回，然后调用自定义的 dumpValueMap()方法，将容器的内容打印出来。

```cpp
string plistFile = FileUtils::getInstance()->getWritablePath() + "myplist.
plist";
ValueMap dict = FileUtils::getInstance()->getValueMapFromFile(plistFile);
dumpValueMap(dict);
```

dumpValueMap()方法会遍历传入的 ValueMap 对象，根据对象的类型进行打印，

dumpValueMap 的实现如下。

```cpp
void dumpValueMap(ValueMap& vm)
{
//根据对象类型打印对象值
    for (auto& item : vm)
    {
        switch (item.second.getType())
        {
        case Value::Type::BOOLEAN:
            CCLOG("%s is %d", item.first.c_str(), item.second.asBool());
            break;
        case Value::Type::INTEGER:
            CCLOG("%s is %d", item.first.c_str(), item.second.asInt());
            break;
        case Value::Type::STRING:
            CCLOG("%s is %s", item.first.c_str(), item.second.asString().
            c_str());
            break;
        case Value::Type::FLOAT:
        case Value::Type::DOUBLE:
            CCLOG("%s is %f", item.first.c_str(), item.second.asFloat());
            break;
        case Value::Type::MAP:
            CCLOG("========= %s is ValueMap =========", item.first.c_str());
            dumpValueMap(item.second.asValueMap());
            CCLOG("==================================");
        }
    }
}
```

除了读取 Plist 文件之外，FileUtils 还提供了写入 Plist 文件的接口，通过 FileUtils 的 writeValueMapToFile()方法可以将一个 ValueMap 序列化到指定的文件中。

```cpp
ValueMap dict;
dict.insert(pair<string, Value>(string("a"), Value("string")));
dict.insert(pair<string, Value>(string("b"), Value(false)));
dict.insert(pair<string, Value>(string("c"), Value(123)));
dict.insert(pair<string, Value>(string("d"), Value(0.25f)));
dict.insert(pair<string, Value>(string("e"), Value(dict)));
string plistFile = FileUtils::getInstance()->getWritablePath() + "myplist.
plist";
if (FileUtils::getInstance()->writeValueMapToFile(dict, plistFile))
{
    CCLOG("write plist %s success", plistFile.c_str());
}
```

1.4　读取 CSV 文件

CSV 格式是一种以逗号作为分隔符（也可以是其他符号，CSV 格式并没有一个通用的标准），存储表格数据的文本格式，可以在 Excel 和 WPS 中方便地编辑 CSV 文件，使用 Excel 强大的功能，可以很好地管理 CSV 表格中的数据，例如，用公式来批量修改数值，对表格中的数据进行排序、筛选等。如图 1-1 演示了在 WPS 中打开的一个 CSV 文件。

CSV 由逗号作为分隔符来描述每一个字段，用换行符来描述每一列数据。因为 CSV 格式本身非常简单，所以解析工作也非常简单，接下来会把 CSV 的解析工作实现。

在开始写代码之前，先来见识 CSV 的庐山真面目，像图 1-1 这样的一个表格，用文本编辑器打开，看到的内容是下面这样的，每一行数据占一行，数据之间用逗号分开。

	A	B	C	D
1	用户ID	用户名	等级	阵营
2	1	kx	10	red
3	2	wang	2	blue
4	3	abc	4	blue

图 1-1　CSV 表格

```
用户ID,用户名,等级,阵营
1,kx,10,部落
2,wang,2,联盟
3,abc,4,联盟
```

这只是一个简单的 CSV 文件，当字段中包含了逗号、双引号或者换行符时，解析会变得麻烦，当一个字段中包含了逗号或换行符时，Excel 会自动使用双引号将整个字段包裹起来，而如果字段中包含了双引号且整个字段被双引号包裹，Excel 则会自动将字段中的双引号替换成两个双引号。具体的规则可以参考 RFC4180 规范 http://tools.itef.org/html/rfc4180。

1.4.1　解析 CSV

要解析前面的 CSV 文件，只需要进行简单的字符串解析即可，因为 CSV 配置文件一般都放在 Resource 目录下，所以需要用 fullPathFromRelativePath 将完整的路径取出来，并且使用 getFileData 来读文件。

```
//获取路径
string path = FileUtils::getInstance()->fullPathForFilename(fileName);
//读取文件
string csvFile = FileUtils::getInstance()->getStringFromFile(path);
```

现在得到了一个字符串 csvFile，对这个字符串进行解析可以得到文件中每一个字段的内容，这里封装了一个 CSVLoader 用于解析 CSV 文件格式，使用它来解析前面的 CSV 文件，然后将每个字段的内容打印出来。代码如下：

```
CCsvLoader loader;
if (loader.LoadCSV("test.csv"))
{
    //跳过第一行，从第二行开始打印 CSV 文件内容
    while (loader.NextLine())
    {
        //顺序取出 CSV 文件每一行的每个字段，并进行打印
        int uid = loader.NextInt();
        string name = loader.NextStr();
        int lv = loader.NextInt();
        string camp = loader.NextStr();
        CCLOG("uid %d name %s lv %d camp %s", uid, name.c_str(), lv, camp.
        c_str());
    }
}
```

运行程序后打印的结果如下。

```
uid 1 name kx lv 10 camp red
uid 2 name wang lv 2 camp blue
uid 3 name abc lv 4 camp blue
```

如果直接在 CCLOG 语句中打印则有可能输出其他的结果，因为函数参数入栈的顺序是从右到左的，也就是最后的 NextStr 先执行。

```
CCLOG("uid %d name %s lv %d camp %s", loader.NextInt(),
    loader.NextStr().c_str(), loader.NextInt(),
    loader.NextStr().c_str());
```

1.4.2　描述复杂结构

在 CSV 中描述复杂的数据结构是比较麻烦的事情，例如，**要在一个字段里面表示多个信息**，那么可以用其他的分隔符来描述这个结构，如我们的位置字段包含了 x 和 y 两个坐标的信息，那么可以用 x|y 或者 x+y、x!y 之类的写法，用分隔符来区分一个字段中的多个信息，又如我们希望将一个不定长度的 int 数组存储到 CSV 文件中。

可以用 CSVLoader 的 SplitStrToVector()方法，传入这个字段和设定的分隔符，来解析这串数据。当然可以用多个字段来描述，但这作为一种比较灵活的方法，可以在有限的字段里，表现更加复杂的结构，丰富的内容，对于要描述一些动态的属性是比较有帮助的。

```
//传入要解析的字符串 str、分隔符 sep 以及用于接收分隔后的字符串容器 out
bool CCsvLoader::SplitStrToVector(const std::string &str, char sep, std::
vector<std::string>& out)
{
    int pos = 0;
    int step = 0;
    while (static_cast<unsigned int>(pos) < str.length() && step != -1)
    {
        step = str.find_first_of(sep, pos);
        string seg = str.substr(pos, step);
        out.push_back(seg);
        pos = step + 1;
    }
    return out.size() > 0;
}
```

通过调用 SplitStrToVector()方法，可以先将字符串解析到 vector 中，然后再将 vector 中的字符串进行解析。通过使用不同的分隔符，还可以在 CSV 文件中描述多维数组。CSV 文件的写入一般不会用到，如果需要生成 CSV 文件，可以直接按照 CSV 的格式（逗号分隔加换行）写入一个文本文件。

1.5　读写二进制文件

严格来说所有的文件都是二进制格式，二进制文件一般会对应一些数据结构。可以直接将自定义的数据结构存储到文件中，读写都很方便，而且在读写的过程中，可以很轻松地添加加密解密的操作，安全性高，效率也快，不需要像前面的其他格式，逐个解析数据，而是直接取出内存，然后结构体强制转换，直接使用。由于是自定义的格式，所以可以自定义各种后缀，如以 dat 结尾，或者以 sys 结尾都可以。

首先来了解一下简单数据结构读写，现在定义一个数据结构，来存储玩家的名字、等级、金币、经验等信息。注意，数组必须是固定长度的，如果是不固定长度的数组，可以参考下面读取动态数据结构的方法。

```
//定义玩家信息结构体
struct PlayerInfo
{
    char Name[32];
    int Level;
    int Money;
    int Exp;
};

//填充这个结构体
PlayerInfo info;
memset(&info, 0, sizeof(PlayerInfo));
strncpy(info.Name, "BaoYe", sizeof(info.Name));
info.Level = 10;
info.Money = 888;
info.Exp = 0;

//注意这里是 getWritablePath，获取一个可写的路径
string path = FileUtils::getInstance()->getWritablePath();
path.append("user.dat");

//文件打开的方式是 wb 二进制方式写入
FILE* fd = fopen(path.c_str(), "wb");
if (NULL == fd)
{
    return false;
}

//写入文件并关闭
int count = fwrite((char*)&info, 1, sizeof(PlayerInfo), fd);
fclose(fd);
CCLOG("Write File %s\n Size %d", path.c_str(), count);
```

上面的代码将信息写入到文件保存起来了，接下来将其读出来。

```
string path = FileUtils::getInstance()->getWritablePath();
path.append("user.dat");
PlayerInfo info;

//文件打开的方式是 rb 二进制读取
FILE* fd = fopen(path.c_str(), "rb");
if (NULL != fd)
{
    //取出来就可以用了
    fread(reinterpret_cast<char*>(&info), 1, MAX_BUFFER_SIZE, fd);
}
```

```
CCLOG("Read File %s\n name %s level %d money %d exp %d",
    path.c_str(), info.Name, info.Level, info.Money, info.Money);
```

接下来看一下动态数据结构读写，我们定义一个背包的数据结构，动态数据的读写会稍微麻烦一些，也比较容易出错，但还是可以轻松搞定的。因为是动态的，所以数据结构尽量简化一些。

```
//物品信息结构体
struct Item
{
    int id;
    int count;
};

char buf[MAX_BUFFER_SIZE];
//先把背包中物品的总数写入
*(int*)(buf) = 10;
//后面的内容是背包中所有物品的信息
Item* bag = (Item*)(buf + sizeof(int));
for (int i = 0; i < 10; ++i)
{
    bag[i].id = i;
    bag[i].count = 3;
}

string path = FileUtils::getInstance()->getWritablePath();
path.append("bag.dat");
FILE* fd = fopen(path.c_str(), "wb");
if (NULL == fd)
{
    return false;
}
//写入文件并关闭，写入的长度是动态计算出的内存大小
//一共写入了 1 个 int 和 10 个 Item
int count = fwrite(buf, 1, sizeof(int)+sizeof(Item)* 10, fd);
fclose(fd);
CCLOG("Write File %s\n Size %d", path.c_str(), count);
```

接下来就是把它读出来！其实在读的时候，应该做一个这样的判断，假设读取失败，说明存档异常，或者是没有存档，这时候应该创建一个默认的存档。

```
char buf[MAX_BUFFER_SIZE];

string path = FileUtils::getInstance()->getWritablePath();
path.append("bag.dat");
CCLOG("Read File %s", path.c_str());
//文件打开的方式是 rb 二进制读取
FILE* fd = fopen(path.c_str(), "rb");
if (NULL != fd)
{
    fread(buf, 1, MAX_BUFFER_SIZE, fd);
    //取出第一个字段，判断有多少个物品
    int count = *(int*)buf;
    CCLOG("Item Count %d", count);
    Item* items = (Item*)(buf + sizeof(int));
```

```
for (int i = 0; i < count; ++i)
{
    //遍历取出所有的物品
    Item item = items[i];
    CCLOG("Item %d is %d, count %d", i + 1, item.id, item.count);
}
}
```

需要特别注意的一点是，使用 fopen()方法打开，**必须使用 fclose()方法关闭**，特别是在需要保存文件时，如果忘记调用 fclose()方法，在 Windows 下不会有问题，但是在 iOS 下却会导致文件保存失败。对于二进制文件的读写，完全是指针的操作，所以一定要把指针操作搞清楚才行。

第 2 章　加 密 解 密

信息安全是所有开发者都需要面临的问题，加密解密则是保证信息安全的重要手段，掌握加密解密可以保护游戏不被破解和修改。本章主要介绍以下内容：

❑ 加密解密基础。
❑ 防止内存修改。
❑ 对资源的加密解密。
❑ 使用加固工具。

2.1　加密解密基础

加密解密主要用于保证信息安全，加密是以某种特殊的算法改变原有的信息数据的过程，而解密则是将改变后的信息数据进行还原的过程。

加密算法可以分为单向加密和双向加密两大类，**单向加密是不可逆的加密，只能加密无法解密**。单向加密有以下特性，任意两段不同的明文加密之后的密文是不同的，而同一段明文经过加密之后的密文是相同的，不可逆，即理论上通过密文无法解密出原文。单向加密可以用于判断文件在传输过程中是否被窜改过，也可以用于记录一些隐蔽的信息。例如，用户的密码，可以通过 MD5 加密之后存储到数据库中，每次用户登录都只将用户提交的经过 MD5 加密的密文与数据库中的密文进行比较来判断，这样大大提高了安全性。常用的单向加密算法有 MD5、SHA、HMAC 等。

双向加密与单向加密相反，经过双向加密的密文可以被解密回明文，而双向加密又可以分为对称加密和非对称加密。对称加密指的是可以通过同一个密钥加密和解密，常见的对称加密算法有 DES、3DES、AES 等。而非对称加密指的是加密和解密用的是不同的密钥，常见的非对称加密算法有 RSA。

2.1.1　公钥/私钥与非对称加密

理解非对称加密是理解数字签名与数字证书等一系列概念的关键，每一个技术的出现都是为了解决问题，非对称加密主要是为了解决以下几个问题。

❑ 如何确保收到的内容没有被窜改。
❑ 如何确保收到的内容确实是对方发的，而不是其他人伪造的。

如果使用普通的对称加密，是解决不了上面这两个问题的，因为如果希望朋友能够对我加密了的内容进行解密，就需要把密钥给朋友，但密钥在传输的过程中有可能泄露，一旦密钥被泄露，其他人就可以在我们的通信中拦截通信的内容，对其解密然后进行修改，然后重新加密再发送。

　　非对称加密很好地解决了上面这两个问题，首先非对称加密会生成两个密钥，称之为公钥和私钥，公钥是可以公开的，私钥掌握在自己的手上，当发送一个文件给朋友，可以用我的私钥加密，朋友需要用我的公钥解密，而当朋友要发送一个文件给我的时候，需要用我的公钥加密，然后我可以用我的私钥进行解密。这段话非常关键的点在于，**私钥加密之后，只有公钥可以解开（私钥解不开）；而公钥加密之后，则只有私钥可以解开（公钥解不开）**，如图 2-1 所示。

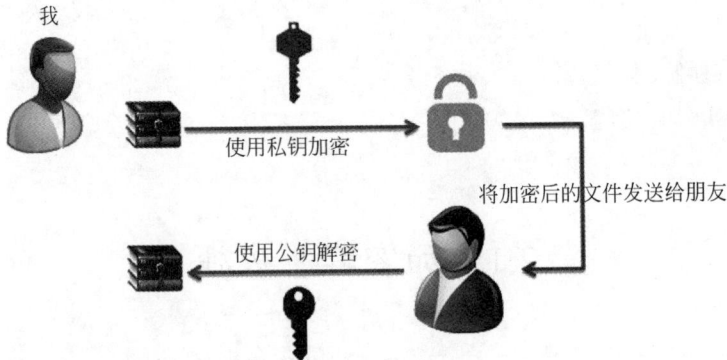

图 2-1　非对称加密

　　因为我的私钥不需要经过任何传输，自己保管即可，泄露的风险非常低。而别人拿不到我的私钥，就无法冒充或修改我发送的内容，因为只有经过我的私钥加密之后，才能用我的公钥解开，否则用我的公钥是解不开的。如果有人想窜改朋友发给我的文件，因为没有我的私钥，解不开朋友发送的文件，所以也就无法窜改朋友发送给我的文件了。

2.1.2　信息摘要与数字签名

　　由于非对称加密算法的复杂度很高，效率比对称加密算法要大得多，所以对一个巨大的文件执行非对称加密的代价非常大，因此可以对文件先执行信息摘要，然后对文件的摘要进行非对称加密。信息摘要指的是将一个文件执行一次单向加密，输出一段固定简短的摘要内容，这段摘要内容相当于这个文件的指纹，对不同的文件执行信息摘要可以得出不同的摘要内容，而对同一个文件执行信息摘要得出的摘要内容是相同的。对文件的指纹进行加密要比对整个文件进行加密高效得多。而数字签名就是对摘要进行非对称加密的操作，把数字签名当作名词时可以理解为经过非对称加密后的摘要内容。

　　当我希望发送一个巨大的文件给朋友时，保证这个文件没有被篡改过，就可以对文件**进行**信息摘要和数字签名，然后把签名结果和文件一起发送给朋友，如图 2-2 所示。

　　当朋友接收到文件和数字签名时，先用公钥对数字签名进行解密（这个过程也称之为验签），然后对文件执行一次信息摘要，对比摘要内容，如果签名中的摘要内容和文件执行信息摘要得出的摘要内容一致，说明这个文件没有被篡改过，如图 2-3 所示。

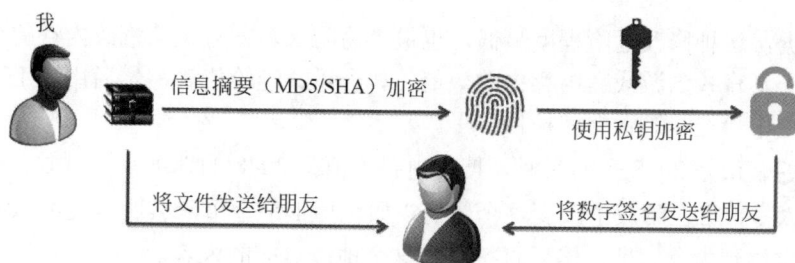

图 2-2 信息摘要与数字签名的生成

图 2-3 验签

2.1.3 数字证书

为了让其他人能够方便地辨别使用公钥，可以将公钥以及公钥使用的算法、所有者、有效期等一系列属性进行打包，这样的一个数据结构称之为 PKCS10 数据包，在操作 iOS 开发者证书时会碰到.p10 文件就是对应一个这样的数据结构。

不论是直接给出公钥还是给出 PKCS10 数据包，都存在一个隐患，就是公钥或 PKCS10 数据包在传输的过程中被替换修改，这样其他人就可以伪装成我们发送任何内容，那么**如何保证你拿到的公钥确确实实就是我发给你的公钥呢?**

数字证书就是用来解决这个问题的，首先需要有一个颁发证书的权威的第三方机构（CA 数字证书认证中心），来帮我们认证这个 PKCS10 数据包，CA 使用它的私钥来对我们的 PKCS10 数据包进行数字签名，这样就得到了一份经过 CA 认证的数字证书，数字证书一般遵循同一个格式标准（X509 标准）。

在发送文件的时候，除了对文件进行签名之外，还需要附带我们的证书。接收到文件时可以使用 CA 的公钥对证书进行验签，确保这个证书是有效的，接下来再使用证书中的公钥对文件的数字签名进行验签。经过了双重验签之后，就可以保证文件的来源和内容没有经过窜改。

2.2 防止内存修改

如金山游侠、烧饼修改器这类游戏辅助，可以通过修改内存，直接修改玩家的金币、经验值等数据，这种修改危险程度最低，也最容易防御。一般玩家修改内存的方法，是通过内存修改工具查找到游戏在内存中的数值，如金币、经验值等，然后用该工具修改这块内存，这样金币、经验等数据就被修改了。

当玩家的金币是 2048 个的时候，搜索内存中值为 2048 的地址，这时候会列出一系列地址，如果太多，可在游戏中改变这个数值，如花掉 1 个金币，然后再搜索 2047，经过查询之后最终定位到内存地址，然后直接修改这个地址对应的内容。

一个简单的防御方法就是使用偏移量来存储游戏中的关键数据，如我们的金币，拥有两个属性，一个是显示用的属性，另一个是真实的金币数据，真实的金币数据可以是加上一个随便定义的常量，如 3388。当有 100 个金币的时候，显示属性的值是 100，而真实的金币数据是 3488。正常情况下，每次修改金币的值应该是这样的：

```
Money += Change;
```

但在防御状态下，修改金币的值应该是这样的：

```
RealMoney += Change;
ShowM_oney = RealMoney - 3388;
```

相当于把真实的金币数据进行了一个简单的加密，但这个简单的加密可以有效地防止玩家修改内存，金币赋值是通过 RealMoney 计算之后进行赋值，所以玩家修改 ShowMoney 显示的金币数是无用的。

2.3　对资源的加密解密

对资源进行加密可以很好地防止资源被盗用，一般需要对游戏的图片、模型、配置、脚本等资源进行加密，对于图片和脚本的加密，Cocos2d-x 提供了比较便捷的加密解密方法，当然也可以使用 DES、3DES、AES 等常用的加密算法，甚至自己设计的加密算法来对资源进行加密。

2.3.1　使用 TexturePacker 加密纹理

TexturePacker 是非常强大的图片打包工具，提供了强大的加密功能，在 Cocos2d-x 中可以通过一行简单的代码设置密钥，在加载 TexturePacker 加密过的图片时会自动解密，TexturePacker 使用的是安全高效的 xxtea 算法，但美中不足的是目前只支持.pvr.ccz 格式，这个格式并不建议在 iOS 之外的平台使用。首先来了解一下如何加密，可以通过 TexturePacker 的界面工具和命令行工具进行加密，需要设置一个 32 位十六进制值的密钥。在 TexturePacker 左侧的输出设置面板中设置纹理格式为.pvr.ccz，然后单击 Content protection 旁边的小锁按钮，就会弹出密钥设置窗口（如图 2-4 所示），可以在编辑框中输入密钥，或者单击 Create new key 按钮自动生成一个新的密钥，Clear/Disable 按钮可以清除密码。

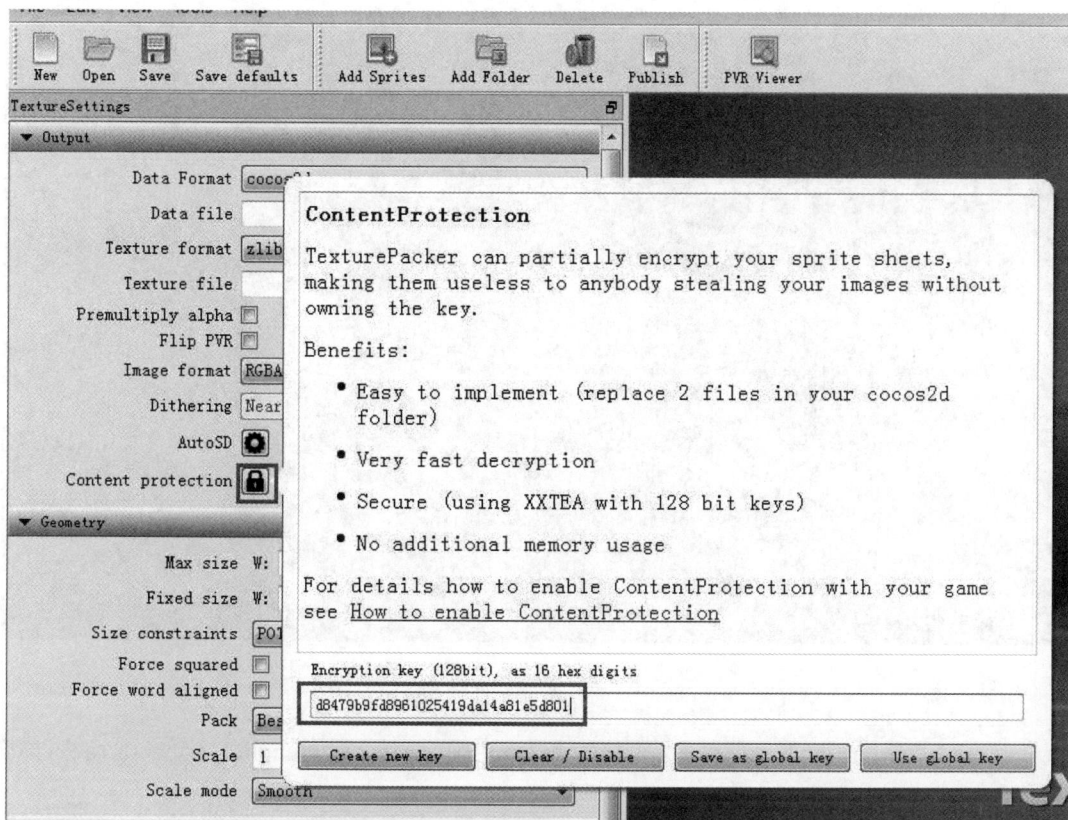

图 2-4　TexturePacker 加密

通过 TexturePacker 的命令行工具，在命令行中添加一个选项 - content-protection <key>
即可，使用命令行工具可以很方便地在脚本中对图片进行批量处理。在 TexturePacker 的官
网 https://www.codeandweb.com/texturepacker/documentation 有命令行工具使用的详细介绍。

在代码中只需要添加一行代码，把密钥设置进去即可。

```
ZipUtils::ccSetPvrEncryptionKey(0xd8479b9f, 0xd8961025, 0x419da14a, 0x81e5d801);
```

2.3.2　对 Lua 脚本进行加密

Quick 提供了一个简单的脚本加密工具，可以在 Windows 和 Mac 系统下使用，它可
以将 Lua 脚本编译、加密并压缩成一个 zip 包，在 Cocos2d-x 中也可以很方便地使用加
密后的脚本，可以在 github 上面获取 Quick 的源码 https://github.com/chukong/quick-
cocos2d-x。

在 Quick 的 bin 目录下可以找到 compile_scripts 脚本，在 Windows 下是 compile_
scripts.bat，在 Mac 系统下则是 compile_scripts.sh，在控制台中运行该脚本，传入对应的参
数即可。例如，执行 compile_scripts -i ..\welcome\src -o welcome.zip -e xxtea_zip -ek mykey，
即可将指定目录下的所有脚本编译打包为 zip 文档，并进行加密，如图 2-5 所示。

```
G:\quick-3.3\quick\bin>compile_scripts -i ..\welcome\src -o welcome.zip -e xxtea_zip -ek myk

config:
    src = "..\welcome\src"
    output = "welcome.zip"
    prefix = ""
    compile = "zip"
    encrypt = "xxtea_zip"
    key = "mykey"
    sign = "XXTEA"
    extname = "lua"

Compile Lua source files in path G:\quick-3.3\quick\welcome\src
 > get bytes [ 17 KB] app.scenes.BuildProjectUI
 > get bytes [ 11 KB] app.scenes.CreateProjectUI
 > get bytes [  4 KB] app.scenes.EditBoxLite
 > get bytes [  4 KB] app.scenes.ListViewEx
 > get bytes [ 15 KB] app.scenes.OpenProjectUI
 > get bytes [ 24 KB] app.scenes.WelcomeScene
 > get bytes [  1 KB] app.utilitys.Utilitys
 > get bytes [  3 KB] app.WelcomeApp
 > get bytes [  1 KB] config
 > get bytes [  1 KB] main
 > get bytes [ 16 KB] player
create ZIP archive file: welcome.zip
done.
```

图 2-5　加密 Lua 脚本

compile_scripts 的选项有很多，直接输入 compile_scripts 或 compile_scripts -h 命令即可显示帮助说明，如图 2-6 所示。常用选项的含义如下。

❑ i：指定源文件路径。
❑ -o：指定输出文件路径。
❑ -p：包前缀。
❑ -x：指定要排除的目录（不打包）。
❑ -m：编译模式。
❑ -e：加密模式。
❑ -ek：加密密钥，设置了加密模式之后必须设置密钥。
❑ -es：加密签名，默认值为 XXTEA，意义不大。
❑ -ex：加密文件的扩展名（默认是.lua）。
❑ -c：使用指定的配置来编译。
❑ -q：静默编译，不输出任何信息。

编译有以下 3 种模式：

❑ zip 模式为默认模式，即将所有源码编译后打包成一个 zip 压缩包。
❑ c 模式会将所有源码编译后生成一对 C 的源文件和头文件，文件中定义了存储字节码的数组以及相关的接口，使用生成的接口可以加载这些 Lua 脚本。
❑ files 模式会将所有源码编译之后不进行打包，编译后的文件会被输出到-o 选项所指定的路径下。

加密有以下两种模式：

❑ xxtea_zip 模式会使用 XXTEA 算法加密整个 zip 包，需要配合 zip 编译模式使用。

```
usage: compile_scripts -i src -o output ...

options:
    -h show help
    -i source files directory
    -o output filename | output directory
    -p package prefix name
    -x excluded packages
    -m compile mode
    -e encrypt mode
    -ek encrypt key
    -es encrypt sign
    -ex encrypted file extension name (default is "lua"), only valid for xxtea_chunk
    -c load options from config file
    -q quiet
    -jit using luajit compile framework

compile mode:
    -m zip (default)      package all scripts bytecodes to a ZIP archive file.
    -m c                  package all scripts bytecodes to a C source file.
    -m files         .    save bytecodes to separate files. -o specifies output dir.

encrypt mode:
    -e xxtea_zip          encrypt ZIP archive file with XXTEA algorithm,
    -e xxtea_chunk        encrypt every bytecodes chunk with XXTEA algorithm.
                          * default encrypt sign is "XXTEA"
                          * output file extension name is "bytes"

config file format:

    return array(
        'src'       => source files directory,
        'output'    => output filename or output directory,
        'prefix'    => package prefix name,
        'excludes'  => excluded packages,
        'compile'   => compile mode,
        'encrypt'   => encrypt mode,
        'key'       => encrypt key,
        'sign'      => encrypt sign,
        'extname'   => encrypted file extension name,
    );

examples:

    # package scripts/*.lua bytecodes to game.zip
    compile_scripts -i scripts -o game.zip

    # excluding package "tests.*" and "server.*"
    compile_scripts -i scripts -x tests,server -o game.zip

    # encrypt with XXTEA, use default sign
    compile_scripts -i scripts -o game.zip -e xxtea_zip -ek MYKEY

    # encrypt with XXTEA, specifies sign
    compile_scripts -i scripts -o game.zip -e xxtea_zip -ek MYKEY -es XT

    # encrypt with XXTEA, specifies encrypted file extension name
    compile_scripts -i scripts -o game.zip -e xxtea_zip -ek MYKEY -ex lua

    # encrypt with XXTEA, package all bytecodes to C source file
    compile_scripts -i scripts -o game.c -m c -e xxtea_chunks -ek MYKEY
```

图 2-6　编译脚本帮助说明

❑ xxtea_chunk 模式会使用 XXTEA 算法加密每一个编译后的脚本文件，默认签名为
XXTEA。

加密之后只需要在程序初始化时，调用 LuaStack 的 setXXTEAKeyAndSign()方法设置密钥和签名，即可使用加密后的脚本，如果将脚本编译后打包成一个 zip 压缩包，需要调用 LuaStack 的 loadChunksFromZIP()方法来加载压缩包中的脚本。在 loadChunksFromZIP()方法中会判断 zip 包是否经过了 XXTEA 加密，如果是则进行解密，并取出里面的文件，逐个调用 luaLoadBuffer()方法加载脚本文件。在 luaLoadBuffer()方法中会判断要加载的脚本是否经过了 XXTEA 加密，如是则进行解密，然后载入 Lua 虚拟机中。

```cpp
bool AppDelegate::applicationDidFinishLaunching()
{
    ...
    LuaStack *pStack = pEngine->getLuaStack();
    //如果设置了 -e 和 -ek 需要调用 setXXTEAKeyAndSign 设置密钥
    //pStack->setXXTEAKeyAndSign("mypassword", strlen("mypassword"));
    //如果设置了 -e 和 -ek -es 需要调用 setXXTEAKeyAndSign 设置密钥和签名
    pStack->setXXTEAKeyAndSign("mypassword", strlen("mypassword"),
    "mysign", strlen("mysign"));
    pStack->loadChunksFromZip("res/game.zip");
    pStack->executeString("require 'main'");
    return true;
}
```

在某些情况下，将 Lua 脚本编译会导致一些问题，如 iOS 下的兼容性问题，在另外一些情况下将脚本编译好打包成 zip 也会导致一些其他的问题，如无法使用热更新。

这种情况下希望能够不编译脚本、不打包成 zip，只是加密脚本，那么应该怎么做呢？可以使用 cocos.py 来打包，它支持在打包的时候加密且不编译 Lua 脚本，可以输入 cocos compile-h 命令来查看 cocos.py 编译相关的帮助信息，如图 2-7 所示。

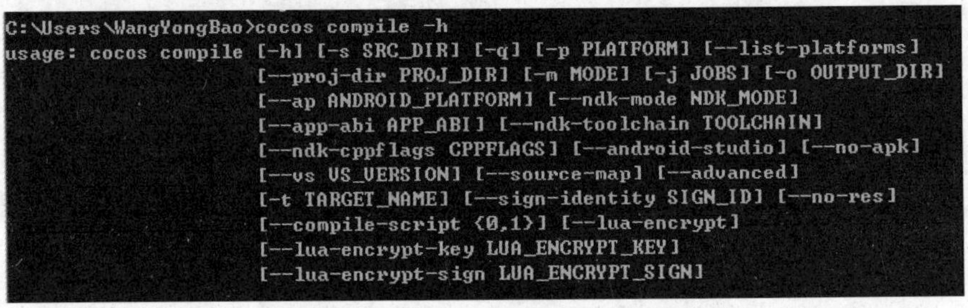

图 2-7　cocos.py 的帮助信息

在编译的时候使用--compile-script 选项，指定参数为 0 可以关闭 Lua 和 JS 脚本的编译，而使用--lua-encrypt 选项可以开启 Lua 脚本的加密，然后结合--lua-encrypt-key 选项可以设置密钥。

在打包时加密可以大大简化操作流程，正常而言每次打包都需要手动将脚本加密，然后将源码删除，只保留加密后的脚本，打包结束之后又要撤销回来，因为需要继续开发，所以在开发时需要对 Lua 源码进行编辑。而 cocos.py 则将我们从这个烦琐的流程中解放了出来，只需要在打包的时候指定一下参数就可以了。

2.3.3　自定义 Lua 脚本加密解密

前面介绍的两种都是用通用的方法进行加密，然后使用 Cocos2d-x 内置的方法进行解密，而且有一定的局限性，接下来介绍如何在 Cocos2d-x 中进行自定义的加密解密。在 Cocos2d-x 中自定义加密解密最关键的并不是使用何种方法来加密解密，而是在什么地方执行解密操作，我们需要尽量让业务逻辑层不知道解密操作的存在，以及尽量不修改引擎。对配置文件等资源，可以对加载配置操作进行一个简单的封装，在 FileUtils 的 getData 之后执行解密，再解析配置。大部分的资源都可以通过简单的封装之后，实现自动解密。

对 Lua 脚本，可以在 LuaEngine 中设置一个 lua_loader 回调函数来实现 Lua 脚本的加载规则，当 Lua 每次 require 一个脚本时，就会调用设置的 lua_loader 回调方法，在 lua_loader 回调中需要执行加载脚本以及脚本的功能，可以在加载脚本之后，执行脚本之前对加密后的脚本进行解密。Cocos2d-x 默认的 lua_loader 回调是 cocos2dx_lua_loader()函数，位于 Cocos2dxLuaLoader.cpp 中，可以定义一个 my_lua_loader() 函数，在函数中的 stack->luaLoadBuffer 之前实现解密的功能，把解密后的脚本内容传入，代码大致如下。

```cpp
extern "C"
{
    int cocos2dx_lua_loader(lua_State *L)
    {
        static const std::string BYTECODE_FILE_EXT    = ".luac";
        static const std::string NOT_BYTECODE_FILE_EXT = ".lua";

        std::string filename(luaL_checkstring(L, 1));
        size_t pos = filename.rfind(BYTECODE_FILE_EXT);
        if (pos != std::string::npos)
        {
            filename = filename.substr(0, pos);
        }
        else
        {
            pos = filename.rfind(NOT_BYTECODE_FILE_EXT);
            if (pos == filename.length() - NOT_BYTECODE_FILE_EXT.length())
            {
                filename = filename.substr(0, pos);
            }
        }

        pos = filename.find_first_of(".");
        while (pos != std::string::npos)
        {
            filename.replace(pos, 1, "/");
            pos = filename.find_first_of(".");
        }

        //search file in package.path
        unsigned char* chunk = nullptr;
        ssize_t chunkSize = 0;
        std::string chunkName;
        FileUtils* utils = FileUtils::getInstance();

        lua_getglobal(L, "package");
        lua_getfield(L, -1, "path");
        std::string searchpath(lua_tostring(L, -1));
        lua_pop(L, 1);
        size_t begin = 0;
        size_t next = searchpath.find_first_of(";", 0);
```

```
    do
    {
        if (next == std::string::npos)
            next = searchpath.length();
        std::string prefix = searchpath.substr(begin, next);
        if (prefix[0] == '.' && prefix[1] == '/')
        {
            prefix = prefix.substr(2);
        }

        pos = prefix.find("?.lua");
        chunkName = prefix.substr(0, pos) + filename + BYTECODE_FILE_EXT;
        if (utils->isFileExist(chunkName))
        {
            chunk = utils->getFileData(chunkName.c_str(), "rb", &chunkSize);
            break;
        }
        else
        {
            chunkName = prefix.substr(0, pos) + filename + NOT_BYTECODE_
            FILE_EXT;
            if (utils->isFileExist(chunkName))
            {
                chunk = utils->getFileData(chunkName.c_str(), "rb",
                &chunkSize);
                break;
            }
        }

        begin = next + 1;
        next = searchpath.find_first_of(";", begin);
    } while (begin < (int)searchpath.length());

    if (chunk)
    {
        LuaStack* stack = LuaEngine::getInstance()->getLuaStack();
        //在这里添加解密的代码
        my_decrypt_fun(chunk, chunkSize);
        stack->luaLoadBuffer(L, (char*)chunk, (int)chunkSize,
        chunkName.c_str());
        free(chunk);
    }
    else
    {
        CCLOG("can not get file data of %s", chunkName.c_str());
        return 0;
    }

    return 1;
    }
}
```

需要注意的是，只有在 Lua 中执行 require，才会回调到设置的 lua-Loader 函数，如果在 C++中直接调用 **executeScriptFile** 是不会执行到 **lua-Loader** 回调的。

2.3.4　自定义图片加密解密

对图片资源的解密要稍微麻烦一些，由于 Cocos2d-x 中所有的纹理都缓存在 TextureCache

中，所以可以在使用纹理之前手动将纹理加载并放到 TextureCache 中，这样后面所有使用纹理的地方都不需要有任何改动，大部分游戏在进入场景之前都会预加载场景中的资源，将这个操作放在预加载这里是最合适的。具体的方法是先调用 FileUtils 的 getData，获取加密后的图片，然后对内容进行解密，创建一个 Image 对象，将解密后的内容传入到 Image 的 initWithImageData()方法中，最后调用 TextureCache 的 addImage()方法将 Image 对象添加到 TextureCache 中（缺点是不能使用 TextureCache 的异步加载，但是可以自己编写多线程进行异步加载），代码大致如下。

```cpp
bool loadEncryptTexture(const std::string& file)
{
    auto fullPath = FileUtils::getInstance()->fullPathForFilename(file);
    auto data = FileUtils::getInstance()->getDataFromFile(fullPath);
    //使用自己的解密函数进行解密
    my_decrypt_fun(data.getBytes(), data.getSize());
    Image* img = new Image();
    if (!img->initWithImageData(data.getBytes(), data.getSize()))
    {
        img->release();
        return false;
    }
    TextureCache::getInstance()->addImage(img, fullPath);
    return true;
}
```

由于所有的文件都要通过 FileUtils 的 getDataFromFile()方法加载（笔者曾尝试了各种方法，都难以在不修改引擎源码的前提下改写 getDataFromFile()方法，就算实现了也比直接修改 FileUtils 的源码更加难以维护），所以可以在 FileUtils 中添加少量代码来实现，这样就需要修改 FileUtils、FileUtilsWin32 以及 FileUtilsAndroid 的 getDataFromFile()方法。

首先在 FileUtils 的头文件中定义一个接口类 FileDelegate，接口类中提供一个文件处理函数，传入打开的文件以及文件的 Data 对象，可以在处理函数中对 Data 执行解密处理，处理完之后返回给 FileUtils。

```cpp
class CC_DLL FileDelegate : public Ref
{
public:
    FileDelegate() {}
    virtual ~FileDelegate() {}

    virtual Data fileProcess(const std::string& file, Data& data) = 0;
};
```

接下来将 FileDelegate 设置为 FileUtils 的保护成员变量，并为 FileUtils 添加一个 setFileDelegate()方法，然后在 FileUtils 的构造函数和析构函数中对该变量进行初始化以及释放。

```cpp
//在头文件中为 FileUtils 添加 setFileDelegate()方法
inline void setFileDelegate(FileDelegate* fileDelegate)
{
    CC_SAFE_RELEASE_NULL(_fileDelegate);
    _fileDelegate = fileDelegate;
    CC_SAFE_RETAIN(_fileDelegate);
}
```

```
//在源文件中调整 FileUtils 的构造函数和析构函数
FileUtils::FileUtils()
    : _writablePath("")
    , _fileDelegate(nullptr)
{
}

FileUtils::~FileUtils()
{
    CC_SAFE_RELEASE_NULL(_fileDelegate);
}
```

最后调整所有 FileUtils 的 getDataFromFile() 方法，添加一个简单的判断，如果 _fileDelegate 不为空，则将获取的文件传给 _fileDelegate 进行处理，代码如下。

```
Data FileUtils::getDataFromFile(const std::string& filename)
{
    if (_fileDelegate)
    {
        return    _fileDelegate->fileProcess(filename,    getData(filename,
false));
    }

    return getData(filename, false);
}
```

最后可以在自己的源码中，继承 FileDelegate 实现一个 MyFileDelegate，在 fileProcess() 方法中实现对指定文件的解密处理，将 MyFileDelegate 设置到 FileUtils 中即可生效。我们可以使用 DES、3DES、AES、XXTEA（位于引擎的 external/xxtea 目录下）等常用的加密算法，也可以使用自己实现的简单加密算法。自己实现加密算法可以灵活地使用异或、交换等手段，天马行空地制定规则。例如，下面这个自定义的加密算法，会将数据的前 256 个字节使用指定的 Key 进行加密，解密也是使用这个方法。

```
void myencrypt(char* data, unsigned int len, int key)
{
    unsigned int maxLen = 256 / sizeof(int);
    len /= sizeof(int);
    for (unsigned int i = 0; i < len && i < maxLen; ++i)
    {
        *(int*)data ^= key;
        data += sizeof(int);
    }
}
```

下面这段代码验证了这个简单的加密算法，随便设置了一个加密密钥，将一段文本进行加密，然后输出加密后的密文，接下来解密，并输出解密后的明文。

```
char str[1024];
memset(str, 0, sizeof(str));
strcpy(str, "hello world, ~~~~~~~~~, !!!!!!!");
int key = 1314666;
unsigned int len = strlen(str);
myencrypt(str, len, key);
CCLOG("%s", str);
myencrypt(str, len, key);
CCLOG("%s", str);
```

运行这段代码会输出以下结果：

```
jxl/cocp,Jqj~qj~qj,J.5!K.5!
hello world, ~~~~~~~~~~, !!!!!!!
```

接下来演示一下如何将这个自定义的加密解密应用到 Cocos2d-x 中。首先需要编写一段简单的程序对要加密的文件进行加密，假设将游戏中所有的 png 都进行了加密，可以在 MyFileDelegate 中只对 png 文件进行解密，代码如下所示。

```
class MyFileDelegate : public FileDelegate
{
    virtual Data fileProcess(const std::string& file, Data& data)
    {
        if (FileUtils::getInstance()->getFileExtension(file) == ".png")
        {
            myencrypt((char*)data.getBytes(), data.getSize(), 1314666);
        }
        return data;
    }
};
```

然后调用 FileUtils 的 setFileDelegate()方法将 MyFileDelegate 的对象设置进去即可。

```
MyFileDelegate* dlg = new MyFileDelegate();
dlg->autorelease();
FileUtils::getInstance()->setFileDelegate(dlg);
```

2.4　使用加固工具

除了对脚本、图片等资源进行加密之外，还可以使用 360 加固保、腾讯乐固等第三方工具对生成的安卓安装包进行加固，可以提高应用的安全性，在一定程度上防止应用被破解。

❑　360 加固保 http://jiagu.360.cn/；
❑　腾讯乐固 http://legu.qcloud.com/。

这两款加固产品比较类似，这里就简单介绍一下 360 加固保的使用。使用 360 加固保能有效防止应用被破解、反编译、二次打包、恶意篡改，保护应用数据信息不会被黑客窃取，而且操作简单快捷，既不增加包体的体积，也不影响程序的性能。可以**直接在加固保的网站上传应用进行加固，也可以下载加固助手对应用进行加固**。

2.4.1　360 加固保加固步骤

在网站上选择要加固的已签名应用，然后上传到 360 加固保的网站。如果是使用加固助手，则可以设置签名和密码，直接进行加固，如图 2-8 所示，填上 keystore 的路径和密码以及别名密码（一般和 keystore 密码一致），然后单击左下角的"添加"按钮即可。

360 加固保为开发者提供加固基础服务和可选增强服务，开发者根据使用需求选择增强服务，选好后，再选择上传的 apk 签名为正式签名还是测试签名，完成后，单击"开始加固"按钮进行加固。

如果使用加固助手，则可以在"加固选项"选项卡中根据使用需求选择增强服务，如图 2-9 所示，选好后将 apk 直接拖入或单击加固应用并选择要加固的 apk，加固助手会自动加固。

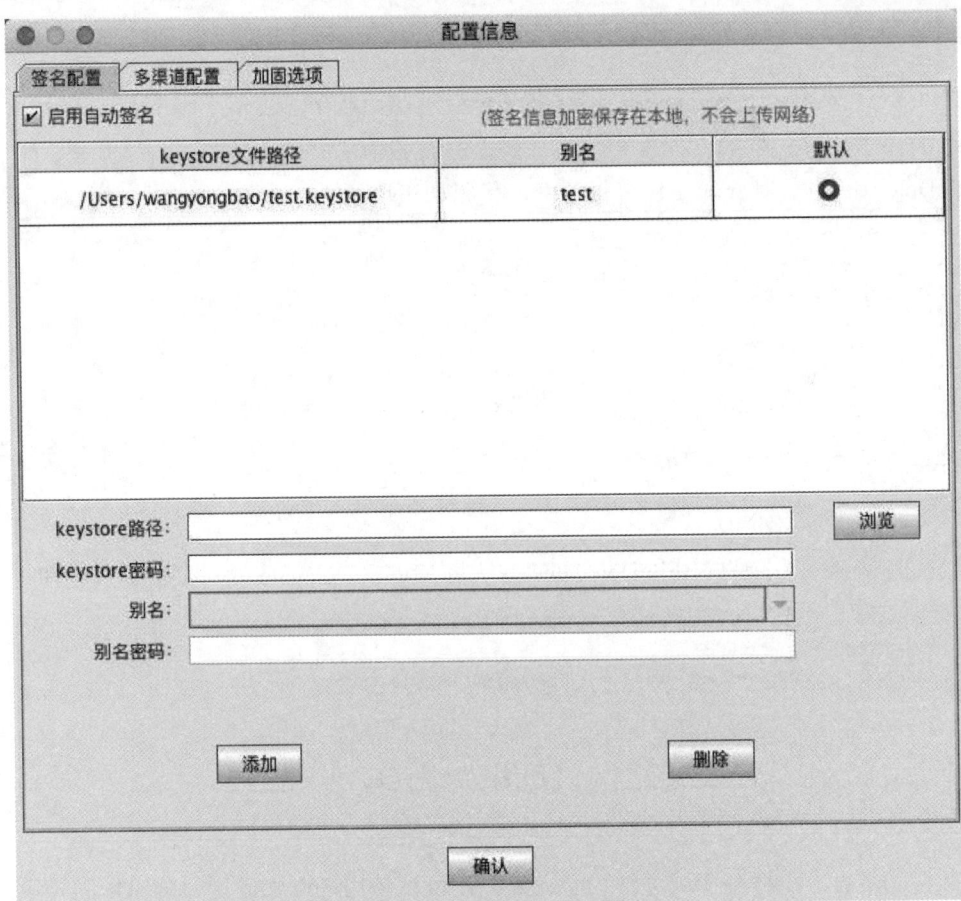

图 2-8　360 加固保设置签名和密码

下载应用后，需要对该 apk 进行再次签名，且保证与加固前的签名一致，否则加固后的应用无法在手机上运行。如果是使用加固助手，加固完之后会弹出加固成功的对话框，在对话框中可以打开加固后 apk 的存放目录，可以直接使用加固后的 apk，如图 2-10 所示。

如果使用了增强服务，包体大概会增加几百 KB，加固之后再解压我们的 apk，可以发现 AndroidManifest.xml 文件已经无法用文本格式阅读了，**但图片等资源并没有被加密**。

2.4.2　Android 应用签名

360 加固保和乐固对安卓应用进行加固时，都需要我们提供签名后的 apk，只有经过签名的 apk 才可以在手机或模拟器上安装，由于我们打出的调试 apk 包会自动进行 debug 签名，所以没有对 apk 进行签名也可以在手机或模拟器上安装。这里说的签名与前面介绍的数字签名是一个意思。那么为什么要对 apk 进行签名呢？这是为了区别 apk 的合法开发者，因为 Android 可以通过应用的包名和签名来区分应用，如果腾讯的 QQ 手机应用直接使用了调试签名，那么只需要做一个包名相同的 QQ 给用户安装，就可以覆盖正版的 QQ 软件，所以通过签名就可以区分出这是谁开发的应用。我们应该使用同一个证书对开发的多个 apk 进行签名，这样可以带来很多好处。

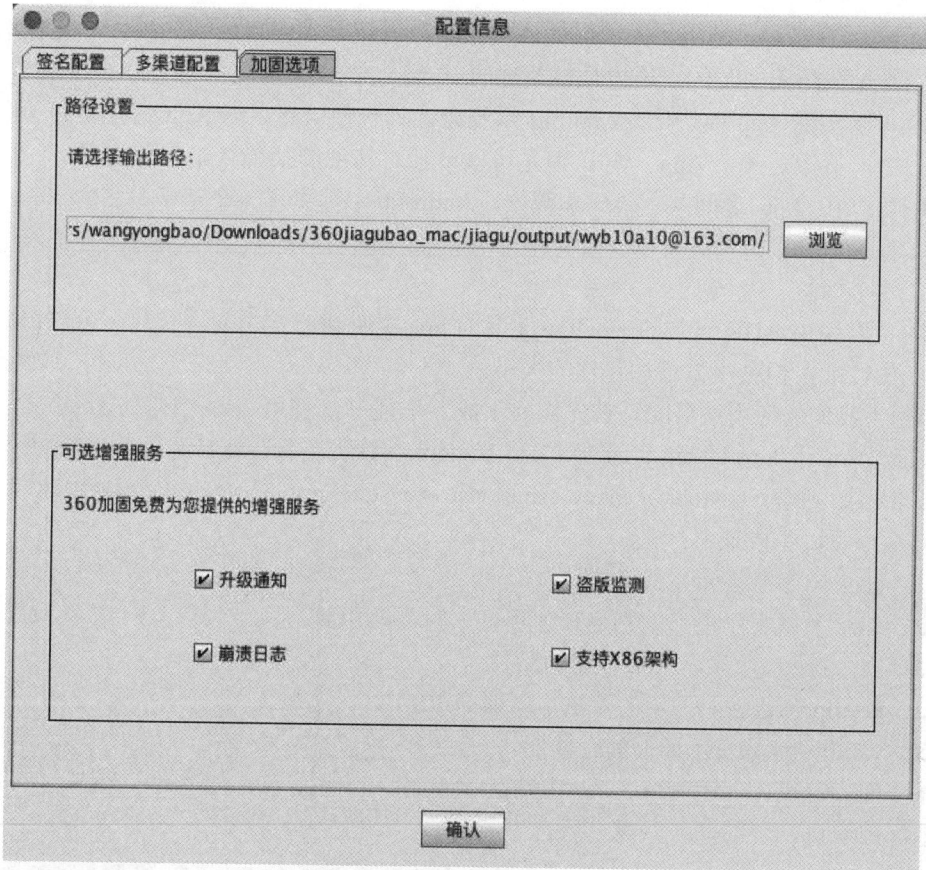

图 2-9　360 加固保的加固选项

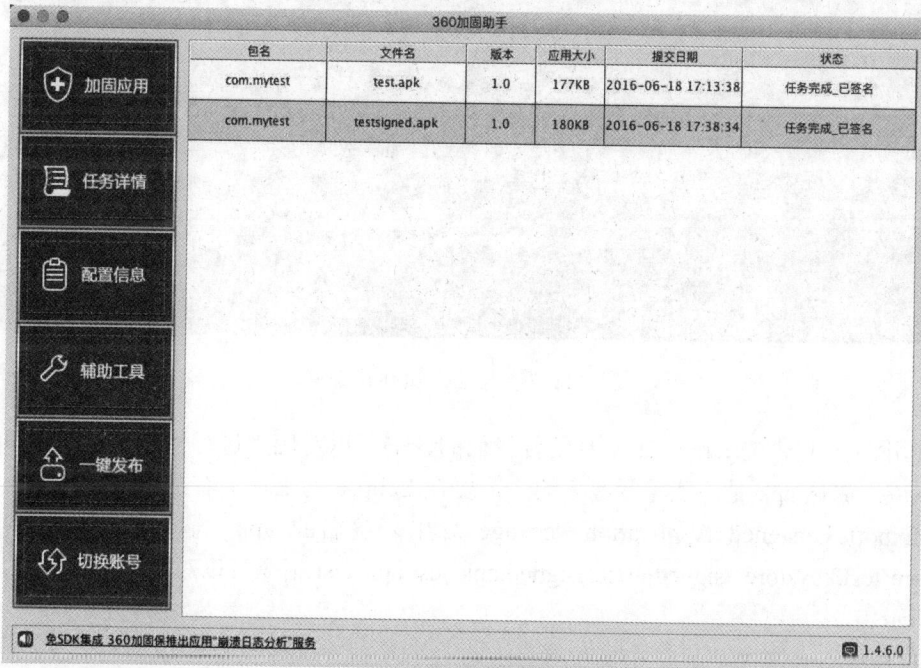

图 2-10　360 加固助手的加固列表

- App 升级时，使用相同签名的升级软件可以正常覆盖老版本的软件，签名不一致是无法覆盖安装的，这也是最关键的一点。
- 可以实现 App 模块化，Android 系统允许具有相同签名的 App 运行在同一个进程中，就像是一个 App 一样，但是可以单独对其中的某个 App 升级更新。
- 可以在 App 之间共享代码和数据，Android 中提供了一个基于签名的 Permission 标签。设置该标签可以实现对不同 App 之间的访问和共享，Google 并不建议使用这个标签。
- 可以使用 ADK 自带的 zipalign 工具对 apk 文件进行字节对齐优化，可以提升 App 的性能，但会略微增加包体的大小。

如何为我们的应用签名呢？首先需要生成一个证书，使用 Java 自带的 keytool 工具即可生成证书（位于 Java 的 bin 目录下），将 keytool 工具所在的目录配置到环境变量中，或直接进入该目录，执行 keytool -genkey -alias test -keystore test.keystore -keyalg RSA -validity 100000 命令可以生成证书：

- -genkey 参数表示生成证书。
- -alias 参数表示证书的别名（使用证书时需要用到）。
- -keystore 参数表示证书存储的路径。
- -keyalg 参数表示使用的算法，一般是 RSA。
- -validity 参数表示证书的有效期。

按 Enter 键执行上述命令之后，控制台会让输入一些信息，如密码、姓名、单位、国家、地区等信息，全部输入完成之后会生成证书，如图 2-11 所示。

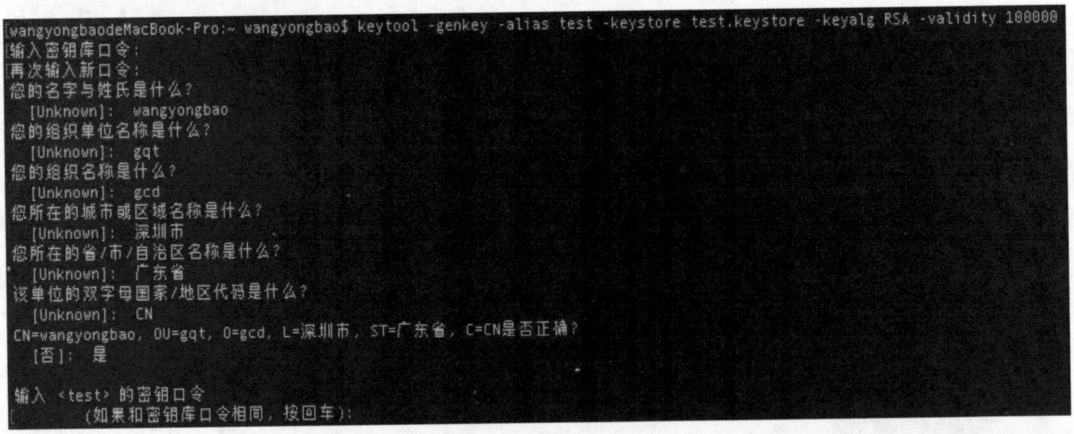

图 2-11　使用 keytool 生成证书

使用 Java 自带的 jarsigner 工具结合我们的证书可以对应用进行签名，但在 Eclipse 中自动生成的调试 apk 是不能进行签名的，需要在 Eclipse 的工程上右击，然后选择 Android Tools-Export Unsigned Application Package 导出未签名的 apk。输入 jarsigner -verbose -keystore test.keystore -signedjar testsigned.apk test.apk test 指令可以对 apk 进行签名，如图 2-12 所示。

- -keystore 参数表示证书的位置。
- -signedjar 参数表示签名，需要传入签名后、签名前以及证书的别名作为参数。

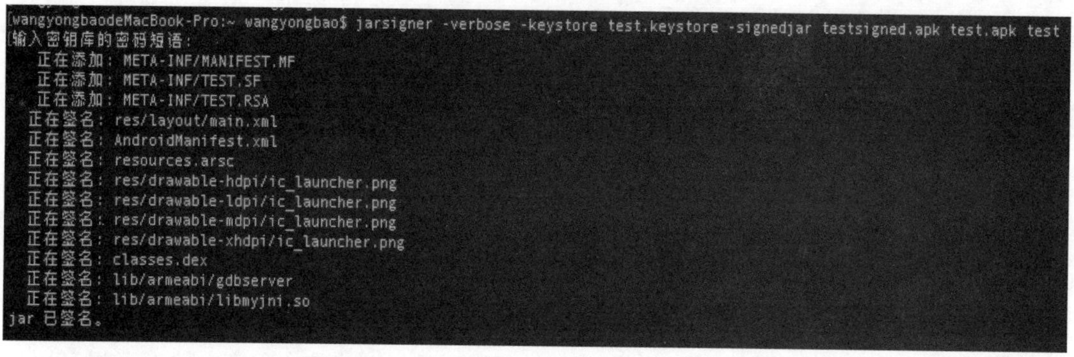

图 2-12　使用 jarsigner 对应用签名

实际上 Eclipse、AndroidStudio、IntelliJ IDEA 等开发工具都支持直接导出签名后的 apk。

Eclipse 通过对项目右击 Export，在弹出的快捷菜单中选择 Android→Export Android Application 命令，单击"下一步"按钮，出现如图 2-13 所示窗口中，可以选择已有的 keystore 或创建一个新的 keystore，最后导出一个已签名的 apk。

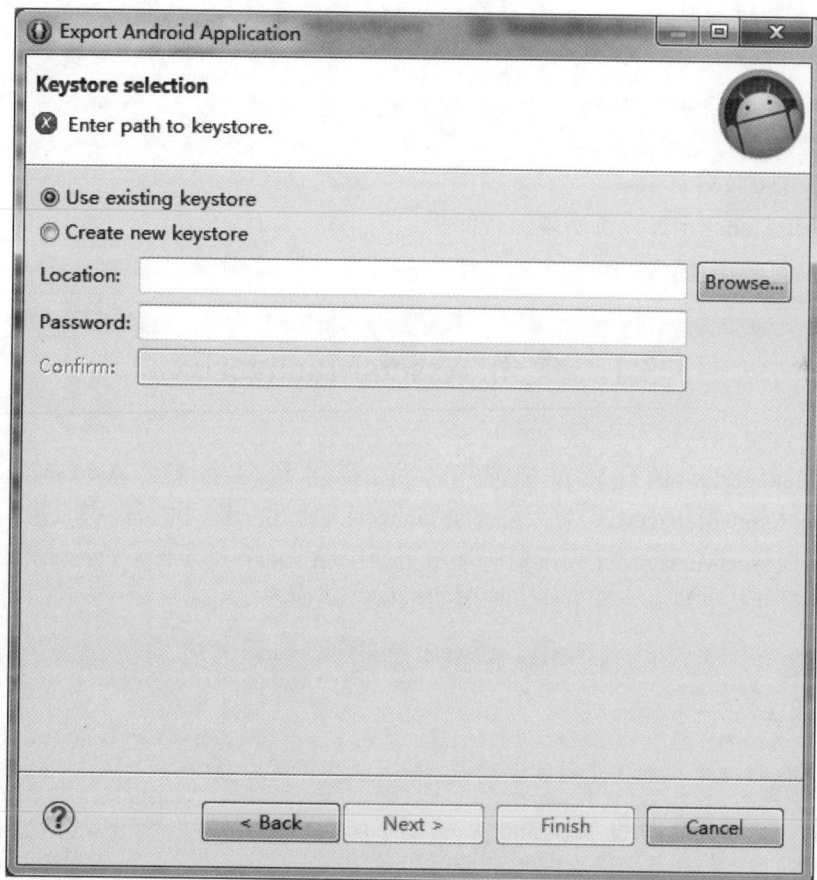

图 2-13　AndroidStudio 的 keystore 选择界面

AndroidStudio 和 IntelliJ IDEA 都是通过选择上方的 Build→Generate Signed APK 命令，在弹出的窗口中选择 keystore 并导出已签名的 apk。

第3章 增量更新

增量更新也称为热更新，当需要发布一个新的版本时，如果使用增量更新，旧版本的用户就可以只更新新版本增加或改动的内容，而无须重新下载整个程序，这对于提高用户体验和防止用户流失有重要意义。频繁地更新版本或紧急修复客户端的 BUG 等情况也很适合使用增量更新。

Cocos2d-x 有 AssetsManager 和 AssetsManagerEx 可以用于增量更新，相较之下 AssetsManagerEx 更加稳定、强大，所以本章会介绍如何使用 AssetsManagerEx 来实现增量更新，以及如何搭建增量更新的服务器。AssetsManagerEx 实现了增量更新，并支持多线程下载、下载进度通知、zip 压缩包解压、断点续传等强大的功能。本章主要介绍以下内容：

- ❑ 使用 AssetsManagerEx。
- ❑ 搭建增量更新服务器。
- ❑ Manifest 文件详解。
- ❑ AssetsManagerEx 内部实现流程简析。
- ❑ 自动打包工具。

3.1 使用 AssetsManagerEx

AssetsManagerEx 的使用非常简单，需要用到两个类，AssetsManagerEx 和 EventListenerAssetsManagerEx ， AssetsManagerEx 用来执行增量更新，EventListenerAssetsManagerEx 用来监听增量更新中触发的各种事件，如各种更新失败的原因、进度更新以及更新成功等事件。使用的示例代码如下。

```
//传入 Manifest 路径和缓存路径，创建 AssetsManagerEx 对象
auto AssetsManager = AssetsManagerEx::create(manifestPath, storagePath);
AssetsManager->retain();
//传入 AssetsManagerEx 对象和回调函数，EventListenerAssetsManagerEx 可以捕获
AssetsManagerEx 触发的各种事件
auto listener = EventListenerAssetsManagerEx::create(AssetsManager, callback);
//监听事件需要先将 EventListenerAssetsManagerEx 添加到 EventDispatcher
Director::getInstance()->getEventDispatcher()->addEventListenerWithFixe
dPriority(listener , 1);
//最后执行 AssetsManagerEx 的 update()方法自动更新
AssetsManager->update();
```

上面的代码简单描述了使用 AssetsManagerEx 的步骤，接下来详细介绍一下 AssetsManagerEx 的使用。首先是 AssetsManagerEx，增量更新的核心功能都由

AssetsManagerEx 实现，需要传入 Manifest 文件的路径和相对于 WritablePath 可写路径的缓存路径来初始化 AssetsManagerEx。Manifest 文件是用于检查版本更新的文件，在后面会详细介绍，缓存路径指的是增量更新文件下载后存储的路径，由于权限等问题，从服务器下载的资源并不能替换程序安装目录下的原始资源，所以我们会下载到一个可写的缓存目录下，在加载资源的时候优先加载缓存目录中的资源，如找不到则再去加载安装目录中的资源。AssetsManagerEx 的常用接口如下。

```
//检查是否有更新
void checkUpdate();
//自动检查是否有更新，有则自动更新
void update();
//下载更新失败的部分资源
void downloadFailedAssets();
//获取本地 Manifest 对象
const Manifest* getLocalManifest() const;
```

update()方法和 checkUpdate()方法的区别是，update()方法会检查更新并自动执行更新，而 checkUpdate()方法则只是检查是否有更新，如果希望实现一些非强制性的更新，或者在更新之前弹出一个对话框，由玩家来决定是否更新等，就可以使用 checkUpdate()方法。

checkUpdate()方法的返回值是 void，那么我们如何知道是否需要更新呢？通过消息！我们需要创建一个 EventListenerAssetsManagerEx 对象来监听 AssetsManagerEx 触发的消息，当检查到新版本时，AssetsManagerEx 会触发 NEW_VERSION_FOUND 消息，而不需要更新时，则会触发 ALREADY_UP_TO_DATE 消息，AssetsManagerEx 会触发的所有消息如下。

```
enum class EventCode
{
    ERROR_NO_LOCAL_MANIFEST,      //本地 Manifest 错误
    ERROR_DOWNLOAD_MANIFEST,      //下载 Manifest 失败
    ERROR_PARSE_MANIFEST,         //解析 Manifest 失败
    NEW_VERSION_FOUND,            //检查到新版本
    ALREADY_UP_TO_DATE,           //已经是最新版本
    UPDATE_PROGRESSION,           //更新进度刷新消息
    ASSET_UPDATED,                //有资源下载成功
    ERROR_UPDATING,               //有文件下载失败
    UPDATE_FINISHED,              //更新完成
    UPDATE_FAILED,                //更新失败
    ERROR_DECOMPRESS              //解压文件失败
};
```

可调用 EventListenerAssetsManagerEx 的 create()方法传入 AssetsManagerEx 对象和回调函数，创建对象，然后将 EventListenerAssetsManagerEx 对象添加到 EventDispatcher 中，当消息触发时会调用回调函数，将事件对象传入到回调函数中。示例教程中的 TutorialUpdateAssets 示例演示了如何使用 AssetsManagerEx 进行热更新，示例代码如下。

```
std::string storage = FileUtils::getInstance()->getWritablePath() +
"test1/";
auto assetMgrEx = AssetsManagerEx::create("project.manifest", storage);
assetMgrEx->retain();

auto amListener = cocos2d::extension::EventListenerAssetsManagerEx::
```

```
create(assetMgrEx, [this](EventAssetsManagerEx* event){
    switch (event->getEventCode())
    {
    case EventAssetsManagerEx::EventCode::ERROR_NO_LOCAL_MANIFEST:
    {
        //本地 Manifest 文件错误
        CCLOG("No local manifest file found, skip assets update.");
        this->onLoadEnd();
    }
        break;

    case EventAssetsManagerEx::EventCode::UPDATE_PROGRESSION:
    {
        //更新进度
        std::string assetId = event->getAssetId();
        float percent = event->getPercent();
        std::string str;
        if (assetId == AssetsManagerEx::VERSION_ID)
        {
            str = StringUtils::format("Version file: %.2f", percent) + "%";
        }
        else if (assetId == AssetsManagerEx::MANIFEST_ID)
        {
            str = StringUtils::format("Manifest file: %.2f", percent) + "%";
        }
        else
        {
            str = StringUtils::format("%.2f", percent) + "%";
        }
        CCLOG("asset %s download %s Percent", assetId.c_str(), str.c_str());
    }
        break;
    case EventAssetsManagerEx::EventCode::ERROR_DOWNLOAD_MANIFEST:
    case EventAssetsManagerEx::EventCode::ERROR_PARSE_MANIFEST:
    {
        //下载或解析 Manifest 文件失败
        CCLOG("Fail to download manifest file, update skipped.");
        this->onLoadEnd();
    }
        break;
    case EventAssetsManagerEx::EventCode::ALREADY_UP_TO_DATE:
    case EventAssetsManagerEx::EventCode::UPDATE_FINISHED:
    {
        //最新版本不需要更新或更新完成
        CCLOG("Update finished. %s", event->getMessage().c_str());
        this->onLoadEnd();
    }
        break;
    case EventAssetsManagerEx::EventCode::UPDATE_FAILED:
    {
        //更新失败
        CCLOG("Update failed. %s", event->getMessage().c_str());
        event->getAssetsManagerEx()->downloadFailedAssets();
        this->onLoadEnd();
    }
        break;
    case EventAssetsManagerEx::EventCode::ERROR_UPDATING:
    {
        //更新资源失败
        CCLOG("Asset %s : %s", event->getAssetId().c_str(), event->
```

```
        getMessage().c_str());
    }
        break;
    case EventAssetsManagerEx::EventCode::ERROR_DECOMPRESS:
    {
        //解压失败
        CCLOG("%s", event->getMessage().c_str());
    }
        break;
    default:
        break;
);
//自动检查是否有更新，有则自动更新
void update();
//下载更新失败的部分资源
void downloadFailedAssets();
//获取本地 Manifest 对象
const Manifest* getLocalManifest() const;
    }
});
//将 EventListenerAssetsManagerEx 添加到 EventDispatcher 中
Director::getInstance()->getEventDispatcher()->addEventListenerWithFixedPriority
(amListener, 1);
assetMgrEx->update();
```

在回调函数中可以获取 EventAssetsManagerEx 对象，从该对象中获取消息 ID、CURL 错误码、错误消息、资源 ID、AssetsManagerEx、总的下载进度以及当前文件的下载进度等信息。

需要注意的是创建 AssetsManagerEx 时传入的 Manifest 文件和下载路径，我们传入的 project.manifest 文件是安装包中的一个 Manifest 文件，它记录了本地的资源列表以及服务器的 Manifest 文件地址，后面会详细介绍 Manifest 文件。下载路径需要是一个可写的路径，所以需要获取 WritablePath 作为前缀，注意不要和其他路径混合在一起，这个路径只用来存放增量更新更新下来的文件，不要将游戏的存档等信息放到这个路径下。

示例不论更新成功还是失败，最终都会调用 onLoadEnd()方法，在 onLoadEnd()方法中创建一个 Sprite，如果更新失败会根据本地的图片创建 Sprite，如果更新成功则会根据更新下来的图片创建 Sprite。

```
void TutorialUpdateAssets::onLoadEnd()
{
    auto backgroundSprite = Sprite::create("Images/background1.jpg");
    addChild(backgroundSprite, 1);
    backgroundSprite->setPosition(Director::getInstance()->getWinSize()*0.5f);
}
```

3.2　搭建增量更新服务器

单有客户端没有服务器的示例是跑不起来的，服务器的搭建非常简单，只有两个步骤，第一步是把服务器打开，第二步就是把资源文件放到服务器下。

这里使用 nginx 来搭建热更新服务器，nginx 是一个高性能的跨平台 HTTP 服务器，非常小巧，可以从 nginx 的官网下载，解压后直接执行 nginx 的可执行文件即可，下载网址为 http://nginx.org/en/download.html。可以从官网下载 nginx，下载之后启动服务器，在浏览器中输入 http://localhost/，可以看到 nginx 的欢迎页面，如图 3-1 所示。

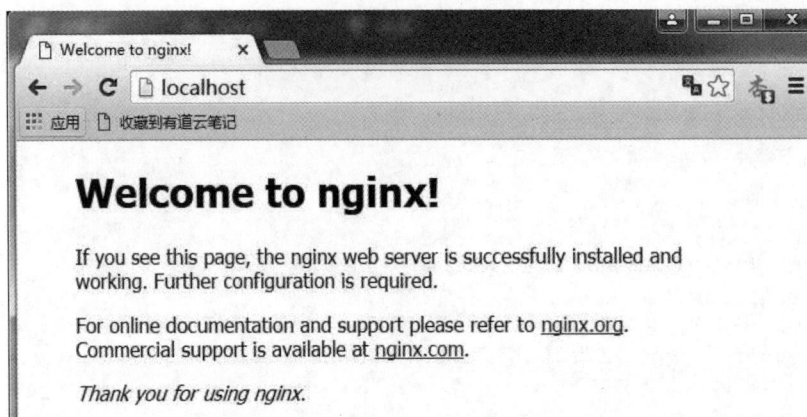

图 3-1　nginx 服务器

接下来按照 Manifest 的规则手写 Manifest 文件，然后将资源和 Manifest 文件直接放到 nginx 解压目录下的 html 目录中，如放到 html 目录下的 test 目录中，然后就可以通过 localhost 访问目录中的内容。我们将下面这段内容保存为 project.manifest 文件，放到客户端的资源目录下，然后将 Manifest 文件的 version 字段和资源的 md5 字段修改成 1.0.1 和 1234（可以随意修改，只要和原先的不同即可），将修改后的 project.manifest 放到服务器 html 目录下的 test 目录中，并在 test 目录中新建一个 Images 目录，将新的 background1.jpg 放入。

```
{
    "packageUrl" : "http://localhost/test/",
    "remoteManifestUrl" : "http://localhost/test/project.manifest",
    "version" : "1.0.0",

    "assets" : {
        "Images/background1.jpg" : {
            "md5" : "123"
        }
    },
    "searchPaths" : [
    ]
}
```

准备好了新版本的资源，启动服务器后首次运行示例程序会自动进行热更新，之后可以通过删除下载路径来清理更新的资源，从而重新测试热更新。由于热更新的功能基本是通用的，需求也是大同小异，区别只在于更新的资源不同，所以示例中的代码稍加改动可以直接应用于实际项目中。

3.3　Manifest 文件详解

AssetsManagerEx 使用 Manifest 配置文件来描述增量更新的详细信息，Manifest 意为清单，文件内容是 JSON 格式。在增量更新中会用到两种 Manifest 文件，即 ProjectManifest 和 VersionManifest，ProjectManifest 文件描述了详细的增量更新信息，如版本信息、要下载的资源文件列表、文件的 MD5，以及它们的下载路径等。我们需要有两个 ProjectManifest 文件，即一个本地的和一个远程的 Manifest，在检查更新时，根据本地的 Manifest 和远程的 Manifest 进行判断，从而判断是否需要更新。

　　VersionManifest 是 ProjectManifest 的简化版，这个文件是可选的，VersionManifest 文件仅仅记录了版本信息以及 ProjectManifest 的下载路径等信息，因为并不是每次启动都有内容要更新，所以通过 VersionManifest 文件就可以判断。当有更新时才去下载详细的 ProjectManifest，如果 ProjectManifest 文件的内容不多，也可以忽略 VersionManifest 文件，如果不配置 VersionManifest 文件，则每次检查更新时都会直接下载服务器的 ProjectManifest 进行判断。下面是一个简单的 VersionManifest 文件示例。

```
{
    "packageUrl": "http://localhost/test/",
    "remoteManifestUrl": "http://localhost/test/project.manifest",
    "remoteVersionUrl": "http://localhost/test/version.manifest",
    "version": "1.0.2",
    "groupVersions": {
        "1": "1.0.1",
        "2": "1.0.2"
    }
}
```

　　VersionManifest 中包含了增量更新的版本信息，其中版本号和版本组是需要注意的，因为 AssetsManagerEx 是同时根据这两个字段来判断是否需要更新的。版本组包含了很多小的版本号，如 1.0.1、1.0.2 等，在版本号字段相同的情况下，只要服务器的 Manifest 中版本组字段中有一个版本号是本地没有的，那么就需要更新，当需要更新时，会获取服务器的 ProjectManifest 进行进一步的判断，如图 3-2 所示为版本信息结构。

图 3-2　版本信息结构

下面是一个完整的 ProjectManifest 示例。

```
{
    "packageUrl": "http://localhost/test/",
    "remoteManifestUrl": "http://localhost/test/project.manifest",
    "remoteVersionUrl": "http://localhost/test/version.manifest",
    "version": "1.0.2",
    "groupVersions": {
        "1": "1.0.1",
        "2": "1.0.2"
    },
```

```
    "assets": {
        "1.0.1": {
            "path": "release1.0.1.zip",
            "md5": "01621650ddc23821709efd68e3786d2c",
            "compressed": true
        },
        "1.0.2": {
            "path": "release1.0.2.zip",
            "md5": "596d892583761b91d910ecd45f473725",
            "compressed": true
        }
    }
    "searchPaths" : [
                "res/"
    ]
}
```

ProjectManifest 完全包含了 VersionManifest 中的全部内容，除了版本信息之外，ProjectManifest 还包含了详细的资源信息，最主要的是资源列表信息。资源列表信息由一个个资源信息组成，每个资源信息都包括下载路径、MD5、是否被压缩、分组等属性。如果资源信息下没有 path 属性，会将自定义的资源名作为 path 的默认值，如上面的 1.0.1 资源没有配置 path，那么 path 就会被设置为 1.0.1。如图 3-3 所示为资源信息结构。

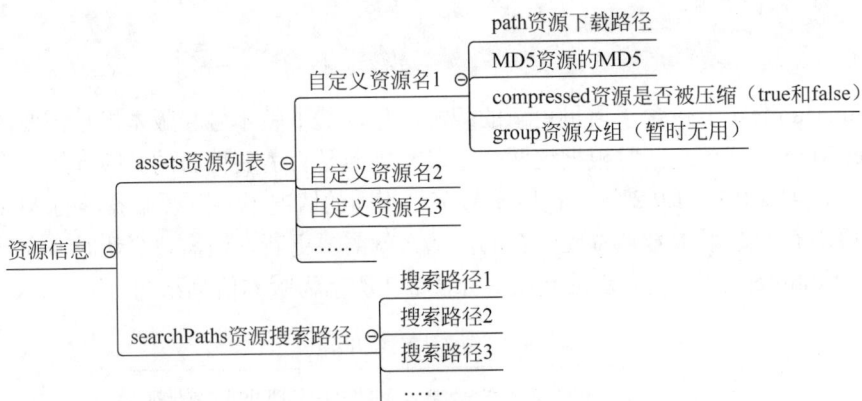

图 3-3　资源信息结构

关于 Manifest 文件的生成，需要自己实现一个小工具按照 AssetsManagerEx 的规则来生成 Manifest 文件。

3.4　AssetsManagerEx 内部实现流程简析

1. 初始化本地Manifest

AssetsManagerEx 进行热更新的第一步是初始化 Manifest，除了构造函数传入的本地 Manifest 文件，还存在其他 3 个 Manifest 文件，分别是 CacheManifest、CacheVersion 和 TempManifest，这 3 个文件都是从服务端下载的。

LocalManifest 是游戏安装包里的 Manifest 文件，CacheManifest 和 CacheVersion 是从

服务器下载的 Manifest 文件，TempManifest 是本次增量更新生成的临时文件，内容和 CacheManifest 一样，主要用于辅助处理更新到一半被异常中断后的恢复处理。

首先初始化 LocalManifest 对象和 CacheManifest 对象，初始化 Manifest 对象的规则是先检查指定 Manifest 文件路径，如果存在该文件则读取并初始化，如果初始化失败（例如文件只下载了一半）则删除该文件（因为这是一个坏的文件）并释放 Manifest 对象。如果两个对象都初始化成功了，则会比较两者的版本号，如果 LocalManifest 的版本号大于 CacheManifest 的版本号，则将我们设置的增量更新存储目录删除并使用 LocalManifest 对象，否则使用 CacheManifest 对象。如果 LocalManifest 对象创建失败，那么 AssetsManagerEx 会发送 ERROR_NO_LOCAL_MANIFEST 错误。LocalManifest 对象创建成功之后，AssetsManagerEx 会获取其资源列表并将配置的搜索路径添加到引擎的搜索路径中，并设置其优先级。完成了 LocalManifest 的初始化之后，初始化 TempManifest 文件。

第一次运行程序是没有 CacheManifest 文件的，需要从服务器下载，下载之后就会一直使用 CacheManifest 文件作为本地版本来与服务器的 Manifest 文件进行版本判断。当有新的更新时，CacheManifest 文件也会被替换成最新的 Manifest 文件，因为安装包中的 Manifest 文件是无法修改的，所以如果使用安装包中的 Manifest 文件来与服务器的 Manifest 文件进行判断，那么每次的结果都是需要更新。

当 LocalManifest 的版本号大于 CacheManifest 的版本号时，我们设置的增量更新存储目录会被删除，这里只存在一种可能性，就是我们更新了新的完整包，不是增量更新，而是大版本的完全更新。这种情况下安装包中的内容要比增量更新存储目录中的内容更新，因为更新程序不会删除程序可写目录下的文件的，而增量更新存储目录的优先级要高于安装包内的游戏目录，如果不删除增量更新存储目录的话，就会加载一些旧版本的资源，这就是为什么要删除存储目录的原因。

2. 检查更新

调用 AssetsManagerEx 的 update()方法，首先会下载 VersionManifest 文件，downloadVersion()方法会判断是否配置了 VersionManifest 文件的下载路径，如果是则将其下载到 CacheVersion 文件路径下，如没有配置或者下载失败则会直接下载服务器的 ProjectManifest 文件，将其下载到 TempManifest 文件路径下，如果下载失败或者没有配置 ProjectManifest 文件的下载路径，AssetsManagerEx 会发送 ERROR_DOWNLOAD_ MANIFEST 错误，我们可以再次调用 AssetsManagerEx 的 update()方法进行重试。

成功下载 VersionManifest 或 ProjectManifest 文件之后都会执行版本判断，检查是否需要更新，检查会判断本地 Manifest 文件和远程 Manifest 文件的版本字段是否相同，不同则触发更新，相同则进一步判断版本组中的每一个小版本，也就是版本组字段中的内容，如果远程 Manifest 文件中有新的或不同的小版本，则触发更新。

3. 开始更新

开始更新时会先判断 TempManifest 对象是否存在，以及 TempManifest 对象的版本是否与远程 Manifest 的版本相同，是则说明该版本的上次更新没有完成，所以只需要继续下载之前没有下载完的部分即可，因为每下载完成一个资源，就会修改 TempManifest 文件中对应资源的状态字段，所以只需要下载 TempManifest 对象中状态为未下载的资源那部分资源即可。

否则会根据本地 Manifest 文件和远程 Manifest 文件计算出资源差异列表，这个差异列表包含了要更新以及删除的资源，当一个资源在本地 Manifest 文件中而不在远程 Manifest 文件中，则会将这个资源标记为待删除资源，反之则会将这个资源添加到要下载的资源列表中，同时存在的资源但 MD5 字段不同，也会被添加到要下载的资源列表中。计算出要下载的资源列表之后，AssetsManagerEx 就会调用 Downloader 对象进行下载。

4．更新结果

当出现下载失败的资源时，AssetsManagerEx 都会将下载失败的资源放到一个失败列表中，而每成功下载一个资源，AssetsManagerEx 都会更新 TempManifest 对象的资源列表中指定资源的状态为已完成，并判断该资源是否在失败列表中，是则从失败列表中移除，减少待下载资源的计数器，最后判断待下载资源的计数器是否小于等于 0，是则进一步判断失败列表是否为空，为空则执行下载成功的逻辑，否则保存 TempManifest 对象，解压已下载的 zip 压缩包（这里是阻塞的），并发送更新失败的消息。

实际使用中如果在更新的过程中出现资源下载失败的情况，是不会执行到更新失败这条分支的，因为待下载资源的计数器会一直大于 0。另外，如果在更新的过程中强制退出游戏，下次进入时已经下载好的文件会重新从头开始下载，只有正在下载的文件会断点续传。

更新成功之后，AssetsManagerEx 会用 TempManifest 文件来替换 CacheManifest 文件，并设置新的搜索路径，接下来开启一条线程逐个解压压缩文件，并将 zip 文件删除，所有文件解压完成后会发送更新成功的消息。

3.5　自动打包工具

手写 Manifest 文件极其低效且容易出错，而 Cocos2d-x 官方又没有给出对应的工具，所以需要实现一个自动对比差异并打包的小工具来代替手动编辑 Manifest 文件。

我们希望用新版本的资源覆盖了旧版本的资源之后，通过工具来自动对比版本差异，为差异的资源自动生成 Manifest 文件。通过不同的打包方式，可以有两种增量更新的方法，这两种方法各有利弊，这里简单分析一下。

第一种是逐文件更新的方法，把要更新的资源放到服务器上，客户端每次更新时对比出远程 Manifest 文件和本地 Manifest 文件的差异资源，然后逐个下载。这种方式的好处是，当隔了很久没有去更新时，不论一个文件被修改了多少次，都只更新一次该文件，并且支持在新版本中删除资源文件。而缺点也很明显，如果文件很多，那么就需要下载很多次，一次只能下载一个文件，并且文件没有经过压缩，既消耗流量又消耗服务器资源，而且所有的资源都可以被访问（这也降低了资源的安全性，增加了资源被盗用的风险）。如果修改以图片为主（这里说的是修改而不是新增），那么可以用这种方式，因为图片本身的 zip 压缩率就很低。

假设游戏引用了名字为 1.png～100.png 的 100 张 png 图片，首次更新需要更新 88.png，那么就把 88.png 放到服务器的资源目录下，生成只记录 88.png 的 Manifest 文件。第二次又更新了 1.png～50.png，那么将这 50 张图片放到服务器的资源目录下，生成记录 88.png 以及 1.png～50.png 的 Manifest 文件。服务器的资源目录会一直保持与客户端本地的更新目录一一对应的关系。如果第三次更新删除了 88.png，那么客户端更新到该版本之后本地更新目录的 88.png 也会被删掉，但安装包中最老版本的 88.png 是不会被删除的。

第二种是打包更新的方法，把本次要更新的资源打包然后放到服务器上，每个小版本都是一个更新包。每次更新时服务器的 Manifest 文件都会新增这个更新包到资源列表中，如果我们发布了 10 个版本，那么 Manifest 文件中会记录这 10 个版本的更新包。这种方式的好处是每次更新只需要更新一个文件即可，相对来说会更省流量，服务器的压力也会更小，但缺点是如果有很多较大的文件是频繁修改的，如巨大的公共图集，每次都修改了这个图集，那么 10 个 zip 包中就会有 10 张图集，如果隔了很久没有去更新时，就需要将中间每一个版本的更新包都下载下来，而且服务器的资源目录和客户端本地的更新目录不是一一对应的，无法实现删除某资源的操作。

对于打包更新的方法，可以通过**优化打包的方式来弥补它的缺点**，在每次打包时，**遍历之前打好的包，将重复的资源剔除，如果之前的包中只剩下要剔除的资源，则删除这个包，并更新 Manifest 文件**。这样既可以保证资源都被压缩，也可以避免当用户长期不登录时，再次登录时需要下载大量的冗余重复资源。

1. 设计自动打包工具

接下来实现这个自动打包的小工具，用这个小工具来自动计算出每次版本更新的差异资源，并生成 Manifest 文件，而不是手动整理出差异资源并手写 Manifest 文件。打包工具的需求如下。

每次要发布新版本的时候，执行一次打包工具，指定资源路径以及版本号，打包工具自动遍历所有资源，对比与上一个版本资源的差异。可以选择将差异资源复制到一个资源发布目录下，或将差异资源打包压缩再移动到资源发布目录下，并生成 Manifest 文件。

在运行打包工具之前，先将资源放到打包工具下的资源目录下，覆盖旧的资源。首先需要用一个资源列表文件来记录最后一次更新时所有文件的状态，拿到最新版本的资源列表 release.assets，如果这是第一个版本，那么直接生成这个版本的资源列表即可，后面所有的变化都是在这个基础版本的资源上进行变化的。可以遍历整个资源目录，将每一个资源的路径及其 MD5 码记录到资源列表中。

如果获取到了最新（上一个）版本的资源列表，则遍历整个资源目录，生成新版本的资源列表，对比两个资源列表，将新增以及 MD5 值不同的资源整理出来，打包成一个 zip 包，然后将新版本的资源列表保存为 release.assets，替换为最新版本的资源列表，最后生成最新版本的 Manifest 文件。

也可以选择不生成 zip 包，实际上不生成 zip 包就是把最新的资源目录整个发布出去，然后将完整的资源列表记录到 Manifest 文件中。

我们需要解决以下几个问题。

- ❑　如何遍历目录下的所有文件。
- ❑　如何读写文件。
- ❑　如何获取文件的 MD5。
- ❑　如何使用 JSON 编码和解码。

- 如何使用 zip 压缩文件。

这样的一个小工具用 PHP 或 Python 可以很方便地实现，这里使用 PHP 来实现。虽然 PHP 是专门用于实现 Web 服务器的脚本语言，但也可以用它来实现一些命令行小工具，在命令行中执行 PHP 解释器，传入要执行的 PHP 脚本即可在命令行中执行 PHP，quick-cocos2d-x 的很多命令行工具都是这么实现的。

2. 使用打包工具

接下来了解一下如何使用打包工具进行打包，首先需要从控制台进入打包工具的目录，直接运行脚本不输入任何参数会弹出介绍说明，如图 3-4 所示。如果在 Mac 下的帮助说明是乱码，只需要将 lib/pack_assets.php 的文件编码转为 UTF-8 即可。

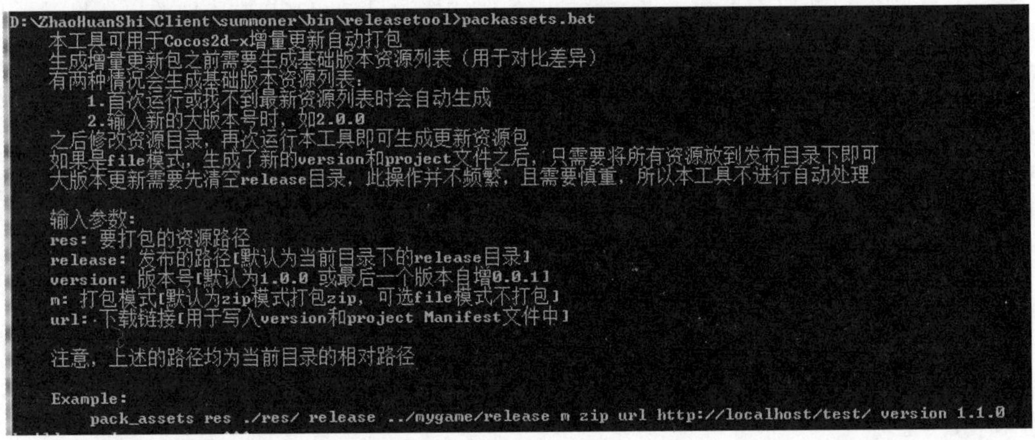

```
D:\ZhaoHuanShi\Client\summoner\bin\releasetool>packassets.bat
    本工具可用于Cocos2d-x增量更新自动打包
    生成增量更新包之前需要生成基础版本资源列表（用于对比差异）
    有两种情况会生成基础版本资源列表：
        1.首次运行或找不到最新资源列表时会自动生成
        2.输入新的大版本号时，如2.0.0
    之后修改资源目录，再次运行本工具即可生成更新资源包
    如果是file模式，生成了新的version和project文件之后，只需要将所有资源放到发布目录下即可
    大版本更新需要先清空release目录，此操作并不频繁，且需要慎重，所以本工具不进行自动处理

    输入参数：
    res: 要打包的资源路径
    release: 发布的路径[默认为当前目录下的release目录]
    version: 版本号[默认为1.0.0 或最后一个版本自增0.0.1]
    m: 打包模式[默认为zip模式打包zip，可选file模式不打包]
    url: 下载链接[用于写入version和project Manifest文件中]

    注意，上述的路径均为当前目录的相对路径

    Example:
        pack_assets res ./res/ release ../mygame/release m zip url http://localhost/test/ version 1.1.0
```

图 3-4　打包工具

下面先执行一条命令来生成基础 1.0.0 版本。在 Windows 下执行 packassets.bat res res/ url http://localhost/test/ m zip 命令，Mac 下将 packassets.bat 修改为./packassets.sh，如图 3-5 所示，这条指令会将当前的 res 目录下的资源进行打包，传入指定的 URL 以及打包模式。由于是基础版本，所以不会生成增量更新包，只是记录了所有文件的状态。

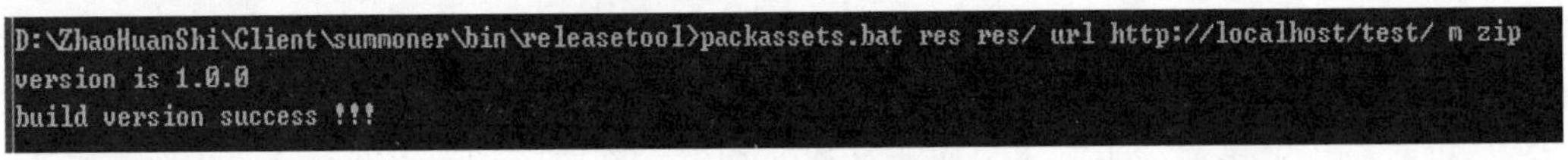

```
D:\ZhaoHuanShi\Client\summoner\bin\releasetool>packassets.bat res res/ url http://localhost/test/ m zip
version is 1.0.0
build version success !!!
```

图 3-5　生成基础版本

然后在 res 目录中随意添加新文件，并对旧的文件进行修改，再执行一次刚才输入的命令，如图 3-6 所示，打包工具会自动对比出差异的文件并进行打包。打包的新版本号会自动在旧版本号的最后一位自增一，也可以通过 version 参数指定版本。默认会将生成的包生成到当前目录下的 release 目录中，也可以通过 release 参数指定发布路径。使用 m 参数可以指定 zip 打包和 file 逐文件打包两种模式。打包参数的作用在 PHP 脚本中有详细的介绍，这里不再细述。

执行完命令之后会在指定的 release 目录下输出 project.manifest、version.manifest、对应的版本资源以及记录所有资源详情的 release.assets 文件，如图 3-7 所示。将 release 目录下的文件复制到服务器的下载路径下（如在 nginx 的 html 目录下，根据指定的 URL 相对路径 test 目录中），即可发布新版本。

图 3-6　生成增量包

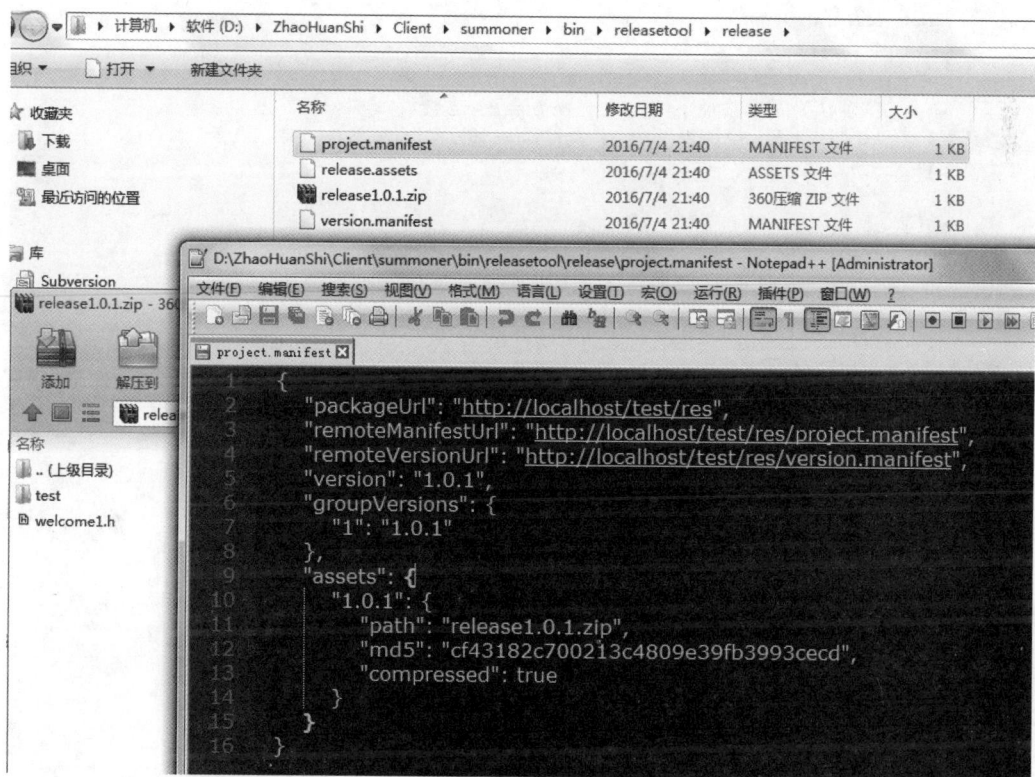

图 3-7　release 发布目录

3. 自动打包工具的实现

接下来简单介绍一下这个小工具是如何实现的。首先需要将 Windows 和 Mac 下的 PHP 程序放到对应的目录下，然后编写一个 bat 和一个 shell 脚本，这种方式是参考 quick-cocos2d-x 的命令行工具实现，感兴趣的读者可以下载 quick，然后打开 quick 下的 bin 目录学习一下。如不关心打包工具的实现，可以跳过这一节。

pack_assets.bat 脚本的代码如下。

```
@echo off
set DIR=%~dp0
%DIR%win32\php.exe "%DIR%lib\pack_assets.php" %*
```

pack_assets.sh 脚本的代码如下。

```
#!/bin/bash
DIR="$( cd "$( dirname "${BASH_SOURCE[0]}" )" && pwd )"
php "$DIR/lib/pack_assets.php" $*
```

然后在当前目录的 lib 目录下新建 pack_assets.php 文件，输入以下代码。

```php
<?php
require_once 'jsbeautifier.php';
define('DS', DIRECTORY_SEPARATOR);
/* 自动打包脚本
    1.对比差异
    2.自动打包
输入参数：
    res: 要打包的资源路径
    url: 下载链接
    release: 发布的路径
    asset: 默认为发布路径下的 version.manifest
    version: 版本号[默认为 1.0.0 或最后一个版本自增 0.0.1]
    2016-7-5 by 宝爷
*/

function help()
{
    echo <<<EOT
    本工具可用于 Cocos2d-x 增量更新自动打包
    生成增量更新包之前需要生成基础版本资源列表（用于对比差异）
    有两种情况会生成基础版本资源列表：
        1.首次运行或找不到最新资源列表时会自动生成
        2.输入新的大版本号时，如 2.0.0
    之后修改资源目录，再次运行本工具即可生成更新资源包
    如果是 file 模式，生成了新的 version 和 project 文件之后，只需要将所有资源放到发布
    目录下即可
    大版本更新需要先清空 release 目录，此操作并不频繁，且需要慎重，所以本工具不进行自
    动处理

    输入参数：
    res: 要打包的资源路径
    release: 发布的路径[默认为当前目录下的 release 目录]
    version: 版本号[默认为 1.0.0 或最后一个版本自增 0.0.1]
    m: 打包模式[默认为 zip 模式打包 zip, 可选 file 模式不打包]
    url: 下载链接[用于写入 version 和 project Manifest 文件中]

    注意，上述的路径均为当前目录的相对路径

    Example:
        pack_assets res ./res/ release../mygame/release/ m zip url http://localhost/
        test/ version 1.1.0
EOT;
}

$options = array();
```

```php
#检查输入参数
function checkArgs()
{
    global $argc, $argv, $options ;
    $argsCheck = array(
        "res", "release", "m", "version", "url"
    );
    $argcCheck = count($argsCheck);
    # 获取输入的参数
    for($idx = 1; $idx < $argc; $idx++)
    {
        if($idx + 1 < $argc)
        {
            for($i = 0; $i < $argcCheck; ++$i)
            {
                if($argv[$idx] == $argsCheck[$i])
                {
                    $options[$argv[$idx] ] = $argv[++$idx];
                    print($options[$argv[$idx] ]);
                    break;
                }
            }
        }
    }

    # 设置默认参数
    if(!array_key_exists("res", $options) || !array_key_exists("url",
$options))
    {
        help();
        return false;
    }
    if(!array_key_exists("release", $options))
    {
        $options["release"] = $options["res"] . "/../release/";
    }
    if(!array_key_exists("m", $options))
    {
        $options["m"] = "zip";
    }
    return true;
}

# 获取最后一次发布的所有文件状态
function getLastRelease(array & $lastRelease)
{
    global $options ;
    if(file_exists($options["release"] . "release.assets"))
    {
        $jsonFile       =       file_get_contents($options["release"] .
"release.assets");
        $lastRelease = json_decode($jsonFile, true);
        return true;
    }
    return false;
}

# 获取版本，输入的版本应该以 a.b.c 的格式
function getVersion($lastVersion)
```

```
{
    global $options ;
    if(array_key_exists("version", $options))
    {
        return $options["version"];
    }

    if($lastVersion != null)
    {
        $verArray = explode('.', $lastVersion);
        if(count($verArray) > 0)
        {
            $verArray[count($verArray) - 1] += 1;
            return implode('.', $verArray);
        }
    }

    return "1.0.0";
}

# 检查一个版本字符串是不是一个大版本，即类似 3.0.0 这样的
function isLargeVersion($version)
{
    if($version == null) return false;
    $verArray = explode('.', $version);
    $arrayCount = count($verArray);
    if($arrayCount > 0)
    {
        for($idx = 1; $idx < $arrayCount; ++$idx)
        {
            if($verArray[$idx] != 0) return false;
        }
    }
    return true;
}

# 遍历目录，找出指定目录下的所有文件
function findFiles($dir, array & $files)
{
    $dir = rtrim($dir, "/\\");
    $dh = opendir($dir);
    if ($dh == false) {
        print("\nopen dir error\n");
        return;
    }

    while (($file = readdir($dh)) !== false)
    {
        if ($file == '.' || $file == '..') { continue; }

        $path = $dir . '/' . $file;
        if (is_dir($path))
        {
            findFiles($path, $files);
        }
        elseif (is_file($path))
        {
            $files[] = $path;
        }
        else
        {
```

```
            print("error find " . $path);
        }
    }
    closedir($dh);
}


# 生成一个文件数组对应的 MD5 数组
function genMD5(array & $files)
{
    $filemd5s = array();
    $length = count($files);
    for($idx = 0; $idx < $length; $idx++)
    {
        $filemd5s[$files[$idx]] = md5_file($files[$idx]);
    }
    return $filemd5s;
}


# 生成一个新的 Manifest 数组
function genVersionManifest($version, $url)
{
    #$url = http://localhost/;
    $manifest = array(
        "packageUrl"=> $url,
        "remoteManifestUrl" => $url . "project.manifest",
        "remoteVersionUrl" =>$url . "version.manifest",
        "version" => $version
    );
    return $manifest;
}


# 将当前版本的更新追加到 VersionManifest 文件中
function appendVersionManifest(array & $manifest, $subversion)
{
    $manifest["version"] = $subversion;
    if(array_key_exists("groupVersions", $manifest))
    {
        $count = count($manifest["groupVersions"]) + 1;
        $manifest["groupVersions"][(string)$count] = $subversion;
    }
    else
    {
        $manifest["groupVersions"] = array("1" => $subversion);
    }
}


# 将当前版本的更新追加到 ProjectManifest 文件中
function appendProjectManifest(array & $manifest, $subversion, $file,
$searchPath)
{
    if(!array_key_exists("assets", $manifest))
    {
        $manifest["assets"] = array();
        $manifest["assets"][$subversion] = array();
    }
    $manifest["assets"][$subversion]["path"] = "release" . $subversion .
".zip";
    $manifest["assets"][$subversion]["md5"] = md5_file($file);
    $manifest["assets"][$subversion]["compressed"] = true;
    #$manifest["assets"][$subversion]["group"] = $group;
```

```
   if($searchPath != null)
   {
       if(!array_key_exists("searchPaths", $manifest))
       {
           $manifest["searchPaths"] = array ($searchPath);
       }
       else
       {
           $manifest["searchPaths"][] = $searchPath;
       }
   }
}

# 将文件添加到 ProjectManifest 文件中
function appendResToProjectManifest(array & $manifest, $file)
{
   global $options ;
   # 去掉头部
   $path = str_replace($options["res"], "", $file);
   if(!array_key_exists("assets", $manifest))
   {
       $manifest["assets"] = array();
   }
   if(!array_key_exists($path, $manifest["assets"]))
   {
       $manifest["assets"][$path] = array();
   }
   $manifest["assets"][$path]["md5"] = md5_file($file);
}

# 将指定的文件压缩到指定的 release 目录下的 release + 版本号.zip 文件
如 release1.0.0.zip
function genZip($zipfile, array & $files)
{
   global $options ;
   $zip = new ZipArchive();
   echo "compress to " . $zipfile . "\n";
   if (!$zip->open($zipfile, ZIPARCHIVE::OVERWRITE | ZIPARCHIVE::
CM_STORE))
   {
       return false;
   }

   foreach ($files as $path => $md5)
   {
       # 保留 res 下的相对路径
       $file = str_replace($options["res"], "", $path);
       echo "\ncompress file " . $file . "\n";
       $zip->addFile($path, $file);
   }
   $zip->close();
   return true;
}

#保存 Json 文件
function saveJsonFile($filePath, $manifest)
{
   #
   $options = new BeautifierOptions();
   $beautifier = new JSBeautifier($options);
```

```php
    $file = fopen($filePath, "w");
    $jsonStr = $beautifier->beautify(json_encode($manifest));
    fwrite($file, str_replace("\\", "", $jsonStr));
    fclose($file);
}

# 自动生成包
function releaseVersion()
{
    global $options ;
    # 检查参数
    if(!checkArgs()) return false;

    # 生成更新包
    $lastRelease = array();
    if(getLastRelease($lastRelease) && !isLargeVersion($options["version"]))
    {
        $versionManifest = json_decode(file_get_contents($options
         ["release"]. "version.manifest"), true);
        if($versionManifest == null)
        {
            echo "decode " . $options["release"] . "version.manifest" . "
            faile\n";
            return false;
        }
        $projectManifest = json_decode(file_get_contents($options
         ["release"] . "project.manifest"), true);
        if($projectManifest == null)
        {
            echo "decode " . $options["release"] . "project.manifest" .
            "faile\n";
            return false;
        }

        # 检查版本更新
        $files = array();
        findFiles($options["res"], $files);
        $files = genMD5($files);
        $diffFiles = array_diff_assoc($files, $lastRelease);
        print("diff files is: \n");
        print_r($diffFiles);

        # 没有差异，无须打包
        if(count($diffFiles) == 0) return true;

        # 获得新版本号
        $version = getVersion($versionManifest["version"]);
        echo "version is " . $version . "\n";

        # zip 模式打包
        if($options["m"] == "zip")
        {
            # 生成压缩包
            $zippkg = $options["release"] . "release" . $version . ".zip";
            genZip($zippkg, $diffFiles);

            # 更新 VersionManifest 和 ProjectManifest
            appendVersionManifest($versionManifest, $version);
            saveJsonFile($options["release"] . "version.manifest",
```

```php
            $versionManifest);
            appendVersionManifest($projectManifest, $version);
            appendProjectManifest($projectManifest, $version, $zippkg,
            null);
            saveJsonFile($options["release"] . "project.manifest",
            $projectManifest);
        }
        # file 模式打包
        elseif($options["m"] == "file")
        {
            # 创建新的 VersionManifest 和 ProjectManifest
            $versionManifest = genVersionManifest($version, $options["url"]);
            saveJsonFile($options["release"] . "version.manifest",
            $versionManifest);
            # 把所有文件写入 project.manifest
            foreach ($files as $path => $md5)
            {
                appendResToProjectManifest($versionManifest, $path);
            }
            saveJsonFile($options["release"] . "project.manifest",
            $versionManifest);
        }

        # 保存最新的版本资源 MD5 信息
        saveJsonFile($options["release"] . "release.assets", $files);
    }
    # 生成基础版本（不发布）
    else
    {
        $files = array();
        findFiles($options["res"], $files);
        $files = genMD5($files);
        @mkdir($options["release"] , 0700);
        # 保存最新的版本资源 MD5 信息
        saveJsonFile($options["release"] . "release.assets", $files);

        $version = getVersion(null);
        echo "version is " . $version;
        # 生成 VersionManifest 和 ProjectManifest
        $versionManifest = genVersionManifest($version, $options["url"]);
        saveJsonFile($options["release"] . "version.manifest",
        $versionManifest);
        saveJsonFile($options["release"] . "project.manifest",
        $versionManifest);
    }
}

releaseVersion();

echo "\nbuild version success !!!\n"
?>
```

第4章 声音与音效

在游戏中应用好音乐和音效可以给玩家带来更好的代入感和体验，因此除了要了解相关接口的使用，还需要对各种音频文件的格式有一定的了解，掌握一些使用音乐音效的技巧，以及新版本声音库的使用。本章主要介绍以下内容：

- ❏ 选择音频格式。
- ❏ 使用 SimpleAudioEngine。
- ❏ 使用 AudioEngine。
- ❏ 声音音效相关的经验和技巧。

4.1 选择音频格式

一般将游戏中的声音分为两类，即音乐和音效，也可以称为背景音乐和音效，那么它们有何不同呢？就播放的时长而言，音乐一般会比音效长很多，音质的要求往往也会更高一些。一般情况下音乐同时只会播放一首，而游戏音效则可以多个同时播放。以下是常用的一些音频格式。

- ❏ MP3 格式：体积较小，音质较高，兼容性好，适用于背景音乐。
- ❏ MID 格式：数字化乐器接口，音效较差，体积小，兼容性一般，只能录入简单的音乐。
- ❏ ACC 格式：目前最好的有损格式之一，与 MP3 类似，但音质更高且体积更小。
- ❏ CAF 格式：音效丰富，体积小，iOS 专用，适用于游戏音效。
- ❏ WAV 格式：无损音质，兼容性较好，但体积大。
- ❏ OGG 格式：目前最好的有损格式之一，与 MP3 类似，但音质更高，支持多声道。

在选择音乐文件格式时，主要考虑的因素有**音频文件的大小、音质是否符合需求、解码效率以及平台是否兼容**等。Android 和 iOS 平台主要支持的背景音乐格式如下。

- ❏ Android：ACC（要求 Android 3.1 以上）、3GP、MP3、OGG、WAV、MID。
- ❏ iOS：ACC、CAF、MP3、WAV。

Android 和 iOS 两个平台主要支持的音效格式如下。

- ❏ Android：WAV、OGG。
- ❏ iOS：WAV、ACC、CAF。

虽然支持的音频格式很多，但在 Android 上不论播放背景音乐还是音效，OGG 都是最佳的选择，**因为 Android 支持 OGG 的硬件加速**，而在 iOS 中，**最为推荐的格式是 ACC 和 CAF**，声音的播放与操作系统和硬件有很大的关系，选择合适的格式可以让程序运行得更加稳定，同时也应该尽量控制不要同时播放过多的音效，因为在小部分老旧的设备上同时播放大量音效有可能导致程序崩溃。

不要因为懒惰而让一种音频格式在所有的平台上播放，选择最适合这个平台的格式才是最划算的。需要将一个音乐文件转换成另外一种格式时，最好使用音质最高的那种格式的源文件来进行转换，以避免过多地损失音质。

如果想了解更多关于 Android 音频格式相关的信息，可以阅读 Android 的开发文档 http://wear.techbrood.com/guide/appendix/media-formats.html。如表 4-1 所示为文档中关于 Android 平台支持的声音格式的简单介绍。

表 4-1　Android支持的声音格式

Format / Codec	Details	Supported File Type(s) / Container Formats
AAC LC HE-AACv1 (AAC+)	Support for mono/stereo/5.0/5.1 content with standard sampling rates from 8 to 48 kHz.	• 3GPP (.3gp) • MPEG-4 (.mp4, .m4a) • ADTS raw AAC (.aac, decode in Android 3.1+, encode in Android 4.0+, ADIF not supported) • MPEG-TS (.ts, not seekable, Android 3.0+)
HE-AACv2 (enhanced AAC+)	Support for stereo/5.0/5.1 content with standard sampling rates from 8 to 48 kHz.	
AAC ELD (enhanced low delay AAC)	Support for mono/stereo content with standard sampling rates from 16 to 48 kHz	
AMR-NB	4.75 to 12.2 kbps sampled @ 8kHz	3GPP (.3gp)
AMR-WB	9 rates from 6.60 kbit/s to 23.85 kbit/s sampled @ 16kHz	3GPP (.3gp)
FLAC	Mono/Stereo (no multichannel). Sample rates up to 48 kHz (but up to 44.1 kHz is recommended on devices with 44.1 kHz output, as the 48 to 44.1 kHz downsampler does not include a low-pass filter). 16-bit recommended; no dither applied for 24-bit.	FLAC (.flac) only
MP3	Mono/Stereo 8-320Kbps constant (CBR) or variable bit-rate (VBR)	MP3 (.mp3)
MIDI	MIDI Type 0 and 1. DLS Version 1 and 2. XMF and Mobile XMF. Support for ringtone formats RTTTL/RTX, OTA, and iMelody	• Type 0 and 1(.mid, .xmf, .mxmf) • RTTTL/RTX (.rtttl, .rtx) • OTA (.ota) • iMelody (.imy)
Vorbis		• Ogg (.ogg) • Matroska (.mkv, Android 4.0+)
PCM/WAVE	8- and 16-bit linear PCM (rates up to limit of hardware). Sampling rates for raw PCM recordings at 8000, 16000 and 44100 Hz.	WAVE (.wav)

如果想了解更多关于 iOS 音频格式相关的信息，可以阅读 iOS 的开发文档 https://developer.apple.com/library/ios/documentation/AudioVideo/Conceptual/MultimediaPG/UsingAudio/UsingAudio.html#//apple_ref/doc/uid/TP40009767-CH2-SW6。如表 4-2 所示为文档中关于 iOS 平台支持的声音格式的简单介绍。

表 4-2　iOS支持的声音格式

Audio decoder/playback format	Hardware-assisted decoding	Software-based decoding
AAC (MPEG-4 Advanced Audio Coding)	Yes	Yes, starting in iOS 3.0
ALAC (Apple Lossless)	Yes	Yes, starting in iOS 3.0
HE-AAC (MPEG-4 High Efficiency AAC)	Yes	-
iLBC (internet Low Bitrate Codec, another format for speech)	-	Yes
IMA4 (IMA/ADPCM)	-	Yes
Linear PCM (uncompressed, linear pulse-code modulation)	-	Yes
MP3 (MPEG-1 audio layer 3)	Yes	Yes, starting in iOS 3.0
µ-law and a-law	-	Yes

4.2　使用 SimpleAudioEngine

SimpleAudioEngine 是一个简单的声音引擎，是一个单例对象，命名空间为 CocosDenshion，包含 SimpleAudioEngine.h 头文件并引用 CocosDenshion 命名空间后即可 使用它。SimpleAudioEngine 提供了背景音乐、音效的加载、缓存、播放等功能，使用了 SimpleAudioEngine 后需要在程序退出时执行 SimpleAudioEngine 的 end 方法，否则有可能 产生内存泄漏。SimpleAudioEngine 经过了多个版本的更新，目前最新的 Cocos2d-x 3.10 版 本相比之前的版本有了不少调整，接下来简单了解一下 SimpleAudioEngine 的相关接口。

```
//获取单例
static SimpleAudioEngine* getInstance();
//释放单例
static void end();
```

以下是背景音乐相关接口。

```
//传入文件名，预加载背景音乐
virtual void preloadBackgroundMusic(const char* filePath);
//传入文件名和是否循环，播放背景音乐
virtual void playBackgroundMusic(const char* filePath, bool loop = false);
//停止播放背景音乐，如果 releaseData 为 true，背景音乐还会被释放掉
virtual void stopBackgroundMusic(bool releaseData = false);
//暂停播放背景音乐
virtual void pauseBackgroundMusic();
//恢复被暂停的背景音乐
virtual void resumeBackgroundMusic();
//重新播放当前背景音乐
virtual void rewindBackgroundMusic();
//判断背景音乐是否可以被播放
virtual bool willPlayBackgroundMusic();
//判断当前是否正在播放背景音乐
virtual bool isBackgroundMusicPlaying();
//获取背景音乐的音量，返回值的范围是 0~1.0
```

```
virtual float getBackgroundMusicVolume();
//设置背景音乐的音量，范围为 0~1.0
virtual void setBackgroundMusicVolume(float volume);
```

以下是音效相关接口。

```
//获取音效的音量，返回值的范围是 0~1.0
virtual float getEffectsVolume();
//设置音效的音量，范围为 0~1.0
virtual void setEffectsVolume(float volume);
//播放指定的音效，并返回音效句柄 ID，参数意义如下
    filePath 音效文件名
    loop 是否循环播放
    pitch 播放频率，默认为 1.0，该值越小播放速度越慢、时间越长，反之则播放速度越快、
    时间越短
    pan 声道，取值范围为-1.0~1.0，-1.0 表示只开启左声道
    gain 音量，取值范围为 0.0~1.0，默认为 1.0
//在 Win32 下，pitch、pan、gain 参数都是无效的，并且在 Win32 下同一个音效不能同时播
放多个
//在三星 Galaxy S2 上，pitch 参数是无效的
virtual unsigned int playEffect(const char* filePath, bool loop = false,
                float pitch = 1.0f, float pan = 0.0f, float gain = 1.0f);
//传入 playEffect 返回的音效句柄，暂停音效播放
virtual void pauseEffect(unsigned int soundId);
//暂停所有音效的播放
virtual void pauseAllEffects();
//传入 playEffect 返回的音效句柄，恢复被暂停的音效
virtual void resumeEffect(unsigned int soundId);
//恢复所有被暂停的音效
virtual void resumeAllEffects();
//传入 playEffect 返回的音效句柄，停止播放音效
virtual void stopEffect(unsigned int soundId);
//停止播放所有音效
virtual void stopAllEffects();
//传入文件名，预加载音效
virtual void preloadEffect(const char* filePath);
//传入文件名，卸载指定音效
virtual void unloadEffect(const char* filePath);
```

在 cpp-tests 的 CocosDenshion 示例中演示了上述接口的使用，只需要直接获取单例对象并执行相应的方法即可，非常简单，这里不再赘述。需要注意的是播放了平台不支持的音频格式有可能导致程序崩溃。

4.3　使用 AudioEngine

SimpleAudioEngine 一般情况下已经足以满足需求了，除非需要实现一些更加精确、深入的控制，或者策划提出了更加复杂的需求（如在 Win32 下控制每个音效的音量），才需要用到更强大的 AudioEngine。在学习 AudioEngine 之前，先来看一下它的命名空间——experimental，这是试验中的意思，所以在其稳定之前，建议尽量不要使用。

虽然还在试验中，但并不妨碍我们先了解一下其新功能。从接口上来看，AudioEngine

并没有音乐和音效的区别，可以使用 AudioProfile 来配置每一种声音最多同时播放的实例数、声音播放的最小时间间隔。相比 SimpleAudioEngine，我们并不能控制每个音效的频率和声道，但一般也不需要使用这两个特性。另外在 AudioEngine 中，可以动态控制每个声音的循环、音量、播放进度等有用的属性。AudioEngine 还提供了异步加载的接口，还可以设置声音加载完成和播放结束的回调。接下来看一下 AudioEngine 的相关接口。

```cpp
//初始化 AudioEngine
static bool lazyInit();
//释放 AudioEngine
static void end();

//获取默认的 AudioProfile 指针
//AudioProfile 是一个结构体，用于描述一个声音的播放规则
//包含了名字、最大实例、两次播放的最小间隔
static AudioProfile* getDefaultProfile();
//播放 2D 音效（难道以后会增加 3D 音效？），参数的意义如下
    filePath 声音文件名
    loop 是否循环
    volume 音量
//profile AudioProfile 指针，传入空会自动使用 DefaultProfile
//该方法会返回一个声音 ID，通过该声音 ID 可以动态控制这个声音
static int play2d(const std::string& filePath, bool loop = false, float
volume = 1.0f, const AudioProfile *profile = nullptr);
//设置指定声音实例的循环属性
static void setLoop(int audioID, bool loop);
//判断一个声音实例是否循环
static bool isLoop(int audioID);
//设置指定声音实例的音量属性，音量范围为 0.0~1.0
static void setVolume(int audioID, float volume);
//获取一个声音实例的音量
static float getVolume(int audioID);
//暂停一个声音实例的播放
static void pause(int audioID);
//暂停所有的声音
static void pauseAll();
//恢复一个被暂停的声音
static void resume(int audioID);
//恢复所有被暂停的声音
static void resumeAll();
//停止一个声音实例的播放
static void stop(int audioID);
//停止播放所有声音
static void stopAll();
//设置指定声音实例当前播放的进度，sec 的单位为秒
static bool setCurrentTime(int audioID, float sec);
//获取指定声音实例当前播放了多少秒
static float getCurrentTime(int audioID);
//获取指定声音实例的总时长
static float getDuration(int audioID);
//获取指定声音实例当前的状态，有以下 4 种状态
    ERROR 错误
    INITIALIZING 加载中
    PLAYING 播放中
    PAUSED 暂停中
```

```
static AudioState getState(int audioID);
//设置当指定声音实例播放完的回调函数，回调函数会传入声音 ID 和声音文件名作为参数，没有
返回值
static void setFinishCallback(int audioID, const std::function<void
(int,const std::string&)>& callback);
//获取最大的声音实例数（限制）
static int getMaxAudioInstance() {return _maxInstances;}
//设置最大的声音实例数
static bool setMaxAudioInstance(int maxInstances);
//卸载指定声音文件的缓存
static void uncache(const std::string& filePath);
//卸载所有声音文件的缓存
static void uncacheAll();
//获取指定声音实例的 AudioProfile 配置指针
static AudioProfile* getProfile(int audioID);
//根据 AudioProfile 的名字来获取 AudioProfile 配置指针
static AudioProfile* getProfile(const std::string &profileName);
//传入声音文件名，异步加载该声音文件
static void preload(const std::string& filePath) { preload(filePath,
nullptr); }
//传入声音文件名和加载完成的回调，异步加载该声音文件
//回调函数会传入文件加载是否成功作为参数
static void preload(const std::string& filePath, std::function<void(bool
isSuccess)> callback);
```

4.4　声音音效相关的经验和技巧

　　最后分享一些在实际工作中积累下来的声音播放相关的经验和技巧。首先是声音的管理，最好不要在代码中直接使用声音文件名，在配置表中为每个声音文件定义一个 ID，可以根据游戏逻辑来定义 ID 的规则，当需要播放声音时，通过 ID 从配置表中找到声音文件的路径，然后播放，这种做法会带来极大的便利。就像我们使用配置表来管理游戏中所有的文字，当需要将程序翻译成其他语言时，需要做的工作就非常少了。

　　一般在我们的开发过程中，为游戏添加音效是很靠后的一个环节，添加的时候往往是找到代码中各处需要播放声音的地方，然后在里面添加一段代码，让声音播放，但这种做法很不好管理。游戏的声音播放一般有以下几种情况，进入场景时播放（背景音乐），在动画播放时播放，如玩家攻击动画，被攻击动画，或者按钮点击动画，这些动画播放的时候伴随着音效。如果我们也为动画添加相应的配置（如动画 1 的配置中配置了音效 1），并将播放动画的接口进行封装，那么就可以在播放动画的时候自动播放音效了。

　　就算没有动画配置表（声音配置表还是要的），也可以通过设计 ID 的规则来实现音效的自动播放，如角色、子弹等对象会有多个动画，可以通过角色或子弹的 ID 乘以 100，再加上动画的 ID，来获得一个唯一 ID。根据这个规则来定义声音的 ID，如子弹有一个飞行动画，还有一个爆炸动画，这一发子弹的 ID 为 100，飞行和爆炸是子弹的两种状态，分别为 1 和 2，那么可以把子弹的飞行音效和爆炸音效的 ID 定义为 10001 和 10002，在播放动画的时候，可以在播放动画的通用接口中寻找对应的音效 ID，找到了就播放该音效。使用这种方法，在一个项目中，仅添加了几行代码，就实现了成百上千个音效的自动化添加（声音配置表由策划填写），如果这种方法让你感到疑惑，那么请把这种方法当作一种思路，

而不是一系列的步骤。

　　由于需要在不同的平台使用不同的音频格式,所以需要为每个平台都准备一个目录来存放这个平台的声音文件,如 soundiOS、soundAndroid、soundWin32。然后使用预处理,在不同的平台加载不同的声音配置表,最后在打包的时候将其他平台的目录移除,这是使用配置表管理声音文件的另一个好处,最关键的是大量音效的添加、移除和管理,都不需要对代码进行大量的改动了。

　　另外还可以结合 Cocos2d-x 的特性来更好地播放声音,例如,当需要延迟播放声音,那么可以使用 DelayTime 这个 Action。如果希望远处的物体播放的声音更小,那么可以将参考节点的坐标转换成世界坐标,再判断离屏幕正中间的距离来决定声音播放时的音量,实现一个通用的声音组件来挂载到角色身上,这也许是个不错的主意。

　　最后如果 Cocos2d-x 引擎自带的声音引擎无法满足需求,还可以使用 FMod 这个强大的声音引擎来实现各种需求,官网地址是 http://www.fmod.org/。

　　有兴趣的读者可参考使用 fmod 声音引擎的 Cocos2d-x 游戏示例,网址为 https://github.com/fmod/EarthWarrior3D。

第 5 章　分辨率适配

当在不同的分辨率下运行程序时，就会碰到分辨率适配的问题，如出现黑边、界面的一部分显示在屏幕外，我们希望程序在不同的分辨率下运行都能有良好的表现。在 Cocos2d-x 中，可以通过选择合适的分辨率适配策略，结合合适的坐标编码，适配各种不同的分辨率。而灵活使用 Cocos2d-x 的分辨率适配策略，还可以解决各种分辨率适配的难题。本章主要介绍以下内容：

❑ Cocos2d-x 适配策略。
❑ 分辨率适配经验。
❑ CocoStudio 分辨率适配。

5.1　Cocos2d-x 适配策略

可以在 Cocos2d-x 中调用 CCEGLView 的 setDesignResolutionSize 方法设置游戏的分辨率策略，以及我们的设计分辨率。

setDesignResolutionSize()方法包含 3 个参数，分别是设计分辨率的宽和高，以及分辨率的适配策略。下面这行代码设置了 960×640 的设计分辨率，并使用了 SHOW_ALL 分辨率适配策略。

```
Director::getInstance()->getOpenGLView()->setDesignResolutionSize(960,
640, ResolutionPolicy::SHOW_ALL);
```

5.1.1　分辨率适配策略

Cocos2d-x 的分辨率适配一般不是为每一种分辨率设计一种布局方案，而是在一种分辨率下进行设计（也就是设计分辨率），然后通过分辨率适配策略，让程序能够适应不同的分辨率。Cocos2d-x 提供以下 5 种分辨率适配策略。

❑ EXACT_FIT 以设置的分辨率为标准，按照该分辨率对 x 和 y 进行拉伸。
❑ NO_BORDER 不留黑边，不拉伸，等比缩放，有一个方向（上下或左右）可能超出屏幕。
❑ SHOW_ALL 设置的分辨率区域内全部可见，但上下左右都可能出现黑边。
❑ FIXED_HEIGHT 锁定分辨率的高度，宽度不管，可能出现黑边也可能超出屏幕。
❑ FIXED_WIDTH 锁定分辨率的宽度，高度不管，可能出现黑边也可能超出屏幕。

通过图 5-1～图 5-3 可以直观地了解到在不同分辨率下，各个分辨率适配策略的表现。以 960×640 为设计分辨率，然后通过调整窗口的实际分辨率，选择不同的适配模式进行观察。在 PC 上调用 Director 的 setFrameSize()方法可以自定义窗口的尺寸，但不要在移动设备上设置 FrameSize。

首先是 EXACT_FIT 模式，当在不同的分辨率下运行时，界面的**宽和高都会根据我们的设计分辨率进行缩放**，例如，当设计分辨率是 100×200，在 200×300 的分辨率下运行时，宽会放大 2.0，高会放大 1.5，当实际分辨率小于设计分辨率时，Cocos2d-x 又会相应地缩小界面使其适配，如图 5-1 所示。

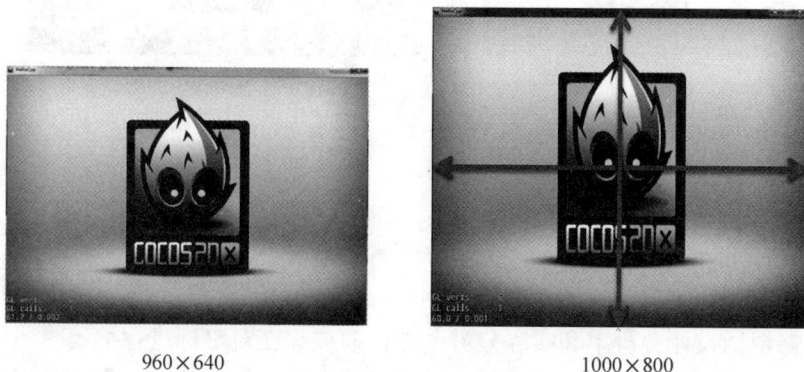

960×640　　　　　　　　　　　　1000×800

图 5-1　EXACT_FIT 模式

NO_BORDER 模式下会根据实际分辨率进行**等比缩放**，不留黑边。首先按照 EXACT_FIT 模式的缩放规则**计算出宽和高的缩放值，按照最高的缩放值进行等比缩放**。当实际分辨率无法完整放下缩放后的界面时，会有一部分内容显示在屏幕外，如图 5-1 所示，当界面以 NO_BORDER 模式进行适配时，红色边框为界面的完整内容，红色边框左下角的红色原点为 OpenGL 窗口的原点坐标，如图 5-2 所示。

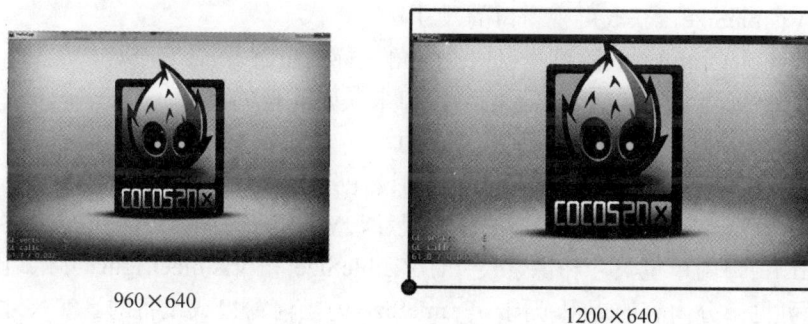

960×640　　　　　　　　　　　　1200×640

图 5-2　NO_BORDER 模式

SHOW_ALL 模式下会根据实际分辨率进行等比缩放，完全显示界面的完整内容，与 NO_BORDER 模式相反，其会先按照 EXACT_FIT 模式的缩放规则**计算出宽和高的缩放值，按照最低的缩放值进行等比缩放**。由于是按照最小的分辨率进行缩放，所以左右和上下都有可能出现黑边，图 5-3 右侧图片中的红点处为 OpenGL 窗口的原点坐标，如图 5-3 所示。

FIXED_HEIGHT 和 FIXED_WIDTH 模式比较类似，它们会将高度或宽度锁定，按照高度或宽度进行等比缩放，另外一个方向既可能超出，也有可能留下黑边。这两种模式会先按照 EXACT_FIT 模式的缩放规则**计算出宽和高的缩放值**，FIXED_HEIGHT 取高度缩放值进行等比缩放，保证设计分辨率的高度刚好铺满设计分辨率，FIXED_WIDTH 取宽度进行等比缩放，保证设计分辨率的宽度刚好铺满设计分辨率。

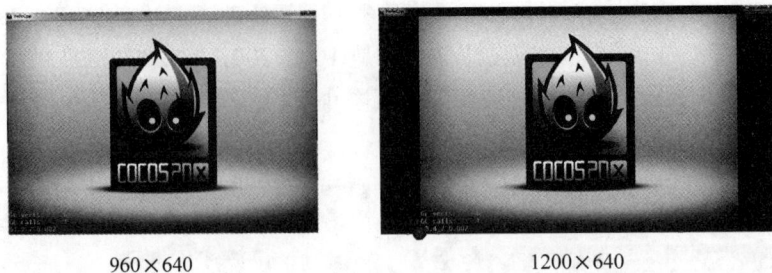

960×640　　　　　　　　　　　　　　　1200×640

图 5-3　SHOW_ALL 模式

5.1.2　坐标编码

当我们的程序在不同的分辨率下运行时，setDesignResolutionSize()方法会对整个程序按照适配策略根据设计分辨率和实际分辨率进行缩放。在对坐标进行编码时，需要使用相对坐标编码，而根据窗口尺寸可以进行相对坐标的编码，如希望将一个节点放置在屏幕的正中间，就需要将其坐标的 x 和 y 分别设置为窗口尺寸的宽和高的 1/2。相对左下角原点的坐标则可以直接使用绝对坐标，**设置相对位置可以使得程序在不同的分辨率下运行，我们的对象都能够显示在正确的位置上。**

在使用相对坐标编码时，Director 单例中有几个方法可以获取尺寸，下面了解一下这几个获取尺寸相关的方法。

- ❑ getWinSize，获取 OpenGL 窗口的单位尺寸。
- ❑ getWinSizeInPixels，获取 OpenGL 窗口的实际像素尺寸。
- ❑ getVisibleSize，获取可视窗口的尺寸。
- ❑ getVisibleOrigin，获取可视窗口左下角坐标的位置。

另外 GLView 对象还提供了以下两个接口来获取其他的尺寸。

- ❑ getFrameSize，获取设备或窗口的尺寸。
- ❑ getDesignResolutionSize，获取设置的设计分辨率。

如图 5-4 直观地演示了上面描述的各种尺寸，WinSize 和 WinSizeInPixels 分别是当前整个 OpenGL 窗口的单位尺寸和像素尺寸。VisibleSize 和 VisibleOrigin 可以共同构成当前窗口中实际可见部分内容的矩形范围，FrameSize 为当前窗口或设备的真实尺寸。

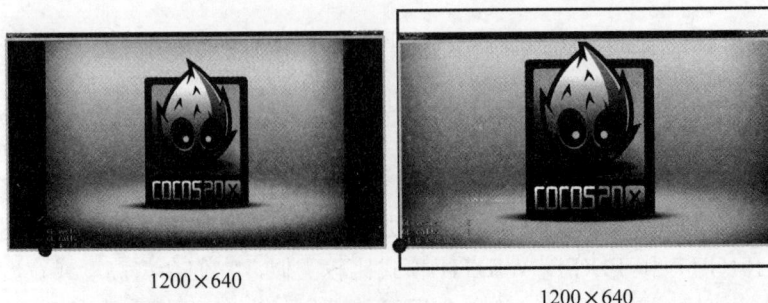

1200×640　　　　　　　　　　　　　　　1200×640

图 5-4　WinSize 与 VisibleSize

- WinSize 分别为图 5-4 中左右两图的红色框范围，虽然看上去范围不同，但这是一个单位尺寸，所以值并没有变化，也就是原图尺寸 960×640，一般等同于设计分辨率的尺寸，也是 OpenGL 窗口的单位尺寸。

- WinSizeInPixels 也对应图 5-4 两图中的红色框范围，但这个尺寸为实际占用的像素尺寸，所以在不同分辨率下有不同的值（程序逻辑中使用的坐标是单位尺寸，而非像素尺寸）。

- VisibleSize 表示可视内容的尺寸，在图 5-4 左图中为红色框范围，右图则为黄色框范围，也就是可以看到的有内容的显示区域尺寸。

- VisibleOrigin 表示可视内容的左下角坐标，分别是左右图中左下角的红点的位置，左图中 OpenGL 窗口原点的坐标与红点重叠，而右图中 OpenGL 窗口的原点为红色框的左下角，VisibleOrigin 的 Y 轴比原点高了 64 个像素。

- FrameSize 为窗口或设备的实际尺寸，也就是图 5-4 中两个窗口的窗口大小 1200×640。

Cocos2d-x 推荐使用 VisibleSize 和 VisibleOrigin 进行相对位置的计算，就是因为根据它们来计算可以保证我们的对象能够处于可视范围中。

WinSize 和(0,0)坐标构成了 OpenGL 窗口，VisibleSize 和 VisibleOrigin 构成了可视窗口，可视窗口不会大于 OpenGL 窗口，因为 **OpenGL 窗口以外的内容都是不可见的**！但 OpenGL 窗口范围内的对象并不一定可见，如当屏幕窗口容不下 OpenGL 窗口时。可视窗口可以理解为 OpenGL 窗口和设备实际分辨率窗口相交的矩形区域。

5.1.3　OpenGL 窗口与可视化窗口

绝大部分的游戏都可以使用 FIXED_HEIGHT 或 FIXED_WIDTH 模式来实现简单的分辨率适配，只需要在背景上将可能有黑边的内容进行填充即可。这两种模式与 SHOW_ALL 有些类似，就是都可能导致黑边或超出，但有一种**本质区别，即它们的 OpenGL 窗口不同**，这对于坐标编码是有巨大影响的！OpenGL 窗口不同，说的是原点位置不同，WinSize、VisibleSize 不同。

在图 5-5 中，使用 FIXED_HEIGHT 和 SHOW_ALL 模式都是同样的表现，左右都会有同样的黑边，但 FIXED_HEIGHT 模式下的 OpenGL 窗口和可视化窗口对应的是图 5-5 中的**黄色矩形区域（包括左右的黑边）**，而 SHOW_ALL 模式下的 OpenGL 窗口和可视化窗口对应的是图 5-5 中的**红色矩形区域（不包括黑边）**。

1200×640

图 5-5　OpenGL 窗口和可视化窗口

最直观的表现就是，在(0,0)的位置创建一个对象，FIXED_HEIGHT 模式下会出现在黄色矩形区域的左下角，而 SHOW_ALL 模式下会出现在红色矩形区域的左下角。SHOW_ALL 模式下的黑边部分是不会出现任何显示对象的，因为不在 OpenGL 窗口中。而 FIXED_HEIGHT 模式则可以正常显示，所以只要背景图片大一些，将左右的黑边区域遮住，即可简单地解决适配黑边的问题。正是由于这种实现方式，FIXED_HEIGHT 和 FIXED_WIDTH 模式才可以在背景上对可能有黑边的内容进行填充来解决黑边的问题。

5.1.4　setDesignResolutionSize 详解

在了解了适配策略和 Cocos2d-x 的各种尺寸之后，下面来进一步了解 setDesignResolutionSize()方法，setDesignResolutionSize()方法中会简单判断传入的设计分辨率的宽度和高度，以及分辨率适配策略，将这些参数保存并调用 updateDesignResolutionSize()方法更新分辨率。

```
void GLView::setDesignResolutionSize(float width, float height,
ResolutionPolicy resolutionPolicy)
{
    CCASSERT(resolutionPolicy != ResolutionPolicy::UNKNOWN, "should set
    resolutionPolicy");
    if (width == 0.0f || height == 0.0f)
    {
        return;
    }
    _designResolutionSize.setSize(width, height);
    _resolutionPolicy = resolutionPolicy;
    updateDesignResolutionSize();
}
```

在 updateDesignResolutionSize()方法中，首先根据屏幕尺寸和设计分辨率计算出 x 和 y 方向的缩放值，然后根据分辨率适配模式选择最终的缩放值，计算完缩放值之后，再计算视口的大小。

```
void GLView::updateDesignResolutionSize()
{
    if (_screenSize.width > 0 && _screenSize.height > 0
    && _designResolutionSize.width > 0 && _designResolutionSize.height
    > 0)
    {
        _scaleX = (float)_screenSize.width / _designResolutionSize.width;
        _scaleY = (float)_screenSize.height / _designResolutionSize.height;
        //NO_BORDER 模式下取最大的缩放值等比缩放
        if (_resolutionPolicy == ResolutionPolicy::NO_BORDER)
        {
            _scaleX = _scaleY = MAX(_scaleX, _scaleY);
        }
        //SHOW_ALL 模式下取最小的缩放值等比缩放
        else if (_resolutionPolicy == ResolutionPolicy::SHOW_ALL)
        {
            _scaleX = _scaleY = MIN(_scaleX, _scaleY);
        }
        //FIXED_HEIGHT 模式下取 y 轴缩放值等比缩放，并将设计分辨率的宽度调整为全屏的
        宽度
        else if ( _resolutionPolicy == ResolutionPolicy::FIXED_HEIGHT) {
```

```
    _scaleX = _scaleY;
    _designResolutionSize.width = ceilf(_screenSize.width/_scaleX);
}
//FIXED_WIDTH 模式下取 x 轴缩放值等比缩放，并将设计分辨率的高度调整为全屏的
高度
else if ( _resolutionPolicy == ResolutionPolicy::FIXED_WIDTH) {
    _scaleY = _scaleX;
    _designResolutionSize.height = ceilf(_screenSize.height/_
    scaleY);
}

//计算视口的尺寸，并设置视口的矩形区域
float viewPortW = _designResolutionSize.width * _scaleX;
float viewPortH = _designResolutionSize.height * _scaleY;
_viewPortRect.setRect((_screenSize.width - viewPortW) / 2,
(_screenSize.height - viewPortH) / 2, viewPortW, viewPortH);

//重置 Director 的成员变量来适应可视化矩形
auto director = Director::getInstance();
director->_winSizeInPoints = getDesignResolutionSize();
director->_isStatusLabelUpdated = true;
director->setGLDefaultValues();
}
}
```

5.2　分辨率适配经验

5.2.1　宽度或高度锁定

我们希望所有的机型都能够很完美地适配，不要拉伸！不要黑边！FIXED_HEIGHT 或 FIXED_WIDTH 模式是比较容易做到的。

要做到上面的要求，需要选取一个范围，即要适配的分辨率比例的范围。我们都知道 iPhone 5 的比例非常长，应该没有什么机器比这个比例更长的了，所以一般笔者将 iPhone 5 的比例设置为要适配的极限比例，也就是说，如果有比 iPhone 5 更长的手机，笔者就基本放弃这个机型了。接下来选择一个最扁的比例，一般在平板电脑上的比例会更扁一些，纵观主流的分辨率，基本都在 iPhone 5 和 iPad 之间，所以笔者习惯将要适配的比例在 iPhone 5 到 iPad 之间（这里的是以横屏游戏为例，如果是竖屏游戏，只需要把宽和高对调一下即可）。也就是说，假设选择固定高度的 FIXED_HEIGHT 模式，那么就要选择一个最宽和最窄的宽度。

选择好比例之后，需要好好设计一下游戏内容，以方便不同分辨率的适配，主要包含游戏的背景、游戏的内容区域，以及 UI 等。

背景的设计是非常重要的一步，因为背景设计的好坏，直接决定了是否有黑边，以及游戏内容的布局。首先，背景图需要有多大？其次，游戏区域只能有多大？这些问题需要根据游戏的内容来设计。

如果是一个横屏的斗地主游戏，可以将游戏区域放在游戏的正中间，游戏内容可以根据游戏区域的原点为相对坐标计算，这时候两边各有一部分区域是可裁剪的。

　　如果是一个竖屏的雷电射击游戏，可以将游戏区域放在正下方，上方是可裁剪区域，敌人从上方出现，可以将上方的可裁剪区域也纳入游戏区域，敌机根据左上角为原点设置相对坐标。

　　如果是一个消除类游戏，如果是横屏的，一般把游戏区域放在正中间，左右两边裁剪；如果是竖屏的，一般也把游戏区域放在正中间，上下两边是可裁剪区域。

5.2.2　计算设计分辨率

　　使用 FIXED_HEIGHT 或 FIXED_WIDTH 模式结合一个比较大的背景，一般可以解决大部分游戏的分辨率适配问题，但如果游戏背景并不是锁定宽度或高度的，那么就需要选择其他的分辨率适配策略了。

　　下面介绍一个简单的适配示例，如图 5-6 所示。首先背景尺寸是 1280×800，这个分辨率没有任何讲究，是美工随便给出的一个分辨率，是一个足够大的尺寸，宽度和高度都不进行锁定，而是根据实际设备的分辨率进行动态调整，这个分辨率尽管不怎么标准，但还是可以用来完成完美适配。

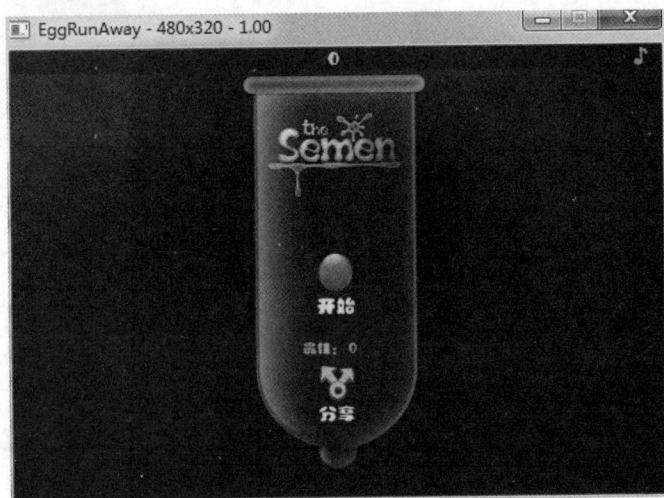

图 5-6　分辨率 480×320

　　游戏中有两部分 UI，主界面的菜单面板是居中对齐，getWinSize 得到的大小的一半即是居中的位置，面板设置锚点为(0.5,0.5)，并设置居中的位置即可。第二部分 UI 是顶部的信息栏，信息栏的位置是靠上居中，信息栏设置锚点为(0.5,1.0)，然后设置 getWinSize 的 width×0.5f 为 x 坐标，height 为 y 坐标即可。

　　在这里选择的策略是 SHOW_ALL，但是设计分辨率需要**动态计算**出来（一般的代码这里都会设置一个分辨率），因为要使用好 1280×800 的背景图，关键有以下几点：

　　❑　不拉伸，不留黑边。

　　❑　根据手机的分辨率调整可视区域（设置的标准分辨率）。

　　❑　当目标分辨率比背景还要宽时，把目标分辨率等比缩小，直到分辨率内容全部在可视区域内。

　　❑　当目标分辨率比背景还要高时，把目标分辨率等比缩小，直到分辨率内容全部在可视区域内。

❑ 当目标分辨率比背景小时，把目标分辨率等比放大，直到分辨率内容全部在可视区域内。

我们的背景分辨率是 1280×800，720 是笔者自己定义的一个值，因为笔者不希望整个背景太宽，所以进行了限制，然后根据实际的分辨率与预期分辨率计算出期望的高和宽（要么高变，要么宽变），代码如下。

```
float height = 800.0f;
float width = 1280.0f;

float ratio = sz.width / sz.height;
float maxratio = width / height;
float minratio = width / 720.0f;
if (ratio > maxratio)
{
    //比最宽的还要宽
    height = width / ratio;
}
else if(ratio < minratio)
{
    //比最窄的还要窄
    width = height * ratio;
}

pEGLView->setDesignResolutionSize(width, height, SHOW_ALL);
```

上面代码的适配效果如下：我们在 PC 上可以设置窗口的大小（也就是 FrameSize），以此来调试程序在对应分辨率下的适配情况，可以先看一看效果。这里笔者选择了两个不同的分辨率进行展示，一个是 480×320，如图 5-6 所示，另一个是 550×320，如图 5-7 所示，可以看到在两个差异比较大的分辨率下都有不错的适配效果。

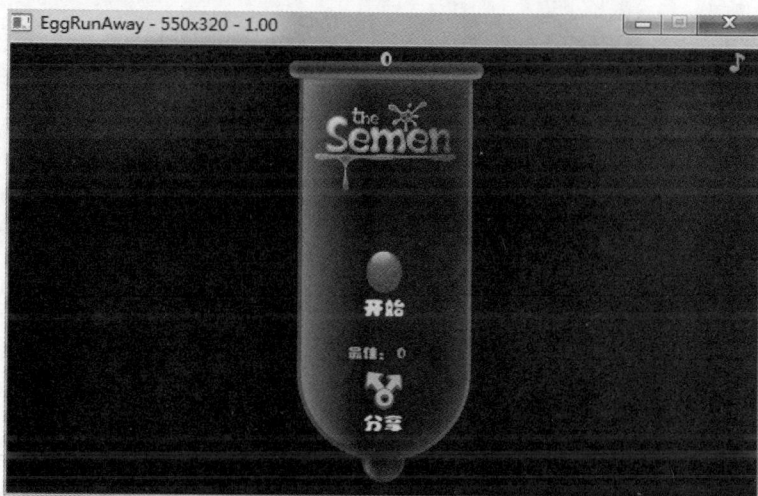

图 5-7　分辨率 550×320

动态调整设计分辨率结合 SHOW_ALL 策略可以实现一般策略实现不了的适配规则，例如，希望在不同的分辨率下能够根据设备的分辨率来进一步调整窗口中呈现的内容，不锁定宽度和高度，也不拉伸或留黑边。此外，上面的例子同时也演示了简单的坐标编码。

5.2.3　场景固定内容

有时在进行分辨率适配时，还要考虑游戏场景中的固定内容，固定内容指无论如何都需要等比缩放的部分，如果这部分内容的比例发生了变化，将会造成糟糕的游戏体验。

例如，下面这个在指定区域内进行的物理小游戏，每一个关卡都摆放了各种障碍物和目标，我们需要发射出子弹在障碍物和上下左右四个方向的墙壁上弹射，来命中目标，障碍和目标的摆放都是游戏策划精心设计的，确保每一个关卡都可以命中所有的目标。如果由于分辨率的改变而使得四个方向的墙壁位置发生了变化，就会导致玩家不一定能命中所有的目标。如图 5-8 演示了在 1024×768 分辨率下的游戏运行界面。

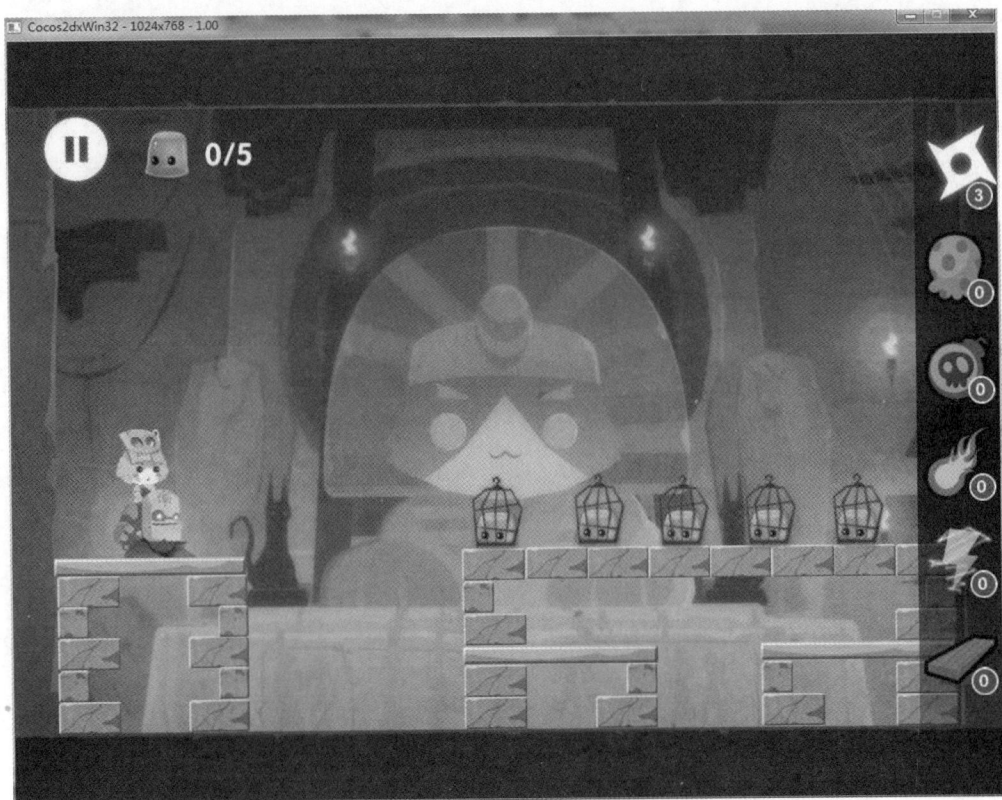

图 5-8　分辨率 1024×768

该游戏的固定内容是一块 960×640 的区域，但上下左右都有额外的显示内容进行填充（使用了 SHOW_ALL 模式结合动态计算设计分辨率），当分辨率变化时，战斗区域会居中显示，并且左右两边出现额外的墙壁，如图 5-9 所示。要实现这样的功能，可以将战斗区域左下角的 x 坐标设置为(WinSize.width − 960) / 2，y 坐标设置为(WinSize.height −640)/2，然后战斗区域内的对象都以此坐标进行相对位置的设置。

我们还可以逆向思考，使用更简单的方法，战斗区域始终以(0,0)点为原点，也就是不需要考虑相对位置的编码，**通过将战斗区域挂载到一个节点上，然后移动该节点，将整个战斗区域挪到屏幕的正中间**，这样实现起来会更加方便。

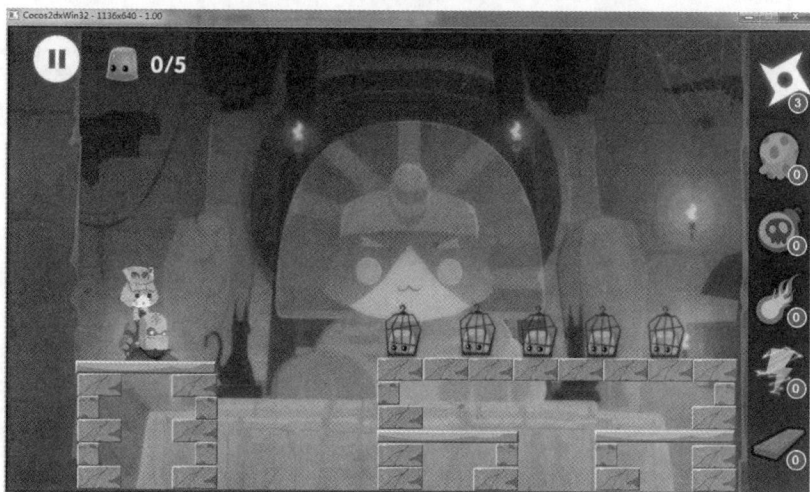

图 5-9　分辨率 1136×640

5.2.4　经验小结

在这里总结一下分辨率适配的几点经验：
- ❏ 对于 4 种适配策略、设计分辨率、各种窗口尺寸的含义基础概念一定要掌握扎实。
- ❏ 通过调整设计分辨率可以实现更加复杂的适配策略。
- ❏ 在 PC 上使用 setFrameSize 可以调试当前适配规则在各种分辨率下的效果。
- ❏ 通过将固定内容挂载到节点上，再移动该节点，可以简化固定内容内部的坐标编码。

5.3　CocoStudio 分辨率适配

可以使用 CocoStudio 来编辑界面，在 CocoStudio 中可以设置控件的相对位置和相对尺寸，并在不同的分辨率下进行预览。

目前制作 UI 主要使用的是 CocoStudio 1.6 和 CocoStudio 2.0 以上的版本，对于 CocoStudio 2.0 以上的版本，在加载了 UI 文件之后，会返回一个根节点，将根节点添加到场景中，然后在不同的分辨率下运行可以发现 UI 文件中设置的相对坐标并没有生效。这是因为在编辑 UI 时，所有的相对位置和相对尺寸都是相对于其父节点的，从 UI 文件中创建出来时，并没有更新根节点的尺寸，所以创建出来的所有内容都是根据制作 UI 时的分辨率决定的。

如果需要使其分辨率适配生效，需要设置 UI 根节点的尺寸为当前场景的尺寸，并执行 UIHelper 的 doLayout()方法，刷新整个 UI 的布局。

```
Size frameSize = Director::getInstance()->getVisibleSize();
node->setContentSize(frameSize);
ui::Helper::doLayout(node);
```

在 3.10 版本的引擎中，CSLoader 还提供了 createNodeWithVisibleSize()方法用于加载 CocoStudio 2.0 以上版本输出的节点文件，并自动刷新 UI。

第 6 章 CocoStudio 最佳实践

本章主要分享一下 CocoStudio 2.0 及以上版本使用的一些经验，让大家能够更高效地使用 CocoStudio。本章主要介绍以下内容：

- ❑ 高效创建 CSB。
- ❑ 异步加载 CSB。
- ❑ 高效播放 CSB 动画。

6.1 高效创建 CSB

CocoStudio 可以导出 CSB 或 JSON 格式的资源文件，在 Cocos2d-x 中使用 CSLoader 可以加载它们，正常情况下这两种格式所占的体积（打包之后），解析速度都是 CSB 格式会稍微好一些，但如果在 CocoStudio 中大量使用了**嵌套 CSB**，那么这个 CSB 文件的加载会耗费很长的一段时间。

例如，在 CocoStudio 中制作一个背包界面，背包上的每一个格子使用的都是同一个背包格子 CSB 文件，CocoStudio 中是允许复用 CSB 的。在 CocoStudio 项目中编辑时，场景、节点等文件是 CSB 格式（CocoStudio Design），在导出时可以导出为 CSB 格式（CocoStudio Binary）。假设拖曳了 100 个背包格子放到背包界面上，那么导出 CSB 时会导出一个背包界面的 CSB，以及一个背包格子的 CSB 文件。如果导出的是 JSON 格式，那么这个 JSON 文件会包含 100 个背包格子的详细信息，如节点结构、名字、位置、Tag 等。CSB 格式则只会保存一份背包格子的详细信息，在背包界面 CSB 文件中引用 100 次背包格子 CSB 文件。

这样来看，在嵌套的情况下，CSB 格式的冗余程度要大大小于 JSON 格式，但如果测试一下，会发现加载这样的一个 CSB 要比加载 JSON 慢很多，可以说是效率极低。经过分析发现，这样一个 CSB 文件加载时的瓶颈主要不是在加载纹理上，而是在加载 CSB 文件上，CSLoader 在加载这样一个商店界面 CSB 时，执行了 101 次的文件 I/O 操作，首先读取商店界面 CSB 文件进行解析，在解析过程中发现引用到了商店格子 CSB 文件，则对商店格子 CSB 文件进行读取，因为引用了 100 次，所以读取了 100 次。文件 I/O 对性能有很大的影响，如此频繁地执行文件 I/O，对游戏的性能影响是很致命的。除了嵌套之外，如果需要用同一个 CSB 文件来创建多个对象，也会产生多次文件 I/O。

在了解了 CSLoader 加载 CSB 资源的性能瓶颈之后，可以从多个方面来解决。

6.1.1 简单方案

首先可以使用一些简单的方法来缓解这个问题：不使用嵌套的 CSB，改使用 JSON 格式可以大大提高嵌套 CSB 资源的加载效率。另外对于加载完返回的 Node，使用一个池子进行管理，不用的时候回收到池子中缓存起来，而不是直接释放，下次再需要使用时先从池子里找，找不到再去加载。这些方法只能起到缓解的作用，并不能彻底解决 CSLoader 加载资源的性能瓶颈，效果还需要根据实际的应用场景来看。

6.1.2　缓存方案

该方案实现起来较简单，有更好的扩展性，并且可以彻底解决 CSLoader 加载资源的性能瓶颈，但会占用一些额外的内存，用来存储 CSB 文件的内容，不过 CSB 文件一般的体积都比较小，所以影响不大（严格来说，缓存方案占用的内存应该比克隆方案更少）。

如果使用的是 CocoStudio 3.10 以及以上的版本，可以使用 CSLoader 的新接口，传入 Data 对象来创建 Node，这样需要加载多个相同的 CSB 文件时，可以先用 FileUtils 的 getDataFromFile()方法将文件的内容读取到 Data 对象中，然后使用该 Data 对象来重复创建 Node，也可以将 Data 对象管理起来，在任何时候都可以使用该对象来创建 Node，或者释放该对象。对于 3.10 之前的版本，可以对 CSLoader 进行简单的修改，手动添加这个接口，改动并不大。使用这种方式需要自己手动编写一个 CSB 文件管理的类，然后使用其来管理 CSB 文件。

缓存方案的另一种实现方式则是修改 FileUtils 单例，我们的目标是通过修改 FileUtils 加载文件的接口，对 CSB 文件进行缓存，缓存的规则可以自己来制定，如小于 1MB 的 CSB 文件才进行缓存。除了 CSB 之外，任何我们会在短时间内重复加载的文件都可以进行缓存，可以根据我们的需求方便地进行调整，甚至文件的加密解密也可以放在这里实现。

由于 FileUtils 与平台相关，在不同的平台下有不同的子类实现，而且其子类的构造函数是私有的，我们无法通过继承重写的方法来重写其 getDataFromFile()方法。而且 FileUtils 的单例指针是 FileUtils 内部的全局变量。这重重限制让我们无法做到在不修改引擎源码的情况下实现对 FileUtils 的扩展。所以只能修改 FileUtils 的源码。直接改动 FileUtils 的 getDataFromFile 接口是最简单的，首先需要为 FileUtils 定义一个成员变量来缓存 Data 对象。

```
std::map<std::string, Data> m_Cache;
```

然后重写 getDataFromFile()方法，在 getDataFromFile()方法中对 CSB 文件进行特殊处理，先判断是否有缓存，没有则调用 getData()方法加载数据，缓存并返回。

```
Data FileUtils::getDataFromFile(const std::string& filename)
{
  if (".csb" == FileUtils::getFileExtension(filename))
  {
    if (m_Cache.find(filename) == m_Cache.end())
    {
      m_Cache[filename] = getData(filename, false);
    }
    return m_Cache[filename];
  }
  return getData(filename, false);
}
```

也可以根据一个变量来设置是否开启缓存功能，以及提供清除缓存的接口，还可以在这个基础上对自己加密后的文件进行解密。

6.1.3　克隆方案

克隆方案也是一种可以彻底解决 CSLoader 加载资源性能瓶颈的方案，并且无须修改引擎的源码。克隆方案不仅可以解决 CSLoader 的性能瓶颈，在很多时候我们拥有了一个节点，希望将这个节点进行复制时，都可以使用克隆的方法。Cocos2d-x 的 Widget 实现了 clone()方法，但实现得并不是很好，很多东西没有被克隆，例如，在 Widget 下面添加一个 Sprite 节点，为 Widget 设置了分辨率适配规则，对于 CocoStudio 所携带的动画 Action 以及一些播放动画所需的扩展信息，这些都没有被克隆。下面这里提供一个克隆节点的方法，可以使用这个方法很好地克隆绝大部分的 CSB 节点，对于 CSB 中的粒子系统以及骨骼动画等节点并没有进行克隆（主要是因为没有用到），但根据下面的代码可以自己进行扩展，克隆它们。

```
#include "CsbTool.h"

//Cocos2d-x 在不同的版本下会包含一些不同的扩展信息，用于播放 CSB 动画，这些信息需要被克隆
#if (COCOS2D_VERSION >= 0x00031000)
#include "cocostudio/CCComExtensionData.h"
#else
#include "cocostudio/CCObjectExtensionData.h"
#endif

#include "cocostudio/CocoStudio.h"
#include "ui/CocosGUI.h"

USING_NS_CC;
using namespace cocostudio;
using namespace ui;
using namespace timeline;

//要克隆的节点类型，WidgetNode 包含了所有的 UI 控件
enum NodeType
{
    WidgetNode,
    CsbNode,
    SpriteNode
};

//克隆扩展信息
void copyExtInfo(Node* src, Node* dst)
{
    if (src == nullptr || dst == nullptr)
    {
        return;
    }

#if (COCOS2D_VERSION >= 0x00031000)
    auto com = dynamic_cast<ComExtensionData*>(
        src->getComponent(ComExtensionData::COMPONENT_NAME));

    if (com)
    {
```

```
        ComExtensionData* extensionData = ComExtensionData::create();
        extensionData->setCustomProperty(com->getCustomProperty());
        extensionData->setActionTag(com->getActionTag());
        if (dst->getComponent(ComExtensionData::COMPONENT_NAME))
        {
            dst->removeComponent(ComExtensionData::COMPONENT_NAME);
        }
        dst->addComponent(extensionData);
    }
#else
    auto obj = src->getUserObject();
    if (obj != nullptr)
    {
        ObjectExtensionData* objExtData = dynamic_cast<ObjectExtensionData*>
         (obj);
        if (objExtData != nullptr)
        {
            auto newObjExtData = ObjectExtensionData::create();
            newObjExtData->setActionTag(objExtData->getActionTag());
            newObjExtData->setCustomProperty(objExtData->
            getCustomProperty());
            dst->setUserObject(newObjExtData);
        }
    }
#endif

    //复制 Action
    int tag = src->getTag();
    if (tag != Action::INVALID_TAG)
    {
        auto action = dynamic_cast<ActionTimeline*>(src-> getActionByTag
        (src->getTag()));
        if (action)
        {
            dst->runAction(action->clone());
        }
    }
}

//克隆布局信息
void copyLayoutComponent(Node* src, Node* dst)
{
    if (src == nullptr || dst == nullptr)
    {
        return;
    }

    //检查是否有布局组件
    LayoutComponent * layout = dynamic_cast<LayoutComponent*>(src->
    getComponent(__LAYOUT_COMPONENT_NAME));
    if (layout != nullptr)
    {
        auto layoutComponent = ui::LayoutComponent::
        bindLayoutComponent(dst);
        layoutComponent->setPositionPercentXEnabled(layout->
        isPositionPercentXEnabled());
        layoutComponent->setPositionPercentYEnabled(layout->
        isPositionPercentYEnabled());
```

```
        layoutComponent->setPositionPercentX(layout->
        getPositionPercentX());
        layoutComponent->setPositionPercentY(layout->
        getPositionPercentY());
        layoutComponent->setPercentWidthEnabled(layout->
        isPercentWidthEnabled());
        layoutComponent->setPercentHeightEnabled(layout->
        isPercentHeightEnabled());
        layoutComponent->setPercentWidth(layout->getPercentWidth());
        layoutComponent->setPercentHeight(layout->getPercentHeight());
        layoutComponent->setStretchWidthEnabled(layout->
        isStretchWidthEnabled());
        layoutComponent->setStretchHeightEnabled(layout->
        isStretchHeightEnabled());
        layoutComponent->setHorizontalEdge(layout->getHorizontalEdge());
        layoutComponent->setVerticalEdge(layout->getVerticalEdge());
        layoutComponent->setTopMargin(layout->getTopMargin());
        layoutComponent->setBottomMargin(layout->getBottomMargin());
        layoutComponent->setLeftMargin(layout->getLeftMargin());
        layoutComponent->setRightMargin(layout->getRightMargin());
    }
}

NodeType getNodeType(Node* node)
{
    if (dynamic_cast<Widget*>(node) != nullptr)
    {
        return WidgetNode;
    }
    else if (dynamic_cast<Sprite*>(node) != nullptr)
    {
        return SpriteNode;
    }
    else
    {
        return CsbNode;
    }
}

Sprite* cloneSprite(Sprite* sp);

//递归克隆子节点,如果是继承于Widget,可以调用clone()方法进行克隆,但在CocoStudio
中,Widget下可以包含其他非Widget节点,这些节点是不会被克隆的,所以需要递归检查一下
void cloneChildren(Node* src, Node* dst)
{
    if (src == nullptr || dst == nullptr)
    {
        return;
    }

    for (auto& n : src->getChildren())
    {
        NodeType ntype = getNodeType(n);
        Node* child = nullptr;
        switch (ntype)
        {
        case WidgetNode:
            //如果父节点也是Widget,则该节点已经被复制了
            if (dynamic_cast<Widget*>(src) == nullptr)
            {
```

```
                child = dynamic_cast<Widget*>(n)->clone();
                dst->addChild(child);
            }
            else
            {
                //如果节点已经存在，找到该节点
                for (auto dchild : dst->getChildren())
                {
                    if (dchild->getTag() == n->getTag()
                        && dchild->getName() == n->getName())
                    {
                        child = dchild;
                        break;
                    }
                }
            }
            //对 Widget 的 clone()方法没有克隆到的内容进行克隆
            if (dynamic_cast<Text*>(n) != nullptr)
            {
                auto srcText = dynamic_cast<Text*>(n);
                auto dstText = dynamic_cast<Text*>(child);
                if (srcText && dstText)
                {
                    dstText->setTextColor(srcText->getTextColor());
                }
            }
            child->setCascadeColorEnabled(n->isCascadeColorEnabled());
            child->setCascadeOpacityEnabled(n->
            isCascadeOpacityEnabled());
            copyLayoutComponent(n, child);
            cloneChildren(n, child);
            copyExtInfo(n, child);
            break;
        case CsbNode:
            child = CsbTool::cloneCsbNode(n);
            dst->addChild(child);
            break;
        case SpriteNode:
            child = cloneSprite(dynamic_cast<Sprite*>(n));
            dst->addChild(child);
            break;
        default:
            break;
        }
    }
}

//克隆 Sprite
Sprite* cloneSprite(Sprite* sp)
{
    Sprite* newSprite = Sprite::create();
    newSprite->setName(sp->getName());
    newSprite->setTag(sp->getTag());
    newSprite->setPosition(sp->getPosition());
    newSprite->setVisible(sp->isVisible());
    newSprite->setAnchorPoint(sp->getAnchorPoint());
    newSprite->setLocalZOrder(sp->getLocalZOrder());
    newSprite->setRotationSkewX(sp->getRotationSkewX());
    newSprite->setRotationSkewY(sp->getRotationSkewY());
    newSprite->setTextureRect(sp->getTextureRect());
```

```
        newSprite->setTexture(sp->getTexture());
        newSprite->setSpriteFrame(sp->getSpriteFrame());
        newSprite->setBlendFunc(sp->getBlendFunc());
        newSprite->setScaleX(sp->getScaleX());
        newSprite->setScaleY(sp->getScaleY());
        newSprite->setFlippedX(sp->isFlippedX());
        newSprite->setFlippedY(sp->isFlippedY());
        newSprite->setContentSize(sp->getContentSize());
        newSprite->setOpacity(sp->getOpacity());
        newSprite->setColor(sp->getColor());
        newSprite->setCascadeColorEnabled(true);
        newSprite->setCascadeOpacityEnabled(true);
        copyLayoutComponent(sp, newSprite);
        cloneChildren(sp, newSprite);
        copyExtInfo(sp, newSprite);
        return newSprite;
}

//克隆 CSB 节点
Node* CsbTool::cloneCsbNode(Node* node)
{
        Node* newNode = Node::create();
        newNode->setName(node->getName());
        newNode->setTag(node->getTag());
        newNode->setPosition(node->getPosition());
        newNode->setScaleX(node->getScaleX());
        newNode->setScaleY(node->getScaleY());
        newNode->setAnchorPoint(node->getAnchorPoint());
        newNode->setLocalZOrder(node->getLocalZOrder());
        newNode->setVisible(node->isVisible());
        newNode->setOpacity(node->getOpacity());
        newNode->setColor(node->getColor());
        newNode->setCascadeColorEnabled(true);
        newNode->setCascadeOpacityEnabled(true);
        newNode->setContentSize(node->getContentSize());
        copyLayoutComponent(node, newNode);
        cloneChildren(node, newNode);
        copyExtInfo(node, newNode);
        return newNode;
}
```

6.2　异步加载 CSB

　　即使使用了缓存的方案，首次加载 CSB 文件还是会阻塞一段时间，因为这里面还包含了纹理的加载，如果要加载的纹理比较大或者要加载多个纹理，或者要同时加载多个 CSB文件，那么就会有比较明显的卡顿。如果能够将 CSB 文件进行异步加载，就可以很好地改善这个问题。CSLoader 是不支持异步加载 CSB 的，如果将 CSB 文件的加载分为加载纹理和创建节点两部分，那么创建节点这部分是**无法做到线程安全的！**因为各种节点在创建时操作了各种单例对象，如从 TextureCache 中获取纹理，在 EventDispatcher 中注册触摸事件等。在子线程和主线程中同时操作这些资源，很可能导致程序崩溃或出现其他异常。

　　使用了缓存方案之后，主要的瓶颈在纹理加载这里，所以可以使用 TextureCache 的异步加载纹理的方法，将 CSB 所需的纹理进行异步加载，加载完之后再在主线程中执行创建节点的逻辑。接下来的问题就是如何知道每个 CSB 需要加载哪些纹理。可以通过一个简单的方法解析 CSB 文件，得到所需的纹理，但这个方法的效率不高，所以最好是通过另外一个简单的程序，生成一个配置表，在配置表中记录每个 CSB 文件所需的纹理列表，然后直接使用这个配置表。使用下面的方法可以递归找出一个 CSB 文件加载所需的全部纹理。

```cpp
//传入 CSB 文件的 Data，以及用于保存纹理文件名的 set，查找单个 CSB 所引用的所有纹理
void CCsbLoader::searchTexturesByCsbFile(Data& data, set<string>& texSet)
{
    auto csparsebinary = GetCSParseBinary(data.getBytes());
    auto textures = csparsebinary->textures();
    int textureSize = csparsebinary->textures()->size();
    for (int i = 0; i < textureSize; ++i)
    {
        string plistFile = FileUtils::getInstance()->fullPathForFilename
          (textures->Get(i)->c_str());
        if (m_LoadingPlists.find(plistFile) != m_LoadingPlists.end()
            || SpriteFrameCache::getInstance()->isSpriteFramesWithFileLoaded
            (plistFile))
        {
            continue;
        }
        m_LoadingPlists.insert(plistFile);
        Data plistData = FileUtils::getInstance()->getDataFromFile
        (plistFile);
        if (plistData.isNull())
        {
            continue;
        }

        string textureFile;
        ValueMap dict = FileUtils::getInstance()->getValueMapFromData(
            reinterpret_cast<const char*>(plistData.getBytes()), plistData.
            getSize());

        if (dict.find("metadata") != dict.end())
        {
            ValueMap& metadataDict = dict["metadata"].asValueMap();
            textureFile = metadataDict["textureFileName"].asString();
        }

        if (!textureFile.empty())
        {
            //计算相对路径，将纹理的文件名对应到 plist 的路径下
            textureFile = FileUtils::getInstance()->fullPathFromRelativeFile
            (textureFile, plistFile);
        }
        else
        {
            //如果 plist 文件中没有纹理路径名，则尝试读取 plist 对应的.png
            textureFile = plistFile;
            //将 xxxx.plist 结尾的.plist 移除，替换成.png
            textureFile = textureFile.erase(textureFile.find_last_of("."));
            textureFile = textureFile.append(".png");
        }

        //该纹理未被加载且没有在待加载列表中，则添加进 texSet 中
        if (Director::getInstance()->getTextureCache()->getTextureForKey
        (textureFile) == nullptr
```

```
                && m_LoadingTextures.find(textureFile) == m_ LoadingTextures.end())
        {
            m_LoadingTextures.insert(textureFile);
            texSet.insert(textureFile);
        }
    }
}
```

searchTexturesByCsbNodeTree()方法可以递归查找一个 CSB 节点的所有嵌套 CSB 文件所引用到的纹理，传入一个对象和一个 set 容器，CSB 文件所引用到的纹理都会被存储到容器中。

```
void CCsbLoader::searchTexturesByCsbNodeTree(const flatbuffers::NodeTree*
tree, set<string>& texSet)
{
    //对所有的子节点做相同的处理
    auto children = tree->children();
    int size = children->size();
    for (int i = 0; i < size; ++i)
    {
        auto subNodeTree = children->Get(i);
        //对于 CsbNode 子节点，需要一并加载进来
        auto options = subNodeTree->options();
        std::string classname = subNodeTree->classname()->c_str();
        if (classname == "ProjectNode")
        {
            auto projectNodeOptions = (ProjectNodeOptions*)options->data();
            std::string filePath = FileUtils::getInstance()->
            fullPathForFilename(
                projectNodeOptions->fileName()->c_str());

            //有此文件且未加载过该文件
            //如果已经搜索过，则没必要再搜索
            if (!filePath.empty()
                && m_CsbNodes.find(filePath) == m_CsbNodes.end()
                && m_CheckedCsb.find(filePath) == m_CheckedCsb.end())
            {
                m_CheckedCsb.insert(filePath);
                Data data = FileUtils::getInstance()->getDataFromFile
                (filePath);
                if (!data.isNull())
                {
                    m_CsbFileCache[filePath] = data;
                    //找到这个 CSB 所引用的 Png
                    searchTexturesByCsbFile(data, texSet);
                    auto csparsebinary = GetCSParseBinary(data.getBytes());
                    //对该 CSB 进行递归
                    searchTexturesByCsbNodeTree(csparsebinary->nodeTree(),
                    texSet);
                }
            }
        }
        else
        {
            searchTexturesByCsbNodeTree(subNodeTree, texSet);
        }
    }
}
```

6.3　高效播放 CSB 动画

在使用 CSLoader 加载的节点时，可以让其执行一个 ActionTimeline 类型的 Action，通过调用 ActionTimeline 的方法可以控制动画的播放和暂停等，一般情况下要播放一个 CSB 节点的动画时，都是先创建 CSB 文件对应的 ActionTimeline，然后让 CSB 节点执行，最后调用 ActionTimeline 的 play() 方法播放动画。实际上这是一种低效的做法，因为 CSB 节点的 ActionTimeline 是不会停止的，也就是说我们只需要一个 ActionTimeline 就够了，而不是每播放一次动画创建一个。那么应该如何获取到 CSB 节点当前的 ActionTimeline 呢？ActionTimeline 与其他的 Action 有两点最大的不同，除了 ActionTimeline 不会停止之外，ActionTimeline 在执行的时候，Action 的 tag 就会被设置为节点的 tag。

所以正确的做法应该是这样的，先根据 CSB 节点的 tag 获取 Action，并动态转换成 ActionTimeline（在一些旧版本的引擎中，同一个 CSB 文件创建出来的多个节点对象的 ActionTimeline 对象是同一个，所以可能出现播放一个 ActionTimeline 的动画，所有 CSB 对象都执行了动画，可以升级引擎或使用 ActionTimeline 的 clone 方法解决），如果转换成功则使用这个 ActionTimeline 来播放动画，否则再使用 CSB 的路径创建一个 ActionTimeline，让 CSB 节点执行这个 Action。但如果在运行之后修改了 CSB 节点的 Tag，或者将这个 Action 停止了，就无法正确播放动画了。

Cocos2d-x 3.10 之前的版本是会自动执行 ActionTimeline 的，但由于在某些情况下会存在严重的内存泄漏，所以 Cocos2d-x 3.10 的代码中取消了根节点自动播放 ActionTimeline 的功能，但嵌套的 CSB 节点还是会自动播放 ActionTimeline。CSLoader 的内存泄漏很隐蔽，但危害很大，重现这个内存泄漏的 BUG 很简单，只需要在一个 for 循环中不断调用 CSLoader 创建节点，然后再直接调用 release 将创建的节点释放，就会产生内存泄漏了，如果加载的是比较复杂的 CSB 节点，更容易重现这个问题。查看程序占用的内存会发现，程序占用了很大的一块内存。

这个内存泄漏的原因是因为 CSB 节点在创建的时候自动执行的 ActionTimeline，这时候 ActionManager 会对 CSB 节点有一个 retain 操作，增加了它的引用计数，而直接通过 autorelease 释放 CSB 节点，但并不会真正释放这个 CSB 节点，因为没有一个地方让 ActionManager 执行 release 的操作，如果在释放之前先执行一下 CSB 节点的 cleanup() 方法，就可以解决内存泄漏。

第7章 调试 Cocos2d-x

本章要介绍的并不是调试代码，而是对 Cocos2d-x 游戏内容的调试，能够在运行时观察和控制当前的场景结构和节点详情，可以提高调试效率。例如，不需要反复地修改代码、编译、重启来观察某个节点的位置设置是否合理。本章主要介绍以下内容：

❑ 控制台调试。

❑ 使用 KxDebuger 调试 Cocos2d-x。

7.1 控制台调试

Cocos2d-x 提供了控制台的方式可以调试 Cocos2d-x 的游戏内容，通过控制台可以在程序运行的时候暂停和恢复，查看当前场景下的节点详情，TextureCache 中缓存的纹理，控制 fps 的开关等，还可以实现一些自定义的命令。

不论游戏是在 PC、手机还是 Pad 上运行，都可以使用控制台进行调试。例如，我们希望知道某个节点是否成功地被添加到场景中，无须调整代码打印日志，可以直接在控制台输入 scenegraph 命令，即可查看当前场景下的节点详情。

1．开启Console监听

要使用 Console 进行调试，只需要两个简单的步骤，首先是 Console 的开启，只需要在 AppDelegate 中添加以下两行代码即可，通过调用 Console 的 listenOnTCP()方法，可以在指定的端口进行监听。

```
auto console = director->getConsole();
console->listenOnTCP(5678);
```

⌂注意：如果使用的端口已经被其他程序占用，则会绑定失败。

2．连接Console

开启了 Console 的监听之后可以在命令行中使用 Telent 连接 Cocos2d-x 程序进行调试。如果是在本地调试，可以直接连接 localhost 或 127.0.0.1；如果是在手机上，需要保证 PC 和手机之间的网络能够正常连接（如在同一个局域网下）。

如果是在 Windows 7 系统下，默认是没有开启 Telent 程序的，可以通过下面这几个简单的步骤来开启 Telnet 程序。选择"控制面板"→"程序"→"打开或关闭 Windows 功能"选项，在弹出的对话框中选择"Telnet 客户端"，单击"确定"按钮，如图 7-1 所示。然后就可以在命令行中输入 Telnet 命令了。

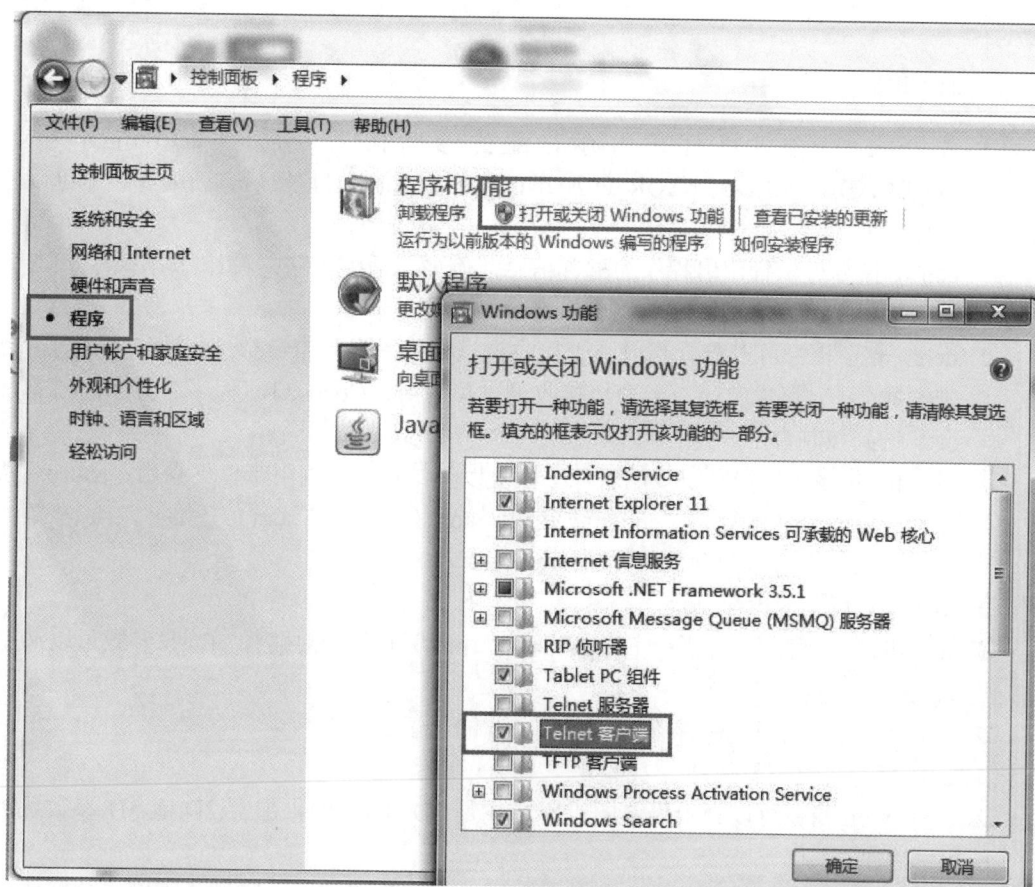

图 7-1　开启 Telnet

在 Mac 和 Linux 下可以直接使用 Telnet 命令来连接 Cocos2d-x 程序，如图 7-2 所示。

图 7-2　telnet localhost 命令

3．执行指令

在连接上 Cocos2d-x 程序之后，可以输入各种命令来进行调试，输入的方式是命令名+

空格+参数，不同的命令所需的参数不同，输入 help 可以列出所有的命令以及其相关的命令说明。

4．内置指令

- allocator 指令可以打印内存分配的诊断信息，需要 ccConfig.h 中将 CC_ENABLE_ALLOCATOR_DIAGNOSTICS 宏置为 1，然后重新编译，才可以使用这个命令。
- config 指令可以打印出程序的配置信息，例如，适配策略，设计分辨率的宽和高，是否显示 FPS 等。
- debugmsg 指令可以查看当前是否接收调试信息，当附带参数 on 时可以开启，附带参数 off 时可以关闭，当开启接收调试信息时，Cocos2d-x 程序中打印的日志都会发送到控制台上。
- director 指令可以控制游戏的暂停、恢复以及结束，可以附带以下参数：pause（暂停）、resume（恢复）、end（结束）、stop（停止）、start（开始）。-h 参数或 help 参数可以查看帮助。
- exit 指令用于退出控制台。
- fileutils 指令可以查看当前 FileUtils 中缓存的所有的绝对路径，flush 参数可以清空缓存。
- fps 指令加上 on 和 off 参数可以控制 fps 的显示。
- help 指令可以查看帮助。
- projection 指令可以查看当前的投影方式是 3D 还是 2D，加上 2D 或 3D 参数可以改变投影方式。
- resolution 指令可以查看当前的分辨率以及适配策略，加上宽度、高度、分辨率适配策略这 3 个参数，可以修改当前的设计分辨率以及适配策略。
- scenegraph 指令可以查看当前场景的详细内容，包括所有节点的类型、Tag、父子关系，特殊内容等（如 Label 的文本内容，Sprite 的纹理 ID 等），如图 7-3 所示。

```
> scenegraph
>
 <Scene | tag = -1>
- <Node | Tag = -1
- <Label | Tag = -1, Label = >1:Console Custom Commands
- <Label | Tag = -1, Label = >telnet localhost 5678
- <Menu | Tag = -1>
-- <MenuItem | tag = -1>
--- <Sprite | Tag = -1, TextureID = 7>
--- <Sprite | Tag = -1, TextureID = 8>
-- <MenuItem | tag = -1>
--- <Sprite | Tag = -1, TextureID = 9>
--- <Sprite | Tag = -1, TextureID = 10>
-- <MenuItem | tag = -1>
--- <Sprite | Tag = -1, TextureID = 11>
--- <Sprite | Tag = -1, TextureID = 12>
-- <MenuItem | tag = -1>
--- <Label | Tag = -1, Label = >Back
Total Nodes: 16
```

图 7-3　查看场景

❑ texture 指令可以查看当前 TextureCache 中缓存的纹理详情。加上 flush 参数可以清空 TextureCache 中的缓存。

❑ touch 指令可以模拟触摸，加上 tap、x 坐标、y 坐标 3 个参数可以模拟在指定的坐标的点击，加上 swipe、x1、y1、x2、y2 可以模拟从 x1、y1 坐标拖动到 x2、y2 坐标。

❑ upload 指令加上文件名和经过 Base64 编码的文件内容，可以将文件上传到 Cocos2d-x 所在的设备上。

❑ version 指令可以查看当前 Cocos2d-x 的版本。

5．自定义指令

Cocos2d-x 内置的指令很难满足丰富的调试需求，所以 Cocos2d-x 提供了一种便捷的方式可以添加自定义指令来进行扩展，cpp-tests 中的 Console Test 示例演示了如何添加自定义的指令，代码如下。

```
_console = Director::getInstance()->getConsole();
static struct Console::Command commands[] = {
    {"hello", "This is just a user generated command", [](int fd, const
    std::string& args) {
        const char msg[] = "how are you?\nArguments passed: ";
        send(fd, msg, sizeof(msg),0);
        send(fd, args.c_str(), args.length(),0);
        send(fd, "\n",1,0);
    }},
};
_console->addCommand(commands[0]);
```

首先需要获取 Console 对象，然后构造一个 Console::Command 对象，再调用 Console 的 addCommand()方法注册添加这个对象，这样就可以在命令行中使用这个命令了。

Command 对象由 3 部分组成，即命令的名字、命令的帮助提示（输入 help 指令时罗列的帮助信息）、命令的处理回调，该回调会传入一个 fd，以及命令的参数字符串，可以调用 send()方法将命令执行后的结果发送到控制台中。

如果希望延迟发送，或者在某个时机触发时才发送相关信息给控制台，我们可以使用 lambda 或者用变量将 fd 保存起来，然后在合适的时机再调用 send()方法发送信息。也可以开启 debugmsg，然后通过调用 Console 对象的 log()方法来发送信息给控制台。

7.2　使用 KxDebuger 调试 Cocos2d-x

虽然使用 Console 可以简单地调试 Cocos2d-x 的内容，但效率较低，而且步骤比较烦琐。如果能像 Unity 那样提供运行时的可视化调试方案，那么可以大大提高调试效率。

Cocos2d-x 官方新出的 Creator 也类似 Unity，可以对游戏内容进行调试，但并不支持调试 C++开发的 Cocos2d-x 程序，仅支持 JavaScript 和 Lua。因此笔者设计了一套简易的可视化调试工具 KxDebuger 用于调试 Cocos2d-x，KxDebuger 不仅可以调试 PC 上的程序，还可以远程调试移动设备上的程序，由于时间原因，目前的 KxDebuger 还不够完善，但以后笔者会花一些时间来进行维护，使其成为一个顺手的调试利器。

1．使用KxDebuger

kxDebuger 分为两部分，第一部分是嵌入 Cocos2d-x 程序的库，第二部分是 GUI 界面工具。KxDebuger 库依赖于 ProtocolBuffer 和 kxServer，前者是 Google 开发的一个协议库，后者是笔者开发的一个简易的网络库，可以直接将这两个库的代码包含到项目中，具体可以参考 KxDebuger 示例项目，读者可以在下载地址中找到它。添加好 KxDebuger 库之后只需要执行一行初始化代码即可使用 KxDebuger 库的客户端。

```
kxdebuger::KxDebuger::getInstance()->init();
```

在代码中初始化 KxDebuger 库之后，编译程序并启动 Cocos2d-x 程序，接下来就可以启动 KxDebuger 的 GUI 界面工具了，如图 7-4 所示。首先需要选择 IP 和端口，默认的端口是 6666，可以在 KxDebuger::init 中设置指定的端口，如果是本机调试，可以选择 127.0.0.1，如果需要在其他计算机或移动设备上调试，需要修改对应设备的 IP 地址。

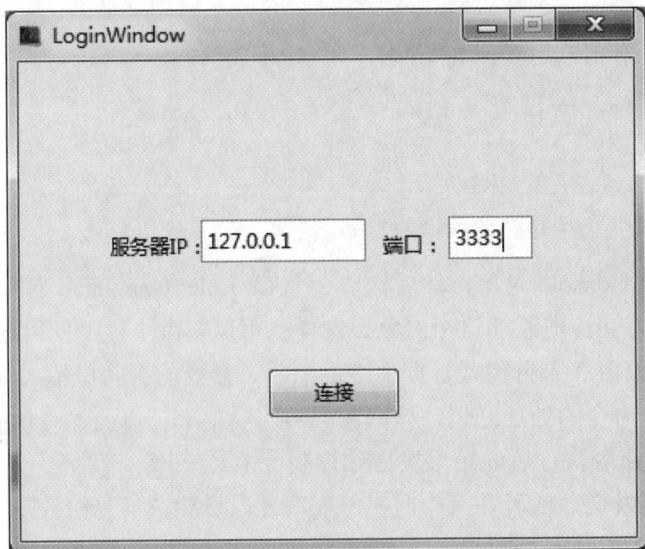

图 7-4　KxDebuger 启动界面

连接成功之后，GUI 解密工具会切换到调试界面，如图 7-5 所示，我们可以看到左侧的场景树和右侧的节点属性面板，在属性面板中可以查看和修改节点的各种属性。

2．KxDebuger功能简介

❑ 调试节点树：通过右侧的树控件可以实时观察场景树，并执行刷新和删除、查看节点等操作。

❑ 调试节点：当选中节点之后，可以在右侧的属性面板中查看并修改节点的各种属性，也可以激活高亮该节点。

❑ 单步调试：通过"调试"菜单下的快捷键可以暂停、恢复游戏，也可以逐帧调试游戏，这在捕获一些瞬间出现的动画问题时非常有用。

□　自定义调试：是 KxDebuger 的高级功能，通过修改 GUI 界面工具，以及在 KxDebuger 中注册新的服务，可以调试自定义的内容，如对游戏的 AI 和特定的逻辑进行调试。

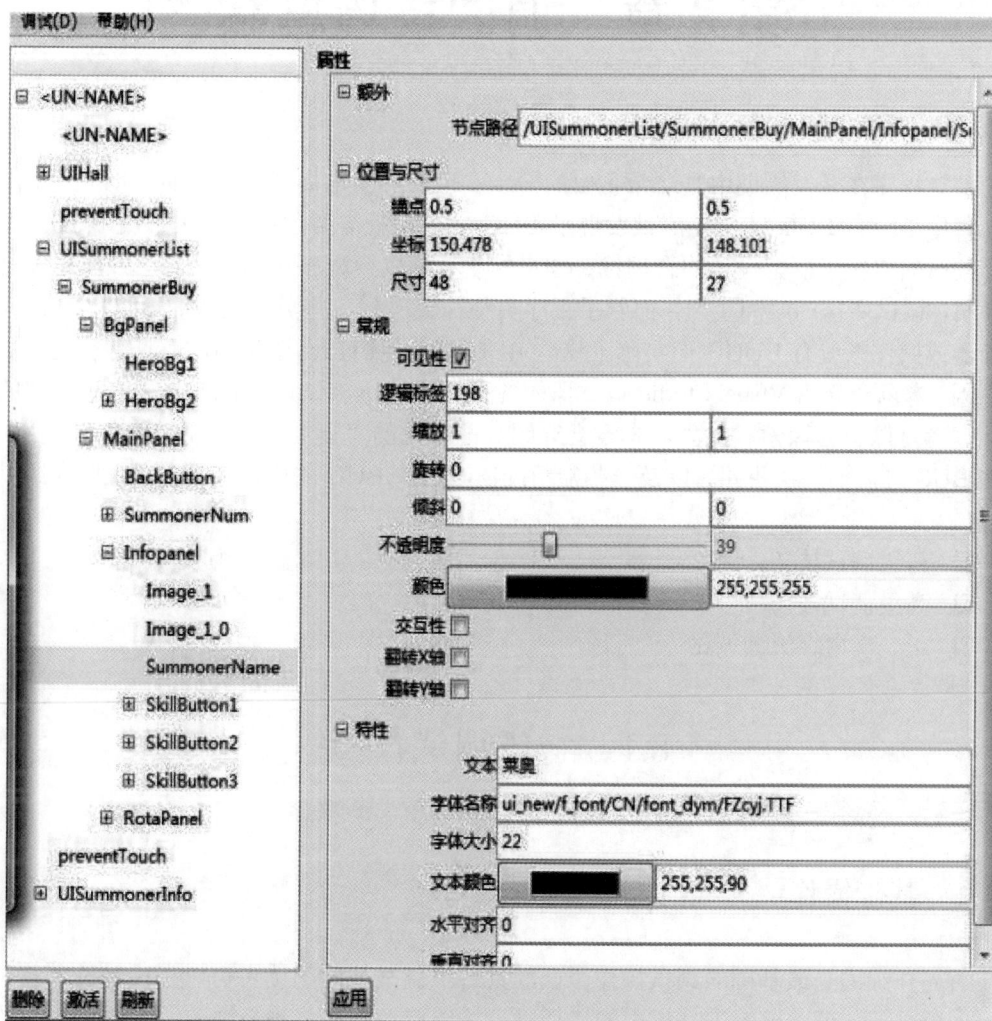

图 7-5　KxDebuger 调试界面

第8章 调试技巧总结

调试程序在开发周期中是非常重要的一步,也有可能是最耗费时间的一步。几乎没有什么程序是没有 BUG 的,在测试发现了 BUG 之后,就需要通过调试来解决 BUG。调试所需的时间取决于框架设计的合理性、项目的复杂度以及程序员的经验等。经验越丰富的程序员,调试所需的时间越短,而新手程序员往往会碰到一些莫名其妙的 BUG,从而怀疑编译器或操作系统有 BUG,但实际上这些 BUG 都是他们自己造成的,而且有着这样那样的原因。本章会介绍 Visual Studio 调试器的各种调试技巧,Xcode 或 GDB 也有着类似的功能,读者可以自己探索。此外,本章会介绍一些常见的"莫名其妙"的 BUG,以及碰到这些 BUG 之后的解决思路,以及一些能帮助读者解决 BUG 的好习惯。本章主要介绍以下内容:

❑ 初级调试技巧。
❑ 高级调试技巧。
❑ 记一次内存泄漏调试。

8.1 初级调试技巧

8.1.1 基础操作

首先介绍的是最基础的调试操作,已经具备了调试基础的读者可以直接跳过本节。在 debug 模式下,可以单击工具栏中的"调试"按钮启动调试,设置断点,并使用相应的调试快捷键进行调试。如表 8-1 介绍了 Visual Studio 和 Xcode 这两个 IDE 最基础的调试快捷键(Xcode 一般在笔记本键盘下才需要按 Fn),通过断点以及逐语句和逐方法的调试,可以观察到程序运行的流程,结合对变量的监视,可以分析出程序执行错误流程的原因。

表 8-1 调试快捷键

	启动调试	逐方法执行	逐语句执行	跳出该方法	继续执行
Visual Studio	F5	F10	F11	Shift+F11	F5
Xcode	cmd+R	Fn+F6	Fn+F7	Fn+F8	Ctrl+cmd+Y

设置断点的方式是在代码界面左侧的断点栏单击或按断点快捷键,Visual Studio 为 F9,在断点栏上会出现红色的圆形断点,如图 8-1 所示。Xcode 为 cmd+\,在断点栏上会出现蓝色的书签形断点,如图 8-2 所示。

调试时程序运行到断点处会停下,程序当前执行到的代码行对应的断点栏会有一个小箭头标识，可以通过拖曳这个小箭头强制改变程序的运行流程，例如，希望再次执行一遍，可以将小箭头往回拖，如果希望跳过某些代码，也可以直接拖曳小箭头跳过那些代码。这个操作最好不要跳过当前正在执行的函数，如拖曳到另外一个函数中。

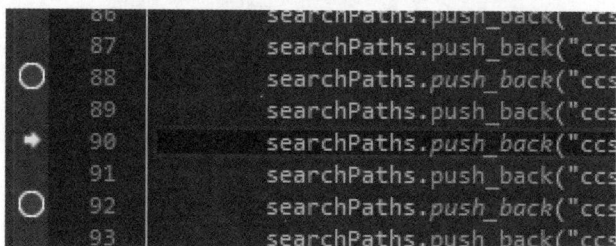

图 8-1　Visual Studio 断点调试

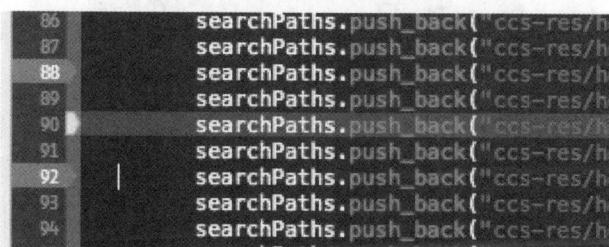

图 8-2　Xcode 断点调试

除了单步调试之外，还可以将鼠标指针悬停在当前堆栈中的变量上查看、修改当前堆栈中的变量，也可以是一些全局变量，修改后按 Enter 键即可生效，如图 8-3 和图 8-4 所示。

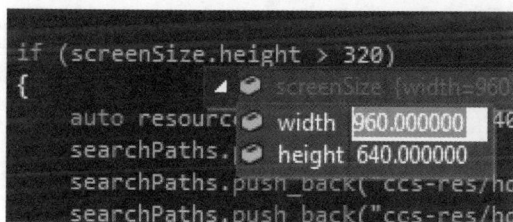

图 8-3　Visual Studio 修改变量

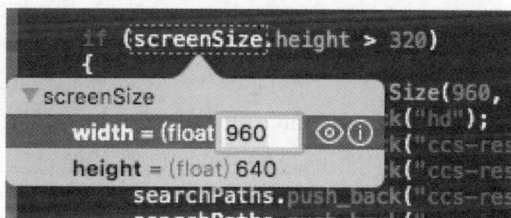

图 8-4　Xcode 修改变量

查看当前堆栈也是最常用的基础操作，因为虽然问题出现在这里，但是问题的根源可能是由于调用者传入了错误的参数，那么就需要通过堆栈来分析上层调用者的问题。Visual Studio 可以通过调用堆栈窗口来查看当前的堆栈，双击堆栈上的函数可以跳转至对应的函数，并查看对应函数的执行情况以及相关变量等，如图 8-5 所示。

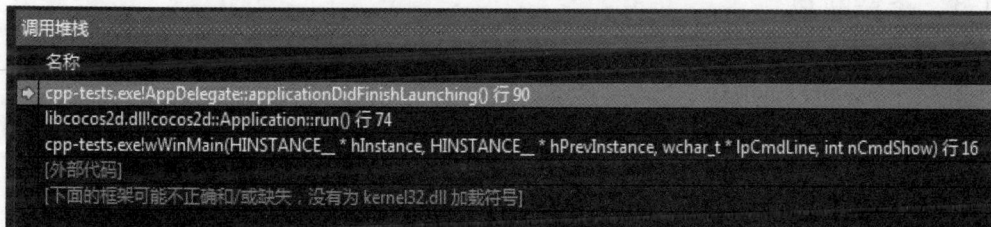

图 8-5　调用堆栈

　　Xcode 则需要通过左侧的调试导航栏来观察当前堆栈，Xcode 的调试导航栏还可以观察到当前的内存、CPU、网络 I/O 和磁盘等资源的占用情况，如图 8-6 所示。

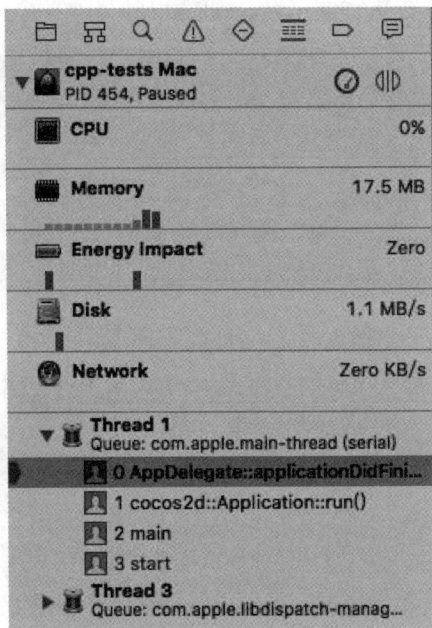

图 8-6　Xcode 的调试导航栏

8.1.2　启动调试

　　除了从调试器中启动调试之外，还有其他的一些开始调试的技巧。可以动态附加到进程中，这意味着当程序在不处于调试状态下发生错误或崩溃时，可以动态附加到进程中进行调试。Visual Studio 可以通过选择"调试"→"附加到进程"命令，然后在弹出的对话框中选择要附加的进程。Xcode 则是通过选择 Debug→Attach to Process 命令，再选择要附加的进程。

　　在 Visual Studio 下，还可以利用其多启动项目特性来同时调试多个项目，在开发多个协同工作的程序时可以用到，如同时调试客户端和服务端程序。在解决方案的属性页面中，可以选择要启动的项目，并指定哪些项目是调试启动，哪些是不调试启动，如图 8-7 所示。

　　Xcode 并不支持此特性，但可以通过打开多个 IDE 来同时调试多个项目。

　　此外 Visual Studio 还支持强大的远程调试功能，该功能在后面的高级技巧中会介绍。

8.1.3　条件断点

　　当断点被执行多次时，使用条件断点可以大大提高调试效率，例如，当在一个 for 循环中设置了一个断点，希望在 for 循环执行到 100 次的时候观察循环内部的变量，如果没有条件断点，那么就需要在这里中断 100 次。

　　Visual Studio 可以在断点上右击，在弹出的快捷菜单中选择条件，然后在弹出的对话框中设置条件，可以设置表达式为条件，也可以设置当表达式的值被修改才命中该断点，如图 8-8 所示。

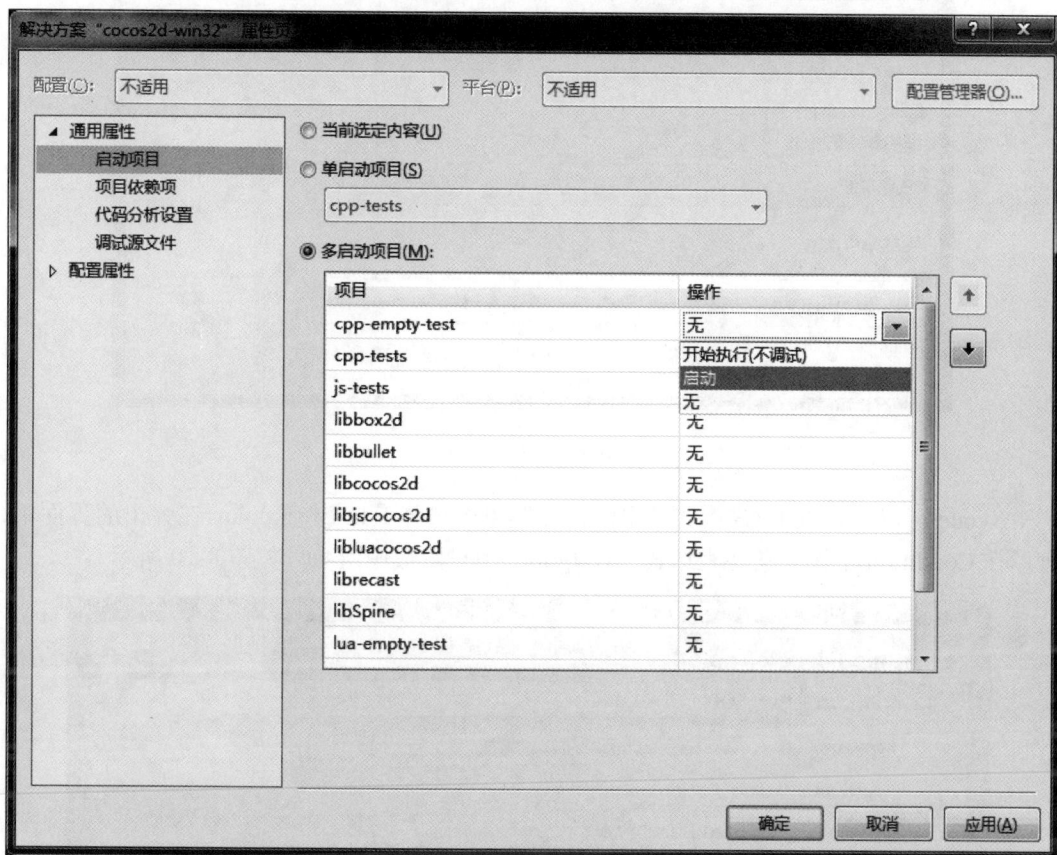

图 8-7　多启动项目

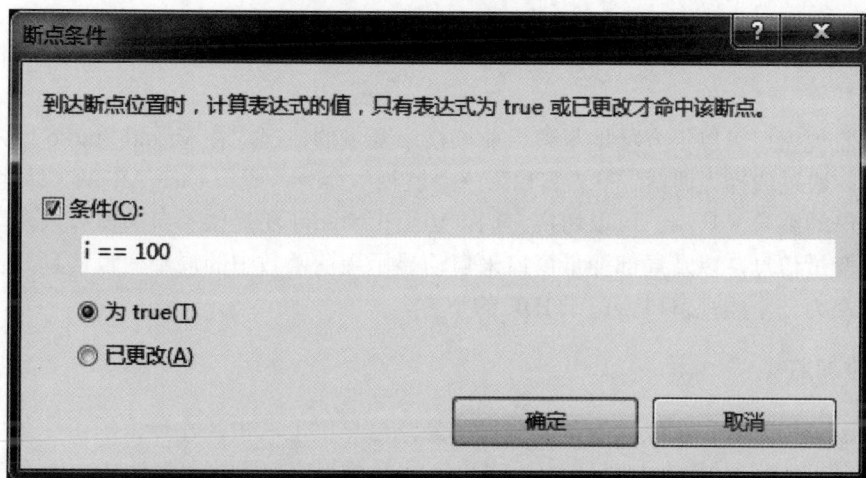

图 8-8　设置断点条件

　　右键快捷菜单中的命中次数允许设置指定的次数，当断点的命中次数达到设定的条件时才命中该断点，对话框中的"重置"按钮可以重置当前的命中次数为 0，如图 8-9 所示。

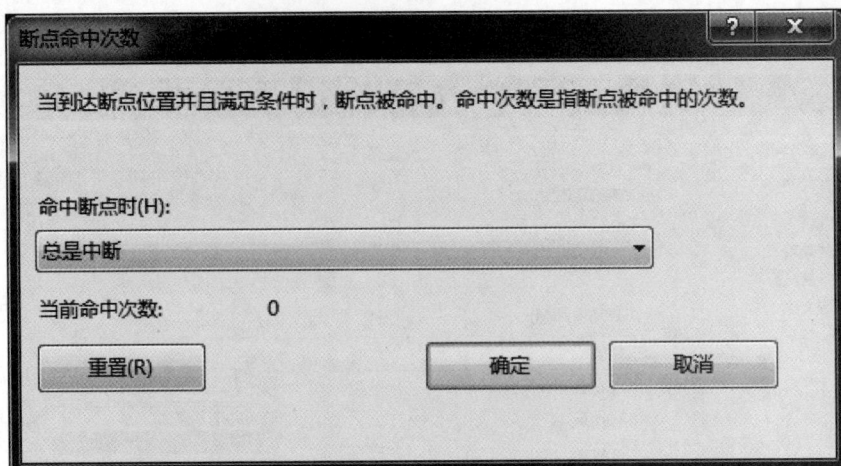

图 8-9　命中次数

Xcode 可以在断点上右击，在弹出的快捷菜单中选择 Edit Breakpoint，在弹出的界面中，可以在 Condition 中设置条件表达式，在 Ignore 中设置命中次数，如图 8-10 所示。

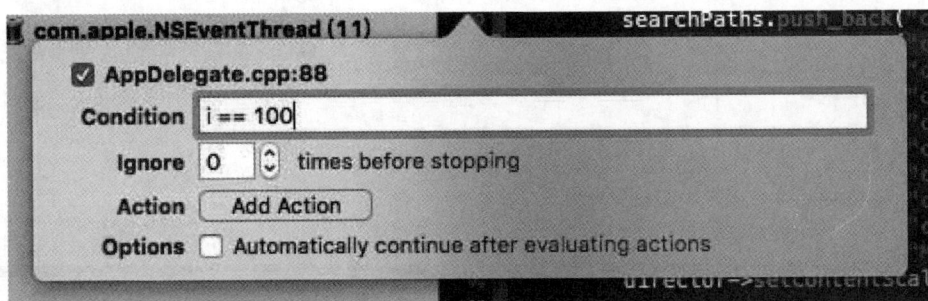

图 8-10　Xcode 的断点编辑菜单

8.1.4　监视技巧

通过监视窗口可以很方便地观察当前堆栈中变量的情况，在 Visual Studio 中，有 4 个监视窗口，通过选择"调试"→"窗口"→"监视"命令，或按 Ctrl+Alt+W 快捷键，再输入监视窗口的编号（1～4）可以切换它们。Visual Studio 还提供了自动窗口来自动显示当前有效的变量信息，以及局部变量窗口来自动显示当前函数中的局部变量信息。在 Xcode 中则是整合为一个监视窗口，位于 IDE 的下方。

1．添加监视

在 Visual Studio 中可以在变量或变量的悬浮信息框上右击，在弹出的快捷菜单中选择"添加监视"命令，如图 8-11 所示，也可以直接在监视窗口中输入表达式。而在 Xcode 中只能在监视窗口输入表达式。

2．特殊监视

图 8-12 演示了如何输入表达式来添加监视，除了监视变量，还可以监视地址，例如，

我们 new 了一个对象，即使当前函数中无法访问该对象，也可以监视这个对象，这对于观察指定对象的变化非常有用，通过监视，可以观察对象是否被修改了，如图 8-12 所示。

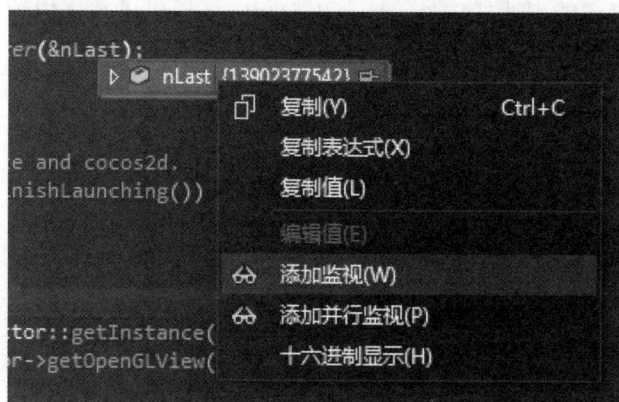

图 8-11　添加监视

图 8-12　监视地址

通过输入 Director::getInstance()方法、director 变量，以及地址强制转换为指针，都可以观察到指定的变量，如图 8-13 所示。只不过调用方法会有一些副作用，因为方法会被执行，这可能导致程序出现意料之外的问题，直接监视局部变量 director 则只会在该函数内生效，只有监视地址的方式才会一直生效。

图 8-13　监视函数返回值

Xcode 可以在监视窗口上右键选择 Add Expression 来添加要监视的表达式，如图 8-14 所示。

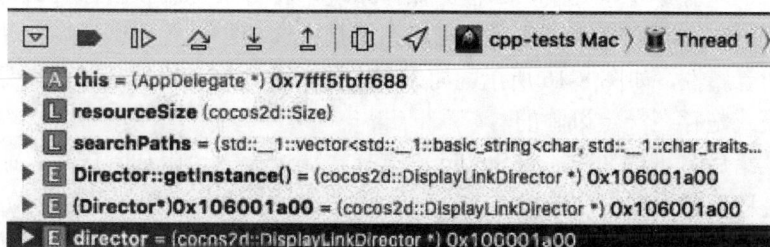

图 8-14　Xcode 添加监视

3. Visual Studio内置变量

除了可以输入普通的表达式以外，Visual Studio 还提供了很多内置变量以供监视，如下所示。

- ❏ $tid：当前线程的线程 ID。
- ❏ $pid：进程 ID。
- ❏ $cmdline：启动程序的命令行字符串。
- ❏ $user：正在运行程序的用户。
- ❏ $err：显示最后一个错误的错误码。
- ❏ $err,hr：显示最后一个错误的错误信息。

更多的内置变量可以参考 https://msdn.microsoft.com/en-us/library/ms164891.aspx。

8.2　高级调试技巧

8.2.1　远程调试

远程调试是 Visual Studio 的一个强大功能，当你的程序在其他计算机上运行时，可以通过远程调试来正常地调试程序。Xcode 4.2 版本也有一个 WiFi 调试功能，类似于远程调试，但由于不稳定，在之后的版本中被移除了。

远程调试功能强大，但操作起来并不麻烦，首先需要在目标机器以管理员身份运行远程调试监视器，可以在 Visual Studio 的安装目录下找到，如图 8-15 所示。

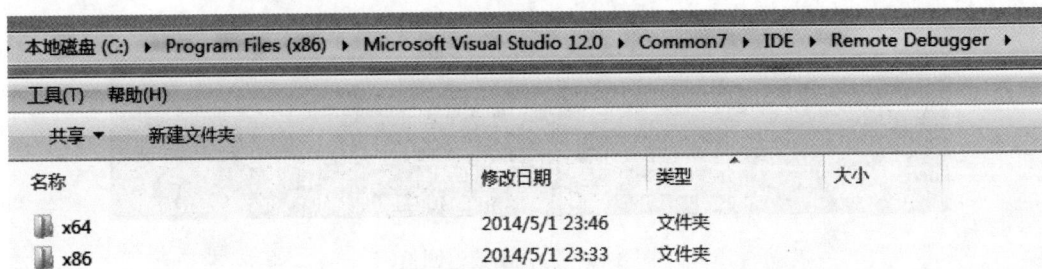

图 8-15　监视器目录

x64 和 x86 分别对应 64 位和 32 位的操作系统，将目录复制到目标机器，然后运行目录下的 msvsmon.exe，启动监视器后，可以在工具→选项中设置调试的端口、身份验证模式、空闲时间等属性，如图 8-16 所示。如果不在同一个内网，需要选择"无身份验证"模式，使用该模式是存在一定风险的。

服务器就绪后，可以在 Visual Studio 中选择"调试"→"附加到进程"命令，在弹出的"附加到进程"对话框中，选择"传输"下拉列表框中的"远程（无身份验证）"选项，然后在"限定符"中输入远程的 IP 和端口，按 Enter 键之后会刷新出可以挂载的进程列表，再选择目标计算机中要调试的程序，即可进行调试，如图 8-17 所示。

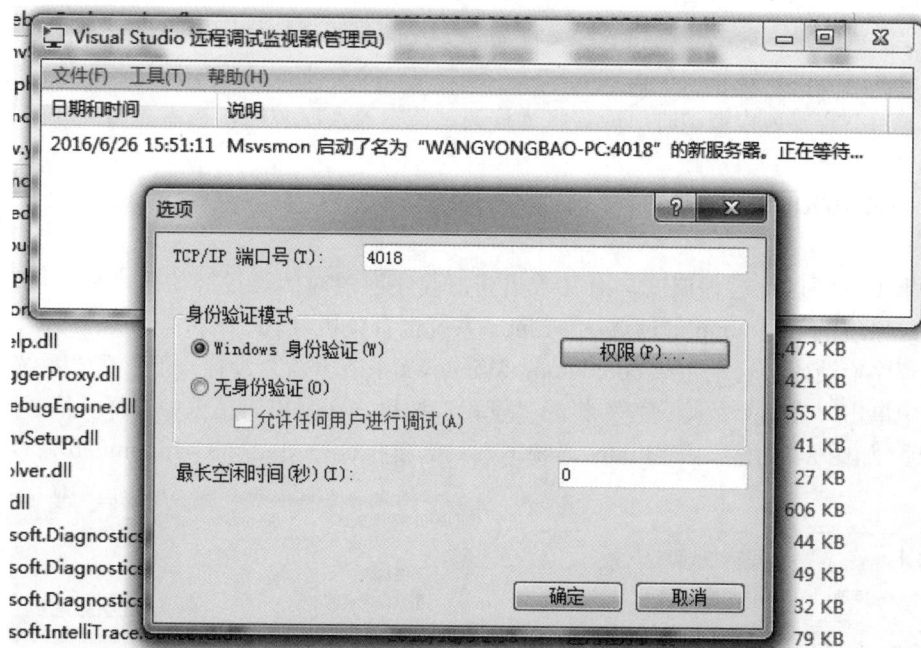

图 8-16　设置远程调试监视器

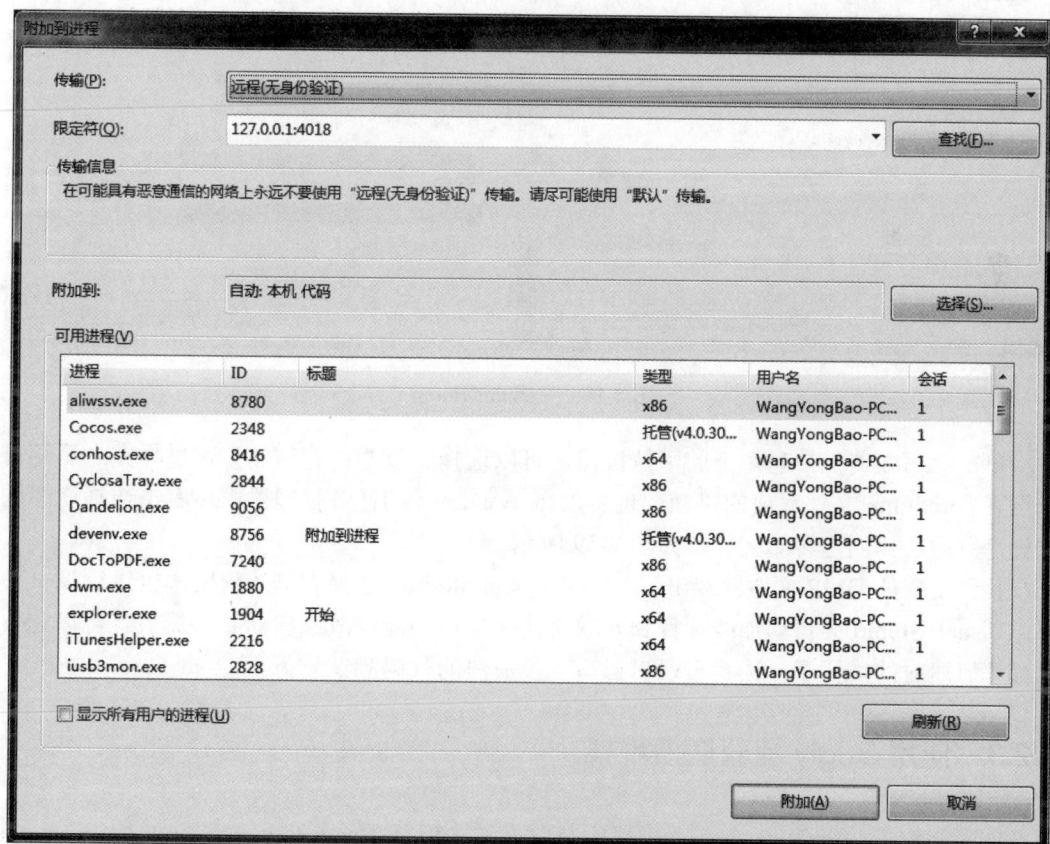

图 8-17　附加到远程进程

需要注意的是本地的代码和 pdb 文件需要与我们要调试的目标程序匹配，否则无法进行断点调试。所以在发布一个调试版本时，最好打一个分支或者将项目保存一份，然后不再修改。当不需要远程调试时，应该将远程调试监视器及时关闭，在需要调试时再开启。

8.2.2　coredump 调试

如果不方便进行远程调试，而又希望获得程序崩溃时的堆栈等信息，那么可以使用 Windows 系统的 coredump 进行调试，Linux 系统也有该机制。

在程序崩溃时会自动生成 coredump，Windows 系统下需要设置一下，在"系统属性"对话框中单击"启动和故障恢复"栏的"设置"按钮，在弹出对话框中选择"核心内存转储"选项，如图 8-18 所示。而 Linux 系统下则只需要执行一条 ulimit -c unlimited 命令即可。

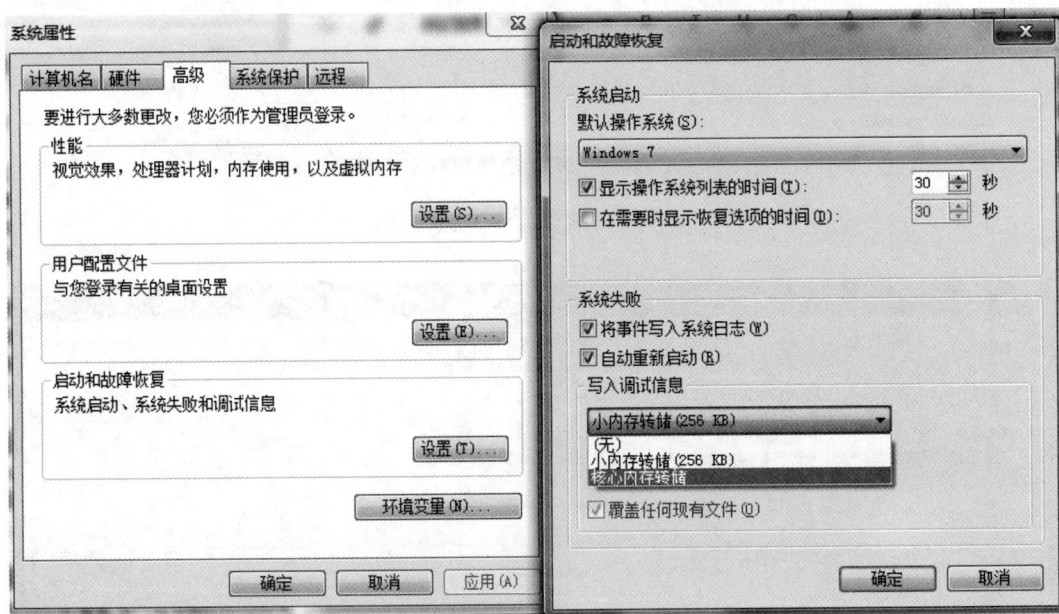

图 8-18　生成 coredump

单击"写入调试信息"下的下拉按钮，可以选择"核心内存转储"，选择完之后还可以设置 coredump 文件存放的路径。也可以在 Windows 的任务管理器中，右击选择崩溃的进程，然后选择创建转储文件，如图 8-19 所示。

找到生成的 DMP 文件并双击，会启动 Visual Studio，选择右侧的仅限本机进行调试按钮，Visual Studio 会自动加载项目和 pdb 文件（项目不能修改或移动），然后就可以定位到程序崩溃时的堆栈了，读者可以自己写一段崩溃的代码测试一下。

8.2.3　使用 Bugly 捕获崩溃堆栈

前面介绍了 Windows 下崩溃堆栈的获取方法，但是 Cocos2d-x 做的并不是 Windows 游戏，而是手机游戏，所以这里介绍一个专门监控 Android 和 iOS 平台下崩溃信息的库 Bugly。这是腾讯提供的一个第三方库，在 Cocos2d-x 下可以很方便地使用，网址为

https://bugly.qq.com/cocossdk。官方文档很清楚地介绍了如何接入，以及如何使用。

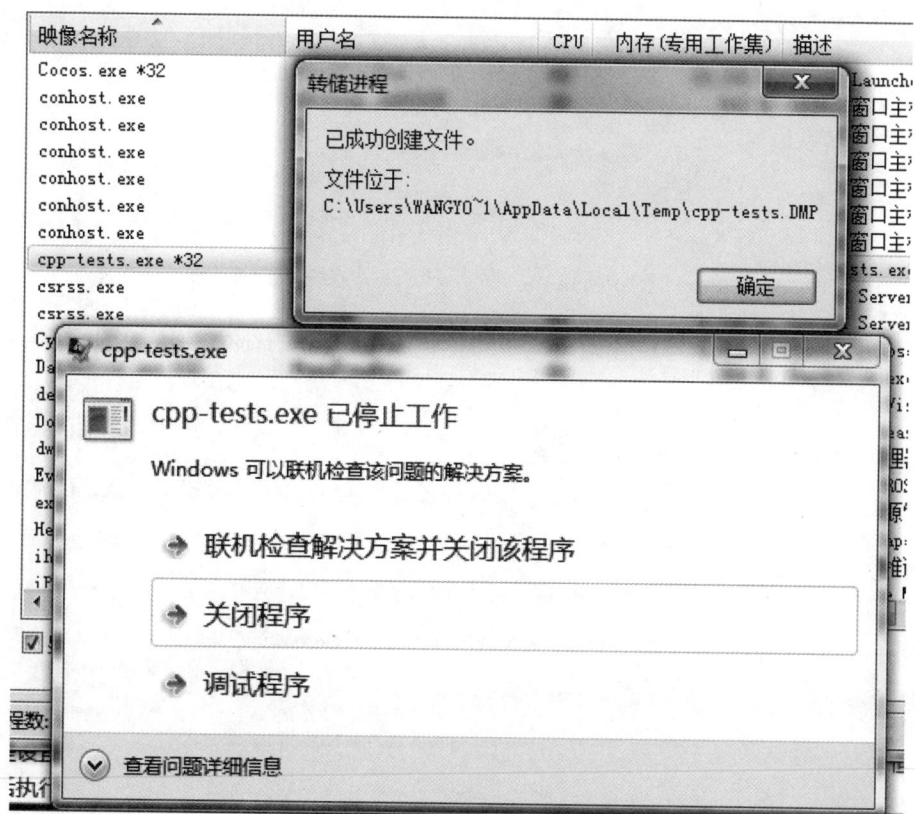

图 8-19　生成转储文件

登录 Bugly 可以看到所有的崩溃上报，有哪些地方崩溃了，崩溃了多少次，影响了多少个用户，用户的设备是什么型号，崩溃的时间，剩余的内存和磁盘空间等。在首页会有BUG 列表，可以进行版本的筛选，只查看最新版本的崩溃信息，也可以只查看某渠道的崩溃信息，以及指定时间内的崩溃信息。

如图 8-20 是 BUG 的详情页面，左侧的列表为同样的 BUG 的多次上报记录，下方的"出错线程"面板显示了崩溃堆栈，**除了 C++的崩溃，Lua 的崩溃也会有详细的堆栈**，"系统日志"面板则上报了崩溃时输出的日志，使用 CCLOG 打印出的信息会被上报到这里（但日志条数有数量限制）。

8.2.4　命中断点

断点是调试程序最核心的功能之一，当我们命中了一个断点之后，程序会中断，然而断点只能中断吗？当然不是，我们可以让断点在命中之后不中断，而是执行某些操作，如打印出当前的某些变量或者堆栈等。Visual Studio 中可以在断点上右击选择命中条件，会弹出如图 8-21 所示对话框，在其中选择"打印信息"后可以输入所要打印的信息。

我们可以输入$开头的特殊关键字，如$PID、$CALLSTACK 等，也可以输入一个变量或表达式，用{}包裹住，命中断点时会打印出变量或表达式的值。选择"继续执行"可以让断点命中之后继续执行，而不是中断。

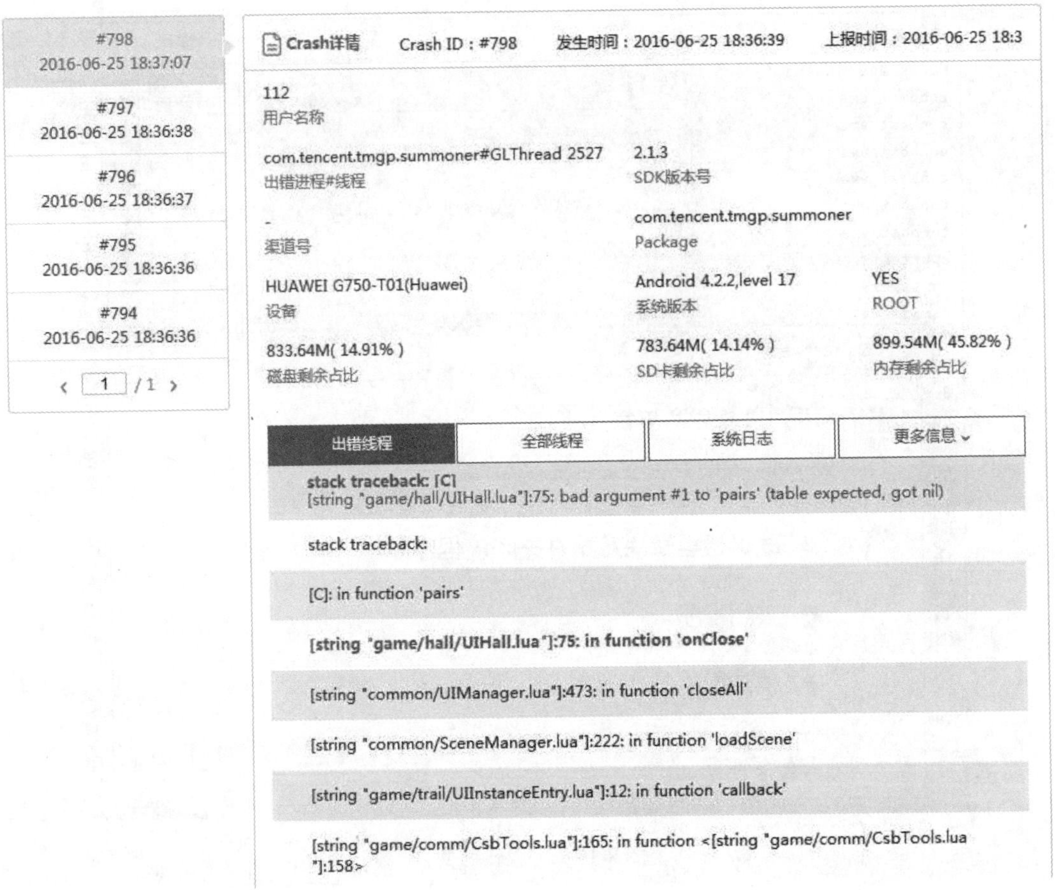

图 8-20　BUG 详情页面

需要注意的是设置了命中断点之后，程序运行的效率会降低不少，而且前面设置的条件断点会失效，但可以在代码中添加一个条件判断，在条件判断成功后执行一行代码，在这行代码中设置命中条件，也可以起到过滤的作用。

Xcode 在命中断点之后可以执行的处理更为丰富，而且与命中条件并不冲突，在命中断点之后，可以执行以下动作。

❑ AppleScript 执行一段 Apple 脚本，AppleScript 是 Apple 推出的一门强大的脚本语言。

❑ Capture GPU Frame 捕获当前 GPU 所绘制的帧，用于辅助图形调试。

❑ Debugger Command 可以执行 lldb 的调试命令，如使用 bt 命令输出当前堆栈。

❑ Log Message 可以在调试窗口输出一个消息，可以用@var@来打印表达式。

❑ Shell Command 可以执行一个 shell 指令。

❑ Sound 可以让 Xcode 播放一个系统声音。

如图 8-22 所示，通过单击右侧的"+"按钮，可以添加多个 Action。选中最下方 Options 后的复选框，还可以让断点命中之后继续执行，而不是中断。

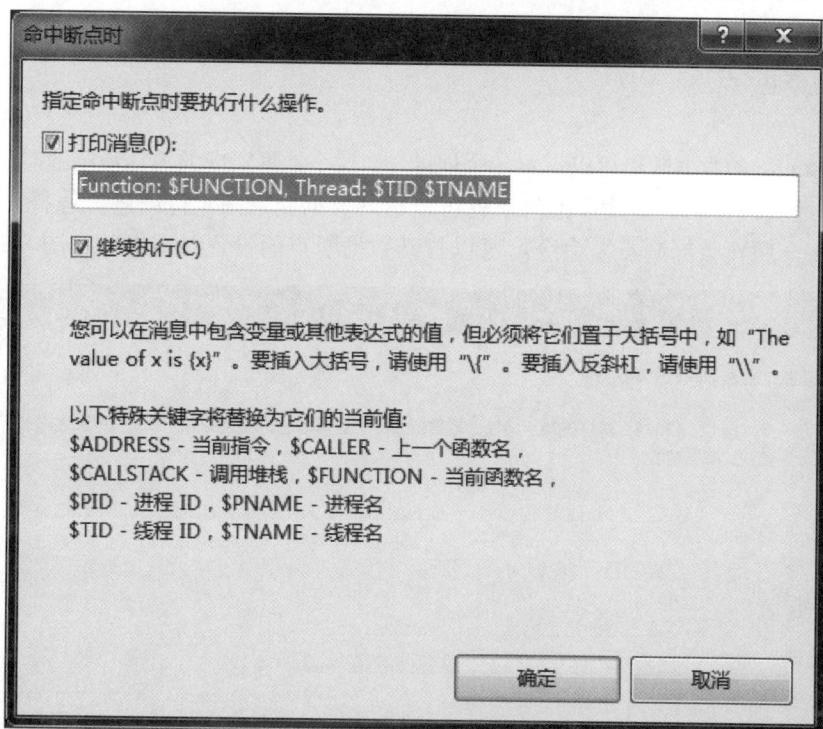

图 8-21　命中断点设置

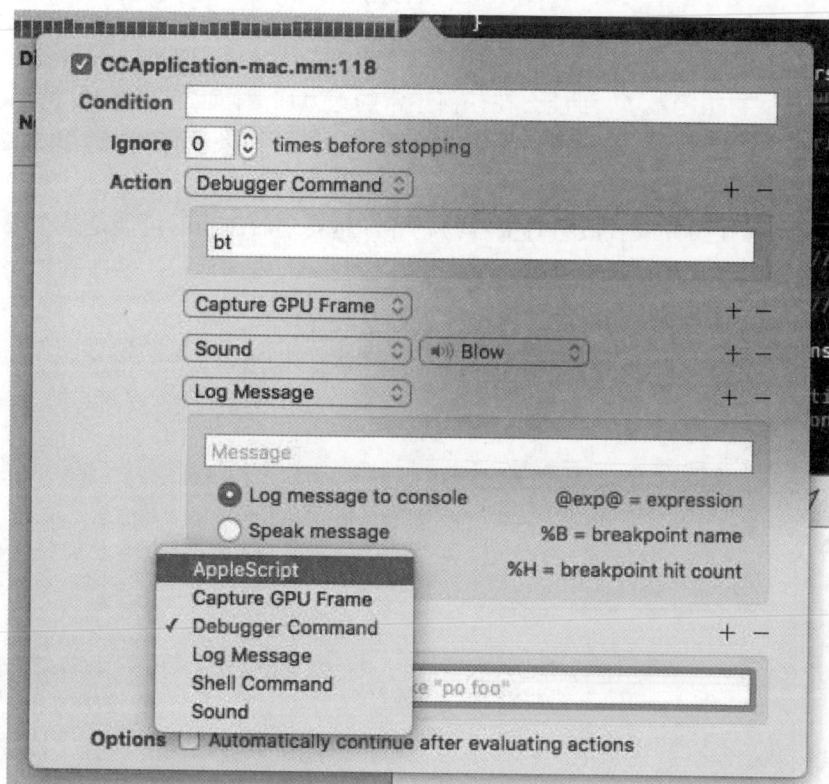

图 8-22　Xcode 编辑断点

8.2.5　数据断点

Visual Studio 的数据断点可以设置一个地址，当这个地址对应的内存被修改时断住。当我们发现某个地址被莫名其妙地修改时，就可以借助数据断点来定位问题，选择"调试"→"新建断点"→新建数据断点"命令，可以打开数据断点的设置对话框，如图 8-23 所示。

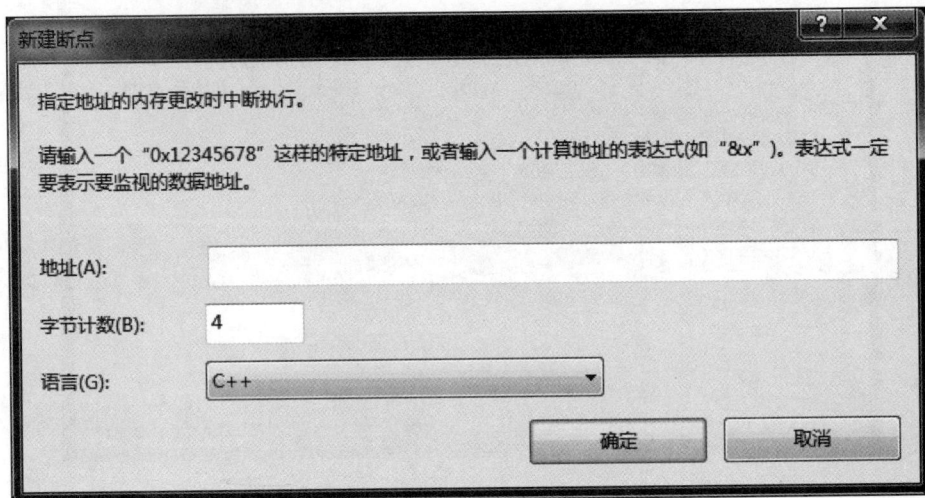

图 8-23　数据断点

有时候我们会碰到一种越界访问的 BUG，当出现了这样的 BUG，并且程序没有立刻崩溃时，问题就变得很隐蔽了，可能会在任何正常的地方崩溃，如一个 vector 的 push_back() 方法，并且同一个问题导致的崩溃可能每一次都不一样，如果没有经验，那么这种 BUG 解决起来就非常痛苦了。

由于 C/C++ 操作指针或者数组时很容易越界，越界之后访问的可能是某个类的内部结构，当对越界的内存进行写入操作时，就会破坏这些类的内部结构，从而导致崩溃。由于崩溃的地方与崩溃的原因毫无关系，所以这类问题比较难以解决，当发现不应该崩溃的代码莫名其妙地崩溃时，就要看看是否出现了越界操作。下面是常见的越界操作。

```
//首先定义了数组，然后对数组进行初始化，实际上这个初始化是对 a 的第 65 个元素赋值，很有
隐蔽性
char a[64];
a[64] = { 0 };
//内存复制，dst 没有足够的内存空间或复制的长度错误，会覆盖 dst 后面的内存
memcpy(dst, src, sizeof(src));
//还是内存复制，原本应该复制到 buffer->data 的，但是直接复制到了 buffer
buffer->data = new char[len];
memcpy(buffer, src, len);
//字符串格式化，参数传漏或缓冲区不够大，都可能导致溢出，应该使用 snprintf
sprintf(buf, "%s, %d, %s", str1, num1);
```

除了使用数据断点监视指定的内存是否被修改，还可以在崩溃处逆推，检查前方的代码是否存在类似上述的问题，特别是指针相关的操作。

另外还可以用排除法，屏蔽掉部分代码来分析问题，还可以通过 svn 或 git 来分析是哪

个版本提交的代码之后导致的问题，缩小查找范围。利用这些经验，以后再碰到了莫名其妙的问题之后就不至于手足无措了。

8.2.6　即时窗口

即时窗口是 Visual Studio 提供的一个实时调试窗口，可以在即时窗口输入指令来打印变量、执行语句以及计算表达式等，如图 8-24 所示。

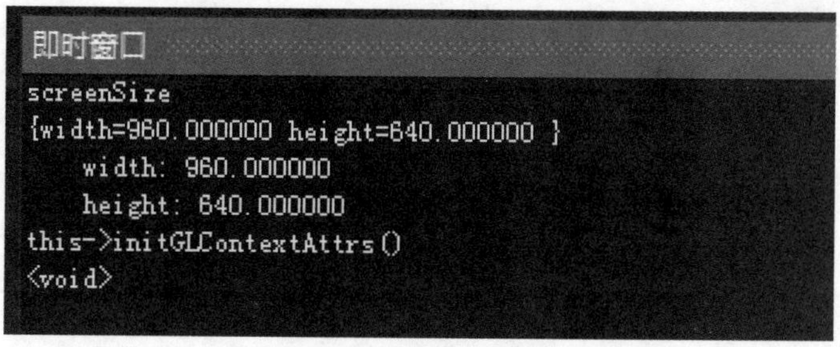

图 8-24　即时窗口

之所以提供这么一个即时窗口，是因为其真的非常灵活，例如，当我们希望分析一块内存，这块内存是由各种数据结构组成的，通过即时窗口可以很方便地检查这些结构的赋值是否正确，如服务器下发了一块内存数据，对应的一系列结构体。此外，在分析的时候还可以执行各种表达式和语句，包括直接执行一些成员函数，用于对代码进行单元测试也是非常不错的。

在 Xcode 下的输出窗口，也属于可以实时进行调试的窗口，它是一个 lldb 命令行窗口，lldb 类似 GDB，是一个强大的命令行调试工具，详情读者可以查阅官方的这篇 lldb 初学者教程，网址为 http://lldb.llvm.org/tutorial.html。

8.2.7　多线程调试

当调试多线程程序时，它们执行的同一段代码可能会被多次中断，如果希望只针对某一个线程进行调试，则可以在断点上右击，在快捷菜单中选择"添加断点筛选器"命令，在弹出的对话框中设置线程 ID 的筛选条件，如图 8-25 所示。

8.2.8　性能调试

Visual Studio 和 Xcode 都提供了强大的性能分析工具，帮助解决性能问题，Visual Studio 中可以使用菜单上的"分析"→"性能与诊断"命令，运行性能向导，如图 8-26 所示。

单击"开始"按钮，然后一直选择下一步，就会将程序运行起来，运行一段时间结束程序后，Visual Studio 会自动生成分析报告。

我们可以选择 CPU 采样，也可以选择检测函数执行的耗时，单击生成的分析报告，可以查看耗时最多的函数，并标识出函数对应的代码视图。通过这个视图，可以轻易地分析出哪些方法的性能消耗比较大，从而有针对性地进行优化。双击左右两侧的蓝色函数窗口，可以在函数堆栈中上下切换，观察消耗，如图 8-27 所示。

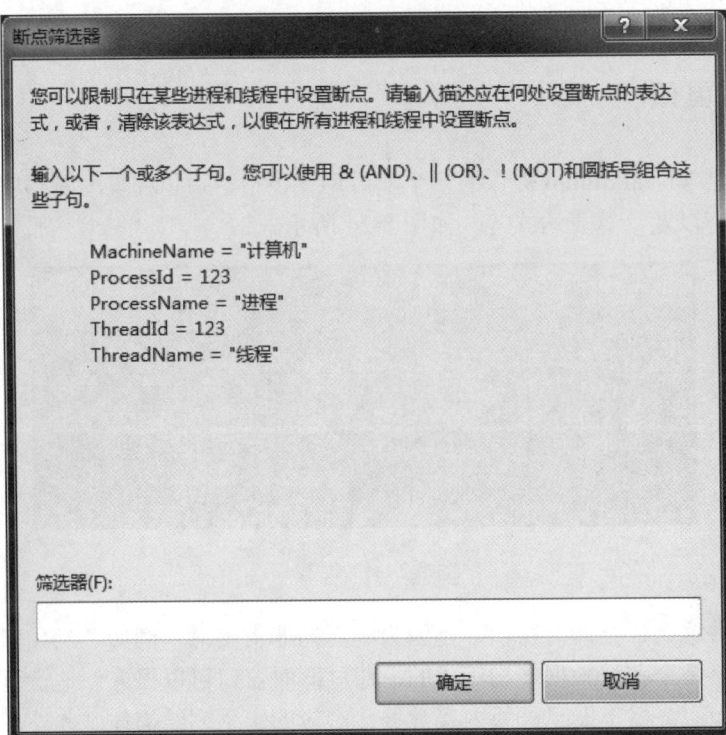

图 8-25　设置断点筛选器

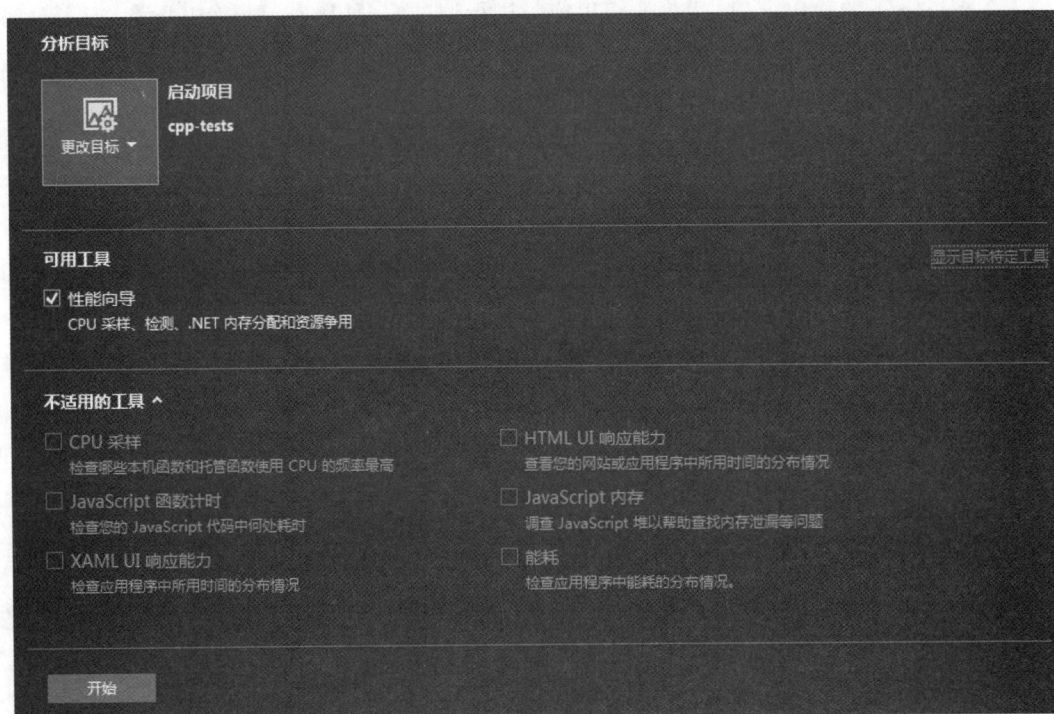

图 8-26　性能与诊断

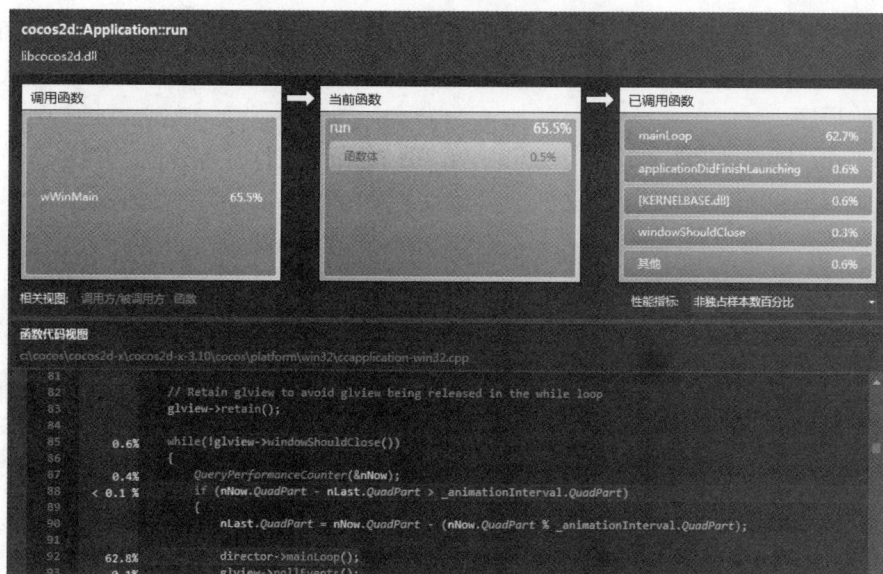

图 8-27　性能分析详情

  Xcode 的性能分析工具更加强大，Xcode 的 Instruments 提供了一系列的分析工具，除了性能分析之外，还有内存泄漏、GPU、动画、网络、系统 I/O 等一系列的分析工具，在 Xcode 中选择 Product→Profile 命令，会弹出如图 8-28 所示的界面，在界面中选择 Time Profiler。

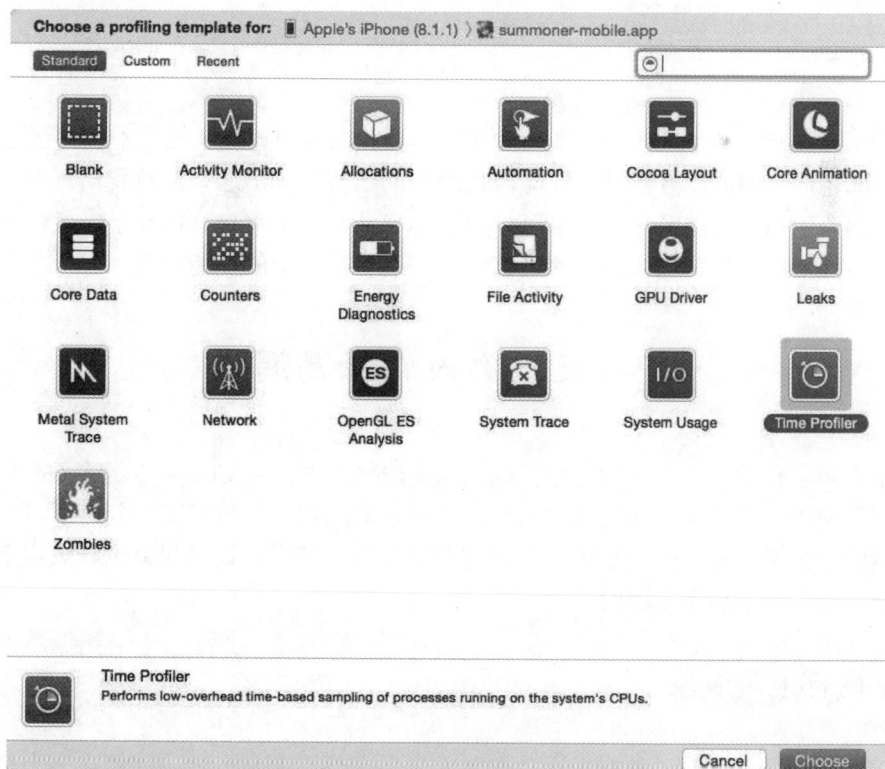

图 8-28　Instruments

在 Xcode 菜单中选择 Open Developer Tools→Instruments 命令，也可以打开 Instruments 界面，但在这里打开只能附加在已运行的进程中，而通过 Product→Profile 这种方式打开则是调试当前程序。

选择 Time Profile 之后，会弹出 Time Profile 的信息界面，如图 8-29 所示。单击左上角的红色圆圈按钮（不是关闭），之后会开始性能分析，然后改按钮变为黑色的方块形状，其旁边的按钮可以暂停程序。

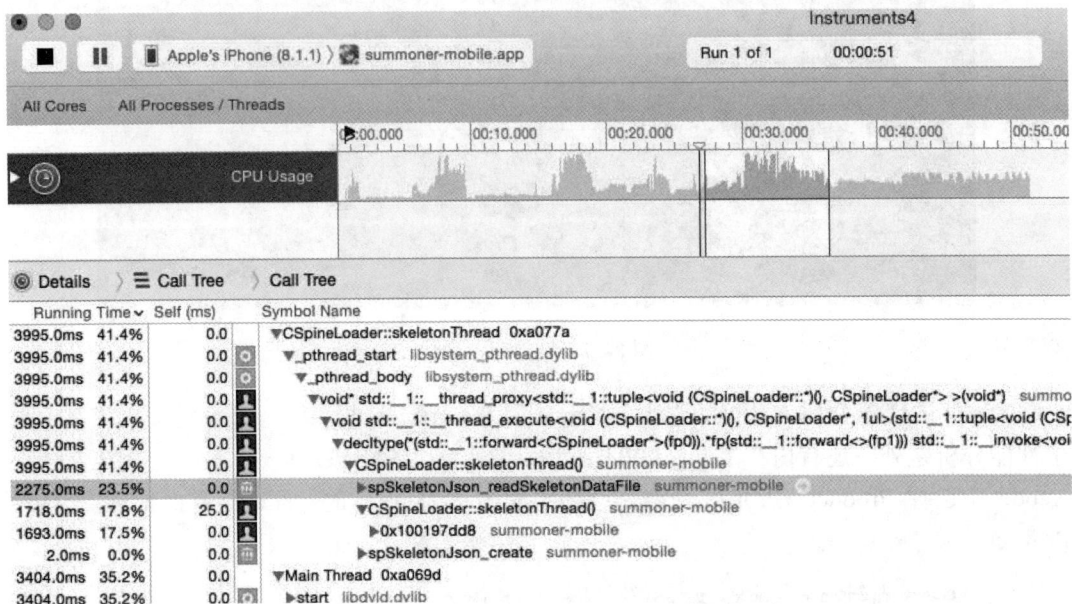

图 8-29　CPU 性能分析

在 CPU Usage 的右侧会出现 CPU 使用的曲线图，曲线图直观地反映了程序运行时 CPU 的占用情况。曲线图的下方罗列了性能消耗最多的函数，单击这些函数我们可以一点一点打开，观察该函数执行的消耗点，也可以用鼠标在曲线图上单击，框选某一段时间，观察指定时间内的性能消耗，默认统计的是整个程序运行周期中的性能消耗。

8.3　记一次内存泄漏调试

这是实际工作中一次艰难的内存泄漏调试，严格来说算是 Cocos2d-x 引擎的 BUG，但也与我们的使用方式有关，通过这次调试，让笔者对引用计数这把双刃剑有了进一步的体会，虽然它方便了使用，但一旦由于引用计数引发内存泄漏，调试起来也麻烦很多，特别是当泄漏的地方位于引擎底层时。

8.3.1　内存泄漏表象

在项目开发到后期时，游戏运行一段时间之后会变得非常卡顿，**就算在一个简单的场景下，没有执行任何逻辑，也会非常卡**。

通过任务管理器查看内存发现，程序的内存占用已经超过了 1GB，这甚至比所有的游戏资源所需的内存还要多很多，但正常来说，就算存在这么多的内存泄漏，笔者的机器也有足够的空闲内存，所以这个卡顿并不是内存泄漏造成的！内存泄漏不一定会造成卡顿，只有当内存泄漏几乎耗光了所有的可用内存时，才会影响机器的性能，内存泄漏造成的卡顿，并不是卡这一个应用程序，而是整个机器，因为所有的程序都很难分配到内存了！

8.3.2　初步分析

于是笔者通过 Visual Studio 的性能诊断工具来分析游戏卡顿的原因，最后定位到是执行 Update 的调用，对应的 Update 函数并不是项目的代码，而是位于 Cocos2d-x 中，这个分析结果几乎毫无意义，于是笔者开始着手解决内存泄漏的问题。当你不清楚存在多少问题时，那么就把能解决的先解决吧。

内存泄漏，泄漏了这么多，怎么想都是纹理发生泄漏了，于是笔者把矛头对准 TextureCache，因为几乎所有的纹理都是在这里创建的，如果 TextureCache 发生了内存泄漏，那么唯一的可能就是调用了 removeTextureForKey、removeTexture 或 removeAllTextures，否则纹理都是会被 TextureCache 管理的，只有在某个地方将一个还有引用的纹理从 TextureCache 中删除，然后又没有使用对该纹理的引用，之后其他地方也使用到了该纹理，这时 TextureCache 就会重新加载这个纹理，反复如此那么纹理就会发生大量的泄漏。打了断点之后，发现 TextureCache 中并没有纹理泄漏，所有进入 TextureCache 中的纹理在被移除时，引用计数都是 1，也就是说没有其他地方引用这些纹理，而且前面几个函数打的断点并没有触发，如果不是纹理，那什么东西能占用那么大的内存呢？

笔者仍然认为应该是纹理导致，会加载纹理的地方只有场景切换时的预加载，多半是预加载这里出了问题，于是笔者切换了一下场景，观察了游戏的内存，发现每切换一次场景，游戏的内存就会往上增加，没有上限，笔者在两个场景之间来回切换，每次都会增加，并且到后面越来越卡。如果不切换场景，则不会有任何影响。那么切换场景的时候做了什么呢？

- ❏ 关闭并释放所有 UI。
- ❏ 清空自定义的资源管理器（如果该资源在新场景有用到，则不清理）。
- ❏ 调用 Director 的 purgeCachedData。
- ❏ 预加载新场景的资源。

8.3.3　排查问题

经过了各种尝试之后，笔者发现将第二步的代码注释掉，就感觉不到内存泄漏了，仔细观察后，资源管理器中的代码看不出有内存泄漏的地方，所有的资源都释放了。资源管理器中管理了骨骼动画、纹理、CSB 等资源，通过筛选定位，笔者发现是资源管理器中的 CSB 资源出了问题，于是在 CSB 创建的地方和释放的地方打印了日志，并禁用其不清理下一个场景会用到的资源这个功能，于是发现**每一个资源都会释放，并且释放时资源本身的引用技术都是为 1**，也就是没有其他地方引用到了该资源。这就说明资源管理器本身没有泄漏，那为什么清空资源管理器就会出现内存泄漏，而不清空就不会出现呢？怎么会有这么莫名其妙的 BUG 呢？经验告诉笔者，任何 BUG 都是有原因的。

　　只能继续分析了，接下来笔者在 Texture2D 和 Node 的构造函数和析构函数处打了日志，将 this 指针打印了，并各自增加了一个静态变量，用于统计数量，在构造函数中自增 1，析构函数中自减 1，并将这两个变量也打印了出来。然后再进行测试，发现经过了两轮切换场景之后，每次切换这两个数值都会以一个固定的数值增长。接下来笔者仔细对比了冗长的日志文件，发现**在创建某些 CSB 的时候，会创建若干个子节点和纹理，而在析构的时候，释放的节点和纹理明显少于其创建的**。这就很蹊跷了，父节点都释放了，子节点却没有被释放？到底是哪里引用了它们呢？没有关系，一定可以查出来！

8.3.4　修改代码定位泄漏点

　　既然可以在构造函数和析构函数中统计是否有泄漏的对象，那么自然也可以获取到泄漏的是哪些对象。例如，要获取 Node 的泄漏详情，就需要修改 CCNode.cpp，首先在 cpp 开头部分添加如下代码。

```
#include <map>
static int s_node = 0;
static int s_count = 0;
//两个 map 相互映射，可以帮助快速定位对象是第几个创建的
static std::map<void*, int> s_nodemap;
static std::map<int, void*> s_nodemap2;
```

　　接下来在 Node 的构造函数中添加如下代码，除了自增统计数量之外，还自增创建的节点顺序，并将创建的节点以及创建的顺序记录到 map 中。

```
++s_node;
++s_count;
s_nodemap[this] = s_count;
s_nodemap2[s_count] = this;
CCLOG("*********** new Node %p count %d times %d", this, s_node, s_count);
```

　　在 Node 的析构函数中添加如下代码，析构时自减统计数量，如此 s_nodemap2 中会存储着未释放的节点以及该节点的创建顺序。

```
s_nodemap2.erase(s_nodemap[this]);
s_nodemap.erase(this);
--s_node;
CCLOG("*********** delete Node %p count %d", this, s_node);
```

　　创建节点顺序记录了每个节点创建的顺序，这方便我们使用条件断点来定位问题，当检查一个场景是否存在内存泄漏时，以及是哪一个节点泄漏了，可以添加上述的代码，然后将程序切换至一个空场景。如果在代码中缓存了节点，需要执行释放的逻辑，接下来让程序暂停，添加监视查看 s_nodemap2 容器，可以发现所有未释放的节点。

　　如果 s_nodemap2 中的节点数量大于 2，则说明可能存在内存泄漏，因为切换到新场景中会有场景节点和相机节点，此时不应该存在其他节点。如果场景开启了 FPS 监控，那么存在的节点应该是 5 个，因为除了场景和相机之外，还有左下角的 3 个文本节点。

　　由于是调试，所以笔者添加的变量命名比较随意，但是之所以使用两个 map 是为了方便查看。观察 map 时会按分配的顺序从小到大排序，如图 8-30 所示，由于是静态变量，

可以直接在监视窗口输入变量名查看。

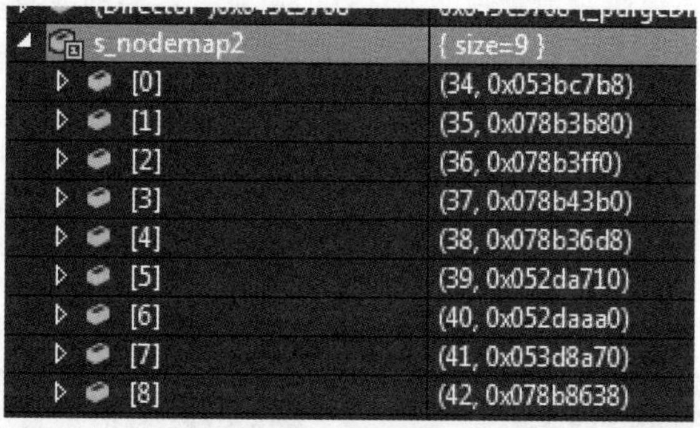

图 8-30　监视未释放的 Node

定位到某个节点存在内存泄漏时，就可以查看这个节点泄漏的原因了，因为使用了引用计数，所以 Cocos2d-x 中的泄漏比较复杂，但**无非就是哪处地方 retain 了之后没有 release，只要掌握了该节点所有的 retain 和 release 调用堆栈，即可轻易分析出泄漏点**。

我们需要在 CCRef.cpp 中进行少量的修改，首先添加一个静态变量，用于过滤目标节点，并添加一行打印，方便设置命中条件。这里之所以用命中条件而不用条件断点，是为了提高调试效率，万一这个节点被各种 retain、release 了几百次，调试快捷键得按到手软，而且每次手动查看堆栈，也不利于调试分析。

```
static int s_checkRefId = 0;
```

接下来在 retain()函数中添加如下代码。

```
if (_ID == s_checkRefId)
{
    CCLOG("retain()");
}
```

然后在 release()函数中添加如下代码。

```
if (_ID == s_checkRefId)
{
    CCLOG("release()");
}
```

8.3.5　开始调试

代码写完之后，开始调试，首先要执行第一次程序，来定位是哪些节点泄漏了，执行完查看一下最后的 s_nodemap2，如图 8-30 所示。

接下来在 Node 的构造函数处打一个条件断点，条件为 s_count==指定的顺序，例如，图 8-30 中第一个没有释放的节点是第 34 个创建的，那么就判断 s_count==39（去掉前面提到的场景节点、相机节点以及 FPS 监测的 3 个文本节点）。

这里仅仅适合节点创建顺序固定的条件，要达到这种条件并不困难，因为一样的执行流程创建节点的顺序一般是相同的，如果执行流程不确定的话，还可以用另外一种方式，就是设置一个开关，当执行到要检测的那部分代码时，再打开开关，记录分配的节点，这样也可以规避掉前面的流程的一些不确定因素。

当断到断点时，可以将当前节点的地址获取出来，**查看当前节点的_ID**，并查看创建处的堆栈进行分析。接下来需要**分析所有 retain 了该节点，以及 release 该节点的地方**。

仅知道被 retain 和 release 了几次用处并不大，如果能知道哪些地方 retain 了它，哪些地方 release 了它，那么就可以很容易地分析出是哪里 **retain 了之后没有 release** 了！命中条件就可以完成这个任务，因为命中条件的效率比较低，且我们只关心指定 Node 的 retain 和 release，所以需要使用 s_checkRefId 来进行过滤。下面分别在上面打印日志的地方设置两个命中条件，如图 8-31 所示。

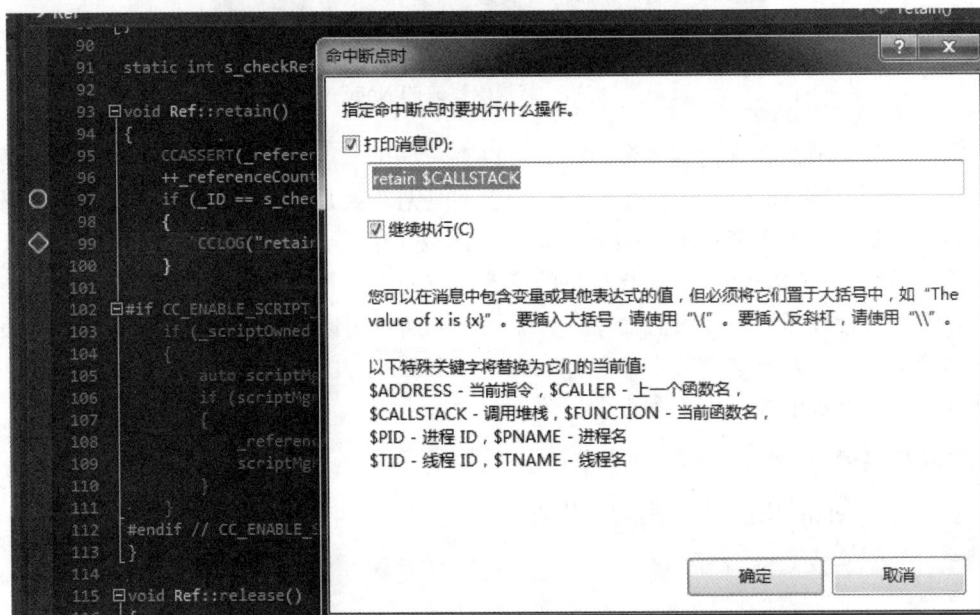

图 8-31　设置命中条件

接下来在 retain()方法中设置断点，断在 retain()方法中，并**将 s_checkRefId 修改为目标节点的_ID**（在目标节点的构造函数处可以获得_ID，因为为目标节点设置了一个条件断点），修改完之后取消断点，继续执行程序，再次正常执行到切换场景时，就可以在输出窗口得到所有 retain 和 release 的堆栈了。

下方是整理后的堆栈输出日志，分析堆栈日志可以发现一共 retain 了 2 次，release 了 2 次，少了一次释放。因为 new 出来的节点默认的引用计数为 1，retain 了 2 次，release 了 2 次，引用计数仍然为 1。分析每个堆栈可以发现，第二次 retain 添加节点对应了第一次 release 移除节点，而第二次 release 则是由于 create 方法调用了 autorelease，那么**第一次的 retain 并没有对应的 release**，也就是说这个引用计数是握在 ActionManger 手上。

```
retain      libcocos2d.dll!cocos2d::Ref::retain
   libcocos2d.dll!cocos2d::ActionManager::addAction
   libcocos2d.dll!cocos2d::Node::runAction
   libcocos2d.dll!cocos2d::CSLoader::nodeWithFlatBuffers
   libcocos2d.dll!cocos2d::CSLoader::nodeWithFlatBuffers
   libcocos2d.dll!cocos2d::CSLoader::nodeWithFlatBuffers
   libcocos2d.dll!cocos2d::CSLoader::nodeWithFlatBuffersFile
   libcocos2d.dll!cocos2d::CSLoader::createNodeWithFlatBuffersFile
```

```
    libcocos2d.dll!cocos2d::CSLoader::createNodeWithFlatBuffersFile
    libcocos2d.dll!cocos2d::CSLoader::createNode
    cpp-empty-test.exe!HelloWorld::init
    cpp-empty-test.exe!HelloWorld::create
    cpp-empty-test.exe!HelloWorld::scene
    cpp-empty-test.exe!AppDelegate::applicationDidFinishLaunching
    libcocos2d.dll!cocos2d::Application::run
    cpp-empty-test.exe!wWinMain
    cpp-empty-test.exe!__tmainCRTStartup
    cpp-empty-test.exe!wWinMainCRTStartup
    kernel32.dll!7720338a
    [下面的框架可能不正确和/或缺失，没有为 kernel32.dll 加载符号]
    ntdll.dll!778c9f72
    ntdll.dll!778c9f45

retain()
retain      libcocos2d.dll!cocos2d::Ref::retain
    libcocos2d.dll!cocos2d::Vector<cocos2d::Node *>::pushBack
    libcocos2d.dll!cocos2d::Node::insertChild
    libcocos2d.dll!cocos2d::Node::addChildHelper
    libcocos2d.dll!cocos2d::Node::addChild
    libcocos2d.dll!cocos2d::ui::Layout::addChild
    libcocos2d.dll!cocos2d::ui::Layout::addChild
    libcocos2d.dll!cocos2d::CSLoader::nodeWithFlatBuffers`
    libcocos2d.dll!cocos2d::CSLoader::nodeWithFlatBuffers
    libcocos2d.dll!cocos2d::CSLoader::nodeWithFlatBuffersFile
    libcocos2d.dll!cocos2d::CSLoader::createNodeWithFlatBuffersFile
    libcocos2d.dll!cocos2d::CSLoader::createNodeWithFlatBuffersFile
    libcocos2d.dll!cocos2d::CSLoader::createNode
    cpp-empty-test.exe!HelloWorld::init
    cpp-empty-test.exe!HelloWorld::create
    cpp-empty-test.exe!HelloWorld::scene
    cpp-empty-test.exe!AppDelegate::applicationDidFinishLaunching
    libcocos2d.dll!cocos2d::Application::run
    cpp-empty-test.exe!wWinMain
    cpp-empty-test.exe!__tmainCRTStartup
    cpp-empty-test.exe!wWinMainCRTStartup
    kernel32.dll!7720338a
    [下面的框架可能不正确和/或缺失，没有为 kernel32.dll 加载符号]
    ntdll.dll!778c9f72
    ntdll.dll!778c9f45

ret120338a
    [下面的框架可能不正确和/或缺失，没有为 kernel32.dll 加载符号]
    ntdll.dll!778c9f72
    ntdll.dll!778c9f45


release()

release     libcocos2d.dll!cocos2d::Ref::release
    libcocos2d.dll!cocos2d::AutoreleasePool::clear
    libcocos2d.dll!cocos2d::DisplayLinkDirector::mainLoop
    libcocos2d.dll!cocos2d::Application::run
    cpp-empty-test.exe!wWinMain
    cpp-empty-test.exe!__tmainCRTStartup
    cpp-empty-test.exe!wWinMainCRTStartup
    kernel32.dll!7720338a
    [下面的框架可能不正确和/或缺失，没有为 kernel32.dll 加载符号]
    ntdll.dll!778c9f72
    ntdll.dll!778c9f45
```

```
release()
```

　　根据堆栈分析可以发现，没有 release 的那次是由于执行了 runAction 导致，这是 CSLoader 内部的代码，正常来说 runAction 会在节点执行 cleanup 的时候被移除，而且在 Node 的析构函数中也会被移除，但如果 ActionManager 应用了 Node，那么 Node 的析构函数是无论如何都不会执行的。

　　到这里可以得出结论，如果一个 Node 执行了 runAction 之后，没有被添加到场景中，或者被添加到场景之后调用移除时 cleanup 参数传入了 false，那么就会导致内存泄漏了！只要我们在释放之前手动 cleanup 一下就可以解决这个问题。

　　那么内存泄漏为什么会导致卡顿呢？这是因为，ActionManager 每次都会遍历所有在 ActionManager 中的 Node，不论其是否处于激活状态，如果发生了大量的泄漏，那么 ActionManager 中就会存在大量的 Node，遍历所花费的时间就会越来越多。

　　虽然这只是一次内存泄漏的调试，但中间使用了很多技巧，相信在调试其他问题的过程中，也可以派上用场，灵活使用调试器的强大功能，可以大大提高调试效率。

第 9 章 物理引擎——Box2d 基础

Box2d（http://Box2d.org/）是一个轻量级的，用于 **2D 游戏的刚体模拟的物理引擎**。所谓刚体，可以理解为硬的东西，它的尺寸固定，可以忽略形变，**在刚体内部，点和点之间的距离不会变化**。例如，笔者手下的键盘和鼠标，旁边的杯子，这些不容易变形的东西就是刚体。

那么有什么不是刚体呢？例如，杯子里面的水、身上穿的衣服、手边的手纸……它们被称为流体以及布料。和刚体对应的是软体，不是软件，如泥巴、面团、橡胶。在物理模拟中，这些东西的模拟是最麻烦的，而最好模拟的就是刚体了，PhysX 物理引擎可以很好地模拟，而 Box2d 只能用刚体来模拟这一切。

虽然是轻量级的东西，但内容还是相当丰富的，本章会介绍 Box2d 的基础知识，并简单介绍 Box2d 是如何工作的。

对于 Box2d 的基础知识，Box2d 官方的用户手册结合官方的 testbed 示例覆盖了 Box2d 的所有功能点，并且最新的 Box2d 源码中包含了中文版本的用户手册，由 Antkillerfarm 网友翻译，翻译的质量还是相当不错的。在 https://github.com/erincatto/Box2d 这里可以下载 Box2d 的源码包，解压后在 Box2d/Documentation 路径下可以找到 manual_Chinese.docx 文件。**强烈建议**读者下载下来看一下。如果读者已经掌握了 Box2d 的基础知识，可以跳过本章。本章主要介绍以下内容：

- ❑ 核心概念。
- ❑ 工作流程。
- ❑ 物理世界 World。
- ❑ Body 和 Shape。
- ❑ 关节 Joint。

9.1 核 心 概 念

首先来了解一下 Box2d 的核心概念，以下是 Box2d 的关键组成部分。

- ❑ 世界 World，一个物理世界就是刚体、形状、约束等相互作用的集合。Box2d 支持创建多个世界，但一般不需要这么做。
- ❑ 刚体 body，物理世界中的一个物理对象，一个刚体可以由多个不同的形状组成，刚体上任意两点之间的距离是固定的。
- ❑ 形状 shape，用于碰撞检测的 2D 几何形状。
- ❑ 夹具 fixture，叫将形状固定到刚体之上，并为形状添加密度、摩擦、恢复等材质特性。

❑ 约束 constraint，约束用于限制刚体的自由度，也就是限制刚体的移动或旋转。

❑ 接触约束 contact constraint，一个防止刚体穿透，以及用于模拟摩擦和恢复的特殊约束，由 Box2d 自动创建。

❑ 关节 Joint，用于将多个刚体固定到一起的约束。例如，我们的脚通过膝关节将大腿和小腿进行固定和约束。

❑ 关节限制 Joint limit，限制了一个关节的运动范围，如大腿和小腿无法进行 360°的旋转。

❑ 关节马达 Joint motor，关节马达可以按照关节的自由度来驱动所连接的刚体。

9.2　工　作　流　程

这里直接从 Box2d 自带的 HelloWorld 示例开始，从 Box2d 官网下载的源码包中可以找到这个例子，这是一个没有图形显示的 HelloWorld，正因为如此，呈现的内容更加精简，后面的内容会介绍怎样把 Box2d 的模拟效果显示在 Cocos2d-x 上面，现在先把渲染抛到脑后吧。首先需要了解一下最纯粹的 Box2d。

Box2d 的运行流程大致如图 9-1 所示，首先是初始化 Box2d，然后可以执行各种操作，如创建对象，操作对象、在循环中更新物理世界，Box2d 会自动执行碰撞处理，并触发碰撞监听。需要注意的是，创建对象等操作不能在碰撞监听回调中执行。

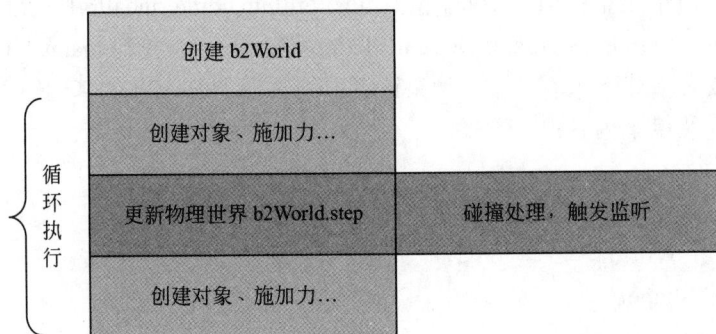

图 9-1　运作流程

Box2d 的物理模拟全部发生在 b2World 这个类中，其表示整个物理世界，使用 Box2d 的第一步就是要把 b2World 创建出来，构造函数很简单，只有一个参数，表示这个世界的重力加速度，地球的重力加速度是-9.8f，一般可以取近似值-10.0f（月球上的重力为地球的 1/6 大约为 1.63f）。Box2d 用 b2Vec2 来描述一个向量，重力也是一个向量，其结构等于一个 Vec2，下面这段代码创建了一个世界。

```
b2Vec2 gravity(0.0f, -9.8f);
b2World world(gravity);
```

有了世界之后，需要在世界里面添加各种各样的对象，这些对象不需要并且**不允许**使用 new 来创建，应该直接调用 World 的 Create 系列函数，由 World 来创建。

Box2d 中使用了 SOA（小对象分配器）来快速有效地使用内存（能够高效地创建大量

50~300 字节大小的对象），Box2d 每创建一个对象，都需要先填充一个对象的描述结构（这点和 PhysX 非常相似，这里使用一个 b2BodyDef 结构来填充描述。

```
b2BodyDef groundBodyDef;
groundBodyDef.position.Set(0.0f, -10.0f);
b2Body* groundBody = world.CreateBody(&groundBodyDef);
```

有了一个 b2Body 对象之后，还需要描述这个对象的形状，Box2d 提供一个 b2PolygonShape 对象来描述一个多边形，调用它的 SetAsBox()函数传入宽和高可以得到一个四边形，调用它的 Set()函数传入一个顶点数组，可以得到一个 N 边形，把这个形状直接设置到 b2Body 对象中。

```
//创建一个宽为 50.0f，高为 10.0f 的四边形，并设置到 groundBody
b2PolygonShape groundBox;
groundBox.SetAsBox(50.0f, 10.0f);
groundBody->CreateFixture(&groundBox, 0.0f);
```

上面设置了地板的形状，它的质量为 0，默认是一个静态的物体，静态的物理在物理世界中不会移动，但在游戏中，还需要创建一些动态的物体。要创建动态刚体的话，需要更多的设置，首先需要设置 b2BodyDef 的 type，默认为 b2_staticBody，动态物体需要将它设置为 b2_dynamicBody。动态物体的形状描述也需要更多的内容，如质量、摩擦力……Box2d 提供 b2FixtureDef 结构体来描述这些内容。

```
//定义动态 Body 并创建
b2BodyDef bodyDef;
bodyDef.type = b2_dynamicBody;
bodyDef.position.Set(0.0f, 4.0f);
b2Body* body = world.CreateBody(&bodyDef);

//定义另外一个四边形
b2PolygonShape dynamicBox;
dynamicBox.SetAsBox(1.0f, 1.0f);

//定义动态 Body 的配置
b2FixtureDef fixtureDef;
fixtureDef.shape = &dynamicBox;

//动态对象的密度不为 0
fixtureDef.density = 1.0f;

//设置摩擦力
fixtureDef.friction = 0.3f;

//将形状配置到 Body
body->CreateFixture(&fixtureDef);
```

初始完一个 World 以及相关的对象之后，需要让整个世界动起来，这需要调用 World 对象的 Step()方法，其需要几个参数，第一个是从上一次调用到现在的时间间隔，这个参数可以直接使用 Cocos2d-x 在 Update()函数中传入的参数。一般情况下，在每一帧的 Update() 调用一次 Step。Box2d 当运行比较复杂的运算的时候，需要一定的迭代次数来保证模拟的精度，Step 要求传入两个迭代次数，即需要传入速度迭代数和位置迭代数，Box2d 给出的默认值是 8 和 3，如果对精度要求比较高，可以适当地增加这两个值，该值越大，相应地性能越低。velocityIterations 表示速度约束的遍历次数，positionIterations 表示位置约束的遍历次数，可以根据游戏的具体情况来设置这两个值。

```
world.Step(dt, velocityIterations, positionIterations);
```

在游戏更新的过程中，会不断地创建新的对象到世界中，也会不断地删除一些旧的对象，不管怎样，在 World 被析构的时候，这个世界的一切，都会从内存中被释放。

9.3　物理世界 World

Box2d 的 World 代表了整个物理世界，我们需要做的只是一些配置——需要往世界里面添加一些怎样的对象，然后让它运行起来就可以了。在游戏循环中，每一帧进行一次模拟，然后把模拟的结果渲染出来。

我们可以动态地查询 World 中现在某些对象的状态，也可以查询现在某个范围内有哪些对象，这些其都能做到。World 的函数很多，这里只简单介绍几个适合入门读者学习的函数。

```
///传入一个描述来创建一个 Body，这个函数不会对描述对象有任何的引用，请放心地释放它
///这个函数在 callback() 函数中是被锁定的（无法在一次 Step 中动态创建或者销毁）
b2Body* CreateBody(const b2BodyDef* def);

///释放指定的 Body
///这个操作会自动释放它的所有形状以及关节
///这个函数在 callback() 函数中是被锁定的（无法在一次 Step 中动态创建或者销毁）
void DestroyBody(b2Body* body);

///创建一个关节把两个 Body 联系在一起
///这个函数在回调的时候是被锁定的
b2Joint* CreateJoint(const b2JointDef* def);

///销毁一个关节，这可能造成这个关节连接的两个对象发生碰撞
///这个函数在 callback() 函数中是被锁定的（无法在一次 Step 中动态创建或者销毁）
void DestroyJoint(b2Joint* joint);

///在一个时间步内，进行物理模拟，碰撞检测，约束解决等....
///@param timeStep 要模拟的总时间长度，以秒为单位
///@param velocityIterations 速率约束求解器的迭代次数
///@param positionIterations 位置约束求解器的迭代次数
void Step( float32 timeStep,
int32 velocityIterations,
int32 positionIterations);

///设置全局的重力加速度
void SetGravity(const b2Vec2& gravity);

///获取全局的重力加速度
b2Vec2 GetGravity() const;
```

9.4　Body 和 Shape

Body 表示在物理世界中的一个对象，往往也对应游戏世界中的一个对象，物体具有位置、角度、质量、速度等属性，每个刚体都包含一个形状列表，这意味着**一个刚体可以由很多个形状组成**，如由两个圆形加一个长方形组成一个哑铃，刚体总共可以分为**静态、动态以及动力学** 3 种。

- ❑ 静态刚体永远不会移动，不管其他刚体以多大的力量推动它，它总是岿然不动，也不会与其他静态刚体碰撞。
- ❑ 动态刚体表示场景中可以运动的对象，可以和任何刚体发生碰撞。撞到动力学刚体和撞到静态刚体都会被弹开，撞到动态刚体，会互相作用，也就是可能互相弹开，或者其中一个撞飞另外一个。
- ❑ 动力学刚体可以移动，**但不受任何力的影响**，动态刚体对其施加的力，或者 ApplyForce 对其施加的力都无效，和静态刚体不会发生碰撞，动力学刚体之间，也不会发生碰撞，但是**动力学刚体的运动，可以对动态刚体产生力的作用**。

9.4.1　刚体的碰撞

在笔者的测试代码中，一个向上移动的动力学刚体，碰到动态刚体，会将动态刚体往上顶起，碰到其他的动力学刚体，会穿过，而碰到静态刚体，也是直接穿过！动力学刚体并不会和静态刚体发生碰撞！当地面上有个动态刚体时，这时候一个动力学刚体从正上方往下运动，会将动态刚体缓缓压入地面。

由于动力学刚体不受力或冲量的作用，所以只能通过 Body->**SetLinearVelocity 设置线性速度或者关节的马达驱动**，来使其移动。如图 9-2～图 9-4 演示了动力学刚体与各种刚体碰撞时的表现。

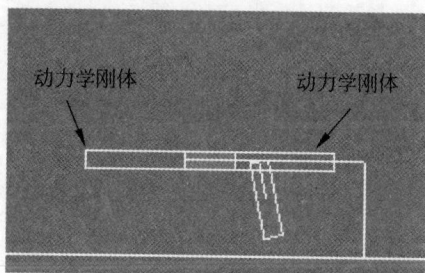

图 9-2　动力学刚体和动力学刚体互相穿透

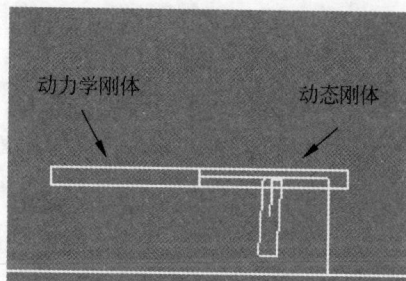

图 9-3　动力学刚体和动态刚体互相碰撞

如表 9-1 总结了各种刚体的碰撞情况，如果读者觉得动力学刚体难以理解，可以想一想在超级玛丽等游戏中可以跳上去的那些来回移动的平台，它可以托着游戏者移动，但却可以不受游戏者的影响。现实生活中的电梯也勉强可以理解为动力学刚体。

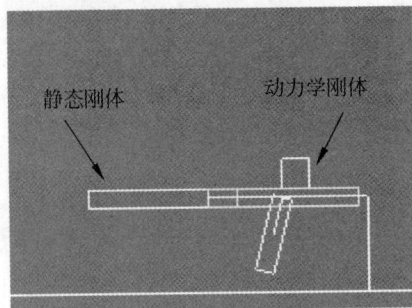

图 9-4　动力学刚体和静态刚体互相穿透

表 9-1　各种刚体的碰撞情况

	静 态 刚 体	动力学刚体	动 态 刚 体
静态刚体	不碰撞	不碰撞	碰撞
动力学刚体	不碰撞	不碰撞	碰撞
动态刚体	碰撞	碰撞	碰撞

在游戏中经常会碰到一些单面墙壁，例如，是男人就上 100 层这样的游戏中，游戏者从下往上跳时可以穿过平台，而从上往下掉落时却会被平台挡住，这就需要使用到 Box2d 的碰撞监听了。当监听到碰撞事件时，判断角色运动的方向是向上还是向下，根据判断的结果来决定是否禁用此次碰撞。

9.4.2　创建刚体

要创建一个 Body 需要传入一个物体的定义，b2BodyDef 是一个内容丰富的结构，其默认构造函数如下，一般在填充完刚体描述对象的 type 和 position 之后，就会调用 World 的 CreateBody 接口来创建一个新的 Body。

```
b2BodyDef()
{
    userData = NULL;                        //默认没有额外数据
    position.Set(0.0f, 0.0f);               //默认的位置和旋转角度
    angle = 0.0f;
    linearVelocity.Set(0.0f, 0.0f);         //线性加速度和角速度等
    angularVelocity = 0.0f;
    linearDamping = 0.0f;
    angularDamping = 0.0f;
    allowSleep = true;
    awake = true;                           //一开始就是醒着的状态
    fixedRotation = false;
    bullet = false;                         //当物体需要在高速运动中进行碰撞，开启它
    type = b2_staticBody;                   //默认是一个静态物体
    active = true;
    gravityScale = 1.0f;
}
```

刚体的大致结构如图 9-5 所示，每个刚体都会有其对应的一些形状，在 Box2d 中通过

Fixture 来描述这些形状，以及它们的密度、摩擦、弹性等。

　　使用 Body 的 CreateFixture 可以为刚体设置一个新的形状，也可以为刚体设置很多形状，通过 Body 的 SetGravityScale 还可以设置刚体的重力缩放，某些物体可以让其不受重力的影响。

　　物体的摩擦系数是一个 0～1 之间的数，0 表示非常光滑，1 表示非常粗糙。物体的弹性系数（恢复系数）也是一个 0～1 之间的数，0 表示没有弹性，1 表示没有能量损失的反弹。密度也是一个必须要设置的数据，假设将密度设置为 0，物体仍然会往下掉落，但是没有任何重量的物体堆叠起来就会变成如图 9-6 所示。

刚体类型、位置、角度...

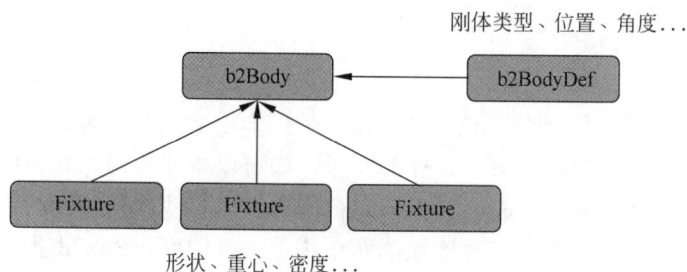

形状、重心、密度...

图 9-5　刚体的组成

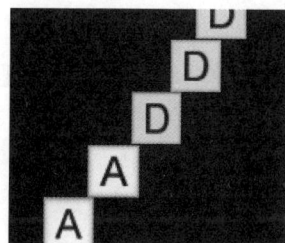

图 9-6　密度为 0 的堆箱子

　　在 Box2d 里可以创建的形状包含 Circle 圆形、Edge 边界线、Polygon 多边形以及 Chain 链条。多边形是一个闭合的多边形，而 Chain 是一系列点，可以理解为一个不闭合的多边形。形状主要是用于物理模拟中的碰撞检测，在创建完 Body 之后，对 Body 进行设置。下面看一下如何创建多边形。

```
b2CircleShape circle;                      //圆形
circle.m_radius = 1.0f;                    //半径为 1

b2EdgeShape edge;
edge.Set(b2Vec2(-100.0f, 0.0f),            //创建一条平行于 x 轴的边
    b2Vec2(100.0f, 0.0f))

b2PolygonShape polygon;                    //创建一个封闭的多边形
polygon.SetAsBox(5.0f, 5.0f);              //创建一个长和宽都为 10 的正方形

b2ChainShape shape;                        //链形
b2Vec2* arr = new b2Vec2[5];
arr[0] = b2Vec2(0.0f, 0.0f);
arr[1] = b2Vec2(10.0f, 10.0f);
arr[2] = b2Vec2(20.0f, 0.0f);
arr[3] = b2Vec2(30.0f, 10.0f);
arr[4] = b2Vec2(40.0f, 0.0f);              //数组描述了一个'W'形状
shape.CreateChain(arr, 5);                 //传入一系列点来确定形状
delete[] arr;
```

　　在创建闭合多边形的时候，也可以使用 Set() 函数，像 Chain 一样，传入一个顶点数组来创建形状，在为 Body 创建 Fixture 时，将 shape 对象的指针赋值给 b2FixtureDef 对象的

shape 变量即可。

上面的 Edge 常用于创建世界的边界，其确实很适合做这个工作，而且做得要比 Polygon 要好。至于 Chain，感觉像是一系列连续的 Edge。

SetAsBox 是个很好用的接口，可以节省代码，需要注意的一点是，**传入的参数是宽和高的一半，函数会以当前位置为中心，创建一个四边形。**

填充好 Shape 数据之后，需要把它赋给对应的 Fixture，同时为 Fixture 填充弹性、摩擦力、质量之类的属性。最后调用 Body 的 CreateFixture，绑定到刚体之上。

9.5　关节 Joint

关节，或者叫连接器，是用来连接两个刚体的对象，关节是一个很形象的比喻，就像人们身上的关节，如膝关节。在我们身边还有很多这样的例子，如可以推开的门、眼镜的镜架、汽车的轮子，这些把两个物体连接在一起，又在一定范围内可以移动或者旋转的对象，都可以称之为关节，关节是一种约束对象，对连接的两个物体进行约束。Box2d 提供了下面 10 种关节。

```
enum b2JointType
{
    e_unknownJoint,
    e_revoluteJoint,          //旋转关节
    e_prismaticJoint,         //平移关节
    e_distanceJoint,          //距离关节
    e_pulleyJoint,            //滑轮关节
    e_mouseJoint,             //鼠标关节
    e_gearJoint,              //齿轮关节
    e_wheelJoint,             //滚轮关节
    e_weldJoint,              //焊接关节
    e_frictionJoint,          //摩擦关节
    e_ropeJoint               //绳索关节
};
```

9.5.1　使用关节

在详细介绍每个关节之前，先来看一下在代码中如何使用关节。创建一个关节的步骤和创建刚体十分相似，都是先填充一个关节定义结构，然后放到 World 中，由 World 来创建这个关节，每个关节都必须包含两个刚体。

对于不同的关节，需要在 userData 中设置关节所需的信息，World 的 CreateJoint 返回一个 b2Joint 指针，但 b2Joint 只是一个抽象类，World 返回的 b2Joint 实际是一个 b2DistanceJoint 或 b2RevoluteJoint 之类的对象。

```
struct b2JointDef
{
    b2JointDef()
    {
        type = e_unknownJoint;
        userData = NULL;
```

```
        bodyA = NULL;
        bodyB = NULL;
        collideConnected = false;
    }
    ///关节的类型
    b2JointType type;
    ///特殊数据
    void* userData;
    ///第一个刚体
    b2Body* bodyA;
    ///第二个刚体
    b2Body* bodyB;
    ///两个刚体是否会发生碰撞
    bool collideConnected;
};
```

除了上面的设置，关节还有 3 个通用的概念。

❏ 锚点：与 Cocos2d-x 的锚点概念很相似，是运用于旋转移动计算的一个点，如图 9-7 所示。

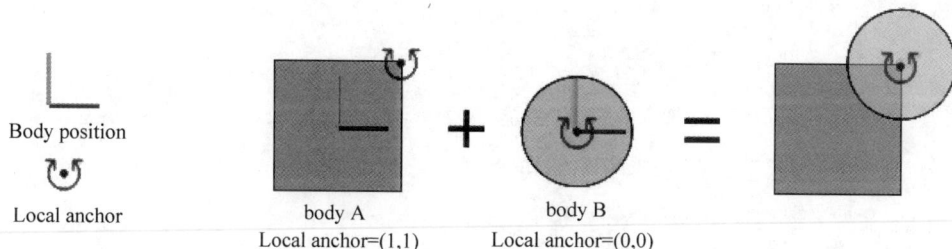

图 9-7　锚点

❏ 限制：每个关节都有其限制条件，如旋转角度、移动距离等（车轮和轮杆可以进行 360°的旋转，却不能移动，人的大腿和小腿大约只能允许 180°以内的旋转，非正常情况不算在内）。

❏ 马达：用来描述关节运动，并在物理模拟中制造关节的运动，可以是旋转或者移动。

得到一个 b2Joint 对象之后，可以做哪些操作呢？可以获取关节的信息，可以控制整个关节，如重新描述它的马达，更新限制等。

9.5.2　旋转关节 RevoluteJoint

如图 9-8 所示，旋转关节就像是一个点，把两个刚体联系起来，并且限制它们只能绕着这个点旋转。这个点也可以是在刚体形状以外的一个点。例如，电风扇的叶子都可以围绕着中心的公共点旋转。

使用旋转关节的步骤如下，首先填充一个 b2RevoluteJointDef 结构体，然后调用 World 的 CreateJoint()函数即可，我们来看一下 b2RevoluteJointDef 结构体。

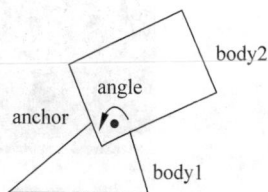

图 9-8　旋转关节

```
struct b2RevoluteJointDef : public b2JointDef
{
    ///使用一个世界坐标作为两个刚体的连接点，来初始化关节
    void Initialize(b2Body* bodyA, b2Body* bodyB, const b2Vec2& anchor);
    ///A 对象的锚点，位于 A 对象的局部坐标系，是 A 的旋转点
    b2Vec2 localAnchorA;
    ///B 对象的锚点，位于 B 对象的局部坐标系，是 B 的旋转点
    b2Vec2 localAnchorB;
    ///参照角度（一个旋转 90° 的关节，参照角度为 0 时，返回的旋转是 90°，参照角度为
    10° 时，返回100°）一般在设置连接器限制时，这个参数会比较有用。b2RevoluteJoint
    的 GetJointAngle 返回的是两个连接器的相对角度
    float32 referenceAngle;
    ///是否启用限制
    bool enableLimit;
    ///角度最低限制，逆时针方向
    float32 lowerAngle;
    ///角度最高限制，逆时针方向
    float32 upperAngle;
    ///是否启用马达
    bool enableMotor;
    ///马达的目标速度（受限于最大扭力）
    float32 motorSpeed;
    ///马达可以达到的最大扭力
    float32 maxMotorTorque;
};
```

下面的代码演示了如何创建一个旋转关节。

```
//添加旋转关节
b2RevoluteJointDef revdef;
revdef.Initialize(boxbd, circlebd, b2Vec2(0.0f, 10.0f));
//开启马达
revdef.enableMotor = true;
revdef.maxMotorTorque = 105;
revdef.motorSpeed = 30.14f;
m_world->CreateJoint(&revdef);
```

　　RevoluteJoint 的 Initialize()函数会使用两个 Body 的锚点作为旋转锚点，并且根据输入的第 3 个参数，在世界坐标系中，根据当前两个 Body 在世界坐标系的位置，作为两个物体的公共顶点。如图 9-9 和图 9-10 演示了基于指定公共点的旋转关节运动情况。

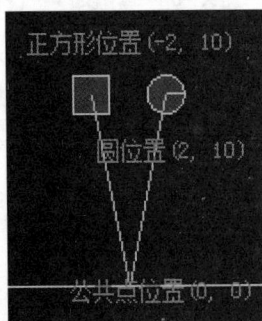

图 9-9　旋转关节 1

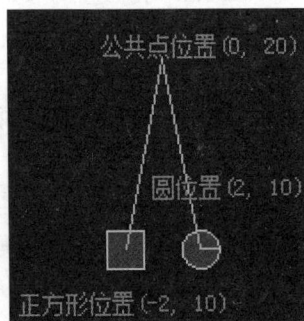

图 9-10　旋转关节 2

　　关于马达和限制，在启用马达之后，**第二个物体**会围绕公共点开始旋转，马达会达到

motorSpeed 的旋转速度，这个旋转的扭力矩不会高于 maxMotorTorque。**motorSpeed 的单位是弧度**，而 maxMotorTorque 的单位是 N/m，一个力的单位。给马达赋予一个正的速度，会让其按照逆时针的方向旋转，负的速度会让其顺时针旋转。如图 9-11 和图 9-12 演示了马达的开启情况，在创建关节时，这里分别将四边形和圆形作为第二个物体传入。

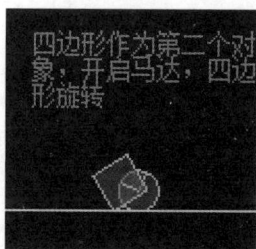
图 9-11　四边形马达

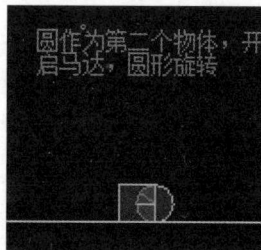
图 9-12　圆形马达

启用限制可以限制旋转的角度，可以限制一个超过 360°的值，例如 3600°，马达在旋转 10 圈之后，达到限制值会停下来，而手动让其旋转，也无法突破其限制值。

9.5.3　平移关节 PrismaticJoint

平移关节可以将两个物体之间的限制在一个特定的方向上平移，就像滑动门和垂直电梯，滑动面只可以向左右两边移动，而垂直电梯一般只能上下移动，平移关节阻止了物体的相对旋转。

```
//添加平移关节
b2PrismaticJointDef pridef;
pridef.Initialize(boxbd, circlebd, b2Vec2(0.0f, 20.0f), b2Vec2(1.0f, 0.0f));
m_world->CreateJoint(&pridef);
```

b2PrismaticJointDef 的 Initialize()函数通过传入两个刚体，以及一个公共顶点，还有一个轴来初始化。公共顶点与旋转关节的意义一样，都是世界坐标系下的顶点。传入的轴表示一个方向，用来限制两个刚体的相对移动和旋转，假设**传入的轴是(0, 0)，那么两个刚体的相对移动不受限制**，但两个物体不会产生相对旋转，它还会令马达和限制失效。上面的代码为圆和正方形创建了一个只能在 x 轴上移动的平移关节，运行效果如图 9-13 和图 9-14 所示，两个节点只能沿着**相对 x 轴**进行移动。

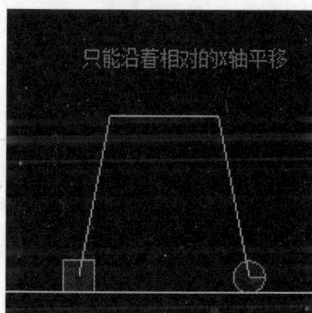
图 9-13　平移关节 1

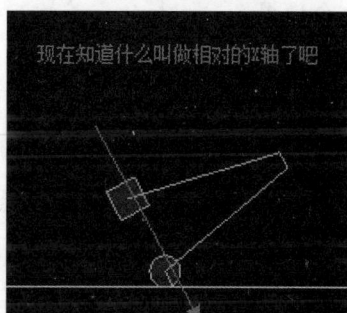
图 9-14　平移关节 2

9.5.4 距离关节 DistanceJoint

距离关节将两个物体之间的距离保持在一定范围内的关节。例如，用弹簧拴住两个物体，也可以像一根棍子一样，让两个物体的距离固定不变，如图 9-15 所示。

```
//添加距离关节
b2DistanceJointDef disdef;
disdef.Initialize(boxbd, circlebd,
    b2Vec2(2.0f, 10.0f), b2Vec2(-2.0f, 10.0f));
disdef.localAnchorA = b2Vec2(0.0f, 0.0f);
disdef.localAnchorB = b2Vec2(0.0f, 0.0f);
//震动频率
disdef.frequencyHz = 2.0f;
//阻尼率
disdef.dampingRatio = 0.0f;
m_world->CreateJoint(&disdef);
```

通过设置 frequency 频率和 damping ratio 可以获得柔软的效果，frequency 表示震荡的频率，单位是 Hz，相当于游戏刷新频率的一半，阻尼率的取值一般在 0~1 之间，震荡幅度从 0~1 由大变小，如图 9-16 是使用柔软的距离关节做出的网的效果，可以参考 TestBed 的 Web 示例。下面这个例子的 frequency 取值是 2.0 而 damping ratio 取值是 0。

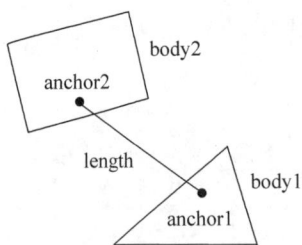

图 9-15　距离关节

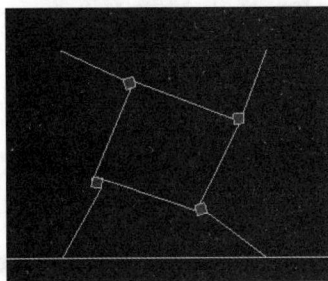

图 9-16　使用距离关节模拟网

9.5.5 滑轮关节 PulleyJoint

滑轮关节可以用来创建一个滑轮的效果，滑轮的两端连接着两个绳子，绳子绑着两个物体，当一个物体上升的时候，另一个物体就下降，如图 9-17 和图 9-18 可以很简单清晰地描述出这个效果。

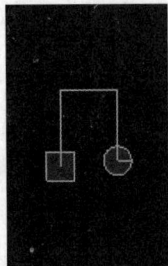

图 9-17　滑轮关节 1

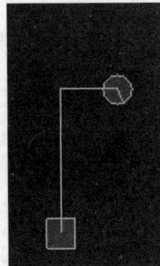

图 9-18　滑轮关节 2

```
//添加滑轮关节
b2PulleyJointDef puldef;
puldef.Initialize(boxbd, circlebd,
b2Vec2(-2, 15), b2Vec2(2, 15),          //A 和 B 滑轮悬挂点的世界坐标
b2Vec2(-2, 10), b2Vec2(2, 10),          //A 和 B 滑轮挂载点的世界坐标
    0.1f);                              //滑轮线的阻尼率
m_world->CreateJoint(&puldef);
```

9.5.6 鼠标关节 MouseJoint

鼠标关节主要用于方便我们用鼠标来拖动物体，它会先确定物体上的一个点，对这个点施加力，使其向鼠标的位置移动。被拖曳的物体可以自由旋转，可以为鼠标关节设置最大力矩来决定力的大小，设置频率和阻尼率，来达到弹簧和减震器的效果。

要实现用鼠标关节来拖曳一个刚体的效果，首先需要先实现单击到刚体的判断，并不是添加了鼠标关节之后，这个刚体就可以被单击了。

因为 Box2d 并不关注单击事件的实现，点击判断这个功能需要开发者自己来实现，在 Box2d 里面实现这个功能很简单，可以参考 Box2d TestBed 里面的 Test.cpp 文件，里面继承了 b2QueryCallback 类，用于查询在一个包围盒中的刚体，实现了 ReportFixture()方法，在 ReportFixture()中，会传入一个 b2Fixture，如果判断你的鼠标（或手指）在这个对象的范围内，那么返回 false，并保存选中的 Fixture，这时候会终止查询，否则返回 true。

```
class QueryCallback : public b2QueryCallback
{
public:
   QueryCallback(const b2Vec2& point)
   {
      m_point = point;
      m_fixture = NULL;
   }

   bool ReportFixture(b2Fixture* fixture)
   {
      b2Body* body = fixture->GetBody();
      if (body->GetType() == b2_dynamicBody)
      {
         bool inside = fixture->TestPoint(m_point);
         if (inside)
         {
            m_fixture = fixture;

            //We are done, terminate the query.
            return false;
         }
      }

      //Continue the query.
      return true;
   }

   b2Vec2 m_point;
   b2Fixture* m_fixture;
};
```

在鼠标按下的时候，需要查询鼠标是否单击到动态刚体，（这里的 MouseDown 应该由 TouchBegin 系列函数调用）这时候用到了 World 的 QueryAABB()函数来进行检测，首先在鼠标单击的地方，构造一个非常小的碰撞盒，然后执行查询，这时候位于这个碰撞盒之内的 Fixture 会被传入到查询对象中，在查询对象中进行一次过滤，**只查询动态刚体**，并且判断点是否在 Fixture 之内，这属于边界情况的过滤，刚体位于这个极小的碰撞盒之内，但单击的坐标点并没有落在这个 Fixture 之内。通过这层层的过滤，在单击到刚体之后，就可以开始创建鼠标关节了。

```cpp
void Test::MouseDown(const b2Vec2& p)
{
    m_mouseWorld = p;

    if (m_mouseJoint != NULL)
    {
        return;
    }

    //Make a small box.
    b2AABB aabb;
    b2Vec2 d;
    d.Set(0.001f, 0.001f);
    aabb.lowerBound = p - d;
    aabb.upperBound = p + d;

    //Query the world for overlapping shapes.
    QueryCallback callback(p);
    m_world->QueryAABB(&callback, aabb);

    if (callback.m_fixture)
    {
        b2Body* body = callback.m_fixture->GetBody();
        b2MouseJointDef md;
        md.bodyA = m_groundBody;
        md.bodyB = body;
        md.target = p;
        md.maxForce = 1000.0f * body->GetMass();
        m_mouseJoint = (b2MouseJoint*)m_world->CreateJoint(&md);
        body->SetAwake(true);
    }
}
```

要创建一个鼠标关节很简单，将地面（或者其他静态刚体）设置为 BodyA，然后将要拖动的刚体设置为 BodyB，并设置要移动到的目标点，以及最大力矩，上面代码中是用 1000 乘以刚体的质量作为最大力矩，还需要将拖动的刚体的状态设置为 Awake。

9.5.7　齿轮关节 GearJoint

齿轮关节用于模拟现实中的齿轮，可以用一堆形状来描述一个齿轮，然后用旋转关节让这个齿轮旋转，也可以起到这样一个效果，但并不高效，并且在排列齿轮牙齿的时候需要小心翼翼。有了齿轮关节，就可以直接用一个齿轮关节来实现一个齿轮，如图 9-19 所示。

齿轮关节和其他关节不一样的地方在于，**它是一个依赖其他关节的关节**。一般的关节只是依赖于关节连接着的两个刚体。通过一个关节的运动，来驱动另外一个关节。如果在删除齿轮关节之前，删除了其他关节，那么程序将会崩溃。在释放的时候，需要先释放齿轮关节，然后再释放挂载在齿轮关节上的其他关节。

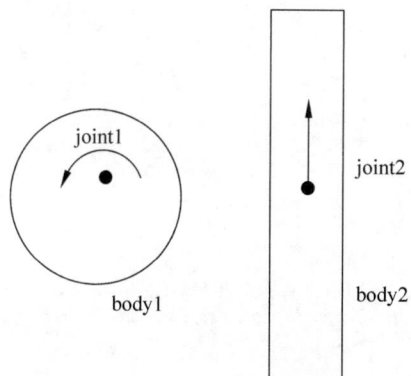

图 9-19　齿轮关节

下面的代码将创建两个齿轮关节，以及两个旋转关节和一个平移关节，通过齿轮关节的旋转带动其他关节。

```cpp
//第一个小圆
b2CircleShape circle1;
circle1.m_radius = 1.0f;

//第二个大圆
b2CircleShape circle2;
circle2.m_radius = 2.0f;

//长方形
b2PolygonShape box;
box.SetAsBox(0.5f, 5.0f);

//小圆刚体
b2BodyDef bd1;
bd1.type = b2_dynamicBody;
bd1.position.Set(-3.0f, 12.0f);
b2Body* body1 = m_world->CreateBody(&bd1);
body1->CreateFixture(&circle1, 5.0f);

//小圆和静态地面用旋转关节连接，小圆只可以旋转，不能移动
b2RevoluteJointDef jd1;
jd1.bodyA = ground;
jd1.bodyB = body1;
jd1.localAnchorA = ground->GetLocalPoint(bd1.position);
jd1.localAnchorB = body1->GetLocalPoint(bd1.position);
jd1.referenceAngle = body1->GetAngle() - ground->GetAngle();
m_joint1 = (b2RevoluteJoint*)m_world->CreateJoint(&jd1);

//大圆刚体
b2BodyDef bd2;
bd2.type = b2_dynamicBody;
bd2.position.Set(0.0f, 12.0f);
b2Body* body2 = m_world->CreateBody(&bd2);
body2->CreateFixture(&circle2, 5.0f);
```

```
//大圆和静态地面用旋转关节连接
b2RevoluteJointDef jd2;
jd2.Initialize(ground, body2, bd2.position);
m_joint2 = (b2RevoluteJoint*)m_world->CreateJoint(&jd2);

//长方形刚体
b2BodyDef bd3;
bd3.type = b2_dynamicBody;
bd3.position.Set(2.5f, 12.0f);
b2Body* body3 = m_world->CreateBody(&bd3);
body3->CreateFixture(&box, 5.0f);

//平移关节限制长方形刚体的移动
b2PrismaticJointDef jd3;
jd3.Initialize(ground, body3, bd3.position, b2Vec2(0.0f, 1.0f));
jd3.lowerTranslation = -5.0f;
jd3.upperTranslation = 5.0f;
jd3.enableLimit = true;
m_joint3 = (b2PrismaticJoint*)m_world->CreateJoint(&jd3);

//连接两个圆形的齿轮关节
//当一个小圆转动时，另一个小圆会跟着转动
//小圆连接的关节旋转一周，大圆连接的关节旋转1/2周
b2GearJointDef jd4;
jd4.bodyA = body1;
jd4.bodyB = body2;
jd4.joint1 = m_joint1;
jd4.joint2 = m_joint2;
jd4.ratio = circle2.m_radius / circle1.m_radius;
m_joint4 = (b2GearJoint*)m_world->CreateJoint(&jd4);

//连接大圆和长方形的齿轮关节
//当大圆所在的旋转关节转动时，会驱动平移关节跟着移动
//平移关节发生移动时，也会驱动旋转关节
b2GearJointDef jd5;
jd5.bodyA = body2;
jd5.bodyB = body3;
jd5.joint1 = m_joint2;
jd5.joint2 = m_joint3;
jd5.ratio = -1.0f / circle2.m_radius;
m_joint5 = (b2GearJoint*)m_world->CreateJoint(&jd5);
```

　　上面的代码运行结果如下，拖动任意一个刚体，会导致关节发生平移运动或者旋转运动，这时运动将会通过齿轮关节，传达到另外一个关节上，按照 ratio 参数的比例，来赋予另外一个关节运动的能量。在设置齿轮关节的时候，最好先在脑海中想清楚，齿轮动起来是怎样的。齿轮关节的创建本身很简单，上面如此冗长的代码，主要是创建了其他的关节。运行效果如图 9-20 所示。

9.5.8　滚轮关节 WheelJoint

　　滚轮关节用于模拟汽车的轮子，滚轮关节连接汽车和汽车轮子，汽车轮子可以滚动，滚轮关节还提供了一个弹簧效果，

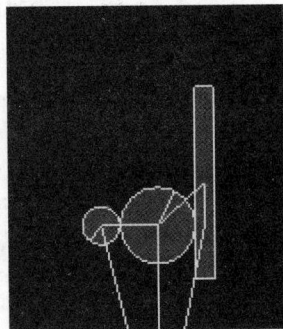

图 9-20　齿轮关节

当发生车震的时候，汽车会上下震动，读者可以想像一下一辆越野车在颠簸的路上前进，轮子在转动，轮子和车身的距离不断地放大、缩小，如图 9-21 所示。

滚轮关节相当于一个旋转关节和一个带弹簧的距离关节组合而成，如图 9-22 所示的车轮子，当车子被甩起来的时候，轮子会被带出一些，而当车子被压下去的时候，轮子也会跟着陷下去。

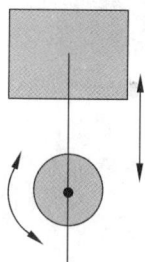

Wheel Joint

图 9-21　滚轮关节

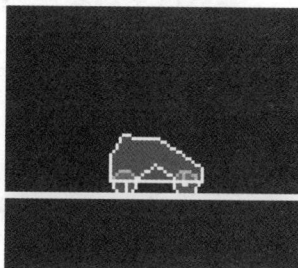

图 9-22　使用滚轮关节模拟车轮

```
b2WheelJointDef jd;
//滚轮关节两个刚体可以移动的方向是 y 轴，也就是上下移动
b2Vec2 axis(0.0f, 1.0f);

//car 表示车身，wheel1 和 wheel2 分别表示车的前后轮子，这是一辆两轮车
jd.Initialize(m_car, m_wheel1, m_wheel1->GetPosition(), axis);
//顺时针方向旋转
jd.motorSpeed = -10.0f;
//这个轮子的马力更大一些
jd.maxMotorTorque = 20.0f;
jd.enableMotor = true;
jd.frequencyHz = 4.0f;
jd.dampingRatio = 0.7f;
m_spring1 = (b2WheelJoint*)m_world->CreateJoint(&jd);

//第二个轮子
jd.Initialize(m_car, m_wheel2, m_wheel2->GetPosition(), axis);
jd.motorSpeed = -10.0f;
jd.maxMotorTorque = 10.0f;
jd.enableMotor = false;
jd.frequencyHz = 4.0f;
jd.dampingRatio = 0.7f;
m_spring2 = (b2WheelJoint*)m_world->CreateJoint(&jd);
```

9.5.9　焊接关节 WeldJoint

焊接关节尝试限制两个刚体之间所有的相对运动，但是焊接关节并不是很稳定，效果看起来有些柔软，就像跳水运动员起跳时踩着的跳水板一样。用焊接关节将一大堆动态刚体（小四边形）依次连接起来，在受到力的作用下，摇摇晃晃，就是这种效果，如图 9-23 所示。

上面是由若干小四边形组成的一小块板子，每两个小四边形都用 Weld 焊接关节连接起来，可以设置 dampingRatio 来设置它们之间连接在一起的弹性，使用方法非常简单，设置好 frequencyHz 和 dampingRatio，然后传入两个刚体，就可以直接创建焊接关节，Testbed 的 Cantilever 很好地介绍了焊接关节的使用。

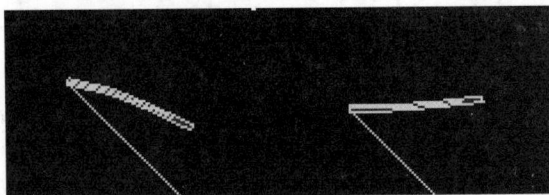

图 9-23　焊接关节

```
b2PolygonShape shape;
shape.SetAsBox(0.5f, 0.125f);

b2FixtureDef fd;
fd.shape = &shape;
fd.density = 20.0f;

//设置弹性
b2WeldJointDef jd;
jd.frequencyHz = 8.0f;
jd.dampingRatio = 0.7f;

//将所有物体连在一起
b2Body* prevBody = ground;
for (int32 i = 0; i < e_count; ++i)
{
    b2BodyDef bd;
    bd.type = b2_dynamicBody;
    bd.position.Set(5.5f + 1.0f * i, 10.0f);
    b2Body* body = m_world->CreateBody(&bd);
    body->CreateFixture(&fd);

    if (i > 0)
    {
//创建关节
        b2Vec2 anchor(5.0f + 1.0f * i, 10.0f);
        jd.Initialize(prevBody, body, anchor);
        m_world->CreateJoint(&jd);
    }

    prevBody = body;
}
```

9.5.10　摩擦关节 FrictionJoint

摩擦关节会制造"从上到下"的摩擦，提供了 2D 的角摩擦和平移摩擦，单从这句话来看，确实相当费解。想像一下，你拉着一辆车努力地向前冲，会受到一整辆车的摩擦力的影响。想像一下，你在天空中飞速翱翔，速度越快，会感觉到越强大的空气阻力，差不多就是这种感觉了，如图 9-24 所示。

使用了摩擦关节的小方块们，在被撞击到的时候，会缓缓移动，下面例子的重力加速度设置为 0。

```
b2FrictionJointDef jd;
jd.localAnchorA.SetZero();
```

```
jd.localAnchorB.SetZero();
jd.bodyA = ground;
jd.bodyB = body;
jd.collideConnected = true;
jd.maxForce = mass * gravity;
jd.maxTorque = mass * radius * gravity;

m_world->CreateJoint(&jd);
```

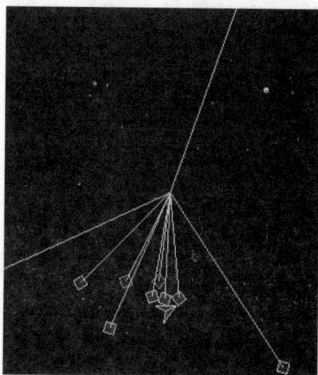

图 9-24　摩擦关节

通过设置 maxForce 来限制刚体移动的阻力，通过设置 maxTorque 来限制刚体旋转时的阻力，具体可以参考 Testbed 的 ApplyForce 示例，Testbed 是 Box2d 官方源码的示例，相当于 Box2d 的 cpp-tests（cpp-test 是 Cocos2d-x 的示例集合，属于 Cocos2d-x 的常识）。

9.5.11　绳索关节 RopeJoint

绳索关节用来模拟绳子，绳子的两端绑着两个刚体，两个刚体可以在绳子限定的范围内自由地移动和旋转，与现实世界使用的绳子没什么两样，这是一根柔软的，拉不断的绳子，如图 9-25 所示。

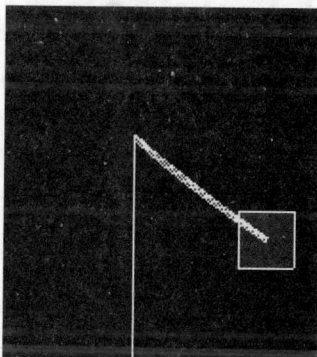

图 9-25　绳索关节

通过设置 b2RopeJointDef 的 maxLength，可以限定绳子的长度，通过传入两个刚体，可以在这两个刚体身上系一条绳子。

最后，在删除的时候，必须先删除关节，之后才可以删除关节上的物体，否则程序会崩溃。

第 10 章　物理引擎——应用到 Cocos2d-x

了解了 Box2d 的基础知识后，需要使用 Box2d，并将它应用到 Cocos2d-x 中。本章主要介绍以下内容：

- ❑ 物体的运动。
- ❑ 碰撞检测。
- ❑ Box2d 的调试渲染。
- ❑ 在 Cocos2d-x 中使用 Box2d。
- ❑ Box2d 的相关工具。

10.1　物体的运动

前面讲解了刚体以及关节，知道了它们在被动地受到重力或者马达的作用下，会产生相应的物理效果，那么如何主动来控制物体的运动呢？

对于关节，可以用设置马达的方式，马达来驱动关节运动，而对于刚体，可以通过**施加力或者冲量来使其移动，施加角力矩或者角冲量来使其旋转等**，听起来很厉害，但本质上都是一些比较简单的东西，放到代码中实现就更简单了。

10.1.1　施加力和冲量

对一个物体施加力，可以通过下面两个函数来实现，ApplyForce 第一个参数决定物体运动的方向，单位是牛顿，而第二个参数，决定物体受力点的位置，假设**受力点不在物体上，也是有效的**，效果如图 10-1 所示，蓝色的受力点在物体外部，当对其施加一个向上的力时，可以将受力点认为是在正方形的右上角，为物体施加力就像在推动一个物体一样。

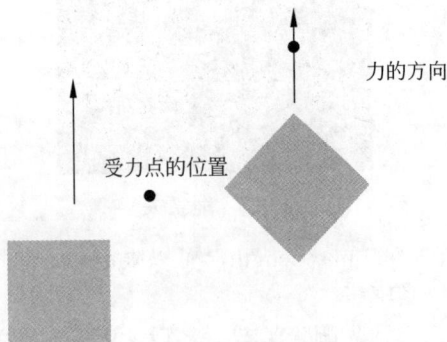

图 10-1　施加力

```
///为物体的 point 点施加一个方向为 force 的力, point 是世界坐标
void ApplyForce(const b2Vec2& force, const b2Vec2& point);
```

```
///对物体的中心点施加一个方向为 force 的力
void ApplyForceToCenter(const b2Vec2& force);
```

对一个物体施加一个冲量可以用下面的 ApplyLinearImpulse()函数来实现,第一个参数也是一个力的向量,这个向量的单位是 kg·m/s。物体质量越大,运动的速度会越慢,而为物体施加一个冲量,等于直接赋给物体一个速度,在施加一个很大的冲量的时候,物体会一下子冲出去,然后在摩擦、重力、碰撞的影响下,慢慢衰减下来,就像突然使用了极品飞车的加速氮气一样。

```
///在 point 上施加向量为 impulse 的冲量, 冲量的单位是 kg·m/s
void ApplyLinearImpulse(const b2Vec2& impulse, const b2Vec2& point);
```

对比力和冲量,**对物体施加力需要通过力来摆脱物体的静摩擦力,然后慢慢加速,而冲量则是可以直接对物体赋予一个速度**。两种施力的力量参数的单位是不一样的,但受力点的意义一样,不同的受力点会在受力过程中,对物体产生不同的旋转。

10.1.2　角力矩和角冲量

使用下面的函数可以为物体施加一个角力矩和角冲量,当传入一个正数时,物体会在逆时针方向上自转,而传入一个负数时,物体在顺时针方向上自转。传入的参数越大,并且物体质量越小,转动越快。从本质上讲,角力矩相当于上面的施加力,而角冲量则是直接赋予物体角速度。施加角力矩,物体会慢慢运动起来,就像掷链球一样,把链球拉起来,慢慢转圈。而施加角冲量,可以让物体瞬间高速旋转。在没有收到其他力的作用下,旋转的物体并不会产生移动。

```
///施加一个角力矩,让物体根据穿过质点的 z 轴进行旋转
void ApplyTorque(float32 torque);
```

```
///为物体施加一个角冲量,单位是 kg·m/s
void ApplyAngularImpulse(float32 impulse);
```

10.2　碰　撞　检　测

虽然说物体之间的碰撞 Box2d 已经很好地模拟出来了,但还是要了解一下 Box2d 的碰撞检测,因为在很多时候需要知道碰撞的具体信息。例如,怪物被子弹碰到了,除了被打飞,或者打倒,还需要做很多其他的操作,如把怪物删除,然后增加经验、金币之类的事情,这就需要用到**碰撞监听**。而在玩 CS 之类游戏的时候,当把友军伤害选项给屏蔽掉之后,我们发射的子弹只对敌军产生影响,这样的功能就涉及**碰撞过滤**,本节主要介绍这两项内容。

10.2.1　碰撞监听

Box2d 里面使用接触(Contact)来描述碰撞信息,在每次两个物体的 AABB 出现重叠

的时候，Box2d 会产生相应的触点，当物体的 AABB 分离的时候，又会把触点删除。使用 World 的 GetContactList()函数可以获取当前世界所有的接触信息，通过这些接触信息，可以获取到接触的物体以及接触点等信息。但这并不是明智的做法，因为无法捕捉到所有的接触。例如在一次循环中，在很多力的作用下，两个物体短暂地接触了，之后又快速地分开，在接触列表中是不会找到这个接触对象的。并且在每一帧轮询这些接触对象本身也是一个冗余的运算，就像坐公交车，每个站台都问一句 XX 站到了没？明智的做法是使用接触监听，它会在到达 XX 站台时自动通知你。

使用监听需要实现一个监听者，叫作接触监听器，名字为 b2ContactListener，位于 b2WorldCallbacks.h 内，可以实现它的几个接触相关的接口。

```
///在两个 fixtures 开始碰撞的时候回调（当它们开始重叠的时候，只会在 step 中调用）
virtual void BeginContact(b2Contact* contact) { B2_NOT_USED(contact); }

///在两个 fixtures 结束碰撞的时候回调（当它们分开的时候，物体被销毁的时候也会调用）
virtual void EndContact(b2Contact* contact) { B2_NOT_USED(contact); }

///在接触更新完成之后调用（碰撞检测发生之后，碰撞冲突处理之前）.此时可以禁用触点，实现
单面碰撞。例如，是男人就上 100 层这样的小游戏的楼梯，在玩家跳上去时不发生碰撞，在玩家掉
落的时候才碰撞。通过禁用触点可以避免此次碰撞处理，并且不会调用到接触处理完成的回调，但
是可能会在一小段时间内连续收到 PreSolve 回调
virtual void PreSolve(b2Contact* contact, const b2Manifold* oldManifold)
{
    B2_NOT_USED(contact);
    B2_NOT_USED(oldManifold);
}

///在接触被处理完之后调用，这时候物理模拟已经完成，在这里可以获得接触对象碰撞之后产生
的力量、旋转等信息
virtual void PostSolve(b2Contact* contact, const b2ContactImpulse* impulse)
{
    B2_NOT_USED(contact);
    B2_NOT_USED(impulse);
}
```

Box2d 不允许在碰撞回调中修改物理世界，因为上面可能发生在一个 step 回调之中，当出现多个对象同时碰撞，会依次处理每两个对象之间的碰撞，而这时候会调用到回调函数，在回调函数中修改了对象，可能会导致其他对象的碰撞结果不正确，假设在回调中释放了对象，还有可能导致程序崩溃。如果需要删除或者做修改，可以将触点信息保存起来，在 step 完成之后，再来处理。

上面的回调中可以做的修改仅仅是禁用触点，来规避此次碰撞。例如超级玛丽游戏中的单面墙，可以通过判断碰撞的方向来决定是否规避此次碰撞，代码如下。

```
virtual void PreSolve(b2Contact* contact, const b2Manifold* oldManifold)
{
    b2WorldManifold worldManifold;
    contact->GetWorldManifold(&worldManifold);
    if (worldManifold.normal.y > 0.5f)
    {
        contact->SetEnabled(false);
    }
}
```

在每次回调都会有一个 b2Contact 对象被传进来，描述了发生碰撞的两个物体的详细信息，通过 GetFixtureA()函数和 GetFixtureB()函数可以分别获取这两个物体，但是需要你自己判断这两个物体是什么，可以根据指针来判断，也可以设置 UserData，根据 UserData 来判断。在冲突处理之前的 PreSolve 回调中，调用 b2Contact 对象的 SetEnabled()函数可以设置是否禁用接触。

最后，在使用的时候，需要用 new 操作符创建一个这样的监听器对象，通过调用 World->SetContactListener(myContactListener)，把它设置给 Wold。

10.2.2 碰撞过滤

在创建 Fixture 的时候，可以通过**设置过滤标识**，来控制 Fixture 之间的碰撞过滤，Fixture 有两种过滤标识，每个标识都是一个 16 位的 int16 变量（相当于短整型），可以表示 16 种不同类型的碰撞。

```
b2Filter()
{
    categoryBits = 0x0001;      //类别标志位
    maskBits = 0xFFFF;          //遮罩标志位
    groupIndex = 0;             //分组索引
}
```

类别标志位定义了 Fixture 的类别，而遮罩标志位则定义了可以与之发生碰撞的类别，举个例子：

- 我是一个公主 a = 1。
- 我是一个战士 b = 2。
- 我是一个英雄 c = 4。

我是一个公主，那么我的 **categoryBits** |= a，我只能和英雄发生碰撞，那么我的 **maskBits** |= c，这是我的逻辑，那么这个碰撞过滤，还得看英雄愿不愿意和我碰一下，也就是英雄的 **maskBits & a** 是否等于 0，用一句代码来解释，就是：

```
isCollid = A.maskBits & B.categoryBits != 0 && A.categoryBits & B.maskBits != 0
```

在 b2Filter 的构造函数中，将 categoryBits 设置为 1，而将 maskBits 设置为 0xFFFF，表示我可以和所有的 Fixture 发生碰撞，而且所有的 Fixture 在创建的时候，categoryBits 都是 1。

那么**分组索引**是干什么的呢？其用来描述更加复杂的规则。

- 当 A 和 B 的分组索引相同且为正数，则产生碰撞。
- 当 A 和 B 的分组索引相同且为负数，则不产生碰撞。
- 在其他的情况下，都使用正常的类别/遮罩过滤规则。

简单概括就是，如果是大于 0 的相同组，则一定碰撞，如果是小于 0 的相同组，则一定不碰撞。

在使用上面的标志和组无法解决问题的时候，还可以通过触点过滤器来进行碰撞过滤，这有点类似于碰撞监听，继承一个 b2ContactFilter 对象，然后实现它的碰撞过滤方法，通过在 World 中调用 SetContactFilter()函数，来传入触点过滤器，使其接受触点消息。

```
virtual bool ShouldCollide(b2Fixture* fixtureA, b2Fixture* fixtureB);
```

当这两个 Fixture 的 AABB 包围盒发生重叠的时候，就会调用这个回调，这时候它们可能还没有真正发生碰撞，可以通过自己设置的 UserData 来判断过滤，也可以根据 Fixture 的过滤标识结合自己定义的规则来判断过滤。如果允许它们发生碰撞，则返回 true；否则返回 false，让它们直接穿透，不做碰撞处理。另外，在游戏过程中也可以动态地修改 Fixture 的过滤标识，来达到想要的效果。

10.3　Box2d 的调试渲染

Box2d 只是一个物理引擎，**本身并不提供显示功能，只提供物理模拟的功能**，因此可以很方便地运用到那些 2D 游戏引擎当中，在 Box2d 引擎的代码中，提供了 TestBed 这个庞大的范例库。

在 TestBed 中，GLUT 完成了物理场景的渲染，以及其他的一些输入和输出的工作，那么在 Cocos2d-x 中，对 Box2d 的 TestBed 略加修改就可以搬到 TestCpp 里面了。

Box2d 虽然不支持渲染，但提供了一个**用于调试**的渲染接口，在 libBox2d 项目的 Common 目录下的 b2Draw 提供了绘制点、线、圆、多边形等的接口，根据传入的参数，使用 OpenGL 的接口绘制它们，cpp-tests 的 Box2DTestBed 中，GLESRender 实现了这个功能。

需要注意的一点是，TestBed 渲染的内容是 Debug Draw，而不是 Game Draw，它仅仅只是一些点、线、圆而已（绘制的是调试内容，而不是游戏内容）。这套流程跟 cpp-tests 的 Box2dTest 不太一样。

不管是在 Box2d 的 TestBed 还是 Cocos2d-x 的 Box2dTestBed，它们的 b2Draw 对象的实现都在很好的工作，并且以后应该也不会修改到这部分的代码，在这里介绍如何使用 OpenGL 来绘制点、线、圆之类并不是很恰当，所以关于 DebugDraw 的渲染，我们只介绍它们是如何工作的，而不讨论渲染的细节。

首先需要实现 b2Draw 接口，把它叫作 GLESRender，并且需要有一个这个类的对象，通过 World→SetDebugDraw(myDebugDraw)；然后将它赋给 World，接下来，在每一帧模拟完物理世界之后，调用 World→DrawDebugData()。

在每次调用 DrawDebugData()函数的时候，Box2d 都会根据当前世界的所有对象的形状等信息，调用 b2Draw 对象的绘图函数来渲染。如果希望在 Cocos2d-x 中显示调试信息，来帮助确定物理对象的显示与实际的物理形状是否一致，可以使用 cpp-tests 中 Box2dTestBed 示例的 GLES-Render.h 和 GLES-Render.cpp 文件，将 GLESDebugDraw 设置为物理世界的调试渲染对象。

10.4　在 Cocos2d-x 中使用 Box2d

在 Cocos2d-x 中使用 Box2d 有两个要点，第一点是在 Cocos2d-x 中完成物理引擎的初始化和更新，第二点是将 Cocos2d-x 的渲染和 Box2D 的物理模拟结合起来。本节将由浅入深地介绍 Box2d 在 Cocos2d-x 中的应用，将物理引擎嵌入 Cocos2d-x 框架中，从对象物理模拟和 Cocos2d-x 渲染，到碰撞监听的回调，再到安全地删除刚体，释放物理世界。

10.4.1 物理世界

首先需要有一个场景，将这个场景作为我们的物理世界，所以这个场景需要完成第一个任务，即在 onEnter 或 init 的时候，初始化物理世界，设置好重力。

```
b2Vec2 gravity;
gravity.Set(0.0f, -10.0f);
m_World = new b2World(gravity);
m_World->SetAllowSleeping(true);
m_World->SetContinuousPhysics(true);
```

在每一帧的 update 中，都要执行物理世界的更新，这只是很简单的几行代码。

```
int velocityIterations = 8;
int positionIterations = 1;
m_World->Step(dt, velocityIterations, positionIterations);
```

创建 World，更新 World，放在场景中是没有问题的，但是假设把这些物理相关的东西，封装到一个物理管理器里面作为一个单例，在 Cocos2d-x 中使用会更好一些。这样做的好处是，把物理框架从场景分离开，使物理框架的功能更独立一些，清晰一些，整体的耦合性小一些。并且在很多地方，可能需要使用物理引擎来做一些东西。假如需要先找到场景节点，然后获取它的 World，那么这样做会使整体的耦合度变得很高，而如果封装到单例里面，这些操作就会变得"优雅"很多。

```
class CPhysicsManager
{
private:
    CPhysicsManager(void);
    virtual ~CPhysicsManager(void);

public:
    static CPhysicsManager* getInstance();

    //在一场游戏结束之后应该调用
    static void destory();

    //更新物理世界
    void update(float dt);

    inline bool isLocked()
    {
        if (NULL == m_World)
        {
            return false;
        }

        return m_World->IsLocked();
    }

    //获取世界
```

```
    inline b2World* getWorld()
    {
        return m_World;
    }
private:
    static CPhysicsManager* m_Instance;
    b2World* m_World;
    CPhysicsListener* m_ContactListener;
};
```

笔者是这样设计这个单例的，这个单例会负责维护两项，一个是我们的物理世界，在构造函数中初始化物理世界，另外一个是我们自定义的碰撞监听器，在绝大部分情况下总是需要它的。在构造函数中会初始化物理世界，而 update()函数将会驱动物理世界的 Step 进行模拟。

```
CPhysicsManager::CPhysicsManager(void)
{
    //创建碰撞监听器
    m_ContactListener = new CPhysicsListener();

    //初始化物理世界
    b2Vec2 gravity;
    gravity.Set(0.0f, -10.0f);
    m_World = new b2World(gravity);

    //设置碰撞监听器
    m_World->SetContactListener(m_ContactListener);

    //允许刚体睡眠
    m_World->SetAllowSleeping(true);
    //激活连续碰撞检测
    m_World->SetContinuousPhysics(true);
}
```

最后在游戏场景初始化的时候，调用单例的初始化函数，在游戏场景退出的时候，调用单例的销毁函数，因为当玩家退回到主界面的时候，物理世界不应该继续模拟了，而当玩家进入游戏的时候，物理世界必须是一个新的世界，不能使用上一个关卡所遗留的数据来模拟。当然，需要在游戏场景节点的 update()函数中调用 CPhysicsManager 的 update，这里没有说释放，但应在析构函数中，把 new 出来的 CPhysicsListener 和 b2World 释放掉。

接下来还需要创建场景的边界，用一个包围盒把场景框住，在设置和 Box2d 相关的大小变量时，一般都要除以一个 PTM_RATIO 常量，这个常量一般是 32，表示像素和物理单位米的比例，因为在设置物体大小的时候，按照现实世界的比例来设置是比较好的，假设没有这个参数，那就会变成 1 像素=1 米，在大多数情况下，32 像素=1 米的比例能够更好地工作。当然这只是一个比例问题。让显示对象缩小到 1/32 或其他比例以适应物理对象，或者让物理对象放大 32 倍来适应显示对象,关键的地方在于物理对象的大小和显示对象的大小是否相等。

```
//定义包围盒
b2BodyDef groundBodyDef;
groundBodyDef.position.Set(0, 0); //bottom-left corner
```

```
//调用世界工厂的方法创建刚体
b2Body* groundBody = m_World->CreateBody(&groundBodyDef);

//定义包围盒的形状
b2EdgeShape groundBox;

//设置包围盒的底部
groundBox.Set(b2Vec2(VisibleRect::leftBottom().x/PTM_RATIO,
    VisibleRect::leftBottom().y/PTM_RATIO),
b2Vec2(VisibleRect::rightBottom().x/PTM_RATIO,
    VisibleRect::rightBottom().y/PTM_RATIO));
groundBody->CreateFixture(&groundBox,0);

//设置包围盒的顶部
groundBox.Set(b2Vec2(VisibleRect::leftTop().x/PTM_RATIO,
    VisibleRect::leftTop().y/PTM_RATIO),
b2Vec2(VisibleRect::rightTop().x/PTM_RATIO,
    VisibleRect::rightTop().y/PTM_RATIO));
groundBody->CreateFixture(&groundBox,0);

//设置包围盒的左边
groundBox.Set(b2Vec2(VisibleRect::leftTop().x/PTM_RATIO,
    VisibleRect::leftTop().y/PTM_RATIO),
b2Vec2(VisibleRect::leftBottom().x/PTM_RATIO,
    VisibleRect::leftBottom().y/PTM_RATIO));
groundBody->CreateFixture(&groundBox,0);

//设置包围盒的右边
groundBox.Set(b2Vec2(VisibleRect::rightBottom().x/PTM_RATIO,
    VisibleRect::rightBottom().y/PTM_RATIO),
b2Vec2(VisibleRect::rightTop().x/PTM_RATIO,
    VisibleRect::rightTop().y/PTM_RATIO));
groundBody->CreateFixture(&groundBox,0);
```

我们能且只能通过 World 的 create()方法来创建刚体，如果直接用 new 或者 malloc 来创建刚体，那么创建的刚体将不在这个世界之内，也不会和物理世界有任何交集。上面创建包围盒的代码，应该写在场景中，因为这并不属于物理框架的内容，物理框架不会知道，创建的这个场景的地形长什么样的，有多大。

10.4.2　物理 Sprite

接下来要添加场景内的东西了，主要是把显示对象 Sprite 和 b2Body 结合起来，双继承也许会是一个好主意，但可能存在比较多的争议，将 b2Body 作为 Sprite 的一个成员变量已经可以比较好地工作了，为什么是 b2Body 作为 Sprite 的成员变量，而不是反过来呢？首先，编码的时候可能会频繁用到 Sprite 里面的东西，但是 b2Body 可能很少问津。另外，当 Body 被销毁的时候，Sprite 可能需要继续存在于场景中，对于 Body，只是需要使用其物理特性而已。

首先需要有一个继承于 Sprite 的类，因为需要为其添加一些成员变量，一个 b2Body 指针，在 onEnter 的时候初始化这个指针，可以在 onExit 或者析构函数中释放它，继承于 Sprite 的类先管其叫 CPhysicsObject，可以在 init 中初始化物理刚体，这块在描述不同的 CPhysicsObject 时，可以根据需要重写这部分的代码。下面的一小段代码只是用来介绍，在 Cocos2d-x 中创建刚体的过程，实际上 CPhysicsObject 应该作为一个纯粹的物理对象基类来使用，不应该在这里添加创建刚体的代码，应该由子类来完成这个任务。

```
b2BodyDef bodyDef;
bodyDef.type = b2_dynamicBody;
bodyDef.position.Set(getPositionX() / PTM_RATIO, getPositionY() / PTM_
RATIO);

m_Body = world->CreateBody(&bodyDef);

b2PolygonShape dynamicBox;
Size sz = getContentSize();
//根据精灵图片的大小以及像素和米的比例，来设置包围盒
dynamicBox.SetAsBox(sz.width * 0.5f / PTM_RATIO, sz.height * 0.5f / PTM_
RATIO);

//设置好动态刚体的属性，然后配置给 Body
b2FixtureDef fixtureDef;
fixtureDef.shape = &dynamicBox;
fixtureDef.density = 1.0f;
fixtureDef.friction = 0.3f;
m_Body->CreateFixture(&fixtureDef);
```

在 onExit()函数中，析构或者任何想要删除刚体的时候，需要调用下面的代码来释放。

```
void CPhysicsObject::onExit()
{
    if (NULL != m_Body)
    {
        CPhysicsManager::getInstance()->getWorld()->DestroyBody(m_Body);
        m_Body = NULL;
    }

    Sprite::onExit();
}
```

有了刚体之后，需要注意一件事情，就是不要再调用这个刚体的 setPosition()方法来改变刚体的位置，如果要设置，需要同时更新 m_Body 的位置属性，强制设置位置会导致物理模拟出错。

另外还应该做一个事情，就是**把 m_Body 的位置，旋转等属性同步到 Sprite 中**。在 Node 中有一个 nodeToParentTransform()函数，用于返回一个描述节点当前的旋转和位置的矩阵，在 Node 中是根据当前节点的位置、锚点，以及旋转来计算这个矩阵的，在这里用 m_pBody 的位置和旋转来计算。

```
AffineTransform CPhysicsObject::nodeToParentTransform(void)
{
    if (NULL == m_Body)
    {
        return Sprite::nodeToParentTransform();
    }

    b2Vec2 pos = m_Body->GetPosition();

    float x = pos.x * PTM_RATIO;
    float y = pos.y * PTM_RATIO;

    if ( isIgnoreAnchorPointForPosition() ) {
```

```
        x += m_tAnchorPointInPoints.x;
        y += m_tAnchorPointInPoints.y;
    }

    //Make matrix
    float radians = m_Body->GetAngle();
    float c = cosf(radians);
    float s = sinf(radians);

    if( ! m_tAnchorPointInPoints.equals(CCPointZero) ){
        x += ((c * -m_tAnchorPointInPoints.x * m_fScaleX) + (-s * -m_
        tAnchorPointInPoints.y * m_fScaleY));
        y += ((s * -m_tAnchorPointInPoints.x * m_fScaleX) + (c * -m_
        tAnchorPointInPoints.y * m_fScaleY));
    }

    //Rot, Translate Matrix
    m_tTransform = AffineTransformMake( c * m_fScaleX,    s * m_fScaleX,
        -s * m_fScaleY,    c * m_fScaleY,
        x,    y );

    return m_tTransform;
}
```

　　nodeToParentTransform()函数在对象需要被重绘的时候调用，Cocos2d-x 根据 isDirty 虚函数的返回值，来决定是否重绘。正常情况下，当玩家的位置、大小、旋转发生改变的时候，nodeToParentTransform()函数就会返回 true，而在使用了 Box2d 的情况下，CPhysicsObject 应该在物体的运动状态下，返回 true，而在静止状态下，返回 false，可以直接返回 body 的 IsAwake()函数，当刚体醒着的时候更新，当刚体静止下来的时候，停止更新。

```
bool CPhysicsObject::isDirty()
{
    if (NULL != m_Body)
    {
        return m_Body->IsAwake();
    }

    return CCSprite::isDirty();
}
```

　　CPhysicsObject 还需要重写一些接口，用于设置位置和旋转，因为在设置旋转和位置的时候，需要同步到物理世界，而在获取位置和旋转的时候，也需要从物理世界中获取。

```
const CCPoint& CPhysicsObject::getPosition()
{
    if (NULL == m_Body)
    {
        return CCSprite::getPosition();
    }

    b2Vec2 pos = m_Body->GetPosition();

    float x = pos.x * PTM_RATIO;
    float y = pos.y * PTM_RATIO;
    m_tPosition = ccp(x, y);
    return m_tPosition;
```

```
}

void CPhysicsObject::setPosition(const CCPoint &pos)
{
    if (NULL == m_Body)
    {
        return Sprite::setPosition(pos);
    }

    float angle = m_Body->GetAngle();
    m_Body->SetTransform(b2Vec2(pos.x / PTM_RATIO, pos.y / PTM_RATIO),
    angle);
}

float CPhysicsObject::getRotation()
{
    if (NULL == m_Body)
    {
        return Sprite::getRotation();
    }

    return CC_RADIANS_TO_DEGREES(m_Body->GetAngle());
}

void CPhysicsObject::setRotation(float fRotation)
{
    if (NULL == m_Body)
    {
        return Sprite::setRotation(fRotation);
    }
    else
    {
        b2Vec2 p = m_Body->GetPosition();
        float radians = CC_DEGREES_TO_RADIANS(fRotation);
        m_Body->SetTransform(p, radians);
    }
}
```

10.4.3　碰撞处理

现在我们有了一个物理场景，以及物理节点，这个带有物理属性的节点可以正常显示，那么接下来还需要一个碰撞监听器，虽然这不是必须的，但在每次碰撞发生的时候，告诉节点，被碰了一下或者说跟谁碰到一起了是非常有用的。例如，愤怒的小鸟游戏，玩家发射出去的小鸟，不同的小鸟碰到不同的障碍，效果是不一样的，普通小鸟碰到冰块时穿透力很低，而蓝色小鸟碰到冰块时会有非常强的穿透力。黑色小鸟碰到障碍时会直接爆炸。这些都是由碰撞触发的，从而根据碰撞信息进行相对应的处理。

```
class CPhysicsListener :
    public b2ContactListener
{
public:
    CPhysicsListener(void);
    virtual ~CPhysicsListener(void);

    //当两个对象互相碰撞
    virtual void BeginContact(b2Contact* contact);
```

```
    //当两个对象碰撞结束
    virtual void EndContact(b2Contact* contact);

    //当两个对象准备进行物理模拟之前调用
    virtual void PreSolve(b2Contact* contact, const b2Manifold*
    oldManifold);

    //当两个对象完成了物理模拟之后调用
    virtual void PostSolve(b2Contact* contact, const b2ContactImpulse*
    impulse);

    //处理每一帧的物理碰撞事件
    void Execute();
private:
    std::set<CPhysicsObject*> m_PhysicsObjets;
};
```

想要处理好物理碰撞，那么就需要一个碰撞监听器，碰撞监听器的实现很简单，先写一个空的碰撞监听器，这个碰撞监听器的关键在于，如何把碰撞消息传递给物理节点，这需要通过一个 Body 获得一个 PhysicsObject，那么最好的方法就是，将这个 PhysicsObject 放到 Body 的 UserData 中。因此在碰撞监听器中，需要重写 4 个碰撞回调函数，而在我们的物理节点基类中，也需要对应 4 个接口，来接收这 4 种碰撞消息。例如下面的代码。

```
void CPhysicsListener::PreSolve(b2Contact* contact, const b2Manifold*
oldManifold)
{
    //碰撞的第一个刚体如果是一个CPhysicObject（用userData判断），那么调用它的回调
    CPhysicsObject* objA = reinterpret_cast<CPhysicsObject*>
    (contact->GetFixtureA()
        ->GetBody()->GetUserData());
    if (NULL != objA)
    {
        objA->beforeSimulate(contact, oldManifold);
    }

    //接下来判断第二个刚体
    CPhysicsObject* objB = reinterpret_cast<CPhysicsObject*>
    (contact->GetFixtureB()
        ->GetBody()->GetUserData());
    if (NULL != objB)
    {
        objB->beforeSimulate(contact, oldManifold);
    }
}
```

其他几个接口的实现与其类似，都是简单地转发消息，但需要注意的一点是，不要在这些回调函数中改变刚体，因为这会对物理模拟造成影响，特别是不要删除刚体，否则可能导致程序崩溃。假设需要在碰撞发生的时候改变刚体，那么可以在碰撞发生的时候记录状态，在物理模拟完成之后，再进行改变。同样，删除刚体，也是需要在物理模拟完成之后再进行删除。

假设需要在碰撞的时候改变刚体的属性，例如，让一个物体在被碰到的时候破碎，如玻璃杯，或者是碰到某个物体之后变重，如海绵碰到水，这种情况下可以在监听器中增加

一个 Execute()方法，在 World 的 Step 执行之前或之后来执行该方法，在该方法中，将调用这一帧，所有触发碰撞的对象的一个方法，来执行这些操作，包括删除刚体。

```
void CPhysicsManager::update(float dt)
{
    //触发碰撞事件，交给监听者处理
    m_ContactListener->Execute();

    int velocityIterations = 8;
    int positionIterations = 1;
    m_World->Step(dt, velocityIterations, positionIterations);
}
```

在每次事件触发的时候，对上面的代码小小改动一下，将 PhysicsObject 添加到一个容器中，缓存起来。

```
CPhysicsObject* objA = reinterpret_cast<CPhysicsObject*>
(contact->GetFixtureA()
    ->GetBody()->GetUserData());
if (NULL != objA)
{
    //添加到一个 Set 容器中
    m_PhysicsObjects.insert(objA);
    objA->beforeSimulate(contact, oldManifold);
}
```

然后在每一帧都会执行的 Execute()方法中，遍历这一帧所有触发事件的对象，并调用它们的 processOver()函数，在所有物理对象的 processOver()函数中，可以根据当前的状态改变刚体或者销毁刚体。

```
for (set<CPhysicsObject*>::iterator iter = m_PhysicsObjects.begin(); iter !=
m_PhysicsObjects.end(); ++iter)
{
    CPhysicsObject* obj = *iter;
    obj->processOver();
}

m_PhysicsObjects.clear();
```

这里面有一个陷阱，可能导致一个对象被销毁之后，仍然触发其碰撞监听。这是非常可怕的一件事情，意味着程序很可能因此而崩溃！那就是在销毁一个刚体的时候，假设这个刚体正和其他对象发生了接触，那么这个时候，会有一个在 Step 之外的 EndContact 回调被触发，这是合理的，但很容易被忽视，并且产生 BUG。正常的流程如图 10-2 所示，在一个 Step 中完成所有的触发，而图 10-3 演示了需要多个 Step 才能处理完一次接触的情况。

要解决这个 BUG 其实很简单，就是在释放刚体之前，先把刚体的 UserData 设置为 NULL，这样回调流程就无法触发到 PhysicsObject 里面了。假设你的代码期望收到这个 EndContact 回调，那么需要在 processOver()函数里面把好关，防止因为重复的 processOver() 函数调用，导致重复释放的问题，并且需要管理好 UserData 的引用计数。

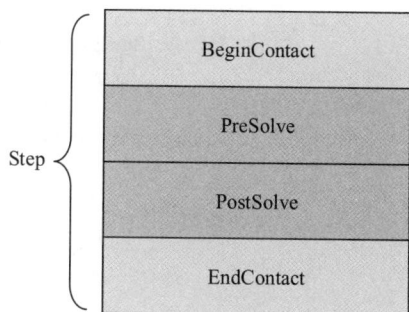

图 10-2　一次 Step 完成

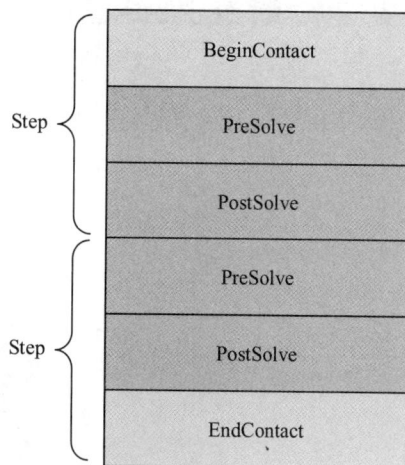

图 10-3　需要多次 Step

10.5　Box2d 的相关工具

Box2d 的编辑器不少，但功能大多比较简单，主要有 PhysicsEditor、BoxCAD、Physics Body Editor、Vertex Helper 等。编辑器主要可以用于编辑物理形状，这样就不需要在代码中使用大量的坐标编码来描述形状给 Box2d，而是由编辑器来描述形状，我们只需要调用简单的接口，就可以把复杂的物理形状创建出来，大大减少了代码中的硬编码，同时也有利于后期物理形状的调整。

10.5.1　PhysicsEditor 介绍

PhysicsEditor 与 TexturePacker 是同一个公司开发的，支持 Windows 和 Mac，可以用来简单地编辑一些形状，然后导出 Plist，其工具界面如图 10-4 所示，官方提供了一个简单的解析类供用户使用，虽然是收费软件，但仍可以免费使用，只不过有两个限制，即导出的 Plist 不能超过 10 个 shape；每次导出要等 5 秒才能导出。这个工具用来编辑物体的物理形状，还是很不错的。在导出的时候，需要在导出界面的右上角选择导出格式，注意选择 Box2D generic Plist 选项导出。

使用 PhysicsEditor 进行编辑，一般的步骤如下。

（1）先把要编辑的物理对象的图片添加到 PhysicsEditor 中，如图 10-5 所示。

（2）为物理形状起一个名字，在**所有的物理形状中，这个名字必须是唯一的**，如图 10-6 所示。

（3）单击上方的形状按钮，添加形状到物理对象中，可以选择圆形、三角形、描点，然后调整添加的形状，最右边的两个按钮是对当前选择的图形进行镜像翻转，方便编辑一些对称形状，如图 10-7 所示。

图 10-4　PhysicsEditor 编辑器

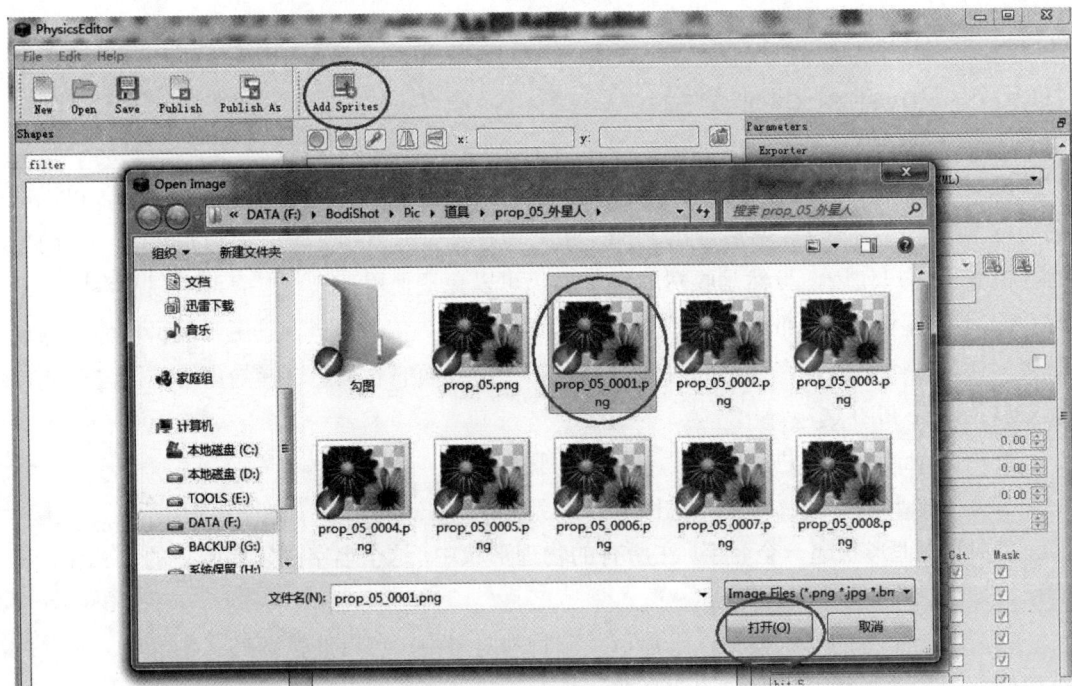

图 10-5　添加图片

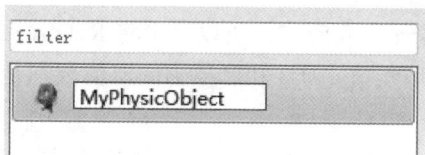

图 10-6　为形状起名字

图 10-7　工具栏

（4）选择抠图工具可以快速地勾勒出复杂的形状，其选项中，Tolerance（容差）值越高，顶点就越少，Alpha threshold（透明极限）值越高，抠图的区域（红色区域）就越精细。Trace mode（追踪模式）有 Straight（直线模式）和 Natural（自然模式）两个选项可以选择，直线模式的顶点会更少一些，自然模式会更精细一些。Frame mode（帧模式）适用于需要描述多个物理形状之间的相交或者集合，如图 10-8 所示。

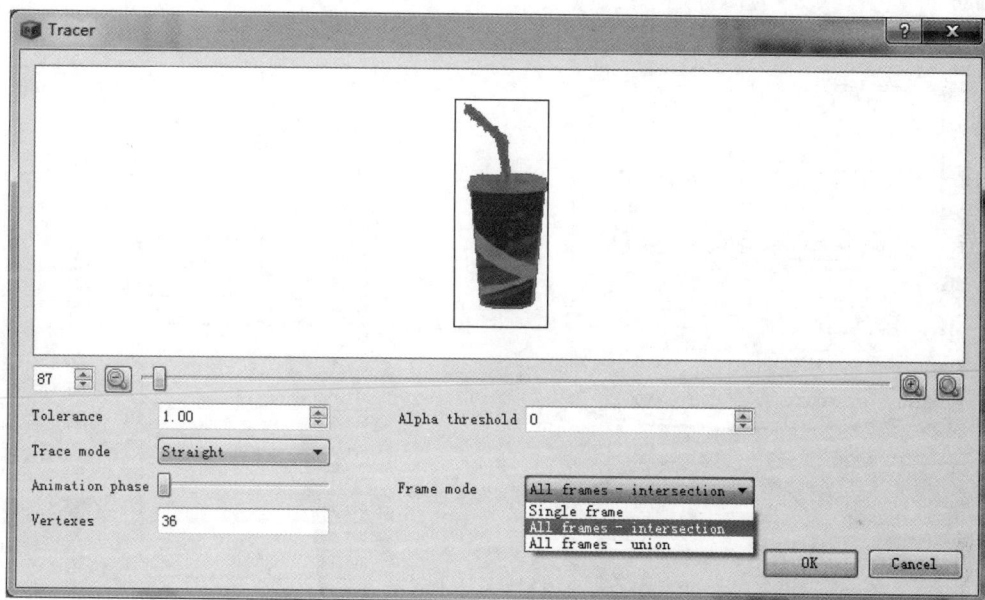

图 10-8　抠图工具

（5）选择导出模式为 Box2D generic (PLIST)尤为重要，因为这是要为 Cocos2d-x、Box2d 导出的形状文件，选择不同的导出模式会有不同的附加选项可供选择，如图 10-9 所示。

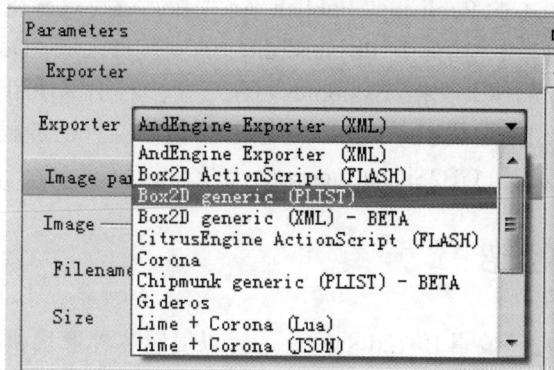

图 10-9　导出格式

（6）还需要填写锚点的值，一般都是将锚点设置为 0.5,0.5，所以这里将 Relative 选项的值都填为 0.5,0.5，然后为密度、弹性和摩擦力选项赋值，弹性和摩擦力的取值范围是 0～1，而密度的单位应该是 kg/m³，如图 10-10 所示。

（7）在属性面板的最下方还有一个多选菜单，左边的 Cat.表示你自己的碰撞属性，右边的 Mask 表示你能与哪些物体碰撞，例如，这里你的碰撞属性是 bit_0，则可以与所有对象碰撞，假设 Mask 的 bit_0 没有选中，那么这个物理对象不会和另外一个相同类型的物理对象发生碰撞，但可以和其他的物理对象发生碰撞。选中 Cat.表示这个物理对象是什么，而选中 Mask 表示你能和什么物理对象发生碰撞（所有默认的物理对象的 Cat.都是 bit_0），如图 10-11 所示。

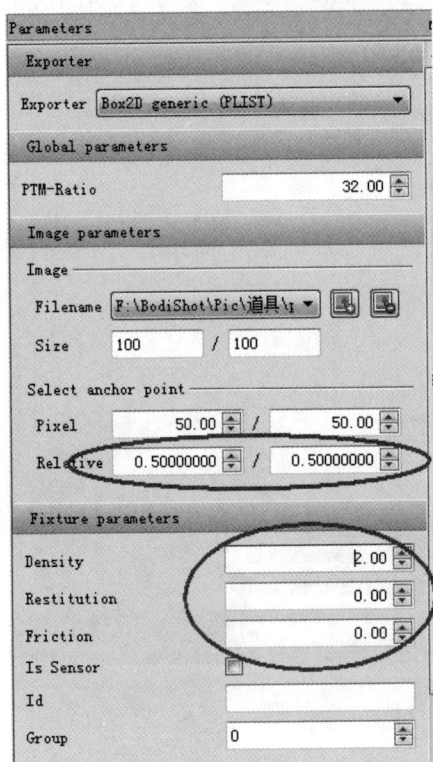

图 10-10　属性设置　　　　　　　　　图 10-11　碰撞掩码设置

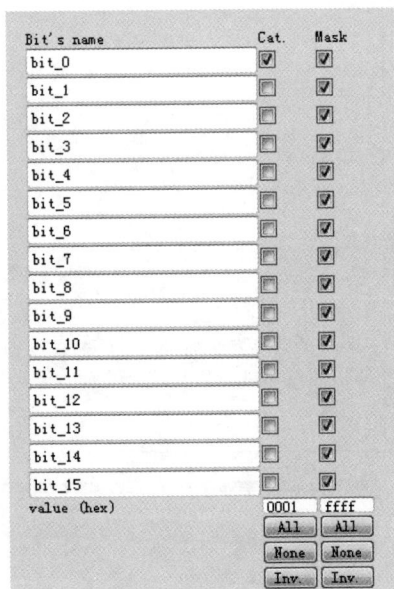

（8）最后，单击上方的 Publish 或 Publish As 按钮，就可以导出 Plist 文件了，Plist 文件可以直接在 Cocos2d-x 中使用。在 PhysicsEditor 的安装目录下，Documentation 目录中有如何使用 PhysicsEditor 的相关文档，Examples 目录下有多种引擎使用 PhysicsEditor 的示例，Loaders 目录下有多种引擎加载 PhysicsEditor 导出的 Plist 文件的加载器，Cocos2d-x 只需要包含 GB2ShapeCache-x.h 和 GB2ShapeCache-x.cpp 文件即可。

10.5.2　BoxCAD 介绍

BoxCAD 是一个在线编辑 Box2d 的网站，可以编辑各种形状和关节，然后播放演示，Dump Code 按钮可以自动生成所编辑内容的 AS 代码，并下载下来，Box2d 使用的各种语言代码都是比较相似的，可以简单修改一下，放到 Cocos2d-x 中（TestBed 框架），如图

10-12 所示。

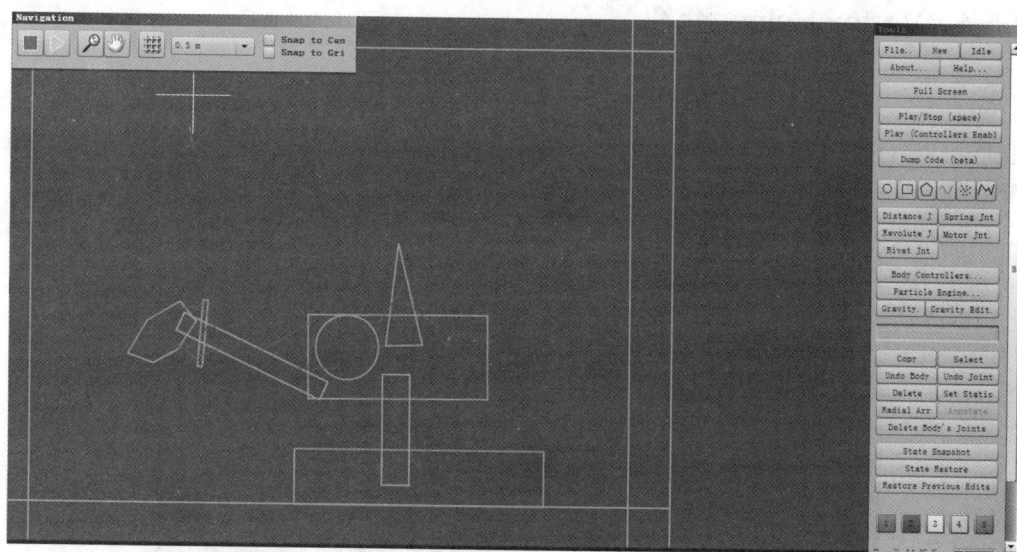

图 10-12　BoxCAD 界面

10.5.3　Physics Body Editor 介绍

Physics Body Editor 与 PhysicsEditor 相似，都是用 Java 实现的一个开源的编辑器，Java 的东西都是跨平台的，但其只能导出 JSON 格式，虽然其界面看上去还不错，但目前还没有找到 Cocos2d-x 调用它的代码，如图 10-13 所示。

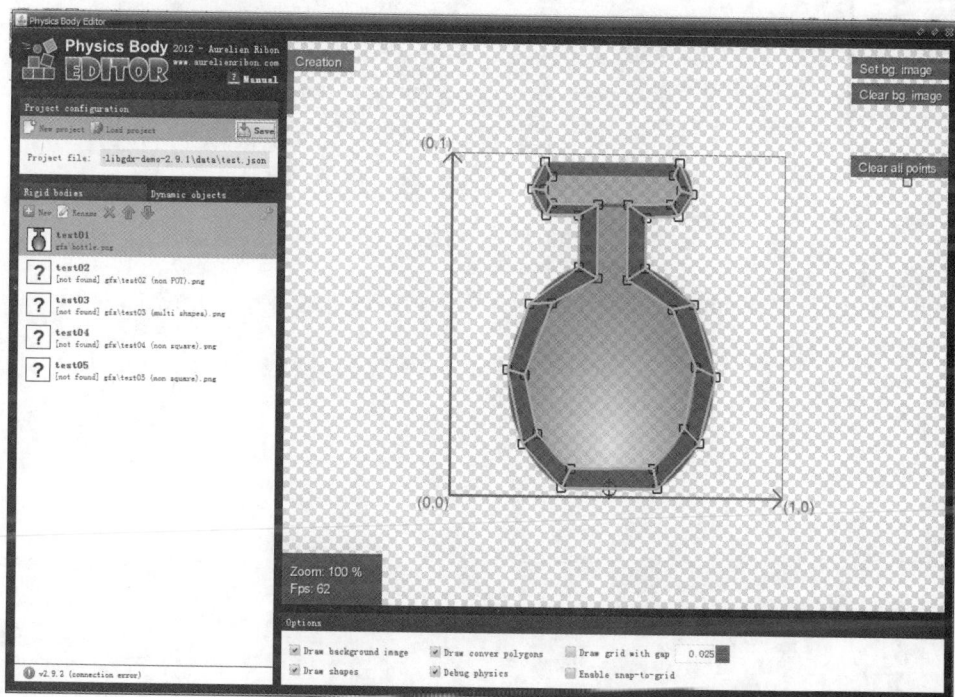

图 10-13　Physics Body Editor 界面

10.5.4　Vertex Helper 介绍

Vertex Helper 也是一个编辑形状的工具，但该工具是编辑完形状直接生成代码，生成的代码可以直接放到 2dx 代码中（BoxCAD 是需要修改一下的），相对于 BoxCAD，Vertex Helper 并不支持编辑关节，也不支持物理模拟，并且只能在 Mac 下运行。

使用的时候需要先将参考图片拖进工具中，然后选择编辑模式，旋转 Type 和 Style 选项，接下来在图片上挨个单击，右下角的文本框中就会自动生成相对应的初始化代码了，如图 10-14 所示。

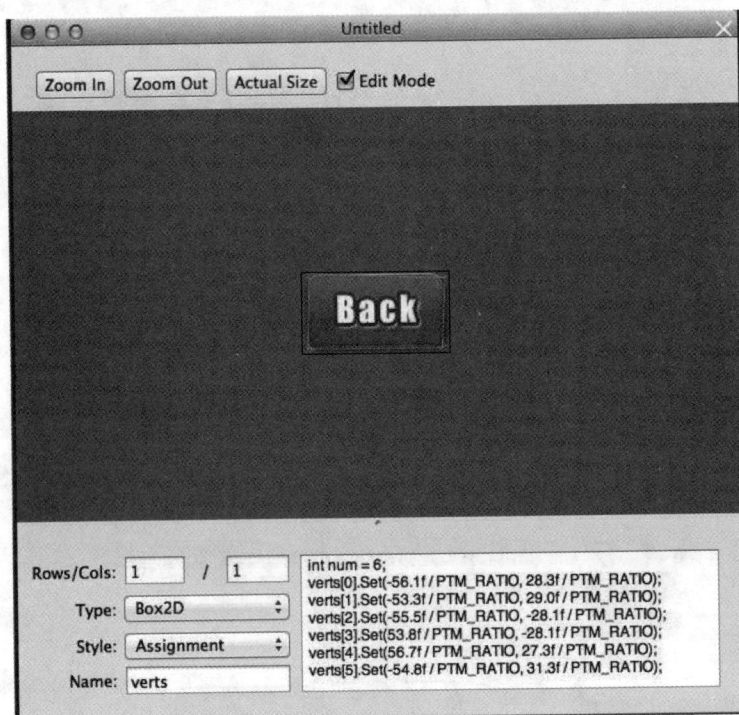

图　10-14　Vertex Helper 界面

除此之外还有 Mekanimo、PhysicsBench 等工具，这里就不一一介绍了。

第 11 章   图 元 渲 染

Cocos2d-x 的 CCDrawingPrimitives.h 封装了大量的绘图函数，提供实现基础图元的渲染，这些函数大多都是直接调用 OpenGL 的相关接口进行绘制。而 Cocos2d-x 在 2.1 版本之后提供了更加高效易用的 DrawNode 来实现各种图元的绘制。本章主要介绍以下内容：

- ❑ 使用 DrawingPrimitives 接口绘制图元。
- ❑ 使用 DrawNode 绘制图元。
- ❑ 渲染接口详解。

11.1   使用 DrawingPrimitives 接口绘制图元

11.1.1   如何绘制图元

Cocos2d-x 的 CCDrawingPrimitives.h 中封装了大量的图元绘制接口，但要使用它们却不那么轻松，这些接口都是直接调用 OpenGL 的方法进行绘制，如图 11-1 是 cpp-tests 示例中的 draw primitives 示例，该示例演示了如何用图元绘制接口。

在 Cocos2d-x 中，需要遵循规则才能正确地将图元渲染到屏幕上，**不能直接使用这些渲染接口，而是需要实现一个自定义的 Node，将 Node 添加到场景中，在 Node 的 draw() 方法中调用这些接口进行绘制。**

如果不在 Node 的 draw() 方法中进行绘制，而在其他地方进行绘制，例如在 update 回调中绘制，则是无法渲染到屏幕上的，因为 Cocos2d-x 在 Director 的 drawScene() 方法中会渲染，执行的流程是 update 更新（这里包含了所有的 Schedule、Action）、clear 清除屏幕、draw 绘制、swapbuffer 刷新缓冲区。所以任何在 **update 或 schedule 中的渲染行为，都将会被 clear 操作清除掉。**

接下来了解一下使用 DrawingPrimitives 的正确步骤。

（1）定义一个继承于 Node 的类，并重写其 draw() 方法。

（2）在 draw() 方法中添加一条 Custom 渲染命令到 renderer 中。

（3）在真正的绘制函数中压入模型视图矩阵，执行绘制，绘制完成后弹出模型视图矩阵。

在 cpp-tests 中的 DrawPrimitivesTest 示例演示了以上步骤。以下是该示例的关键代码。

```
void DrawPrimitivesTest::draw(Renderer *renderer, const Mat4 &transform,
uint32_t flags)
{
```

```
    _customCommand.init(_globalZOrder);
    _customCommand.func = CC_CALLBACK_0(DrawPrimitivesTest::onDraw, this,
transform, flags);
    renderer->addCommand(&_customCommand);
}

void DrawPrimitivesTest::onDraw(const Mat4 &transform, uint32_t flags)
{
    Director* director = Director::getInstance();
    director->pushMatrix(MATRIX_STACK_TYPE::MATRIX_STACK_MODELVIEW);
    director->loadMatrix(MATRIX_STACK_TYPE::MATRIX_STACK_MODELVIEW,
    transform);

    //执行绘制
    CHECK_GL_ERROR_DEBUG();
    DrawPrimitives::drawLine( VisibleRect::leftBottom(),VisibleRect::rightTop() );
    CHECK_GL_ERROR_DEBUG();

    director->popMatrix(MATRIX_STACK_TYPE::MATRIX_STACK_MODELVIEW);
}
```

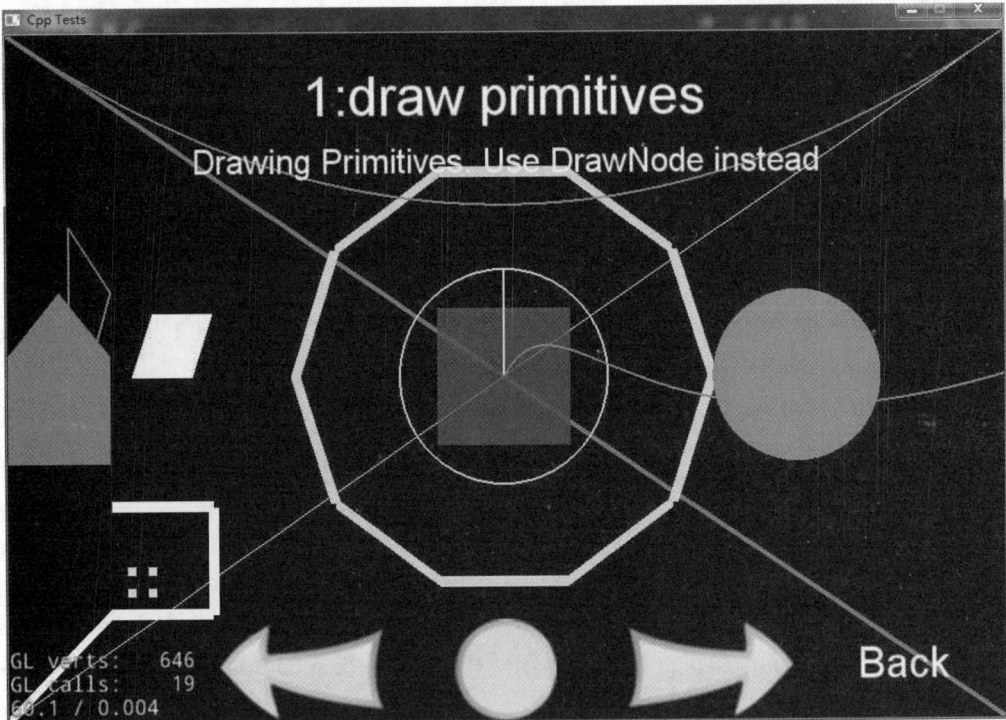

图 11-1　draw primitives 示例

11.1.2　半透明效果

当希望在图元渲染中，开启半透明的效果时（默认透明通道是失效的），需要手动开启颜色混合，然后在绘制图元的时候指定 Alpha 通道。

```
GL::blendFunc( m_sBlendFunc.src, m_sBlendFunc.dst );
glLineWidth( 2.0f );
DrawPrimitives::setDrawColor4B(1.0f,0.8f,0.0f, 0.5f);
```

```
DrawPrimitives::DrawLine( ccp(100.0f, 100.0f), ccp(200.0f,200.0f));
```

11.1.3　抗锯齿

在绘制图元的时候可以发现很明显的锯齿，如果希望图元变得平滑一些，可以在绘制的时候手动开启 OpenGL 的抗锯齿功能，针对不同图元类型的绘制，需要设置不同的抗锯齿选项。首先需要用 glEnable()函数开启对应的抗锯齿功能。

```
glEnable(GL_POINT_SMOOTH);               //对点进行抗锯齿优化
glEnable(GL_LINE_SMOOTH);                //对线条进行抗锯齿优化
glEnable(GL_POLYGON_SMOOTH);             //对多边形渲染进行抗锯齿优化
```

接下来用 glHint()函数设置抗锯齿的质量，glHint()函数有两个参数，第一个是需要对哪种抗锯齿类型进行设置，也就是对上面 3 种类型的其中一种，第二个参数是抗锯齿的质量。

```
glHint(GL_POINT_SMOOTH_HINT, GL_DONT_CARE);    //默认
glHint(GL_POINT_SMOOTH_HINT, GL_FASTEST);      //速度优先
glHint(GL_POINT_SMOOTH_HINT, GL_NICEST);       //画质优先
```

11.2　使用 DrawNode 绘制图元

DrawNode 是一个用于绘制图元的 Node 类，使用 DrawNode 来绘制图元比使用 DrawingPrimitives 提供的绘制接口轻松很多，因为省去了自定义一个节点类、添加渲染命令、实现渲染接口等烦琐的步骤。只需要创建一个 **DrawNode 对象，调用该对象绘制方法，并将它添加到场景中即可。**

除了使用上更加简单方便之外，DrawNode 也比 DrawingPrimitives 提供的绘制接口更加高效，因为 DrawNode 内部实现了渲染批处理，在绘制大量图元时会更加高效。

cpp-tests 示例中的 DrawNodeTest 示例演示了如何使用 DrawNode 进行图元渲染，以下是 DrawNodeTest 的关键代码，比 DrawPrimitivesTest 要简单得多。

```
DrawNodeTest::DrawNodeTest()
{
   auto s = Director::getInstance()->getWinSize();
   auto draw = DrawNode::create();
   addChild(draw, 10);
   draw->drawPoint(Vec2(s.width/2-120, s.height/2-120), 10,
   Color4F(CCRANDOM_0_1(), CCRANDOM_0_1(), CCRANDOM_0_1(), 1));
}
```

11.3　渲染接口详解

DrawNode 提供的渲染接口与 DrawingPrimitives 基本一致，它们支持绘制点、线段、多边形等图元，由于 DrawingPrimitives 即将被废弃，所以这里只介绍 DrawNode 提供的绘

制接口。

11.3.1　绘制点

```
/** 传入 Vec2 坐标、点的尺寸和颜色参数，绘制一个点 */
void drawPoint(const Vec2& point, const float pointSize, const Color4F
&color);
/** 传入 Vec2 坐标数组、数组长度以及颜色参数，绘制一系列点 */
void drawPoints(const Vec2 *position, unsigned int numberOfPoints, const
Color4F &color);
/** 传入 Vec2 坐标数组、数组长度、点的尺寸以及颜色参数，绘制一系列点 */
void drawPoints(const Vec2 *position, unsigned int numberOfPoints, const
float pointSize, const Color4F &color);
```

11.3.2　绘制线段、矩形、多边形与圆形

```
/** 传入两个坐标、一个颜色参数，绘制一条线段 */
void drawLine(const Vec2 &origin, const Vec2 &destination, const Color4F
&color);
/** 传入两个坐标、一个颜色参数，绘制一个矩形 */
void drawRect(const Vec2 &origin, const Vec2 &destination, const Color4F
&color);
/** 传入 Vec2 坐标数组、数组长度、是否闭合以及颜色参数，绘制一个多边形
   closePolygon 参数为 true 时多边形闭合，false 多边形不闭合 */
void drawPoly(const Vec2 *poli, unsigned int numberOfPoints, bool
closePolygon, const Color4F &color);
/** 根据圆心、半径、角度（一般为 0）、分段（越高越精细）、drawLineToCenter 选项、x
和 y 轴的缩放比例、颜色等参数绘制一个圆，drawLineToCenter 参数为 true 时会从圆心到每
个分段绘制一条线段 */
void drawCircle( const Vec2& center, float radius, float angle, unsigned
int segments, bool drawLineToCenter, float scaleX, float scaleY, const
Color4F &color);
/** 根据圆心、半径、角度（一般为 0）、分段（越高越精细）、drawLineToCenter 选项、颜
色等参数绘制一个圆
   */
void drawCircle(const Vec2 &center, float radius, float angle, unsigned int
segments, bool drawLineToCenter, const Color4F &color);
```

11.3.3　绘制贝塞尔曲线

```
/** 传入起点坐标、控制点坐标、终点坐标、分段以及颜色，绘制一条贝塞尔曲线 */
void drawQuadBezier(const Vec2 &origin, const Vec2 &control, const Vec2
&destination, unsigned int segments, const Color4F &color);
/** 传入起点坐标、两个控制点坐标、终点坐标、分段以及颜色，绘制一条贝塞尔曲线 */
void drawCubicBezier(const Vec2 &origin, const Vec2 &control1, const Vec2
&control2, const Vec2 &destination, unsigned int segments, const Color4F
&color);
```

11.3.4　绘制 CardinalSpline

```
/** 传入一系列点、张力、分段以及颜色来绘制一条基数样条曲线 */
void drawCardinalSpline(PointArray *config, float tension,  unsigned int
segments, const Color4F &color);
```

　　使用 drawCardinalSpline 绘制一条线段，如图 11-2 演示了当设置了不同的张力参数时，线段的表现。以下 4 张图片设置的张力依次为 0.1、0.5、1.0 和 2.0。

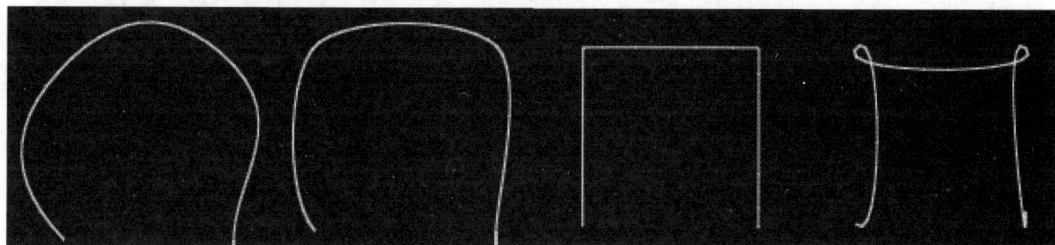

图 11-2　不同张力下的 CardinalSpline

11.3.5　绘制凯特摩曲线

```
/** 传入一系列点、分段以及颜色，绘制一条凯特摩曲线 */
void drawCatmullRom(PointArray *points, unsigned int segments, const Color4F
&color);
```

如图 11-3 使用了与图 11-2 一样的线段参数，演示了凯特摩曲线的绘制。

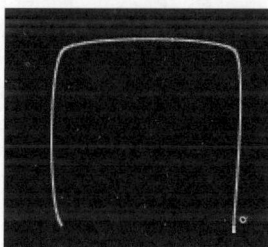

图 11-3　凯特摩曲线

11.3.6　绘制实心图元

```
/** 传入一个坐标、半径以及颜色，绘制一个圆点 */
void drawDot(const Vec2 &pos, float radius, const Color4F &color);

/** 传入 4 个坐标和颜色，绘制一个四边形 */
void drawRect(const Vec2 &p1, const Vec2 &p2, const Vec2 &p3, const Vec2&
p4, const Color4F &color);

/** 传入起始和结束坐标以及颜色，绘制一个实心矩形 */
void drawSolidRect(const Vec2 &origin, const Vec2 &destination, const
Color4F &color);
/** 传入一系列点和颜色，绘制一个实心多边形 */
```

```
void drawSolidPoly(const Vec2 *poli, unsigned int numberOfPoints, const
Color4F &color);
/** 传入圆心、半径、角度、分段、x 和 y 轴的缩放值以及颜色参数，绘制一个实心圆 */
void drawSolidCircle(const Vec2& center, float radius, float angle, unsigned
int segments, float scaleX, float scaleY, const Color4F &color);
/** 传入圆心、半径、角度、分段以及颜色参数，绘制一个实心圆 */
void drawSolidCircle(const Vec2& center, float radius, float angle, unsigned
int segments, const Color4F& color);
/** 传入起点、终点、半径以及颜色，绘制一个弓形片段 */
void drawSegment(const Vec2 &from, const Vec2 &to, float radius, const
Color4F &color);
/** 传入一系列点、填充颜色、边框宽度、边框颜色，绘制一个带边框的实心多边形 */
void drawPolygon(const Vec2 *verts, int count, const Color4F &fillColor,
float borderWidth, const Color4F &borderColor);
/** 传入 3 个坐标以及一个颜色，绘制一个三角形*/
void drawTriangle(const Vec2 &p1, const Vec2 &p2, const Vec2 &p3, const
Color4F &color);
```

11.4　小　　结

　　本章介绍了 Cocos2d-x 中如何使用图元渲染，以及透明和抗锯齿等问题，图元渲染在游戏中还是非常有用的！除了可以用于调试，还可以实现一些简单的特效，如激光或闪电等效果。

第 12 章　Spine 骨骼动画

Spine 是一款针对游戏的 2D 骨骼动画编辑工具，骨骼动画相比普通的帧动画有着更加流畅的美术效果，能够大大降低游戏安装包的体积，并且制作流程更加高效简洁，动画的播放和切换更加流畅，能够方便地实现换装功能。在程序中还可以通过控制骨骼，来实现很多帧动画无法实现的功能。本章主要介绍以下内容：

- ❑ Spine 功能简介。
- ❑ Spine 结构。
- ❑ 使用 Spine。
- ❑ Spine 高级技巧。

12.1　Spine 功能简介

相比 CocoStudio（1.x 版本）等免费开源的骨骼动画编辑器，Spine 有着非常显著的优势，使用过 Spine 和其他 2D 骨骼动画编辑工具的美术人员，绝大部分都对 Spine 有非常高的评价，因为 Spine 除了强大的功能外，其软件界面非常简洁舒服（如图 12-1 所示），效果流畅，有很好的用户体验。一个用起来成熟的工具，开发效率自然更高。

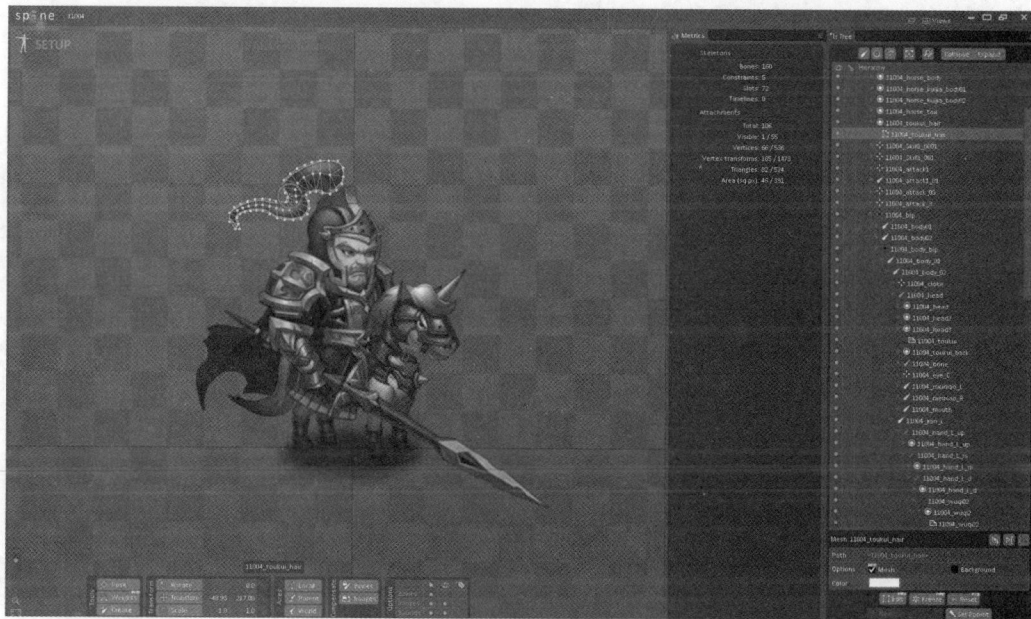

图 12-1　Spine 工具界面

除了大部分骨骼动画编辑工具支持的功能外，Spine 还提供了以下实用的功能：

❑ 曲线编辑器，通过调整两个关键帧之间的差值来实现更加自然的动画效果。

❑ 网格 Meshes、自由变形 FFD、蒙皮 Skinning 等功能非常强大，可以轻松实现如**拉伸、挤压、弯曲、反弹**等普通矩形图片难以实现的功能，并大大提高了纹理贴图的空间使用率。

❑ 反向动力学工具 IK Posing，可以利用反向动力学便捷地调整骨骼动画。

❑ Spine 的边界框 Bounding Boxes 功能，可用于在游戏中实现碰撞检测和物理集成。

Spine 支持 Unity、Cocos2d-x、Cocos2d 等游戏引擎，还支持 ActionScript 3、C、C#、JS、Lua 等语言。这款工具唯一的缺点就是贵，基础版每年需要支付 69 美元，专业版每年则需要支付 289 美元。但也正是有了可靠的收入，Spine 才能不断地完善，做得更好。对于商业游戏而言，购买专业版带来的效率提升是很划算的。

本章并不打算介绍如何使用 Spine 来制作骨骼动画，这里只介绍关于 Spine 的最基础的内容，以及在程序中使用 Spine 的方法和技巧。Spine 软件的使用，在其官网有详细的文档（大部分是英文的）以及视频（需要翻墙）介绍。网址如下。

❑ http://zh.esotericsoftware.com/spine-quickstart；

❑ http://zh.esotericsoftware.com/spine-getting-started；

❑ http://zh.esotericsoftware.com/spine-videos。

除了官网之外，泰然网中也有几篇不错的教程，很适合美术人员阅读。在很多 Spine 中文交流论坛中，也可以找到很多教程。

❑ http://www.tairan.com/archives/9980/；

❑ http://www.tairan.com/archives/9981/；

❑ http://www.tairan.com/archives/9982/。

12.2　Spine 结构

学习如何在程序中使用 Spine 之前，先来了解一下 Spine 的结构，Spine 骨骼动画的结构与一般的骨骼动画有些不同，如果不了解其结构，那么在使用 Spine 时将会碰到很多障碍。

Spine 骨骼动画对象由 Bone 骨骼、Slot 插槽、Attachment 附件、Skin 皮肤以及 Animation 动画等部分组成，如图 12-2 所示为 Spine 骨骼动画中各个部分的关系。

❑ Bone 骨骼：骨骼是 Spine 骨骼动画的基本组成元素，每块骨骼都有它的名字和长度，可以用于移动、旋转和缩放。骨骼之间存在父子关系，父骨骼的运动会带动其子骨骼。

❑ Slot 插槽：插槽主要用于关联附件，骨骼本身并没有实现显示功能，每块骨骼可以关联多个插槽，通过插槽所关联的附件来显示，而每个插槽可以关联多个附件，**但同一时间只能激活一个附件，只有被激活的附件才会显示出来。**

❑ Attachment 附件：附件主要用于显示，Spine 支持的附件类型有 Region 附件（图片）、Mesh 附件（网格）、BoundingBox 附件（边界框）、SkinnedMesh 附件（蒙皮网格）。

一个Spine可以有多个动画和皮肤

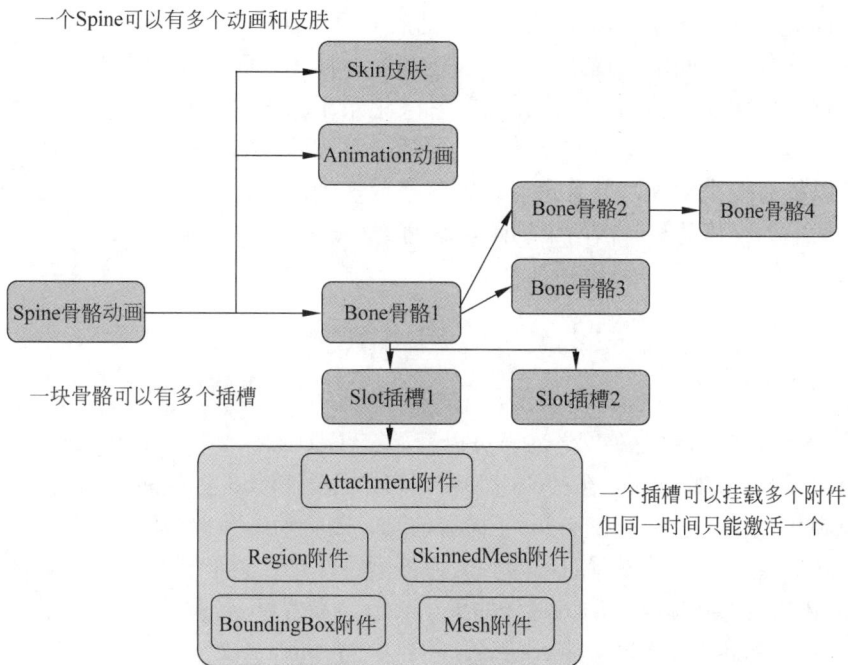

图 12-2　Spine 骨骼动画结构图

❑ Skin 皮肤：皮肤的作用是重用骨骼和动画，通过一套新的附件，来切换骨骼动画的表现。例如官方例子中的哥布林（游戏中的一种怪物），哥布林包含了两个皮肤，男性哥布林和女性哥布林（如图 12-3 所示），使用同一套骨骼框架和动画，通过切换皮肤可以切换不同的哥布林形象。**每个皮肤会对应一系列插槽以及插槽中相对的附件，当应用一个皮肤时，在骨骼动画对象中，该皮肤对应的所有插槽以及插槽中相对的附件都会被替换为当前皮肤所对应的附件**，默认情况下是没有皮肤的。

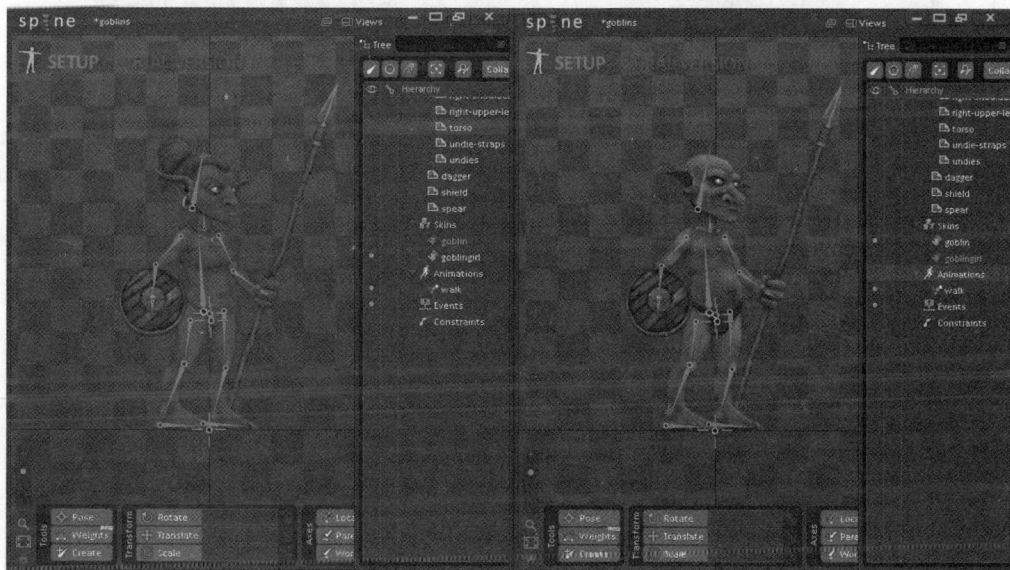

图 12-3　切换骨骼皮肤

❑ Animation 动画：播放动画可以让骨骼动画对象运动起来，动画包含了一系列的时间轴，即骨骼时间轴（描述骨骼如何运动）、插槽时间轴（描述了颜色以及附件的变化，可实现帧动画）、事件时间轴（记录了动画中触发的事件，以及事件携带的参数）、渲染顺序时间轴（描述了插槽渲染顺序的变化）。**一个骨骼动画对象可以拥有多个动画，并且也可以同时播放多个动画，通过动画混合技术，**例如一个角色拥有移动和射击两个动画，这两个动画可以被同时播放。

12.3　使用 Spine

在了解了 Spine 骨骼动画对象之后，可以开始在 Cocos2d-x 中使用 Spine，掌握了在 Cocos2d-x 中使用 Spine 的方法，在其他引擎或语言中使用 Spine 也会变得轻松。本节会介绍 Spine 最基础的用法，包括加载 Spine、播放动画、监听动画回调、切换表现等。

在使用 Spine 之前，需要设置对应的头文件搜索路径，并指定 libSpine.lib 链接库，这是每使用一个新的库都必须执行的步骤（如果项目已经设置好了则不需要）。下面介绍的例子都是基于 Cocos2d-x 引擎自带的 cpp-tests 项目中的 Spine 示例。

12.3.1　加载 Spine

Spine 可以导出 JSON 格式和 skel 二进制格式，目前 Cocos2d-x 中只支持 JSON 格式，Spine 可以导出 3 种 JSON 格式，分别是 JSON、JavaScript、Minimal（如图 12-4 所示），**在 Cocos2d-x 中对应可以加载的是 JSON 格式**，如果导出其他格式，Cocos2d-x 在加载时会崩溃。

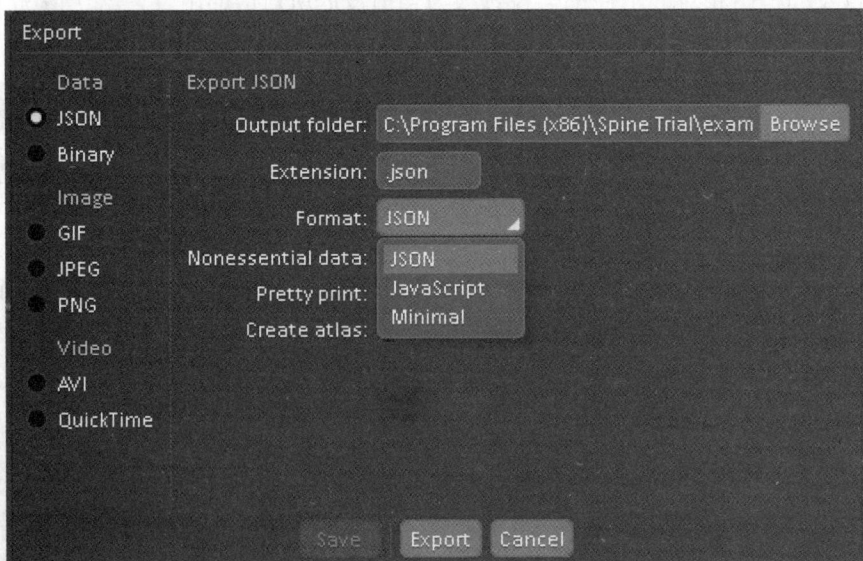

图 12-4　JSON 格式

在导出选项的最下方，有一个 **Create atlas** 选项，当选中该选项时，会将当前骨骼动画用到的图片打包到一张图集中。

　　一般来说，Spine 导出一般需要生成 3 个文件，数据文件.json 或.skel，图集文件.atlas（相当于 Plist 图集），图片文件 PNG。Spine 允许有**多个不同的骨骼动画对象来共用一个图集**。另外需要注意的是，**图集文件和其对应的图片文件需要被放在同一个目录下**。

　　在 Cocos2d-x 中，要创建 Spine 骨骼动画，只需要包含 spine/spine.h 头文件（位于引擎目录下的 cocos/editor-support 目录中），然后调用 SkeletonAnimation 的 createWithFile()静态方法，传入骨骼数据文件以及对应的图集文件即可。被创建的骨骼动画对象可以通过 addChild()方法添加到游戏场景中。

　　SkeletonAnimation 是 Cocos2d-x 中的 Spine 骨骼动画对象，SkeletonAnimation 继承于 SkeletonRenderer，而 SkeletonRenderer 继承于 Node 和 BlendProtocol，在 SkeletonRenderer 中实现了自定义的骨骼动画渲染。

```
#include "spine/spine.h"
SkeletonAnimation *skeletonNode = SkeletonAnimation::createWithFile(
        "spine/spineboy.json", "spine/spineboy.atlas");
addChild(skeletonNode );
```

12.3.2　播放动画

　　SkeletonAnimation 的 setAnimation()和 addAnimation()方法可以播放动画，在学习这两个方法之前，需要了解一下 spTrackEntity，spTrackEntity 可以用于执行动画，相当于是动画运行时的对象。

　　SkeletonAnimation 可以拥有多条 Track（可以译为轨道，这是一个下标从 0 开始的数组，也就是 spTrackEntity 的容器），每一条 Track 在同一时间内可以执行一个动画，但一条 Track 可以对应多个动画，例如，下标为 0 的 Track 当前播放动画 A，3 秒后将播放动画 B。

　　setAnimation()函数可以设置指定下标的 Track 当前的动画，并返回该动画对应的 spTrackEntity 对象。addAnimation()函数则可以设定指定下标的 Track 在一段时间后会执行的动画，并返回该动画对应的 spTrackEntity 对象。

```
//下面是播放动画相关的接口
//设置指定 Track 当前播放的动画, trackIndex 为 Track 下标, name 为骨骼动画名, loop
为是否循环
spTrackEntry* setAnimation (int trackIndex, const std::string& name, bool
loop);
//在指定的 Track 上添加一个待播放的动画, trackIndex 为 Track 下标, name 为骨骼动画名,
loop 为是否循环, delay 为动画等待的时间, delay 的单位为秒
spTrackEntry* addAnimation (int trackIndex, const std::string& name, bool
loop, float delay = 0);
//获取当前正在播放的 spTrackEntry 对象, trackIndex 为 Track 下标
spTrackEntry* getCurrent (int trackIndex = 0);
//清除所有的 Track, 所有的动画都会被停止
void clearTracks ();
//清除指定的 Track
void clearTrack (int trackIndex = 0);

//setTimeScale 可以控制动画播放的速度, 默认值为 1.0f, 该值越大则动画播放速度越快, 反
之则越慢
```

```
void setTimeScale(float scale);
float getTimeScale() const;
```

当在切换动画的时候，从动画 A 的当前帧直接跳到动画 B 的第一帧，这中间看上去会有些突兀，所以 Spine 提供了插值算法可以让两个动画的切换变得平滑流畅，在播放动画之前，可以调用 SkeletonAnimation 的 setMix()方法来设置两个动画切换时的过渡时间。

```
//setMix()方法可以设置从动画 A 切换到动画 B 的插值过渡时间，fromAnimation 为动画 A，
toAnimation 为动画 B，duration 为过渡时间
void setMix (const std::string& fromAnimation, const std::string&
toAnimation, float duration);
```

在切换 Spine 动画的时候，有时候会碰到残影问题，也就是上一个动画中的一些动作会停留在屏幕上，这种情况只需要在每次切换动画前调用一下骨骼动画对象的 setToSetupPose()方法即可。

如果切换时出现播放了其他动画的帧，导致动画切换时出现闪烁的现象，那么可以通过调用 spAnimationState_apply()方法来处理，该方法会平滑地执行一帧，从而跳过闪烁的那一帧。注意调用前判断 spTrackEntry*是否为空。

```
//去残影
setToSetupPose();
spTrackEntry* entry=setAnimation(trackIndex, name, loop);
//如果指定的 name 找不到，setAnimation 失败，就会导致 spAnimationState_apply 崩
溃，所以加个判断
if(entry){
spAnimationState_apply(_state, _skeleton);
}
```

12.3.3　动画回调

可以为 SkeletonAnimation 对象设置回调函数，Spine 支持两类回调，一类是全局回调，另一类是绑定到指定 spTrackEntity 对象的回调。Spine 会在动画开始、动画结束、动画完成（一次循环）、帧事件触发这 4 种情况下执行设置的回调，这 4 种回调对应的函数原型如下。

```
//动画开始回调
typedef std::function<void(int trackIndex)> StartListener;
//动画结束回调
typedef std::function<void(int trackIndex)> EndListener;
//动画完成回调
typedef    std::function<void(int    trackIndex,    int    loopCount)>
CompleteListener;
//帧事件回调
typedef std::function<void(int trackIndex, spEvent* event)> EventListener;
```

通过调用 SkeletonAnimation 的以下成员函数可以设置指定的回调函数。

```
//以下 4 个函数设置的是全局回调，每个 Track 的动画触发相应的事件都会执行这些回调
//设置动画开始回调
void setStartListener (const StartListener& listener);
//设置动画结束回调
void setEndListener (const EndListener& listener);
```

```
//设置动画完成回调
void setCompleteListener (const CompleteListener& listener);
//设置帧事件回调
void setEventListener (const EventListener& listener);
//以下 4 个函数设置的是指定 spTrackEntry 的回调,只有指定的 spTrackEntry 触发相应的
事件才会被执行
//设置动画开始回调
void setTrackStartListener (spTrackEntry* entry, const StartListener&
listener);
//设置动画结束回调
void setTrackEndListener (spTrackEntry* entry, const EndListener&
listener);
//设置动画完成回调
void setTrackCompleteListener (spTrackEntry* entry, const CompleteListener&
listener);
//设置帧事件回调
void setTrackEventListener (spTrackEntry* entry, const EventListener&
listener);
```

　　帧事件可以携带 3 个不同类型的参数,分别是 string、int 以及 float,这些参数可以在 Spine 编辑器中设置,设置好事件信息之后,可以在事件时间轴中触发事件。

　　在引擎自带的 cpp-tests 中的 SpineTest 示例中,可以找到 SpineTestLayerNormal 示例,该示例演示了前面介绍的各种播放动画相关接口的使用。

```
bool SpineTestLayerNormal::init () {
    if (!SpineTestLayer::init()) return false;
    //创建一个骨骼动画
    skeletonNode = SkeletonAnimation::createWithFile("spine/spineboy.
    json", "spine/
spineboy.atlas", 0.6f);
    skeletonNode->setScale(0.5);

    //设置回调
    skeletonNode->setStartListener( [this] (int trackIndex) {
        spTrackEntry* entry = spAnimationState_getCurrent(skeletonNode->
        getState(), trackIndex);
        const char* animationName = (entry && entry->animation) ? entry->
        animation->name : 0;
        log("%d start: %s", trackIndex, animationName);
    });
    skeletonNode->setEndListener( [] (int trackIndex) {
        log("%d end", trackIndex);
    });
    skeletonNode->setCompleteListener( [] (int trackIndex, int loopCount)
{
        log("%d complete: %d", trackIndex, loopCount);
    });
    skeletonNode->setEventListener( [] (int trackIndex, spEvent* event) {
        log("%d event: %s, %d, %f, %s", trackIndex, event->data->name,
        event->intValue, event->floatValue, event->stringValue);
    });

    //设置动画插值,从 walk 切换到 jump 动画使用 0.2 秒的时间过渡
    skeletonNode->setMix("walk", "jump", 0.2f);
    skeletonNode->setMix("jump", "run", 0.2f);

    //在下标为 0 的 Track 上循环播放 walk 动画,并在 3 秒之后切换到 jump 动画,在完成 jump
```

```
动画的播放之后，立即切换到 run 动画
    skeletonNode->setAnimation(0, "walk", true);
    spTrackEntry* jumpEntry = skeletonNode->addAnimation(0, "jump", false,
    3);
    skeletonNode->addAnimation(0, "run", true);

    //设置 jump 动画的开始回调
    skeletonNode->setTrackStartListener(jumpEntry, [] (int trackIndex) {
        log("jumped!");
    });

    //设置骨骼动画对象的位置，并添加到场景中
    Size windowSize = Director::getInstance()->getWinSize();
    skeletonNode->setPosition(Vec2(windowSize.width / 2, 20));
    addChild(skeletonNode);

    scheduleUpdate();

    //添加一个点击回调，在点击时切换调试骨骼信息的显示，以及动画播放的速度
    EventListenerTouchOneByOne* listener = EventListenerTouchOneByOne::
    create();
    listener->onTouchBegan = [this] (Touch* touch, Event* event) -> bool {
        if (!skeletonNode->getDebugBonesEnabled())
            skeletonNode->setDebugBonesEnabled(true);
        else if (skeletonNode->getTimeScale() == 1)
            skeletonNode->setTimeScale(0.3f);
        else
        {
            skeletonNode->setTimeScale(1);
            skeletonNode->setDebugBonesEnabled(false);
        }

        return true;
    };
    _eventDispatcher->addEventListenerWithSceneGraphPriority(listener,
    this);

    return true;
}
```

在我们点击屏幕时，会触发点击回调，在点击回调中设置了骨骼动画的播放速度，当调用 setTimeScale()函数设置了时间缩放之后，调用 addAnimation()函数添加进去的，在 N秒后播放的动画也会受到影响，如将时间放慢一倍，那么原本设置 3 秒后执行的动画会等到 6 秒后才执行。

点击回调还开启、关闭了骨骼调试模式，在调试模式下可以看到骨骼动画对象的骨骼结构。

12.3.4　显示控制

1．切换皮肤

在了解了如何播放 Spine 骨骼动画之后，下面进一步地控制骨骼动画的显示，切换骨骼动画表现的常用做法就是设置皮肤，调用 SkeletonAnimation 骨骼动画对象的 setSkin()方法，传入皮肤的名称，即可切换表现，当然，皮肤需要美工在制作 Spine 动画的时候设置。

在 SpineTest 的 SpineTestLayerFFD 中，调用 setSkin()方法时传入了 goblin 皮肤名，如果我们传入 goblingirl 皮肤名，则会显示成女性哥布林角色。

2．切换附件

除了切换皮肤之外，还可以切换某个插槽中当前显示的附件来切换局部的表现，例如，当需要将哥布林手中的长矛切换为其他武器，在 Spine 默认的哥布林资源中，其左手拿着的武器对应的插槽（名为 left hand item）中有着两个附件，分别是一把刀（名为 dagger）和一把长矛（名为 spear）。

调用 SkeletonAnimation 的 setAttachment()方法，传入插槽的名字和要切换的附件的名字，即可完成这个切换。

3．挂载物体到骨骼

在使用骨骼动画时，可能有这样的需求，就是在指定的骨骼上绑定一些额外的对象，例如，在哥布林的双脚上绑定两个粒子效果，在哥布林播放动画的时候，让粒子效果跟随哥布林的双脚移动。这个功能实现起来并不是很轻松，因为在获取哥布林脚部的骨骼对象之后，并不能直接将粒子对象作为子节点添加到哥布林脚部的骨骼对象上。

在获取哥布林脚部的骨骼对象之后，只能在每一帧中根据获取的骨骼坐标，来更新粒子对象的坐标，从而模拟出粒子跟随骨骼的效果（没错，这是官方推荐的做法）。在骨骼中获取的坐标所在的坐标系，是以骨骼动画对象为原点的坐标系，也就是在骨骼动画的节点空间中的位置，我们需要将粒子对象添加到骨骼动画上，作为骨骼对象的子节点，然后在每一帧的 update 中，获取骨骼的位置，然后更新到粒子对象中。

当然，如果要挂载在其他节点下也是可以的，只是需要转换一下坐标系，将骨骼对象中的节点坐标转换到其他目标节点的节点空间坐标系中。

这里将 SpineTest 的 SpineTestLayerFFD 例子的代码调整了一下，在代码中演示了上面介绍的切换皮肤、切换附件以及跟随骨骼等功能。程序运行效果如图 12-5 所示。

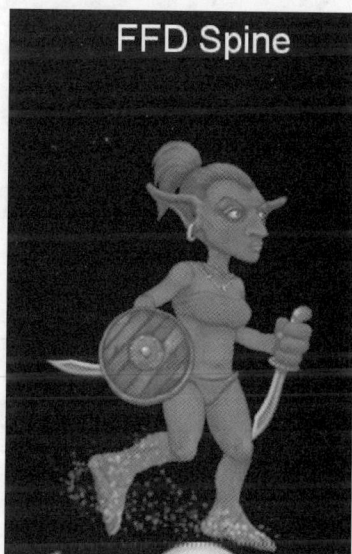

图 12-5　骨骼上绑定粒子对象

```
bool SpineTestLayerFFD::init () {
    if (!SpineTestLayer::init()) return false;
    //创建哥布林骨骼动画
    skeletonNode = SkeletonAnimation::createWithFile("spine/ goblins-
    ffd.json", "spine/goblins-ffd.atlas", 1.5f);
    skeletonNode->setAnimation(0, "walk", true);

    //设置皮肤
    //skeletonNode->setSkin("goblin");
    skeletonNode->setSkin("goblingirl");

    //切换手上的武器附件为刀子
    skeletonNode->setAttachment("left hand item", "dagger");

    //设置位置，并添加到场景中，将骨骼动画对象的 TAG 设置为 100，方便获取
    skeletonNode->setScale(0.4f);
    Size windowSize = Director::getInstance()->getWinSize();
    skeletonNode->setPosition(Vec2(windowSize.width / 2, 50));
    addChild(skeletonNode, 0, 100);

    //创建两个粒子效果，添加到骨骼动画对象身上，TAG 分别为 111 和 222
    auto p1 = ParticleGalaxy::create();
    p1->setTexture(Director::getInstance()->getTextureCache()->
    addImage("Images/fire.png"));
    p1->setScale(0.2f);
    skeletonNode->addChild(p1, 0, 111);
    auto p2 = ParticleGalaxy::create();
    p2->setTexture(Director::getInstance()->getTextureCache()->
    addImage("Images/fire.png"));
    p2->setScale(0.2f);
    skeletonNode->addChild(p2, 0, 222);
    //开启 update 监听
    scheduleUpdate();
    return true;
}

void SpineTestLayerFFD::update (float deltaTime) {
    //每一帧都获取骨骼动画对象
    auto skeletonNode = dynamic_cast<SkeletonAnimation*>(getChildByTag
    (100));
    //找到两只脚对应的骨骼
    auto leftBone = skeletonNode->findBone("left foot");
    auto rightBone = skeletonNode->findBone("right foot");
    //设置粒子效果的位置
    skeletonNode->getChildByTag(111)->setPosition(leftBone->worldX,
    leftBone->worldY);
    skeletonNode->getChildByTag(222)->setPosition(rightBone->worldX,
    rightBone->worldY);
}
```

骨骼中除了坐标之外，还附带了旋转角度，缩放值以及矩阵等信息，来帮助正确地显示需要跟随的骨骼对象。

4．翻转骨骼

除了上述操作之外，还经常会用到的一个操作就是翻转，但 Spine 骨骼动画对象并没有提供 flip 相关的方法，当需要对骨骼对象进行翻转时，需要通过设置缩放的方式实现。例如，希望实现 x 轴方向上的翻转，需要调用 setScaleX 将骨骼对象的 x 轴缩放值乘以-1，y 轴方向上的旋转与 x 轴的旋转类似。

12.4　Spine 高级技巧

本节介绍一些实用的高级技巧，包括混合动画、Spine 缓存与异步加载 Spine 动画，以及优化 Spine 的一些技巧。

12.4.1　混合动画

Spine 的混合动画功能支持 Spine 骨骼动画对象同时播放多个骨骼动画，如一边移动一边瞄准射击，要实现混合动画非常简单，只需要在两个不同 Track 播放不同的动画即可。但需要注意的是被混合的动画之间是不能互相冲突的，例如移动和跑步这两个动画混合在一起，效果可能就比较糟糕了。

另外，当播放混合动画之后，需要切换到某个独立的动画，例如，从一边移动一边射击的混合动画切换到死亡，那么应该先调用骨骼动画的 clearTracks()方法将 Track 进行清除，再关闭混合动画。

SpineTest 中的 SpineTestLayerRaptor 演示了混合动画，该例子对应了一个骑着恐龙的枪手，枪手拔枪瞄准的动画与恐龙的移动动画进行了混合，运行该例子可以发现，在恐龙移动 2 秒之后，枪手拔出了手枪，拔枪动画与恐龙移动的动画同时播放，效果非常和谐。

```
bool SpineTestLayerRapor::init () {
   if (!SpineTestLayer::init()) return false;

   //创建骨骼动画，在下标为 0 的 Track 上播放恐龙移动的 walk 动画
   skeletonNode = SkeletonAnimation::createWithFile("spine/raptor.json",
"spine/raptor.atlas", 0.5f);
   skeletonNode->setAnimation(0, "walk", true);
   //在下标为 1 的 Track 上先设置一个空动画，然后再添加一个 2 秒后执行的拔枪动画
   //如果不先设置一个空的动画，那么 addAnimation 添加的动画会被立即执行
   skeletonNode->setAnimation(1, "empty", false);
   skeletonNode->addAnimation(1, "gungrab", false, 2);
   skeletonNode->setScale(0.5);

   Size windowSize = Director::getInstance()->getWinSize();
   skeletonNode->setPosition(Vec2(windowSize.width / 2, 20));
   addChild(skeletonNode);

   scheduleUpdate();
```

```
    return true;
}
```

12.4.2　缓存 Spine 骨骼动画

当 Spine 骨骼动画比较复杂的时候，在创建 Spine 动画时可以感觉到明显的卡顿，因为每次调用 SkeletonAnimation 的 createWithFile()方法，都会去加载骨骼文件和图集文件并进行解析，对于复杂的 Spine 骨骼动画，这个解析的步骤也是挺耗时间的。所以可以**将 Spine 的骨骼动画数据预加载之后进行缓存**，在每次创建 Spine 骨骼动画时，根据缓存好的数据进行加载。这是一个非常实用的技巧！不过在 Cocos2d-x 3.14 之后，可以使用 3.5 版本的 Spine 工具编辑出 skel 格式的骨骼，这样格式加载非常快。

我们可以在 Spine 的 SkeletonRenderer::initWithFile()函数中找到 Spine 骨骼动画的初始化流程，该流程的步骤大致如下。

（1）调用 spAtlas_createFromFile()函数创建 spAtlas 对象。

（2）调用 spSkeletonJson_create()函数传入 spAtlas 对象，创建 spSkeletonJson 对象。

（3）调用 spSkeletonJson_readSkeletonDataFile()函数传入 spSkeletonJson 和骨骼文件名，创建 spSkeletonData 对象。

（4）调用 spSkeletonJson_dispose()函数释放 spSkeletonJson 对象。

（5）调用 setSkeletonData 成员函数传入 spSkeletonData 对象，初始化 spSkeleton 骨骼对象。

（6）调用 initialize 成员函数初始化其余内容（shader、blend、batch 等）。

上述步骤中，（1）～（4）步创建了 spSkeletonData 骨骼数据对象，可以直接使用该数据对象来创建 SkeletonAnimation 对象，通过调用 SkeletonAnimation::createWithData()方法，传入骨骼数据对象，用这种方法来创建 Spine 骨骼动画对象的效率比 SkeletonAnimation::createWithFile()方法要高很多。这种方法相当于省略了前面的 4 个步骤。

步骤（1）创建了 Atlas 图集对象，这时涉及了 PNG 图片的加载，图集对应的图片会通过 TextureCache 的 addImage()方法加载，所以当重复创建图集对象时，并不会重复地加载纹理，因为纹理被 TextureCache 缓存了起来。但 Atlas 并没有被缓存，所以每次都会重新从磁盘中读取 Atlas 图集文件，并解析成 spAtlas 对象，这个过程会有一定的消耗。

步骤（2）会将 spAtlas 文件转换成 spSkeletonJson 对象，步骤（3）会根据 spSkeletonJson 对象以及骨骼动画文件创建骨骼数据，也就是 spSkeletonData 对象，这一步骤会加载硕大的骨骼文件，并进行复杂的解析计算，是骨骼动画加载流程的一个瓶颈。

步骤（4）将已经没用的 spSkeletonJson 对象释放，Spine 中每一个用 C 函数 create 出来的对象，都需要调用对应的 dispose()方法来释放内存。这里创建了 3 个对象，分别是 spAtlas、spSkeletonJson 以及 spSkeletonData 对象，其中 spAtlas 和 spSkeletonData 对象需要到最后才可以释放。这里的最后指的是所有使用该骨骼数据创建的 Spine 骨骼动画对象都已经被释放，且短时间内不需要再创建这个骨骼动画对象。一般是在切换场景的时候做这个工作。

下面的代码简单演示了如何使用 spSkeletonData 对象来创建多个骨骼动画，可以使用容器将 spSkeletonData 和 spAtlas 缓存起来，然后在适当的时候释放它们，下面的代码是连续的，也可以把它们进行简单的封装和管理，这里就不多介绍了。

```
//在开始时创建 atlas 与 skeletonData 用于后面创建骨骼动画
spAtlas* atlas = spAtlas_createFromFile(atlasFile.c_str(), 0);
spSkeletonJson* json = spSkeletonJson_create(atlas);
spSkeletonData* skeletonData = spSkeletonJson_readSkeletonDataFile(json,
skeletonDataFile.c_str());
spSkeletonJson_dispose(json);

//使用 skeletonData 创建多个骨骼动画
auto sp1 = SkeletonAnimation::createWithData(skeletonData);
addChild(sp1);
auto sp2 = SkeletonAnimation::createWithData(skeletonData);
addChild(sp2);
auto sp3 = SkeletonAnimation::createWithData(skeletonData);
addChild(sp3);

//当这些骨骼动画使用完之后会被删除
removeChild(sp1);
removeChild(sp2);
removeChild(sp3);

//在最后释放前面申请的内存
//如果删除时，还有骨骼动画对象引用这些骨骼数据，那么程序会崩溃
spSkeletonData_dispose(skeletonData);
spAtlas_dispose(atlas);
```

12.4.3　异步加载 Spine 骨骼

前面介绍了如何预加载 Spine 的骨骼数据，在使用时直接根据骨骼数据来创建 Spine 骨骼动画对象。可以大大提高创建 Spine 骨骼动画对象的效率，但在预加载 Spine 时，仍然会有严重的卡顿现象，解决这种问题的最佳方法就是异步加载，本节将会给出一个安全可靠的 Spine 异步加载方案。

谈到异步加载，不得不提起线程安全，非常不幸的是，目前 Cocos2d-x 的 TextureCache 的 addImageAsync()方法并不是线程安全的，在解析图片的时候，会调用 Image 类的 initWithImageFileThreadSafe()方法来读取图片文件并进行解析。加载图片用的是 FileUtils 的 getDataFromFile()方法，该方法会调用 FileUtils 的 fullPathForFilename()方法，在这里有可能会触发_fullPathCache 容器的 insert 操作（当第一次读该文件时会将文件的完整路径插入），当两个线程同时操作了这个容器，那么程序就有可能崩溃。

笔者认为这个线程安全的 BUG 应该是在后面优化的时候新增的 BUG，但因为相对于整个图片异步加载而言，这段代码被两条线程同时执行的概率非常低，所以这个 BUG 被隐藏得非常深。

知道了问题所在，自然就有解决问题的方法，在不修改引擎源码的前提下（这种事情做了心里会感觉很难受），可以将要加载的所有文件名（写一个简单的程序，遍历资源目录，将资源目录下的所有文件的路径写入一个配置文件中，这并不麻烦），都在主线程中先调用 fullPathForFilename()方法来让它插入到_fullPathCache 容器中，然后在开始异步加载时，主线程不要加载**新的**文件（这个要求并不过分）。这样就可以保证在加载的时候不会对 fullPathCache 容器执行 insert 操作，多个线程对一个容器执行 find 操作是安全的。

常用的做法还包括先将待加载的资源添加到一个**待加载**（即还没开始加载）的列表中

（并执行 fullPathForFilename()方法），然后调用一个开始加载的方法，来开启线程。

接下来介绍 Spine 线程的异步加载，幸运的是 **Spine 骨骼的解析是线程安全的**，所以可以很轻松地将这部分代码放到线程中，**但创建 spAtlas 的操作则不是线程安全的**（因为里面用到了 create 方法，该方法会往自动回收池中插入数据），所以可以将 Spine 的加载分为 3 个步骤，如图 12-6 所示。

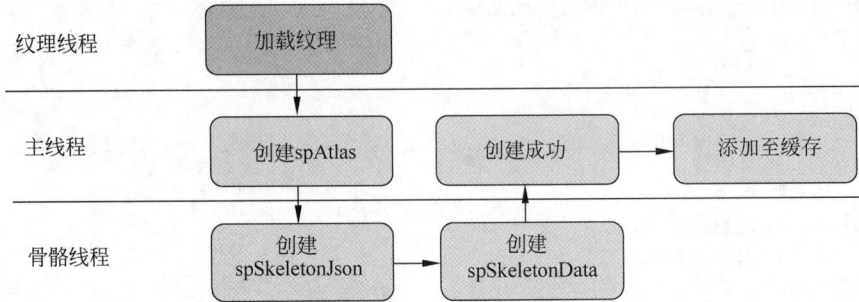

图 12-6　Spine 异步加载流程

具体步骤如下。

（1）调用 TextureCache 的 addImageAsync()方法异步加载纹理。

（2）完成纹理加载后回调主线程中的方法，创建 spAtlas 对象。

（3）在自己的线程中，获取 spAtlas 对象，解析骨骼数据，创建 spSkeletonData 对象，并添加到容器中。

（4）只要通知到主线程，就可以使用线程加载好的骨骼数据对象。

接下来介绍 Spine 异步加载的代码实现，这里实现了一个简单的 CSpineLoader 类用于异步加载 Spine，首先从整体上介绍一下类的功能和结构，方便理解接下来要介绍的异步加载流程。

首先定义了一个回调函数的原型，用于在完成 Spine 的加载后进行回调，另外还定义了一个简单的结构体，用于存储一些变量，方便在线程之间进行交互。

```cpp
//Spine 加载完成回调
typedef std::function<void(spSkeletonData*)> ResLoadedCallback;
//Spine 加载信息——用于在线程间安全地传递数据
struct SpineLoadingInfo
{
    std::string JsonFile;
    spAtlas* Atlas;
    spSkeletonData* SkeletonData;
    ResLoadedCallback Callback;
};
```

接下来是 CSpineLoader 这个类，除了异步加载的功能，CSpineLoader 类还提供了骨骼的缓存和管理功能，并定义了一些相关的成员变量，这些变量在异步加载的流程中发挥了重要的作用。

```cpp
class CSpineLoader
{
public:
    CSpineLoader();
```

```
    virtual ~CSpineLoader();
    //预加载资源
    virtual bool loadSpineAsyn(const std::string& resName, const std::::
    string& atlasName, const ResLoadedCallback& callback);
    //获取一个资源
    spSkeletonData* getSkeletonData(const std::string& resName);
    //移除一个资源
    virtual void removeRes(const std::string& resName);
    //清除所有资源
    virtual void clearRes();
private:
    //加载结束时调用
    void onFinish();
    //骨骼加载线程
    void skeletonThread();
    //开启骨骼加载线程
    void startSkeletonThread();
private:
    bool m_bThreadWorking;                    //线程是否工作
    int m_nMaxSpineCount;                     //最大加载数量
    int m_nSkeletonLoadingIndex;              //当前解析完成的骨骼下标
    int m_nAtlasLoadingIndex;                 //当前解析完的图集下标
    std::thread* m_SkeletonThread;            //骨骼解析线程
    SpineLoadingInfo* m_LoadingList;          //异步加载队列
    std::set<std::string> m_LoadingSpine;     //正在加载的 Spine
std::map<std::string, spSkeletonData*> m_SpineCache;
                                              //加载完成的 Spine 骨骼
};
```

接下来介绍具体加载流程的实现,首先需要调用 CSpineLoader 的 loadSpineAsyn()方法,将要加载的 Spine 骨骼文件、Atlas 图集文件以及加载完成的回调传入。如果 Spine 正在加载,那么 loadSpineAsyn 会直接返回 false(更好的处理是将 callback 添加到一个队列中,在加载完成后一并处理,就如 TextureCache 的 addImageAsync()方法一样的处理,但为了简化问题,这里不进行该处理)。如果 Spine 已经加载完成,那么会直接执行回调函数。

如果**当前加载队列**的数量大于等于 MAX_LOADING_LIST 常量(该常量默认为 256,可自行修改),则直接返回失败。这里解释一下加载队列这个概念,当开始异步加载时,要异步加载的 Spine 信息需要进入到一个队列中,因为可以在一个 for 循环中加载 N 个 Spine 骨骼,骨骼解析线程同时只可以解析一个骨骼,那么其他的骨骼就需要在队列中排队等待解析。

当**队列中所有的骨骼都加载完成后**,这个队列会被重置,也就是说,MAX_LOADING_LIST 常量指的是最多允许连续加载的 Spine 骨骼数量。例如,从 A 场景切换到 B 场景时,需要加载 N 个骨骼,这个 N 不能大于 MAX_LOADING_LIST 常量。而当从 B 场景切换到 A 场景时,需要加载 M 个骨骼,这个 M 同样不能大于 MAX_LOADING_LIST 常量。

```
bool CSpineLoader::loadSpineAsyn(const std::string& resName, const
std::string& atlasName, const ResLoadedCallback& callback)
{
    //如果该 Spine 已经在加载中,或者该 Spine 文件为空则返回失败
    string fullJsonPath = FileUtils::getInstance()->fullPathForFilename
```

```
(resName);
if (fullJsonPath.empty()
    || m_LoadingSpine.find(fullJsonPath) != m_LoadingSpine.end())
{
    CCLOG("CSpineLoader::loadSpineAsyn %s is Loading or Loaded",
    resName.c_str());
    return false;
}
//如果已经加载完成
if (m_SpineCache.find(fullJsonPath) != m_SpineCache.end())
{
    if (callback != nullptr)
    {
        callback(m_SpineCache[fullJsonPath]);
    }
    return true;
}
//连续加载超过最大限制，则返回失败
if (MAX_LOADING_LIST <= m_nMaxSpineCount)
{
    CCLOG("CSpineLoader::loadSpineAsyn Load Too Many Spine");
    return false;
}
//根据Atlas文件路径生成同名的图片文件路径（例如a.atlas -> a.png）
int pos = atlasName.find_last_of('.');
string fullImgPath = atlasName.substr(0, pos + 1) + "png";
fullImgPath = FileUtils::getInstance()->fullPathForFilename
(fullImgPath);
//插入加载中的队列
m_LoadingSpine.insert(fullJsonPath);
//m_nMaxSpineCount 默认为 0，表示要加载的 Spine 骨骼的数量
++m_nMaxSpineCount;
string fullAtlas = FileUtils::getInstance()->fullPathForFilename
(atlasName);
//异步加载纹理，加载完成后将相关信息设置到队列中，并自增图集加载下标
Director::getInstance()->getTextureCache()->addImageAsync
(fullImgPath, [this, fullJsonPath, fullAtlas, callback](Texture2D* tex)
{
    SpineLoadingInfo* spineInfo = &m_LoadingList[m_nAtlasLoadingIndex];
    spineInfo->Atlas = spAtlas_createFromFile(fullAtlas.c_str(), 0);
    assert(spineInfo->Atlas);
    spineInfo->Callback = callback;
    spineInfo->JsonFile = fullJsonPath;
    ++m_nAtlasLoadingIndex;
    //惰性开启线程
    startSkeletonThread();
});
return true;
}
```

在 loadSpineAsyn()函数中，最后调用了 addImageAsync()方法来异步加载纹理，纹理加载完成之后创建了 spAtlas 对象，因为 spAtlas_createFromFile()方法并不是线程安全的（在线程中完成该步骤程序可能崩溃），因此将创建好的 spAtlas 对象设置到 SpineLoadingInfo 中，并将 m_nAtlasLoadingIndex 自增 1。SpineLoadingInfo 是从 m_LoadingList 中取出来的，

这是我们的加载队列，是一个数组，通过偏移的方法，取出相对应下标的 SpineLoadingInfo 指针，并将数据设置进去。m_LoadingList 在构造函数中就被创建了，在析构时释放。

在执行时，addImageAsync()方法的调用并不会保证顺序（当纹理已经被加载时，回调会立刻被执行），所以真正地添加队列，是在 addImageAsync()方法的回调中执行。与一般的添加队列不同，这里的添加并没有像一般使用队列时，new 一个元素动态添加进去，而是在一个已经分配好内存的数组中，直接设置数组元素的属性，这样是为了方便实现安全的**无锁队列**。

完成了 Atlas 的创建以及将相关信息添加到队列中后，调用 startSkeletonThread()方法开启线程，这个方法会在第一次加载时创建线程，在加载完所有 Spine 时会结束线程，而当再次加载骨骼时，又会重新创建线程。

```
void CSpineLoader::startSkeletonThread()
{
    if (m_SkeletonThread == nullptr)
    {
        //开启线程
        m_bThreadWorking = true;
        m_SkeletonThread = new std::thread(&CSpineLoader::skeletonThread,
        this);
    }
}
```

SkeletonThread() 为我们的线程函数，函数中是一个 while 循环，不断地判断 m_nAtlasLoadingIndex 是否大于 m_nSkeletonLoadingIndex，由于这两个变量初始化都为 0，当 spAtlas 创建完并设置到 m_LoadingList 队列之后，才将 m_nAtlasLoadingIndex 自增 1。条件成立时说明有骨骼可以开始解析了，解析完的骨骼数据也被设置到 m_LoadingList 中，然后调用 Schedule 的 performFunctionInCocosThread()方法，**在主线程中执行加载完成的处理**。当条件不成立时，线程进行短暂的 sleep，让出时间片给其他线程执行。

```
void CSpineLoader::skeletonThread()
{
    while (m_bThreadWorking)
    {
        if (m_nAtlasLoadingIndex > m_nSkeletonLoadingIndex)
        {
            SpineLoadingInfo* spineInfo = &m_LoadingList[m_
            nSkeletonLoadingIndex];
            spSkeletonJson* json = spSkeletonJson_create(spineInfo->Atlas);
            spineInfo->SkeletonData = spSkeletonJson_readSkeletonDataFile(
                json, spineInfo->JsonFile.c_str());
            spSkeletonJson_dispose(json);
            ++m_nSkeletonLoadingIndex;
            Director::getInstance()->getScheduler()->
            performFunctionInCocosThread([this, spineInfo](){
                //在主线程中执行收尾工作
                m_LoadingSpine.erase(spineInfo->JsonFile);
                m_SpineCache[spineInfo->JsonFile] = spineInfo->
                SkeletonData;
                if (spineInfo->Callback)
                {
```

```
            spineInfo->Callback(spineInfo->SkeletonData);
        }

        if (m_nSkeletonLoadingIndex >= m_nMaxSpineCount)
        {
            onFinish();
        }
    });

    //超过最大限制，退出
    if (m_nSkeletonLoadingIndex >= MAX_LOADING_LIST)
    {
        break;
    }
}
else
{
    this_thread::sleep_for(chrono::milliseconds(1));
}
}
}
```

加载完成有两个处理，第一个是针对该骨骼的，我们会将其从 m_LoadingSpine 中移除，但对 m_LoadingList 不做任何处理，将骨骼数据设置到 m_SpineCache 容器中进行管理，并回调设置的回调函数。第二个是针对队列中所有骨骼加载完成的处理，当所有骨骼都加载完成后，就会调用 onFinish()方法结束线程，并重置队列。

```
void CSpineLoader::onFinish()
{
    if (m_SkeletonThread)
    {
        m_bThreadWorking = false;
        m_SkeletonThread->join();
        delete m_SkeletonThread;
        m_SkeletonThread = nullptr;
    }
    m_nAtlasLoadingIndex = 0;
    m_nSkeletonLoadingIndex = 0;
    m_nMaxSpineCount = 0;
    m_LoadingSpine.clear();
}
```

整个流程是简单清晰的，接下来总结一下用到的线程安全的技巧。首先为什么要用最原始的数组，而不是 vector、queue 等数据结构？因为在主线程中，会对这个容器进行添加操作，而在骨骼线程中，则会对它进行获取的操作，这并不是线程安全的，程序有可能崩溃。而使用固定数组，则没有动态添加这样的概念，但还需要通过其他手段来保证线程安全——m_nAtlasLoadingIndex 和 m_nSkeletonLoadingIndex。

当创建第一个 Atlas 时，在完成所有操作之前，m_nAtlasLoadingIndex 一直是 0，这个变量是只有主线程才会操作的，骨骼线程只会读取它来进行判断进度。当 m_nAtlasLoadingIndex 不大于 m_nSkeletonLoadingIndex 时，骨骼线程做不了任何事情，只能是等待。也就是说 m_LoadingList 中的第一个元素只有主线程会操作，当主线程操作完之后，交由骨骼线程使用，主线程不再操作。

因为线程在任何时刻、任何地方都有可能切换，所以当线程间操作同一个数据时，就很容易出现问题。这里通过两个进度下标，将线程间对同一个资源访问的时机进行了规划，以确保线程操作时不会有其他的线程操作，虽然没有使用锁，但却达到了线程安全的目的。

整个流程就像一条流水线，流水线 A（主线程）将玩具的零件放入盒子中，然后将盒子交给流水线 B（骨骼线程）。流水线 B 将零件进行组装，组装完成后又放回盒子，交给流水线 C（还是主线程）。流水线 C 将盒子密封并装箱，结束整个流程。

流水线 A 将盒子交给流水线 B，以及流水线 B 交给流水线 C 的操作，分别是通过增加 m_nAtlasLoadingIndex 和 m_nSkeletonLoadingIndex 来实现的，在流水线 B 交给流水线 C 的操作中，还可以选择使用 lambda 直接将骨骼和相关信息设置到匿名函数中，交由主线程执行，从而移除 m_nSkeletonLoadingIndex 变量。

下面的代码演示了如何操作，将 SpineTest 中的 SpineTestLayerNormal 示例修改如下，异步加载了两个骨骼，加载完之后创建并添加到场景中。

```
bool SpineTestLayerNormal::init () {
    if (!SpineTestLayer::init()) return false;

    CSpineLoader* loader = new CSpineLoader();
    ResLoadedCallback callback = [this](spSkeletonData* data){
        auto sk = SkeletonAnimation::createWithData(data);
        sk->setScale(0.5);
        sk->setPosition(100, 200);
        addChild(sk);
    };
    loader->loadSpineAsyn("spine/spineboy.json", "spine/spineboy.atlas",callback);
    loader->loadSpineAsyn("spine/goblins-ffd.json","spine/goblins-ffd.atlas",
callback);
    return true;
}
```

12.4.4　Spine 的性能优化

Spine 骨骼动画的性能本身还是不错的，但是在使用的时候，却有可能成为性能瓶颈，原因并不是 Spine 库的效率低下，主要的原因还是使用不当导致的。

通过应用前面介绍的缓存技术可以极大提高 Spine 骨骼动画创建的效率，但当屏幕上的骨骼动画对象过多的时候，仍然有可能导致游戏掉帧，因为大量 Spine 骨骼动画的更新计算也是颇为耗时的。

SpineTest 中的 SpineTestPerformanceLayer 例子可以辅助做一些 Spine 的性能测试，该例子通过在屏幕上点击可以创 Spine 建骨骼动画对象，本例中创建的是 Spine 官方的哥布林角色。在示例中，在屏幕上创建了 300 个哥布林角色（如图 12-7 所示），游戏的帧率没有受到任何影响，哥布林的动画非常流畅。

虽然每个哥布林会带来一个 DrawCall 的消耗，但 300 多个 DrawCall 并没有对程序的性能造成影响。当哥布林的数量接近 500 个时，帧率才开始下降，在游戏中一般很少会创建这么多的骨骼，所以 Spine 的性能就不需要进行优化了吗？

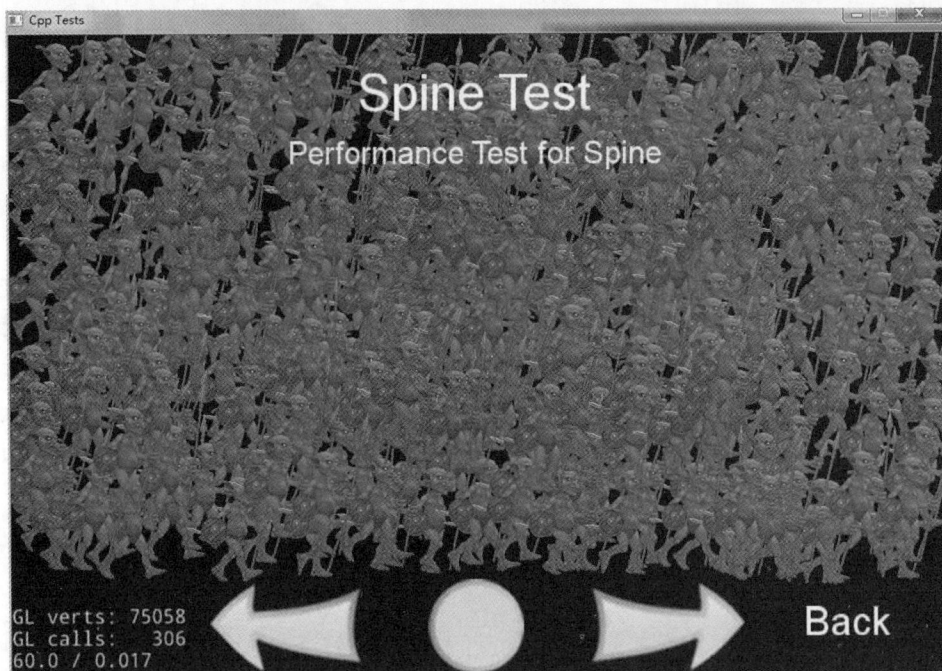

图 12-7　加载众多哥布林骨骼动画

答案当然是否定的，将 SpineTestPerformanceLayer 中的哥布林换成了另外一个骑士的骨骼动画（如图 12-8 所示），当添加了 100 个骑士到场景中时，游戏的帧率已经下降到 49.5 了。那么是什么导致的帧率下降呢？显然不是 DrawCall，因为 100 个骑士的 DrawCall 远小于 300 多个哥布林的 DrawCall。性能下降的原因在于大量骨骼、网格、时间轴的运算逻辑。

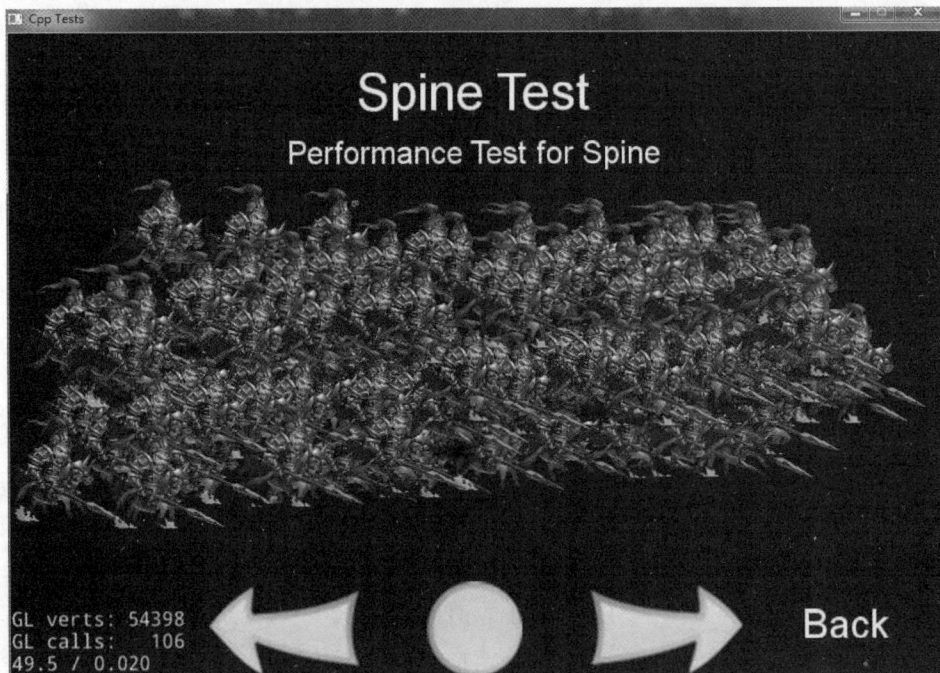

图 12-8　加载众多骑士骨骼动画

　　影响 Spine 骨骼动画性能的 3 大因素，分别是骨骼数量、网格数量以及时间轴数量。**这 3 个因素同样对 Spine 骨骼动画的加载速度有较大的影响**。在制作 Spine 的时候，只要能够严格控制这 3 个因素，就可以使游戏的运行效率控制在理想的状态下，如果没有任何规范控制，那么美工制作时可能会为了达到更好的效果，而无限制地添加骨骼、网格以及时间轴。下面给出 Spine 骨骼动画制作时，这 3 个因素的建议值。

- ❑　Bones　骨骼数量：建议值 60 以内，不建议超过 80。
- ❑　Mesh　顶点数量：建议值 400 以内，不建议超过 600。
- ❑　Timelines　时间轴数量：建议值 80 以内，不建议超过 150。

　　在 Spine 动画编辑器右上角的 Views 菜单中，可以打开 Metrics 视图，在 Metrics 视图中，可以看到骨骼动画相关的参数。Timelines 参数需要在 Tree 视图中的 Animations 下选择指定的动画后才可以看到，因为每个动画的 Timelines 都不同（如图 12-9 所示）。

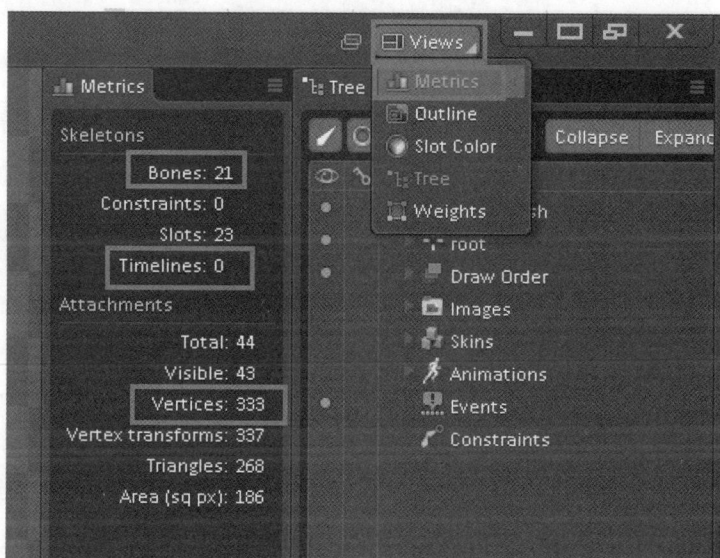

图 12-9　Metrics 视图

　　前面给的建议值仅仅是一个建议，因为具体要根据游戏的实际情况而定，如果游戏非常简单，要渲染的骨骼动画对象也很少，那么完全可以放宽要求。如果游戏要求 200 个角色同屏战斗，那么要求就要更加严格，做到 200 个角色同屏播放动画不掉帧仍然不够，因为还需要算上战斗逻辑的消耗。

　　另外有些动画需要重点优化，那一定不会是大 BOSS 角色，而是那些出现得最频繁的小怪，对出现最频繁的角色做最大的优化，对于有多个动画的角色，优化的重点也应该放在出现最频繁的动画，如移动。

　　除了让美工制作出尽量高效的骨骼动画之外，还可以通过一些其他手段来优化游戏的运行效率，对于没有在屏幕上的对象，可以不让它执行任何动画。将不在屏幕上的 Spine 骨骼动画对象设置为隐藏并不能提升性能，因为 Spine 骨骼动画在隐藏的状态下，仍然会执行骨骼动画的更新计算，所以可以考虑将屏幕外的 Spine 骨骼动画停止，当 Spine 进入屏幕时恢复其骨骼动画，可以使用 scheduleUpdate()方法和 unscheduleUpdate()方法来实现动画停止和恢复的逻辑。

第 13 章　2D、3D 粒子特效

粒子系统是一种通过使用一系列运动的粒子来模拟一些现象的技术，使用粒子系统可以在游戏中模拟出各种各样的效果，如爆炸、烟雾、烟花、雨雪等效果。粒子系统是游戏开发所必须要掌握的技能之一，粒子系统的制作一般是由美工人员使用粒子编辑器，编辑出绚丽的粒子效果，然后保存成粒子文件，程序员在游戏中直接加载使用。除了原先简单的 2D 粒子系统之外，Cocos2d-x 3.0 之后还提供了强大的 3D 粒子系统，并且支持 Particle Universe 粒子编辑器导出的粒子文件。

Cocos2d-x 并没有提供粒子编辑器，CocoStudio 并没有粒子编辑的功能，但是可以使用第三方的粒子编辑器，如编辑 2D 粒子，在 Mac 下面有 Particle Designer，Windows 下面有 Particle Editor。如编辑 3D 粒子，可以使用 Particle Universe 粒子编辑器，该粒子编辑器是老牌 3D 游戏引擎 OGRE 的粒子编辑器，拥有非常强大的功能。本章主要介绍以下内容：

- ❑ 2D 粒子特效。
- ❑ 2D 粒子系统运行流程。
- ❑ 3D 粒子特效。
- ❑ 使用 Particle Universe 粒子系统。
- ❑ 3D 粒子系统源码简析。

13.1　2D 粒子特效

13.1.1　粒子系统简介

Cocos2d-x 的 2D 粒子系统是一个特殊的显示节点，相关的类图如图 13-1 所示。

ParticleSystem 继承于 Node 和 TextureProtocol，继承 Node 的目的是为了让粒子系统可以作为一个节点添加到场景中，继承 TextureProtocol 则是为了方便设置纹理，ParticleSystem 设置的纹理是所有粒子共用的纹理。ParticleSystem 主要提供了粒子系统的创建、操作等相关接口并实现了粒子系统的运动。

ParticleSystemQuad 是 ParticleSystem 的子类，主要实现了粒子系统的渲染。一个粒子系统由 N 个粒子组成，从本质上来说，粒子效果不过是多个粒子按照一定规则变化的效果。这里的变化简而言之可以概括为移动、形变和色变，通过给粒子施加不同的力量使粒子移动，动态改变施加给粒子的力量，来使粒子动态改变移动轨迹。通过 size 可以设置粒子的初始化大小，通过 deltaSize 可以使粒子以一定的增量放大或缩小，rotation 用来设定粒子的初始旋转度，通过设置 deltaRotation 可以让粒子动态地旋转起来，color 和 deltaColor 则是用来控制粒子的色变。

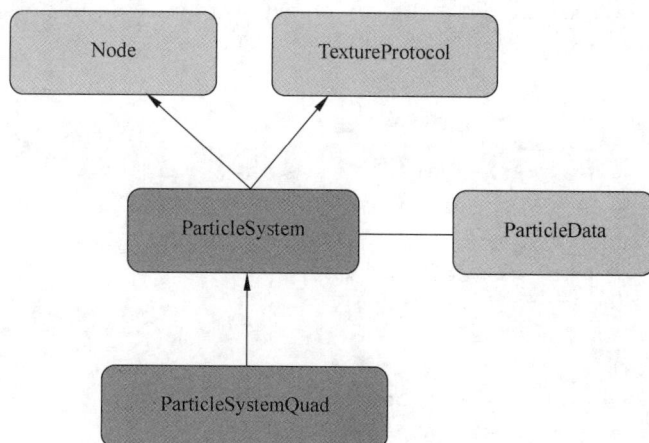

图 13-1 ParticleSystem 相关类图

粒子系统中含有很多的粒子，这些粒子对应 ParticleData 对象，ParticleData 对象包含了粒子的位置、颜色、大小、旋转、生命周期等动态变化的属性。

每个粒子的生命都是有限的，随着生命周期的结束而死亡，但粒子系统就好像一个生态系统，会源源不断地把死掉的粒子删除，然后创造出新的粒子来（当然并不是真的删除，而是重用这个粒子），这个生态系统完全在我们的控制之中。

要创建 2D 粒子系统有 3 种方法，分别是通过手动创建、使用 Cocos2d-x 预设的粒子系统创建以及使用 Plist 文件创建，接下来介绍一下如何使用这几种方法。

13.1.2 手动创建粒子系统

调用 ParticleSystemQuad 的 create 系列方法手动创建粒子系统，设置它们的属性，然后添加到场景中，可以参考 cpp-tests 中的 ParticleTest 的 DemoBigFlower 示例，该示例演示了手动创建粒子系统的过程。

```
void DemoBigFlower::onEnter()
{
    ParticleDemo::onEnter();

    _emitter = ParticleSystemQuad::createWithTotalParticles(50);
    _emitter->retain();

    _background->addChild(_emitter, 10);
    ////_emitter->release();    //win32 : use this line or remove this line
and use autorelease()

_emitter->setTexture( Director::getInstance()->getTextureCache()->addImage(s_stars1) );

    _emitter->setDuration(-1);

    //gravity
```

```
_emitter->setGravity(Vec2::ZERO);

//angle
_emitter->setAngle(90);
_emitter->setAngleVar(360);

//speed of particles
_emitter->setSpeed(160);
_emitter->setSpeedVar(20);

//radial
_emitter->setRadialAccel(-120);
_emitter->setRadialAccelVar(0);

//tagential
_emitter->setTangentialAccel(30);
_emitter->setTangentialAccelVar(0);

//emitter position
_emitter->setPosition( Vec2(160,240) );
_emitter->setPosVar(Vec2::ZERO);

//life of particles
_emitter->setLife(4);
_emitter->setLifeVar(1);

//spin of particles
_emitter->setStartSpin(0);
_emitter->setStartSizeVar(0);
_emitter->setEndSpin(0);
_emitter->setEndSpinVar(0);

//color of particles
Color4F startColor(0.5f, 0.5f, 0.5f, 1.0f);
_emitter->setStartColor(startColor);

Color4F startColorVar(0.5f, 0.5f, 0.5f, 1.0f);
_emitter->setStartColorVar(startColorVar);

Color4F endColor(0.1f, 0.1f, 0.1f, 0.2f);
_emitter->setEndColor(endColor);

Color4F endColorVar(0.1f, 0.1f, 0.1f, 0.2f);
_emitter->setEndColorVar(endColorVar);

//size, in pixels
_emitter->setStartSize(80.0f);
_emitter->setStartSizeVar(40.0f);
_emitter->setEndSize(ParticleSystem::START_SIZE_EQUAL_TO_END_SIZE);

//emits per second
_emitter->setEmissionRate( _emitter->getTotalParticles()/_emitter->
```

```
    getLife());

    //additive
    _emitter->setBlendAdditive(true);

    setEmitterPosition();
}
```

13.1.3　使用 Cocos2d-x 内置的粒子系统

使用 Cocos2d-x 内置的粒子系统，在 CCParticleExamples.h 文件中，定义了一些 Cocos2d-x 内置的粒子系统类，包含了 ParticleGalaxy、ParticleSun、ParticleFire⋯⋯等若干粒子系统。可以调用 create()方法来创建它们，但是需要自己另外设置粒子的显示纹理。可以参考 cpp-tests 中的 ParticleTest 的 DemoGalaxy 示例，该示例演示了创建 Cocos2d-x 内置的 ParticleGalaxy 粒子系统的过程。

```
void DemoGalaxy::onEnter()
{
    ParticleDemo::onEnter();

    _emitter = ParticleGalaxy::create();
    _emitter->retain();
    _background->addChild(_emitter, 10);

_emitter->setTexture(  Director::getInstance()->getTextureCache()->addImage(s_fire) );

    setEmitterPosition();
}
```

13.1.4　使用 Plist 文件加载粒子系统

使用 Plist 文件加载粒子系统是最常用也是最灵活的方式，所有的参数都在 Plist 文件中设置好了，只需要调用简单的接口传入指定的 Plist 文件，就可以创建出粒子编辑器中编辑好的粒子效果，可以参考 cpp-tests 中的 ParticleTest 的 Galaxy 示例，ParticleTest 中所有使用 Plist 文件的示例都是通过 DemoParticleFromFile 类实现的，在 DemoParticleFromFile 类的 onEnter()方法中，设置 Plist 粒子文件的路径，并作为参数传入 ParticleSystemQuad 的 create()方法中，代码如下。

```
void DemoParticleFromFile::onEnter()
{
    ParticleDemo::onEnter();

    _color->setColor(Color3B::BLACK);
    removeChild(_background, true);
    _background = nullptr;

    std::string filename = "Particles/" + _title + ".plist";
    _emitter = ParticleSystemQuad::create(filename);
    _emitter->retain();
```

```
    addChild(_emitter, 10);

    setEmitterPosition();
}
```

🔔 **注意：** Plist 文件除了可以保存粒子系统的各种设置参数之外，还可以存储粒子的图片，
因为 Plist 是文本格式，而图片是二进制的格式，所以 Cocos2d-x 将粒子图片 zip
压缩之后使用 Base64 编码转换成文本格式存储于 Plist 文件中。由于粒子系统对
应的图片一般都是比较小的，所以将图片保存在 Plist 中管理起来比较方便。Plist
内部存储图片和 Plist 外部存储图片在性能上相差无多，前者虽然多了 zip 解压和
Base64 解码的步骤，但后者则多了一次 I/O 操作，而且粒子图片一般很小，这些
消耗差距并不大。

13.1.5　操作粒子系统

创建完粒子系统之后，还可以根据粒子系统提供的接口来操控粒子系统，接下来了解
一下 ParticleSystem 的相关接口，首先是针对 ParticleSystem 这个对象的相关接口。

```
//根据 Plist 文件创建 ParticleSystem
static ParticleSystem * create(const std::string& plistFile);
//传入粒子的数量创建 ParticleSystem
static ParticleSystem* createWithTotalParticles(int numberOfParticles);
//根据 Plist 文件初始化 ParticleSystem
bool initWithFile(const std::string& plistFile);
//根据一个记录了粒子系统属性的 ValueMap 初始化 ParticleSystem
bool initWithDictionary(ValueMap& dictionary);
//根据 ValueMap 和粒子图片所在路径初始化 ParticleSystem
bool initWithDictionary(ValueMap& dictionary, const std::string& dirname);
//根据指定的粒子数量初始化 ParticleSystem
virtual bool initWithTotalParticles(int numberOfParticles);
//添加指定数量的粒子
void addParticles(int count);
//判断粒子系统是否已经饱和
bool isFull();
//停止发射粒子，但已发射的粒子继续运动，无法通过调用 resetSystem 重置粒子系统，只能重
新初始化
void stopSystem();
//重置粒子系统，当前运动中的所有粒子死亡，然后重新开始发射粒子
void resetSystem();
//查询是否在结束时自动释放粒子系统
virtual bool isAutoRemoveOnFinish() const;
//设置是否在结束时自动释放粒子系统
virtual void setAutoRemoveOnFinish(bool var);
```

通过上面的接口可以操作 ParticleSystem 对象，控制粒子系统的初始化、停止、重置
和自释放等，当调用了 setAutoRemoveOnFinish()方法设置自动释放时，ParticleSystem 会在
结束时移除自己，这里的结束表示所有粒子发射完毕，且发射出去的所有粒子的生命周期
都结束了。而 addParticles 接口并不常用，因为粒子系统自己会负责粒子的发射。

ParticleSystem 有着非常丰富的属性用于控制粒子的表现和运动规则，通过
ParticleSystem 提供的 get()/set()方法可以设置它们，想要随心所欲地控制粒子系统，就需要

了解粒子系统的属性。粒子系统提供了重力模式和半径模式，在这两种模式下粒子有着截然不同的运动规则，对应能够生效的属性也不同，在重力模式下粒子受重力影响，而在半径模式下粒子呈圆周运动。除了运动模式属性，粒子运动的位置类型属性也是最常用的设置，通过设置粒子的运动类型，可以控制当粒子系统发生位移时，粒子的位置变化情况，Cocos2d-x 提供了 FREE、RELATIVE 和 GROUPED 这 3 种方式，具体含义如下。

- ❑ FREE 自由移动，位于世界坐标系，不受 ParticleSystem 对象位置影响。
- ❑ RELATIVE 相对移动，位于世界坐标系，跟随 ParticleSystem 对象移动。
- ❑ GROUPED 组移动，位于 ParticleSystem 对象的节点坐标系，跟随 ParticleSystem 对象移动。

可以从两个方面来了解，即单个的粒子自身的属性，以及整个粒子系统的整体属性。单个粒子的属性如表 13-1 所示，每个粒子都有生命周期、位置、颜色、大小、旋转等属性。

表 13-1　粒子属性

类　　型	属　性　名	描　　述
Vec2	pos	当前位置
Vec2	startPos	起始位置
ccColor4F	coloc	当前颜色
ccColor4F	deltaColor	颜色变化
float	size	当前大小
float	deltaSize	大小变化
float	rotation	当前旋转
float	deltaRotation	旋转变化
float	timeToLive	生存周期
unsigned int	atlasIndex	图集索引

在重力模式下，还有运动方向、径向加速度和切向加速度，该模式下每个粒子都受重力加速度的影响，如表 13-2 所示。

表 13-2　重力模式粒子属性

类　　型	属　性　名	描　　述
Vec2	dir	方向
float	radiaAccel	径向加速度
float	tangetialAccel	切向加速度

而在半径模式下，每个粒子都不受重力加速度影响，粒子根据半径变量进行圆周运动。我们并不需要去设置单个粒子的属性，粒子系统会根据我们的设置的粒子系统属性自动设置每个粒子的属性，如表 13-3 所示。

表 13-3　半径模式粒子属性

类　　型	属　性　名	描　　述
float	angle	角度
float	degreesPerSecond	每秒旋转角度
float	radius	半径
float	deltaRadius	半径变化

粒子系统的属性可以分为 3 部分，分别是通用属性、重力模式下生效的属性以及半径

模式下生效的属性。以下是粒子系统的通用属性，可以对整个粒子系统进行缩放、旋转，也可以控制每个粒子的大小、颜色、旋转、数量、纹理、发射频率等，如表 13-4 所示。

表 13-4　粒子系统通用属性

类　　型	属 性 名	描　　述
float	Scale	整个粒子系统的放大缩小
float	Rotation	整个粒子系统的旋转
float	StartSize	起始大小
float	StartSizeVar	起始大小偏移
float	EndSize	结束大小
float	EndSizeVar	结束大小偏移
ccColor4F	StartColor	起始颜色
ccColor4F	StartColorVar	起始颜色偏移
ccColor4F	EndColor	结束颜色
ccColor4F	EndColorVar	结束颜色偏移
float	StartSpin	起始旋转
float	StartSpinVar	起始旋转偏移
float	EndSpin	结束旋转
float	EndSpinVar	结束旋转偏移
float	EmissionRate	发射速率
unsigned int	TotalParticles	粒子总数
CCTexture2D	Texture	粒子纹理
bool	BlendFunc	混合模式

在半径模式下，可以令粒子围绕粒子系统的位置，根据设置的半径进行圆周运动，可以动态调整半径，以及圆周运动的速度，如表 13-5 所示。

表 13-5　粒子系统半径模式属性

类　　型	属 性 名	描　　述
float	StartRadius	起始半径
float	StartRadiusVar	起始半径偏移
float	EndRadius	结束半径
float	EndRadiusVar	结束半径偏移
float	RotatePerSecond	每秒旋转
float	RotatePerSecondVar	每秒旋转偏移

在重力模式下，可以设置粒子受到的重力，以及粒子运动的速度和径向加速度、切向加速度，如表 13-6 所示。

表 13-6　粒子系统重力模式属性

类　　型	属 性 名	描　　述
Vec2	Gravity	重力
float	Speed	速度
float	SpeedVar	速度浮动偏移

续表

类　　型	属　性　名	描　　述
float	TangentialAccel	切向加速度
float	TangentialAccelVar	切向加速度浮动偏移
float	RadiaAccel	径向加速度
float	RadiaAccelVar	径向加速度浮动偏移

要直观地了解这些属性的作用，可以在粒子编辑器中尝试着修改它们，观察修改后的效果。

13.2　2D 粒子系统运行流程

13.2.1　流程简介

接下来简单了解粒子系统的运行流程，可以分为初始化、更新和渲染部分。大致的流程如图 13-2 所示。

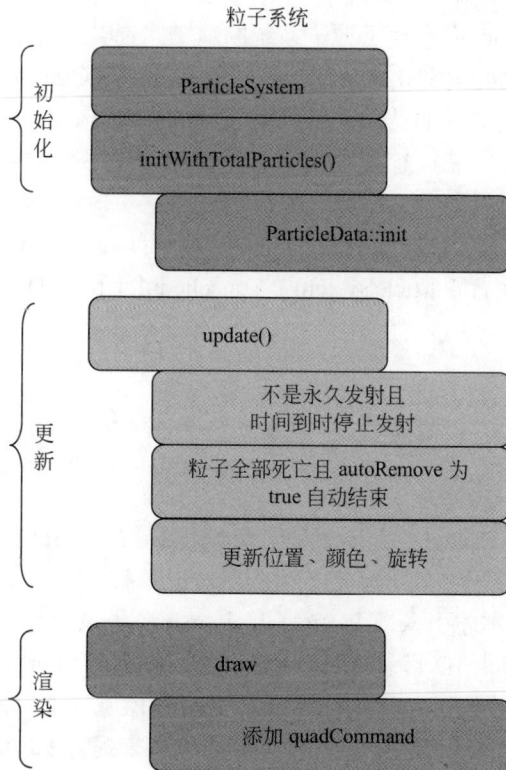

图 13-2　粒子系统运行流程

首先需要创建一个 ParticleSystem，所有的初始化最终都会调用到 initWithTotalParticles()

这个函数来初始化一定数量的粒子，并初始化一些默认的属性。当将 ParticleSystem 添加到场景中后，会执行 ParticleSystem 的 onEnter()函数。在 onEnter()函数中，ParticleSystem 将自身注册到了 schedule 中，这样每一帧计划任务都会调用 ParticleSystem 的 update()函数，来对粒子系统进行更新。

13.2.2　粒子的更新和渲染

在粒子系统的 update()函数里，来更新整个粒子系统，更新的流程包含以下两个步骤。

（1）判断 ParticleSystem 是否处于激活状态，如是则根据当前粒子总数、最大粒子数量和粒子发射速率等配置属性来添加新的粒子，如果生命周期不是永久（当粒子系统的持续时间为-1 表示永久）且生命周期已到，则调用 stopSystem()函数停止该粒子系统，不再发射新的粒子，已经发射出的粒子继续运动，直到所有粒子生命周期都结束。

（2）根据粒子系统的运动模式，来更新所有的粒子状态，并且根据粒子系统的配置属性进行相应的颜色渐变、缩放和旋转。当粒子的生命大于 0 的时候根据粒子系统的配置属性，减少粒子的生命属性，更新粒子的颜色、大小和旋转角度。在重力模式下，根据粒子系统的径向、切向加速度以及重力加速度来更新粒子的位置，在半径模式下，根据粒子每秒围绕中心旋转的度数，以及该粒子当前的半径长度来更新粒子的位置。最后调用 updateQuadWithParticle()函数来渲染粒子。

在 ParticleSystemQuad 中实现了粒子系统的渲染，在初始化时会根据最大粒子数量分配并绑定顶点缓冲区、初始化默认 Shader。在 updateParticleQuads()方法中会根据粒子系统的设置，将每一帧粒子运动后的结果来修改图元顶点缓冲区，在每一帧的 draw()方法中会添加一条 QuadCommand 来执行所有粒子的渲染，因此所有粒子的渲染只会有一个 DrawCall。

当粒子的生命周期结束，则回收该粒子，并判断可发射的粒子数量是否为 0 以及是否自动删除，如果是，则执行 ParticleSystem 的 unscheduleUpdate()方法，并将自身从父节点中移除。

13.3　3D 粒子特效

Cocos2d-x 可以加载 Particle Universe 粒子编辑器导出的 3D 粒子特效，这是一个成熟的粒子编辑器，导出的粒子特效比起 2D 粒子特效更炫酷，功能也强大得多，同时也更复杂。Cocos2d-x 在 3.5 版本才引入了 Particle Universe 粒子系统，作为 Cocos2d-x 的扩展，在引擎的 extensions\Particle3D 目录下可以找到其源码。由于 Particle Universe 比较复杂，不是针对 Cocos2d-x 设计的，并且 Cocos2d-x 对其提供支持的时间并不长，所以 Particle Universe 的不少特性目前还不支持，也需要更多的时间来提升 Particle Universe 粒子系统的稳定性。

Particle Universe 粒子编辑器是一个复杂的软件，Cocos 官方的教程中有一系列文章介绍 Particle Universe 粒子编辑器的使用，笔者觉得这篇文章写得更加清楚，网址是 http://wenku.baidu.com/view/8792a4375a8102d276a22ffd.html。

如何使用这款工具，这里就不详细介绍了。下面主要介绍 Particle Universe 的一些基本概念，方便大家快速上手 Particle Universe。

13.3.1　组件系统

组件是 Particle Universe 的一个核心概念，一个完整的粒子系统是由各种组件组成的，每个组件都实现一个特定的功能，组件之间相互联系。其中系统组件、技术组件、发射器组件、渲染组件是一个粒子系统中最基础的组件。接下来详细介绍一下 Particle Universe 的各个组件，以及这些组件的联系。

- ❑ 系统组件 SystemComponent：是最基础的组件，相当于一个容器，可以包含技术组件。
- ❑ 技术组件 TechniqueComponent：Technique 是 Direct3D 中的一个术语，也相当于一种容器，包含了渲染组件，在 Particle Universe 中技术组件主要的功能是指定一种材质，如果需要发射多个不同材质的粒子来实现复杂的粒子系统，可以使用多个技术组件来实现。
- ❑ 渲染组件 RendererComponent：可以决定粒子如何渲染。
- ❑ 发射器组件 EmitterComponent：主要用于发射粒子，也可以发射出新的发射器组件、技术组件、影响器组件。
- ❑ 影响器组件 AffctorComponen：主要用于影响、改变粒子的状态，如运动、变色、播放纹理动画等。
- ❑ 观察组件 ObserverComponent：可以观察各种事件的触发，一般与事件处理组件一起使用，当观察到事件触发时执行设置的事件处理组件。
- ❑ 事件处理组件 EventHandlerComponent：可以执行各种 Particle Universe 的内置功能，如控制其他组件的开关、关闭粒子系统等。
- ❑ 行为组件 BehaviourComponent：行为组件用得非常少，它可以增加另外的行为到粒子上，目前只有附从行为，可以让一个技术组件发射的粒子附从另外一个技术组件发生的粒子。
- ❑ 外部组件 ExternComponent：外部组件也用得很少，主要的功能是为技术组件添加一些扩展组件。

如图 13-3 所示演示了这些组件之间的关系。

- ❑ 系统组件作为最基础的粒子系统容器组件包含了多个技术组件。
- ❑ 技术组件通过指定材质，并添加发射器组件、影响器组件和渲染组件来实现一个简单的粒子系统。技术组件可以包含多个发射器组件和影响器组件，但只能包含一个渲染组件。
- ❑ 发射器组件可以通过发射这个动作来创建出新的粒子、发射器组件、技术组件、影响器组件。
- ❑ 影响器组件控制粒子的运动变化，渲染组件根据材质控制粒子的显示。
- ❑ 观察组件可以观察技术组件中发生的事件，并执行指定的一系列事件处理组件。
- ❑ 事件处理组件只可以被观察组件执行，但可以控制已经存在的技术组件、发射器组件、影响器组件、观察者组件以及整个粒子系统的开启和关闭。

❑　外部组件和行为组件都必须挂载到技术组件上。

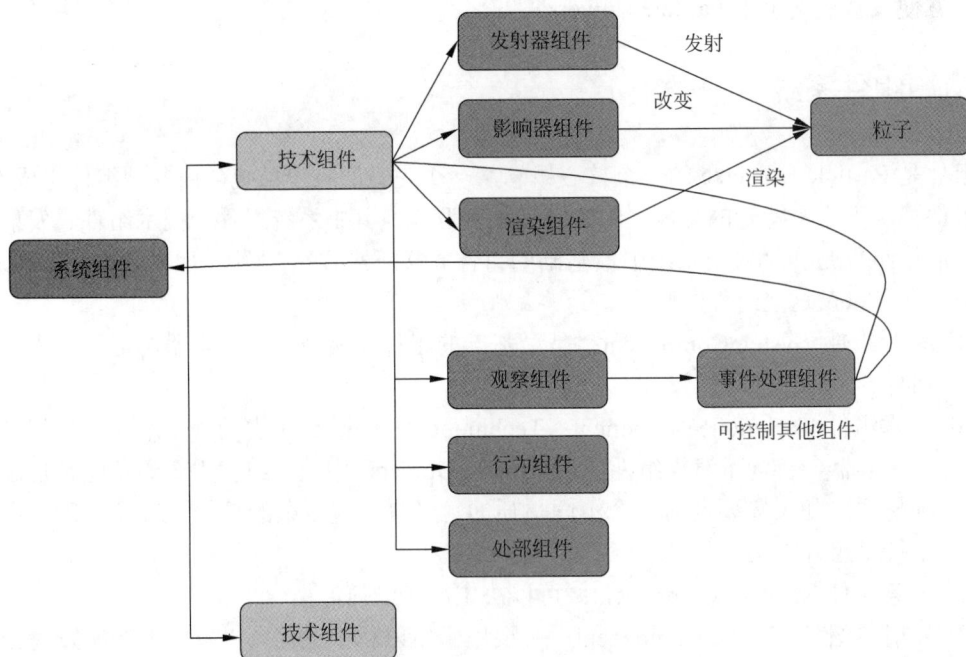

图 13-3　组件的关系

我们可以将一个系统组件看作一个粒子系统的基础对象，每个技术组件都是一个简单的粒子系统，这些简单的粒子系统挂载到系统组件上，就形成了一个复杂的粒子系统。每个技术组件有自己的发射器组件、渲染组件和影响器组件，它们分别负责发射粒子、渲染粒子以及让粒子运动。而观察组件、事件处理组件、行为组件和外部组件则用于实现一些更加复杂的功能，可以在各个简单的粒子系统（技术组件）之间相互影响。

13.3.2　Particle Universe 支持的组件

Cocos2d-x 的实现与 Particle Universe 的设计有所不同，Cocos2d-x 使用的是组合模式而不是组件模式，最主要的区别就是 Cocos2d-x 将系统组件和技术组件合并为粒子系统对象，另外还有一些组件暂时没有实现，但随着版本的更新，支持的组件会越来越多，所以具体应该以引擎源码为准。

渲染组件如下。
❑　Billboard Renderer
❑　Box Renderer
❑　Sphere Renderer
❑　Entity Renderer
❑　Ribbon Trail Renderer
❑　Light Renderer

发射器组件如下。

- ❏ Point Emitter
- ❏ Box Emitte。
- ❏ Sphere Surface Emitter
- ❏ Vertex Emitter
- ❏ Line Emitter
- ❏ Circle Emitter
- ❏ Mesh Surface Emitter
- ❏ Position Emitter
- ❏ Slave Emitter

影响器组件如下。

- ❏ Gravity Affector
- ❏ Linear Force Affector
- ❏ Scale Affector
- ❏ Sine Force Affector
- ❏ Colour Affector
- ❏ Randomiser
- ❏ Line Affector
- ❏ Align Affector
- ❏ Jet Affector
- ❏ Vortex Affector
- ❏ Geometry Rotator
- ❏ Texture Rotator
- ❏ Texture Animator
- ❏ Particle Follower
- ❏ Sphere Collider
- ❏ Plane Collider
- ❏ Box Collider
- ❏ Path Follower
- ❏ Inter Particle Collider
- ❏ Collision Avoidance Affector
- ❏ Flock Centering Affector
- ❏ Velocity Matching Affector

观察组件如下。

- ❏ On Count Observer
- ❏ On Emission Observer
- ❏ On Expire Observer
- ❏ On Position Observer
- ❏ On Clear Observer
- ❏ On Time Observer
- ❏ On Quota Observer

- ❏　On Velocity Observer
- ❏　On Collision Observer
- ❏　On Event Flag Observer
- ❏　On Random Observer

事件处理组件如下。

- ❏　Do Enable Component Event Handler
- ❏　Do Expire Event Handler
- ❏　Do Placement Particle Event Handler
- ❏　Do Stop System Event Handler
- ❏　Do Affector Event Handler
- ❏　Do Freeze Event Handler
- ❏　Do Scale Event Handler

行为组件只有一个，即 Slave Behaviour。

外部组件如下。

- ❏　Gravity Extern
- ❏　Sphere Collider Extern
- ❏　Box Collider Extern
- ❏　Vortex Extern
- ❏　PhysX Extern
- ❏　Scene Decorator Extern

13.4　使用 Particle Universe 粒子系统

13.4.1　使用 PUParticleSystem3D

在 Cocos2d-x 中使用 Particle Universe 粒子系统并不复杂，通过传入 Particle Universe 的脚本和材质文件可以创建 PUParticleSystem3D 对象（也可以纯手动创建，但没必要这么做），将 PUParticleSystem3D 对象添加到场景中。具体使用的方法可以参考 cpp-tests 中 Particle3DTest 的示例。

Particle3DTest 中所有的示例都继承于 Particle3DTestDemo，在 Particle3DTestDemo 中创建了一个透视投影的摄像机，摄像机的标志位是 CameraFlag::USER1，表示第一个用户自定义的相机，最多可以使用 8 个自定义的相机，相机可以观察到标志位相同的节点，调用节点的 setCameraMask()方法可以设置节点的相机标识。由于是 3D 的粒子，所以这里使用透视投影的摄像机来观察 3D 粒子。Camera 有正交投影和透视投影两种类型，正交投影主要用于观察 2D 平面，透视投影主要用于观察 3D 立体空间，这两种投影都可以观察 2D 和 3D 物体，只是观察到的效果不同而已，示例中使用透视投影的摄像机主要是为了可以全方位地观察粒子效果。

```
bool Particle3DTestDemo::init()
{
```

```
if (!TestCase::init()) return false;

FileUtils::getInstance()->addSearchPath("Particle3D/materials");
FileUtils::getInstance()->addSearchPath("Particle3D/scripts");
FileUtils::getInstance()->addSearchPath("Sprite3DTest");

//创建透视投影相机，用于观察 3D 粒子效果
Size size = Director::getInstance()->getWinSize();
//传入视野、宽高比、近截面、远截面来创建透视投影相机
_camera = Camera::createPerspective(30.0f, size.width / size.height,
1.0f, 1000.0f);
//设置相机的位置以及相机观察点的位置
_camera->setPosition3D(Vec3(0.0f, 0.0f, 100.0f));
_camera->lookAt(Vec3(0.0f, 0.0f, 0.0f), Vec3(0.0f, 1.0f, 0.0f));
_camera->setCameraFlag(CameraFlag::USER1);
this->addChild(_camera);

auto listener = EventListenerTouchAllAtOnce::create();
listener->onTouchesBegan = CC_CALLBACK_2(Particle3DTestDemo::
onTouchesBegan, this);
listener->onTouchesMoved = CC_CALLBACK_2(Particle3DTestDemo::
onTouchesMoved, this);
listener->onTouchesEnded = CC_CALLBACK_2(Particle3DTestDemo::
onTouchesEnded, this);
_eventDispatcher->addEventListenerWithSceneGraphPriority(listener,
this);

TTFConfig config("fonts/tahoma.ttf",10);
_particleLab = Label::createWithTTF(config,"Particle Count: 0",
TextHAlignment::LEFT);
_particleLab->retain();
_particleLab->setPosition(Vec2(0.0f, size.height / 6.0f));
_particleLab->setAnchorPoint(Vec2(0.0f, 0.0f));
this->addChild(_particleLab);

scheduleUpdate();
return true;
}
```

每一个粒子系统的示例都只是在 init 中加载不同的粒子文件，然后设置相机掩码，调用粒子系统的 startParticleSystem 启动粒子系统，并将粒子系统添加到场景中。

```
bool Particle3DBlackHoleDemo::init()
{
    if (!Particle3DTestDemo::init())
        return false;

    auto rootps = PUParticleSystem3D::create("blackHole.pu", "pu_
    mediapack_01.material");
    //设置标志来让透视投影的摄像机观察粒子系统
    rootps->setCameraMask((unsigned short)CameraFlag::USER1);
    //如同普通的节点一样，可以执行各种 Action
    rootps->setPosition(-25.0f, 0.0f);
    auto moveby = MoveBy::create(2.0f, Vec2(50.0f, 0.0f));
    auto moveby1 = MoveBy::create(2.0f, Vec2(-50.0f, 0.0f));
    rootps->runAction(RepeatForever::create(Sequence::create(moveby,
    moveby1, nullptr)));
    rootps->startParticleSystem();

    this->addChild(rootps, 0, PARTICLE_SYSTEM_TAG);
```

```
    return true;
}
```

虽然这里使用了一个透视相机来观察 3D 粒子系统，但默认的正交相机也可以观察 3D
粒子系统，正交投影和透视投影的摄像机区别如下。

正交投影可以观察的空间是一个长方体，观察到的内容是一种平视效果，即一个物体
无论放在远处还是近处，它们的大小尺寸都不会变。在创建正交投影摄像机时需要传入上
下左右和最远处以及最近处的距离，正交投影的观察效果如图 13-4 所示。

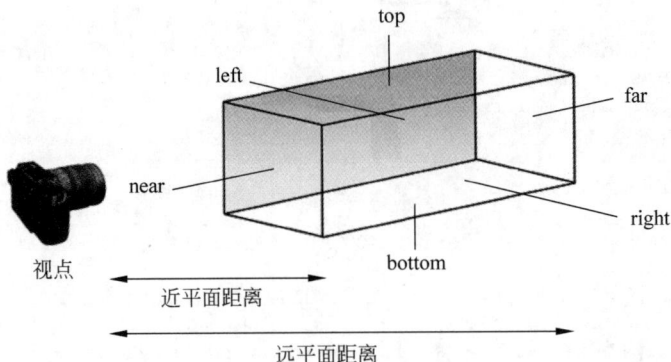

图 13-4　正交投影

透视投影可以观察的空间是一个棱台，观察到的内容是一种透视效果，即一个物体距
离摄像机越远显示得越小，越近则越大，就如在现实中观察到的现象一样。在创建透视投
影摄像机时需要传视口的宽高比、摄像机观察的视角、最远处以及最近处的距离，透视投
影的观察效果如图 13-5 所示。

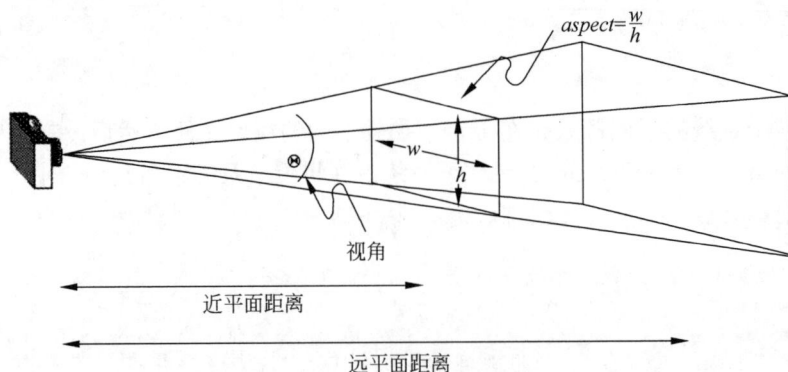

$$aspect=\frac{w}{h}$$

图 13-5　透视投影

在上面的例子中同时使用了默认的摄像机和透视摄像机，通过调用节点的
setCameraMask()方法可以控制该节点被哪些摄像机所观察到，每个摄像机都有一个标识
位，只要节点的 CameraMask 与摄像机的标志位执行位与操作的结果不为 0，就可以被该
摄像机观察到（需要在摄像机所能观察到的空间内）。一个节点可以同时被多个摄像机观
察到，每个摄像机都有一个独立的坐标系，不同摄像机的坐标系对应的原点位置都不同，
如果我们一个节点坐标设置为 Vec3(0, 0, 0)，那么不同摄像机观察到的位置是不同的。

例如，在 Particle3DBlackHoleDemo 示例中，通过调用 setCameraMask()方法将粒子系统节点的 CameraMask 设置为 USER1 与 DEFAULT 执行或操作，这样默认摄像机和透视摄像机会同时观察这个粒子系统，界面上这个粒子系统会被渲染两次，多个摄像机观察到的结果会被依次渲染到屏幕上，效果如图 13-6 所示。可以发现除了屏幕中心左右移动的粒子之外，屏幕的左下角也出现一个同样的粒子系统执行同样的移动，这就是两个摄像机观察到的粒子系统，左下角的粒子尺寸要小很多，是由于两个摄像机使用了不同的投影方式产生的效果。

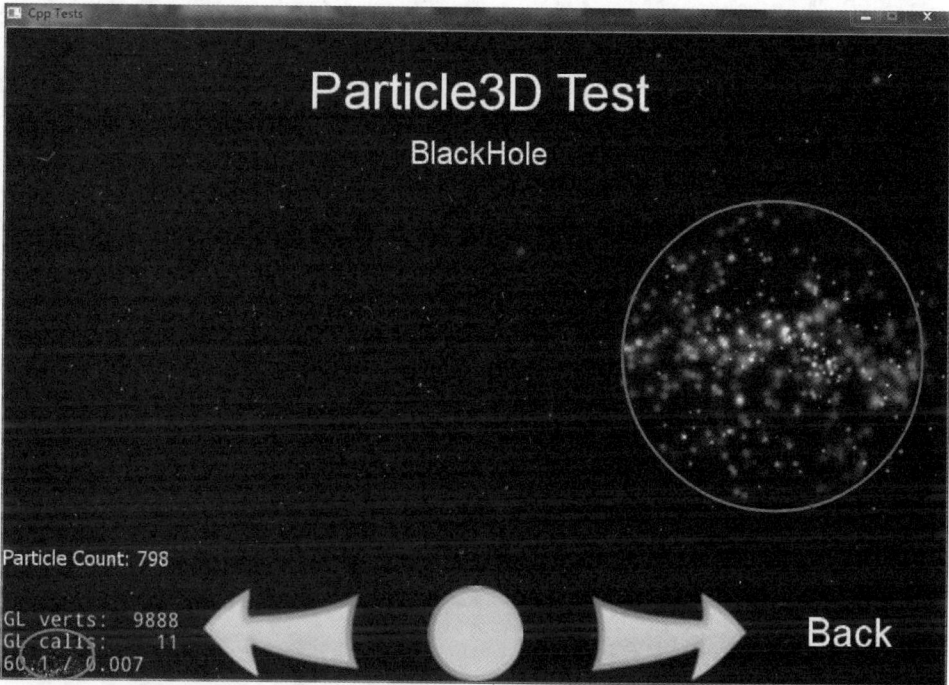

图 13-6　粒子系统

PUParticleSystem3D 粒子系统对象既可以在 3D 场景中使用，也可以在 2D 场景中使用。只需要在 Particle3DBlackHoleDemo 示例中将 setCameraMask()方法的这一行代码进行如下调整即可。

```
rootps->setCameraMask((unsigned    short)CameraFlag::USER1    |    (unsigned
short)CameraFlag::DEFAULT);
```

13.4.2　PUParticleSystem3D 相关接口

接下来简单了解一下 PUParticleSystem3D 的相关接口。

```
//创建一个空的 PUParticleSystem3D 对象
static PUParticleSystem3D* create();
//传入粒子脚本文件，创建一个 PUParticleSystem3D 对象
static PUParticleSystem3D* create(const std::string &filePath);
//传入粒子脚本文件和材质文件，创建一个 PUParticleSystem3D 对象
static PUParticleSystem3D* create(const std::string &filePath, const
std::string &materialPath);
```

```
//启动粒子系统
virtual void startParticleSystem() override;
//停止粒子系统
virtual void stopParticleSystem() override;
//暂停粒子系统
virtual void pauseParticleSystem() override;
//恢复粒子系统
virtual void resumeParticleSystem() override;

//获取存活的粒子数量
virtual int getAliveParticleCount() const override;
//获取与设置速率缩放
float getParticleSystemScaleVelocity() const;
void setParticleSystemScaleVelocity(float scaleVelocity) { _particle-
SystemScaleVelocity = scaleVelocity; }
//获取与设置粒子总数限制
unsigned int getParticleQuota() const;
void setParticleQuota(unsigned int quota);
//设置与获取材质名
void setMaterialName(const std::string &name) { _matName = name; };
const std::string getMaterialName() const { return _matName; };
//清除所有粒子
void clearAllParticles();
//设置与获取发射器发射出来的发射器数量限制
unsigned int getEmittedEmitterQuota() const { return _emittedEmitterQuota; };
void setEmittedEmitterQuota(unsigned int quota) { _emittedEmitterQuota =
quota; };
//设置与获取发射器发射出来的粒子系统数量限制
unsigned int getEmittedSystemQuota() const { return _emittedSystemQuota; };
void setEmittedSystemQuota(unsigned int quota) { _emittedSystemQuota =
quota; };

//强制一个粒子发射器组件发射指定数量的粒子
void forceEmission(PUEmitter* emitter, unsigned requested);
//发射器组件的相关操作
void addEmitter(PUEmitter* emitter);
void setEmitter(Particle3DEmitter* emitter);
PUEmitter* getEmitter(const std::string &name);
void removeAllEmitter();

//影响器组件的相关操作
PUAffector* getAffector(const std::string &name);
void addAffector(Particle3DAffector* affector);
void removeAffector(int index);
void removeAllAffector();

//监听器的相关操作（不是 Particle Universe 中的组件）
void addListener(PUListener *listener);
void removeListener(PUListener *listener);
void removeAllListener();

//观察组件的相关操作
void addObserver(PUObserver *observer);
PUObserver* getObserver(const std::string &name);
void removerAllObserver();

//行为组件的相关操作
```

```
void addBehaviourTemplate(PUBehaviour *behaviour);
void removeAllBehaviourTemplate();
```

13.5　3D 粒子系统源码简析

13.5.1　ParticleSystem3D 结构

3D 粒子系统源码的目录位于引擎目录下的 extension/Particle3D 目录下，3D 粒子系统的基类是 ParticleSystem3D，ParticleSystem3D 定义了 3D 粒子系统的整体结构，ParticleSystem3D 主要由 Particle3DRender 渲染器、Particle3DEmitter 发射器、Particle3DAffector 影响器 3 部分组成，在内部使用了 ParticlePool 粒子池来管理 Particle3D 粒子对象。

ParticleSystem3D 仅仅只是定义了相关的接口和结构，**真正使用的 3D 粒子系统是 PUParticleSystem3D 对象，PUParticleSystem3D 继承于 ParticleSystem3D，是 3D 粒子系统的一种实现**（目前只有这一种实现），PUParticleSystem3D 使用的 PUEmitter 继承于 Particle3DEmitter，PUAffector 继承于 Particle3DAffector，整个 3D 粒子系统的类图大体图 13-7 所示。

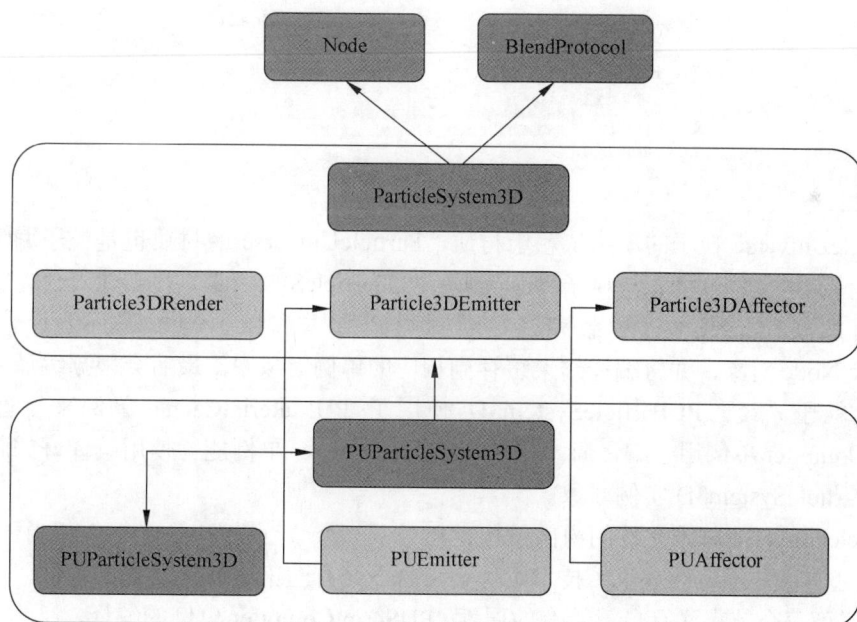

图 13-7　3D 粒子系统类图

PUParticleSystem3D 实现了 ParticleUniverse 粒子系统，包含了 ParticleUniverse 大部分的组件，以及材质。**粒子脚本和材质脚本是构建 PUParticleSystem3D 粒子系统的基础，**粒子脚本描述了整个粒子系统的结构和参数，如图 13-8 所示，脚本的语法可以参考粒子编辑器安装目录下 manual\script 目录下的 index.html 页面，该页面是 ParticleUniverse 粒子系统的脚本说明手册（英文原版）的目录页。

```
给予  编辑  脚本  材料

system blackHole
{
    technique
    {
        visual_particle_quota                2500
        material                             PUMediaPack/Flare_04
        default_particle_width               12
        default_particle_height              12
        renderer                             Billboard
        {
        }
        emitter                              SphereSurface
        {
            emission_rate                    200
            velocity                         3
            radius                           12
        }
        affector                             Colour
        {
            time_colour            0    0 0 0.2 1
            time_colour            0.9  0.8 0.8 1 1
            time_colour            1    1 1 1 1
        }
        affector                             Gravity
        {
            gravity                          2700
        }
        affector                             Scale
        {
            xyz_scale                        -4.5
        }
    }
```

图 13-8　粒子脚本

　　ParticleUniverse 粒子的渲染依赖于材质，ParticleUniverse 的材质也是粒子编辑器编辑出来的一种脚本文件，格式与粒子脚本类似。PUParticleSystem3D 在创建时会先加载材质脚本，再加载粒子脚本，加载完之后会对材质脚本和粒子脚本进行编译，编译成 PUAbstractNode 对象，并将编译结果缓存到相应的单例对象中。最后会根据编译后的信息来初始化粒子系统。PUParticleSystem3D 使用了 PUMaterialCache 单例来管理材质，PUScriptCompiler 单例用于编译脚本，PUTranslateManager 单例能够使用编译好的脚本来创建出 PUParticleSystem3D 实例对象。

　　ParticleUniverse 脚本文件的内部结构也相当于一个节点树，system 组件相当于根节点，在根节点之下有技术组件节点，技术组件节点之下又有渲染组件、发射器组件、影响器组件等节点，而每个节点又有自己特有的属性。PUScriptCompiler 单例的编译，则是将图 13-8 中的脚本文件（字符串）编译为 PUAbstractNode 节点树，PUAbstractNode 中记录了所有节点的结构以及属性。

13.5.2　初始化流程

　　接下来简单了解一下 PUParticleSystem3D 的初始化流程，如图 13-9 所示，PUParticle-

System3D 的初始化流程可以简单分为两个步骤，首先是材质的初始化，其次是粒子系统的初始化。

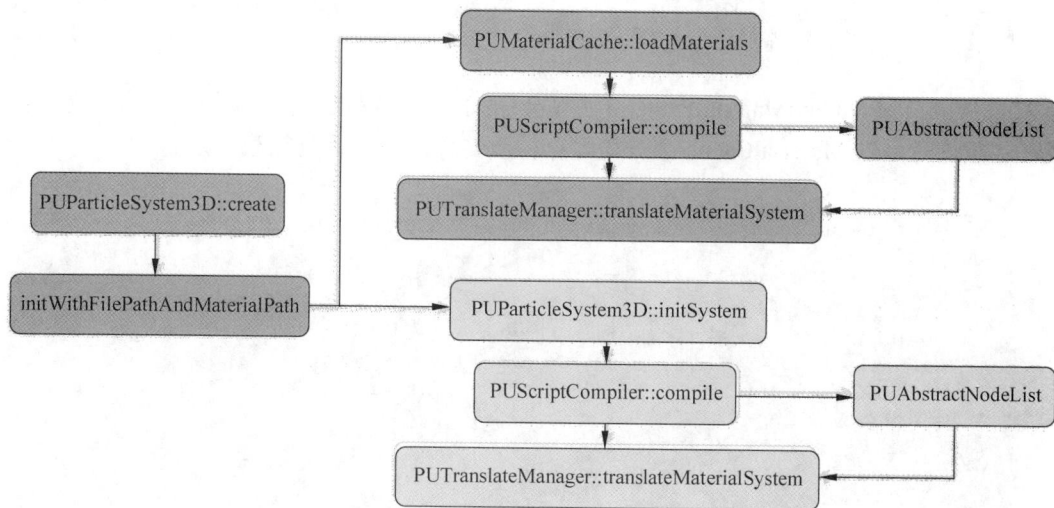

图 13-9　粒子系统初始化流程

当在 PUParticleSystem3D 的 create()方法中传入了粒子脚本和材质文件时，那么 PUParticleSystem3D 会执行 initWithFilePathAndMaterialPath()方法来初始化粒子系统。如果在 PUParticleSystem3D 的 create()方法中只传入了粒子脚本，那么 PUParticleSystem3D 会执行 initWithFilePath()方法来初始化粒子系统。

initWithFilePath()方法会找到粒子脚本文件路径上级目录的 materials 目录，并遍历该目录下的所有.material 文件，然后依次调用 PUMaterialCache 的 loadMaterials()方法，加载所有的材质文件。虽然已经加载的材质文件在 PUMaterialCache 中会被缓存起来，不会重复加载，但**每次调用该方法初始化 PUParticleSystem3D 时仍然会执行目录的遍历**。

```cpp
bool PUParticleSystem3D::initWithFilePath( const std::string &filePath )
{
    std::string fullPath = FileUtils::getInstance()->fullPathForFilename
    (filePath);
    convertToUnixStylePath(fullPath);
    std::string::size_type pos = fullPath.find_last_of("/");
    std::string materialFolder = "materials";
    if (pos != std::string::npos){
        std::string temp = fullPath.substr(0, pos);
        pos = temp.find_last_of("/");
        if (pos != std::string::npos){
            materialFolder = temp.substr(0, pos + 1) + materialFolder;
        }
    }
    static std::vector<std::string> loadedFolder;
    if (std::find(loadedFolder.begin(), loadedFolder.end(), materialFolder)
== loadedFolder.end())
    {
        PUMaterialCache::Instance()->loadMaterialsFromSearchPaths
        (materialFolder);
        loadedFolder.push_back(materialFolder);
    }
```

```
    if (!initSystem(fullPath)){
        return false;
    }
    return true;
}
```

initWithFilePathAndMaterialPath()方法只会加载指定的材质文件，当指定的材质文件已经被加载过时，PUMaterialCache 会自动缓存材质文件，不会重复加载。

```
bool PUParticleSystem3D::initWithFilePathAndMaterialPath( const
std::string &filePath, const std::string &materialPath )
{
    std::string matfullPath = FileUtils::getInstance()->fullPathForFilename
    (materialPath);
    convertToUnixStylePath(matfullPath);
    PUMaterialCache::Instance()->loadMaterials(matfullPath);
    std::string fullPath = FileUtils::getInstance()->fullPathForFilename
    (filePath);
    convertToUnixStylePath(fullPath);
    if (!initSystem(fullPath)){
        return false;
    }
    return true;
}
```

在 PUMaterialCache 的 loadMaterials()方法中会执行 PUScriptCompiler 的 compile()方法来编译材质脚本，PUScriptCompiler 可以编译材质脚本和粒子脚本，脚本编译完成后生成的对象会被缓存到 PUScriptCompiler 中，当再次请求编译该脚本时，PUScriptCompiler 会直接返回缓存的编译结果。如果是首次编译该材质脚本，还会调用 PUTranslateManager 的 translateMaterialSystem()方法，使用编译好的对象生成的材质对象，并添加到 PUMaterialCache 中，以供粒子系统使用。

```
bool PUMaterialCache::loadMaterials( const std::string &file )
{
    bool isFirstCompile = true;
    auto list = PUScriptCompiler::Instance()->compile(file,
    isFirstCompile);
    if (list == nullptr || list->empty()) return false;
    if (isFirstCompile){
        PUTranslateManager::Instance()->translateMaterialSystem(this,
        list);
    }
    return true;
}
```

两种初始化方式最终都会调用 initSystem()方法来初始化粒子系统，在 initSystem()方法中会将粒子脚本进行编译，并调用 PUTranslateManager 的 translateParticleSystem()方法初始化整个粒子系统。

```
bool PUParticleSystem3D::initSystem( const std::string &filePath )
{
    bool isFirstCompile = true;
    auto list = PUScriptCompiler::Instance()->compile(filePath,
    isFirstCompile);
    if (list == nullptr || list->empty()) return false;
    PUTranslateManager::Instance()->translateParticleSystem(this, list);
```

```
    return true;
}
```

　　在 PUTranslateManager 中管理了各种 Translator，在代码目录下简单浏览一下，就可以发现 ParticleUniverse 中的各种组件都是由具体的组件类，以及该组件类对应的一个 Translator 组成，组件类实现该组件的功能，而组件对应的 Translator 则负责根据编译好的信息来创建出组件对象。ParticleUniverse 将组件分为了 9 个类别，每类组件都包含了若干具体的组件，每一个具体的组件都有一个专门的 Translator，外部组件暂时还没有被支持。

　　PUTranslateManager 在创建粒子系统的每一个组件时会先调用 getTranslator()方法来获取这个组件对应的 Translator，可以在 PUTranslateManager 的 getTranslator()方法中看到，这里会根据 PUAbstractNode 对象的类型返回相应的 Translator。ParticleUniverse 的发射器组件、渲染器组件、影响器组件、观察组件、事件处理组件、行为组件这几类组件的 Translator 由对应的 Manager 管理，如发射器组件的 Translator 由 PUEmitterManager 管理，影响器组件的 Translator 由 PUAffectorManager 管理。这几类 Translator 的 Manager 会根据要创建的组件的类型返回对应组件 Translator。通过了解 PUTranslateManager 以及各类组件的 getTranslator()方法，以及组件和组件的 Translator，通过这些代码可以判断某个组件是否已被支持，当然，通过运行测试某组件是否被支持会更加直观一些。

第14章 裁剪与遮罩

在 OpenGL 中，一般可以使用裁剪测试和模板测试，来实现对显示内容的裁剪。**裁剪测试可以用于矩形的裁剪，而模板测试则可以用于不规则形状的裁剪**，因为需要用一个不规则的形状盖在显示内容之上来实现不规则的裁剪，所以使用模板测试来进行裁剪通常也称为遮罩。

在 Cocos2d-x 中，也封装了相应的类供使用，本章会详细介绍裁剪测试和模板测试的原理以及在 Cocos2d-x 中的应用。对实现原理不感兴趣的读者可以直接跳过原理部分。另外需要提醒一下的是**遮罩功能在部分 Android 手机上的性能非常低**，所以应该尽量减少使用遮罩。本章主要介绍以下内容：

- ❏ 片段测试。
- ❏ 裁剪。
- ❏ 遮罩。

14.1 片 段 测 试

首先介绍一下本章的关键术语——测试，它是 OpenGL 中的一个术语，我们可以理解**为根据指定的条件进行判断**，然后根据判断的结果决定一个像素是**否需要被渲染**出来。

例如，正常情况下那些被裁剪掉的、透明的或者是被遮挡住的像素，都是不需要被渲染出来的，但我们也可以通过控制片段测试，来改变规则，如通过控制深度测试可以实现透视的效果，如图 14-1 所示，透视效果可以让我们看到站在墙后的大猩猩。

图 14-1 透视效果

在 OpenGL 的渲染流程中，**当一个像素被渲染出来之前，需要经过片段测试**，片段测试是在 GPU 中执行的。如果测试成功，这个片段会经过混合计算然后写入 OpenGL 的渲染缓冲区中，否则这个像素不会被渲染出来。

片段测试会依次执行裁剪测试、Alpha 测试、模板测试和深度测试，它们会决定像素是否可以被渲染。这 4 个测试可以通过 glEnable 和 glDisable 设置相应的状态来开启和关闭，并且可以通过其他的一些函数来设定测试规则。判断条件是一种通用的测试规则，在需要设定判断条件时，一般需要传入一个枚举值来告诉 OpenGL 需要使用哪种判断条件，而判断条件支持以下枚举。

```
GL_ALWAYS（始终通过）
GL_NEVER（始终不通过）
GL_LESS（小于则通过）
GL_LEQUAL（小于等于则通过）
GL_EQUAL（等于则通过）
GL_GEQUAL（大于等于则通过）
GL_NOTEQUAL（不等于则通过）
```

14.1.1　裁剪测试

裁剪测试会定义一个矩形窗口，如果要渲染的像素在矩形窗口之外，则会被裁剪掉。通过 glEnable 和 glDisable 设置 GL_SCISSOR_TEST 状态，可以开启和关闭裁剪测试。

当裁剪测试开启的时候，可以使用 glScissor()方法设定裁剪窗口，glScissor()方法需要传入 4 个参数，分别是 x、y、width、height，分别表示窗口的左下角坐标以及窗口的尺寸。

14.1.2　Alpha 测试

Alpha 测试会根据设置的规则来判断像素的 Alpha 值，判断不通过则会被裁剪掉。通过 glEnable 和 glDisable 设置 GL_ALPHA_TEST 状态，可以开启和关闭 Alpha 测试。

当 Alpha 测试开启时，可以使用 glAlphaFunc()方法来设定 Alpha()测试的规则，该方法传入两个参数，分别是判断条件的枚举和用于判断的值。例如，下面代码设置的条件是当像素的 Alpha 值大于 0.2f 时通过测试。

```
glAlphaFunc(GL_GREATER, 0.2f);
```

14.1.3　模板测试

模板测试相对而言要复杂些，前面的裁剪和 Alpha 测试都是通过像素本身的值来与设定的值进行测试判断，而模板测试是通过模板缓冲区中的模板值与设定的值进行测试判断。每一个像素在模板缓冲区中都会有一个模板值，如屏幕的中心点像素。当有多张图片重叠在屏幕中间时，屏幕中心点像素会被执行多次绘制。每次绘制都会进行模板测试，并根据测试的结果修改屏幕中心点像素对应的模板值。

就好比每个像素位置对应有一个无符号整数变量，模板测试就是根据这个变量进行判断，并根据**判断**的结果来**修改**该变量，当初始化或清理模板缓冲区时，缓冲区中的所有模板值都会被重置为 0。

模板测试的使用包含 3 个部分，分别是模板缓冲区的初始化和清理、模板测试状态的激活和禁用、模板测试规则的设置。

模板缓冲区的初始化是在初始化 OpenGL 的显示模式时初始化的，例如，使用 GLUT 编写的 OpenGL 程序，需要在 glutInitDisplayMode() 方法中用位或操作加上 GLUT_STENCIL。

```
glutInitDisplayMode(GLUT_DOUBLE | GLUT_RGBA | GLUT_STENCIL);
```

在每一帧开始渲染的时候，都需要清除模板缓冲区。使用 glClear()方法用位或操作加上 GL_STENCIL_BUFFER_BIT 即可清理模板缓冲区。

```
glClear(GL_COLOR_BUFFER_BIT | GL_DEPTH_BUFFER_BIT | GL_STENCIL_ BUFFER_
BIT);
```

使用 glClearStencil()方法可以设定清除模板缓冲区时设置的默认值，默认会将模板缓冲区中的值清除为 0。

通过 glEnable 和 glDisable 设置 GL_STENCIL_TEST 状态，可以开启和关闭模板测试。

开启模板测试后，在渲染之前，需要设置模板测试的规则，包含判断规则和操作规则。glStencilFunc()方法可以设置模板测试的判断规则，需要传入 3 个参数，分别是判断条件枚举、用于判断的参考值、Mask 掩码。模板测试会取出模板值，与 Mask 掩码先进行一次与操作，然后与参考值进行判断，根据判断的结果执行模板操作，如果判断失败了，那么就不渲染。

```
void glStencilFunc(GLenum func, GLint ref, GLuint mask);
```

glStencilOp()方法可以指定模板测试之后对模板缓冲区的操作，该方法需要传入 3 个枚举参数，分别用于指定模板测试失败、模板测试成功且深度测试失败、模板测试和深度测试都成功这 3 种情况下对模板缓冲区的操作。只要执行了模板测试，不论测试是否成功，都可以修改模板缓冲区。模板操作包含以下枚举：

```
GL_KEEP（不改变，默认值）
GL_ZERO（置为 0）
GL_REPLACE（设置为测试条件中的参考值）
GL_INCR（模板值自增 1，如果是最大值，则保持不变）
GL_INCR_WRAP（模板值自增 1，如果是最大值，则从零开始）
GL_DECR（模板值自减 1，如果是零，则保持不变）
GL_DECR_WRAP（模板值自减 1，如果是零，则重置为最大值）
GL_INVERT（将模板值按位取反）
```

14.1.4.　深度测试

深度测试主要用于 3D 渲染时，根据对象的位置确保渲染对象的前后遮挡关系正确，例如，在不启用深度测试时，先渲染一个近处的物体，再渲染一个远处的物体，远处的物体会挡住近处的物体。

深度测试与模板测试类似，拥有一个深度缓冲区，但比模板测试简单的是，深度缓冲区中的深度值是由 OpenGL 自己维护的，OpenGL 会根据每个像素的空间坐标计算其空间深度值，**距离摄像机越远深度值越高，距离摄像机越近则深度值越小**。深度缓冲区的初始化和模板缓冲区一样，也是在初始化 OpenGL 的显示模式时初始化的，例如，使用 GLUT 编写的 OpenGL 程序需要在 glutInitDisplayMode()方法中用位或操作加上 GLUT_DEPTH。

　　使用深度测试时，在每一帧开始渲染的时候，都要使用 glClear()方法在参数中用位或操作加上 GL_DEPTH_BUFFER_BIT 可以清除深度缓冲区。可以使用 glClearDepth()方法传入一个深度值将当前深度缓冲区中的深度值设置为指定的深度值。当一个坐标经过了位置变换和透视之后，**坐标的 Z 值会被修改为-1.0f 到 1.0f 之间**，摄像机的远截面为 1.0f，近截面为 0.0f（远截面和近截面即摄像机可以照射到的最远和最近的平面），在深度缓冲区初始化时，**默认会将所有像素的深度值设置为 1.0f**。

　　通过 glEnable 和 glDisable 设置 GL_DEPTH_TEST 状态，可以开启和关闭深度测试。调用 glDepthFunc()方法传入判断条件枚举可以设置深度测试的判断条件，默认值为GL_LESS。

　　这里需要注意的是，当深度测试通过时，会将当前要绘制的这个像素的深度值设置到深度缓冲区中。但不论是否开启了深度测试，只要有深度缓冲区，OpenGL 在绘制时都会尝试将深度值写入缓冲区中，而执行 glDepthMask(GL_FALSE)可以让深度缓冲区变成只读的缓冲区。在绘制半透明物体时，需要关闭深度测试（否则 3D 透明物体可能被自身所遮挡），并且使用 glDepthMask()方法将深度缓冲区设置为只读（否则透明物体可能会挡住其背后的物体）。

14.2　裁　　剪

14.2.1　使用 ClippingRectangleNode

　　在 Cocos2d-x 中，使用 Layout 或 ScrollView 等控件都可以实现裁剪功能，但ClippingRectangleNode 提供了最纯粹的裁剪功能，其使用非常简单，在创建的时候传入裁剪窗口的位置和尺寸（基于节点坐标系），然后将要裁剪的节点添加到 ClippingRectangleNode 下即可。使用的方法可以参考 cpp-tests 中 ClippingNodeTest 中的 ClippingRectangleNodeTest 示例。示例的关键代码如下。

```
void ClippingRectangleNodeTest::setup()
{
    //创建了一个 ClippingRectangleNode 并调用 setClippingRegion()方法设置一个矩形
    auto clipper = ClippingRectangleNode::create();
    clipper->setClippingRegion(Rect(this->getContentSize().width/2-100,this->
getContentSize().height / 2 - 100, 200, 200));
    clipper->setTag( kTagClipperNode );
    this->addChild(clipper);
    //添加一个显示节点到 clipper 下，该节点会被所设置的矩形裁剪
    auto content = Sprite::create(s_back2);
    content->setTag( kTagContentNode );
    content->setAnchorPoint( Vec2(0.5, 0.5) );
```

```
    content->setPosition(this->getContentSize().width/2,this->getContentSize().
height / 2);
    clipper->addChild(content);
}
```

ClippingRectangleNodeTest 示例的运行效果如图 14-2 所示。

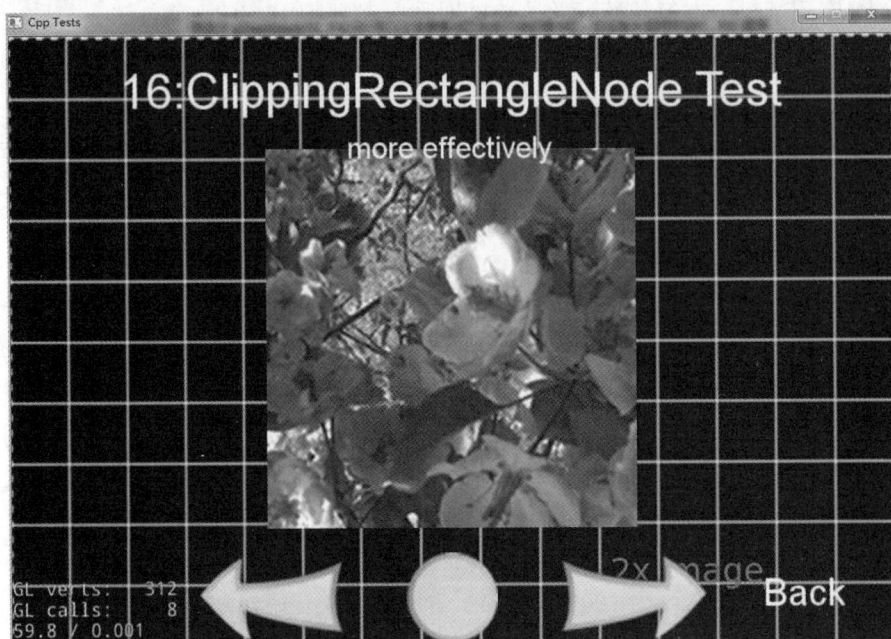

图 14-2　运行效果

14.2.2　ClippingRectangleNode 的实现

ClippingRectangleNode 的实现非常简单，在 visit()方法中，首先添加了一条自定义的渲染命令用于开启裁剪测试，然后调用 Node::visit()方法，正常地遍历所有子节点，子节点会顺序地添加子节点的渲染命令到 Renderer 中，最后添加另外一条自定义的渲染命令，用于关闭裁剪测试。

```
void ClippingRectangleNode::visit(Renderer *renderer, const Mat4 &parent
Transform, uint32_t parentFlags)
{
    _beforeVisitCmdScissor.init(_globalZOrder);
    _beforeVisitCmdScissor.func = CC_CALLBACK_0(ClippingRectangle Node::
onBeforeVisitScissor, this);
    renderer->addCommand(&_beforeVisitCmdScissor);

    Node::visit(renderer, parentTransform, parentFlags);

    _afterVisitCmdScissor.init(_globalZOrder);
    _afterVisitCmdScissor.func = CC_CALLBACK_0(ClippingRectangleNode::
onAfterVisitScissor, this);
    renderer->addCommand(&_afterVisitCmdScissor);
}
```

　　裁剪测试的开启非常简单，在渲染 ClippingRectangleNode 时，首先会执行
onBeforeVisitScissor()方法，该方法当_clippingEnabled 变量为 true 时，会激活裁剪测试，
并将裁剪窗口转换成世界坐标，然后调用 GLView 对象的 setScissorInPoints()方法设置裁剪
窗口，该方法会调用 glScissor()方法设置裁剪窗口。接下来渲染所有子节点，最后执行
onAfterVisitScissor()方法，关闭裁剪测试。

```cpp
void ClippingRectangleNode::onBeforeVisitScissor()
{
   if (_clippingEnabled) {
      glEnable(GL_SCISSOR_TEST);

      float scaleX = _scaleX;
      float scaleY = _scaleY;
      Node *parent = this->getParent();
      while (parent) {
         scaleX *= parent->getScaleX();
         scaleY *= parent->getScaleY();
         parent = parent->getParent();
      }

      const Point pos = convertToWorldSpace(Point(_clipping Region.origin.
      x, _clippingRegion.origin.y));
      GLView* glView = Director::getInstance()->getOpenGLView();
      glView->setScissorInPoints(pos.x,
                                 pos.y,
                                 _clippingRegion.size.width * scaleX,
                                 _clippingRegion.size.height * scaleY);
   }
}

void ClippingRectangleNode::onAfterVisitScissor()
{
   if (_clippingEnabled)
   {
      glDisable(GL_SCISSOR_TEST);
   }
}
```

　　这里需要注意的两个问题是，嵌套裁剪会导致部分裁剪失效，但像嵌套裁剪这样的需
求是不应该出现的。另外一个则是当有子节点设置了不同的全局 ZOrder，那么该子节点也
是不会被裁剪的。

14.3　遮　　罩

14.3.1　ScrollViewDemo 示例

　　当需要实现一些镂空的效果或一些不规则形状的裁剪时，ClippingRectangleNode 就不
管用了，这时候就需要用到 ClippingNode，需要注意的是 ClippingNode 的性能消耗要大于
ClippingRectangleNode，所以对于矩形的裁剪还是应该使用 ClippingRectangleNode。
　　ClippingNode 创建之后，需要调用 setStencil()方法设置一个模板节点用于遮罩，调用

setAlphaThreshold()方法可以控制模板透明度的阀值（该值会用于 Alpha 测试），调用 setInverted()方法可以反转遮罩效果。只要设置了遮罩，ClippingNode 下的所有子节点都会被模板节点所遮罩。cpp-tests 中 ClippingNodeTest 中的 ScrollViewDemo 示例演示了如何使用一个多边形模板进行遮罩。示例的关键代码如下。

```cpp
void ScrollViewDemo::setup()
{
    //创建 ClippingNode
    auto clipper = ClippingNode::create();
    clipper->setTag( kTagClipperNode );
    clipper->setContentSize( Size(200, 200) );
    clipper->setAnchorPoint( Vec2(0.5, 0.5) );
    clipper->setPosition(this->getContentSize().width/2,this-> getContent
Size().height / 2);
    clipper->runAction(RepeatForever::create(RotateBy::create(1, 45)));
    this->addChild(clipper);
    //创建模板节点，绘制一个白色的矩形，并设置为 ClippingNode 的模板
    //模板节点会执行渲染，但模板节点的渲染只是为了修改模板缓冲区，并不会真正渲染到屏幕上
    auto stencil = DrawNode::create();
    Vec2 rectangle[4];
    rectangle[0] = Vec2(0, 0);
    rectangle[1] = Vec2(clipper->getContentSize().width, 0);
    rectangle[2] = Vec2(clipper->getContentSize().width, clipper->get
ContentSize().height);
    rectangle[3] = Vec2(0, clipper->getContentSize().height);

    Color4F white(1, 1, 1, 1);
    stencil->drawPolygon(rectangle, 4, white, 1, white);
    clipper->setStencil(stencil);
    //创建一个显示节点并添加到 ClippingNode 中，显示节点在矩形外的内容会被裁剪掉
    auto content = Sprite::create(s_back2);
    content->setTag( kTagContentNode );
    content->setAnchorPoint( Vec2(0.5, 0.5) );
    content->setPosition(clipper->getContentSize().width /2, clipper-> get
ContentSize().height / 2);
    clipper->addChild(content);

    _scrolling = false;

    auto listener = EventListenerTouchAllAtOnce::create();
    listener->onTouchesBegan = CC_CALLBACK_2(ScrollViewDemo:: onTouches
Began, this);
    listener->onTouchesMoved = CC_CALLBACK_2(ScrollViewDemo::onTouches
Moved, this);
    listener->onTouchesEnded = CC_CALLBACK_2(ScrollViewDemo::onTouches
Ended, this);
    _eventDispatcher->addEventListenerWithSceneGraphPriority(listener,this);
}
```

ScrollViewDemo 会先渲染一个纯白色的矩形模板，模板的渲染会修改矩形区域的像素对应的模板缓冲区，但模板自身不会被显示出来。接下来渲染 ClippingNode 的子节点，渲染子节点时会根据模板缓冲区当前的值来进行模板测试，只有在矩形范围内才能通过模板测试。ScrollViewDemo 的运行效果如图 14-3 所示。

图 14-3　ScrollViewDemo 运行效果

14.3.2　HoleDemo 示例

HoleDemo 演示了更为复杂的遮罩，示例中会出现一块旋转的面板，每次在面板上的单击都会在面板上出现一个洞，透过这个洞可以观察到面板后面的内容，形成一种镂空效果，如图 14-4 所示。

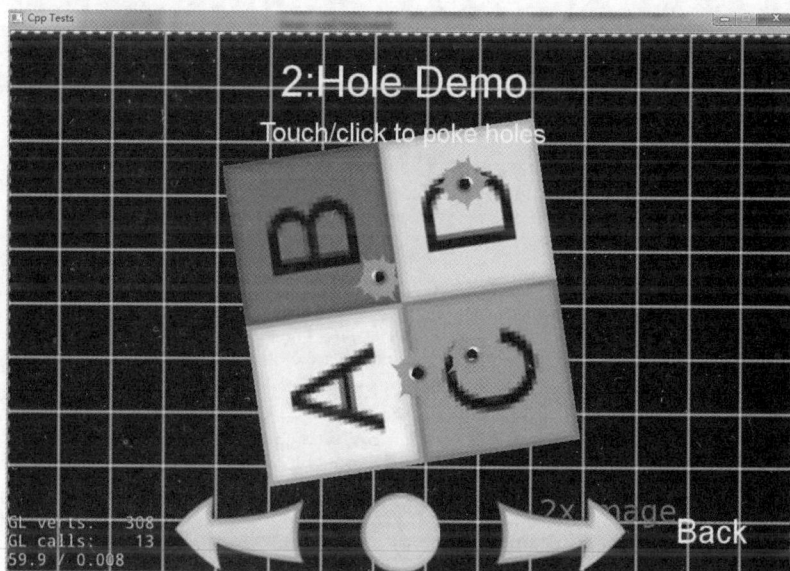

图 14-4　HoleDemo 运行效果

首先来看示例的初始化，代码如下所示，首先创建了一个面板 target 以及一个 outerClipper 裁剪节点（最外层的裁剪节点），并将面板设置为 outerClipper 的模板。接下来创建了一个 holesClipper 裁剪节点，holesClipper 执行了反转操作，并将透明阀值设置为

0.05f。创建了一个 holes 节点作为 holesClipper 的模板，并将面板 target 添加为 holesClipper 的子节点，最后将最外层的裁剪节点 outerClipper 添加到场景中。

　　初始化设置的这些操作看上去有些令人眼花缭乱，但没有关系，最后梳理一下整个结构和流程。

```
void HoleDemo::setup()
{
    auto target = Sprite::create(s_pathBlock);
    target->setAnchorPoint(Vec2::ZERO);
    target->setScale(3);

    _outerClipper = ClippingNode::create();
    _outerClipper->retain();
    AffineTransform tranform = AffineTransform::IDENTITY;
    tranform = AffineTransformScale(tranform, target->getScale(), target->
    getScale());

    _outerClipper->setContentSize( SizeApplyAffineTransform(target-> get
    ContentSize(), tranform));
    _outerClipper->setAnchorPoint( Vec2(0.5, 0.5) );
    _outerClipper->setPosition(Vec2(this->getContentSize()) * 0.5f);
    _outerClipper->runAction(RepeatForever::create(RotateBy::create(1,45)));

    _outerClipper->setStencil( target );

    auto holesClipper = ClippingNode::create();
    holesClipper->setInverted(true);
    holesClipper->setAlphaThreshold( 0.05f );

    holesClipper->addChild(target);

    _holes = Node::create();
    _holes->retain();

    holesClipper->addChild(_holes);

    _holesStencil = Node::create();
    _holesStencil->retain();

    holesClipper->setStencil( _holesStencil);

    _outerClipper->addChild(holesClipper);

    this->addChild(_outerClipper);

    auto listener = EventListenerTouchAllAtOnce::create();
    listener->onTouchesBegan = CC_CALLBACK_2(HoleDemo::onTouchesBegan,this);
    _eventDispatcher->addEventListenerWithSceneGraphPriority(listener,this);
}
```

　　每次单击都会调用 pokeHoleAtPoint()方法，该方法会在面板上留下一个洞，首先会得到单击的位置，在这个位置上创建一个洞的显示效果精灵作为 holes 的子节点，同时添加一个洞的模板精灵到_holesStencil 节点下。最后让最外层的_outerClipper 节点执行一个抖动的动画。

```
void HoleDemo::pokeHoleAtPoint(Vec2 point)
{
    float scale = CCRANDOM_0_1() * 0.2 + 0.9;
```

```
float rotation = CCRANDOM_0_1() * 360;

auto hole = Sprite::create("Images/hole_effect.png");
hole->setPosition( point );
hole->setRotation( rotation );
hole->setScale( scale );

_holes->addChild(hole);

auto holeStencil = Sprite::create("Images/hole_stencil.png");
holeStencil->setPosition( point );
holeStencil->setRotation( rotation );
holeStencil->setScale( scale );

_holesStencil->addChild(holeStencil);

_outerClipper->runAction(Sequence::createWithTwoActions(ScaleBy::create
(0.05f, 0.95f),
                                        ScaleTo::create(0.125f, 1)));
}
```

14.3.3　详解 HoleDemo 示例

最后来梳理一下前面的例子，整个节点结构的组织如图 14-5 所示，_outerClipper 和 holesClipper 是两个 ClippingNode，_holesStencil 是 holesClipper 对应的蒙板节点，在 _holesStencil 之下的所有节点都可以用于裁减遮罩。

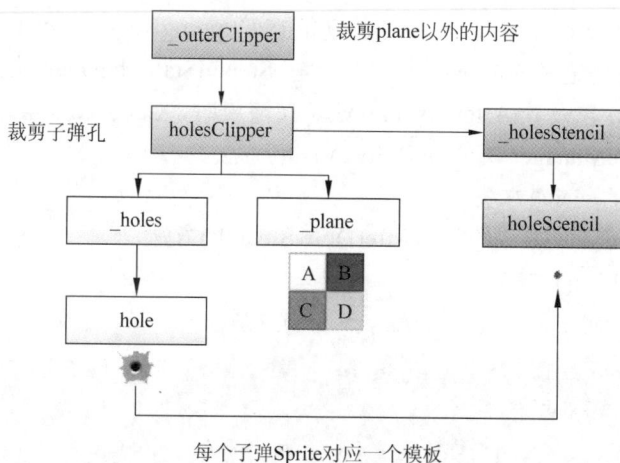

图 14-5　HoleDemo 节点结构图

首先是最外层的_outerClipper 裁剪节点，这个节点的模板是底下的面板，作用与 ScrollViewDemo 例子中的矩形模板是一样的，主要目的是为了**防止洞的效果出现在面板之外**，确保所有的内容都在面板之上，所以裁剪了面板以外的内容。

此时**面板中所有像素对应的模板值都被设置了**，接下来是_outerClipper 的子节点 holesClipper，holesClipper 设置了_holesStencil 为模板节点，并添加了面板和_holes 为子节点，_holes 是一个普通的节点，用于添加洞的效果。

子弹孔图片和对应的模板图片如图 14-6 所示，洞的效果图片是 hole_effect.png 中间有

一个黑洞，而周边是一些用于修饰的裂纹，洞的模板图则是一张透明图片，图片的中间是
一个紫色的小点，对应效果图中间的黑洞。

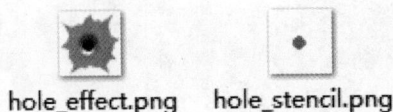

hole_effect.png　　hole_stencil.png

图 14-6　破洞效果图和模板图

当在面板上单击时，**首先在 _holes 上添加一个洞效果精灵，同时在 _holesStencil 中相
对应的位置添加一个模板精灵**，由于设置了 holesClipper 的透明阀值，所以 holesClipper 会
开启 Alpha 测试，Alpha 值小于设定的阀值的片段时将不会通过 Alpha 测试，**所以只有中
间不透明的洞对应的片段会进入模板测试**。如果 holesClipper 没有设置 Inverted 为 true，那
么就只能看到一些黑点了，因为黑洞以外的内容都被裁剪掉了，而设置了 Inverted 为 true
后，则变成了只裁剪黑洞部分的内容。

14.3.4　ClippingNode 的实现

1．ClippingNode的visit()方法

ClippingNode 的实现不算复杂，核心的功能在 ClippingNode 的 visit()方法中实现，visit()
方法中添加了 3 条自定义的渲染命令，分别是 StencilStateManager 类的 onBeforeVisit、
onAfterDrawStencil，以及 onAfterVisit()方法。在渲染时，Cocos2d-x 会依次执行以下步骤：

（1）StencilStateManager 类的 onBeforeVisit()方法。

（2）模板节点的 visit()方法。

（3）StencilStateManager 类的 onAfterDrawStencil()方法。

（4）子节点的 visit()方法。

（5）StencilStateManager 类的 onAfterVisit()方法。

```
void ClippingNode::visit(Renderer *renderer, const Mat4 &parentTransform,
uint32_t parentFlags)
{
    if (!_visible || !hasContent())
        return;

    uint32_t flags = processParentFlags(parentTransform, parentFlags);

    //IMPORTANT:
    //To ease the migration to v3.0, we still support the Mat4 stack,
    //but it is deprecated and your code should not rely on it
    Director* director = Director::getInstance();
    CCASSERT(nullptr != director, "Director is null when setting matrix
    stack");
    director->pushMatrix(MATRIX_STACK_TYPE::MATRIX_STACK_MODELVIEW);
    director->loadMatrix(MATRIX_STACK_TYPE::MATRIX_STACK_MODELVIEW,_model
    ViewTransform);
```

```
    //Add group command

    _groupCommand.init(_globalZOrder);
    renderer->addCommand(&_groupCommand);

    renderer->pushGroup(_groupCommand.getRenderQueueID());

    _beforeVisitCmd.init(_globalZOrder);
    _beforeVisitCmd.func = CC_CALLBACK_0(StencilStateManager::onBefore
    Visit, _stencilStateManager);
    renderer->addCommand(&_beforeVisitCmd);

    auto alphaThreshold = this->getAlphaThreshold();
    if (alphaThreshold < 1)
    {
#if CC_CLIPPING_NODE_OPENGLES
        //since glAlphaTest do not exists in OES, use a shader that writes
        //pixel only if greater than an alpha threshold
        GLProgram *program = GLProgramCache::getInstance()-> getGLProgram
        (GLProgram::SHADER_NAME_POSITION_TEXTURE_ALPHA_TEST_NO_MV);
        GLint alphaValueLocation=glGetUniformLocation(program-> etProgram(),
        GLProgram::UNIFORM_NAME_ALPHA_TEST_VALUE);
        //set our alphaThreshold
        program->use();
        program->setUniformLocationWith1f(alphaValueLocation,alphaThreshold);
        //we need to recursively apply this shader to all the nodes in the
        stencil node
        //FIXME: we should have a way to apply shader to all nodes without
        having to do this
        setProgram(_stencil, program);

#endif

    }
    _stencil->visit(renderer, _modelViewTransform, flags);

    _afterDrawStencilCmd.init(_globalZOrder);
    _afterDrawStencilCmd.func=CC_CALLBACK_0(StencilState Manager::onAfter
    DrawStencil, _stencilStateManager);
    renderer->addCommand(&_afterDrawStencilCmd);

    int i = 0;
    bool visibleByCamera = isVisitableByVisitingCamera();

    if(!_children.empty())
    {
        sortAllChildren();
        //draw children zOrder < 0
        for( ; i < _children.size(); i++ )
        {
            auto node = _children.at(i);

            if ( node && node->getLocalZOrder() < 0 )
                node->visit(renderer, _modelViewTransform, flags);
            else
                break;
        }
        //self draw
        if (visibleByCamera)
            this->draw(renderer, _modelViewTransform, flags);
```

```
    for(auto it=_children.cbegin()+i; it != _children.cend(); ++it)
        (*it)->visit(renderer, _modelViewTransform, flags);
}
else if (visibleByCamera)
{
    this->draw(renderer, _modelViewTransform, flags);
}

_afterVisitCmd.init(_globalZOrder);
_afterVisitCmd.func = CC_CALLBACK_0(StencilStateManager::onAfterVisit,
_stencilStateManager);
renderer->addCommand(&_afterVisitCmd);

renderer->popGroup();

director->popMatrix(MATRIX_STACK_TYPE::MATRIX_STACK_MODELVIEW);
}
```

在对模板节点执行 visit()方法操作之前，先判断了 Alpha 的阀值，如果阀值小于 1，则说明会将模板节点中所有透明度低于阀值的像素裁剪掉。**裁剪的方式是通过 Alpha 测试，**但这里做了一个预处理，当不支持 Alpha 测试时，会将模板节点以及其所有子节点的 Shader 设置为 Cocos2d-x 自带的 SHADER_NAME_POSITION_TEXTURE_ALPHA_TEST_NO_MV，使用 Shader 来实现 Alpha 测试的功能，在 Shader 中丢弃透明度不符合条件的片段。

StencilStateManager 是位于 cocos\base 目录下的一个类，用于管理模板状态，虽然以 Manager 为后缀，但其并不是一个单例，而是 ClippingNode 的一个成员变量，在构造函数中执行 new StencilStateManager()来初始化。ClippingNode 的透明阀值、是否反转等与模板测试相关的状态都记录在 StencilStateManager 对象中。

2．ClippingNode的onBeforeVisit()方法

模板遮罩最关键的地方，就在 StencilStateManager 的 3 个方法中，首先 onBeforeVisit()方法执行了绘制模板节点之前的准备工作，包括模板掩码的计算、当前状态的保存、模板测试与 Alpha 测试的开启、全屏模板的绘制等，代码实现如下。

```
void StencilStateManager::onBeforeVisit()
{
    ////////////////////////////////////
    //INIT

    //increment the current layer
    s_layer++;

    //mask of the current layer (ie: for layer 3: 00000100)
    GLint mask_layer = 0x1 << s_layer;
    //mask of all layers less than the current (ie: for layer 3: 00000011)
    GLint mask_layer_l = mask_layer - 1;
    //mask of all layers less than or equal to the current (ie: for layer
    3: 00000111)
    _mask_layer_le = mask_layer | mask_layer_l;

    //manually save the stencil state

    _currentStencilEnabled = glIsEnabled(GL_STENCIL_TEST);
    glGetIntegerv(GL_STENCIL_WRITEMASK,(GLint*)&_currentStencilWriteMask);
```

```
glGetIntegerv(GL_STENCIL_FUNC, (GLint *)&_currentStencilFunc);
glGetIntegerv(GL_STENCIL_REF, &_currentStencilRef);
glGetIntegerv(GL_STENCIL_VALUE_MASK,(GLint *)&_currentStencilValueMask);
glGetIntegerv(GL_STENCIL_FAIL, (GLint *)&_currentStencilFail);
glGetIntegerv(GL_STENCIL_PASS_DEPTH_FAIL,(GLint *)&_currentStencilPass
DepthFail);
glGetIntegerv(GL_STENCIL_PASS_DEPTH_PASS, (GLint *)&_currentStencil
PassDepthPass);

//enable stencil use
glEnable(GL_STENCIL_TEST);
//    RenderState::StateBlock::_defaultState->setStencilTest(true);

//check for OpenGL error while enabling stencil test
CHECK_GL_ERROR_DEBUG();

//all bits on the stencil buffer are readonly, except the current layer bit,
//this means that operation like glClear or glStencilOp will be masked
with this value
glStencilMask(mask_layer);
//    RenderState::StateBlock::_defaultState->setStencilWrite(mask_
layer);

//manually save the depth test state

glGetBooleanv(GL_DEPTH_WRITEMASK, &_currentDepthWriteMask);

//disable depth test while drawing the stencil
//glDisable(GL_DEPTH_TEST);
//disable update to the depth buffer while drawing the stencil,
//as the stencil is not meant to be rendered in the real scene,
//it should never prevent something else to be drawn,
//only disabling depth buffer update should do
glDepthMask(GL_FALSE);
RenderState::StateBlock::_defaultState->setDepthWrite(false);

/////////////////////////////////
//CLEAR STENCIL BUFFER

//manually clear the stencil buffer by drawing a fullscreen rectangle on it
//setup the stencil test func like this:
//for each pixel in the fullscreen rectangle
//    never draw it into the frame buffer
//    if not in inverted mode: set the current layer value to 0 in the
stencil buffer
//    if in inverted mode: set the current layer value to 1 in the stencil
buffer
glStencilFunc(GL_NEVER, mask_layer, mask_layer);
glStencilOp(!_inverted ? GL_ZERO : GL_REPLACE, GL_KEEP, GL_KEEP);

//draw a fullscreen solid rectangle to clear the stencil buffer
//ccDrawSolidRect(Vec2::ZERO, ccpFromSize([[Director sharedDirector]
winSize]), Color4F(1, 1, 1, 1));
drawFullScreenQuadClearStencil();

/////////////////////////////////
//DRAW CLIPPING STENCIL

//setup the stencil test func like this:
//for each pixel in the stencil node
//    never draw it into the frame buffer
```

```
//    if not in inverted mode: set the current layer value to 1 in the
stencil buffer
//    if in inverted mode: set the current layer value to 0 in the stencil
buffer
glStencilFunc(GL_NEVER, mask_layer, mask_layer);
//    RenderState::StateBlock::_defaultState->setStencilFunction(Render
State::STENCIL_NEVER, mask_layer, mask_layer);

glStencilOp(!_inverted ? GL_REPLACE : GL_ZERO, GL_KEEP, GL_KEEP);
//    RenderState::StateBlock::_defaultState->setStencilOperation(
//                                            !_inverted ?
 RenderState::STENCIL_OP_REPLACE : RenderState::STENCIL_OP_ZERO,
//                                                 RenderState::
STENCIL_OP_KEEP,
//                                                 RenderState::
STENCIL_OP_KEEP);


//enable alpha test only if the alpha threshold < 1,
//indeed if alpha threshold == 1, every pixel will be drawn anyways
if (_alphaThreshold < 1) {
#if !CC_CLIPPING_NODE_OPENGLES
    //manually save the alpha test state
    _currentAlphaTestEnabled = glIsEnabled(GL_ALPHA_TEST);
    glGetIntegerv(GL_ALPHA_TEST_FUNC, (GLint *)&_currentAlphaTestFunc);
    glGetFloatv(GL_ALPHA_TEST_REF, &_currentAlphaTestRef);
    //enable alpha testing
    glEnable(GL_ALPHA_TEST);
    //check for OpenGL error while enabling alpha test
    CHECK_GL_ERROR_DEBUG();
    //pixel will be drawn only if greater than an alpha threshold
    glAlphaFunc(GL_GREATER, _alphaThreshold);
#endif
    }

    //Draw _stencil
}
```

　　首先是掩码的计算，这里使用了一个全局的静态变量 s_layer，用于区分**多个嵌套模板**，例如，每当绘制模板时，s_layer 会自增 1，s_layer 的默认值为-1，第一个模板对应的掩码位为 0x01，后面绘制的模板的掩码位依次左移。相当于把模板值分成 N 段，每个模板取其中的一段（一段就是一位），这样**嵌套的模板之间的模板值就互不冲突了，每个模板都有特定的一个掩码位**，通过 s_layer 的自增 1 来保证唯一，那么模板值最高可以有多少位呢？常用的有 16 位、24 位、32 位等，位数越高则可以嵌套的模板就越多，但绝大多数情况下不需要嵌套超过 8 个模板。s_layer 并不是一个只增不减的变量，每次绘制完都会相对应地自减 1。

　　例如，要渲染 A 和 B 两个 ClippingNode，A 下面还有 3 个 ClippingNode 子节点 A1、A2、A3，渲染 A 时，s_layer 为 0、而渲染 A1、A2、A3 时，s_layer 为 1，渲染 B 时，s_layer 为 0。如果 A1、A2、A3 的关系依次是父子节点的关系，则它们渲染时对应的 s_layer 分别为 1、2、3。也就是说父子节点之间才存在模板嵌套，而同级的节点，是使用同一个模板掩码的。

　　接下来执行了第一次模板函数和模板操作设置，这个设置的意思是**接下来要绘制的内容不会通过模板测试**，参考值和掩码都为 mask_layer，也就是当前层的唯一掩码。模板值会与 mask_layer 进行一次与操作，再与 mask_layer 进行判断。但这里由于设置的判断条件为 GL_NEVER，所以无论如何都通不过模板测试。

```
glStencilFunc(GL_NEVER, mask_layer, mask_layer);
```

然后设置了模板测试失败后的操作（所有通过了 Alpha 测试的片段都会进行模板测试，并执行测试后对模板值的操作），如果设置了反转，那么将当前层对应的模板值设置为参考值 mask_layer，否则将模板值置为 0。由于执行了 **glStencilMask()** 方法，传入了当前掩码值，**所以接下来所有对模板缓冲区的操作，都只会针对当前模板层对应的掩码位。**

```
glStencilOp(!_inverted ? GL_ZERO : GL_REPLACE, GL_KEEP, GL_KEEP);
```

然后又调用 drawFullScreenQuadClearStencil 绘制了一个全屏的矩形，根据上面设定的模板测试的规则，整个屏幕的模板值的对应当前模板层的掩码位都会被设置为 0 或 1（不会对其他层产生影响），相当于对当前层的重置。

初始化全屏的模板值之后，调整模板函数和模板操作的设置，为接下来的模板绘制做准备，glStencilFunc()方法的设置并没有变化，但在 glStencilOp()方法中对_inverted 的判断反了过来，如果设置了反转，那么将当前层对应的模板值设置为 0，否则设置为参考值。

```
glStencilFunc(GL_NEVER, mask_layer, mask_layer);
glStencilOp(!_inverted ? GL_REPLACE : GL_ZERO, GL_KEEP, GL_KEEP);
```

在 ClippingNode 的 visit()方法中，在激活 CC_CLIPPING_NODE_OPENGLES 预处理的情况下会使用 Shader 来模拟 Alpha 测试，而这里在未激活 CC_CLIPPING_NODE_OPENGLES 预处理的情况下，会开启 OpenGL 的 Alpha 测试。

假设_inverted 为 false，执行完该方法之后，全屏对应模板值的掩码位均为 0，然后模板节点的绘制会使模板节点的不透明部分对应的模板值掩码位为 1。反之则全屏为 1，屏幕节点不透明部分为 0。

在绘制完模板节点之后，ClippingNode 会执行 onAfterDrawStencil()方法，该方法会恢复原先的 Alpha 测试和深度测试相关的设置，然后设置了新的模板测试函数和操作，由于接下来要渲染的是要显示的节点，不再需要去修改模板值了，所以无论模板测试的结果如何，都会执行 GL_KEEP 操作。

在模板测试中需要设置新的条件 GL_EQUAL，只有当像素对应的模板值等于指定的参考值时，这个片段才会被渲染出来。指定的参考值和掩码都是_mask_layer_le，这是什么意思呢？假设当有多层模板嵌套的时候，第一层到第 N 层的掩码值分别为 00000001、00000010、00000100，依此类推，当被任何一个模板裁剪掉的时候，都不应该被渲染出来，假设是第三层，计算出来的_mask_layer_le 就是 00000111，只有当前像素对应每一层模板的模板值的掩码位都为 1 时，才可以让它通过模板测试，只要任何一层模板的掩码位不为 1，那么模板值就不等于_mask_layer_le，模板测试就会失败，通过模板测试的片段才会被显示到屏幕上。

3. Client的onAfterDrawStencil()方法

```
void StencilStateManager::onAfterDrawStencil()
{
    //restore alpha test state
    if (_alphaThreshold < 1)
    {
```

```
#if CC_CLIPPING_NODE_OPENGLES
    //FIXME: we need to find a way to restore the shaders of the stencil
    node and its children
#else
    //manually restore the alpha test state
    glAlphaFunc(_currentAlphaTestFunc, _currentAlphaTestRef);
    if (!_currentAlphaTestEnabled)
    {
        glDisable(GL_ALPHA_TEST);
    }
#endif
    }

    //restore the depth test state
    glDepthMask(_currentDepthWriteMask);
    RenderState::StateBlock::_defaultState->setDepthWrite(_currentDepth
    WriteMask != 0);

    //if (currentDepthTestEnabled) {
    //   glEnable(GL_DEPTH_TEST);
    //}

    /////////////////////////////////
    //DRAW CONTENT

    //setup the stencil test function like this:
    //for each pixel of this node and its children
    //    if all layers less than or equals to the current are set to 1 in
    the stencil buffer
    //        draw the pixel and keep the current layer in the stencil buffer
    //    else
    //        do not draw the pixel but keep the current layer in the stencil
    buffer
    glStencilFunc(GL_EQUAL, _mask_layer_le, _mask_layer_le);
    //   RenderState::StateBlock::_defaultState->setStencilFunction(Render
    State::STENCIL_EQUAL, _mask_layer_le, _mask_layer_le);

    glStencilOp(GL_KEEP, GL_KEEP, GL_KEEP);
    //   RenderState::StateBlock::_defaultState->setStencilOperation(Render
    State::STENCIL_OP_KEEP, RenderState::STENCIL_OP_KEEP, RenderState::
    STENCIL_OP_KEEP);

    //draw (according to the stencil test function) this node and its children
}
```

执行完 onAfterDrawStencil 之后，会渲染 ClippingNode 的子节点，模板测试会裁剪掉没有被遮罩的像素，通过模板测试的像素会被渲染到屏幕上，最后在 onAfterVisit()方法中执行了一些清理操作，恢复了 onBeforeVisit()方法中所保存的状态设置，并将 s_layer 自减 1。

```
void StencilStateManager::onAfterVisit()
{
    /////////////////////////////////
    //CLEANUP

    //manually restore the stencil state
    glStencilFunc(_currentStencilFunc, _currentStencilRef, _current Stencil
    ValueMask);
    //   RenderState::StateBlock::_defaultState->setStencilFunction((Render
    State::StencilFunction)_currentStencilFunc, _currentStencilRef, _current
```

```
StencilValueMask);

glStencilOp(_currentStencilFail, _currentStencilPassDepthFail, _current
StencilPassDepthPass);
//   RenderState::StateBlock::_defaultState->setStencilOperation((Render
State::StencilOperation)_currentStencilFail,
//   (RenderState::StencilOperation)_currentStencilPassDepthFail,
//   (RenderState::StencilOperation)_currentStencilPassDepthPass);

glStencilMask(_currentStencilWriteMask);
if (!_currentStencilEnabled)
{
    glDisable(GL_STENCIL_TEST);
    //       RenderState::StateBlock::_defaultState->setStencilTest(false);
}

//we are done using this layer, decrement
s_layer--;
}
```

最后来总结一下 ClippingNode 中应用到的技巧和知识点，要掌握好它们，还需要细细体会。

❑ 流程上是先绘制模板来修改模板值，再绘制内容，根据模板值执行模板测试来裁剪。

❑ 使用了 Alpha 测试来控制透明部分像素对应的模板值，没有通过 Alpha 测试的片段是不会修改到模板值的。

❑ 使用一个静态变量 s_layer 控制掩码，并使用 glStencilMask()方法来控制模板值的分段操作。

第 15 章 使用 Shader——GLSL 基础

对于很多初学者而言，Shader 是神秘的，因为 Shader 工作在图形处理器的底层，并且往往涉及不少复杂的图形学算法，要掌握 Shader 还需要有一定的 OpenGL 基础，如果没有非常合适的入门资料，那么掌握 Shader 将会遇到非常多的困难，没有循序渐进地学习，那么碰到的问题将会令人难以寸进，掌握不了的知识，自然会觉得很难，但实际并不是这样的，相信读完本章后，读者会对 Shader 有一个深刻的理解。本章主要介绍以下内容：

- ❑ Shader 简介。
- ❑ 图形渲染管线。
- ❑ GLSL 基础语法。
- ❑ 在 OpenGL 中使用 Shader。
- ❑ 在 Cocos2d-x 中使用 Shader。

15.1 Shader 简介

首先简单介绍一下 Shader 是什么，Shader 意为着色器，是图形渲染管线中的几个处理单元，也可以理解为图形渲染管线中的几处会被执行的代码，Shader 主要分为**顶点 Shader**、**片段 Shader 以及几何 Shader** 这 3 种。

那么顶点、片段和几何分别是什么呢？顶点非常好理解，如绘制一张图片，一般是一个由四个顶点组成的图形。

片段指的就是要绘制出来的图元的每一个**像素**，这种叫法一般指在渲染管线的着色阶段的像素，片段和像素是有区别的，例如在重叠的情况下，一个像素上可以渲染多个片段。

几何指的是要绘制的**形状**，同样的四个点，可以组成两个三角形、一个四边形或者两条线。

图形渲染管线指的是图形渲染的流水线，可以理解为**将图元进行渲染的一系列步骤**，管线有传统的固定管线和现在的可编程管线两种。

在固定管线中无法对渲染的流程进行任何干预，而在可编程管线中，可以通过 Shader 来控制渲染的流程，可以制作出更加炫酷的效果。

那么如何通过 Shader 来控制渲染的流程呢？首先需要了解 Shader 中可以实现怎样的操作，这需要对图形渲染管线有深入的了解。然后需要掌握编写 Shader 脚本的基础知识，以及如何将 Shader 脚本应用到游戏中。

在 DirectX 中，需要使用 HLSL 语言来编写 Shader 脚本，而在 OpenGL 中，使用 GLSL 语言来编写 Shader 脚本，两者语法不同，但功能大致类似。

15.2 图形渲染管线

掌握 Shader 的关键，在于对图形渲染管线的理解，而图形渲染管线中的两个不易理解的概念，一个是对逐顶点和逐片段的理解，另外一个是对插值的理解。本节会讲解 Shader 要做的是什么，而 **GLSL 基础语法和在 OpenGL 中使用 Shader** 这两节内容会讲解应该怎么做。

接下来详细介绍一下图形渲染管线，这个管线描述了顶点、纹理等数据，以及如何渲染到屏幕上的一个流程。OpenGL 被设计为客户端与服务端的 CS 模型，客户端为应用程序调用的 OpenGL 接口，运行在 CPU 上，向服务端发送各种渲染请求。而**服务端则会通过图形渲染管线执行真正的渲染工作，运行在 GPU 上**。

在 OpenGL 应用程序中，会调用 OpenGL 相关的 API，告诉 OpenGL 想要渲染什么东西，如何渲染，这些数据包括了顶点、顶点连接数据、纹理以及渲染时的相关状态。服务端在接收到这些请求执行渲染时，会交给图形渲染管线来执行，大致可以分为 5 个步骤，如图 15-1 所示。

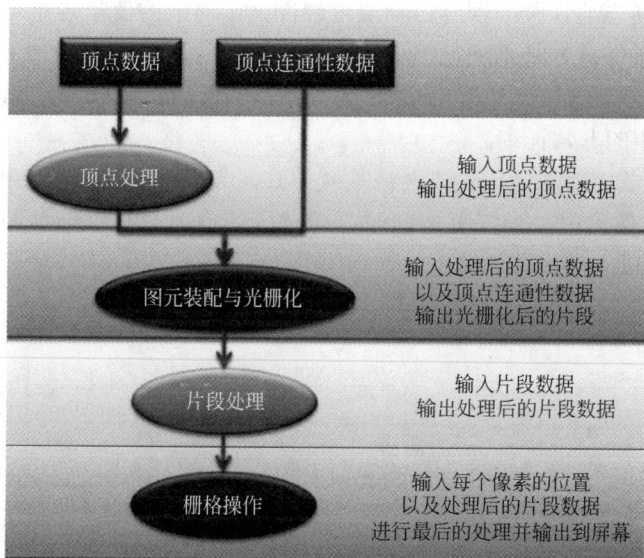

图 15-1　大致的图形渲染管线流程

（1）准备好顶点数据和顶点连通性数据。顶点数据包含了**一系列顶点的位置、颜色、纹理坐标、法线等数据**，而顶点连通性数据则是描述顶点之间如何连接组合的数据，例如这边两个顶点是连成一条线，这边三个顶点组成一个三角形。

（2）获取到了顶点数据（包含颜色、位置、法线、纹理坐标等属性），将**每一个**顶点数据都进行了处理，这个阶段处理了顶点的位置变换，顶点光照计算，生成纹理坐标等操作，将处理完的顶点输出到下一步。

（3）根据顶点数据和顶点连通性数据，将点连成线、线连成面。把零零散散的顶点**组装成一个一个的图元，并且将图元进行栅格化**，也就是处理成一个一个的像素格子，并且决定了每个像素格子的位置，这里也称之为片段。

被确定的除了片段的位置之外，还可能包含片段的颜色，OpenGL 会根据图元各个顶点的颜色，纹理坐标进行插值，得出每个片段的颜色插值。这个阶段会**对不在视口范围中的内容进行裁剪**。背面剔除操作也会在这个阶段执行。

（4）获取到了第三步输出的片段，并对每一个片段进行处理，可以对颜色进行处理，也可以丢弃片段，雾化也是在这个阶段执行的。

（5）为即将呈现到屏幕上的内容进行最后的处理，对每个片段进行一系列测试：

- ❑ ScissorTest 裁减测试，激活 GL_SCISSOR_TEST 时开启，判断是否在设定的裁减窗口中，如是则通过，否则不渲染当前片段。
- ❑ AlphaTest Alpha 测试，激活 GL_ALPHA_TEST 时开启，判断当前片段的透明度是否符合 glAlphaFunc 设定的条件（如透明度大于 0.5），如是则通过，否则不渲染当前片段。
- ❑ StencilTest 模板测试，激活 GL_STENCIL_TEST 时开启，判断当前片段模板值与模板缓冲区中对应的模板值是否符合 glStencilFunc()函数设定的条件，如是则通过，否则不渲染当前片段。
- ❑ Depth Test 深度测试，激活 GL_DEPTH_TEST 时开启，用于判断片段的前后遮挡关系，判断当前片段的深度值和深度缓冲区中对应的值是否符合 glDepthFunc()函数设定的条件，如是则通过，否则不渲染当前片段。

关于以上 4 种测试，读者可以参考 http://blog.csdn.net/crazyjumper/article/details/1968567，其中介绍的非常详细。

最后，如果测试成功的话（失败会被裁减掉），会**根据当前的混合模式将片段更新到帧缓冲区里对应的像素中**，当屏幕刷新时，缓冲区的内容会被渲染到屏幕上。如图 15-2 所示形象地描述了以上 5 步骤的流程。

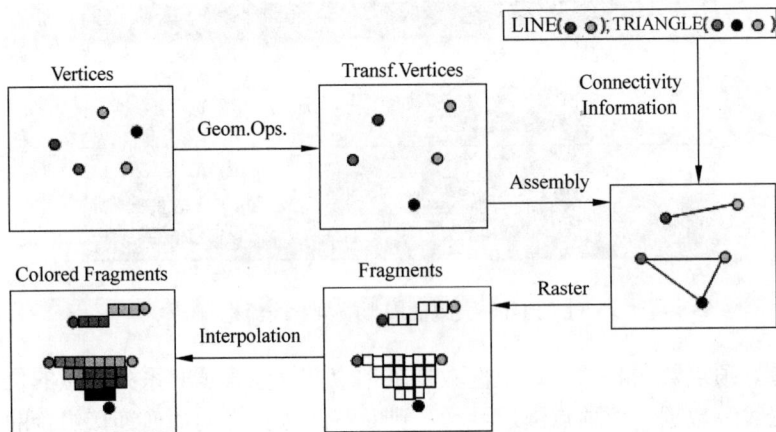

图 15-2　形象的图形渲染管线流程

在上面的 5 个步骤中，步骤（2）由**顶点处理器**负责，顶点处理器可以调用实现的顶点着色器来处理每个顶点的位置变换，**将每个顶点移动到正确的位置**，这是这一阶段最重要的工作，因为我们只能在顶点着色器中设置每个顶点的位置。

此外，还可以预先计算一些变量，将这些变量传给片段着色器，从而提高渲染效率。例如，我们需要知道光源的方向，然后进行归一化的操作，并用于光照计算，假设将其放在片段着色器中执行，那么每处理一个像素都会执行一次该操作，而如果放在顶点着色器中，执行的次数就少了很多。

步骤（4）由**片段处理器**负责，片段处理器可以调用实现的片段着色器来处理每个片段的着色，**赋予每个片段正确的颜色值**，是这一阶段最重要的工作。

步骤（3）由几何处理器负责，几何处理器可以调用实现的几何着色器来组装图元，但几何着色器一般不会用到，因为一般不需要实现一套新的图元组装规则，而且顶点着色器和片段着色器也已经足够强大了。接下来详细介绍一下顶点处理器和片段处理器。

15.2.1　顶点处理器

顶点处理器的职责是执行顶点着色器，OpenGL 程序会将顶点数据传给顶点着色器，所谓顶点数据就是顶点的位置、颜色、法线、纹理坐标等数据。在 OpenGL 应用程序中使用 glColor3f、glVertex3f 等接口。通常会在顶点着色器中执行以下操作：

- ❑ 使用模型视图矩阵和投影矩阵来对顶点的位置进行变换。
- ❑ 对法线的变换和归一化操作。
- ❑ 生成以及变换纹理坐标。
- ❑ 逐顶点光照计算或为逐片段光照计算预先计算一些数值。
- ❑ 颜色计算。
- ❑ 定义插值变量，将插值变量进行插值计算后传递给每个片段。
- ❑ 访问 OpenGL 的状态。

顶点着色器不仅仅局限于这些操作，同时也不必执行上述的全部操作，假如程序没有使用光照，则无须执行光照计算相关的操作。需要注意的是，**一旦使用了自定义的顶点 Shader，那么顶点处理器的固定功能就会被替换**。如果在顶点着色器中只实现了光照计算，那么就不要指望顶点处理器的固定功能来完成纹理坐标的生成工作。

顶点着色器最重要的职责就是计算位置，所以**顶点着色器至少需要写一个变量 gl_Position**，这是一个 GLSL 内置的位置变量，需要将变换后的顶点坐标赋予该变量。

15.2.2　片段处理器

片段处理器的职责是运行片段着色器，片段着色器会接收到**经过插值计算后的结果**，如顶点坐标、颜色、纹理坐标、法线等。通常会在片段着色器中执行以下操作：

- ❑ 逐像素计算颜色和纹理坐标。
- ❑ 应用纹理（可以应用多重纹理）。
- ❑ 雾化计算。
- ❑ 为逐像素的光照进行法线计算。

如同顶点处理器一样，只要使用了自定义的片段着色器，所有固定功能将被取代，所以不能使用片段着色器对片断进行材质计算，同时也不能使用原先的固定功能进行雾化计算。必须在片段着色器中实现需要的全部效果。

片段着色器可以有两种输出，一种是将该片段抛弃，另一种是将片段的最终颜色写入 gl_FragColor 变量中。

片段着色器并不能访问帧缓冲区，所以混合操作只能在着色阶段之后执行（混合操作可以将片段的颜色与当前帧缓冲区中对应位置的颜色进行混合）。片段着色器可以获取到片段的位置，但不能对位置进行修改。

15.2.3　插值计算

这里**特别强调一下插值计算，因为这个概念非常重要**，看上去也很好理解，但实际上很容易忽略其中的一些细节。

简单回顾一下管线流程：

- ❏ 首先是顶点变换，将每个顶点移动到正确的位置。
- ❏ 接着是图元组装，将顶点连接成几何图元。
- ❏ 然后是光栅化，将图元转换成一系列片段。
- ❏ 然后是插值计算，插值计算会为每一个片段计算出颜色、纹理坐标等插值。
- ❏ 插值计算的结果被传入片段着色器，由着色器来决定最终的颜色。
- ❏ 着色后输出的片段将经过裁剪、Alpha、模板、深度 4 个测试，测试通不过则丢弃。
- ❏ 通过测试后的片段会与当帧缓冲区中的颜色进行混合计算，最后写入帧缓冲区中。

插值计算会根据整个图元的所有顶点的数据进行计算，一个三角形只有三个顶点，但却有很多的片段。如果三个顶点是不同的颜色，如图 15-3 所示，那么经过插值计算后的每一个片段，都有不同的颜色。纹理也类似，假设四个顶点分别对应纹理图片的四个角，那么中间所有的片段的纹理坐标，也是通过插值计算出来的。

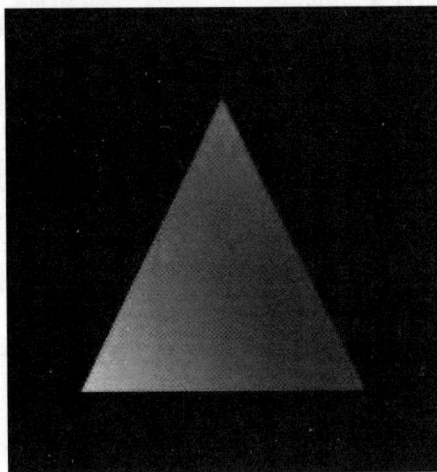

图 15-3　顶点颜色不同的三角形

这里需要注意的是，插值的结果是在渲染管线中的插值计算操作帮我们计算出来的，**但需要计算哪些插值，却需要在着色器代码中指定。**

首先来看一下一条简单的线段的插值计算过程，一条线段由两个顶点组成，假设这两个顶点有着不同的颜色值，一黑一白两个颜色，在光栅化阶段中，这条线段生成了 5 个片段。那么在插值计算阶段，这 5 个片段接收到的颜色插值分别为(0.0, 0.0, 0.0)、(0.2, 0.2, 0.2) ... (1.0, 1.0, 1.0)。

如果两个顶点绑定了不同的纹理坐标，插值计算同样会为两个顶点中间的所有片段计算其纹理坐标的插值。

那么插值计算阶段，如何知道要计算颜色插值还是纹理坐标插值呢？这些都是由我们的着色器指定的，当在顶点着色器中定义了一个 **varying** 变量，并且将顶点的颜色赋值给它时，那么在片段着色器中，接收到的这个 **varying** 变量就是一个经过插值计算的颜色。

插值计算阶段并不关心计算的插值有何意义，在顶点着色器中所有的 varying 变量，都会被执行插值计算，每个片段都会接收到经过插值计算后的 varying 变量。如果将颜色值赋给 varying 变量，那么得到的就是颜色插值，将纹理坐标赋给 varying 变量，那么得到的就是纹理坐标插值。顶点 A 到顶点 B 之间的所有片段接收到的插值，都是根据 A 和 B 的 varying 变量的值计算得来的。

本节内容可能不容易理解，因为引用了一些 15.3 节才会介绍的知识，当读完本章内容，对插值计算存在疑问时（为什么这个片段可以正确地对应到纹理的颜色），再回顾本节内容，相信会有豁然开朗的感觉。

15.3　GLSL 基础语法

接下来学习如何编写 Shader 脚本，首先需要掌握 GLSL 的基础语法，这种语法与我们熟悉的 C/C++语言颇为相似，顶点着色器和片段着色器都是使用 GLSL 编写的。下面系统地介绍 GLSL 的语法。

15.3.1　数据类型和变量

1．基础类型

GLSL 支持以下 3 种基本数据类型：
- float：浮点型，值为浮点数。
- int：整型，值为整数。
- bool：布尔型，值为 true 和 false。

需要特别注意的是，假设有一个 float 变量，在着色器中将其赋值为 1，在一些显卡上可能会崩溃！因为 1 是整数不是浮点数，所以需要将 1.0 赋给浮点型变量。可以这样使用基础变量：

```
int a,b;
float c = 3.0;
bool d = true;
```

2．向量类型

向量是 GLSL 中常用的数据类型，3 种基础数据数据类型分别对应 3 种向量：
- vec2、vec3、vec4：浮点型向量，可以存储 2~4 个浮点数。
- ivec2、ivec3、ivec4：整型向量，可以存储 2~4 个整数。
- bvec2、bvec3、bvec4：布尔型向量，可以存储 2~4 个布尔值。

可以使用括号来初始化向量，例如：

```
vec3 a = vec3(1.0, 0.0, 3.0);
```

可以使用下标来访问向量不同维度的分量，也可以用 x、y、z、w 字段来访问向量的成员，使用 r、g、b、a 字段可以访问颜色向量，使用 s、t、p、q 字段可以访问纹理坐标向量。如果要访问向量的 x、y、z3 个字段，还可以连续使用字段。向量的操作还是非常灵活的，下面的代码演示了一些向量的操作。

```
vec2 a = vec2(1.0, 2.0);
vec3 b = vec3(3.0, 4.0, 5.0);
vec3 color = b.rgb;         //使用 rgb 来操作 b 的 3 个分量
float c = a[0];             //使用下标的方式来访问 a 的第一个分量
vec3 d = vec3(a, c);        //直接使用一个 vec2 变量和一个 float 变量初始化 vec3
float e = float(d);         //d 的 x 分量被赋给了 e，y、z 分量被丢弃
```

3．矩阵类型

GLSL 提供了 2×2、3×3、4×4 共 3 种矩阵类型，它们的类型名分别是 mat2、mat3、mat4，矩阵的初始化和使用与向量类似。

此外 GLSL 还支持 2~4×2~4 的任意矩阵，如 mat3×2、mat4×3 等。

4．采样器

GLSL 提供了一组采样器，这是一种用于访问纹理的特殊类型，在读取纹理值时会用到，主要有下面几种采样器。

- ❑ sampler1D：一维纹理采样器。
- ❑ sampler2D：二维纹理采样器。
- ❑ sampler3D：三维纹理采样器。
- ❑ samplerCube：立方体映射纹理采样器。
- ❑ sampler1DShadow：一维阴影映射采样器。
- ❑ sampler2DShadow：二维阴影映射采样器。

5．数组和结构体

在 GLSL 中，可以像 C 语言一样声明和访问数组，但是**不能**在声明时直接初始化数组，数组的下标从 0 开始，如下所示。

```
int a[3];
a[0] = 1;
```

GLSL 还可以定义结构体，结构体的定义和初始化如下。

```
struct myst
{
    vec3 dir;
vec3 color;
};

myst st1;
myst st2 = myst(vec3(0.0, 0.0, 0.0), vec3(1.0, 1.0, 0.0));
st2.dir = vec3(0.0, 1.0, 0.0);
```

15.3.2　操作符

GLSL 的操作符和 C/C++语言非常类似，具体如表 15-1 所示。

表 15-1 GLSL 操作符

操 作 符	描 述
()	用于函数调用和构造
[]	数组、向量和矩阵的下标
.	结构体和向量的成员选择操作符
++ --	前缀或后缀的自增自减操作符
+ - !	一元操作符，表示正、负、逻辑非
* /	乘、除运算操作符
+ -	二元操作符，加、减运算操作符
< > <= >= == !=	小于、大于、小于等于、大于等于、等于、不等于判断操作符
&& || ^^	逻辑与 、或、异或
?:	条件判断符
= += -= *= /=	赋值操作符
,	逗号操作符

由于 GLSL 中没有指针的概念，所以并不需要取值操作符&、解引用操作符*和指针操作符->。

15.3.3 变量修饰符、统一变量和属性变量

变量修饰符可以放在变量类型之前，用于修饰变量，GLSL 常用的有以下变量修饰符。

❑ const：编译时期的常量，不可被修改。
❑ attribute：属性变量。
❑ uniform：统一变量。
❑ varying：易变变量。

统一变量和属性变量都是**只读的全局变量**（不能在函数中定义），都是由 OpenGL 应用程序设置的变量。

属性变量是**针对每个顶点的数据**，所以只可以在顶点着色器中定义，一般会将顶点的颜色、位置、法线等顶点数据作为属性变量传递给顶点着色器。

统一变量是**针对整个图元的数据**，既可以在顶点着色器中使用，也可以在片段着色器中使用。可以将逝去的时间这样的变量设置到统一变量中。通过统一值传递应用程序中的变量给着色器，是实现各种效果时经常需要用到的手段。

15.3.4 易变变量

varying 易变变量是着色器中最神奇的变量，也最不容易理解。易变变量主要用于存储插值数据，需要同时在顶点着色器和片段着色器中定义同一个易变变量，在顶点着色器中写入易变变量的值，然后在片段着色器中获取易变变量的值（在片段着色器中，易变变量是只读的）。

易变变量最神奇的地方在于，当在顶点 A 和顶点 B 中写入了 0 和 1 时，在 A 和 B 中间的这个片段，得到的值会是 0.5。在顶点着色器中写入的易变变量，到了片段着色器中，

有可能变成其他的值。那么规律是什么呢？举一个简单的例子来说明。

假设现在有 A 和 B 两个顶点，它们连成了一条线，这条线被栅格化为 10 个片段。顶点着色器中定义了一个易变变量 V，在处理顶点 A 和 B 时，将 V 分别赋值为 1 和 0。

到了插值计算阶段，会对 A 和 B 两个顶点进行插值计算，这时候会获取它们的易变变量 V（所有的易变变量都会在这时进行插值计算），插值算法会计算出每个片段的插值 V（实际的插值算法更复杂），具体如下面的伪代码所示（下面这段伪代码只是为了帮助理解）。

```
插值 = abs(A.V - B.V) / 片段数
AV = A.V
for (int i = 0; i < 片段数; ++i)
{
    //在这里计算出了插值的结果，然后赋值到每个片段的易变变量 V 中
    片段[i].V = AV + i * 插值
}
```

除了自定义的插值变量外，GLSL 还内置了一些插值变量。GLSL 的内置变量都是以 gl_开头的，例如 gl_Position 和 gl_FragColor。

读者可以参考 http://my.oschina.net/sweetdark/blog/208024#OSC_h4_4 这篇文章，其中总结了 OpenGL 超级宝典中列出的 GLSL 的各种内置变量。

15.3.5　语句与函数

GLSL 支持 C/C++语言中的 if-else、for、while、do-while 语句，同时支持 break 和 continue 两个关键字。在片段着色器中，还可以使用 discard 语句来丢弃当前片段。

着色器是由函数组成的，**每个着色器都需要有一个 main()函数，和 C/C++语言一样，这是着色器程序的入口。**

此外用户还可以自定义函数，函数的定义与 C/C++语言一样，主要由返回值、函数名、参数列表和函数体 4 部分组成。函数如果没有返回值可以将返回值的类型定义为 void，返回值可以是任意类型，但不能是数组。

函数的参数有 3 种修饰符，分别是 in、out、inout，in 表示输入，out 表示输出，inout 表示既输入又输出。在没有指定修饰符的情况下默认为 in。

函数允许重载，即函数名相同、参数列表不同的多个同名函数。下面是一个简单的函数示例。

```
bool areyouhappy(in float money)
{
    if(money < 10000000.0)
        return false;
    else
        return true;
}
```

15.3.6　Shader 简单示例

以下是两个简单的颜色 Shader 脚本，分别是一个顶点 Shader 和片段 Shader 的脚本，

可以用 in 和 out 这两个修饰符来替换 varying 和 attribute 修饰符，uniform 并不能使用 in 和 out 来修饰。

在顶点 Shader 中，可以用 in 表示从程序中输入的 attribute 变量，out 表示要输出给片段 Shader 的 varying 变量。

在片段 Shader 中，可以用 in 表示顶点 Shader 输入的 varying 变量，out 表示片段着色器最后的输出，一般是一个颜色。

```
//顶点 Shader
//输入顶点和颜色，将顶点位置直接设置到 gl_Position 变量中
//输出颜色插值到 vVaryingColor 中
attribute vec4 vVertex;
attribute vec4 vColor;
varying vec4 vVaryingColor;
void main()
{
    vVaryingColor = vColor;
    gl_Position = vVertex;
}

//片段 Shader
//拿到经过插值后的 vVaryingColor，将它设置到最终输出的 gl_FragColor 变量中
varying vec4 vVaryingColor;
void main()
{
    gl_FragColor = vVaryingColor;
}
```

15.4 在 OpenGL 中使用 Shader

学习了 GLSL 的基础语法之后，就可以开始编写着色器了，在编写完着色器之后，需要将着色器应用到程序中使其生效，这需要调用一些 OpenGL 的 API。本节要介绍的是如何在 Cocos2d-x 中使用 Shader 的预备知识。主要包括在 OpenGL 中使用 Shader 的流程和相关 API，以及如何设置 Shader 脚本中的统一变量和属性变量。

对于没有 OpenGL 基础的同学，如果想要使用 OpenGL 来编写一个完整的示例，本节的内容是不够的，因为还需要掌握一些 OpenGL 的绘图方法，这里并不打算介绍额外的内容，如果要系统地学习 OpenGL，读者可查阅《OpenGL 超级宝典》一书。

15.4.1 在 OpenGL 中创建 Shader

在 OpenGL 中，存在 Program 和 Shader 两个概念，Program 相当于当前渲染管线所使用的程序，是 Shader 的容器，可以挂载多个 Shader。

而每个 Shader 相当于一个 C 模块，首先需要对 Shader 脚本进行编译，然后将编译好的 Shader 挂载到 Program，在 OpenGL 的渲染中使用 Program 来使 Shader 生效，整个流程如图 15-4 所示。

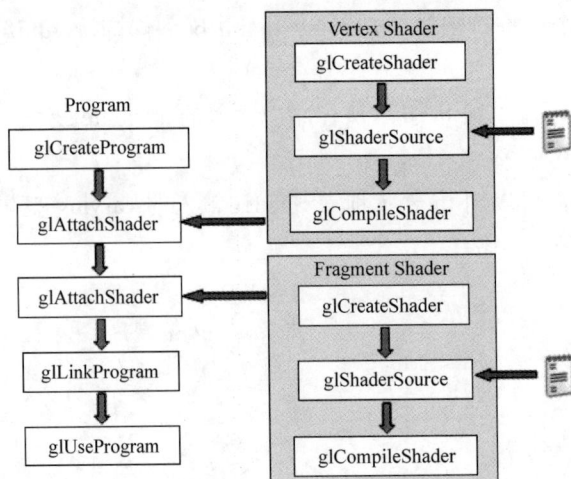

图 15-4　使 Shader 生效的流程

可以将整个流程划分为创建 Shader 和创建 Program 两个子流程，创建 Shader 的流程如下。

（1）调用 glCreateShader()方法创建一个 Shader 对象。

（2）调用 glShaderSource()方法加载 Shader 脚本源码。

（3）调用 glCompileShader()方法编译 Shader 脚本。

glCompileShader 会调用显卡内置的 HLSL 编译器来编译 Shader 脚本，当程序启动时，所有的 Shader 脚本都需要被编译才能使用，虽然可以使用第三方的工具预先将 Shader 脚本编译为二进制文件，但因为 OpenGL 的标准只规定了 HLSL 的语法，对 HLSL 编译后的二进制文件格式并无规定，所以一次编译并不能在所有的设备上运行（正如同一份 C/C++ 源码在 Linux 和 Windows 上编译后是不同的二进制文件格式，不能相互兼容）。

完成上述步骤后，就可以使用这个 Shader 了，创建好的 Shader 需要被挂载到 Program 中，创建 Program 的流程如下。

（1）调用 glCreateProgram()方法创建一个 Program 对象。

（2）调用 glAttachShader()方法将创建好的 Shader 进行挂载。

（3）调用 glLinkProgram()方法执行链接操作。

（4）在需要使用 Shader 时，调用 glUseProgram()方法应用当前 Shader。

Shader 的编译和链接与 C/C++语言中的编译和链接非常相似，Shader 的编译操作相当于将 C/C++语言的源码编译成.o 文件，而 Program 的链接操作则相当于将这些.o 文件链接成一个可执行的程序。

我们可以创建多个 Program，但同时只可以**激活一个 Program**。创建完 Program 之后，只需要在调用 OpenGL 的绘制方法前使用 glUseProgram 即可应用当前的 Shader。

如果激活的 Program 没有挂载片段 Shader，那么片段 Shader 执行的结果是未定义的。如果激活一个不存在的 Shader，那么所有 Shader 的执行结果都是未定义的。

接下来简单介绍一下流程中使用到的这些 API。

```
//创建一个 Shader 对象，并返回引用该对象的句柄——一个非 0 整数
// 参 数 shaderType 为 Shader 的 类 型 ， 类 型 一 般 是 GL_VERTEX_SHADER 、
```

```
GL_FRAGMENT_SHADER 或 GL_GEOMETRY_SHADER,
GLuint glCreateShader(GLenum shaderType);
```

//加载源码到 Shader 中，这个操作会将 Shader 脚本代码复制到 Shader 对象中，多次调用时，
上一次存储的脚本会被替换
//参数 shader 表示 Shader 对象的句柄，由 glCreateShader()方法返回
//参数 count 表示 string 数组的长度
//参数 string 为 Shader 源码，这是一个字符串数组
//参数 length 为一个 int 数组，对应 string 参数这个字符串数组中**每个字符串**的长度，当这
些字符串都是以'/0'结尾时，可以将这个参数置为 NULL

```
void glShaderSource(GLuint shader, int count, const char **string, int
*length);
```

//编译存储于 Shader 中的代码，参数 shader 表示 Shader 对象的句柄
```
void glCompileShader(GLuint shader);
```

//创建一个 Program 对象，并返回引用该对象的句柄——一个非 0 整数
```
GLuint glCreateProgram();
```

//将一个已经编译好的 Shader 挂载到 Program 中
//参数 program 和 shader 分别表示 Program 对象和 Shader 对象的句柄
//一个 Shader 可以同时被挂载到多个 Program 对象中，但同一种类型的 **Shader，Program** 只
能挂载一个
```
void glAttachShader(GLuint program, GLuint shader);
```

//对指定的 Program 对象执行链接操作，Program 在链接成功之后才可以执行
//链接操作会将 Program 中的所有 Uniform 变量初始化为 0
```
void glLinkProgram(GLuint program);
```

//激活指定的 Program，接下来的绘制会使用指定的 Program 进行渲染
```
void glUseProgram(GLuint program);
```

关于更多 API 的信息，读者可以参考 OpenGL 官网的 API 文档，在这里可以找到最准确的 API 描述，网址为 https://www.opengl.org/sdk/docs/man4/。

下面这段代码演示了上面这些接口的使用，useShader()函数接收两个参数，分别是顶点着色器和片段着色器的源码。

```
void useShader(const char* vs, const char* fs)
{
    v = glCreateShader(GL_VERTEX_SHADER);
    f = glCreateShader(GL_FRAGMENT_SHADER);

    glShaderSource(v, 1, &vs, NULL);
    glShaderSource(f, 1, &fs, NULL);

    glCompileShader(v);
    glCompileShader(f);

    p = glCreateProgram();

    glAttachShader(p, v);
    glAttachShader(p, f);

    glLinkProgram(p);
    glUseProgram(p);
}
```

15.4.2　属性变量

在 Shader 中，属性变量和统一变量需要由应用程序设置，Attribute 属性变量用于传递顶点信息，而 Uniform 统一变量则用于传递用户自定义的变量。这两种变量在 Shader 中会被定义为全局变量，要在 OpenGL 中操作设置这两种变量，需要先获取它们的位置（相当于这个变量的地址），然后调用 OpenGL 相关的设置变量接口，为变量赋值。

1. 设置属性变量的接口

属性变量需要为每个顶点进行设置，属性变量可以在任何时刻更新，在顶点着色器中属性变量是只读的。因为属性变量包含的是顶点数据，所以在片断着色器中不能直接应用。首先需要获得变量在内存中的位置，这个信息只有在 Program 链接之后才可以获得。注意，对于某些驱动程序，在获得位置之前还必须调用 glUseProgram()方法激活 Program，以下接口可以获取指定属性的位置。

```
//参数 program 为要操作的 Program 对象
//参数 name 为要获取的属性变量名
GLint glGetAttribLocation(GLuint program, char *name);
```

通过 glGetAttribLocation()方法获取到属性的位置后，就可以**使用 glVertexAttrib 系列方法来为这个属性赋值**。glVertexAttrib 系列函数会对应各种不同的属性变量类型，如浮点型、向量以及矩阵。

glVertexAttrib 系列函数有一些共同的特性，如第一个参数固定为属性的位置（通过glGetAttribLocation()方法获得），在 glVertexAttrib 后首先会接一个数字，该数字表示参数的数量或数组的长度，数字的范围一般为 1~4。

在数字之后会接一个类型字符，f 为 GLfloat 浮点数、s 为 GLshort 短整型、d 为 GLdouble浮点型，i 为 GLint 整型，ui 为 GLuint 无符号整型。类型字符并没有用 b 来表示布尔型，可以用操作整型的接口传入 0 和 1 来表示布尔。

如果在类型字符后面接一个 v，函数后面的参数会是对应类型的数组，数字的含义表示数组的长度，没有接 v 时，函数后面会有对应数量的参数。具体如下。

```
//设置 1~4 个参数的 float 类型数值
void glVertexAttrib1f(GLint location, GLfloat v0);
void glVertexAttrib2f(GLint location, GLfloat v0, GLfloat v1);
void glVertexAttrib3f(GLint location, GLfloat v0, GLfloat v1,GLfloat v2);
void glVertexAttrib4f(GLint location, GLfloat v0, GLfloat v1,GLfloat v2,
GLfloat v3);
//设置长度为 1~4 的 float 类型数组
GLint glVertexAttrib1fv(GLint location, GLfloat *v);
GLint glVertexAttrib2fv(GLint location, GLfloat *v);
GLint glVertexAttrib3fv(GLint location, GLfloat *v);
GLint glVertexAttrib4fv(GLint location, GLfloat *v);
```

上面的函数参数用数组形式或是分别指定多个参数的形式并没有太大区别，它们的关系就如 OpenGL 中的 glColor3f()函数和 glColor3fv()函数一样。

2．在渲染时设置属性变量

在 Program 链接并激活之后可以获取属性变量的位置并在渲染时为其赋值，这里假设**在 Shader 脚本中定义了一个名为 myattribute 的属性变量**，首先使用 glGetAttribLocation() 函数从 Program 中获取该变量的位置：

```
GLint local = glGetAttribLocation(p,"myattribute");
```

然后在执行渲染时可以为 shader 中的属性变量赋值，这里介绍两种为属性变量赋值的情况，第一种是当在 glBegin() 函数和 glEnd() 函数的中间，在使用 glVertex 系列函数生成顶点前，先调用 glVertexAttrib 系列函数进行赋值，接下来生成的顶点会绑定前面设置的属性变量。

```
glBegin(GL_TRIANGLE_STRIP);
    glVertexAttrib1f(local, 1.0f);
    glVertex2f(0.0f, 0.0f);
    glVertexAttrib1f(local, 2.0f);
    glVertex2f(0.0f, 1.0f);
    glVertexAttrib1f(local, 3.0f);
    glVertex2f(1.0f, 1.0f);
    glVertexAttrib1f(local, 4.0f);
    glVertex2f(1.0f, 0.0f);
glEnd();
```

第二种情况是当使用顶点数组时，批量为顶点数组中的每个顶点设置属性变量。这种情况比较麻烦，需要用到属性变量数组，首先需要调用 glEnableVertexAttribArray() 方法为指定位置的属性变量开启设置属性变量数组的功能。

```
void glEnableVertexAttribArray(GLint local);
```

开启了这个功能之后，需要调用 glVertexAttribPointer() 方法，将属性变量的值批量传入，属性变量的数组和顶点数组是一一对应的。

```
//参数 local，属性变量的位置
//参数 size，属性变量的分量数量，必须为 1~4，如 1 为 float、2~3 为 vec2~3
//参数 type，属性类型，如 GL_FLOAT
//参数 normalized，是否对传入的值执行归一化操作
//参数 stride，顶点数组中，两个顶点之间的步幅，0 表示连续的顶点
//参数 pointer，属性变量列表指针，与顶点数组中的顶点一一对应
void glVertexAttribPointer(GLint local, GLint size, GLenum type, GLboolean
normalized, GLsizei stride, const void *pointer);
```

下面这段代码演示了在使用顶点数组进行渲染时，为顶点数组中的每一个顶点绑定属性变量。调用 glVertexAttribPointer() 方法设置完属性信息之后，当调用 glDrawArrays()、glDrawElements() 等方法渲染时，属性变量和顶点才会真正进行绑定。

```
//定义 4 个顶点
float vertices[8] = {
    0.0f, 0.0f,
    0.0f, 1.0f,
    1.0f, 1.0f,
    1.0f, 0.0f };
float myattributes[4] = {1.0f, 2.0f, 3.0f, 4.0f };

//获取一个已经成功链接的 Program 中的 myattribute 属性变量
```

```
GLint local = glGetAttribLocation(p, "myattribute");

//使用顶点数组
glEnableClientState(GL_VERTEX_ARRAY);
//启用顶点属性变量数组——必须先开启才能使用 glVertexAttribPointer
glEnableVertexAttribArray(local);
//设置顶点数组
glVertexPointer(2, GL_FLOAT, 0, vertices);
//设置顶点属性数组
glVertexAttribPointer(local ,1, GL_FLOAT, GL_FALSE, 0, myattributes);
```

15.4.3　统一变量

　　属性变量相当于每个顶点的私有只读变量,而 Uniform 统一变量则相当于整个 Program 的全局只读变量。统一变量的设置与属性变量一样,都是先获取变量的位置,然后调用相关的接口进行设置。统一变量在一个图元的绘制过程中是不会改变的,所以不能在 glBegin() 和 glEnd()函数中间设置统一变量的值。

　　获取统一变量位置和设置统一变量值的接口,与属性变量的相关接口基本一致,只是将方法名中的 Attrib 或 VertexAttrib 替换成 Uniform。例如,从 glGetAttribLocation()方法变成 glGetUniformLocation()方法,以及从 glVertexAttrib1f()方法变成 glUniform1f()方法。当在 Shader 中声明了一个 Uniform,并使用了这个 Uniform,调用 glGetUniformLocation()方法时会返回它的位置,但假设声明了但却没有使用这个 Uniform,那么 glGetUniformLocation()方法会返回-1。

　　当需要将纹理作为 Uniform 传给着色器时,可以使用 glUniform1i()和 glUniform1iv() 函数,将纹理的句柄设置进去。

　　统一变量还有一组针对矩阵类型的设置函数,它们的函数参数列表是相同的,返回值为 void,只是函数名不同,例如 glUniformMatrix2fv() 函数表示 2×2 的矩阵,而 glUniformMatrix2x3fv()函数表示 2×3 的矩阵。函数的参数列表如下。

- ❑ GLint location:统一变量的位置。
- ❑ GLsizei count:矩阵的数量。
- ❑ GLboolean transpose:是否要将矩阵进行转置(这是矩阵操作的一个术语)。
- ❑ const GLfloat *value:矩阵的数值数组。

Uniform 所支持的矩阵操作函数包含以下函数。

- ❑ glUniformMatrix2fv()函数;
- ❑ glUniformMatrix2x3fv()函数;
- ❑ glUniformMatrix2x4fv()函数;
- ❑ glUniformMatrix3fv()函数;
- ❑ glUniformMatrix3x2fv()函数;
- ❑ glUniformMatrix3x4fv()函数;
- ❑ glUniformMatrix4fv()函数;
- ❑ glUniformMatrix4x2fv()函数;
- ❑ glUniformMatrix4x3fv()函数。

　　需要注意的是,使用这些函数进行设置之后,变量的值将一直保持,直到 Program 再次链接或我们手动设置了新的值，当 Program 重新链接时，所有统一变量的值都会被重置为 0。

Uniform 统一变量的设置比属性变量要轻松得多，因为不需要想办法绑定到每个顶点上，只需要在渲染之前进行设置就可以了。

15.4.4　错误处理

Shader 在编译或链接的时候一般比较容易出现错误，而编译和链接方法的返回值都是 void，那么如何知道方法的调用是否成功呢？这就需要使用 glGetShaderiv() 和 glGetProgramiv() 这两个函数，来获取 Shader 和 Program 的状态，这两个函数的原型是一样的，都是传入指定的对象，以及要获取的状态枚举，并传入一个 GLint 指针，接收状态的值。

```
//查询 GL_COMPILE_STATUS 可以得到编译的结果，GL_TRUE 表示成功，GL_FALSE 表示失败
void glGetShaderiv(GLuint shader, GLenum pname, GLint *params);
//查询 GL_LINK_STATUS 可以得到链接的结果，GL_TRUE 表示成功，GL_FALSE 表示失败
void glGetProgramiv(GLuint program, GLenum pname, GLint *params);
```

如果发生了错误，错误日志会被保存到 InfoLog 中，可以调用 glGetShaderInfoLog() 和 glGetProgramInfoLog() 方法从中查询错误的相关信息。这个日志保存了最后一次操作的信息，如编译时的警告、错误，连接时发生的各种问题。但由于 OpenGL 没有对 InfoLog 制定规范，所以不同的驱动程序或硬件可能产生不同的日志信息，但这并不影响根据日志发现问题。

我们需要调用这两个方法，传入一个缓冲区用于接收日志信息，这两个方法的函数原型如下，第一个参数为 Shader 或 Program 的句柄，maxLength 参数表示 infoLog 缓冲区的长度，length 参数指针会输出实际复制到 infoLog 中的字节数，infoLog 参数为用于接收日志信息字符串。

```
void glGetShaderInfoLog(GLuint shader, GLsizei maxLength, GLsizei *length,
GLchar *infoLog);
void glGetProgramInfoLog(GLuint program, GLsizei maxLength, GLsizei *length,
GLchar *infoLog);
```

那么，InfoLog 日志的长度是多少呢？需要分配多大的缓冲区来接收日志呢？使用 glGetShaderiv() 和 glGetProgramiv() 这两个函数，传入 GL_INFO_LOG_LENGTH 类型，可以获得日志的长度。

下面的函数演示了如何获取 Shader 的日志并将日志用 printf() 函数打印出来，Program 的日志打印也可以参考此方法。

```
void printShaderLog(GLuint shader)
{
    GLint shaderState;
    glGetShaderiv(shader, GL_COMPILE_STATUS, &shaderState);
    if(shaderState == GL_TRUE)
    {
        return;
    }
```

```
   GLsizei bufferSize = 0;
   glGetShaderiv(shader, GL_INFO_LOG_LENGTH, &bufferSize);
   if(bufferSize > 0)
   {
      GLchar* buffer = new char[bufferSize];
      glGetShaderInfoLog(shader, bufferSize, NULL, buffer);
      printf("%s", buffer);
      delete[] buffer;
   }
}
```

15.4.5　清理工作

在前面调用 glCreateShader()和 glCreateProgram()方法后，不需要再使用的时候，需要使用 glDeleteShader()方法和 glDeleteProgram()进行释放。

当一个 Shader 被挂载到 Program 中时，glDeleteShader()方法是无法释放这个 Shader 的，只会将这个 Shader 标记为已删除，还需要将使用 glDetachShader()方法将 Shader 从 Program 中卸载。以下是这 3 个函数的原型：

```
void glDetachShader(GLuint program, GLuint shader);
void glDeleteShader(GLuint shader);
void glDeleteProgram(GLuint program);
```

当一个 Program 正在被使用时，glDeleteProgram()方法是无法释放这个 Program 的，只会将这个 Program 标记为已删除，当 Program 不再被使用时，Program 才会被释放。当 Program 真正被释放时，所有挂载在上面的 Shader 会被自动卸载。

15.5　在 Cocos2d-x 中使用 Shader

接下来介绍如何在 Cocos2d-x 中使用 Shader，在 Cocos2d-x 中可以通过调用节点的 setGLProgram()或 setGLProgramState()方法来为一个显示对象设置 Shader，在节点被渲染时，Cocos2d-x 会使用设置的 Shader 进行渲染。

15.5.1　Cocos2d-x 的 Shader 架构

在介绍具体的使用方法之前，先了解一下 Cocos2d-x 的 Shader 架构。Cocos2d-x 的 Shader 架构如图 15-5 所示，由 GLProgram、GLProgramState、GLProgramCache、GLProgramStateCache 组成。

一个GLProgram对应一个或多个GLProgramState

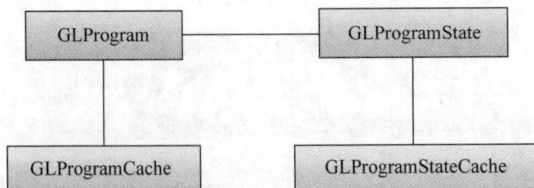

图 15-5　Shader 架构

GLProgram 是 Cocos2d-x 对 Program 的封装，提供了 Shader 的编译链接和应用等接口，以及 Uniform 和 Attribute 的设置，可以将 GLProgram 看作一个静态的对象，一个 GLProgram 对象可以被多个节点复用。

GLProgramState 是 Cocos2d-x 对 GLProgram 的封装，提供了更加便捷的操作接口，可以将 GLProgramState 看作一个动态的对象，GLProgramState 内部记录了 Uniform 和 Attribute，如果说 GLProgram 是一个类，那么 GLProgramState 就是这个类的对象。**GLProgram 对象只需要一个即可，但 GLProgramState 对象可以有多个。**

一般情况下，GLProgramState 也是多个节点共用一个，例如，所有的 Sprite 默认都是共用同一个 GLProgramState，因为它们所有的 Uniform 值都是一致的。**当需要有不同的 Uniform 值时，就需要为每个节点绑定一个 GLProgramState。**

例如对两张图片应用一个灰化的 Shader，该 Shader 有一个 Uniform 用于设置灰度，当期望为这两个 Sprite 设置不同的灰度时，就需要为它们设置两个不同的 GLProgramState。

Cocos2d-x 提供了 GLProgramStateCache 和 GLProgramCache 用于缓存 GLProgramState 和 GLProgram。在 GLProgram.h 中定义了 Cocos2d-x 中所有内置 Shader 的名字，在 **GLProgramCache 的 loadDefaultGLPrograms()方法中，将所有内置的 Shader 都创建了出来并缓存。**

15.5.2　Cocos2d-x 内置 Shader 规则

为 Cocos2d-x 编写的 Shader 脚本与一般的 Shader 脚本有些不同，因为在 GLProgram 的 compileShader()方法中，会执行下面这段代码，这段代码会在 Shader 脚本的前面加入一系列 Uniform 变量。

在添加 Uniform 之前，会根据当前的平台以及 Shader 的类型，在脚本的头部使用 precision 关键字来设定数值的精度。总共有低精度 lowp、中精度 mediump、高精度 highp 可以选择，可以为浮点数或整数指定精度，精度越高效果越好，但消耗越大。另外，顶点着色器支持的精度要比片段着色器高，片段着色器的 highp 精度支持对于显卡而言，是可选的。

```
    const GLchar *sources[] = {
#if CC_TARGET_PLATFORM == CC_PLATFORM_WINRT
    (type == GL_VERTEX_SHADER ? "precision mediump float;\n precision
    mediump int;\n" : "precision mediump float;\n precision mediump
    int;\n"),
#elif (CC_TARGET_PLATFORM != CC_PLATFORM_WIN32 && CC_TARGET_PLATFORM !=
CC_PLATFORM_LINUX && CC_TARGET_PLATFORM != CC_PLATFORM_MAC)
    (type == GL_VERTEX_SHADER ? "precision highp float;\n precision highp
    int;\n" : "precision mediump float;\n precision mediump int;\n"),
#endif
    "uniform mat4 CC_PMatrix;\n"
    "uniform mat4 CC_MVMatrix;\n"
    "uniform mat4 CC_MVPMatrix;\n"
    "uniform mat3 CC_NormalMatrix;\n"
    "uniform vec4 CC_Time;\n"
    "uniform vec4 CC_SinTime;\n"
    "uniform vec4 CC_CosTime;\n"
    "uniform vec4 CC_Random01;\n"
    "uniform sampler2D CC_Texture0;\n"
```

```
        "uniform sampler2D CC_Texture1;\n"
        "uniform sampler2D CC_Texture2;\n"
        "uniform sampler2D CC_Texture3;\n"
        "//CC INCLUDES END\n\n",
        source,
    };
```

上面的代码定义了很多 CC_开头的 Uniform，有矩阵、纹理等参数，这些是 Cocos2d-x 内置的 Uniform，在 Shader 中可以直接使用。

在初始化一个 GLProgram 时（编译成功后），Cocos2d-x 会自动根据 Shader 是否使用了相应的 Uniform 变量来初始化_flags 成员变量相对应的属性。例如，当使用到了随机数，那么_flags 变量的 useRandom 属性就会被设置为 true。**在编译 Shader 时，GLSL 的编译器会自动将声明了但实际没有使用到的 Uniform 移除**，所以如果在 Shader 脚本中没有使用 CC_Random01 这个 Uniform 值，那么用 glGetUniformLocation()方法来获取 CC_Random01 的位置会返回-1，这时不需要对它进行赋值。

```
void GLProgram::updateUniforms()
{
    _builtInUniforms[UNIFORM_AMBIENT_COLOR] = glGetUniformLocation (_program,
UNIFORM_NAME_AMBIENT_COLOR);
    _builtInUniforms[UNIFORM_P_MATRIX] = glGetUniformLocation(_program,
UNIFORM_NAME_P_MATRIX);
    _builtInUniforms[UNIFORM_MV_MATRIX] = glGetUniformLocation(_program,
UNIFORM_NAME_MV_MATRIX);
    _builtInUniforms[UNIFORM_MVP_MATRIX] = glGetUniformLocation(_program,
UNIFORM_NAME_MVP_MATRIX);
    _builtInUniforms[UNIFORM_NORMAL_MATRIX] = glGetUniformLocation (_program,
UNIFORM_NAME_NORMAL_MATRIX);

    _builtInUniforms[UNIFORM_TIME]=glGetUniformLocation(_program,UNIFORM_
NAME_TIME);
    _builtInUniforms[UNIFORM_SIN_TIME]=glGetUniformLocation(_program,UNIFORM_
NAME_SIN_TIME);
    _builtInUniforms[UNIFORM_COS_TIME]= glGetUniformLocation(_program, UNIFORM_
NAME_COS_TIME);

    _builtInUniforms[UNIFORM_RANDOM01] = glGetUniformLocation(_program,
UNIFORM_NAME_RANDOM01);

    _builtInUniforms[UNIFORM_SAMPLER0] = glGetUniformLocation(_program,
UNIFORM_NAME_SAMPLER0);
    _builtInUniforms[UNIFORM_SAMPLER1] = glGetUniformLocation(_program,
UNIFORM_NAME_SAMPLER1);
    _builtInUniforms[UNIFORM_SAMPLER2] = glGetUniformLocation(_program,
UNIFORM_NAME_SAMPLER2);
    _builtInUniforms[UNIFORM_SAMPLER3] = glGetUniformLocation(_program,
UNIFORM_NAME_SAMPLER3);

    _flags.usesP = _builtInUniforms[UNIFORM_P_MATRIX] != -1;
    _flags.usesMV = _builtInUniforms[UNIFORM_MV_MATRIX] != -1;
    _flags.usesMVP = _builtInUniforms[UNIFORM_MVP_MATRIX] != -1;
    _flags.usesNormal = _builtInUniforms[UNIFORM_NORMAL_MATRIX] != -1;
    _flags.usesTime = (
                    _builtInUniforms[UNIFORM_TIME] != -1 ||
                    _builtInUniforms[UNIFORM_SIN_TIME] != -1 ||
                    _builtInUniforms[UNIFORM_COS_TIME] != -1
                    );
```

```
_flags.usesRandom = _builtInUniforms[UNIFORM_RANDOM01] != -1;

this->use();

//Since sample most probably won't change, set it to 0,1,2,3 now.
if(_builtInUniforms[UNIFORM_SAMPLER0] != -1)
    setUniformLocationWith1i(_builtInUniforms[UNIFORM_SAMPLER0], 0);
if(_builtInUniforms[UNIFORM_SAMPLER1] != -1)
    setUniformLocationWith1i(_builtInUniforms[UNIFORM_SAMPLER1], 1);
if(_builtInUniforms[UNIFORM_SAMPLER2] != -1)
    setUniformLocationWith1i(_builtInUniforms[UNIFORM_SAMPLER2], 2);
if(_builtInUniforms[UNIFORM_SAMPLER3] != -1)
    setUniformLocationWith1i(_builtInUniforms[UNIFORM_SAMPLER3], 3);
}
```

那么这些 Uniform 会在什么时候被设置呢？它们的值又会是多少呢？如果是纹理 Uniform，在一开始就会被设置为固定的值，在这里可以同时使用 4 个纹理，在渲染的时候，Cocos2d-x 会将纹理绑定到指定的纹理采样器中，我们在 Shader 脚本中可以访问这些采样器，而采样器对应的纹理，由 Cocos2d-x 调用 OpenGL 的 glBindTexture()等方法绑定，并不需要设置这个 Uniform 的值。

而其他的如矩阵、时间、法线、随机数等 Uniform，是在运行的时候动态设置的，这些属性是实时变化的，在 Cocos2d-x 程序运行时，Cocos2d-x 会调用 setUniformsForBuiltins() 函数自动设置它们（每进行一次渲染时），代码如下。

可以看到下面的代码是根据_flags 对象中的一些变量来判断是否需要设置 Uniform，这样可以提高效率，否则当不需要使用 CC_Time 等 Uniform 时，在每次渲染时调用 sinf()和 cosf()函数来计算时间再设置到 CC_Time 等 Uniform 中，效率会很低下。

```
void GLProgram::setUniformsForBuiltins(const Mat4 &matrixMV)
{
    auto& matrixP = _director->getMatrix(MATRIX_STACK_TYPE::MATRIX_STACK_
    PROJECTION);

    if(_flags.usesP)
        setUniformLocationWithMatrix4fv(_builtInUniforms[UNIFORM_P_MATRIX],
        matrixP.m, 1);

    if(_flags.usesMV)
        setUniformLocationWithMatrix4fv(_builtInUniforms[UNIFORM_MV_MATRIX],
        matrixMV.m, 1);

    if(_flags.usesMVP) {
        Mat4 matrixMVP = matrixP * matrixMV;
        setUniformLocationWithMatrix4fv(_builtInUniforms[UNIFORM_MVP_MATRIX],
        matrixMVP.m, 1);
    }

    if (_flags.usesNormal)
    {
        Mat4 mvInverse = matrixMV;
        mvInverse.m[12] = mvInverse.m[13] = mvInverse.m[14] = 0.0f;
        mvInverse.inverse();
        mvInverse.transpose();
        GLfloat normalMat[9];
        normalMat[0] = mvInverse.m[0];normalMat[1] = mvInverse.m[1];normal
        Mat[2] = mvInverse.m[2];
        normalMat[3] = mvInverse.m[4];normalMat[4] = mvInverse.m[5];normal
```

```
    Mat[5] = mvInverse.m[6];
    normalMat[6] = mvInverse.m[8];normalMat[7] = mvInverse.m[9];normal
    Mat[8] = mvInverse.m[10];
    setUniformLocationWithMatrix3fv(_builtInUniforms[UNIFORM_NORMAL_MATRIX],
    normalMat, 1);
}


if(_flags.usesTime) {
    //This doesn't give the most accurate global time value.
    //Cocos2D doesn't store a high precision time value, so this will
    have to do.
    //Getting Mach time per frame per shader using time could be extremely
    expensive.
    float time = _director->getTotalFrames() * _director->getAnimation
    Interval();

    setUniformLocationWith4f(_builtInUniforms[GLProgram::UNIFORM_TIME],
    time/10.0, time, time*2, time*4);
    setUniformLocationWith4f(_builtInUniforms[GLProgram::UNIFORM_SIN_TIME],
    time/8.0, time/4.0, time/2.0, sinf(time));
    setUniformLocationWith4f(_builtInUniforms[GLProgram::UNIFORM_COS_TIME],
    time/8.0, time/4.0, time/2.0, cosf(time));
}

if(_flags.usesRandom)
    setUniformLocationWith4f(_builtInUniforms[GLProgram::UNIFORM_RANDOM01],
    CCRANDOM_0_1(), CCRANDOM_0_1(), CCRANDOM_0_1(), CCRANDOM_0_1());
}
```

除了以上内置的 Uniform 外，Cocos2d-x 还内置了一些 Attribute，这些变量是需要在 Shader 脚本中手动输入的，主要是颜色、坐标、纹理坐标、法线等常用属性。它们被定义在 CCGLProgram.cpp 中，在 Renderer 进行渲染的时候，会调用 glVertexAttribPointer()方法设置颜色、位置和纹理坐标 Attribute，而法线 Normal 会在渲染 3D 物体时才进行设置。

```
const char* GLProgram::ATTRIBUTE_NAME_COLOR = "a_color";
const char* GLProgram::ATTRIBUTE_NAME_POSITION = "a_position";
const char* GLProgram::ATTRIBUTE_NAME_TEX_COORD = "a_texCoord";
const char* GLProgram::ATTRIBUTE_NAME_TEX_COORD1 = "a_texCoord1";
const char* GLProgram::ATTRIBUTE_NAME_TEX_COORD2 = "a_texCoord2";
const char* GLProgram::ATTRIBUTE_NAME_TEX_COORD3 = "a_texCoord3";
const char* GLProgram::ATTRIBUTE_NAME_NORMAL = "a_normal";
const char* GLProgram::ATTRIBUTE_NAME_BLEND_WEIGHT = "a_blendWeight";
const char* GLProgram::ATTRIBUTE_NAME_BLEND_INDEX = "a_blendIndex";
```

15.5.3　编写 Shader

接下来手动编写一个常用的灰化 Shader，首先需要编写顶点 Shader 脚本，在顶点 Shader 脚本中只需要正确输出顶点位置即可。在顶点 Shader 中需要使用到 a_position 位置和

a_texCoord 纹理坐标属性。属性的名字是 Cocos2d-x 预定义好的，不能更改，相关名字可以参考下面这段代码。

```
attribute vec4 a_position;
attribute vec2 a_texCoord;
varying vec2 v_texCoord;
void main()
{
    gl_Position = CC_PMatrix * a_position;
    v_texCoord = a_texCoord;
}
```

灰化的算法非常简单，只需要将每一个像素的 RGB 分量进行平均计算即可，彩色图片经过灰化之后会变成灰白的图片，**灰白图片的特征就是每个像素的 RGB 三个分量的值均相等**，值越高颜色越白，反之颜色越黑。

经过灰化之后，图片的每个像素的灰度都是根据原图片的颜色进行计算的，常用的计算方法有 3 种，平均值、最大值或加权平均值，平均值指将 RGB 三个分量相加后取平均值，然后将平均值赋值给 RGB。最大值则是取 RGB 中最大的值赋值给 RGB，加权平均值则是将每个分量按照一定的比例计算，如 R 占 20%、G 占 30%、B 占 50%，通过权值调整 RGB 颜色参与计算的比例（平均值相当于 RGB 的权值相等），最后将计算好的值累加并赋给 RGB。这里使用加权平均值的方法来计算灰度。

在片段 Shader 中，用一个 varying 变量来接收纹理坐标的插值，并用一个 Uniform 来接收灰度的权值，本来可以直接在代码中写"死"权值，但为了更加灵活，同时也为了介绍一下 Uniform 的使用，这里就用 Uniform 来设置权值。

如果将权值"写死"，那么 Shader 脚本中就会出现类似 texColor.r * 0.2f 这样的代码，需要注意的是，**Shader 中的浮点数和整数是不同的类型，如果在脚本中写的是 1，那么它就是整数，如果希望它表示的是浮点数的 1，那么就应该用 1.0f，否则有的显卡会认为这是错误，从而导致 Shader 编译不通过，但有的显卡又可以通过编译。**

```
varying vec2 v_texCoord;
uniform vec4 u_grayParam;
void main(void)
{
vec4 texColor = texture2D(CC_Texture0, v_texCoord);
texColor.rgb = texColor.r * u_grayParam.r + texColor.g * u_grayParam.g +
texColor.b * u_grayParam.b;
    gl_FragColor = texColor;
}
```

texture2D 方法传入指定的纹理采样器及纹理坐标，可以返回对应的颜色，我们将颜色进行计算之后赋值到 gl_FragColor 变量中，这是 GLSL 内置的输出变量，表示最终的片段颜色。

到这里就完成了 Shader 脚本的编写，将顶点和片段 Shader 脚本分别命名为 gray.vert 和 gray.frag，然后放到资源目录下。

15.5.4　使用 Shader 的步骤

最后在 Cocos2d-x 中应用 Shader，可以在 Cocos2d-x 官方示例的 cpp-empty-tests 中的
HelloWroldScene.cpp 中添加少量的代码来实现灰化。

最直接的方式就是创建 GLProgram，然后调用 Node 的 setGLProgram()方法直接设置。
但这样并不是很高效，因为每次都重新创建 GLProgram 是一个不小的消耗，涉及 Shader
脚本的编译和链接，所以需要使用 GLProgramCache 来提高效率。GLProgramCache 中以一
个字符串为 Key，GLProgram 对象为 Value，缓存了 GLProgram 对象。在每次使用 GLProgram
之前，先从 GLProgramCache 中查找，如果找不到再进行创建，并添加到 GLProgramCache
中，我们需要为每种 GLProgram 取一个直观的名字，如这里将灰化 Shader 称之为
MyGrayShader。

GLProgram 提供了两种创建接口，createWithFilenames()方法通过传入顶点和片段
Shader 的文件名来创建 GLProgram，而 createWithByteArrays()方法则通过传入它们的源码
字符串创建一个 GLProgram。一般而言，将 Shader 脚本放在文件中，通过传入文件名的方
式会更便于管理一些。但使用源码字符串则会更加高效，因为在创建的时候不必去磁盘中
读取文件，大部分情况下也不会去修改已经完成的 Shader 脚本。

设置 Uniform 的代码非常简单，只需要传入要设置的 Uniform 的名字，以及要设置的
值即可。在**不需要有不同的 Uniform 变量**时，可以使用 GLProgramStateCache 再进一步地
优化，因为可以共用同一个 GLProgramState。下面在 HelloWroldScene.cpp 中添加一个
grayNode()方法，该方法的实现如下。

```
#include "renderer/CCGLProgramStateCache.h"

void grayNode(Node* node)
{
    GLProgram* program = GLProgramCache::getInstance()->getGLProgram
    ("MyGrayShader");
    if (nullptr == program)
    {
        program = GLProgram::createWithFilenames("gray.vert", "gray.frag");
        GLProgramCache::getInstance()->addGLProgram(program,"MyGrayShader");
    }
    GLProgramState* programState = GLProgramState::getOrCreateWithGLPro
    gram(program);
    programState->setUniformVec4("u_grayParam", Vec4(0.2f, 0.3f, 0.5f, 1.0f));
    node->setGLProgramState(programState);
}
```

接下来在 HelloWorld::init()方法中，对背景图片进行灰化，在背景图片创建之后，添
加一行 grayNode()方法，传入 sprite 对象。

```
auto sprite = Sprite::create("HelloWorld.png");
```

```
grayNode(sprite);
```

上面的代码运行效果如图 15-6 所示。

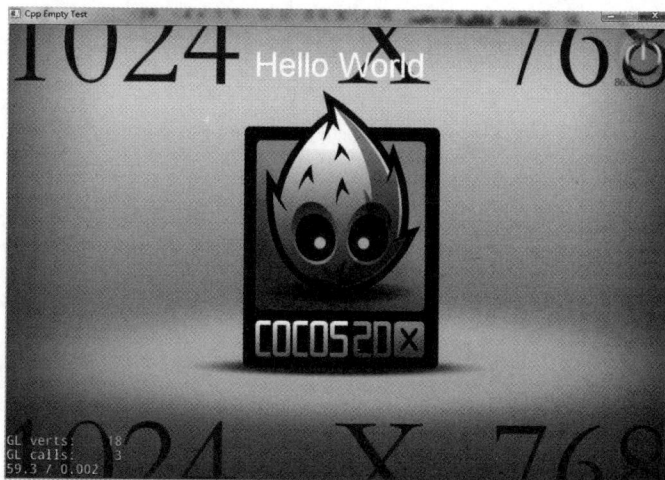

图 15-6　灰化背景图的效果

　　如果需要将灰化 Shader 撤销，恢复图片的颜色，那么只需要将原来的 Shader 设置回去即可，可以在设置灰化之前将原来的 Shader 记录下来。如果知道其原先的 Shader 也可以直接进行重置，例如 Sprite 对象默认的 Shader 是 GLProgram::SHADER_NAME_POSITION_TEXTURE_COLOR_NO_MVP，可以通过 GLProgramState::getOrCreateWith GLProgramName()方法传入上面的字符串常量来获取它的 GLProgramState。

第 16 章　使用 Shader——常用特效

第 15 章了解了 OpenGL 的渲染管线、GLSL 的基础语法以及如何在 Cocos2d-x 中编写
Shader，本章了解一下如何使用 Shader 制作一些炫酷的效果。本章主要介绍以下内容：
- ❑ Blur 模糊效果。
- ❑ OutLine 描边效果。
- ❑ RGB、HSV 与 HSL 效果。
- ❑ 调整色相。
- ❑ 流光效果。

16.1　Blur 模糊效果

首先介绍 testcpp 的 Shader-Sprite 示例自带的模糊效果，模糊效果实现的思路是这样的，
在片段着色器中将当前像素的颜色值与周围像素的颜色值累加，然后取平均值，这样就可
以得到一个模糊的效果。如果希望控制模糊的程度，那么就需要引入权重的概念，当前像
素的权重最高，向周围的像素逐渐减弱，这样可以控制当前像素的颜色不会和原色相差太
多，其次结合控制模糊计算的区域，可以很好地控制模糊效果，模糊计算的区域越大，效
果越模糊，反之则越清晰，效果如图 16-1 所示。

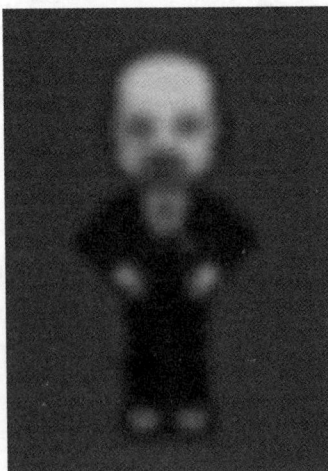

图 16-1　模糊效果

Shader 的脚本如下所示，这里传入了 resolution、blurRadius、sampleNum 共 3 个 Uniform，
分别代表纹理的尺寸、模糊区域以及区域内的采样数。由于纹理坐标的取值范围是 0～1，

所以我们无法知道当前像素的周围像素对应的纹理坐标，因此需要传入图片的尺寸，通过尺寸可以确定图片的 x 和 y 轴分别有多少个像素，将 1 除以图片尺寸就可以得出每个像素的单位距离，如宽度为 100 像素的图片，在当前像素的 x 轴加上 0.01 就可以得到其右边像素的纹理坐标。

```
#ifdef GL_ES
precision mediump float;
#endif

varying vec4 v_fragmentColor;
varying vec2 v_texCoord;

uniform vec2 resolution;
uniform float blurRadius;
uniform float sampleNum;

vec4 blur(vec2);

void main(void)
{
    //调用 blur()函数计算模糊后的颜色值
    vec4 col = blur(v_texCoord);
    gl_FragColor = vec4(col) * v_fragmentColor;
}

vec4 blur(vec2 p)
{
    //如果模糊区域大于 0 且采样数大于 1 才进行模糊处理
    if (blurRadius > 0.0 && sampleNum > 1.0)
    {
        //计算出像素的单位制
        vec4 col = vec4(0);
        vec2 unit = 1.0 / resolution.xy;
        //范围除以采样数，得出要遍历的步长
        float r = blurRadius;
        float sampleStep = r / sampleNum;

        float count = 0.0;
        //以当前像素点为中心，遍历周围指定大小的矩形范围
        for(float x = -r; x < r; x += sampleStep)
        {
            for(float y = -r; y < r; y += sampleStep)
            {
                //计算权重，越靠边缘权重越小
                float weight = (r - abs(x)) * (r - abs(y));
                //所有的颜色值乘以对应的权重，然后累加起来并将权重累加到 count 变量中
                col += texture2D(CC_Texture0, p + vec2(x * unit.x, y * unit.y))
                * weight;
                count += weight;
            }
        }
        //将颜色累加除以权重，返回其平均值
        return col / count;
    }
    //默认返回原色
    return texture2D(CC_Texture0, p);
}
```

16.2　OutLine 描边效果

　　testcpp 的 Shader-Sprite 示例中有一个简单的描边效果,这个描边效果实现得比较糟糕,首先会将图片原本应该空白的地方填充为黑色,如图 16-2 右图所示,稍后会介绍如何修复这个 BUG,修复后的效果如图 16-2 左图所示。其次该描边效果无法很好地控制描边的粗细,如果需要大一些的描边,效果会变得非常糟糕。

图 16-2　描边效果

　　该描边效果实现的思路大致如下,首先累加上、下、左、右 4 个点的透明度,然后将累加的透明度乘以设定的阀值(该阀值可以控制描边颜色,但意义不大),并将结果乘以描边色作为要设置的颜色(黑色部分由于其上、下、左、右 4 个点的透明度加起来为 0,乘以描边色之后得出的 rgb 就是 vec3(0, 0, 0) 黑色),最后根据当前颜色的透明度作为权值,来决定描边色和原色的比重,如果当前颜色的透明度为 0,那么会完全使用原先的颜色,如果当前颜色的透明度为 1,则会完全使用计算后的描边色。

Cocos2d-x 示例的 Shader 脚本源码如下。

```
varying vec2 v_texCoord;
varying vec4 v_fragmentColor;
uniform vec3 u_outlineColor;
uniform float u_threshold;
uniform float u_radius;

void main()
{
    float radius = u_radius;
    vec4 accum = vec4(0.0);
    vec4 normal = vec4(0.0);
    //获取当前颜色
    normal = texture2D(CC_Texture0, vec2(v_texCoord.x, v_texCoord.y));
    //累加上、下、左、右 4 个点的颜色
    accum += texture2D(CC_Texture0, vec2(v_texCoord.x - radius, v_texCoord.y
```

```
      - radius));
      accum += texture2D(CC_Texture0, vec2(v_texCoord.x + radius, v_texCoord.y
      - radius));
      accum += texture2D(CC_Texture0, vec2(v_texCoord.x + radius, v_texCoord.y
      + radius));
      accum += texture2D(CC_Texture0, vec2(v_texCoord.x - radius, v_texCoord.y
      + radius));
      //进行一些无实际意义的计算....
      accum *= u_threshold;
      accum.rgb = u_outlineColor * accum.a;
      accum.a = 1.0;
      //按照当前颜色的透明度，来决定当前颜色的颜色值
      normal = ( accum * (1.0 - normal.a)) + (normal * normal.a);
      gl_FragColor = v_fragmentColor * normal;
}
```

接下来对这个脚本进行一下优化，并解决其将背景的透明部分填充为黑色的 BUG，调整后的代码如下。

```
void main()
{
      float radius = u_radius;
      vec4 accum = vec4(0.0);
      vec4 normal = vec4(0.0);

      normal = texture2D(CC_Texture0, vec2(v_texCoord.x, v_texCoord.y));
      //将透明度的判断放到第一步，如果该点本身不透明，则直接使用原先的颜色即可，无须描边
      if(normal.a < 0.5)
      {
            //仍然是累加计算，如果希望描边更加平滑，可以计算其周围 12 个方向的颜色，甚至更多
            accum += texture2D(CC_Texture0, vec2(v_texCoord.x - radius, v_
            texCoord.y - radius));
            accum += texture2D(CC_Texture0, vec2(v_texCoord.x + radius, v_
            texCoord.y - radius));
            accum += texture2D(CC_Texture0, vec2(v_texCoord.x + radius, v_
            texCoord.y + radius));
            accum += texture2D(CC_Texture0, vec2(v_texCoord.x - radius, v_
            texCoord.y + radius));
            //如果计算后，周围有任何一个点是不透明的，则需要进行描边
            if(accum.a >= 0.1)
            {
                  //设置 accum 为描边颜色
                  accum.rgb = u_outlineColor;
                  accum.a = 1.0;
                  //根据原色 normal 的透明度来决定最终颜色
                  normal = ( accum * (1.0 - normal.a)) + (normal * normal.a);
            }
      }
      gl_FragColor = v_fragmentColor * normal;
}
```

由于我们移除了 u_threshold 变量，所以需要在 C++代码中将设置该 Uniform 变量的代码注释，另外通过增量一些判断，减少了一些无意义的计算。

前面介绍的 OutLine 描边效果存在一个问题，就是在图片自身的渲染过程中，对图片本身做的处理，因为图片本身存在一些空白的地方，这些空白也会进入片段着色器执行渲染，如果要渲染的图片的四周没有多余的空白，或者图片不带透明通道，或者要渲染的是

一个 3D 模型，那么上面这种描边的效果就很糟糕了。接下来要介绍的是另外一种常用的描边思路——对图片执行两次渲染，首先放大图片渲染一次，对此次渲染应用一个纯色的 Shader，颜色就使用我们设定的描边色，如果希望效果更好一些，还可以加上一点模糊效果，第二次正常渲染图片，这样就可以得到一个不错的描边效果了。

但这种方式应用于一些不是居中缩放的图片时效果也不是很理想，因为缩放可能会导致错位，从而看上去就不是描边的效果了，对于这种图片，我们只能在原图的上、下、左、右 4 个方向甚至 8 个方向偏移若干像素，然后渲染多次，从而达到较好的描边效果。

16.3　RGB、HSV 与 HSL 效果

RGB 是我们最熟悉的一种色彩模式，RGB 使用三原色作为色彩的分量来表达所有的颜色，我们可以用一个正方体来描述 RGB 颜色空间，如图 16-3 所示。坐标系的 X、Y、Z 分别表示 RGB 颜色分量，取值范围为 0～1。

图 16-3　描述 RGB 颜色空间的正方体

HSV 和 HSL 都是基于 RGB 的色彩模式，由于 RGB 的描述方式不够直观，相对而言，用色彩、是否饱满以及明暗程度来描述一个颜色，要比直接告诉 RGB 三个分量的值直观得多。可以用一个倒锥体来描述 HSV 颜色空间（如图 16-4 所示），使用锥体和倒锥体组合来描述 HSL 颜色空间（如图 16-5 所示）。

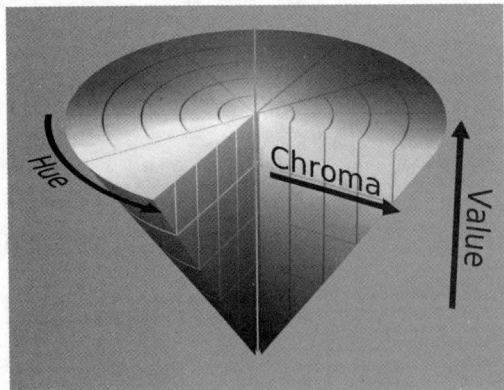

图 16-4　描述 HSV 颜色空间的倒锥体

图 16-5　描述 HSL 的椎体和倒锥体组合

- ❑ H 表示 Hue 色相，取值范围为 0°～360°，对应模型中的圆形色环，每一度都对应一种颜色，HSV 和 HSL 中关于色相的定义是一样的。
- ❑ S 表示 Saturation 饱和度，取值范围为 0～1，表示颜色的鲜艳程度，该值越大色彩越鲜艳。
- ❑ V 表示 Value 明度，取值范围为 0～1，在 HSV 中用于表示光的量。
- ❑ L 表示 Lightness 亮度，取值范围为 0～1，在 HSL 中用于表示白这种颜色的量。

16.4　调整色相

了解了 HSV 和 HSL 颜色空间有什么用呢？用处可多了，可以对色相、饱和度、明度进行调整，如果是 RGB 颜色模型，很难通过直接调整 RGB 的颜色值，来控制颜色的色相、饱和度、明度等属性。但如果先将 RGB 转换为 HSV 或 HSL，则可以直接调整颜色的色相、饱和度、明度等属性，调整之后再转换回 RGB 颜色。

举一个实际例子，改变图片的颜色是一个很常见的需求，当我们有一个角色的时候，通过变色来生成其他类似的角色，可以大大节省图片资源。在 Cocos2d-x 中通过 setColor 可以设置节点的颜色，但设置完的效果往往不是想要的效果。而通过调整色相，则可以调整出不错的变色效果，如图 16-6 所示，我们希望通过调整颜色得到一个紫色的角色，图 16-6 中的 3 个角色，中间的角色是原图，左侧的角色调用了 setColor 设置紫色，而右侧的角色则使用了修改色相的方式。修改色相的效果要比调用 setColor 的效果好得多。

图 16-6　setColor 与修改色相的效果对比

调整色相的片段 Shader 脚本如下，HSV、HSL 与 RGB 的转换公式比较复杂，这里不做详细介绍。

```
#ifdef GL_ES
precision lowp float;
#endif
//传入 HSV 偏移的 Uniform
uniform vec3 u_hsv;
```

```
varying vec4 v_fragmentColor;
varying vec2 v_texCoord;

//将 RGB 转换为 HSV
vec3 rgb2hsv(vec3 c)
{
    vec4 K = vec4(0.0, -1.0 / 3.0, 2.0 / 3.0, -1.0);
    vec4 p = mix(vec4(c.bg, K.wz), vec4(c.gb, K.xy), step(c.b, c.g));
    vec4 q = mix(vec4(p.xyw, c.r), vec4(c.r, p.yzx), step(p.x, c.r));

    float d = q.x - min(q.w, q.y);
    float e = 1.0e-10;
    return vec3(abs(q.z + (q.w - q.y) / (6.0 * d + e)), d / (q.x + e), q.x);
}
//将 HSV 转换为 RGB
vec3 hsv2rgb(vec3 c)
{
    vec4 K = vec4(1.0, 2.0 / 3.0, 1.0 / 3.0, 3.0);
    vec3 p = abs(fract(c.xxx + K.xyz) * 6.0 - K.www);
    return c.z * mix(K.xxx, clamp(p - K.xxx, 0.0, 1.0), c.y);
}

void main()
{
    gl_FragColor = v_fragmentColor * texture2D(CC_Texture0, v_texCoord);
    //对透明度大于 0.5 的像素进行色相旋转
    if(gl_FragColor.a >= 0.5)
    {
        //获取当前 RGB 对应的 HSV
        vec3 hsvcolor = rgb2hsv(gl_FragColor.rgb);
        //累加上传入的 Uniform
        hsvcolor += u_hsv;
        //将修改后的 HSV 转换回 RGB
        gl_FragColor.rgb = hsv2rgb(hsvcolor);
    }
}
```

　　下面的代码简单演示了如何应用色相旋转 Shader，除了旋转之外，还可以将色相统一设置为指定的值，来实现如冰冻、中毒、灼烧等效果，只需要将上述脚本的 hsvcolor += u_hsv 调整为 hsvcolor.x = u_hsv.x 即可。下面的代码是应用在 Spine 骨骼动画之上，对于 Sprite 同样有效。但需要注意保持顶点 Shader，Sprite 和 Spine 的顶点 Shader 不同，如果要对 Sprite 设置色相，需要设置 Sprite 默认的顶点 Shader，Sprite 的顶点 Shader 为 ccPositionTextureColor_noMVP_vert，可以将下面代码的 ccPositionTextureColor_vert 替换为 ccPositionTextureColor_noMVP_vert，来设置 Sprite。

```
auto glProgram = ShaderCache::getInstance()->getGLProgram("HSV");
if (glProgram == nullptr)
{
    auto fileUtiles = FileUtils::getInstance();
    auto fragmentFilePath = fileUtiles->fullPathForFilename ("shaders/
    HSV.frag");
    auto fragSource = fileUtiles->getStringFromFile(fragmentFilePath);

    glProgram = GLProgram::createWithByteArrays(ccPositionTextureColor_
    vert, fragSource.c_str());
    ShaderCache::getInstance()->addGLProgram(glProgram, "HSV");
```

```
}
SkeletonAnimation::createWithFile("role/12000/12000.json",
"role/12000/12000.atlas");
ani->setSkin("12002");
ani->setPosition(Director::getInstance()->getWinSize() * 0.5f);
parent->addChild(ani);

SkeletonAnimation::createWithFile("role/12000/12000.json",
"role/12000/12000.atlas");
ani2->setSkin("12002");
ani2->setPosition(Director::getInstance()->getWinSize() * 0.5f);
ani2->setPositionX(ani2->getPositionX() - 100.0f);
ani2->setColor(Color3B::MAGENTA);
parent->addChild(ani2);

SkeletonAnimation::createWithFile("role/12000/12000.json",
"role/12000/12000.atlas");
ani3->setSkin("12002");
ani3->setPosition(Director::getInstance()->getWinSize() * 0.5f);
ani3->setPositionX(ani3->getPositionX() + 100.0f);
parent->addChild(ani3);
ani3->setGLProgram(glProgram);
auto vec = Vec3(0.7, 0, 0);
ani3->getGLProgramState()->setUniformVec3("u_hsv", vec);
```

在这里我们要传入色相偏转的 Uniform，虽然色相的取值范围是 0°～360°，但在这里的单位是 1，所以取值范围是 0～1。

16.5　流　光　效　果

流光效果是笔者在实际项目中制作的一种效果，美工给出一张七彩的卡片框，需要让卡片上的颜色流转起来，这比单纯的七彩要炫酷得多，那么如何实现呢？仍然是使用色相旋转来实现，只不过前面介绍的是静态的色相旋转，而这里要使用的是动态的色相旋转，Shader 脚本需要有一点小改动，另外由于是一个持续变化的 Shader，所以这里封装了一个 Action 来实现这个效果，效果如图 16-7 所示，由于是动态的效果，所以这里给出了多张图以便观察在不同时刻下的颜色变化。

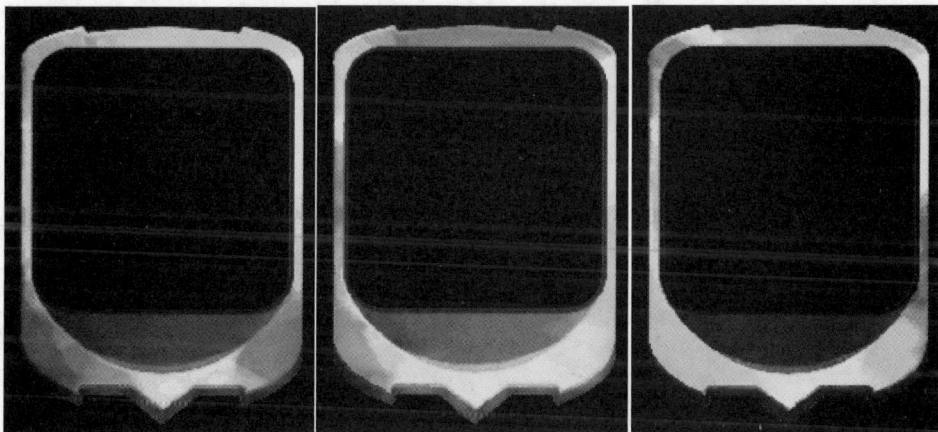

图 16-7　流光效果

流光效果的片段 Shader 脚本如下所示，与色相调整 Shader 的主要区别在于 hsvcolor.x = mod(u_modTime * 0.25 + hsvcolor.x, 360.0);，这里使用了一个取模的方法，并且在外部会根据时间的变化来修改 u_modTime 的值，可以通过调整 u_modTime 的系数来控制颜色流动的速度。

```
#ifdef GL_ES
precision lowp float;
#endif

uniform float u_modTime;

varying vec4 v_fragmentColor;
varying vec2 v_texCoord;

vec3 rgb2hsv(vec3 c)
{
    vec4 K = vec4(0.0, -1.0 / 3.0, 2.0 / 3.0, -1.0);
    vec4 p = mix(vec4(c.bg, K.wz), vec4(c.gb, K.xy), step(c.b, c.g));
    vec4 q = mix(vec4(p.xyw, c.r), vec4(c.r, p.yzx), step(p.x, c.r));

    float d = q.x - min(q.w, q.y);
    float e = 1.0e-10;
    return vec3(abs(q.z + (q.w - q.y) / (6.0 * d + e)), d / (q.x + e), q.x);
}

vec3 hsv2rgb(vec3 c)
{
    vec4 K = vec4(1.0, 2.0 / 3.0, 1.0 / 3.0, 3.0);
    vec3 p = abs(fract(c.xxx + K.xyz) * 6.0 - K.www);
    return c.z * mix(K.xxx, clamp(p - K.xxx, 0.0, 1.0), c.y);
}

void main()
{
    gl_FragColor = v_fragmentColor * texture2D(CC_Texture0, v_texCoord);
    if(gl_FragColor.a >= 0.8)
    {
        vec3 hsvcolor = rgb2hsv(gl_FragColor.rgb);
        hsvcolor.x = mod(u_modTime * 0.25 + hsvcolor.x, 360.0);
        gl_FragColor.rgb = hsv2rgb(hsvcolor);
    }
}
```

流光效果的 Action 实现如下，首先是头文件，定义了若干成员变量，以及方法。

```
class CFluxayAction : public cocos2d::ActionInterval
{
public:
    CFluxayAction();
    virtual ~CFluxayAction();

    static CFluxayAction* create();

    virtual void startWithTarget(cocos2d::Node *target) override;

    virtual void step(float dt) override;

    virtual void fourceStop();
```

```
    virtual bool isDone() const { return false; }

    inline cocos2d::GLProgramState* getProgramState()
    {
        return m_OldProgramState;
    }
private:
    float m_fModTime;
    cocos2d::GLProgramState* m_FluxayProgramState;
    cocos2d::GLProgramState* m_OldProgramState;
    cocos2d::Node* m_Target;
};
```

startWithTarget、step 和 fourceStop 是这个 Action 最核心的 3 个方法，在 startWithTarget 中创建了流光 Shader，并记录了节点原先的 Shader，将流光 Shader 设置为节点的当前 Shader。fourceStop()方法会在 Action 结束时被调用，主要的工作是恢复节点为原先的 Shader，而 step()方法则会在每一帧被调用，修改 u_modTime 的 Uniform 值。

```
void CFluxayAction::startWithTarget(cocos2d::Node *target)
{
    if (target)
    {
        ActionInterval::startWithTarget(target);
        m_Target = target;
        m_Target->retain();

        //保存旧状态
        CC_SAFE_RELEASE_NULL(m_OldProgramState);
        m_OldProgramState = target->getGLProgramState();
        CC_SAFE_RETAIN(m_OldProgramState);
        //获取 FluxayShader，获取不到就创建一个
        auto glProgram = ShaderCache::getInstance()->getGLProgram("Fluxay");
        if (glProgram == nullptr)
        {
            auto fileUtiles = FileUtils::getInstance();
            auto fragmentFilePath=fileUtiles->fullPathForFilename ("shaders/
            Fluxay.frag");
            auto fragSource = fileUtiles->getStringFromFile(fragmentFilePath);
            auto vertexFilePath = fileUtiles->fullPathForFilename("shaders/
            Fluxay.vert");
            auto vertSource = fileUtiles->getStringFromFile(vertexFilePath);
            glProgram = GLProgram::createWithByteArrays(vertSource.c_str(),
            fragSource.c_str());
            ShaderCache::getInstance()->addGLProgram(glProgram, "Fluxay");
        }
        //设置 Shader 到当前节点
        target->setGLProgram(glProgram);
        m_FluxayProgramState = target->getGLProgramState();
        CC_SAFE_RETAIN(m_FluxayProgramState);
    }
}

void CFluxayAction::step(float time)
{
    if (m_FluxayProgramState)
    {
        //累加时间并修改 Uniform
        m_fModTime += Director::getInstance()->getAnimationInterval();
```

```
        m_FluxayProgramState->setUniformFloat("u_modTime", m_fModTime);
    }
}

void CFluxayAction::fourceStop()
{
    //恢复为原样
    if (m_OldProgramState && m_Target)
    {
        m_Target->setGLProgramState(m_OldProgramState);
        CC_SAFE_RELEASE_NULL(m_OldProgramState);
    }
    CC_SAFE_RELEASE_NULL(m_Target);
}
```

第 2 篇　Lua 篇

第 17 章　Lua 基础语法

在使用 Quick 进行开发之前，需要简单了解一下 Lua 的基础语法，Lua 有多么简洁、高效、灵活这些就不长篇大论了，这里只介绍最 Lua 基础的语法，相信读者阅读完本章后可以快速了解 Lua 的使用。本章主要介绍以下内容：

- ❑ 类型与值。
- ❑ 操作符。
- ❑ 语句。
- ❑ 函数。

17.1　类　型　与　值

在 C/C++语言中，经常需要定义变量，这里面包含了几个元素，**变量的类型、变量名以及变量的值**。例如 int i = 0，这里定义了一个整型类型的变量，名字为 i，值为 0。

在 Lua 中变量没有类型，值才有类型。如何理解这句话？在 Lua 中，可以直接写 i = 0，而无须说明 i 是何类型，i 的值是 0，0 这个值是数字类型，而 i 只是一个名字而已。

当将 C/C++语言中的 i 赋值为一个字符串时，编译会报错，因为变量 i 是整型类型。而当在 Lua 中将 i 赋值为一个字符串时，是完全没问题的。因为变量 i 没有类型。相当于一个 void*指针从原本指向一个数字改为指向一个字符串。

那么 Lua 中有哪些类型呢？请看表 17-1 所示。

表 17-1　Lua类型

类　　型	说　　明	简　　介
nil	空类型	用于表示空
boolean	布尔类型	取值 true 和 false
number	数字类型	表示实数（包含整数和浮点）
string	字符串类型	表示字符或字符串
table	表类型	关联容器，可作数组、链表、集合等数据结构使用
function	函数类型	函数本身也是值
userdata	用户数据类型	C 的自定义数据，如结构体、指针
thread	线程类型	表示协同对象

在 Lua 中进行判断，除了 false 和 nil 为假外，其他任何值都为真。**包括数字 0 和空的字符串""都是真。**

Lua 的字符串可以使用"..."或[[...]]来定义，"..."支持转义字符（[[...]]方式不支持转义，但可自由换行，中间的...表示字符串的意思），如\n 换行\t 制表等。还可以在字符串中使用\ddd 方式表示字母，如字符串 a 等于\97，97 是 a 的 ASCII 码。字符可以使用"来定义。

如何知道一个值的类型呢？可以使用 type()方法，传入该值，type 会返回该值的**类型名字符串**。Lua 中的字符串和数字是可以互相转换的，tostring 可以将数字转换为字符串，而 tonumber 可以将字符串转换为数字。例如，将数字 i 转换为字符串 tostring(i)。

在 Lua 中，**所有的变量默认为全局变量**，在变量名前加上 local 可以定义为局部变量（这点不是很合理，正常来说我们用到的大部分都是局部变量，在全局变量前加 global 看上去更合适一些）。

Lua 是**大小写敏感**的，for、if 等关键字不能作为变量名，但 For、IF 就可以。

另外，额外介绍两点小常识：

❑ 每个语句结尾的；是可选的。

❑ 单行注释以"--"开头，多行注释以"--[["开头，以"]]"结尾，中间可以随意换行。

17.2 操 作 符

17.2.1 算术操作符

算术操作符用于对实数进行计算，如表 17-2 所示。

表 17-2 算术操作符

操 作 符	说 明
+	加
-	减
*	乘
/	除
^	取幂
-	取反

17.2.2 关系操作符

关系操作符用于逻辑判断，需要注意的是**字符串与数字并不相等**，例如"0" == 0 为 false，而对于 table、userdata、function 等类型的值，只有当两者为同一个对象时相等。对于字符串的比较大小，会根据字母的 ASCII 码进行比较，如表 17-3 所示。

表 17-3 关系操作符

操 作 符	说 明
<	小于
>	大于
<=	小于等于
>=	大于等于
==	等于
~=	不等于

17.2.3　逻辑操作符

逻辑操作符可以用于逻辑判断，一个实用的技巧是如果当一个变量为 nil 或 false 时，可以使用 or 来快速进行判断并赋默认值，这在 Quick 中很常用，如 a=a or b;如表 17-4 所示。

表 17-4　逻辑操作符

操　作　符	说　明
and	与
or	或
not	非

17.2.4　其他操作符

其他操作符如表 17-5 所示。

表 17-5　其他操作符

操 作 符	说　明	简　介
.	点	访问 table 的字段
:	冒号	访问 table 的字段并传入该 table
,	逗号	分隔表达式
..	连接字符串	对字符串（将数字作为字符串）进行连接
[]	下标	访问 table 的下标
#	长度	取得 table 的长度（从 1 开始到 nil）
=	赋值	用于修改变量或表域的值

17.3　语　　句

17.3.1　赋值语句

Lua 的赋值语句与其他语言有较大的区别，赋值语句使用=操作符，可以**对多个变量进行同时赋值**，例如交换 a 和 b 的值：

```
-- 交换了a和b的值
a, b = b, a
```

当变量的数量大于值的数量时，多余的变量会被置为 nil。

```
-- b的值为nil
a, b = 1
```

当变量的数量小于值的数量时，多余的值会被忽略。

```
-- 第二个值将会被忽略
a = 1, 2
```

17.3.2　语句块

语句块相当于在 C/C++语言中使用花括号{}包围起来的一段语句，在 Lua 中使用 do 和 end 将一段语句包裹起来可以显式地定义一个语句块。

```
do
    local a = 1
    a = a + 1
end
```

使用 local 可以定义局部变量，只在指定的语句块内生效。**应该尽量使用局部变量**，因为有两个好处，首先可以避免命名冲突，其次可以获得更高的效率。

17.3.3　条件语句

Lua 中条件语句的书写规则如下，elseif 和 else 是可选的，注意 else 和 if 之间并没有空格。

```
if 条件 then
    系列语句
elseif 条件 then -- 可选
    系列语句
else -- 可选
    系列语句
end
```

17.3.4　循环语句

while 循环中，当条件为真时执行系列语句直到条件为假。

```
while 条件 do
    系列语句
end
```

重复执行语句直到条件成立。

```
repeat
    系列语句
until 条件
```

数字型 for 循环中，var=初始值，每次循环 var 增加 exp3，直到 var 大于等于 exp2 时退出循环。exp3 不写时默认为 1。var 在这里是一个局部变量，Lua 不建议在循环中修改 var 的值。

```
for var = exp1, exp2, exp3 do
    系列语句
end
```

泛型 for 循环中，var-list 为变量列表，是表达式列表每次执行的返回值，表达式列表一般为一个函数，当表达式列表返回的第一个参数为 nil 时，退出循环。

```
for <var-list> in <exp-list> do
    系列语句
end
```

使用 break 和 return 语句可以退出循环，但只能出现在语句块的最后，也就是说在 end、else 或 until 之前。如果需要在一个语句块的中间使用 return 或 break，可以用一个 do-end 循环包裹起来。

17.4　函　　数

Lua 的函数是第一类值，可以被放到各种变量中。可以将函数理解为使用表达式创建出来的对象，而函数名则是这个对象的名字。首先看一下 Lua 中如何定义一个函数（或者叫创建）。

17.4.1　定义函数

函数的定义需要以 function 关键字开头，紧接着是函数名（可选，没有则为匿名函数），再接下来是函数参数列表，以( )包裹，然后是函数体，也就是函数内部的逻辑语句，最后以 end 结尾。

```
function fun(str)
    print(str)
end
```

上面的语句定义了一个 fun()函数，等同于创建一个函数对象，并将函数对象赋值给一个叫作 fun 的变量。

```
fun = function (str) print(str) end
```

当然，如果这时候将 fun 赋值给其他变量，那么其他变量也会有 fun()函数对象的引用。

17.4.2　调用函数

在 Lua 中调用函数，需要在函数名（也就是这个函数变量）后加上括号，来传入参数。同时可以使用赋值操作符，在=的左边用变量来接住函数的返回值。

当要调用的函数只有一个参数，并且这个参数是字符串或表构造式时，无须加括号，如下所示。

```
-- 打印 hello world
print "hello world"
-- 打印 table
print {"one", "two"}
```

函数中的 return 语句可以返回多个返回值，它的规则等同于赋值语句的多变量赋值，当变量的数量大于返回值的数量时，多余的变量被置为 nil。当函数返回值的数量大于变量的数量时，多余的返回值会被忽略。

17.4.3　函数参数

在函数的参数列表中，可以声明函数接受的参数。在参数列表的最后加上三个点 "..."可以表示变长的参数，使用赋值语句可以将变长的参数列表取出，也可以将这些可变参数传递给其他函数。

```
function fun(a,  ...)
    -- 取出...的 3 个参数
    local v1, v2, v3 = ...
    print (a .. v1 .. v2 .. v3)
end
-- 第一个参数 1 会被赋值给 fun 的 a 参数
-- 接下来的 3 个参数在 fun 中被取出
-- 最后...中只剩下 1 个参数——5
fun(1, 2, 3, 4, 5)
```

变长参数列表...中可存储多个变量，可以将...看作一个变量，每次使用赋值语句都可以取出列表的前 N 个变量。函数可以存储在变量中，所以函数既可以作为参数，也可以作为返回值。

17.4.4　尾调用

当函数的最后一个动作是调用另外一个函数时，这个调用被称为尾调用。例如 return fun(...)这样的结尾，因为尾调用之后程序不需要在栈中保留调用者的任何信息，所以在处理尾调用时，可以不使用额外的栈空间。也就是说可以直接跳转到尾调用的函数中，而不是再开辟一个栈，然后调用该函数。Lua 的这种处理称之为**尾调用消除**。

例如，下面的 fun()函数进行了递归，那么它的 return fun(num)是一个尾调用，在 C/C++语言中，执行到 return"over"的时候，会有 100 层的函数调用堆栈，而 Lua 只会有一层。

```
function fun(num)
    if num > 100 then
        return "over"
    else
        num = num + 1
        return fun(num)
    end
end
-- 调用 fun
fun(1)
```

如图 17-1 可以看到，堆栈中都是 tail call，也就是尾调用消除。

如果将 return fun(num)改为 return (fun(num))，此时的 fun 就不是尾调用了，因为在执行完 fun()只需要回到调用者这边，执行上一层的括号。下面来看看这个改动带来的结果——堆栈都变成了 fun()函数，说明创建了额外的栈空间，如图 17-2 所示。

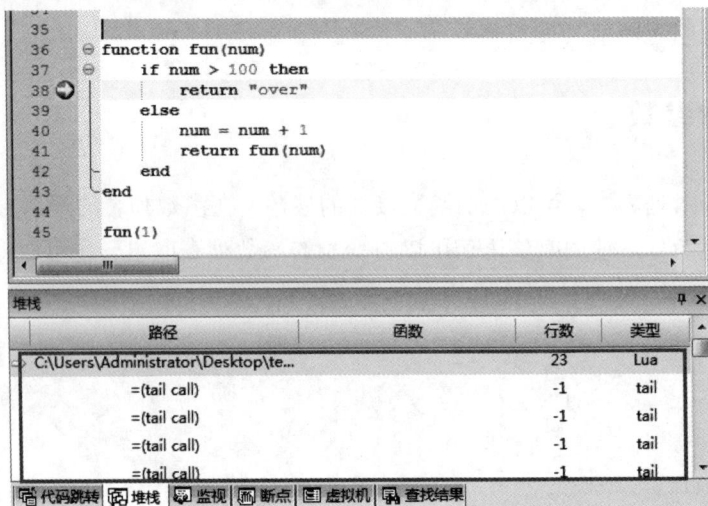

图 17-1　尾调用消除

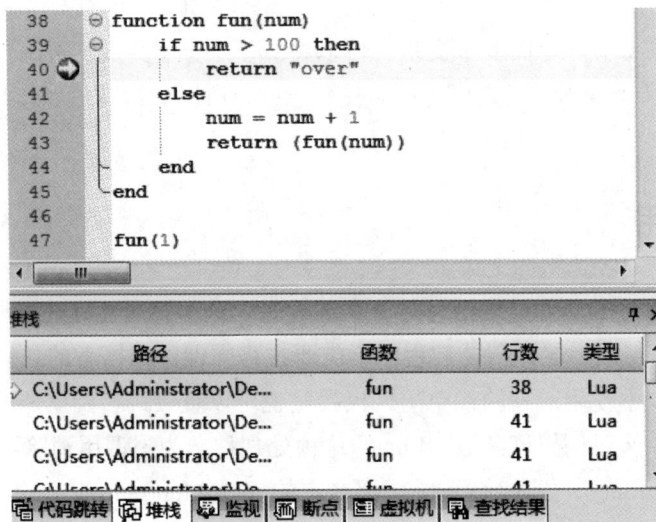

图 17-2　非尾调用

17.5　闭包与泛型 for

17.5.1　闭包

　　闭包（Closure）是词法闭包的简称，在函数式编程中是一个重要的概念。闭包是**由函数以及其相关的环境组成的一个空间**。闭包被定义为一种包含环境成分和控制成分的实体。在 Lua 中可以简单地理解为**一个函数以及其引用的外部变量的组合**，函数是闭包的控制成分，而引用的外部变量则是闭包的环境成分。

　　每个变量都有其作用域，当在一个语句块中定义了一个 local 局部变量，这个变量会在语句块结束时被释放。在 Lua 中，嵌套的函数可以访问其外部函数中的变量。也就是说，当在一个 Lua 函数中定义了一些局部变量并创建了一个函数时，那么在这个函数中可以直接使用外部函数的这些变量，例如：

```
function fun()
    local a = 1
    function fun2()
        --使用了 fun()函数中的 a 变量
        a = a * 2
    end
end
```

这时产生了一个闭包，但我们感觉不到它的存在，因为这个闭包会随着 fun()函数执行完毕而失去所有的引用。这时只需要让外部引用 fun2，这个闭包就会一直存在，如下所示。

```
function fun()
    local a = 1
    --作为一个匿名函数返回
    return function ()
        a = a * 2
        print(a)
    end
end
--将返回的闭包赋值给 f
--返回的匿名函数包含了它的环境（外部函数的局部变量 a）
f = fun()
f()
```

在上面的代码中，通过 fun()函数创建了一个闭包，如果再次调用 fun()函数，Lua 会创建一个**新的闭包**，两个闭包中的环境是没有关联且相互独立的。

C++11 的 Lambda 表达式也属于闭包，可以在编写 Lambda 函数的时候引用其外部函数的变量，例如，可以在界面初始化的时候，编写一个引用了当前函数的局部变量的 Lambda 函数，并绑定到一个按钮的单击函数，单击按钮调用到 lambda 函数时，仍可以使用这些外部变量，如果不是创建了一个闭包，那么外部函数的局部变量将会随着外部函数执行结束而被释放。

```
//一些伪代码
bool MyScene::init(std::string ip)
{
    //Lambda 中引用了外部的局部变量 IP
    m_button.onclick = [&](sender)->void{ CCLOG("%s", ip.c_str()); };
    return true;
}
```

闭包一般都是由两个函数组成的，一个是创建闭包的函数，另外一个则是其内部的闭包函数。

17.5.2　泛型 for

这里之所以将泛型 for 单独介绍，是因为前面简短的介绍不能完全让读者理解，要理解它并不是很容易，但是使用它却一点不难，绝大多数情况下，都使用 for k, v in pairs(t) do … end 或 for k,v in ipairs(t) do-end 这样的方法对 table 进行遍历（在第 18 章中可以详细地了解到）。

如果读者对泛型 for 感到难以理解那就请继续往下看。首先来分析一下泛型 for 的结构，在 for 后面，一个 in 关键字将循环控制部分的内容划分为两部分，首先是 var-list 变量名列表这一部分，这部分是在每次循环中会得到的一些变量。exp-list 表达式列表部分在启动时会被执行一次，exp-list 一般是一个函数。

```
for <var-list> in <exp-list> do
    系列语句
end
```

exp-list 的执行结果会返回 3 个值，即迭代函数、状态常量与控制变量。接下来会循环调用迭代函数，传入状态常量与控制变量。迭代函数的返回值将会被赋给变量列表 var-list。当迭代函数返回的第一个值为 nil 时，则结束循环，否则执行循环体内的语句。

ipairs 是常用的泛型 for 迭代函数，可以遍历 table 中从下标 1 开始，直到对应下标的值为 nil 为止。例如：

```
a = {"one", "two", "three"}
for i, v in ipairs(a) do
    print(i, v)
end
```

ipairs 的实现如下所示，返回的迭代函数为 iter()（这是一个闭包），状态常量为 table，而控制变量为 0。在每次 iter() 函数执行的过程中，都会将状态常量 table 和控制变量 i 传入，在 iter() 函数闭包的内部累计了 i 的值，每次循环都会自增 1。

```
--在每次循环都会调用 iter()迭代函数
--a 为状态常量 table，i 为控制变量
function iter (a, i)
    i = i + 1
    local v = a[i]
    if v then
        return i, v
    end
end
--返回 iter 迭代函数，table，以及 0
function ipairs (a)
    return iter, a, 0
end
```

另一个常用于泛型 for 的迭代函数是 pairs()，其实现是返回一个 next 迭代方法（这是 Lua 内部用于遍历 table 的方法）、状态常量 table，以及控制变量 nil，例如：

```
function pairs (t)
    return next, t, nil
end
```

第 18 章 Lua——table

table 是 Lua 中最为重要的数据类型，要用好 Lua 必须熟练掌握好 table。table 是一种 key-value 的关联容器，key 和 value 都可以存储任意类型的值或对象，如 number、string、function、userdata、table 等。

基于 table，可以以一种简单、统一、高效的方式来模拟数组、链表、队列、集合、图等复杂的数据结构。Lua 中的面向对象、模块和包等概念也是使用 table 来实现的。在 Lua 中，table 既不是值也不是变量，而是对象。程序运行过程中动态创建的对象，在程序中仅持有对 table 的引用。本章主要介绍以下内容：

- ❑ 使用 table。
- ❑ 元表 metatable。
- ❑ packages 介绍。
- ❑ 面向对象。
- ❑ table 库。

18.1 使用 table

18.1.1 创建 table

使用**构造表达式**可以创建一个 table，例如：

```
--创建一个 table，并将其引用存储到 a 中
a = {}
```

在构造表达式中，还可以初始化数组或键值对。

```
--下标 1、2、3 的值为字符 a、b、c
--Lua 的下标默认是从 1 开始而不是 0
a = { 'a', 'b', 'c'}
--下标'r'、'g'、'b'的值为数字 0、255、0
color = {r=0, g=255, b=0}
```

上面的两种初始化方式也可以混合使用，例如：

```
--键值对方式与列表方式并不冲突，列表方式的元素会依次从 1 开始
--arr['x'] -> 1
--arr[1] -> 'a'
arr = { x=1, y=2, 'a', 'b', 'c'}
```

那么在混合初始化时，如果键值对与列表元素的 key 产生冲突，会出现怎样的结果呢？

```
--下标 1=1 会被列表初始化的'a'覆盖
arr = { [1]=1, y=2, 'a', 'b', 'c'}
```

那么这个初始化是按照先后顺序进行赋值的吗？不对，在混合初始化的时候，不论元素的先后，Lua 都是**统一先初始化键值对，再初始化顺序元素**。在混合初始化的时候，判断每个顺序元素的下标时，应该无视所有的键值对元素，然后将顺序元素从 1 开始依次计算顺序。

如果期望下标从 0 开始怎么办呢？

```
--实际上[0]只对'a'生效
a = { [0] = 'a', 'b', 'c'}
```

如果希望下标从 100 开始，那么将代码中的[0]改为[100]只会让 a 的 key 为 100，对 b 和 c 没有任何影响。

18.1.2　访问 table

table 有两种访问方式，下标操作和点操作，点操作只是 Lua 提供的一种**语法糖**（让你的代码简短一些，比喻为给你一颗糖吃）。通过这两种操作可以取出 table 中的元素，代码如下。

```
--先初始化一个 table
a = { x=1, y=2, 'a', 'b'}
print(a[1])    -->打印 a
print(a[2])    -->打印 b
print(a.x)     -->打印 1
```

需要特别注意的是，字符串 key 和数字 key 是不同的，如 a[1] 指的是数字下标，a['1'] 指的是字符串下标，是两个不同的 key。

另外存在一些语法糖失效的情况，如 a.1 这种写法是通不过编译的。

18.1.3　修改 table

在创建了一个 table 之后，访问 table 中不存在的字段则会得到 nil，通过赋值语句可以为其赋值，增加新的字段或修改已有的字段，例如：

```
a.z = 3
a[3] = 'c'
```

一个 table 中可以同时存储各种类型的 key 和 value，这是非常灵活的。通过将字段置为 nil，可以删除 table 的某个字段。

18.1.4　删除 table

如何删除 table 呢？可以将要删除的 table 设置为 nil，但其不一定会被删除，因为我们持有的只是 table 的一个引用，这个 table 可能在其他的地方还有引用。当一个 table 再没有其他地方引用到时，Lua 的垃圾回收机制会自动将其清理。

18.1.5　遍历 table

在 Lua 中遍历 table 的常用方法主要有两种，使用 ipairs 迭代方法顺序遍历数组（下标从 1 开始），以及使用 pairs 迭代方法遍历所有键值对。代码如下所示：

```
--注意，这里构建的 table 下标 1、2、3 都是有内容的
--但是 4 是 nil，5 为 d，另外还插入一对 key-vluae  x = 1
t = {'a', 'b', x = 1, [3] = 'c', [5] = 'd'}
-- 依次打印出 a、b、c 的 3 个值
   for k,v in ipairs(t) do
   print( v)
end
-- 打印了所有内容 a b c 1 d
for k,v in pairs(t) do
   print( v)
end
```

此外，还可以使用#t 来获取 table 的大小，得到的大小会是 3，而使用 table 库的方法 table.maxn(t)得到的大小则是 5。

18.2　元表 metatable

metatable（元表）是一种特殊的 table，通过 metatable，可以修改一个值的行为，有点类似于 C++中的重载。在 Lua 中，每个值都有一套预定义的操作集合，如数字可以互相加减，字符串可以进行连接等。这些行为都被定义在 metatable 中。

可以理解为 metatable 就是一个值的方法列表。**通过修改一个值的 metatable，可以改变其行为**，例如，假设期望实现两个 table 相加的操作，可以修改这两个 table 的 metatable，在 metatable 中实现相加的行为。

要实现这个功能，首先需要定义一个 metatable，其与普通的 table 一样，但是需要定义相加方法的实现，代码如下：

```
mt = {}
mt.__add = function(t1, t2)
   local result = {}
   --将两个 table 合并到 result 中
   for k, v in pairs(t1) do result[k] = v end
   for k, v in pairs(t2) do result[k] = v end
   --返回结果
   return result
end
```

上面的代码定义了一个名为 mt 的 table，并且将它的__add 字段设置为一个函数，在这个函数中实现了将两个 table 合并为一个新的 table 并返回的功能。接下来需要将这两个普通的 table 进行相加操作。

```
local t1 = {x = 1, y = 2, z = 3}
local t2 = {a = 1, b = 2, c = 3}
```

为了使它们支持相加操作，需要将前面定义了相加操作的 mt 设置为它们的 metatable，调用 Lua 的 setmetatable()方法来进行设置。

```
--设置 mt 为 t1 和 t2 的元表
setmetatable(t1, mt)
setmetatable(t2, mt)
```

最后将它们相加，并将相加后的结果打印出来。

```
local t3 = t2 + t1
for k,v in pairs(t3) do
    print(k)
end
```

打印相加返回结果的 key，输出了 x y z a b c 这 6 个元素。

Lua 中每个值都有一个元表，但只有 table 和 userdata 这两种对象可以有各自独立的元表，其他类型的值则是全局共享一个元表。**在 Lua 中，只可以设置 table 的元表**，其他类型的元表只能在 C 语言代码中设置。Lua 在创建一个新的 table 时，并不会为其创建元表，需要我们自己设置。

18.2.1　元方法

前面例子中设置__add 的方法，称之为元方法。当 Lua 试图将两个 table 进行相加操作时，**会先检查两者之一是否有元表**。如果有的话，则判断元表中是否有名为__add 的字段，如果有就调用该字段对应的值，也就是元方法。

元方法并没有要求一定要返回什么，例如，在前面的例子中，将__add 的元方法实现为将第二个 table 的内容合并到第一个 table 中不做返回，也是可以的。但直接用 t1 + t2 这样的写法编译并不会通过，可以用一个变量来接收相加之后的结果，但按照 Lua 的语法，这个变量会等于 nil，因为函数并没有返回（有疑惑的读者可参考 Lua 函数的相关内容）。

18.2.2　算术、关系与连接元方法

除了__add 之外，Lua 还提供了其他具有特定含义的字段，具体如表 18-1 所示。

表 18-1　特定含义的字段

字 段 名	说 明	含 义
__add	相加	对应算术操作符+
__mul	相乘	对应算术操作符*
__sub	相减	对应算术操作符-
__div	相除	对应算术操作符/
__unm	相反数	对应一元算术操作符-
__mod	取模	对应算术操作符%
__pow	乘幂	对应算术操作符^
__eq	等于	对应关系操作符==
__lt	小于	对应关系操作符<
__le	小于等于	对应关系操作符<=
__concat	连接	对应连接操作符..

需要说明的是表 18-1 中这些字段对应的元方法，都是会传入两个参数，而__unm 除外，因为其对应的取相反数-操作符是一个一元操作符，如 local a = -1。

等于、小于、小于等于这 3 个关系操作符的元方法涵盖了 6 种关系判断操作，另外 3 个没有在表 18-1 中的操作符是不等于、大于等于、大于，这 3 个操作符会调用前面 3 个操作符的元方法，并用 not 进行取反，例如，不等于会调用等于的元方法进行判断，最后将结果取反并返回。

关系类的元方法在对不同的类型或具有不同元方法的对象进行比较时，Lua 会报错，但等于比较不会报错，其会返回 false。只有被比较的双方共享同一个元方法时，才会执行等于比较的元方法。

18.2.3　特殊的元方法

除了上面的元方法之外，Lua 还支持以下特殊的元方法，具体如表 18-2 所示。

表 18-2　特殊的元方法

方 法 名	说　　明	含　　义
__tostring	转换字符串	当需要将对象转换为字符串时执行
__metatable	元表	主要用于保护元表
__index	下标访问	访问表元素时调用
__newindex	新下标访问	访问表不存在的元素时调用
__model	弱引用	用于实现弱引用 table

表 18-2 中几个特殊的元方法需要介绍一下，其中，__tostring 主要用于将对象转换成字符串时调用，例如，可以将一个 table 的__tostring 元方法设置为打印 table 中的所有元素，那么在调用 print()进行输出的时候，就会打印出 table 中的所有元素。

__metatable 主要用于保护对象的 metatable 不被修改，setmetatable()方法可以设置元表，而 getmetatable()方法可以获取元表，如果对象元表的__metatable 字段有值的话，调用该对象的 setmetatable 将会报错。而 getmetatable()方法会先判断 metatable 是否存在__metatable 字段，如果是则直接返回 metatable 的__metatable 字段，否则返回 metatable（当然，最开始肯定是要判断 metatable 是否为 nil）。具体的操作代码如下。

```
mt = {}
--给__metatable 设置一个字符串
mt.__metatable = "don't modify metatable"
--创建一个表并设置 metatable
local t1 = {x = 1, y = 2, z = 3}
setmetatable(t1, mt)
--再次修改表的 metatable，运行到此处 Lua 将会报错
--cannot change a protected metatable
setmetatable(t1, {})
--会打印出 don't modify metatable
print(getmetatable(t1))
```

__index 元方法和__newindex 元方法是与表的访问相关的元方法，__index 元方法在访问一个 table 中不存在的字段时会被调用，如果没有该元方法，那么 Lua 就会返回 nil。

而__newindex 元方法在对一个 table 中不存在的字段进行赋值时会被调用。当要读或

者写的字段不存在时，Lua 才会去判断元表中的__index()和__newindex()方法，如果没有该元方法，那么 Lua 就会为该 table 创建这个字段。例如：

```
t = {}
--访问了 t 中不存在的字段 a，会调用元表的__index 元方法
print(t.a)
--对 t 中不存在的字段 a 进行赋值，会调用元表的__newindex 元方法
t.a = 1
```

18.2.4　__index 元方法

下面来看看如何使用__index 元方法，首先可以为元表的__index 字段设置为一个函数，函数接受两个参数，table 和 key，table 就是我们所访问的 table，而 key 就是该 table 中不存在的字段名。例如，假设期望访问不存在的字段时返回的默认值是 0 而不是 nil，那么可以这样来使用__index 元方法。

```
--创建一个元表
local mt = {}
mt.__index = function (t, k)
    return 0
end

--创建一个空的表，设置元表，并访问一个不存在的字段
local t = {}
setmetatable(t, mt)
print(t.a)
```

除了设置函数之外，还可以为__index 设置一个 table。例如，有一个怪物 table，table 中记录了很多属性，如攻击力等，假设需要基于这个怪物表来扩展一个精英怪物表，精英怪物表的很多属性都跟怪物表一样，只是在这个怪物表上扩展了一些字段，那么就可以将怪物表设置为精英怪物表的__index 元方法（这个时候叫元方法并不是很恰当，但叫元表肯定是错误的）。

```
--创建怪物表
monster = { attack = 10, def = 5, speed = 1}
--创建一个元表
local mt = {}
--设置 monster 表到__index 中
mt.__index = monster
--创建一个精英怪物表
eliteMonster = { power = 5 }
--设置元表到 eliteMonster 中
setmetatable(eliteMonster, mt)
print(eliteMonster.attack)
```

使用 rawget()函数来访问表中的字段可以绕过对__index 元方法的，直接访问表中的字段。

18.2.5　__newindex 元方法

__newindex 的元方法接受 3 个参数，table、key 以及要设置的 value。通过__newindex 元方法可以控制 table 中的字段的只读或只写，禁止添加一些字段，监控字段的数值改变（所

有字段的值放到另外一个 table 中）等。例如：

```
--另外一个表
otherTabel = {}
--创建一个元表
local mt = {}
mt.__newindex = function (t, k, v)
    otherTabel[k] = v
end
--创建一个空的表，设置元表
local t = {}
setmetatable(t, mt)
t.a = 1
print(otherTabel.a)
```

使用 rawset()函数来设置表中的字段可以绕过对__newindex 元方法，直接设置到表中。__newindex 和__index 结合起来，只要运用得当，可以实现很多奇妙想法。

18.2.6　__mode 元方法

__mode 元方法（弱引用表）主要用于标识表中的元素是不是弱引用，如果对 Cocos2d-x 的引用技术比较熟悉的话，这句话就很容易理解。

当将 table A 作为 value 存入另外一个 table B 中，那么这时候 B 就引用了 A，相当于 B 对 A 进行了 retain，称之为强引用，当将 A 置为 nil 之后，如果没有将 A 从 B 中清除，那么由于引用计数不为 0，会导致 A 始终不会被释放。

这样可能带来一些由于管理不当导致的内存泄漏问题，或者是程序员忘记将其置为 nil，然后让 Lua 的垃圾回收机制去释放它。弱引用表帮程序员解决了这个问题，当程序员不希望去做这样的管理时，可以将其设置为弱表。

程序员需要将元表的__mode 元方法设置为一个字符串，当字符串包含'k'时，table 的 key 就是弱引用的，而当字符串包含'v'时，table 的 value 就是弱引用。'k'和'v'可以同时存在，key 和 value 同时是弱引用。具体参考下面的例子：

```
--创建一个元表，__mode 为 v
mt = {}
mt.__mode = "v"
--创建空表 t，并设置元表
t = {}
setmetatable(t, mt)
--将一个空的表 tv 设置为 t 的 value
tv = {}
t[1] = tv;
--此时打印出来 t 的长度为 1
print(#t)
--将 tv 置为 nil，再调用 Lua 的垃圾回收方法
tv = nil
collectgarbage()
--此时打印出来 t 的长度为 0
print(#t)
```

可以看到，Lua 做了一件非常漂亮的事情，当将 tv 置为 nil 并强制垃圾回收时，作为弱表 t 的值，也从 t 中自动删除了。

这在 C++中是很容易出问题的，例如，程序员创建了一个子弹列表，在子弹爆炸之后，就需要将子弹从子弹列表中删除，而这个时候往往上层正在遍历子弹列表，为了保证程序不会崩溃，往往需要进行一些如延迟删除之类的特殊处理，但弱引用表可以很简洁地实现这个功能。另外需要说明一下，如果代码中没有调用 collectgarbage()方法，打印出来的长度仍然为 1。

18.3　packages 介绍

table 可以用来模拟其他语言的命名空间以及库。由于 table 本身是第一类值（first class value），所以用 table 来模拟库相比其他语言的库机制要灵活得多。

在 Lua 中要使用一个第三方的库是很简单的，这个第三方库可以是一个 Lua 模块，也可以是一个编译好的动态链接库，程序员只需要调用 require 来加载这个库，然后就可以使用了，例如下：

```
--加载 mod 模块、调用 mod 模块的 foo()方法
require "mod"
mod.foo()
--将 mod 重命名为更简短的 m
local m = require "mod"
m.foo()
--直接取 mod 的 foo()方法
require "mod"
local f = mod.foo
f()
```

18.3.1　require()方法

require()方法用于加载一个模块，通过 require "模块名" 来加载模块，该方法会返回由该模块函数组成的 table，并定义一个包含该 table 的全局变量（这些实际上是模块做的，而不是 require()方法做的）。require()方法的实现大致如下：

```
function require(name)
    --如果未加载该模块，则进行加载
    if not package.loaded[name] then
        local loader = findloader(name)
        if loader == nil then
            error("unable to load module " .. name)
        end
        --先标记为已加载，以避免模块互相包含时导致死循环
        package.loaded[name] = true;
        local res = loader(name)
        if res then
            package.loaded[name] = res
        end
    end
    --返回包
    return package.loaded[name]
end
```

require()方法在加载同一个文件的时候，并不会进行重复加载，而是将它缓存起来，当再次 require 该文件时直接返回。

当 require()方法第一次加载某模块时，如果找到该模块的 Lua 文件，则通过 loadfile 来加载文件，如果找到的是一个库文件，则通过 loadlib 来加载文件。**此时只是加载了文件，并没有执行代码**。为了运行代码，require()方法会**以模块名为参数来调用这些代码**。最后，如果代码有返回值，则将返回值存储到 package.loaded 中并返回。

Lua 文件的搜索路径存放在 package.path 中，而库文件的搜索路径存放在 package.cpath 中，在 require 时，Lua 会根据模块名在搜索路径中进行搜索。搜索路径中存在多个路径，以分号;分隔开。而路径中的?符号则会被替换成模块名。

```
.\?.lua;C:\Program Files (x86)\LuaStudio\lua\?.lua;C:\Program Files (x86)\
LuaStudio\lua\?\init.lua;C:\Program  Files  (x86)\LuaStudio\?.  lua;C:\
Program Files (x86)\LuaStudio\?\init.lua
```

如果需要添加一个新的搜索路径，可以在 path 或 cpath 变量后面追加一个分号，并跟上要添加的路径。例如：

```
package.path = package.path .. ";/src"
```

当需要使用一个位于复杂的相对路径下的一个模块时，应该怎样写可以保证正确地被加载呢？可以使用如下方法来进行测试，mod.lua 定义了一个 mod 表，提供了一个 fun()方法，该文件放在一个复杂的路径下，可以使用下面的方法来指定这个模块。

```
--将 mod.lua 放到当前路径下的 mymod/m/目录中，然后进行访问
local m1 = require "mymod/m/mod"
m1.fun()
--推荐使用.来替换/，因为.是平台无关的
local m2 = require "mymod.m.mod"
m2.fun()
```

如果该文件放在其他路径下，也可以通过相对路径来访问到。

```
--如果把整个 mymod 目录转移到上上层目录中，那么需要用..来指定上一层目录
local m3 = require "../../mymod/m/mod"
m3.fun()
--使用.替换/，如果是../则直接去掉/
local m4 = require "....mymod.m.mod"
m4.fun()
```

🔔注意：如果使用了 LuaStudio 等工具直接进行调试，可能会报找不到模块的错误，因为直接使用这种工具调试，当前路径并不是当前 Lua 文件的路径，而是 exe 启动时的路径。所以需要将模块放到与当前路径（不是当前文件路径）相对的路径下，或者设置 package.path，或者重新整理出当前的路径到目标模块文件的相对路径。

18.3.2　编写模块

接下来看一下如何编写模块，首先需要创建一个 table，然后定义一些方法供外部调用，下面这种 function mod.fun 的写法，等同于定义一个 function，然后将其设置到 table 的 fun 字段中。

```
mod = {}
function mod.fun()
  print("fun")
end
return mod
```

最后需要将模块 table 返回，如果没有返回值则会返回 package.loaded[modename]的当前值。另外，还需要将模块名定义为一个全局变量。

在编写模块的时候，需要注意模块内的方法互调、模块内私有方法、模块名修改等问题。

首先如果在 mod 的 fun1 中调用 mod 的 fun2 方法，在调用时需要加上 mod.作为前缀。当模块名从 mod 修改为 oldmod 时，那么所有的函数名以及调用函数的地方都需要修改。那么一个简单的方法是在内部为 table 定义一个内部的名字,这样外部名字被修改时对模块内部不会有任何影响。

```
local mod = {}
oldmod = mod
function mod.fun()
  print("fun")
end
return oldmod
```

上面的代码将 mod 修改为了 oldmod。这里还有另外一种更通用的方法，就是接收外部传入的模块名，然后直接使用外部的模块名，也就是这个 Lua 文件的名字。例如：

```
modname = ...
_G[modname] = mod
```

18.4　面　向　对　象

在 Lua 中可以使用 table 来实现面向对象，那么就要考虑几个问题：如何定义一个类，如何实例化一个类的对象，如何实现 private()方法以及变量，如何实现继承与多态。

18.4.1　定义类

首先，通过将某一类别的对象的共同特征抽象出来，也就是它们的属性和方法，然后将这些属性和方法进行封装，就得到了一个类（抽象能力是程序员的关键能力，这是一种分析、总结、提炼本质的能力）。那么在 Lua 中定义一个类也就是将属性和方法封装（或者说存储）到 Table 中。例如，下面定义了一个简单的类，称为 Man，Man 有一个 age 属性以及一个 say()方法。

```
Man = { age = 0}
function Man.say()
 print("man say my age is " .. Man.age)
end
```

在定义 Man.say()方法的时候，实际上是定义了一个函数 say()，并保存到 table 中。那么在 say()函数中是不可以直接操作 Man 的成员变量或者成员函数的，也就是说，我们往

Table 里面放了一个函数,这个函数如果需要访问 Table 中的其他元素,只能通过这个 Table,也就是 Man.age 而不能是 age。

那么上面的方法存在一个问题,如果将 Man 这个 Table 赋值给变量 a,并将 Man 置为 nil,则此时调用 a.say()就访问不到 Man.age 了。我们知道将 Man 赋值给 a 并不会创建一个新的 Table,只是 a 会得到这个 Table 的一个引用,而 Man 也只是这个 Table 的一个名字而已,真正的 Table 存储在 Lua 底层,而不是存储在 Man 这个变量中。所以当将 Man 置为 nil 之后,say()函数再去调用 Man.age 就会报错,因为 Man 这个变量已经是 nil 了,但是 a.age 是可以的。

```
a = Man
Man = nil
--报全局变量 Man 为 nil 的错误 attempt to index a nil value (global 'Man')
a.say()
```

此外,每个对象都应该是一个独立的 Table,有着独立的成员变量,就像每个 Sprite 都应该有自己的位置属性,而不是共用一个属性。所以为了解决这两个问题,可以通过将每个对象自身的 Table 也一起传入,代码如下:

```
function Man.say(me)
 print("man say my age is " .. me.age)
end
a = Man
Man = nil
a.say(a)
```

由于这样写比较麻烦,所以 Lua 提供了一个语法糖,也就是 : 的写法,Man:say 会自动在前面添加一个 self 变量,而调用 a:say 时,会自动将 a 传入,简化了代码的编写。

```
function Man:say()
 print("man say my age is " .. self.age)
end
a = Man
Man = nil
a:say(a)
```

18.4.2　实例化

接下来看一下如何实例化一个类,前面的 a = Man 并没有创建一个新的对象,那么 Lua 中创建一个类的对象也很简单,深复制一个 Table 就可以了。将类的 Table 设置为对象的 metatable 也可以。例如:

```
-- 复制所有的方法和属性到对象上
function Man:new()
 local instance = {}
 for k,v in pairs(self) do
  instance[k] = v
 end
 return instance
end
```

```
-- 设置 Man 为对象的 metatable
function Man:new()
 local instance = {}
 setmetatable(instance, self)
 self.__index = self
 return instance
end
```

使用这两种方法创建的对象都是一个独立的对象，有自己的成员变量，但 metatable 显然会更好一些，因为没有占用多余的内存。两种方式在执行下面的代码时，都会输出正确的结果。深复制的 table 的逻辑很清晰，而设置 metatable 方法创建出来的对象，在设置 age 的时候，会直接在对象的 table 中插入 age 字段。如果没有对 age 进行赋值，那么在访问 age 时会触发 metatable 的 __index 字段，从 Man 中取出 age 变量。对 say() 方法的调用也是一样的，会直接取 metatable 中的 say() 方法（回顾一下 metatable 的 __index 和 __newindex）。

```
lilei = Man:new()
hanmeimei = Man:new()
-- 注意这里用的是 . 号
lilei.age = 15
hanmeimei.age = 14
-- 注意这里用的是 : 号
lilei:say()
hanmeimei:say()
```

18.4.3　继承

关于继承，我们定义一个 Boy 类，Boy 继承于 Man，Boy 首先是一个 Man 对象，所以其 metatable 是 Man，而 Boy 对象的 metatable 又是 Boy，所以嵌套的 metatable 就实现了类的继承，当访问一个属性或方法时，首先会在 Boy 对象的 table 里面找，如找不到则找它的 metatable，也就是 Boy 这个类，如果再找不到，就通过 Boy 类的 metatable 继续找，也就是 Man。所以这里可以在 Boy 中选择性地重写方法，代码如下：

```
Boy = Man:new()
function Boy:say()
 print("boy say my age is " .. self.age)
end
function Boy:new()
 local instance = {}
 setmetatable(instance, self)
 self.__index = self
 return instance
end
jim = Boy:new()
jim:say()
```

最后是关于 private 和 public 的话题，建议的做法是通过规则来标记，例如_say，前面加了下画线的表示私有，虽然实际上私有方法也可以被外部调用到，但如果程序员不希望对象的某些方法或属性被访问，那么就不要去访问就可以了。

如果真的要实现 private 方法，在 Lua 中，可以通过两个表来实现这种功能。一个表保存内部状态，另外一个表提供操作接口，只将提供了外部接口的表提供给用户使用即可。关于面向对象部分的内容，在介绍 Quick 以及 Cocos 原生的 Lua 框架时，还会有更多的介绍。

18.5 table 库

Lua 的 table 库常用的主要有 insert()、remove()、sort()、concat()这几个方法，其他诸如 getn()、setn()、maxn()等长度相关的方法在 Lua 升级到 5.2 之后被移除了（Cocos2d-x 目前使用的版本是 Lua 5.1），并新增了 pack()/unpack()、move()等方法。

18.5.1 插入

insert()可以插入一个元素到 table 中的指定下标，并将后面的元素往后移动。函数原型有以下两种：

```
--在数组的最后插入 value
insert(table, value)
--在数组的 index 位置插入 value，并将 index 后的元素往后移动
insert(table, index, value)
删除
```

remove()方法可以将 table 中指定 index 的元素删除，并将后面的元素往前移动，函数原型如下：

```
remove(table, index)
```

18.5.2 排序

sort()方法可以将 table 中的 value 按照指定的方式进行排序（由小到大），第一种用法是直接传入要排序的 table，Lua 默认会通过调用其小于操作符来进行比较并排序。

```
--一个随意顺序的 table
a = {5, 1, 2, 4, 3}
--进行默认的排序，从小到大进行排序
table.sort(a)
--依次打印出 1 2 3 4 5，这里的_在 Cocos 中是一种常用写法，并不是特殊的语法，而是指我
不关心这个值
for _,v in pairs(a) do print(v) end
```

接下来介绍 sort()方法的高级用法，通过传入一个比较函数，可以按照自己的期望进行排序。比较函数接收两个元素，当第一个元素应该在前时，返回 true，否则返回 false。这里使用一个匿名函数，将这个数组进行逆序排序，最大的值在前面，代码如下：

```
table.sort(a, function (v1, v2) return v1 > v2 end )
```

concat()方法并不是将两个 table 合并为一个，而是将 table 中的 value 依次连接起来，作为一个字符串并返回。该方法主要是在需要将大量字符串进行拼凑时，提供更灵活的写法以及更高的效率。table 的 concat()方法要比字符串的连接操作符..高效很多。..操作符每次都会产生一个新的字符串，而 concat()方法只会产生一个最终的结果字符串。concat()方法有 4 个参数，分别是 table、分隔符（也就是要添加到每两个值中间的字符串）、从哪个

下标开始，以及哪个下标结束。除了第一个参数，其他参数都是可选的。

18.5.3 pack()和 unpack()方法

pack()和 unpack()方法是 Lua 5.2 新增的两个方法，pack()方法通过参数列表构建一个 table 数组，并设置一个 n 字段来记录数组的长度，最后返回该数组。而 unpack()方法会依次返回一个 table 数组的所有值。注意，这里说的 table 数组，也就是从下标 1 开始到第一个 nil 的内容，如下所示。

```
--从下标1开始为a b c d, n = 4, 共5个元素
a = table.pack( 'a', 'b', 'c', 'd' )
--依次打印a b c d, 在同一行中输出
print(table.unpack(a))
```

18.5.4 table 长度

接下来是 3 个关于 table 长度的方法，getn()和 maxn()方法的函数原型都是传入一个 table，返回一个 int，而 setn()方法要求传入一个 table 以及要设置的长度。

setn()方法可以设置数组的长度，但在 Lua 5.1 版本中使用会报'setn' is obsolete 的错误。

getn()方法可以返回数组的长度，这里的数组指的是从下标 1 开始，到第一个 nil 中间的这段内容，结果等同于#操作符。

maxn()方法可以返回 table 的完整大小，也就是所有的 key-value 键值对的总数，但在 Lua 5.2 以上的版本中恐怕需要手动遍历。

table 的长度涉及一个有趣的问题，在一般的情况下，如要获取一个 table 的长度，有两种方法，一种是遍历，另外一种就是用一个变量来记录 table 的大小，在每次添加或删除的时候，修改这个变量。显然每次取 table 长度都进行遍历的话，如果操作频繁，对于比较大的 table 而言，效率上是非常糟糕的，因此就需要用一个变量来记录。那么将这个变量放在哪里是一个问题，如果放在 table 本身，那么就污染了这个 table，而将这个变量放在另外一个 table 中，将 table 设置为弱引用 table，那么所使用的 table 就会比较干净了。

Lua 协调了这两者，setn()方法和 getn()方法操作会先判断 table 中是否有 n 这个字段，如果没有，才去查找另外一个隐藏的 table，笔者估计是以 table 的地址为 key，数字 n 为 value 的一个 table。当这两个操作都失败时，getn 会进行一次从 1 开始直到碰到 nil 值的遍历，并返回遍历的结果。

那么给 n 字段赋予长度的意义有什么好处呢？我们知道 Lua 的 table 是会动态增长的，如果我们一开始就知道，这个 table 需要存放 1000 个元素，通过 n 来告诉 Lua，直接分配长度为 1000 的数组，在一定程度上可以提高效率。

然而上面说的这些，目前并没有什么用处，只是一些有趣的历史问题。在 Lua 的升级之后，摒弃了这看似有用但实际用途有限的功能，也摒弃了可能带来一丝性能提升的优化，让 Lua 变得更加简洁。

第 19 章　Lua 与 C 的通信

　　Lua 是一门脚本语言，一般脚本语言离不开宿主，在使用 Cocos2d-x 开发的游戏中，Lua 的宿主就是 Cocos2d-x 程序，Cocos2d-x 是以 C/C++语言为主的，而 C/C++语言是 Lua 的好基友，Lua 提供了非常便捷的方式让程序员在 C/C++与 Lua 之间进行通信，这正是本章的主题。

　　虽然有更便捷的方法，如 tolua++之类的第三方库可以自动地生成一些内容，可以让 Lua 方便地访问 C++代码。但这里并不打算介绍它们（使用它们可能碰到更多的问题），这里只介绍最简单的原生方法,这样可以让读者对 Lua 和 C++的交互能够有更清晰的理解。

　　当程序员需要根据 C++代码自动生成一些可以让 Lua 执行到的中间代码时，一般是在 Lua 端需要大量访问 C++代码的情况下，例如 Lua 需要可以访问 Cocos2d-x 中的大量 API。而对于应用层，是不应该发生这种事情的，要么以 C++代码为主，在少量的地方使用 Lua 代码；要么以 Lua 代码为主，C++部分的代码只应该负责很少的一部分功能。或者有若干个相互间较为独立的模块，Lua 代码负责其中的一些模块，而 C++代码负责另外的一些模块。以上这几种情况，Lua 与 C++的交集都不会太多。

　　如果有一个模块需要 Lua 代码和 C++代码非常密切地协同完成，以至于需要使用第三方库批量地生成 C++转 Lua 的代码来提高开发效率，那么就需要好好考虑一下，当前的设计是否合理了。本章主要介绍以下内容：

- ❑ 准备工作。
- ❑ 操作 table。
- ❑ C/C++中调用 Lua。
- ❑ 注册 C/C++函数给 Lua 调用。
- ❑ 将 C/C++的类传给 Lua。

19.1　准　备　工　作

　　Lua 与 C 语言的通信主要包含了 C/C++如何访问 Lua，以及 Lua 如何访问 C/C++两个方面，而它们都是在 C/C++代码中实现的，Lua 层并不需要特地去做什么。

　　通过调用 Lua 提供的 API，可以在 C/C++代码中直接执行 Lua 语句和 Lua 脚本文件、调用 Lua 的函数、获取 Lua 的全局变量等。

　　而对于 Lua 访问 C/C++代码的实现，是通过 Lua 的 API 将 C/C++代码的函数按照 Lua 指定的格式进行定义以及注册。将 C/C++代码放在宿主程序中（Cocos2d-x 程序就是），那么只需要在 Lua 脚本调用之前进行注册即可。此外，可以将 C/C++的代码编译成一个动态链接库，然后在 Lua 中加载并使用。

19.1.1　头文件与链接库

要使用 Lua 的 API，Lua 是一个第三方的库，所以包含头文件以及指定链接库则是必不可少的工作，但是这里需要特别注意一个问题，**如果使用的是 C++语言，那么在包含 lua.h 等文件时需要用 extern"C" { ... }将#include 语句包裹在花括号内**，告知编译器这些文件是按照 C 语言的规则来编译链接而不是 C++语言，如果不这么做，则会导致编译出错。大家可以自行搜索 C++ extern C 关键字，网上有很多文章对这个知识点进行了系统的总结。

```
extern "C" {
#include "lua.h"
#include "lualib.h"
#include "lauxlib.h"
}
```

lua.h、lualib.h 以及 lauxlib.h 是需要包含的 3 个头文件，lua.h 定义了 Lua 提供的基础函数，提供最基本的功能，在 lua.h 中的函数都以 lua_为前缀（如 lua_open、lua_pcall 等）。

lualib.h 定义了 Lua 标准库的加载函数，一个新的环境默认是没有载入标准库的，如 string、table、io、math 等库，除了用于加载指定库的 luaopen_开头的函数外，lualib.h 还提供了一个 luaL_openlibs()方法用于一次性加载所有的标准库。

lauxlib.h 定义了辅助库提供的函数，它们都以 luaL_为前缀，这些方法是基于 lua.h 中提供的方法来操作 Lua 的，lauxlib.h 提供了更加友好、方便的函数让程序员操作 Lua。

19.1.2　lua_State 指针

Lua 脚本是通过 Lua 虚拟机来执行的，在 C/C++代码中需要通过一个 lua_State 指针来操作 Lua，绝大部分的 API 都要求我们传入 lua_State 指针。那么如何获得 lua_State 指针呢？

如果编写一个动态链接库来给 Lua 调用，那么只需要让外部将 lua_State 指针传入即可，因为在这里 lua_State 指针并不由程序员所创建，在后面的动态链接库节（19.4.1）中会详细介绍。

如果是在宿主程序中，那么就需要创建 Lua 的环境。当调用 lua_open()函数时，会创建一个新的 Lua 环境，并返回一个 lua_State 指针。在创建了一个新的环境之后，需要为它打开 Lua 的标准库（也可以不这么做），然后就可以使用这个新建的环境来完成各种工作。最后，当程序退出时，需要调用 lua_close()函数将这个 Lua 环境关闭。下面的代码演示了这个流程。

```
int main()
{
    lua_State *L = lua_open();
    luaL_openlibs(L);
    //执行 Lua 脚本，在 C/C++和 Lua 之间进行交互
    lua_close(L);
}
```

在 Cocos2d-x 中，只需要调用 LuaEngine::getInstance()函数即可完成 Lua 环境的创建以及相关的初始化，这些内容在第 20 章中会详细介绍。当需要获取 lua_State 指针时，可以

通过下面的代码来获取。

```
cocos2d::LuaEngine::getInstance()->getLuaStack()->getLuaState()
```

19.1.3　堆栈

在介绍 C/C++和 Lua 之间交互的各种技巧之前，需要先介绍一下堆栈，因为堆栈是它们通信的基础。Lua 使用一个堆栈在 Lua 与其他语言之间传递数据，这个设计是非常简洁灵活的。

在 Lua 与其他语言交换数据的时候，主要的问题有两个，一个是数据类型的问题，还有一个是数据的内存管理问题。

例如，当要设置一个 Table 时，Table 的 Key 和 Value 可能是各种各样的数据类型，如果按照传统的方式来提供 API，为了满足所有的 Key 和 Value 的组合，需要提供 8×8，也就是 64 个 API 才能满足需求。而使用栈来传递数据，则将数据类型与要实现的具体功能分离开了。

例如，将一个 Lua 的值保存在 C/C++代码的变量中，Lua 并不知道这个引用，所以当这个值在 Lua 中没有其他地方引用到时，可能被 Lua 认为是垃圾而清理掉，这时候在 C/C++代码中访问这个值就会发生错误。而通过堆栈来传递数据，这个堆栈中的值是可以被 Lua 管理的，C/C++代码通过 Lua 的 API 访问到这个值。

当调用 Lua 的 API 来调用一个 Lua 方法时，或者访问 Lua 的全局变量时，需要将传入的参数压入堆栈中，而调用之后返回的结果也会被放在堆栈中。

这里的栈是一个后进先出的数据结构，对于 Lua 而言，其只会改变栈顶的部分，而对于 C/C++，则可以对栈中的任意元素进行查询和删除，甚至可以在任意位置插入一个元素。

如果对栈的概念不熟悉，建议读者学习一下栈这个数据结构，这非常重要。一个叫做汉诺塔的游戏有利于对栈的理解，**如果不理解栈这个数据结构，对于本章的阅读会非常困难。**

19.1.4　压入堆栈

以下 API 支持我们将不同类型的数据压入堆栈。

```
//压入一个 nil 值
void lua_pushnil (lua_State *L);
//压入一个布尔值
void lua_pushboolean (lua_State *L, int bool);
//压入一个数值
void lua_pushnumber (lua_State *L, double n);
//压入一个字符串，字符串的内容可以包含/0
void lua_pushlstring (lua_State *L, const char *s, size_t length);
//压入一个以/0 结尾的字符串
void lua_pushstring (lua_State *L, const char *s);
//压入一个 function，C 的闭包——以 int fun(lua_State*)为原型的函数，以及该函数的 up 值数量
//先压入 up 值，再压入 function。up 值指闭包概念中，绑定到该函数的外部变量
//lua_pushcclosure 在压入 function 之前，会先将 up 值弹出
```

```
void (lua_pushcclosure) (lua_State *L, lua_CFunction fn, int n);
```

此外还可以压入 table、userdata 等类型，这些在后面介绍。

19.1.5　访问堆栈

当调用完 Lua 的函数之后，可能产生多个返回值，这些返回值被存放在栈中，这时候我们就需要将栈中的元素取出来。

Lua 的 API 需要传入一个索引来操作栈中对应的元素，1 表示第一个入栈的元素，2 表示第二个，依此类推。此外 Lua 还提供了负索引来方便我们进行操作，正索引从栈底开始，而负索引从栈顶开始，-1 表示栈顶的元素，-2 表示栈顶前面的一个元素，依此类推。

堆栈中的元素是 Lua 的值，这个值有可能是布尔值、数值、table，甚至函数。那么如何确定元素的类型呢？有两种方法，一种是使用 lua_isXXX 系列 API 来判断指定的值是否为指定的类型（XXX 为类型名，如 string、table、function 等）。由于字符串和数值类型在 Lua 中可以相互转换，所以 lua_isnumber 和 lua_isstring 函数会判断该值是否能够被转换为 number 或 string 类型。lua_isXXX 的函数原型如下。

```
//传入 lua_State*和索引，判断成功返回 1，失败返回 0
int lua_isXXX(lua_State *L, int index)
```

此外还可以使用 lua_type()函数来获取该值的类型，每种类型都对应一个常量，包含了 LUA_TNIL、LUA_TBOOLEAN、LUA_TNUMBER、LUA_TSTRING、LUA_TTABLE、LUA_TFUNCTION、LUA_TUSERDATA 以及 LUA_TTHREAD。

```
//传入 lua_State*和索引，返回元素的类型，索引无效则返回 LUA_TNONE
int lua_type(lua_State *L, int index)
```

在知道了类型之后，就可以使用 lua_toXXX 系列 API 来获取指定的元素的值。大多数情况下并不根据类型判断来得知数据的类型，而是直接假定栈中的元素是某类型，一般在调用了一个 Lua 函数之后，会很清楚这个 Lua 函数会返回什么，但进行类型判断可以使代码更加安全（有时候，应该让问题暴露出来）。

```
//把指定的索引处的 Lua 值转换为一个 C 语言中的 boolean 值，对于 false 和 nil 以及无
效的索引会返回 0，其他情况返回 1
int lua_toboolean (lua_State *L, int index);
//把指定索引处的 Lua 值转换为一个 C 语言函数
lua_CFunction lua_tocfunction (lua_State *L, int index);
//把指定索引处的 Lua 值转换为 lua_Integer，一个有符号整数类型
lua_Integer lua_tointeger (lua_State *L, int idx);
//把给定索引处的 Lua 值转换为一个 C 字符串。如果 len 不为 NULL，字符串长度会被输出到
*len 中。如果值是一个数字，lua_tolstring 会将堆栈中的值转换为一个字符串
const char *lua_tolstring (lua_State *L, int index, size_t *len);
//等价于 lua_tolstring，而参数 len 设为 NULL
const char *lua_tostring (lua_State *L, int index);
//把指定索引处的 Lua 值转换为 lua_Number
lua_Number lua_tonumber (lua_State *L, int index);
//把指定索引处的值转换为一个 Lua 线程
lua_State *lua_tothread (lua_State *L, int index);
//如果指定索引处的值是 userdata 类型，返回它们的指针，否则返回 NULL
```

```
void *lua_touserdata (lua_State *L, int index);
```

19.1.6　堆栈的其他操作

除了入栈和访问栈中的元素，Lua 还提供了其他的 API 以供操作堆栈，包含弹出、插入、删除、替换等操作，如下所示。

```
//查询栈中元素的数量
int  lua_gettop (lua_State *L);
//设置栈顶位置，如比当前栈中元素数量多则插入 nil，如少则将多余的元素移除
void lua_settop (lua_State *L, int index);
//压入一个在栈中已经存在的值到栈顶，相当于 copy 一个元素到栈顶，index 为要 copy 的元素
索引
void lua_pushvalue (lua_State *L, int index);
//移除指定索引的元素
void lua_remove (lua_State *L, int index);
//将当前栈顶的元素插入到指定的索引中
void lua_insert (lua_State *L, int index);
//将当前栈顶的元素与指定索引处的元素进行替换
void lua_replace (lua_State *L, int index);
//弹出栈顶的 n 个元素
#define lua_pop(L,n)  lua_settop(L, -(n)-1)
```

19.2　操作 table

table 是比较特殊的数据类型，不像布尔值和数值那些可以直接压入栈中，因为 table 的键值对可以存储任意类型的值，所以 table 的读和写需要进行特殊的处理。

19.2.1　如何将 table 传入 Lua

当需要将一个 table 传给 Lua 时，需要将 table 压入栈中，但 table 内部的结构比较复杂，如何将一个复杂的 table 传给 Lua 呢？首先需要使用 lua_newtable 在栈顶创建一个空的 table，然后将 table 的 Key 和 Value 压入（可以嵌套 table），最后将 Value 设置为 table 的 Key 字段的值即可。

如何将 Key 和 Value 压入，前面已经介绍过了，如果是字符串类型可以使用 lua_pushstring 方法入栈，数值类型 y 可以使用 lua_pushnumber，关键是最后需要调用设置方法将栈中的 Key 和 Value 绑定到 table 中，Lua 提供了以下 API。

```
//idx 表示 table 的索引，lua_settable()函数将栈中索引为-2 的元素作为 Key，-1 的元素
作为 Value，设置到指定的 table 中，最后将栈顶的 2 个元素弹出
void lua_settable (lua_State *L, int idx);
//lua_rawset()函数功能同 lua_settable()
void lua_rawset (lua_State *L, int idx);
//idx 表示 Table 的索引，lua_setfield()函数将参数字符串 k 作为 Key，栈顶的元素作为
Vluae，设置到指定的 table 中，最后将栈顶的元素弹出
void lua_setfield (lua_State *L, int idx, const char *k);
//lua_rawseti()函数功能同 lua_setfield()，不同的是参数为整数 n
```

```
void lua_rawseti (lua_State *L, int idx, int n);
```

前面的 API 都要求在调用前，将要设置的 Key 或 Value 的值压入栈顶，在调用之后都会将 Key 和 Value 弹出。另外 lua_settable()函数和 lua_rawset()函数的区别在于，lua_rawset()函数并不会触发 metatable，是直接对 table 进行修改。下面代码演示了如何将一个 vector<int>的内容作为 table 传递给 Lua。

```
void pushVecIntToArray(const std::vector<int>& v, lua_State* luaState)
{
    lua_newtable(luaState);
    for (unsigned int i = 0; i < v.size(); ++i)
    {
        lua_pushinteger(luaState, v[i]);
        //索引-2 的位置为目标 table，而 i + 1 是因为 Lua 的数组下标从 1 开始
        lua_rawseti(luaState, -2, i + 1);
    }
}
```

19.2.2　如何获取 Lua 返回的 table

当从 Lua 中得到一个 table 时，会被放在栈中，Lua 提供了与设置 table 相对应的 API 来获取 table 中的内容。从 table 中获取的值也会被放到栈中。

```
//idx 表示 table 的索引，lua_gettable()函数获取栈顶元素作为 Key，获取到 table 中该
Key 对应的 Value，将栈顶的 Key 弹出，最后将获得的 Value 压入栈顶
void lua_gettable (lua_State *L, int idx);
//lua_rawget()函数功能同 lua_gettable()函数，区别在于该函数不会触发 metatable
void lua_rawget (lua_State *L, int idx);
//idx 表示 table 的索引，lua_getfield()函数从 table 中获取指定字符串 Key 的 Value，
并压入栈中
void lua_getfield (lua_State *L, int idx, const char *k);
//idx 表示 Table 的索引，lua_rawgeti()函数从 Table 中获取指定数值 Key 的 Value，并压
入栈中
void lua_rawgeti (lua_State *L, int idx, int n);
```

通过上面的 API 可以获取 table 中任意字段的 Vlaue，但是在很多情况下需要遍历整个 table，在 Lua 中可以用泛型 for 语句结合 pairs 和 ipairs 迭代函数来遍历，在 C/C++代码中又该如何遍历呢？ipairs 的实现比较简单，从 1 开始遍历，直到碰到一个值为 nil 就结束。这里假设 table 中的值都是字符串，然后遍历这个 table，并将 Key 和 Value 打印出来，代码如下。

```
//传入的 index 为 table 的下标
void iterAndPrintArray(lua_State* L, int index)
{
    int i = 1;
    while (true)
    {
        //获取下标为 i 的 Value，并放入栈中
        lua_rawgeti(L, index, i);
        if (lua_isnil(L, -1))
        {
            break;
        }
        //打印后 pop 结果
```

```
        printf("%d is %s", i++, lua_tostring(L, -1));
        lua_pop(L, 1);
    }
}
```

而 pairs 迭代就要复杂一些，需要使用 lua_next()方法来迭代 table 中的所有元素，lua_next()方法需要传入 lua_State 指针，以及 table 的索引，它会将 Key 弹出，然后将该 Key 的下一个 Key 和 Value 依次压入栈中，当开始遍历时，需要先压入一个 nil，以表示从第一个 Key 开始，每次调用 lua_next()方法，都会根据栈顶的 Key 以及指定的 table 来获取下一个 Key，如成功则返回 0。这里遍历一个 Key 和 Value 都是字符串的 table，并将它打印出来，代码如下。

```
//传入的 index 为 table 的下标
void iterAndPrintTable(lua_State* L, int index)
{
    lua_pushnil(L);
    //注意，index 如果是负数，会因为前面的 pushnil 而发生变化，所以这里要传入正数索
    引，或考虑前面的 pushnil
    while (lua_next(L, index) != 0)
    {
        //lua_next 之后，nil 被弹出，同时压入下一个 key 和 value
        printf("key is %s, value is %s",lua_tostring(L,-2),lua_tostring(L, -1));
        //将栈顶的 Value 弹出，保留 Key 给下一次的 lua_next()方法调用
        lua_pop(L, 1);
    }
}
```

19.3　C/C++中调用 Lua

接下来看一下在 C/C++代码中如何调用 Lua，通过 Lua 的 API 可以执行一段 Lua 代码，一个 Lua 脚本文件或者一个 Lua 函数，前面我们已经知道了如何对栈进行操作，在这里就需要结合 API 来完成一些具体的功能。

执行 Lua 代码或 Lua 脚本文件，都需要先经过编译，编译完之后会将一个可以执行到这些代码的函数压入栈中，最后调用 Lua 的 API 来执行这个函数。

19.3.1　执行 Lua 片段

首先来看如何在 C/C++代码中执行一段 Lua 代码，通过 luaL_loadstring()方法可以在 C/C++代码中**加载一段 Lua 代码**，luaL_loadstring()方法接受一个 lua_State 指针以及一个字符串，该方法会将字符串进行编译，并将编译好的代码作为一个函数类型的值放到栈中，luaL_loadstring()方法会调用 luaL_loadbuffer，而 luaL_loadbuffer 最终又是通过 lua_load 来编译代码的。

接下来需要调用 lua_pcall()方法来执行这段代码，除了 lua_pcall()方法之外，还有 lua_call()方法可以用于执行 Lua 的代码。

```
void lua_call (lua_State *L, int nargs, int nresults);
```

　　lua_call()方法会调用栈中的一个函数，首先需要将函数入栈（luaL_loadstring()方法做了这个工作），接下来将参数挨个入栈，传入的参数数量需要作为 nargs 参数传给 lua_call()方法，同时将期望函数返回值的数量作为 nresults 参数传入（如果 nresults 的值为 LUA_MULTRET，则所有的返回值都会入栈）。

　　在函数执行完毕之后，函数以及函数的参数会从栈中弹出，并将返回值挨个入栈（按照返回顺序的先后），如果 nresults 的值不为 LUA_MULTRET，当函数的返回值数量大于 nresults 时，多于的返回值会被丢弃，小于 nresults 时，则会用 nil 来补齐。当 lua_call()方法发生错误时，会抛给上层处理，上层如果没有处理，那么程序就会崩溃。

```
int lua_pcall (lua_State *L, int nargs, int nresults, int errfunc);
```

　　lua_pcall()方法会在保护模式下来执行代码，其和 lua_call()方法类似，但其可以**指定一个函数作为错误处理函数，errfunc 为栈中的一个函数的索引**，由于函数调用会对栈进行操作，所以使用负索引将难以准确定位到该错误处理函数。函数执行成功时返回 0，失败则返回错误码（在 lua.h 中定义）。

　　如果使用 lua_pcall()方法执行的 Lua 代码中又调用了 C 语言代码中的方法，在这个 C 语言代码中的方法中又使用 lua_call()方法执行了一段错误的 Lua 代码，那么 lua_call()方法会将错误抛给上层处理，而这个错误最终会被 lua_pcall()方法处理。但是如果直接调用 lua_call()方法，那么就没有上层会处理发生的错误了，那么程序只有崩溃。完整的代码如下（头文件的包含代码，就不在这里给了）。

```
int main()
{
    //创建环境并打开标准库
    lua_State* L = lua_open();
    luaL_openlibs(L);
    int error = luaL_loadstring(L, "print('hello world')")
        || lua_pcall(L, 0, 0, 0);
    if (error)
    {
        //如果发生错误，错误信息会留在栈中
        printf("%s", lua_tostring(L, -1));
        lua_pop(L, 1);
    }
    lua_close(L);
}
```

19.3.2　执行 Lua 脚本文件

　　执行一个脚本文件需要调用 luaL_loadfile()方法来加载并编译，最后通过 lua_pcall()或 lua_call()方法来执行文件。luaL_loadfile()方法可以打开 Lua 脚本文件，也可以打开编译好的 Lua 文件。以下是调用脚本文件的示例代码，与执行 Lua 代码片段类似。

```
int main()
{
    //创建环境并打开标准库
    lua_State* L = lua_open();
    luaL_openlibs(L);
    int error = luaL_loadfile(L, "test.lua")
        || lua_pcall(L, 0, 0, 0);
    if (error)
```

```
{
    //如果发生错误，错误信息会留在栈中
    printf("%s", lua_tostring(L, -1));
    lua_pop(L, 1);
}
lua_close(L);
}
```

Lua 与 C/C++语言有一个很大的区别，就是如一个 C/C++项目中有很多源码文件，那么只要包含了头文件就可以使用相应的方法和类。而 **Lua 项目中所有的 Lua 文件，都必须被编译并执行后，才能使用里面的函数和变量**。如果需要使用另外一个 Lua 脚本中定义的函数，那么需要先确保这个脚本被执行，可以在要使用的 Lua 脚本中调用 require()函数，或在一个入口脚本处 require，也可以在 C/C++代码中执行这个脚本。

当在 Lua 脚本中定义了一个全局函数，实际上是以函数名为变量名，将函数赋值给这个函数名变量，Lua 使用一个名为_G 的 table 来存储所有的全局变量。如果只是 Load 一个代码块或者脚本文件而没有执行，则并不会产生这么一个变量，自然也就不能使用这个函数。

所以，一个脚本至少需要被执行一次，这个脚本的内容才会生效。而不是将 Lua 脚本放到项目中，就可以使用这个脚本定义的方法。

19.3.3　调用 Lua 函数

当需要调用一个 Lua 函数的时候，首先需要获得这个 Lua 函数，一般 Lua 函数会被存储在全局变量或者某个 table 中，所以第一步需要将函数获取到栈中，接下来压入函数的参数，并调用函数，最后获取函数的返回值，并清理函数的返回值。如果不去清理函数的返回值的话，其会一直存放在栈中。

前面的例子因为都是直接调用无参数、无返回值的函数，所以这里简单演示一下一个带参数和返回值的函数调用，基于上一个例子，这里在 test.lua 中定义了一个名为 add()的函数，该函数需要传入两个数值，并返回相加后的数值，代码如下（添加于 lua_close 之前）。

```
//获取全局变量 add 并压入栈中，add()是 test.lua 中定义的函数
lua_getglobal(L, "add");
//压入参数
lua_pushinteger(L, 2);
lua_pushinteger(L, 3);
//lua_State，参数有 2 个，返回值有 1 个，不设置错误处理回调
lua_pcall(L, 2, 1, 0);
//取出栈顶的返回值并打印
printf("%d", lua_tointeger(L, -1));
//弹出返回值
lua_pop(L, 1);
```

19.4　注册 C/C++函数给 Lua 调用

前面了解了 C/C++层如何调用 Lua，接下来介绍 Lua 如何调用 C/C++层，主要有两种

方式，第一种是在宿主程序中注册函数，然后在 Lua 中直接使用注册的函数。另外一种是直接用 C/C++代码编写一个动态链接库，Lua 通过 require()函数将动态链接库导入后调用库中提供的函数。

任何在 Lua 中注册的函数必须有同样的原型，这个原型就是 lua.h 中的 lua_CFunction，定义如下。

```
typedef int (*lua_CFunction) (lua_State *L);
```

在函数被 Lua 调用时，函数的参数会被依次传入栈中，使用 lua_toxxx 方法可以取出这些参数。在函数执行完之后，需要将返回值依次 push 到栈中，最后将返回值的数量返回，如果没有返回值，则返回 0。下面的代码演示了提供给 Lua 使用的 add()方法是如何定义的。

```
int add_for_lua ( lua_State* L)
{
    double a = lua_tonumber(L, 1);
    double b = lua_tonumber(L, 2);
    lua_pushnumber(L, a + b);
    return 1;
}
```

接下来需要告诉 Lua 有这么一个函数，这里使用 lua_register()函数来告诉 Lua，下面的代码注册了一个名为 add()的函数到 Lua 中，当该函数被调用时，会执行 add_for_lua()方法。在调用 Lua 脚本之前执行下面的代码，在 Lua 中就可以直接使用 add()函数。

```
lua_register(L, "add", add_for_lua);
```

上面的代码等同于 push 一个 C 函数，然后将其设置为全局变量 add 的值。

```
lua_pushcfunction(L, add_for_lua);
lua_setglobal(L, "add");
```

动态链接库不同于宿主程序，不需要创建和维护 lua_State，也没有 main()函数，只是提供了一系列供外部调用的方法。首先需要使用 lua_CFunction 的原型来定义函数，接下来需要将这些函数导出给 Lua。

在 Lua 中使用 require()方法或 loadlib()方法可以加载一个库，在 Lua 中，一个库可以理解为一个装载了 N 个函数的 table，而加载函数被调用后会返回这个 table。

当 Lua 企图加载一个动态链接库时，虚拟机会去调用该动态链接库的 luaopen_libname()方法，这里的 libname 指的是库的名字，该函数的原型同 lua_CFunction 一致。

在 luaopen_libname()方法中，需要调用 luaL_openlib(L, "libname", 0)并返回 1 即可，如果定义的库名为 mylib 的话，代码如下。

```
int luaopen_mylib (lua_State *L)
{
    luaL_openlib(L, "mylib", mylib, 0);
    return 1;
}
```

luaLopenlib 中传入了 4 个参数，lua_State*、库名字符串、库函数列表以及 upvalue 数量。最后一个参数一般填 0 就可以了，库函数列表是一个结构体数组，可以这样定义：

```
static const struct luaL_reg mylib [] =
{
```

```
    //Lua 中的函数名对应 C 函数
    {"add", add_for_lua},
    {"sub", sub_for_lua},
    //最后要以 NULL 结尾
    {NULL, NULL}
};
```

函数、函数信息列表以及 luaopen 注册函数，最后将它们编译成动态链接库，在 Lua 中 require 进来或使用 loadlib 加载即可使用。

19.5　将 C++的类传给 Lua

C++的类和 Lua 中的类是不同的，那么如何将一个 C++的类传递给 Lua 使用呢？在 Lua 中，类是一组变量和方法的集合，通过 metatable 来实现类，创建这个 metatable 相当于定义了一个类，而将这个 metatable 绑定到一个具体的对象（可以是 table 也可以是 userdata）上，相当于实例化了一个类。

具体实现的步骤如下。

（1）首先定义一个 C++的类，这一步是可以省略的，因为在 Lua 中可以作为一个类使用就可以了，而在 C++中是不是也是一个类，并不重要，但此处的目的是为了让 Lua 能够使用 C++的类，所以这里需要定义一个类。

```
class A
{
public:
    int getVar() { return var; }
    void setVar(int v) { var = v; }
private:
    int var;
};
```

（2）定义完类之后，需要将该类的方法用 Lua 可调用的方式进行简单的封装，例如将 getXXX 这样的方法用注册给 Lua 调用的函数原型进行包装，下面的代码会详细介绍如何封装。因为在 Lua 中调用成员方法是通过：来访问的，那么传入的第一个参数就会是这个对象本身。下面封装了 4 个函数：

```
//new 一个 A 对象
int newA(lua_State* L)
{
    A* a = new A();
    pushClass(L, a, "A");
    return 1;
}
//delete 一个 A 对象
int deleteA(lua_State* L)
{
    A* a = reinterpret_cast<A*>(toClass(L, -1, "A"));
    delete a;
    return 0;
}
//调用 A 对象的 getVar()方法，并返回 var 到 Lua
int getVar(lua_State* L)
```

```
{
    A* a = reinterpret_cast<A*>(toClass(L, -1, "A"));
    lua_pushinteger(L, a->getVar());
    return 1;
}
//调用 A 对象的 setVar()方法，传入要设置的值
int setVar(lua_State* L)
{
    A* a = reinterpret_cast<A*>(toClass(L, -2, "A"));
    int var = lua_tointeger(L, -1);
    a->setVar(var);
    return 0;
}
```

（3）封装了一系列方法之后，就需要把这些方法整合到一个 metatable 中，也就是相当于这个类的定义。

```
//A 的 Lua 成员方法列表
static const struct luaL_reg AFunc[] =
{
    { "getVar", getVar},
    { "setVar", setVar},
    { NULL, NULL }
};
//注册 A 这个类（metatable）
void regiestA(lua_State* L)
{
    //创建一个名为 A 的 metatable
    luaL_newmetatable(L, "A");
    lua_pushstring(luaState, "__index");
    //pushes the metatable
    lua_pushvalue(luaState, -2);
    //设置 metatable.__index = metatable
lua_settable(luaState, -3);
//将 A 的成员方法列表绑定到 metatable 中
//等同于设置 metatable 的 getVar 和 setVar 字段为对应的 C 函数
    luaL_openlib(luaState, NULL, AFunc, 0);
    //另外注册两个函数，供 Lua 创建和释放 A 的对象
    lua_register(luaState, "newA", newA);
    lua_register(luaState, "deleteA", deleteA);
}
```

（4）pushClass()方法将一个类压入栈中，而 toClass()方法则是将栈中的一个元素转换成类，这两个方法的实现如下。

```
void pushClass(lua_State* l, void* p, const char* className)
{
//申请一块 4 个字节的内存，用这块内存来存放 p 的地址，所以需要用二级指针
//如果使用一级指针 void* up，那么 up = p 这个操作只是改变了 up 指向的地址，而没有改变
udata 的内容
//我们需要让 udata 记录下我们的 p，而不是局部变量 up
    void** up = reinterpret_cast<void**>(lua_newuserdata(l, sizeof(p)));
    *up = p;
    luaL_getmetatable(l, className);
    lua_setmetatable(l, -2);
}
void* toClass(lua_State* l, int index, const char* name)
{
```

```
    void** p = reinterpret_cast<void**>luaL_checkudata(l, index, name);
    return *p;
}
```

（5）我们只需要在初始化 Lua 环境后，调用 regiestA，即可在 Lua 脚本中使用 A 这个类了，在 Lua 中可以这样来使用这个类。

```
a = newA()
a.setVar(123)
print(a.getVar())
deleteA(a)
```

注意：关于 userdata 和 lightuserdata 的一些区别，userdata 是一块由 Lua 分配管理的内存块，可以存储一个复杂的结构体，而 lightuserdata 则只是存储一个 C 指针。

上面这种简单的需求，使用 lightuserdata 会更合适，**但在一些比较复杂的情况下，lightuserdata 会发生错误**，例如 getVar 返回的是另外一个类，而不是一个简单的数据类型，可能导致 lightuserdata 的 metatable 失效。

这里的失效包括所有的 lightuserdata 对象，而使用 userdata 则没有这个问题，可以将 lua_newuserdata()方法替换为 lua_pushlightuserdata()方法，直接将指针 p 传入。除此之外，luaL_checkudata 对 userdata 有效而对 lightuserdata 无效。前面这些问题是在 Cocos2d-x 3.6 版本中进行测试的，笔者认为有可能与 Cocos2d-x 自带的 Lua 库有关。但不管怎样，使用 userdata 要更加稳定一些。

第 20 章　Cocos2d-x 原生 Lua 框架详解

使用 Lua 开发可以提升开发效率，降低成本（Lua 比 C++语言更容易学、用 Lua 程序员开发比用 C++程序员开发费用低、Lua 代码比 C++代码更难出现问题），便于修改以及能够方便地进行热更新。

Cocos2d-x 的原生 Lua 框架可以很方便地将 Lua 嵌入到 Cocos2d-x 程序中，并且在 Lua 中可以便捷地操作 Cocos2d-x。引擎自带的 lua-empty-test 和 lua-tests 展示了如何使用 Lua 来开发 Cocos2d-x。

对于熟悉 Cocos2d-x 的程序员，要使用 Lua 开发 Cocos2d-x 程序，就很有必要对 Cocos2d-x 的原生 Lua 框架有一个系统的了解，这样更能快速地上手。

本章将系统地介绍 Cocos2d-x 的原生 Lua 框架，如果读者只是想简单了解在 Cocos2d-x 中如何使用 Lua，那么只需要阅读 20.1 和 20.2 节内容即可，如果希望对 Cocos2d-x 整个的 Lua 框架有一个深刻的认识，希望读者能读完本章。本章主要介绍以下内容：

- ❏ Cocos2d-x 原生 Lua 框架结构。
- ❏ 使用 Cocos2d-x 原生 Lua 框架。
- ❏ Cocos2d-x 原生 Lua 框架运行流程。
- ❏ 使用 genbindings.py 导出自定义类。
- ❏ 扩展 Cocos2d-x Lua。

20.1　Cocos2d-x 原生 Lua 框架结构

Cocos2d-x 的原生 Lua 框架被封装到了 libluacocos2d 中，主要由以下几个部分组成，下面详细介绍。

20.1.1　Lua 核心层

Lua 核心层也就是 Lua 库，引擎使用的是 5.1.4 版本的 LuaJIT，LuaJIT 是一个高效版的 Lua 库，对于使用者而言，使用 Lua 和使用 LuaJIT 并没有太大的区别，只需要替换头文件和链接库，无须改动代码。

LuaJIT 的优点是效率比 Lua 高，在浮点计算、循环、协程切换等方面有显著提升。但对于大量依赖 C 语言编写的函数程序，性能提升有限。另外，LuaJIT 自身还包含了 ffi、coco 等 Lua 没有的库。**LuaJIT 的缺点是只支持 32 位内存寻址，而无法在 64 位的系统上运行，而且不支持 Lua5.2，也不够稳定**。但是在最新推出的 Cocos2d-x 3.14 版本中开始使用 luajit 2.10 beta2，它已经开始支持 64 位的系统了。

20.1.2　Lua 脚本引擎

Cocos2d-x 通过 LuaEngine 和 LuaStack 对 Lua 的 API 进行了封装，LuaStack 封装了 lua_State，而 LuaEngine 则是一个管理 LuaStack 的单例。Lua 脚本引擎实现了以下功能。

❑ 封装了 Lua 的 API，并使用单例进行管理，使程序员可以更加方便地操作 Lua。

❑ 将 Cocos2d-x 引擎的 API 导出到 Lua。

❑ Cocos2d-x 到 Lua 的消息转发，如触摸、重力感应、节点事件等消息。

❑ Lua 脚本的加载，包括按自定义搜索路径查找脚本、加载脚本后进行解密等工作。

另外，Cocos2d-x 还提供了 LuaBridge，可以在 Lua 中方便地调用 Java 和 Objective-C 代码，大大方便了接入 Android 和 iOS 平台的 SDK。

20.1.3　Cocos2d-x 到 Lua 的转换层

转换层将 Cocos2d-x 引擎的 C++代码导出给 Lua，使程序员可以在 Lua 代码中使用 Sprite、Label、Director 等接口。在 LuaStack 的初始化中，会将这些 API 导入到 Lua 环境中。

转换层是独立的，可以分为两部分，第一部分是使用 tolua++自动生成的 C++代码，放在 auto 目录下。第二部分则是程序员手动扩展的 C++代码，放在 manual 目录下。

使用 tolua++可以批量地为 C++中的类生成 C++代码，执行生成的 C++代码就可以在 Lua 中使用 C++的类，而 tolua++对于一些需要特殊处理的接口无法有效地导出，如使用了 C++11 新特性的一些代码，为了使 Lua 中能够使用这些接口，所以增加了手动扩展部分，在已导出的类中进行扩展。

Cocos2d-x 还提供了 genbindings.py，来帮助导出自定义的类，工具位于引擎的 tools 目录中，后面会介绍其具体的用法。

20.1.4　Lua 辅助层

Lua 辅助层是 Cocos2d-x 自带的一些 Lua 代码（实际上这些代码基本来自于 Quick 框架），这些代码主要的作用是扩展 Cocos2d-x 核心功能、定义大量的枚举（因为 Cocos2d-x 的枚举并未被导出）、废弃函数的警告包装（使用废弃函数就会打印该函数已经废弃，请使用新的函数）、常用数据结构（如 Vec2、Rect 等）、Json、OpenGL 等以及一些便于使用的接口。

其他主要还有 xxtea 的加密解密接口、以及 socket 通信的接口。这里不再详细介绍。

20.2　使用 Cocos2d-x 原生 Lua 框架

20.2.1　在 Cocos2d-x 中调用 Lua

可以在 C++代码中方便地执行 Lua 脚本，在 Lua 中回调 C++代码也是一件轻松的事情。在 Cocos2d-x 中调用 Lua 脚本需要有 3 个步骤：

（1）初始化 Lua 脚本引擎。

（2）将需要额外注册的 C++API 注册到 Lua 中。

（3）执行 Lua 脚本。

代码如下。

```
bool AppDelegate::applicationDidFinishLaunching()
{
    //初始化 LuaEngine
LuaEngine* engine = LuaEngine::getInstance();
//将 LuaEngine 设置到 ScriptEngineManager 中
    ScriptEngineManager::getInstance()->setScriptEngine(engine);
    lua_State* L = engine->getLuaStack()->getLuaState();
    //注册额外的 C++API——CocosDenshion
    lua_module_register(L);
    //下面这行代码被注释起来，因为它会导致 ZeroBrane Studio 在调试的时候无法找到上下文
    //engine->executeScriptFile("src/hello.lua");
    //执行 src/hello.lua 脚本
    engine->executeString("require 'src/hello.lua'");
    return true;
}
```

上面是 Cocos2d-x 自带例子中，lua_empty_test 的初始化代码。在初始化 LuaEngine 的时候，lua_State 会被创建，这是 Lua 的核心对象，是一个独立的 Lua 环境。同时，Cocos2d-x 引擎的 API 也会被导入到 Lua 中。而 lua_module_register() 方法内部调用了 register_cocosdenshion_module() 方法，将 Cocos2d-x 音效库导出到 Lua 中。最后调用 LuaEngine 的 executeString() 方法执行了 Lua 代码。

20.2.2　在 Lua 中操作 Cocos2d-x

engine->executeString("require 'src/hello.lua'") 会执行 src 目录下的 hello.lua 脚本，而在 hello.lua 中，使用了 Cocos2d-x 提供的 API，创建了 GLView，场景以及场景中的精灵、界面等，粗略演示了如何加载其他 Lua 脚本，如何监听点击事件、执行 Action、使用定时器等内容。下面介绍一下相关的关键知识点，这里需要参考引擎 lua_empty_test 中的 hello.lua 来学习。

1．脚本的执行

require 可以执行一个脚本，但对同一个脚本 require 多次，该脚本的内容只会被执行一次。当程序员 require 一个脚本的时候，会首先判断该脚本是否已经被加载，如果是则直接返回，否则加载、解析并执行该脚本，脚本是被当作一个函数来执行的。

当一个脚本被执行时，会从上到下顺序执行，所以 hello.lua 文件会按照从上到下的顺序执行：添加 res 和 src 到搜索路径中，require cocos.init 文件，注册一些变量或函数，调用 main() 函数执行逻辑。

require "cocos.init" 会搜索 cocos 目录下的 init.lua 文件，但在 src 和 res 目录下并没有这些文件，那么这个文件位于哪里？又做了什么事情呢？

cocos 目录的内容位于引擎下的 cocos/scripting/lua-bindings/script 目录中，lua_empty_test 注册了生成事件，在编译完成后，会将该目录下的内容复制到输出路径的 src/cocos 目录下，而 lua_empty_test 项目下的 src 目录也会被复制到输出路径的 src\cocos 下。

　　所以如果程序员自己创建了一个空项目，可以手动将这些脚本复制到项目的 src\cocos 目录下，或者 res 目录下，然后再手动指定路径（addSearchPath），脚本本身也是一种资源文件，并没有什么特别的。这些 Lua 脚本就是前面介绍到的 Lua 辅助层了，require "cocos.init"可以使这个辅助层生效，后面会对辅助层的脚本进行详细的介绍。

2．使用xpcall

　　在 hello.lua 的最后一行，使用 xpcall 执行了 main()函数，并传入了__G__TRACKBACK__到 xpcall 中，使用 xpcall 会以保护模式调用函数，如果内部发生了错误，会回调传入的调试函数。

```
xpcall(main, __G__TRACKBACK__)
```

　　__G__TRACKBACK__打印了错误信息以及发生错误时的堆栈，这些信息可以很好地帮助程序员定位问题。

```
function __G__TRACKBACK__(msg)
    cclog("----------------------------------------")
    cclog("LUA ERROR: " .. tostring(msg) .. "\n")
    cclog(debug.traceback())
    cclog("----------------------------------------")
end
```

3．collectgarbage()方法

　　在 main()函数的开头调用了 collectgarbage()方法，这是 Lua 提供的内存管理方法，该方法接收的第一个参数是选项字符串，下面的代码设置了 setpause 选项和 setstepmul 选项。

　　setpause 选项可以设置 Lua 垃圾收集器周期间的等待时间，传入的参数小于 100 表示不等待，而当值为 200 时意味着在总使用内存达到原来的两倍时才开启新的垃圾回收周期。简而言之，该值越小，收集的周期越短，反之则越长。

　　setstepmul 选项可以设置垃圾收集器相对内存分配的速度，设置的数值越大则收集的速度越快，传入的参数小于 100 时收集器工作非常缓慢，默认值为 200，收集器将以内存分配器的两倍速运行。

```
collectgarbage("setpause", 100)
collectgarbage("setstepmul", 5000)
```

　　此外，collectgarbage()方法还支持以下选项。
- ❑ stop：停止垃圾收集器。
- ❑ restart：重启垃圾收集器。
- ❑ collect：立即执行一次垃圾收集。
- ❑ count：返回当前 Lua 占用的内存大小。

4．初始化场景

　　接下来 main()函数调用 initGLView 创建了窗口，并设置了分辨率和 FPS。下面这段代码看上去非常熟悉，一般在 AppDelegate 中会完成这些任务。这里用到的 Cocos2d-x API 都是在 cc 这个命名空间下，Cocos2d-x 在 Lua 中还有另外一个命名空间，叫作 ccui。cc.Director:getInstance()相当于 C++代码中的 cocos2d::Director::getInstance()，使用起来非常

接近。

```lua
local function initGLView()
    local director = cc.Director:getInstance()
    --初始化 OpenGLView
    local glView = director:getOpenGLView()
    if nil == glView then
        glView = cc.GLViewImpl:create("Lua Empty Test")
        director:setOpenGLView(glView)
    end
    director:setOpenGLView(glView)
    glView:setDesignResolutionSize(480, 320, cc.ResolutionPolicy.NO_BORDER)
    --打开 FPS 显示开关
    director:setDisplayStats(true)
    --设置 FPS
    director:setAnimationInterval(1.0 / 60)
end
```

5. 使用引擎

下面的代码简单演示了在 Lua 中如何操作 Cocos2d-x，如创建一个 Sprite，可以使用引擎导出的 API 来创建，并调用 Sprite 的成员方法来进行操作。

```lua
local function creatDog()
    local frameWidth = 105
    local frameHeight = 95

    -- 加载图片，并创建一个 SpriteFrame
    local textureDog = cc.Director:getInstance():getTextureCache():
    addImage("dog.png")
    local rect = cc.rect(0, 0, frameWidth, frameHeight)
    local frame0 = cc.SpriteFrame:createWithTexture(textureDog, rect)
    rect = cc.rect(frameWidth, 0, frameWidth, frameHeight)
    local frame1 = cc.SpriteFrame:createWithTexture(textureDog, rect)

    -- 创建一个 Dog Sprite 对象，这里也可以直接传入文件名调用 cc.Sprite:create 来创
    建一个 Sprite
    local spriteDog = cc.Sprite:createWithSpriteFrame(frame0)

    -- 比较特殊的一点是，Lua 的对象可以随意地添加属性，就像一个 table 可以随意添加新的
    内容，下面这种写法直接设置了 spriteDog 对象的 isPaused 属性
    spriteDog.isPaused = false
    spriteDog:setPosition(origin.x, origin.y + visibleSize.height / 4 * 3)

    -- 创建动画，并让 spriteDog 执行这个 Action，这样的事情在 C++里做了无数遍
    local animation=cc.Animation:createWithSpriteFrames({frame0,frame1}, 0.5)
    local animate = cc.Animate:create(animation)
    spriteDog:runAction(cc.RepeatForever:create(animate))

    -- 定义一个移动函数，并将该函数注册到 Schedule 中，使其每一帧都执行，tick()函数是
    一个闭包，其直接引用了上一层函数的 spriteDog 对象，并不断更新对象的位置
    local function tick()
        if spriteDog.isPaused then return end
        local x, y = spriteDog:getPosition()
        if x > origin.x + visibleSize.width then
            x = origin.x
        else
            x = x + 1
```

```
        end
        spriteDog:setPositionX(x)
    end
    cc.Director:getInstance():getScheduler():scheduleScriptFunc(tick,0,false)
    return spriteDog
end
```

用 table 来模拟类使得 Lua 中的对象获得了动态增删成员变量和方法的能力，闭包的使用也使程序员在设置各种回调函数的时候更加方便灵活。

20.3　Cocos2d-x 原生 Lua 框架运行流程

20.3.1　LuaEngine 初始化流程

在程序员第一次调用 LuaEngine 的 getInstance()方法时，LuaEngine 就会创建一个 LuaStack，在 LuaStack 的初始化方法中，依次执行以下步骤。

（1）使用 lua_open()方法创建 lua_State，并打开 Lua 的标准库。

（2）重新注册了 print()函数。

（3）将 Cocos2d-x 的 API 注册到 Lua 中。

（4）添加了自定义的 Lua 加载器。

这些步骤初始化了 Lua 环境，并将 Cocos2d-x 的 API 导入到 Lua 环境中，使程序员可以在 Lua 中使用 Cocos2d-x。如果程序员开启了 CC_USE_PHYSICS，那么会导入物理相关的 API。另外还会为 iOS 和 Android 平台导出 LuaBridge 的接口。

```
bool LuaStack::init(void)
{
    //初始化 Lua 环境并打开标准库
    _state = lua_open();
    luaL_openlibs(_state);
    toluafix_open(_state);

    //注册 print()函数到 Lua 中，这会覆盖 lua 标准库的 print 方法
    const luaL_reg global_functions [] = {
        {"print", lua_print},
        {"release_print",lua_release_print},
        {nullptr, nullptr}
    };
    luaL_register(_state, "_G", global_functions);

    //注册 Cocos2d-x 引擎的 API 到 Lua 环节中
    g_luaType.clear();
    register_all_cocos2dx(_state);
    tolua_opengl_open(_state);
    register_all_cocos2dx_manual(_state);
    register_all_cocos2dx_module_manual(_state);
    register_all_cocos2dx_math_manual(_state);
    register_all_cocos2dx_experimental(_state);
    register_all_cocos2dx_experimental_manual(_state);
    register_glnode_manual(_state);

    //导入物理引擎的 API
```

```
#if CC_USE_PHYSICS
    register_all_cocos2dx_physics(_state);
    register_all_cocos2dx_physics_manual(_state);
#endif

    //导入 iOS 下用于操作 Objective-C 的 API
#if (CC_TARGET_PLATFORM == CC_PLATFORM_IOS || CC_TARGET_PLATFORM == CC_
PLATFORM_MAC)
    LuaObjcBridge::luaopen_luaoc(_state);
#endif
//导入 Android 下用于操作 Java 的 API
#if (CC_TARGET_PLATFORM == CC_PLATFORM_ANDROID)
    LuaJavaBridge::luaopen_luaj(_state);
#endif

    //注册被废弃的 Cocos2d-x API 到 Lua 环境中
    register_all_cocos2dx_deprecated(_state);
    register_all_cocos2dx_manual_deprecated(_state);
    tolua_script_handler_mgr_open(_state);

    //添加 Cocos2d-x 的 Lua 加载器
    addLuaLoader(cocos2dx_lua_loader);
    return true;
}
```

在完成 LuaEngine 的初始化之后，可以根据需求再注册其他的模块，如可以注册以下模块。

1. 音效模块

cocosdenshion 为完整的音效模块，而 audioengine 为实验中的新音效引擎。
- ❑ register_audioengine_module（音效，试验中）；
- ❑ register_cocosdenshion_module 。

2. CocosBuilder模块

包含了 CocosBuilder 的 API，如 register_cocosbuilder_module。

3. CocoStudio模块

包含了 CocoStudio1.x 和 2.x 版本的 API，如 register_cocostudio_module。

4. Cocos2d-x扩展模块

对 Cocos2d-x 核心模块中的粒子、Control、AssetsManager 等做了扩展，如 register_extension_module。

5. 3D相关模块

分别包含了 Cocos2d-x 的 3D 部分、Navmesh 自动寻路、3D 物理引擎。具体包括：
- ❑ register_cocos3d_module；
- ❑ register_navmesh_module；
- ❑ register_physics3d_module。

6．网络模块

包含了 Lua 框架中的网络模块，如 register_network_module。

7．Spine模块

命名空间为 sp，包含了 Spine 骨骼动画，如 register_spine_module。

8．UI模块

命名空间为 ccui，包含了 Cocos2d-x 的 UI 框架，一系列的 Widget。具体包括：

- ❑ register_ui_moudle;
- ❑ register_all_cocos2dx_ui_manual。

20.3.2　加载 Lua 脚本

addLuaLoader()方法将 cocos2dx_lua_loader()函数添加到了 Lua 中的全局变量 package 下的 loaders 成员中，它们都是 table 类型的变量。每当程序员调用 require()方法来加载一个脚本文件时，Lua 会使用 package 下的 loaders 成员中的加载器来加载脚本。

默认 Lua 的文件搜索规则会在当前路径以及系统特定路径下搜索脚本，而通过 cocos2dx_lua_loader()函数，可以使用程序员自己的搜索规则来查找脚本文件，以及实现对 Lua 脚本的加密和解密。

```cpp
int cocos2dx_lua_loader(lua_State *L)
{
    //后缀为 luac 和 lua
    static const std::string BYTECODE_FILE_EXT = ".luac";
    static const std::string NOT_BYTECODE_FILE_EXT = ".lua";
    //要加载的文件名会被传入, 如 require "cocos.init"会传入"cocos.init", 在这里
    先把文件名取出
    std::string filename(luaL_checkstring(L, 1));
    //先将文件的.lua 和.luac 后缀裁剪
    size_t pos = filename.rfind(BYTECODE_FILE_EXT);
    if (pos != std::string::npos)
    {
        filename = filename.substr(0, pos);
    }
    else
    {
        pos = filename.rfind(NOT_BYTECODE_FILE_EXT);
        if (pos == filename.length() - NOT_BYTECODE_FILE_EXT.length())
        {
            filename = filename.substr(0, pos);
        }
    }
    //将所有的'.'替换成'/', 这里的'.'并不包含文件名的后缀
    pos = filename.find_first_of(".");
    while (pos != std::string::npos)
    {
        filename.replace(pos, 1, "/");
        pos = filename.find_first_of(".");
    }
```

```
//先在 package.path 变量中搜索脚本
unsigned char* chunk = nullptr;
ssize_t chunkSize = 0;
std::string chunkName;
FileUtils* utils = FileUtils::getInstance();
//获取 package.path 变量
lua_getglobal(L, "package");
lua_getfield(L, -1, "path");
std::string searchpath(lua_tostring(L, -1));
lua_pop(L, 1);
size_t begin = 0;
size_t next = searchpath.find_first_of(";", 0);

//遍历 path 中的所有路径，结合文件名进行组装，最后调用 getFileData()加载
//getFileData()方法中会根据 FileUtils 中的搜索路径到对应的地方读取文件
//如果是 Android, getFileData()方法会从 apk 包中解压资源，这是 Lua 默认的加载器
无法做到的
//只要读取到文件，则退出 while 循环
do
{
    if (next == std::string::npos)
        next = searchpath.length();
    std::string prefix = searchpath.substr(begin, next);
    if (prefix[0] == '.' && prefix[1] == '/')
    {
        prefix = prefix.substr(2);
    }

    pos = prefix.find("?.lua");
    chunkName = prefix.substr(0, pos) + filename + BYTECODE_FILE_EXT;
    if (utils->isFileExist(chunkName))
    {
        chunk = utils->getFileData(chunkName.c_str(), "rb", &chunkSize);
        break;
    }
    else
    {
        chunkName = prefix.substr(0, pos) + filename + NOT_BYTECODE_
        FILE_EXT;
        if (utils->isFileExist(chunkName))
        {
            chunk = utils->getFileData(chunkName.c_str(), "rb", &chunk
            Size);
            break;
        }
    }

    begin = next + 1;
    next = searchpath.find_first_of(";", begin);
} while (begin < (int)searchpath.length());

//如果加载成功，则调用 luaLoadBuffer()方法加载到 Lua 中
//如果设置了加密，会在 luaLoadBuffer()方法中进行解密，并调用 luaL_loadbuffer
//luaL_loadbuffer 会将代码编译后作为一个函数放入栈中返回
//require 方法所加载的代码会执行 luaLoadBuffer()函数，并将函数的返回值返回，一
般是一个 table
if (chunk)
{
```

```
        LuaStack* stack = LuaEngine::getInstance()->getLuaStack();
        stack->luaLoadBuffer(L, (char*)chunk, (int)chunkSize, chunkName.
        c_str());
        free(chunk);
    }
    else
    {
        CCLOG("can not get file data of %s", chunkName.c_str());
        return 0;
    }

    return 1;
}
```

20.3.3　Cocos2d-x 到 Lua 的事件分发

一般会在需要使用到脚本的地方调用脚本引擎来执行脚本，但引擎与脚本的交互远不止这些，点击事件、重力感应、按钮事件以及 Node 的自身常用的 onEnter、onExit 等回调，都是在 C++这一端触发的，那么 Lua 如何接收到这些回调呢？

在初始完 LuaEngine 之后，将 LuaEngine 设置到了 ScriptEngineManager 中，这时 LuaEngine 就成为了 ScriptEngineManager 默认的脚本引擎了。在 Cocos2d-x 中捕获到一些消息的时候，会通过 ScriptEngineManager 发送事件通知到脚本。

在 Cocos2d-x 的代码涉及需要从引擎回调脚本的地方，都会判断 CC_ENABLE_SCRIPT_BINDING 预定义是否开启，如果是则调用 ScriptEngineManager 单例的 getScriptEngine()方法，获取当前的脚本引擎，并调用脚本引擎的 sendEvent()方法，发送事件。

```
void Director::restartDirector()
{
    reset();
    initTextureCache();
    getScheduler()->scheduleUpdate(getActionManager(), Scheduler::PRIORITY_
    SYSTEM, false);
    PoolManager::getInstance()->getCurrentPool()->clear();

    //发送重启事件到脚本中
#if CC_ENABLE_SCRIPT_BINDING
    ScriptEvent scriptEvent(kRestartGame, NULL);
    ScriptEngineManager::getInstance()->getScriptEngine()->sendEvent(&script
    Event);
#endif
}
```

在 LuaEngine 的 sendEvent()方法中，会根据当前的事件类型做不同的处理，最后回调到 Lua 脚本中。例如 Touch 事件的处理，首先通过获取到 Lua 脚本的句柄，这个句柄就是要回调的 Lua 函数，将点击的各种信息压入栈中，执行 Lua 函数，最后对栈进行清理。

```
int LuaEngine::handleTouchEvent(void* data)
{
    if (NULL == data)
        return 0;
    TouchScriptData*touchScriptData=static_cast<TouchScript Data*>(data);
    if (NULL == touchScriptData->nativeObject || NULL == touchScriptData->
    touch)
        return 0;
```

```
int handler = ScriptHandlerMgr::getInstance()->getObjectHandler((void*)
touchScriptData->nativeObject, ScriptHandlerMgr::HandlerType::TOUCHES);
if (0 == handler)
    return 0;

switch (touchScriptData->actionType)
{
    case EventTouch::EventCode::BEGAN:
        _stack->pushString("began");
        break;
    case EventTouch::EventCode::MOVED:
        _stack->pushString("moved");
        break;
    case EventTouch::EventCode::ENDED:
        _stack->pushString("ended");
        break;
    case EventTouch::EventCode::CANCELLED:
        _stack->pushString("cancelled");
        break;
    default:
        return 0;
}

int ret = 0;
Touch* touch = touchScriptData->touch;
if (NULL != touch) {
    const cocos2d::Vec2 pt=Director::getInstance()->convertToGL(touch->
getLocationInView());
    _stack->pushFloat(pt.x);
    _stack->pushFloat(pt.y);
    ret = _stack->executeFunctionByHandler(handler, 3);
}
_stack->clean();
return ret;
}
```

当触摸事件触发时，在 Cocos2d-x 中程序员可以知道哪个节点处理了这个触摸事件，但程序员如何获取到在 Lua 中这个触摸的处理函数呢？通过 ScriptHandlerMgr！所有在 Lua 中注册，需要让引擎回调的函数都经过了特殊的处理，这个特殊处理是在 Cocos2d-x 转 Lua 的 manual 代码中处理的。例如，在 hello.lua 中注册了触摸回调，代码如下。

```
local listener = cc.EventListenerTouchOneByOne:create()
listener:registerScriptHandler(onTouchBegan,cc.Handler.EVENT_TOUCH_BEGAN )
listener:registerScriptHandler(onTouchMoved,cc.Handler.EVENT_TOUCH_MOVED )
listener:registerScriptHandler(onTouchEnded,cc.Handler.EVENT_TOUCH_ENDED )
local eventDispatcher = layerFarm:getEventDispatcher()
eventDispatcher:addEventListenerWithSceneGraphPriority(listener,
layerFarm)
```

上面调用了 EventListenerTouchOneByOne 的 registerScriptHandler()方法，但如果查看引擎的源码可以发现，EventListenerTouchOneByOne 并没有这个方法，那么这个方法又是从哪来的呢？这个方法是在 manual 代码中扩展的，在 lua_cocos2dx_manual.cpp 中扩展了这个方法，代码如下。

```
static                                                               int
tolua_cocos2dx_EventListenerTouchOneByOne_registerScriptHandler(lua_Sta
te* tolua_S)
```

```
{
    if (nullptr == tolua_S)
        return 0;

    int argc = 0;
    EventListenerTouchOneByOne* self = nullptr;
    self = static_cast<EventListenerTouchOneByOne*>(tolua_tousertype (tolua_S,
    1,0));
    argc = lua_gettop(tolua_S) - 1;

    if (argc == 2)
    {
        LUA_FUNCTION handler = toluafix_ref_function(tolua_S,2,0);
        ScriptHandlerMgr::HandlerType type=static_cast<ScriptHandlerMgr::
        HandlerType>((int)tolua_tonumber(tolua_S, 3, 0));
        switch (type)
        {
            case ScriptHandlerMgr::HandlerType::EVENT_TOUCH_BEGAN:
                {
                    ScriptHandlerMgr::getInstance()->addObjectHandler((void*)
                    self, handler, type);

                    self->onTouchBegan = [=](Touch* touch, Event* event){
                        LuaEventTouchData touchData(touch, event);
                        BasicScriptData data((void*)self,(void*)&touchData);
                        return LuaEngine::getInstance()->handleEvent(type,
                        (void*)&data);
                    };
                }
                break;
            case ScriptHandlerMgr::HandlerType::EVENT_TOUCH_MOVED:
                {
                    self->onTouchMoved = [=](Touch* touch, Event* event){
                        LuaEventTouchData touchData(touch, event);
                        BasicScriptData data((void*)self,(void*)&touchData);
                        LuaEngine::getInstance()->handleEvent(type,(void*)&data);
                    };

                    ScriptHandlerMgr::getInstance()->addObjectHandler((void*)
                    self, handler, type);
                }
                break;
            case ScriptHandlerMgr::HandlerType::EVENT_TOUCH_ENDED:
                {
                    self->onTouchEnded = [=](Touch* touch, Event* event){
                        LuaEventTouchData touchData(touch, event);
                        BasicScriptData data((void*)self,(void*)&touchData);
                        LuaEngine::getInstance()->handleEvent(type, (void*)
                        &data);
                    };

                    ScriptHandlerMgr::getInstance()->addObjectHandler((void*)
                    self, handler, type);
                }
                break;
            case ScriptHandlerMgr::HandlerType::EVENT_TOUCH_CANCELLED:
                {
                    self->onTouchCancelled = [=](Touch* touch, Event* event){
                        LuaEventTouchData touchData(touch, event);
                        BasicScriptData data((void*)self,(void*)&touchData);
```

```
                LuaEngine::getInstance()->handleEvent(type, (void*)
                  &data);
            };

            ScriptHandlerMgr::getInstance()->addObjectHandler((void*)
            self, handler, type);
        }
        break;
    default:
        break;
    }
    return 0;
}

luaL_error(tolua_S, "%s has wrong number of arguments: %d, was expecting
%d\n","cc.EventListenerTouchOneByOne:registerScriptHandler",argc,2);
return 0;
}
```

当 registerScriptHandler() 方法被调用时，会调用到上面的 C++方法，传入
EventListenerTouchOneByOne、Lua 回调以及触摸类型。在这里会设置
EventListenerTouchOneByOne 的 C++回调,这个 C++回调调用了 LuaEngine 的 handleEvent()
方法，当触摸事件发生的时候回调这个方法，就会执行到指定的 Lua 函数。而就是在这里
将 Lua 函数的句柄以及监听者添加到了 ScriptHandlerMgr 中。但其实没有 ScriptHandlerMgr
也可以实现，只需要在匿名函数中记录 Lua 脚本的句柄即可，Widget 的
addClickEventListener 就将 Lua 脚本的句柄直接记录在了匿名函数中。这里统一将事件注
册到了 ScriptHandlerMgr 中，可以防止一些对象被释放之后，对象的回调仍然被触发。

既然说到了脚本句柄的注册以及使用，如果是一个严谨的程序员，肯定会想要了解脚
本句柄什么时候会从 ScriptHandlerMgr 中被移除。有以下两种时机：

❑ 在 Lua 脚本中手动调用反注册接口进行删除。

❑ 与该脚本句柄绑定的 Lua 对象释放时会自动删除其所有脚本句柄。

除了触摸事件之外，Cocos2d-x 还支持很多事件，所有支持的事件如下。

```
enum ScriptEventType
{
    //节点事件
    kNodeEvent = 0,
    //Menu 点击事件
    kMenuClickedEvent,
    //函数回调事件
    kCallFuncEvent,
    //Schedule 回调事件
    kScheduleEvent,
    //单点触摸回调事件
    kTouchEvent,
    //多点触摸回调事件
    kTouchesEvent,
    //键盘事件
    kKeypadEvent,
    //重力感应事件
    kAccelerometerEvent,
    //控件事件——Cocos2d-x 扩展的 CCControl 系列控件
    kControlEvent,
    //通用事件，EditorBox、WebSocket 等对象都使用了该事件
```

```
    kCommonEvent,
    //组件事件，由 Component 发出，用于执行组件的 onEnter、onExit、update 回调，JS
    脚本专用
    kComponentEvent,
    //游戏重启事件——由 Director 的 restartDirector()方法发出
    kRestartGame
};
```

对于节点，Cocos2d-x 还支持以下子事件，在节点执行如 onEnter、onExit 等回调的时候，可以通知 Lua。

```
enum {
    kNodeOnEnter,
    kNodeOnExit,
    kNodeOnEnterTransitionDidFinish,
    kNodeOnExitTransitionDidStart,
    kNodeOnCleanup
};
```

在节点的 onEnter 回调中，如果开启了脚本支持预定义，则会执行以下的代码，在 onExit、cleanup 等回调中，也会执行这段代码，并传入不同的子事件名。后面会介绍如何在 Lua 中监听这些事件。

```
ScriptEngineManager::sendNodeEventToLua(this, kNodeOnEnter);
```

20.3.4　Lua 辅助层初始化流程

Lua 辅助层的初始化流程非常简单，只是将所有需要引用到的脚本进 require。而绝大部分的脚本功能都非常简单，只是定义了一些 table 来映射 Cocos2d-x 中的枚举而已，如前面用到的 cc.Handler.EVENT_TOUCH_BEGAN。这一层的脚本文件看起来虽多，但关键的内容只有两个目录，就是 cocos2d 目录和 framework 目录。

1．cocos2d目录下的关键脚本

❏ Cocos2d.lua 定义了大量常用结构体的操作接口，如 Vec2、Size、Rect 等。
❏ functions.lua 提供了大量公用方法。
❏ json.lua 提供了 JSON 的编码和解码接口。
❏ luaj.lua 提供了在 Lua 中操作 Java 的接口。
❏ luaoc.lua 提供了在 Lua 中操作 Objective-C 的接口。
❏ Opengl.lua 提供了在 Lua 中操作 OpenGL 的接口。
❏ bitExtend.lua 提供了在 Lua 中的二进制操作接口。

2．framework目录

❏ event.lua 定义了一个类似 EventDispatcher 的消息机制。
❏ extends 目录下对 Cocos2d-x 中的各种节点进行了扩展，使其使用起来更加方便。
❏ audio.lua 提供了一个 audio 库，里面简单封装了 Cocos2d-x 的声音引擎。
❏ device.lua 定义了一些与设备相关的变量和方法，如语言、平台、路径分隔符等。
❏ display.lua 定义了一些显示相关的常用变量和方法，如屏幕尺寸、分辨率、常用颜

色值等。

20.3.5 Lua 辅助层的实用工具

1. class()函数

class()函数是 functions.lua 中定义的方法，可以使用该函数定义或继承一个类，是非常实用的一个方法，使用 class()方法还可以继承 Cocos2d-x 的类。下面简单介绍一下 class()方法的实现。

```lua
function class(classname, ...)
    -- 创建一个新的 table 作为类
    local cls = {__cname = classname}

    -- 如果有要继承的父类，这里允许多继承
    local supers = {...}
    for _, super in ipairs(supers) do
        local superType = type(super)
        if superType == "function" then
            -- 如果父类是一个函数，则将该函数设置到__create 字段
            cls.__create = super
        elseif superType == "table" then
            if super[".isclass"] then
                cls.__create = function() return super:create() end
            else
                -- 如果父类是一个纯粹的 Lua 类，将其添加到子类的父类列表的尾部
                cls.__supers = cls.__supers or {}
                cls.__supers[#cls.__supers + 1] = super
                if not cls.super then
                    -- 设置第一个继承的父类为 super 属性
                    cls.super = super
                end
            end
        end
    end

    -- 设置__index 元方法，当需要访问变量的时候，会依次从所有的父类中查找
    cls.__index = cls
    if not cls.__supers or #cls.__supers == 1 then
        setmetatable(cls, {__index = cls.super})
    else
        setmetatable(cls, {__index = function(_, key)
            local supers = cls.__supers
            for i = 1, #supers do
                local super = supers[i]
                if super[key] then return super[key] end
            end
        end})
    end

    -- 为实例添加一个默认的空构造函数，以避免该类没有定义构造函数（new 的时候会调用到）
    if not cls.ctor then
        cls.ctor = function() end
    end
```

```
    -- 添加一个 new 函数到 cls，相当于 Cocos2d-x 的 create()方法
    cls.new = function(...)
        -- 创建一个实例，将其__index 元方法设置为 cls，最后调用其 ctor 构造函数并返回
        local instance
        if cls.__create then
            instance = cls.__create(...)
        else
            instance = {}
        end
        setmetatableindex(instance, cls)
        instance.class = cls
        instance:ctor(...)
        return instance
    end

    -- 添加一个 create()函数到 cls，create 函数更符合使用习惯
    -- 下面第一个参数_是 self 参数，因为这里用不到，所以参数名直接使用_，这是一种惯用法
    cls.create = function(_, ...)
        return cls.new(...)
    end
    -- 注意，返回的 cls 是给我们调用 new()方法的模板，不要直接使用
    return cls
end
```

使用 class()函数定义类的方法与定义一个 Lua 模块的方法很类似，下面简单演示一下定义一个继承于 Sprite 的类。继承 C++的类需要用一个函数封装返回其实例，因为每次创建一个新的对象时，都需要一个新的 C++对象，所以需要通过函数的方式让 class 知道如何创建这个对象。

```
-- 定义了一个 MySprite 类，继承于 Sprite
local MySprite = class("MySprite", function ()
    return cc.Sprite:create()
end)
-- 编写其构造函数，每一个实例被创建时都会执行 ctor()函数
function MySprite:ctor()
    print("MySprite ctor")
end
-- 编写自定义的成员函数
function MySprite:myFun()
    print("myFun")
end
-- 返回 MySprite
return MySprite
```

现在得到了一个类，接下来需要使用这个类来创建该类的对象，像下面这种写法是错误的：

```
local Sprite1 = require "MySprite"
local Sprite2 = require "MySprite"
```

Sprite1 和 Sprite2 都是同一个对象，所以需要使用 new()函数来创建新的实例，正确的使用方法如下。

```
local MySprite = require "MySprite"
local Sprite1 = MySprite.new()
local Sprite2 = MySprite.new()
```

2. iskindof()函数

在 Lua 中想要知道一个类的类型并不是很容易，因为一般的类型都是 table，但使用 iskindof()函数可以判断一个类的类型，iskindof()函数会递归查找其父类，依次判断其类型。如果是 C++的类，会调用 tulua 封装的方法来获取类名。

使用的方法如下，传入对象以及类名字符串，如果该对象是一个指定的类对象，则打印消息。需要注意的是，指定 Cocos2d-x 的类时，需要加上 cc 或 ccui 等命名空间。

```
if iskindof(spriteDog, "cc.Sprite") then
    print("is Sprite")
end
```

metatable 的名字会被命名为类名，iskindof()函数通过获取 metatable 的名字来判断类名，如果是 userdata，说明是 C++对象，这里会调用 tolua.getpeer 来获取其 metatable。获取到 metatable 之后，调用了 iskindof_()函数来进行判断。

iskindof_()中会判断 metatable 的 __index 字段，如果是一个 table，则获取其 __cname 来判断。此外，也会获取该 metatable 的 __cname 字段来判断。如果判断不成功，则会递归遍历其所有的父类进行判断。这里有两个比较特别的地方，第一个是 iskindof_()函数的定义，这里是声明了一个 iskindof_变量，然后才进行赋值，这是因为使用到了递归，在编译 iskindof_()函数时发现需要调用 iskindof_()函数，而此时这个函数还未完成，所以需要告诉 Lua 有这个变量。另外这里获取 table 的操作使用的是 rawget()方法，该方法可以从 table 中直接获取 table 的值而不经过 metatable。

```
local iskindof_
iskindof_ = function(cls, name)
    local __index = rawget(cls, "__index")
    if type(__index) == "table" and rawget(__index, "__cname") == name then
    return true end

    if rawget(cls, "__cname") == name then return true end
    local __supers = rawget(cls, "__supers")
    if not __supers then return false end
    for _, super in ipairs(__supers) do
        if iskindof_(super, name) then return true end
    end
    return false
end

function iskindof(obj, classname)
    local t = type(obj)
    if t ~= "table" and t ~= "userdata" then return false end

    local mt
    if t == "userdata" then
        if tolua.iskindof(obj, classname) then return true end
        mt = tolua.getpeer(obj)
    else
        mt = getmetatable(obj)
    end
    if mt then
        return iskindof_(mt, classname)
    end
    return false
```

```
end
```

3．handler()函数

当定义了一个类，需要注册类的成员方法作为回调时，一般都需要创建一个闭包，因为类的成员方法要求的第一个参数就是 self，不能直接将类的成员方法注册为回调。而handler()函数为此提供了方便，只需要传入类对象以及类的成员方法，即可自动返回一个闭包，这个闭包可以作为回调函数进行注册。使用方法如下。

```
local callback = handler(mysprite, mysprite.onclick)
button:addClickEventListener(callback)
```

由于这里是要传入回调的成员方法，而不是要调用成员方法，所以上面指定 mysprite的成员方法是用.而不是用:。handler()函数返回的闭包会调用对象的方法，并将对象本身作为第一个参数传入，这符合 Lua 的面向对象规则。此外，handler()函数的参数会被完整地转发到回调的成员函数中。

```
function handler(obj, method)
    return function(...)
        return method(obj, ...)
    end
end
```

4．NodeEx脚本

在 framework 下的 extends 目录中，是 Lua 辅助层对 Cocos2d-x 核心节点的一些扩展，目的是使程序员在 Lua 中能够更加方便地使用这些节点。NodeEx.lua 是其中比较重要的一个脚本，其中提供了节点回调处理。

在 C++中程序员一般习惯在节点的 onEnter 和 onExit 等回调中编写一些逻辑，但在 Lua中，需要做一些特殊处理才能开启它们。通过调用 Node 的 registerScriptHandler()方法，可以注册一个回调函数到节点中，在 Node 的 onEnter()、onExi()t、onEnterTransitionFinish()、onExitTransitionStart()、cleanup()等方法被调用时，回调该函数。

在注册的该回调函数中，需要根据 Cocos2d-x 中传入的字符串来判断到底触发了哪个事件，然后再调用具体的函数进行处理。而 NodeEx 脚本大大简化了这个步骤，只需要调用 Node 的 enableNodeEvents()方法，即可开启节点事件回调。enableNodeEvents()的实现如下。

```
function Node:enableNodeEvents()
    -- 放置重复注册
    if self.isNodeEventEnabled_ then
        return self
    end
    -- 注册了
    self:registerScriptHandler(function(state)
        if state == "enter" then
            self:onEnter_()
        elseif state == "exit" then
            self:onExit_()
        elseif state == "enterTransitionFinish" then
            self:onEnterTransitionFinish_()
        elseif state == "exitTransitionStart" then
            self:onExitTransitionStart_()
```

```
        elseif state == "cleanup" then
            self:onCleanup_()
        end
    end)
    self.isNodeEventEnabled_ = true
    return self
end
```

上面的函数 return 了 self，是为了能够进行连续操作（类似连续赋值）。在回调中根据不同的事件触发了不同的方法，而在 onXXX_方法的内部，会回调 onXXX 方法，例如，enter 事件触发了 onEnter_方法，在 onEnter_方法内又回调了 onEnter()方法，只要开启了节点事件回调，在类的定义中添加对应的回调方法即可。

但是为什么要这么麻烦？而不直接回调 onEnter()方法呢？因为有时候程序员希望在调用 onEnter()方法时执行某一个函数，但这个函数的名字不一定是 onEnter()方法，所以 NodeEx 多提供了一个方法，让程序员来设置自定义的回调。使用节点的 onNodeEvent()方法，传入要监听的节点事件名称，并指定回调，即可在节点事件触发时回调程序员指定的方法，当然其默认的方法（如 onEnter()函数）仍然会执行。这是一个额外的扩展。

```
function Node:onNodeEvent(eventName, callback)
    if "enter" == eventName then
        self.onEnterCallback_ = callback
    elseif "exit" == eventName then
        self.onExitCallback_ = callback
    elseif "enterTransitionFinish" == eventName then
        self.onEnterTransitionFinishCallback_ = callback
    elseif "exitTransitionStart" == eventName then
        self.onExitTransitionStartCallback_ = callback
    elseif "cleanup" == eventName then
        self.onCleanupCallback_ = callback
    end
    self:enableNodeEvents()
end
```

20.4　使用 genbindings.py 导出自定义类

Cocos2d-x 的 **cocos2d-x/tools/tolua** 目录中有一个 genbindings.py 脚本可以**批量导出**自定义的 C++类到 Lua 中，但一般情况下不会用到，因为在开发的过程中，要么以 C++代码为主，要么以 Lua 为主，如果没有主次的话，那么这两个模块之间的联系也应该尽量地越少越好。在这种情况下，我们并不会导出太多的类给到 Lua 这边，所以按照第 18 章中介绍的 table 与面向对象的方式，简单导出一个类即可，不必如此复杂。

导出 C++的类到 Lua 中有很多第三方的库，而 Cocos2d-x 使用的是 tolua++，通过编写 tolua++的 pkg 配置文件，来定义要导出的每一个类的信息，这个步骤相当于用 tolua++的规则将类的头文件重写成 pkg 文件，tolua++会根据这个文件以及类的 cpp 文件来生成 C++代码文件，将生成的 C++代码文件并入项目中，然后执行它们可以将类导出到 Lua 中。

如果直接使用 tolua++，当需要批量地导出类时就会很麻烦，因为需要编写大量的 pkg 文件，来描述所有的类。例如，将 Cocos2d-x 引擎的 API 全部导出到 Lua 中，那将是一个累人的苦力活。所以基于 tolua++，Cocos2d-x 提供了 genbindings.py 来完成**批量导出**的工作。使用的步骤如下。

（1）编写要导出的 C++的类。

（2）为这个类编写一个 ini 配置文件（一个 ini 可以对应多个类）。

（3）修改 genbindings.py 脚本，使其加载 ini 配置。

（4）执行 genbindings.py 脚本，使其生成将类导出到 Lua 的 C++代码。

（5）将生成的 C++代码添加到项目中，并执行注册方法。

20.4.1　各个平台的环境搭建

在 tolua 目录中的 README.mdown 文件详细介绍了如何在 Windows、Mac 以及 Linux 下搭建环境。在使用 genbindings.py 之前，需要先将环境搭建好。

1．Windows环境搭建

Windows 环境搭建的步骤如下。

（1）安装 android-ndk-r9b，并将 NDK 的路径设置到环境变量 NDK_ROOT 中。

（2）下载并安装 python2.7.3（32 位，地址为 http://www.python.org/ftp/python/2.7.3/python-2.7.3.msi）。

（3）将 python 的安装路径设置到环境变量 PATH 中（如 C:\Python27 目录）。

（4）下载并安装 pyyaml（地址为 http://pyyaml.org/download/pyyaml/PyYAML-3.10.win32-py2.7.exe）。

（5）下载 pyCheetah，并将其解压到 python 安装路径下的 Lib\site-packages 目录下（地址为 https://raw.github.com/dumganhar/my_old_cocos2d-x_backup/download/downloads/ Cheetah.zip）。

（6）最后就可以在 cocos2d-x\tools\tolua 目录下执行 genbindings.py 脚本生成代码了，生成的代码会被放在 cocos\scripting\auto-generated\js-bindings 目录下。

2．Mac环境搭建

使用 Homebrew（地址为 http://brew.sh/）来安装 python，打开 Homebrew 的网址，将语言选择为中文，按照网站提示步骤，在终端输入安装代码即可装好 Homebrew（这是一个 Mac 下很不错的工具，可以方便地安装各种开发工具和库）。安装完 Homebrew 之后，就可以在终端输入 brew install python 来安装 python 了。由于 OSX 10.9 及以上版本内置了 python 2.7，所以可以直接使用不需要安装。

接下来在终端执行 3 行代码自动安装 pyYAML 和 Cheetah，先安装 pip，再使用 pip 来安装其他两个工具。

```
sudo easy_install pip
sudo pip install PyYAML
sudo pip install Cheetah
```

然后下载 NDK，地址为 http://dl.google.com/android/ndk/android-ndk-r9b-darwin-x86_64.tar.bz2，并将 NDK 进行解压。

最后执行进入 cocos2d-x\tools\tolua 目录下执行 genbindings.py 脚本生成代码，在该目录下执行下面两行语句（注意将 android-ndk-r9b-path 替换为 NDK 解压后的路径）。

```
export NDK_ROOT=/android-ndk-r9b-path
```

```
./genbindings.py
```

3．Linux环境搭建

Linux 环境的搭建和 Mac 类似，这里使用的是 Ubuntu 版本，需要执行以下命令安装 python、PyYAML 和 Cheetah。

```
sudo apt-get install python2.7
sudo apt-get install python-pip
sudo pip install PyYAML
sudo pip install Cheetah
```

接下来下载并解压 NDK（android-ndk-r9b），最后执行导出 NDK_ROOT 环境变量以及生成脚本的命令（NDK 地址为 https://dl.google.com/android/ndk/android-ndk-r9b-linux-x86_64.tar.bz2）。

```
export NDK_ROOT=/path/to/android-ndk-r9b
./genbindings.py
```

20.4.2　编写要导出的 C++的类

搭建完环境之后，先编写一个简单的类，首先这个类继承于 cocos2d::Ref，类提供了两个方法，返回一个字符串以及一个 vector 容器，tulua++可以自动识别 C++标准库的容器。头文件的内容大致如下。

```cpp
#include <string>
#include <vector>
#include <cocos2d.h>
class CTest : public cocos2d::Ref
{
public:
    CTest();
    virtual ~CTest();
    std::string& getString() { return m_String; }
    std::vector<int> getIntArray() { return m_Array; }
private:
    std::vector<int> m_Array;
    std::string m_String;
};
```

然后在源文件中，实现 CTest 的构造函数，在构造函数中先添加一些值到两个成员变量中。代码如下。

```cpp
CTest::CTest()
{
    m_String = "TestStr";
    m_Array.push_back(1);
    m_Array.push_back(2);
}
```

20.4.3　编写 ini 配置文件

在 tolua 目录下有大量 ini 配置文件，这些配置文件用于描述要导出的类，因此需要仿照这些配置文件为要导出的类编写一个 ini 配置文件，ini 配置文件的结构由段-键-值 3 部分组成，一个 ini 文件可以分为多个段，段的名称用中括号包裹起来并独占一行（这里只用到了一个段）。而键和值是以键值对的方式一一对应的，每个段可以有多个键值对，键不能重复，但键对应的值可以为空（可以简单将键和值的类型都视为字符串）。另外，ini 使用#作为注释符号，相当于 C/C++代码中的//以及 Lua 中的--。下面的代码简单地介绍了这些规则。

```
# 这是注释
[section 1]
key1 = value1
key2 = value2
key3 =
```

在编写配置文件的时候，还有一些额外的规则是 genbindings.py 规定的，必需要遵循这些规则。首先需要指定一个段名并且只有一个段。另外段中的键有各种含义，下面简单介绍几个比较重要的键的含义。

- prefix 函数前缀：每个生成的 C++方法都会加上这个前缀。
- target_namespace 目标命名空间：在 Lua 中访问时需要加上这个空间，如 Node 的命名空间是 cc。
- macro_judgement 平台预处理：可以控制代码在哪些平台下生效，填空为所有平台都生效。
- headers：为要导出的 C++类的头文件，可以用空格分隔开多个文件，也可以指定一个头文件，然后让这个头文件包含所有引用到的头文件。这个键主要用于帮助 genbindings.py 找到头文件。
- classes：为要导出的 Lua 类，因为头文件中可能包含了多个类，所以需要指定 classes 字段将要导出的类罗列出来。
- skip：为需要跳过的类方法，当导出了某个类但不希望导出该类的某个方法时指定。
- rename_functions：可以指定将某个类的某个方法以一个新的名字导出。

这些字段具体如何填写，可以参考 cocos2dx.ini 文件，在这里先复制一个 cocos2dx.ini，改名为 test.ini，然后将段名进行修改并对以下键值对进行修改。

```
[Test]
prefix = myTest
target_namespace =
macro_judgement =
# 指定导出文件的完整路径，这里使用了 cocos 目录作为相对路径
headers = %(cocosdir)s/tests/lua-empty-test/project/Classes/Test.h
# 导出 Test 类
classes = CTest
skip =
rename_functions =
```

请找到上面列举出来的键，并将它们的值进行设置。

20.4.4　修改并执行 genbindings.py

genbindings 是一个 python 脚本，该脚本的功能是搜索指定的 ini 配置文件，根据这些

配置调用 bindings-generator 来生成导出的 C++代码。打开 genbindings.py 找到 134 行左右，可以发现以下代码。

```
# 这里指定的是输出目录，可以自己定义一个目录
output_dir = '%s/cocos/scripting/lua-bindings/auto' % project_root
# 这里指定的是要加载的 ini 配置文件，以及配置文件对应的段名，生成的 C++文件的文件名等
cmd_args = {'cocos2dx.ini' : ('cocos2d-x', 'lua_cocos2dx_auto'), \
            'cocos2dx_extension.ini' : ('cocos2dx_extension', 'lua_cocos
            2dx_extension_auto'), \
            'cocos2dx_ui.ini' : ('cocos2dx_ui', 'lua_cocos2dx_ui_auto'), \
```

在这里程序员可以将 cmd_args 变量中的其他代码都注释，然后再插入一行代码来指定程序员自己的类。

```
cmd_args = { 'test.ini' : ('Test', 'lua_test_auto'), \
            #'cocos2dx.ini' : ('cocos2d-x', 'lua_cocos2dx_auto'), \
            #'cocos2dx_extension.ini' : ('cocos2dx_extension', 'lua_cocos
            2dx_extension_auto'), \
            #'cocos2dx_ui.ini' : ('cocos2dx_ui', 'lua_cocos2dx_ui_auto'), \
```

然后在命令行中执行这个脚本，生成 cpp 文件。

20.4.5　注册并在 Lua 中使用

在执行完 genbindings.py 脚本之后，会在引擎的 cocos\scripting\lua-bindings\auto 目录下生成名为 lua_test_auto 的头文件和源文件，需要将这两个文件添加到 C++项目中（可以手动复制到项目中并添加）。

在 lua_test_auto.h 中，tolua++生成了一个名为 register_all_myTest()的注册函数，可以将 CTest 类注册到 Lua 中。在完成 Cocos2d-x Lua 框架的注册之后，需要手动调用一下这个函数。可以在官方的 lua_empty_test 中测试一下，代码如下（别忘了先包含头文件）：

```
bool AppDelegate::applicationDidFinishLaunching()
{
    LuaEngine* engine = LuaEngine::getInstance();
    ScriptEngineManager::getInstance()->setScriptEngine(engine);
    lua_State* L = engine->getLuaStack()->getLuaState();
    lua_module_register(L);
    //注册 CTest 类到 Lua 环境中
    register_all_myTest(L);
    engine->executeString("require 'src/hello.lua'");
    return true;
}
```

最后可以在 Lua 中使用 CTest 这个类了，首先创建一个 CTest 类，然后调用该类的两个 get()方法，并将获取到的内容进行打印。genbindings.py 生成的每一个类，tolua++都会自动为其生成名为 new 的构造方法，我们需要使用 new()方法来创建这个类的实例。

```
-- 使用 new()方法来创建一个 test 对象
local test = CTest.new()
-- tolua++将 string 对象转换成了 Lua 中的 string
print(test:getString())
local arr = test:getIntArray()
-- tolua++将 vector 转换成了 Table 数组
```

```
for _,v in ipairs(arr) do
    print(v)
end
```

将上面的 Lua 脚本添加到 lua_empty_test 项目的 src 目录下的 hello.lua 文件尾部，然后运行程序，可以在控制台中看到如图 20-1 所示的输出。

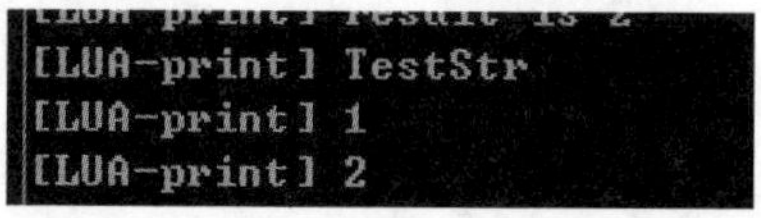

图 20-1　运行程序后控制台的输出

20.5　扩展 Cocos2d-x Lua

当程序员需要使用的某些 Cocos2d-x 的方法没有被导出到 Lua 时，需要手动地扩展一下 Cocos2d-x。这和导出自定义类不大相同，因为这些方法是自动导出脚本无法正确导出的类，否则就会在 genbindings.py 导出的 auto 文件里面了。

扩展是基于原有内容的基础上进行，所以如果程序员需要扩展 Spine，那么就需要先将 Spine 类导出到 Lua，然后再扩展。默认的扩展一般在 LuaEngine 初始化时会被注册，否则需要先手动进行注册，在 LuaEngine 初始化完成后，可以调用 register_spine_module() 方法将 Spine 模块进行注册。

扩展需要两个步骤，首先实现要扩展的方法，然后将扩展方法注册到该类的 table 中。扩展方法的编写可以参考 libluacocos2d 项目的 manual 目录下的文件，下面会举例简单介绍，由于我们的类是用 tolua++ 导出的，所以导出时需要使用 tolua++ 的 API。tolua++ 是将类导出为 table，而扩展一个类实际上就是将新的方法添加到这个 table 中。

20.5.1　编写扩展方法

```
//需要包含 LuaBasicConversions 头文件
#include "LuaBasicConversions.h"

//这里扩展 Spine 的 SkeletonAnimation 的一个方法，用于判断是否存在某动画
static int lua_extend_spine_existAnimation(lua_State* tolua_S)
{
    if (nullptr == tolua_S)
        return 0;

    int argc = 0;
    spine::SkeletonAnimation* cobj = nullptr;
    bool ok = true;

#if COCOS2D_DEBUG >= 1
    tolua_Error tolua_err;
#endif

    //这里的 sp.SkeletonAnimation 是在 Lua 中的类名，就如节点的类名为 cc.Node 一样
#if COCOS2D_DEBUG >= 1
```

```
    if (!tolua_isusertype(tolua_S, 1, "sp.SkeletonAnimation", 0, &tolua_
    err)) goto tolua_lerror;
#endif
    //取出第一个参数，也就是 self
    cobj = (spine::SkeletonAnimation*)tolua_tousertype(tolua_S, 1, 0);

#if COCOS2D_DEBUG >= 1
    if (!cobj)
    {
        tolua_error(tolua_S, "invalid 'cobj' in function 'lua_extend_spine_
        existAnimation'", nullptr);
        return 0;
    }
#endif

    //判断参数数量是否正确
    argc = lua_gettop(tolua_S) - 1;
    if (argc == 1)
    {
        const char* arg;
        //Lua 传入的第二个参数就是动画名，这里作为字符串取出
        std::string arg_tmp;
        ok &= luaval_to_std_string(tolua_S, 2, &arg_tmp, "sp.Skeleton
        Animation:existAnimation");
        arg = arg_tmp.c_str();

        if (!ok)
            return 0;
        //接下来进行判断是否有该函数，并将返回值 push 到 Lua 的栈中，然后返回
        spAnimationState* state = cobj->getState();
        if (state && state->data)
        {
            spSkeletonData* const data = state->data->skeletonData;
            if (data)
            {
                for (int i = 0; i < data->animationsCount; i++)
                {
                    if (0 == strcmp(data->animations[i]->name, arg))
                    {
                        lua_pushboolean(tolua_S, 1);
                        return 1;
                    }
                }
            }
        }
        //如果找不到该动画，则返回 false
        lua_pushboolean(tolua_S, 0);
        return 1;
    }
    luaL_error(tolua_S, "%s has wrong number of arguments: %d, was expecting
    %d \n", "existAnimation", argc, 1);
    return 0;

#if COCOS2D_DEBUG >= 1
tolua_lerror:
    tolua_error(tolua_S, "#ferror in function 'lua_summoner_extend_spine_
    existAnimation'.", &tolua_err);
#endif

    return 0;
}
```

20.5.2　注册到类中

在一张特殊的表 LUA_REGISTRYINDEX 里面，取出指定的类的 table，然后调用 tolua_function()方法，将我们的方法注册进这张表中。代码如下。

```
static void extendSpine(lua_State* L)
{
    lua_pushstring(L, "sp.SkeletonAnimation");
    lua_rawget(L, LUA_REGISTRYINDEX);
    if (lua_istable(L, -1))
    {
        tolua_function(L,                                "existAnimation",
lua_extend_spine_existAnimation);
    }
    lua_pop(L, 1);
}
```

20.6　lua-tests 导读

lua-test 中包含了丰富的示例代码，在读完本章内容之后简单阅读一下这些代码，可以帮助读者更深入地理解如何使用 Lua 来编写 Cocos2d-x 的程序，并起到很好的巩固作用。如果读者希望了解如何使用 Cocos2d-x 的某个功能，也可以在这里快速找到使用的代码。这里简单介绍几个比较重要的例子。

- ❑ 在 NodeTest 例子中可以了解到大部分的节点操作以及在 Lua 中使用节点时需要特别注意的地方，如创建、添加和删除节点，操作节点的各种属性，在节点中执行 Action、Schedule，监听点击事件和节点事件等。
- ❑ 在 AssetsManagerTest 例子中可以了解如何在 Lua 中使用 AssetsManager，在程序运行中动态更新资源。
- ❑ 在 ByteCodeEncryptTest 例子中可以了解如何加载并执行经过加密处理的 Lua 字节码。
- ❑ 在 CaptureScreenTest 例子中可以了解如何在 Lua 中对游戏进行截屏。
- ❑ 在 LuaBridgeTest 例子中可以了解如何在 Lua 中调用 Java 代码和 Objective-C 代码。
- ❑ 在 OpenGLTest 例子中可以了解如何在 Lua 中操作 OpenGL（主要演示了一些 Shader 的使用，效果同 cpp-tests 中的 ShaderTest）。

在 DrawPrimitivesTest 例子中可以了解如何在 Lua 中绘制基础的图元。

第 21 章 Cocos2d-x Quick 框架详解

本章可以让读者快速地了解并熟悉 Quick 框架,掌握 Quick 框架的正确用法和一些使用技巧,并掌握 Quick 框架的运行流程和一些重要功能的实现,了解 Quick 和 Cocos2d-x 以及其原生框架的区别。虽然 Cocos2d-x 官方已经不怎么维护 Quick 了,但 Quick 作为一个受欢迎的框架,是值得学习了解的。本章主要介绍以下内容:

- ❑ Quick 简介。
- ❑ Quick 框架结构。
- ❑ 使用 Quick。
- ❑ Quick 运行流程分析。
- ❑ Quick 脚本框架详解。

21.1 Quick 简介

什么是 Quick? Quick 是一个基于 Cocos2d-x 的 Lua 框架,与 Cocos2d-x 原生的 Lua 框架相比,Quick 框架更加完善、易用、强大。

Quick 和 Cocos2d-x 的原生 Lua 框架又有什么联系和区别呢? Quick 依赖于 Cocos2d-x 的原生 Lua 框架,主要是在此基础上进行了**扩展以及修改**。另外,原生 Lua 框架的使用更偏向于面向过程,而 Quick 则更偏向于面向对象,这一点在浏览这两个框架的示例代码时可以明显察觉到。

为什么要使用 Quick? Quick 作为 Lua 开发的首选,首先一个很简单的原因就是因为其非常流行,用户多,并且被 Cocos2d-x 官方所收编。Quick 本身是很精简的一个轻量级的框架,使用方便,易于学习,有丰富扩展和强大的模拟器。这些优点让程序员使用 Quick 进行开发能够大大提高开发效率,降低开发成本。

但是,如果项目是以 C++代码为主,只在一些地方少量地使用了 Lua 时,则并没有使用 Quick 的必要,直接使用原生的 Lua 框架会更方便一些,使用一个工具是因为其可以恰当地解决问题,而不是因为这个工具流行就用它,盲目跟风并不可取。

21.2 Quick 框架结构

Quick 到底对 Cocos2d-x 的原生 Lua 框架做了怎样的扩展和修改呢? 原生 Lua 框架由 Lua 内核、Lua 脚本引擎、Lua 转换层、Lua 辅助层以及其他的一些扩展组成。除了 Lua 辅助层中的 Lua 脚本之外,其他的 C++代码被封装为了 libluacocos2d 库。

整个 Quick 框架由 Lua 内核、Lua 脚本引擎、Lua 转换层、**Quick 核心层**、**Quick 脚本框架**,以及丰富的 Quick 扩展组成,另外再加上方便易用的 Quick 模拟器。

首先介绍一下 Quick 核心层，Quick 在此基础上对 Lua 转换层添加了一些手动扩展，主要是对 cc.Node 添加的一些扩展，扩展主要针对节点的触摸功能。这些代码被放到了引擎下的 external\lua\quick 目录下，使用 VisualStudio 打开 Cocos2d-x 可以在 libluacocos2d 项目的 quick 筛选器下快速找到这些代码，代码量并不多，只有 5 个头文件和 5 个源文件。这几个文件提供了 Quick 的 C++ 支持，**只需要包含这 10 个文件，就可以使原生的 Lua 框架能够使用 Quick**（当然，还需要调用一下 register_all_quick_manual() 方法）。

Quick 核心层主要提供了节点触摸的简单接口，如 setTouchEnabled()、setTouchSwallowEnabled()、setTouchMode() 等常用的方法，并为此提供了一套相应的节点-触摸管理机制。setTouchEnabled() 方法除了注册点击监听之外，Quick 核心层会将节点添加到 LuaNodeManager 中进行管理，节点需要执行 cleanup 方法才会清除 LuaNodeManager 中对应的 Node，如果一个节点被释放了，但却没有执行 cleanup() 方法，例如执行了这样的代码 removeAllChildrenWithCleanup(false)，最后当节点被释放的时候，节点在 EventDispatcher 中所注册的点击事件会被注销，但并不会从 LuaNodeManager 中被清理，当我们再次点击时，LuaNodeManager 试图操作这个已经被释放的节点，此时程序就会崩溃。所以，**每个注册了点击监听的节点，都应该保证其 cleanup() 方法能够被执行**。

Quick 脚本框架**替换了原生 Lua 框架中的 Lua 辅助层**，使用了部分 Lua 辅助层的代码，并进行了重构。在提供了原有 Lua 辅助层的功能的前提下，优化了 Node、Action、UI 等模块的接口，封装了大量易用的 UI 控件，搭建了基于 mvc 模型的框架。

Quick 扩展库包含了 Json、Sqlite、Zlib 等库，以及文件操作、MD5 加密、Base64 加密、filters 特效、网络、iOS 的 IAP 支付等功能。扩展库的代码位于引擎目录的 cocos\quick_libs 目录下。

Quick 模拟器可以很方便地在 Mac 和 Windows 下运行使用 Quick 开发的程序，模拟器本身也是一个 Cocos2d-x 程序。除了可以方便地调试程序之外，Quick 模拟器还提供了大量示例代码的预览，如图 21-1 所示，以及项目的创建、打包、项目列表等功能，这些功能视 Quick 模拟器的版本而定，后面会介绍到。

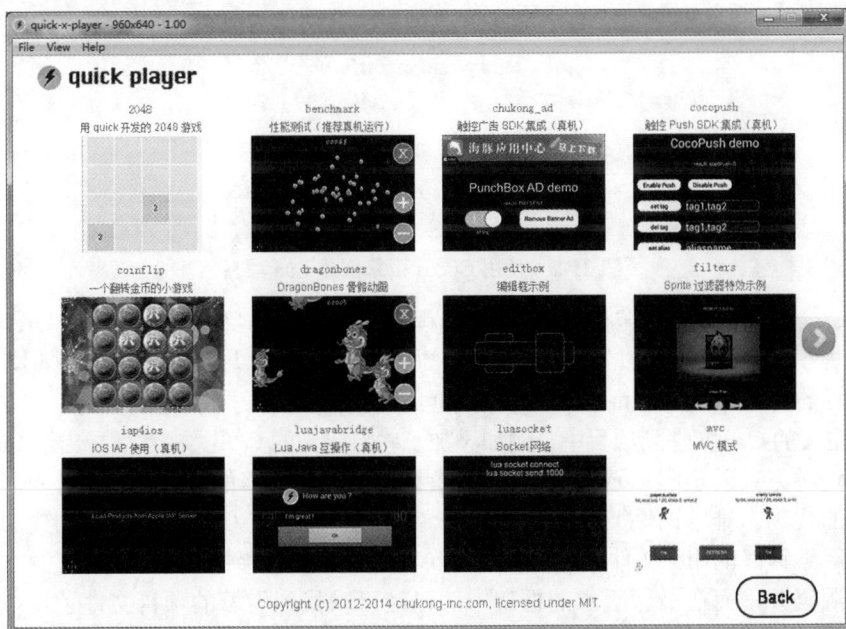

图 21-1　Quick 示例预览界面

21.3　使用 Quick

21.3.1　创建 Quick 项目

有很多途径可以创建 Quick 项目，并且每一种途径创建的 Quick 项目都不一样，有时太多的选择比没有选择更加令人纠结。下面简单点评一下这几种途径。

1. 使用Cocos引擎

严格来说，**Cocos 引擎创建的 Lua 项目并非基于 Quick 框架，而是基于原生 Lua 框架**。它只是吸收了 Quick 框架的模拟器以及 MVC 框架，功能上相对于完整的 Quick 框架要少很多（Cocos 引擎目前已**不提供下载**，只能通过下载 Cocos2d-x 源码，并使用 python 脚本进行创建）。

使用 Cocos 引擎创建 Lua 项目，这种方式非常**方便快捷**，只需要在 Cocos 引擎（Cocos 最新的统一入口）中创建一个 Cocos 项目，然后将语言选择为 Lua 即可，如图 21-2 所示。

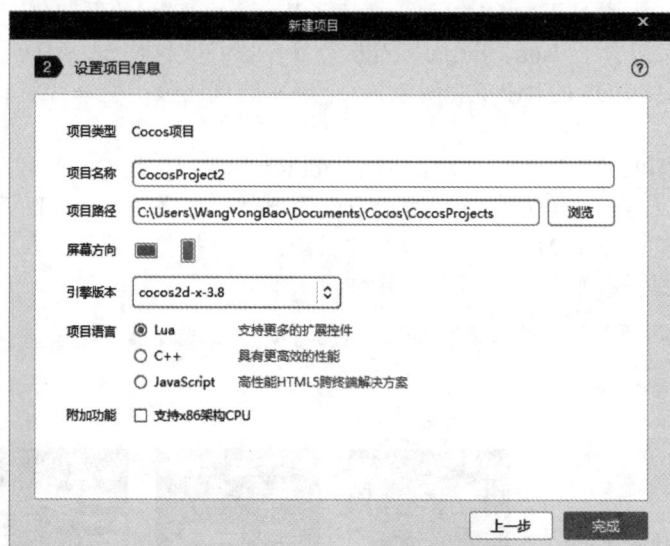

图 21-2　使用 Cocos 引擎创建 Lua 项目

Cocos 会自动为程序员创建一个模拟器程序，并在项目目录下生成一个 src 目录，src 目录下包含了原生 Lua 框架的脚本，Quick 的 MVC 框架，以及默认的场景脚本。

在项目的 frameworks\runtime-src 目录下可以找到模拟器程序的项目文件，在这里可以添加一些自定义的C++文件到项目中，例如添加一些自定义的C++类，然后导出给 Lua 使用。

不过这种方式创建的 Lua 项目**难以调试 Cocos2d-x 引擎的源码**，同时也找不到 Quick 示例项目的代码。难以调试 Cocos2d-x 引擎源码的原因是在 Cocos 中手动创建的项目，是链接到已经编译好的 lib 文件中，并且 Cocos 引擎没有提供这些源码（没有源文件，自然无法调试源码），而在最新版本的框架中，已经可以找到引擎的项目文件了。在 Cocos 引擎安装目录的 frameworks 目录下，找到对应的 Cocos2d-x 引擎版本，这里使用的是 3.8 版本，在引擎的 build 目录下，可以找到引擎的项目文件。

2. 使用Quick 3.5

使用 Quick 3.5 来创建 Quick 项目，可以在 Cocos 商店中获取 Quick 3.5，这是当前 Quick 最新的**正式版本**，下载完 Quick 3.5 之后将其解压。解压之后可以在引擎目录下找到 quick 目录，这里放了 Quick 的 framework 以及丰富的示例代码。Quick 3.5 对应 Cocos2d-x 3.5 版本的引擎，在这里需要使用命令行创建方式来创建 Quick 项目，在安装了 python 之后，**执行引擎目录下的 setup.py**，然后可以使用 cocos 命令来创建、编译、运行项目，具体的使用方法可以参考引擎目录下的 README.md 文档。下面的代码演示了使用 cocos new 命令来创建 lua 项目。

```
cocos new MyGame -p com.your_company.mygame -l lua -d NEW_PROJECTS_DIR
```

cocos 命令后面的 new 表示创建一个新项目，MyGame 为项目的名字，而-p 后面跟着的是包的名字，-l 后面跟着的是语言，这里使用了 Lua，默认的语言是 cpp。-d 指定了项目的输出路径，这里需要将 NEW_PROJECTS_DIR 替换为程序员自己的路径。

3. 使用Quick-Player

使用 Quick-Player 来创建 Quick 项目应该说是最华丽的方式了，Quick-Player 是一个模拟器，但与 Cocos 自动创建的模拟器有较大的区别，Quick-Player 相当于是 Quick 的入口，有两个途径可以获得 Quick-Player，当然，这两个 Quick-Player 并不一样。

第一种是下载 Quick 3.3 版本，可以在 https://github.com/dualface/v3quick 里下载。第二是从 github 下载最新的 Quick 版本，下载地址是 https://github.com/chukong/quick-cocos2d-x。下载后解压，**并执行解压目录下的 setup 脚本**（setup_win.bat 或 setup_mac.sh）。从 github 上下载的 Quick 还包含了清晰的介绍文档，在解压后的目录中可以找到 README.html 文件，从其中可以了解到一些有用的信息，值得阅读一下！但从下载的源码上来看，github 上最新版本的 Quick 对应的 Cocos2d-x 版本是 2.2.6，与当前最新的 3.9 版本相差甚远，而且 Cocos2d-x 4.0 版本也将呼之欲出，所以 github 上的 Quick 版本有些过时了。

在 player 目录下可以找到 Quick-Player，运行后可以看到如图 21-3 所示的界面（这是最新的 Quick 版本，与 Quick 3.3 版本的界面不同）。在这个界面中可以创建 Quick 项目，但这里笔者使用最新版本的 Quick-Player 碰到过创建不了的情况，这种情况下还可以选择使用命令行创建。在 bin 目录下执行 create_project 脚本即可创建项目，执行 create_project -h 可以查看帮助，输入以下命令可以创建一个 Quick 项目。

```
create_project -p com.quick2dx.samples.hello
```

create_project 命令支持以下参数。
- -h：显示帮助信息。
- -p：包的名字。
- -o：项目的输出路径（默认为当前路径+最后的包名）。
- -r：屏幕朝向（默认为竖屏 portrait，横屏为 landscape）。
- -np：不创建平台相关的项目文件。

- ❑ -op：只创建项目文件。
- ❑ -f：覆盖式的创建。
- ❑ -c：根据配置文件加载。
- ❑ -q：静默创建（不打印任何输出）。
- ❑ -t：指定模板路径。

图 21-3　Quick-Player 主界面

4．手动创建

最后一种方式就是在一个 C++项目中，手动添加对 Quick 的支持，一般来说，只需要**将 Quick 核心层的 10 个 C++文件添加到程序员的项目中，并进行注册**，然后将 Quick 的脚本框架添加到项目中，并指定一个搜索路径即可。可以将一个空的 Quick 程序的 src 目录复制过来，然后在此基础上进行修改。如果需要使用到 Quick 扩展库的内容，就将 quick_libs 库添加到项目中，并调用其注册函数（用于将 C++代码导出到 Lua 环境中）。

这种方式的缺点是略显麻烦，因为有较多的手动操作（相对于其他方式），并且**没有模拟器支持**，在做多分辨率调试的时候麻烦一些。但使用这种方式拥有较高的主动权，并且可以很方便地调试 Cocos2d-x 引擎，所以这种方式更加适合熟悉 Cocos2d-x 和 Quick 的程序员。

21.3.2　第一个 Quick 程序

当创建了一个 Quick 项目时（这里以 Quick-Player 创建的项目为例），项目中包含了 Lua 脚本目录，在脚本目录中，通常会包含 main.lua、config.lua 以及一个名为 app 的目录。main.lua 是项目的入口脚本，用于初始化并启动程序。config.lua 是项目的配置脚本，用于配置程序的屏幕、分辨率等。

app 目录下存放着该项目的脚本文件,包含了游戏的视图、场景、模型、控制层等脚本。下面是一个 MyApp.lua 脚本,以及一个 views 目录(也有可能是 scenes 目录,视创建的方式以及 Quick 版本而定),views 目录下放着场景脚本 MainScene.lua。这里的 MyApp.lua 相当于 Cocos2d-x 中所熟悉的 AppDelegate,而 MainScene.lua 相当于 HelloWorldScene。

打开 MainScene.lua 脚本,可以看到一个名为 MainScene 的类,其继承于 Cocos2d-x 的 Scene 对象。在构造函数 ctor()中创建了一个 TTFLabel 对象,设置其文本内容为 Hello, World,并添加到了 MainScene 中。在这里可以添加各种元素到 MainScene 场景中。

```
local MainScene = class("MainScene", function()
-- 使用 display.newScene()方法来创建场景,这个方法会创建一个 Scene,并开启其节点事件监听
    return display.newScene("MainScene")
end)
-- 构造函数中使用 ui.newTTFLabel()方法创建文本标签 Hello, World
function MainScene:ctor()
    ui.newTTFLabel({text = "Hello, World", size = 64, align = ui.TEXT_
    ALIGN_CENTER})
        :pos(display.cx, display.cy)
        :addTo(self)
end
-- 场景切换进来时会回调
function MainScene:onEnter()
end
-- 场景切换出去时会回调
function MainScene:onExit()
end

return MainScene
```

在项目的目录中,可以找到项目在各个平台下的工程文件,如 Windows 下是 Visual Studio 工程文件、Mac 下是 Xcode 工程文件,打开当前平台的工程文件,然后编译运行。程序运行的效果如图 21-4 所示(在 Windows 下运行,如果运行失败,应检查一下是不是忘记执行初始化脚本)。

图 21-4　Hello World 程序的运行效果

21.3.3　开发工具

了解了如何创建 Quick 项目，以及创建后的 Quick 项目结构、脚本之后，还需要了解开发 Quick 程序所需要的工具。这里简单介绍 3 种开发工具，分别是 Cocos IDE、Visual Studio + Babe Lua、Sublime Text + QuickXDev。

1. Cocos IDE开发工具

Cocos IDE 是 Cocos2d-x 官方提供的 Lua 开发环境，其界面如图 21-5 所示。这里虽然介绍该开发工具，但并不推荐使用。Cocos IDE 提供了代码高亮和补齐，以及调试功能。但因为运行效率比较低，稳定性和兼容性都比较差，较容易出现卡死、崩溃等现象，而且官方对其的维护并不积极，所以不建议使用。

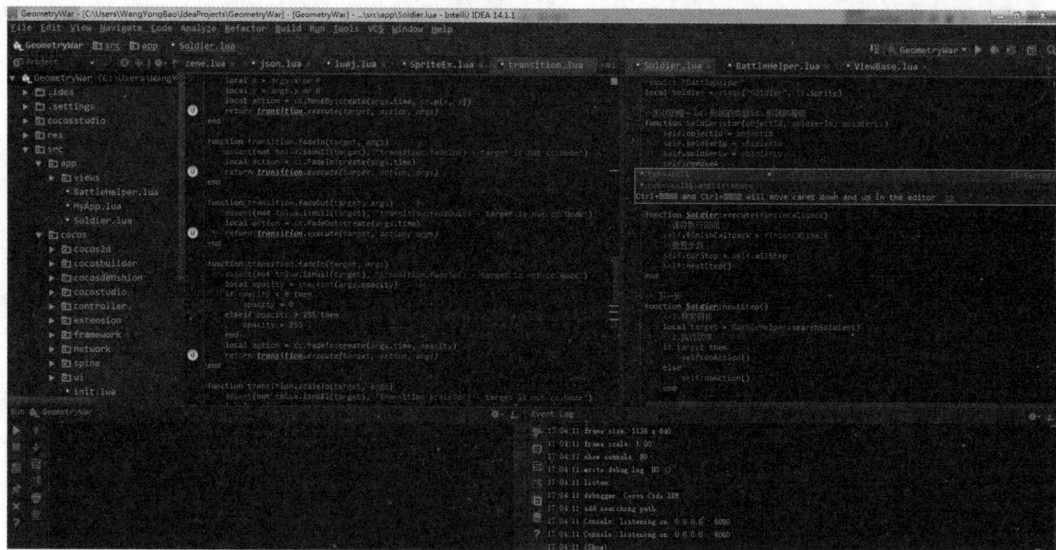

图 21-5　Cocos IDE 界面

2. Visual Studio + Babe Lua开发工具

在 Windows 下一般使用 Visual Studio 进行开发，Visual Studio 有很多非常不错的插件，如 Visual Assist、Visual SVN 等。使用 Babe Lua 插件，可以在 Visual Studio 上很方便地开发 Lua 程序。Babe Lua 是一款非常小巧的插件，提供了语法高亮、跳转到定义处、断点调试等功能。

安装 Babe Lua 之前先要确保计算机上安装了 Visual Studio 2012 及以上版本，然后下载并安装 Babe Lua 插件（地址为 https://babelua.codeplex.com/releases）。安装完成之后可以在 Visual Studio 主界面的菜单上找到 Lua 菜单项。

安装完 Babe Lua 之后，还需要新建一个 Lua 项目，在主菜单上选择 Lua-New Lua Project，会出现创建 Lua 项目的对话框，如图 21-6 所示，需要填写的 5 个参数分别如下。

❑ Lua scripts folder：Lua 的脚本目录，该目录下所有的脚本文件会被加入项目。

❑ Lua exe path：可执行程序的路径，这里应该选择模拟器的路径。
❑ Working path：工作路径，这个路径需要配置成项目路径，用于查找 res 资源目录。
❑ Command line：启动程序时传入的参数，可以不填。
❑ Lua project name：Lua 项目的名字。

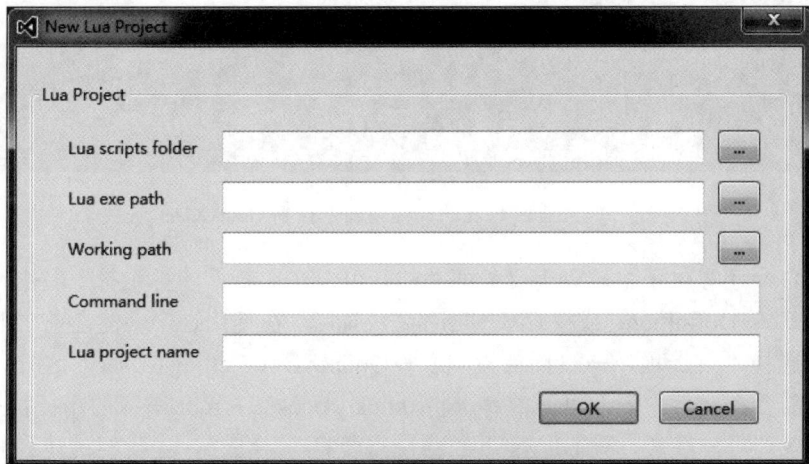

图 21-6　Visual Studio 创建 Lua 项目时的对话框

　　假设当前的解决方案下已经有了一个 C++项目，Lua 部分只是该项目的一部分，那么还是需要创建一个 Lua 项目，可以将它们视为两个不同的项目。如果要调试运行程序，那么需要将 Lua 项目设置为启动项目，然后按快捷键 F5 启动调试。在 Lua 菜单下选择 Run Without Debugging 或按快捷键 Ctrl+4 可以直接启动（这种模式下不会触发断点）。

　　Babe Lua 的代码高亮和跳转到定义处这两个功能用起来并不是很强大，高亮功能只高亮了少量代码，而跳转到定义处只能跳转到一些全局以及同一个文件中的方法和变量的定义处，无法跳转到类对象的成员方法的定义处，跟 Visual Assist X 插件相比还有很大的差距，但还算比较稳定。

　　另外，如果需要高亮 Quick 框架的源码，那么还需要下载 Quick 的自动补全词库（下载地址为 http://pan.baidu.com/s/1sjmC169），下载后解压到"我的文档\BabeLua\Completion"目录下，并重启 Visual Studio。除了下载词库之外，将 Quick 框架的脚本包含到项目中会更加方便，可以在项目上的右键快捷菜单中选择添加-Exiting Folder，来选择 Quick 脚本框架的目录。

　　http://www.cocoachina.com/bbs/read.php?tid=205043 中对 Babe Lua 进行了非常详细的介绍，有兴趣的读者可以参考一下。

3．Sublime Text + QuickXDev开发工具

　　Sublime Text 是一个轻量级、跨平台的文本编辑器，该软件的文字和界面风格让人感觉非常舒服，并且有着丰富的插件，很适合用于编写 Lua 这样灵活的脚本。

　　选择"首选项"→"插件控制"→"安装插件"，在弹出的插件列表中输入 quickX，可以找到 QuickXDev 插件，如图 21-7 所示，单击搜索结果会自动下载安装该插件。安装完成之后可以在"首选项"→"插件设置"中找到 QuickXDev 菜单项，接下来编写 Quick

代码时就会有自动的提示。

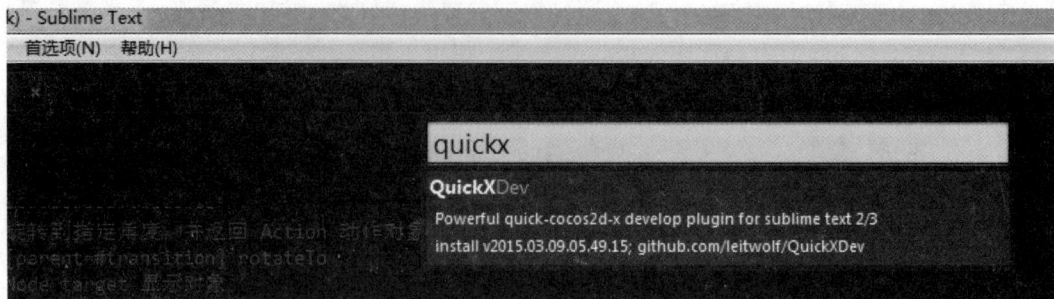

图 21-7　在 Sublime Text 的插件列表中找到 QuickXDev 插件

QuickXDev 还提供了跳转到定义处的功能，可以在要查看的标识符上右击，在弹出的菜单中选择 Goto Definition，或按 Ctrl+Shift+G 快捷键。在使用这个功能之前需要先对插件进行设置。选择"首选项"→"插件设置"→QuickXDev-Settings-User，这时会打开一个新的文件，需要在文件中输入以下内容，将 quick_cocos2dx_root 对应的路径替换成 Quick 框架的根目录即可，注意，Windows 下的路径需要将\替换成\\，当我们跳转到 Quick 源码时，QuickXDev 会在我们填写的目录下寻找 **quick\framework 目录**。

```
{
    "quick_cocos2dx_root":"C:\\lua\\quick-cocos2d-x",
    "author":"baoye"
}
```

使用 Sublime Text 除了可以打开一个文件之外，还可以打开整个目录，在打开的目录上右击，弹出的菜单中会出现 QuickXDev 提供的菜单项，如图 21-8 所示，可以实现新建 Lua 脚本、创建项目、编译脚本、建立用户自定义标识等功能，建立用户自定义标识可以让程序员在调用自定义的函数和类时，也提供代码补全以及跳转到定义处的功能。从功能上来看，Visual Studio + BabeLua 的组合更加强大一些，而从视觉效果来看 Sublime Text+Quick XDev 则看上去更加舒服一些，并且支持跨平台。

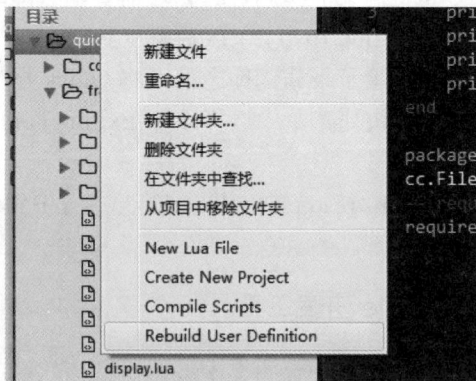

图 21-8　QuickXDev 提供的菜单项

还有一些其他不错的选择，如 LuaEditor、LuaStudio，这里就不多做介绍了，有兴趣的读者可以自行了解。

21.4　Quick 运行流程分析

通过前面章节介绍，我们创建了一个 Quick 项目，并且使其成功地运行起来，接下来会详细地分析一下 Quick 程序的运行流程。

21.4.1　初始化流程

Quick 程序本身也是一个 Cocos2d-x 程序，但比普通的 Cocos2d-x 程序多了一些额外的内容，如界面上方的菜单项，Quick 程序启动时会初始化这些菜单项并接收命令行配置，如分辨率、屏幕尺寸等，这些工作是平台相关的，也并非 Quick 程序的核心流程。

在完成 Quick 模拟器的初始化之后，会启动 Cocos2d-x，所以我们可以以熟悉的 AppDelegate 为入口进行分析，启动 Cocos2d-x 时会调用到 AppDelegate 的 applicationDidFinishLaunching() 方法。不同版本的 Quick 在这里执行的逻辑有较大的差异。主要有两种不同的方式，一种是直接手动注册脚本引擎，并调用入口脚本，这是实际打包到手机上会使用的方式。另外一种是启动 Lua 的 RuntimeEngine，RuntimeEngine 是 v3 版本之后封装的一个单例，主要用于支持模拟器和 Code-IDE。

但无论是哪一种方式，都会初始化脚本引擎，并将相应的 C++ 方法导出到 Lua 中，最后调用 Lua 的入口脚本，一般这个入口脚本名为 main.lua，会被放到项目的 src 或 scripts 目录下，也可以修改入口脚本。入口脚本中通过执行以下代码启动了 Quick 的脚本框架，就如 C++ 代码中的启动时，在 main() 函数中调用 AppDelegate 的 run() 方法一样，但 main.lua 中的 run() 方法执行的逻辑则简单得多。

```
require("app.MyApp").new():run()
```

上面的代码会在脚本文件的搜索路径中查找 app 目录，并寻找 app 目录下名为 MyApp.lua 的脚本，然后执行该脚本，该脚本会返回一个类（一般是一个 table），然后调用 new() 方法，创建出这个类的实例，并执行其 run() 方法。

app.MyApp 是 Quick 项目自动生成的脚本，在 require 这个脚本的时候会被执行，定义一个名为 MyApp 的类并返回。同时该脚本 require 了 config 和 framework.init 脚本。config 是项目的配置脚本，配置了一些如调试模式、屏幕尺寸、分辨率适配等变量。framework.init 脚本则会根据相关的配置来初始化整个 Quick 脚本框架，稍后会对整个 Quick 脚本框架做一个详细的分析。

```
require("config")
require("framework.init")
```

在完成框架的初始化之后，才开始 MyApp 的定义，它继承于 cc.mvc.AppBase，这是 Quick 框架中的 MVC 框架的应用基类。在构造函数中调用了父类的构造函数，并传入 self。在 run() 方法中首先添加了一个资源的搜索路径，然后调用了 self:enterScene() 方法，进入到 MainScene 场景中。enterScene() 是 AppBase 所定义的方法，其实现为调用 Director 的 replaceScene() 方法来进行场景切换。

```
-- MyApp 继承于 cc.mvc.AppBase
local MyApp = class("MyApp", cc.mvc.AppBase)
function MyApp:ctor()
    MyApp.super.ctor(self)
end
-- 启动 App，进入 MainScene 场景
function MyApp:run()
    CCFileUtils:sharedFileUtils():addSearchPath("res/")
    self:enterScene("MainScene")
end
return MyApp
```

21.4.2　MVC 框架运行流程

MyApp 继承于 cc.mvc.AppBase，并且调用了其 enterScene()方法进入了 MainScene 场景，那么 cc.mvc.AppBase 是什么时候初始化的？enterScene()方法背后又是如何执行的呢？

在 framework.init 中，会调用 cc.init，也就是 cc 目录下的 init.lua 脚本，cc 目录下存放着 Quick 框架扩展的基础类和组件。在 cc.init 中会初始化这些类和组件，其中就包括 cc.mvc 模块，cc.mvc 模块的 AppBase 的定义和构造函数如下。

```
-- 定义了一个 AppBase 类，不继承于任何父类
local AppBase = class("AppBase")

AppBase.APP_ENTER_BACKGROUND_EVENT = "APP_ENTER_BACKGROUND_EVENT"
AppBase.APP_ENTER_FOREGROUND_EVENT = "APP_ENTER_FOREGROUND_EVENT"

function AppBase:ctor(appName, packageRoot)
    -- 添加了一个事件协议组件
    cc(self):addComponent("components.behavior.EventProtocol"):exportMethods()

    -- 设置应用程序的名字（标题）以及 app 目录，默认为 app，也可以传入第二个参数设置自
    定义的目录
    self.name = appName
    self.packageRoot = packageRoot or "app"

    -- 这里添加了两个事件监听，程序从前台切换到后台会回调 self.onEnterBackground()
    方法
    local eventDispatcher = cc.Director:getInstance():getEventDispatcher()
    local customListenerBg = cc.EventListenerCustom:create(AppBase.APP_
    ENTER_BACKGROUND_EVENT,
                        handler(self, self.onEnterBackground))
    eventDispatcher:addEventListenerWithFixedPriority(customListenerBg,1)
-- 程序从后台切回前台会回调 self.onEnterForeground()方法
    local customListenerFg = cc.EventListenerCustom:create(AppBase.APP_
    ENTER_FOREGROUND_EVENT,
                        handler(self, self.onEnterForeground))
    eventDispatcher:addEventListenerWithFixedPriority(customListenerFg,1)

    self.snapshots_ = {}

    -- 设置全局变量 app
    app = self
end
```

在构造函数中 AppBase 设置了 self 的 name 和 packageRoot 属性，添加了 EventProtocol

组件，以及前后台切换的事件回调，并设置全局变量 app 为 self。

　　在 Quick 启动时，MyApp 调用了 enterScene()方法来切换场景，enterScene()方法会接收 5 个参数，也可以只传入 1 个参数。第 1 个参数是场景名字，AppBase 会加载在 self.packageRoot 下的 **scenes 目录**中对应的脚本，self.packageRoot 默认的值是 app。第 2 个参数是一个 table，作为初始化目标场景的参数。其余的 3 个参数会被传入到 display.replaceScene()方法中，用于控制场景切换的效果。除了 enterScene()方法外，AppBase 还提供了类似的 createView()方法，会加载 self.packageRoot 下的 views 目录中对应的界面脚本。

　　在 display.replaceScene()方法和 display.newScene()方法等方法中，为 scene 对象调用了 setNodeEventEnabled()和 setAutoCleanupEnabled()方法，这两个方法分别位于 Cocos2d-x 扩展模块的 NodeEx.lua 和 SceneEx.lua 中，setNodeEventEnabled()方法会让 Scene 的 onEnter 和 onExit 回调生效，而 setAutoCleanupEnabled()方法则允许场景切换的时候自动清理一些纹理，通过调用场景的 markAutoCleanupImage()方法，传入一个图片的名字，在场景退出时会自动清理这个图片对应的纹理或 SpriteFrame。

```
function AppBase:enterScene(sceneName, args, transitionType, time, more)
    local scenePackageName = self.packageRoot .. ".scenes." .. sceneName
    local sceneClass = require(scenePackageName)
    local scene = sceneClass.new(unpack(checktable(args)))
    display.replaceScene(scene, transitionType, time, more)
end
```

　　Quick 的 MVC 框架并没有定义 View 层和 Control 层的基类，也没有严格定义 MVC 框架的使用流程，所以这个 MVC 框架整体看上去比较空洞，只提供了 AppBase 以及 Model 这两个类。但在实际应用 Quick 时，我们还是可以很好地写出基于 MVC 模式的代码，而不必纠结于代码是否严格地遵循 MVC 模式来实现，我们要实现的是功能而不是设计模式，纠结于设计模式的话就是本末倒置了。

21.5　Quick 脚本框架详解

　　本节将指引读者快速地掌握 Quick 脚本框架，前面几节中简单介绍了 Quick 框架的结构，环境的搭建和项目的创建，并剖析了 Quick 程序的基本运行流程，所以本节会对 Quick 的脚本源码做一个简单的介绍，以及阅读的指引。

　　Quick 的源码写得很整洁，有着清晰的注释，可读性极强，阅读 Quick 的源码不但可以更加深入地了解 Quick，对于初学者而言还可以从中学习到良好的编码风格。

　　Quick 脚本框架主要实现了 3 个目标，一是通过脚本的封装提供了更加简洁易用的接口，二是封装了 Quick 框架的各种扩展功能，三是提供了基于 MVC 模型的框架。

21.5.1　Quick 脚本框架整体结构

　　首先需要认识一下 Quick 脚本框架的整体结构，Quick 脚本框架是由 Cocos2d-x 原生 Lua 框架的 Cocos 脚本目录重构而来，所以两者会有部分重合的代码。进入到 Quick 脚本框架的 framework 目录，可以看到一堆的脚本文件以及 4 个目录，首先从这一堆脚本文件中挑选出值得一阅的脚本。脚本中的具体实现这里便不细说了，因为脚本中的注释之详细实属罕见。

- ❑ display.lua　显示模块，提供创建各种显示对象、截屏的接口，以及显示相关的常量，比原生框架的 display.lua 提供了更多的功能。
- ❑ shortcodes.lua　对 Node 扩展了很多简短的代码，如 addTo、moveTo 等方便的接口。
- ❑ functions.lua　定义了大量常用的全局函数，如 class()、handler()等方法，以及对 I/O、table、math 等标准库进行了扩展。
- ❑ device.lua　设备模块，提供了各种与设备相关的接口，如弹出信息框、输入框、打开网页、获取系统语言、系统平台、设备唯一 ID 等。
- ❑ json.lua　Json 模块，提供了 JSON 格式的文件编码和解码接口，依赖于 Quick 扩展中的 cjson 库。
- ❑ audio.lua　音效模块，提供了对 SimpleAudioEngine 的封装。
- ❑ crypto.lua　加密解密模块，提供了 MD5、Base64、AES256 等算法的加密和解密功能，依赖于 Quick 扩展中的 crypto 库。
- ❑ network.lua　网络模块，提供了网络状态检查、WiFi 网络检查、HTTP 请求等功能，依赖于 Quick 扩展中的 network 库。
- ❑ luaj.lua　提供了在 Android 系统下与 Java 代码进行交互的功能。
- ❑ luaoc.lua　提供了在 iOS 系统下与 Objective-C 代码进行交互的功能。
- ❑ transition.lua　动画模块，对各种 Action 效果进行了简单的封装。
- ❑ scheduler.lua　调度器模块，对 Schedule 进行了简单的封装。
- ❑ filter.lua　依赖于 Quick 扩展中的 filters 库。
- ❑ ui.lua　提供了创建 Quick 框架自定义 UI 的方法，但这些方法目前已经被废弃了。

上面是一些有意义的脚本文件的简介，其中 **display.lua、shortcodes.lua、functions.lua** 这 3 个脚本在 Quick 框架中被使用得最频繁，因为它们提供了大量的方法能够使代码更加简短，从而提高编码效率。

接下来介绍一下在 framework 目录下的 4 个目录，cc 目录为 Quick 框架的基础模块，cocos2dx 目录为 Cocos2d-x 的扩展模块，该模块相当于对原生 Lua 框架的 Cocos 脚本框架的梳理，包含了大量常量的定义以及 Node、Action、Sprite 等类的扩展，deprecated 目录下存放了一些废弃代码，platform 目录下存放了一些平台相关的脚本。这里关键介绍 cc 目录和 cocos2dx 目录。

21.5.2　Quick 框架基础模块

framework 的 cc 目录下是 Quick 框架基础模块，虽然 Quick 的代码风格不错，但当这份代码被 N 个人维护过之后，就不是那么回事了。cc 目录的目录结构如下。

- ❑ components 目录，定义了组件类，以及事件组件、状态机组件、布局组件、拖曳组件等功能组件。
- ❑ mvc 目录，定义了 Quick 的 mvc 框架，但该目录下只有 AppBase 和 ModelBase 的实现。
- ❑ net 目录，定义了一个 TcpSocket 类，用于 TCP 通信。

- ❑ sdk 目录，存放了接入平台 sdk 相关的脚本，该目录下只有一个内购脚本。
- ❑ ui 目录，该目录下封装了大量 Quick 自定义的控件，这些控件不同于 Cocos2d-x 的 UI 框架。
- ❑ uiloader 目录，定义了 CocoStudio 2.x 和 1.6 的加载器。
- ❑ utils 目录，定义了一些工具类和工具函数，如字节转换、计时器等功能，但并不常用。

其中 components、mvc 和 ui 这 3 个目录是基础模块中最常用的模块，这里的 components 不同于 Cocos2d-x 框架中的 Component，这里是纯 Lua 的组件，而 ui 目录下的控件，也和 Cocos2d-x 的 Widget 没有任何关系，所以千万不要将它们混为一谈。后面会介绍相应的示例，在示例中可以了解到如何使用它们。

21.5.3　Quick 脚本框架初始化流程

最后来分析一下 Quick 脚本框架的初始化流程，可以将 Quick 脚本框架的初始化流程分为两部分来看，第一部分是整个框架的初始化，第二部分是 Quick 框架基础模块，也就是 cc 目录内部的初始化。在 Quick 程序启动时会执行 MyApp.lua 文件，在这里会调用 require("framework.init")初始化 Quick 脚本框架。在该脚本中会依次 require 以下脚本，debug.lua、functions.lua、cocos2dx.lua、device.lua、transition.lua、display.lua、filter.lua、audio.lua、network.lua、crypto.lua、json.lua。其中 cocos2dx.lua 会 require cocos2dx 目录下的脚本。

根据当前平台自动 require 在 platform 目录下相应的脚本，如果是 iOS 系统，会 require luaoc.lua 脚本，如果是 Android 系统则会 require luaj.lua 脚本。

如果在 config.lua 中定义 LOAD_DEPRECATED_API 为 true 则会 require ui.lua 脚本，该变量默认值为 false。如果定义 LOAD_SHORTCODES_API 为 true 则会 require shortcodes.lua 脚本，该变量默认为 true。

在初始完框架大部分模块之后，init.lua 会 require cc 目录下的 init.lua 脚本，来初始化 Quick 框架基础模块。首先 cc.init 会依次执行 cc 目录下的 Registry.lua、GameObject.lua、EventProxy.lua 脚本以及 components 目录下的 Component.lua 脚本。

Registry 可以理解为一个单例类，其作用是将类和对应的名字进行缓存，可以通过指定的名字来创建对应类的对象，Registry 还提供了如添加、删除、判断等管理功能。

GameObject 也可以理解为一个单例，其只有一个 extend()方法，extend()方法中对传入的对象进行了扩展，使其拥有了添加、删除、获取、查询组件的功能，并为其添加了一个组件 table 变量。

EventProxy 是一个事件代理类，用于代理添加和删除监听回调，EventProxy 的构造函数要求传入两个节点，分别是被监听节点以及监听节点，假设它们的名字分别为 target 和 listener，listener 可以监听 target 的事件，真正的监听、触发等核心功能的实现是在事件组件 EventProtocol.lua 中实现的。如果 listener 监听了 target 的事件，在 listener 被移除的时候没有移除该监听，当事件被触发时将会出现 BUG，程序员很容易因为忘记移除而导致这样的 BUG，所以 EventProxy 很好地解决了这个问题，它将所有 listener 对 target 的监听记录下来，然后当 listener 被移除时，会自动注销监听的回调。

在导入了这几个脚本之后，components 目录下的所有组件都被导入并添加到 Registry 中，然后创建了一个元表，该元表的 __call 字段被赋值为一个函数，该函数会将传入的第二个参数传入到 GameObject.extend()方法中进行扩展。最后这个元表被设置给了 cc 这个 table。

```
local GameObject = cc.GameObject
local ccmt = {}
ccmt.__call = function(self, target)
    if target then
        return GameObject.extend(target)
    end
    printError("cc() - invalid target")
end
setmetatable(cc, ccmt)
```

如果读者在前面阅读代码的过程中，发现有像 cc(xxx)这样写的代码，肯定会疑惑，cc 不是一个 table 吗？怎么还可以这样？因为这里设置了元表，当调用 cc(xxx)时，cc 会作为第一个参数传入元表的 __call 字段对应的函数中，而 xxx 会作为第二个参数被传入，然后 __call 字段对应的函数通过调用 GameObject 的 extend()方法，为参数 xxx 扩展组件相关的方法（这个技巧秀得很漂亮，让人眼花缭乱，但如果需要调用 cc()来扩展一个对象时，直接调用 GameObject.extend()方法更加直观）。

最后 cc.init 会调用 mvc.init()方法、ui.init()方法以及 uiloader.ini()方法初始化 mvc、ui 以及 uiloader 模块，完成 Quick 框架基础模块的初始化。关于组件、MVC 模块如何使用，会在第 22 章节中详细介绍。

第 22 章　Quick 框架实践——MVC 框架

MVC 是一种常用的框架模式，MVC 将程序划分为 Model 模型、View 视图、Controller 控制器三层，可以降低代码的耦合性，使代码易于维护，方便管理。

模型层负责数据逻辑处理，不论数据是从内存、数据库、网络、配置等方式获得，视图和控制器都无须关注。显示层负责显示逻辑，一份数据以饼状图还是树状图呈现给用户，取决于视图的实现。控制层负责处理与用户的交互逻辑，以及对模型和视图的控制，是衔接模型和视图的桥梁。

使用 MVC 有助于管理复杂的应用程序，我们可以专注在某个方面的开发，甚至可以由多个人来实现某个功能，MVC 也使程序的测试变得更简单，因为模块间相对独立，方便单元测试。本章主要介绍以下内容：

- ❑ 组件系统详解。
- ❑ ModelBase 详解。
- ❑ MVC 示例详解。

22.1　组件系统详解

首先需要了解一下 Quick 的组件系统，因为 Quick 有很多功能都是基于这套组件系统实现的，包括本章要介绍的 MVC 框架。

组件模式是非常不错的一个设计模式，可以将各种各样的功能封装为组件，然后组装到目标对象身上，非常灵活和方便。因为这些功能可能被各种各样的对象使用，而这些对象之间可能毫无关联，那么为了让这些对象都具有这样的功能，需要为每个对象实现一个这样的功能，这样就避免不了重复的代码。如果使用继承的方式，可以使它们共用一个功能，但显然并不是很合适，而组件模式则可以很好地实现它。

组件系统的核心包含 GameObject 和 Component 两个类，GameObject 类在前面已经介绍过了，主要实现让对象拥有管理组件的能力，成为组件的载体。经过 GameObject 扩展过的对象，可以使用 addComponent()、removeComponent()、getComponent()等方法操作组件。

Component 类的实现很简单，在构造函数中初始化了组件的名字以及关联组件，名字主要用于区别组件，相当于组件的 ID，而关联组件则是该组件所依赖的一些组件，当组件被添加到对象上时，会检查对象是否已经挂载了关联组件，如果没有则先添加关联组件。

Component 类的核心功能是为对象添加扩展方法，通过 exportMethods_方法将组件的方法导出到对象上，首先会判断对象是否拥有对应的字段，如果没有则为对象添加对应的函数。例如，通过 exportMethods_()方法导出 fun1()函数（一个具体组件的成员函数）到一

个对象中，如果该对象存在 fun1 变量，则跳过，否则将该对象的 fun1 变量赋值为对应的
函数。此外，Component 类还提供了组件被添加和移除时的回调供程序员重载，分别是
onBind_()和 onUnbind()函数。

调用 GameObject.extend()方法或 cc()方法，传入一个对象，该对象即可获得管理组件
的能力，在对象的 addComponent()方法中，会从 Registry 单例中创建组件对象（所以使用
组件之前要先在 Registry 中注册组件），将组件添加到 components 容器中进行管理，并回
调组件的 bind_()方法。移除时会相应地回调组件的 unbind_()方法。

```
function target:addComponent(name)
    local component = Registry.newObject(name)
    self.components_[name] = component
    component:bind_(self)
    return component
end
```

注册组件到 Registry 的方法非常简单，在程序启动时执行 Registry.add()方法，传入对
应的类（使用 require 或 import 导入的 table）以及类名即可。

22.1.1　EventProtocol 事件组件

事件组件是 Quick 中最基础的一个组件，用于实现一个简单的消息机制，该组件导出
了以下方法。

- ❑ addEventListener()：注册监听回调，参数为监听的事件名、回调函数、tag 标签，
  该函数会返回一个监听者的唯一 ID。
- ❑ dispatchEvent()：触发事件，参数为事件名字符串。
- ❑ removeEventListener()：移除指定的监听者，参数为监听者的唯一 ID（由
  addEventListener 返回）。
- ❑ removeEventListenersByTag()：根据 Tag 移除指定的监听者（所有的），参数为 tag
  变量。
- ❑ removeEventListenersByEvent()：移除监听指定事件的监听者，参数为事件名字
  符串。
- ❑ removeAllEventListenersForEvent()：移除监听指定事件的所有监听者，参数为事件
  名字符串。
- ❑ removeAllEventListeners()：移除所有的监听者。
- ❑ hasEventListener()：查询是否有监听者监听指定的事件，参数为事件名字符串。
- ❑ dumpAllEventListeners()：打印所有的监听者的详细信息，主要用于调试。

在 EventProtocol 的内部使用了一个 listeners_变量来存储所有的监听者，listeners_变量
是一个 table，其结构如图 22-1 所示，它的 key 是事件名，value 是一个监听者列表 table，
管理了多个监听者。监听者列表 table 的 key 为监听者的唯一 ID，value 为监听者的信息 table，
记录了监听者相关的信息，下标 1 对应监听者的回调，下标 2 则对应监听者的 tag，tag 变
量默认为一个空的字符串，如果将一个对象作为 tag 传入，tag 会被处理为空字符串，并将
tag 对象与回调函数用 handler 封装成闭包。

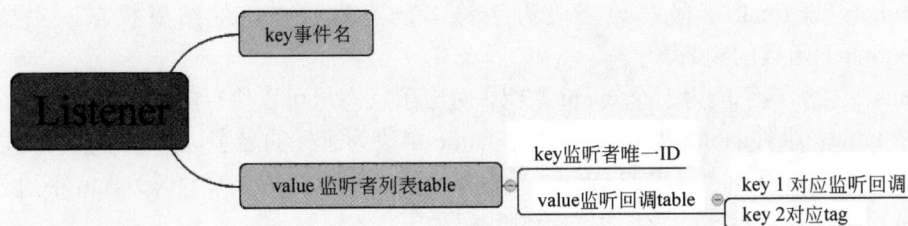

图 22-1　listeners_结构图

注意：EventProtocol 会将所有的事件名都转换成大写，所以监听一个 open 事件和监听一个 OPEN 事件实际上是同一个事件。

22.1.2　StateMachine 状态机组件

状态机组件是从 github 上的一个 JavaScript 版本移植而来的，状态机也是游戏中常用的一个功能，主要用于控制状态的切换。该组件导出了以下方法。

- ❏ setupState()：初始化状态，参数为一个复杂的配置 table。
- ❏ isReady()：简单地判断当前状态是否为 none。
- ❏ getState()：获取当前的状态。
- ❏ isState()：判断当前是否为某状态，参数为对应的状态名。
- ❏ canDoEvent()：判断当前状态是否可以切换到指定的状态，参数为对应的状态名。
- ❏ cannotDoEvent()：返回 canDoEvent 方法的相反值，参数为对应的状态名。
- ❏ isFinishedState()：判断当前状态是否为结束状态。
- ❏ doEventForce()：强制切换至某状态，参数为对应的状态名。
- ❏ doEvent()：切换至某状态，参数为对应的状态名。

状态机提供的功能非常简单，要灵活使用这个组件，需要掌握两个关键点，**初始化配置 table 和状态切换的相关回调**。初始化配置 table 构建了状态机所有的事件和状态，这个 table 描述了整个状态机的所有状态切换规则，有两个重要的概念，就是事件和状态，通过执行事件可以导致状态的切换。而状态机的回调机制能够让程序员通过设置回调来执行状态切换流程中的逻辑。

在 setupState()方法中，需要传入一个复杂的配置 table，该 table 的详细结构如下。

initial 字段，该字段对应了状态机的初始信息，值可为 table，也可以是一个字符串，table 的格式如下，state 为初始化状态，event 为初始化默认执行的事件，defer 为布尔值，用于判断是否推迟初始化。当 initial 字段为字符串时，StateMachine 会自动将其转换成 table，将字符串设置为 state 字段，event 字段为"startup"，defer 自动默认为 nil（在判断时，nil 等同于 false）。

```
{ state = "foo", event = "setup", defer = true|false }
```

当 defer 为 nil 或 false 时，setupState 会在完成初始化之后，自动切换到 initial 字段对应的初始状态，默认的状态为 none。

terminal 或 final 字段，该字段为字符串，意为状态机的结束状态，主要用于 isFinishedState()函数的判断。

events 字段，该字段为一个 event 数组，对应了状态机可以执行的事件列表，每个事件都是一个 table，事件 table 包含 3 个字段：name 字段为事件的名字，from 字段为可以执行该事件的状态，可以为字符串或 table（当有多个状态可以执行该事件时），to 字段表示执行该事件后会切换的状态。该结构的示例代码如下：

```
cfg.events = {{name = "disable", from = {"normal", "pressed"}, to = "disabled"},
{name = "enable", from = {"disabled"}, to = "normal"},
{name = "press", from = "normal", to = "pressed"},
{name = "release", from = "pressed", to = "normal"},}
```

状态机本身并没有一个状态列表或状态枚举，所有的状态都是通过 events 组织起来的，events 相当于一个状态机的核心框架，所有事件的 from 和 to 字段将所有的状态串起来，状态机通过执行各种事件实现在各个状态间的切换。

callbacks 字段，该字段对应一个回调 table，在状态机执行各种事件时，会有相应的回调被触发，callbacks 中记录了相应的事件被触发时的回调，通过状态机的回调规则命名。详细的回调规则如下。

- ❑ onbeforeevent()方法：在执行任何事件前会执行该回调，并传入执行的事件名，如果该函数返回 false，则该事件执行失败。
- ❑ onafterevent()方法或 onevent()方法：当任意事件被执行时会执行该回调，并传入执行的事件名。
- ❑ onleavestate()方法：当状态机从任意状态离开时会执行该回调，并传入执行的事件名，如果该函数返回 false，则该事件执行失败。
- ❑ onenterstate()方法或 onstate()方法：当状态机进入任意状态时会执行该回调。
- ❑ onbeforeXXX()方法：在执行 XXX 事件前会执行该回调，如果该函数返回 false，则该事件执行失败。
- ❑ onafterXXX()方法：在 XXX 事件被执行时会执行该回调。
- ❑ onleaveXXX()方法：当状态机从 XXX 状态离开时会执行该回调，如果该函数返回 false，则该事件执行失败。
- ❑ onenterXXX()方法：当状态机进入 XXX 状态时会执行该回调。
- ❑ onchangestate ()方法：当状态机发生状态切换时会执行该回调。

状态机的回调可以有几种分类的方法，按时机来分可以划分为状态切换前和切换后，按功能来分可以划分为普通回调和询问回调（可以控制状态切换流程），按目标来分可以划分为通用回调和特定回调（针对特定的事件或状态）。

这几种分类基本涵盖了所有的需求，询问回调可以通过返回 false 来拒绝本次状态的切换，onbefore()函数返回字符串 asyn，还可以进入异步切换状态的逻辑。异步切换指的是从状态 A 切换到状态 B 需要一定的时间，不是立即切换完成的，状态机会为异步切换的事件创建两个回调函数成员，分别是 transition()和 cancel()，因为什么时候完成切换，是由具体的逻辑来决定的，当完成切换时，调用 event.transition()可以完成切换，而调用 event.cancel()则可以取消这次切换。在异步切换时，是无法再次切换其他状态的，除非使用 doEventForce()

方法强制执行。

上面介绍的回调中的 XXX 指的是特定的状态和事件，在实际使用中，可以将 XXX 替换为对应的状态名或事件名。例如，进入 idle 状态时，会回调 onenteridle() 函数，状态机会根据前缀 + XXX 的规则来组合函数名，如果找到对应的函数，就执行相应的函数。

如果是同状态切换（状态 A 切换到状态 A），那么状态切换的相关回调不会被触发，因为不涉及状态的离开、进入以及切换，但事件回调会被触发，因为事件发生了。

如图 22-2 所示为状态机执行事件时的状态切换流程，以及在流程中相关回调的执行顺序和起到的作用。

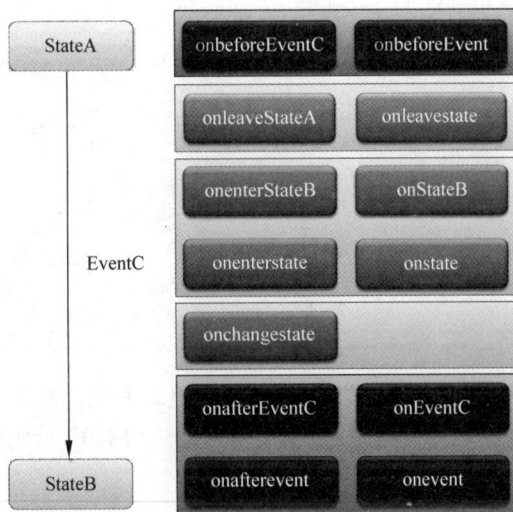

图 22-2　执行事件 EventC 从状态 StateA 到状态 StateB

22.2　ModelBase 详解

ModelBase 是 Quick 的 MVC 框架中的模型基类，所有的数据模型都要继承于它，本节会介绍 ModelBase 的功能以及如何使用 ModelBase。模型是现实世界的抽象，ModuleBase 的主要功能是描述一个模型的数据结构，初始化以及获取模型数据，并默认添加了事件组件。

ModelBase 使用一个 schema 变量来描述模型由哪些数据组成，schema 可以理解为模型的架构，其是一个 table 变量，table 的 key 为数据名字符串，value 为一个 table 数组，数组下标 1 为数据类型，下标 2 为该数据的默认值。

在 ModelBase 的构造函数中，会要求传入模型的初始属性 table，table 的 key 和 value 分别为数据名和数据的值，构造函数会调用 ModelBase:setProperties() 方法来初始化属性，该方法会根据 schema 进行过滤，如果 schema 定义了 a 和 b 两个属性，在初始化 table 中传入 a 和 c 两个属性，那么 ModelBase 只会初始化 a，而 c 由于不在 schema 变量描述的数据中，所以不会被初始化。如果 a 对应的 value 为 nil，ModelBase 则会从 schema 中取出默认值为其赋值。在初始化完成之后，a 和其对应的值会被设置到这个对象自身中，例如，假设初始化了 modelA，那么可以用 modelA.a 来访问成功初始化的属性。

　　getProperties()方法可以获取当前模型的属性 table，该方法要求传入两个参数，第一个是要获取的属性 table 数组，第二个是要过滤的属性 table 数组。也可以什么参数都不传，这种情况下会根据 ModelBase 的 fields 变量来获取，将所有要获取的属性和对应的值添加到一个 table 中，最后返回这个 table。

　　默认添加的事件组件可以允许程序员通过监听的方法，实现属性变化时自动刷新显示对象这样的功能，在接下来的实例中会详细介绍到。

　　那么应该如何使用 ModelBase 呢？这里举一个最简单的例子，例如，要实现一个点的模型，这个模型包含了 *x* 和 *y* 这两个变量。定义时可以这样子定义：

```
local PointModel= class("PointModel", cc.mvc.ModelBase)

-- 描述模型的变量结构
PointModel.schema = clone(cc.mvc.ModelBase.schema)
PointModel.schema["x"] = {"number", 0}
PointModel.schema["y"] = {"number", 0}

function PointModel:ctor()
    -- 调用父类的构造函数
    PointModel.super.ctor({x = 15, y = 50})
end
```

　　这个模型有什么用呢？单独的一个模型并没有什么用处，我们要介绍的是 MVC 而不是 M，因此需要让它们串起来协作完成任务，接下来的 MVC 示例详解，会介绍如何实际地使用它。

22.3　MVC 示例详解

　　Quick 提供了丰富的例子来演示 Quick 的各种功能，通过这些例子可以快速掌握 Quick 的使用。虽然前面已经系统了解了 Quick 框架，但想要熟练地使用，还欠缺一些实践操作。在这里简单介绍一下几个比较重要的例子，相信读者学习了这几个例子后，就可以很快找到使用 Quick 的感觉了（一旦理解并接受了一个框架的设定，那么这个框架使用起来就会非常顺手，编程语言也是一样）。

　　在学习示例之前，首先需要将示例运行起来，可以使用 Quick 3.5 或 QuickPlayer 来运行示例，QuickPlayer 可直接运行，呈现在我们眼前的就是示例列表了，单击即可运行对应的示例。如果使用的是 Quick 3.5，需要先执行引擎目录下的 setup.py，然后进入 quick 目录下的 samples 目录，在这里可以看到各种示例目录，任意进入一个示例目录，执行启动脚本即可运行该示例，在 Windows 下执行 debug_win.bat，而在 Mac 下执行 debug_mac.sh，示例目录中的 src 目录下存放着该示例的实现脚本。使用 QuickPlayer 运行示例，也可以在相应的目录下找到示例源码。

　　本章将介绍 Quick 示例中的 mvc 示例，MVC 示例是一个简单的小游戏，场景中有两个角色，可以看到这两个角色的属性，通过按钮可以控制角色发射子弹，子弹会移动，当子弹命中对方之后会修改对方的属性，这些都可以直观地在界面上呈现出来，示例运行的效果如图 22-3 所示。

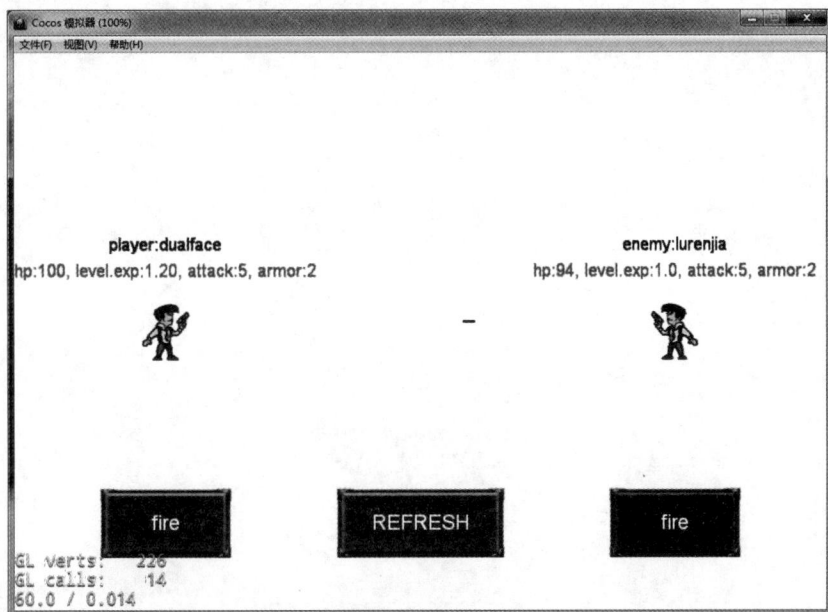

图 22-3　Quick 的 MVC 示例的运行效果

22.3.1　代码结构简介

打开 src 目录下的 app 目录，除了 MyApp.lua 脚本和 scenes 目录之外，该项目还添加了 models、controllers 和 views 这 3 个目录。

models 目录下存放这 Actor.lua 和 Hero.lua 两个模型脚本，模型脚本使用了 EventProtocol 和 StateMachine 这两个重要的组件来完成一些核心的工作，如控制状态切换，以及事件分发。Actor 继承于 cc.mvc.ModelBase，而 Hero 则继承于 Actor。

controllers 目录下是 PlayDuelController.lua 脚本，PlayDuelController 继承于 cc.Node，该脚本是一个控制器，实现玩家所有的控制功能，例如，单击 fire 按钮发射子弹的逻辑，以及单击 REFRESH 按钮的刷新逻辑，都是在这里实现的。在 MVC 模式中，controller 即可从 model 层中获取数据，也可以操控 view 层的显示。

views 目录下是 HeroView.lua 脚本，该脚本继承于 cc.Node，实现了角色的显示功能，包含角色动作的播放，以及根据模型的数据更新血量等信息的显示。

22.3.2　启动流程详解

大概了解了 MVC 有哪些内容之后，下面来看看该示例的启动流程，从 main.lua 到 MyApp.lua，然后进入 MainScene 场景。在 MainScene 的构造函数中初始化了控制层和刷新按钮。

```
local PlayDuelController = import("..controllers.PlayDuelController")
```

```lua
local MainScene = class("MainScene", function()
    return display.newScene("MainScene")
end)

function MainScene:ctor()
    display.newColorLayer(cc.c4b(255, 255, 255, 255)):addTo(self)

    -- 添加一个控制器对象
    self:addChild(PlayDuelController.new())

    -- 添加刷新按钮，按钮单击时切换到一个新的 MainScene
    cc.ui.UIPushButton.new("Button01.png", {scale9 = true})
        :setButtonSize(200, 80)
        :setButtonLabel(cc.ui.UILabel.new({text = "REFRESH"}))
        :onButtonPressed(function(event)
            event.target:setScale(1.1)
        end)
        :onButtonRelease(function(event)
            event.target:setScale(1.0)
        end)
        :onButtonClicked(function()
            app:enterScene("MainScene", nil, "flipy")
        end)
        :pos(display.cx, display.bottom + 100)
        :addTo(self)
end
```

上面的代码有几个有趣的地方，第一个是使用 import()方法来导入脚本而不是 require，import()是 functions.lua 中定义的一个方法，本质和 require 没什么区别，但 import()方法实现了一些自动搜索的逻辑，而 require 则要求输入一个完整的路径（包括完整的相对路径）。

在创建刷新按钮时，可以看到这里使用了一些简短连续的函数调用，有 UIPushButton 的成员方法，也有 shortcodes.lua 中为 Node 扩展的简短方法，每次调用完都紧接着跟踪下一次调用，之所以可以这么做，是因为上面的每个函数在执行完之后，都将 self 变量返回，所以紧跟在后面的函数调用实际上是执行这个 self 对象的方法，这与 C++中实现连续赋值是同样的道理。

接下来看一下 PlayDuelController.lua 脚本，PlayDuelController 的构造函数中创建了两个 Hero 模型，并将它们设置到 app 中，app 是一个单例对象，本例中的 MyApp 添加了 setObject()、getObject()和 isObjectExists()等方法。创建完模型之后又创建了对应的显示对象，并添加到 views_ 中，然后创建了两个按钮，按钮的单击回调为 PlayDuelController:fire() 方法，该方法传入了射击者和射击目标两个模型。

```lua
function PlayDuelController:ctor()
    -- 创建模型
    if not app:isObjectExists("player") then
        -- player 对象只有一个, 不需要每次进入场景都创建
        local player = Hero.new({
            id = "player",
            nickname = "dualface",
            level = 1,
        })
        app:setObject("player", player)
        print("create player")
    end
    self.player = app:getObject("player")
```

```
self.enemy = Hero.new({
    id = "enemy",
    nickname = "lurenjia",
    level = 1,
})

self.views_ = {}
self.bullets_ = {}

-- 创建显示对象
self.views_[self.player] = app:createView("HeroView", self.player)
    :pos(display.cx - 300, display.cy)
    :addTo(self)
self.views_[self.enemy] = app:createView("HeroView", self.enemy)
    :pos(display.cx + 300, display.cy)
    :flipX(true)
    :addTo(self)

-- 创建开火按钮
cc.ui.UIPushButton.new("Button01.png", {scale9 = true})
    :setButtonSize(160, 80)
    :setButtonLabel(cc.ui.UILabel.new({text = "fire"}))
    :onButtonPressed(function(event)
        event.target:setScale(1.1)
    end)
    :onButtonRelease(function(event)
        event.target:setScale(1.0)
    end)
    :onButtonClicked(function()
        self:fire(self.player, self.enemy)
    end)
    :pos(display.cx - 300, display.bottom + 100)
    :addTo(self)
cc.ui.UIPushButton.new("Button02.png", {scale9 = true})
    :setButtonSize(160, 80)
    :setButtonLabel(cc.ui.UILabel.new({text = "fire"}))
    :onButtonPressed(function(event)
        event.target:setScale(1.1)
    end)
    :onButtonRelease(function(event)
        event.target:setScale(1.0)
    end)
    :onButtonClicked(function()
        self:fire(self.enemy, self.player)
    end)
    :pos(display.cx + 300, display.bottom + 100)
    :addTo(self)

-- 注册帧事件
self:addNodeEventListener(cc.NODE_ENTER_FRAME_EVENT, handler(self,
self.tick))
self:scheduleUpdate()

-- 在视图清理后，检查模型上注册的事件，看看是否存在内存泄漏
self:addNodeEventListener(cc.NODE_EVENT, function(event)
    if event.name == "exit" then
        self.player:getComponent("components.behavior.EventProtocol"):
        dumpAllEventListeners()
    end
end)
```

```
end
```

接下来分析一下 Hero 模型的初始化，Hero 模型继承于 Actor 模型，Actor 模型又继承
于 cc.mvc.ModelBase 对象，ModelBase 提供了属性的 get()、set()方法，并添加了 EventProtocol
组件，该组件实现了一个简单的消息机制。

```
function ModelBase:ctor(properties)
    -- cc 方法为 self 扩展了 addComponent 等方法
    cc(self):addComponent("components.behavior.EventProtocol"):exportMethods()
    -- 添加组件，并初始化属性
    self.isModelBase_ = true
    if type(properties) ~= "table" then properties = {} end
    self:setProperties(properties)
end
```

在 Actor 中，首先复制了父类的 schema，schema 是模型的结构，描述了模型有哪些数
据变量，以及变量的类型和默认值。在构造函数中添加了状态机组件，该组件是一个私有
变量，在 Lua 中可以使用下划线来声明"私有"变量，尽管该私有变量仍然可以被外部访
问到。

接下来初始化了状态机的默认事件，这是一个 table，table 中记录了每个状态的名字，
以及该名字可以由哪些状态切换而来，以及可以切换至何种状态。管理状态的切换是状态
机的核心职责。紧接着又定义了一个 table，该 table 定义了各种状态切换时的回调，当状
态机发生状态切换时，会执行相应的回调。最后调用状态机的 setupState()方法将它们设置
到状态机中，并调用状态机的 doEvent()方法启动状态机，实际上就是将当前状态切换到 start
状态。

```
Actor.schema = clone(cc.mvc.ModelBase.schema)
Actor.schema["nickname"] = {"string"} -- 字符串类型，没有默认值
Actor.schema["level"]    = {"number", 1} -- 数值类型，默认值 1
Actor.schema["hp"]       = {"number", 1}

function Actor:ctor(properties, events, callbacks)
    Actor.super.ctor(self, properties)

    -- 因为角色存在不同状态，所以这里为 Actor 绑定了状态机组件
    self:addComponent("components.behavior.StateMachine")
    -- 由于状态机仅供内部使用，所以不应该调用组件的 exportMethods() 方法，改为用内
部属性保存状态机组件对象
    self.fsm__ = self:getComponent("components.behavior.StateMachine")

    -- 设定状态机的默认事件
    local defaultEvents = {
        -- 初始化后，角色处于 idle 状态
        {name = "start",  from = "none",   to = "idle" },
        -- 开火
        {name = "fire",   from = "idle",   to = "firing"},
        -- 开火冷却结束
        {name = "ready",  from = "firing", to = "idle"},
        -- 角色被冰冻
        {name = "freeze", from = "idle",   to = "frozen"},
        -- 从冰冻状态恢复
        {name = "thaw",   form = "frozen", to = "idle"},
        -- 角色在正常状态和冰冻状态下都可能被杀死
```

```
        {name = "kill",   from = {"idle", "frozen"}, to = "dead"},
        -- 复活
        {name = "relive", from = "dead",    to = "idle"},
    }
    -- 如果继承类提供了其他事件，则合并
    table.insertto(defaultEvents, checktable(events))

    -- 设定状态机的默认回调
    local defaultCallbacks = {
        onchangestate = handler(self, self.onChangeState_),
        onstart       = handler(self, self.onStart_),
        onfire        = handler(self, self.onFire_),
        onready       = handler(self, self.onReady_),
        onfreeze      = handler(self, self.onFreeze_),
        onthaw        = handler(self, self.onThaw_),
        onkill        = handler(self, self.onKill_),
        onrelive      = handler(self, self.onRelive_),
        onleavefiring = handler(self, self.onLeaveFiring_),
    }
    -- 如果继承类提供了其他回调，则合并
    table.merge(defaultCallbacks, checktable(callbacks))

    self.fsm__:setupState({
        events = defaultEvents,
        callbacks = defaultCallbacks
    })

    self.fsm__:doEvent("start") -- 启动状态机
end
```

　　Hero 在 Actor 的基础上增加了 exp 属性，并添加了一个简单的升级逻辑。这里将 Hero 继承于 Actor 的目的，只是想演示一下模型的继承、扩展以及更多的模型使用方法，而非什么有深意的设计。

　　需要注意的是这里定义的事件以及 schema，并非是 Hero 对象的变量，而是所有 Hero 对象共用的变量。

```
local Actor = import(".Actor")
local Hero = class("Hero", Actor)

Hero.EXP_CHANGED_EVENT = "EXP_CHANGED_EVENT"
Hero.LEVEL_UP_EVENT = "LEVEL_UP_EVENT"

Hero.schema = clone(Actor.schema)
Hero.schema["exp"] = {"number", 0}

-- 升到下一级需要的经验值
Hero.NEXT_LEVEL_EXP = 50

-- 增加经验值，并升级
function Hero:increaseEXP(exp)
    assert(not self:isDead(), string.format("hero %s:%s is dead, can't
    increase Exp", self:getId(), self:getNickname()))
    assert(exp > 0, "Hero:increaseEXP() - invalid exp")

    self.exp_ = self.exp_ + exp
    -- 简化的升级算法，每一个级别升级的经验值都是固定的
    while self.exp_ >= Hero.NEXT_LEVEL_EXP do
        self.level_ = self.level_ + 1
```

```
        self.exp_ = self.exp_ - Hero.NEXT_LEVEL_EXP
        self:setFullHp() -- 每次升级，HP 都完全恢复
        self:dispatchEvent({name = Hero.LEVEL_UP_EVENT})
    end
    self:dispatchEvent({name = Hero.EXP_CHANGED_EVENT})

    return self
end
```

HeroView 继承于 Node，在构造函数中创建了 3 个显示节点，分别用于显示角色、角色状态信息、角色名字，并使用 EventProxy 监听了一些事件。监听的对象是传入的 Hero 模型，在 Hero 模型执行相应的事件时，会回调 HeroView 相应的回调方法。

这里比较有意思的是 EventProxy，如果单独看 EventProxy 的源码对其用处感到疑惑的话，那么这几行简单的代码应该可以让读者体会到 EventProxy 的方便之处。因为我们每次注册的监听，都需要在该节点被移除时注销，而 EventProxy 最方便的地方就是可以自动注销这些监听。

```
local HeroView = class("HeroView", function()
    return display.newNode()
end)

function HeroView:ctor(hero)
    local cls = hero.class

    -- 通过代理注册事件的好处：可以方便地在视图删除时，清理所有通过该代理注册的事件
    -- 同时不影响目标对象上注册的其他事件
    -- EventProxy.new() 第一个参数是要注册事件的对象，第二个参数是绑定的视图
    -- 如果指定了第二个参数，那么在视图删除时，会自动清理注册的事件
    cc.EventProxy.new(hero, self)
        :addEventListener(cls.CHANGE_STATE_EVENT, handler(self, self.on
        StateChange_))
        :addEventListener(cls.KILL_EVENT, handler(self, self.onKill_))
        :addEventListener(cls.HP_CHANGED_EVENT, handler(self, self.upda
        teLabel_))
        :addEventListener(cls.EXP_CHANGED_EVENT, handler(self, self.update
        Label_))

    self.hero_ = hero
    self.sprite_ = display.newSprite():addTo(self)

    self.idLabel_ = cc.ui.UILabel.new({
        UILabelType = cc.ui.UILabel.LABEL_TYPE_TTF,
        text = string.format("%s:%s", hero:getId(), hero:getNickname()),
        size = 20,
        color = display.COLOR_BLACK,
    })
        :align(display.CENTER, 0, 100)
        :addTo(self)

    self.stateLabel_ = cc.ui.UILabel.new({
        UILabelType = cc.ui.UILabel.LABEL_TYPE_TTF,
        text = "",
        size = 20,
        color = display.COLOR_RED,
    })
        :align(display.CENTER, 0, 70)
        :addTo(self)
```

```
    self:updateSprite_(self.hero_:getState())
    self:updateLabel_()
end
```

22.3.3　发射子弹

当按下发射按钮之后，会回调到 PlayDuelController 的 fire() 方法，这个回调在
PlayDuelController 的构造函数中，创建发射按钮时就已经设置好了。fire() 函数传入了射击
者和射击目标两个模型，首先通过射击者模型的 canFire() 方法判断射击者是否可以发射子
弹，该方法执行了状态机的 canDoEvent() 方法，传入了 "fire" 状态，状态机会根据当前的状
态来判断是否可以发射子弹，判断的规则正是在 Actor 构造函数中初始化的默认事件表。

如果可以发射子弹则执行发射者模型的 fire() 方法，并创建一个子弹 Sprite，将子弹添
加到 bullets_ 列表中，并为子弹赋予一些初值，如攻击者、目标、移动速度、初始位置等。

```
function PlayDuelController:fire(attacker, target)
    if not attacker:canFire() then return end

    attacker:fire() -- 开火后，需要冷却一定时间才能再次开火

    -- 创建子弹图像，并设置起始位置和飞行方向
    local bullet = display.newSprite("#Bullet.png"):addTo(self)
    local view = self.views_[attacker]
    local x, y = view:getPosition()
    y = y + 12
    if view:isFlipX() then
        x = x - 44
        bullet.speed = -5
    else
        x = x + 44
        bullet.speed = 5
    end
    bullet:pos(x, y)

    bullet.attacker = attacker
    bullet.target = target
    self.bullets_[#self.bullets_ + 1] = bullet

    self:InterfaceTest()
end
```

Actor 模型的 fire() 方法中执行了状态的 doEvent() 方法，先执行了 fire 事件，再执行 ready
事件，ready 事件后面跟着一个延迟执行参数，也就是发射了之后等待一段时间才执行 ready
事件。这个参数会被传入到 Actor 的 onLeveFiring_() 方法中，在 onLeveFiring_() 方法中会
根据这个参数，启动一个 schedule，在等待一段时间后切换到下一个事件。

```
function Actor:fire()
    self.fsm__:doEvent("fire")
    self.fsm__:doEvent("ready", Actor.FIRE_COOLDOWN)
end
```

当状态切换时，状态机会触发 onchangestate 回调，并传入切换的状态，在 Actor 模型
初始化时，将 onchangestate 回调设置为 Actor 的 onChangeState_() 方法，在该方法中通过

dispatchEvent()方法触发了 Actor.CHANGE_STATE_EVENT 事件。

```
function Actor:onChangeState_(event)
    printf("actor %s:%s state change from %s to %s", self:getId(), self.
    nickname_, event.from, event.to)
    event = {name = Actor.CHANGE_STATE_EVENT, from = event.from, to = event. to}
    self:dispatchEvent(event)
end
```

HeroView 将 onStateChange_()方法注册为 Actor.CHANGE_STATE_EVENT 事件的回调。

```
function HeroView:onStateChange_(event)
    self:updateSprite_(self.hero_:getState())
end
```

HeroView 的 onStateChange_()方法调用 updateSprite_()方法，并传入了 Hero 模型当前的状态，当将程序切换到 firing 状态时，firing 状态会作为参数被传入到 updateSprite_()方法中，updateSprite_()方法会根据状态切换当前显示的 SpriteFrame，firing 状态对应的图片是 HeroFriring.png，这时候就可以看到角色做出了发射子弹的动作，而当状态切换回 idle 时，角色又会回到普通的待机动作。

```
function HeroView:updateSprite_(state)
    local frameName
    if state == "idle" then
        frameName = "HeroIdle.png"
    elseif state == "firing" then
        frameName = "HeroFiring.png"
    end

    if not frameName then return end
    self.sprite_:setSpriteFrame(display.newSpriteFrame(frameName))
end
```

22.3.4　命中目标

当发射了一发子弹后，这发子弹就会开始移动，最后命中目标，并执行相应的命中逻辑。创建出来的子弹在经过一系列初始化之后，会被添加到 PlayDuelController 的 bullets_列表中。PlayDuelController 在构造函数中通过 scheduleUpdate 开启了 update 更新，并将 tick()方法注册为帧节点事件的回调，update 每帧会发送一个帧节点事件，从而驱动 tick()方法时每一帧的执行。

在 tick()方法中，遍历了 bullets_数组，首先更新了每个子弹的坐标，然后处理了超出屏幕外的子弹。接下来判断子弹和目标的距离，调用 PlayDuelController 的 hit()方法来执行命中判断的逻辑。

```
function PlayDuelController:tick(dt)
    for index = #self.bullets_, 1, -1 do
        local bullet = self.bullets_[index]
        local x, y = bullet:getPosition()
        x = x + bullet.speed
        bullet:setPositionX(x)

        if x < display.left - 100 or x > display.right + 100 then
```

```
                bullet:removeSelf()
                table.remove(self.bullets_, index)
            elseif bullet.target then
                local targetView = self.views_[bullet.target]
                local tx, ty = targetView:getPosition()
                if dist(x, y, tx, ty) <= 30 then
                    if self:hit(bullet.attacker, bullet.target, bullet) then
                        bullet:removeSelf()
                        table.remove(self.bullets_, index)
                    else
                        bullet.target = nil
                    end
                end
            end
        end
    end
end
```

PlayDuelController 的 hit()方法首先判断目标是否死亡（也是通过状态机），如果没有死亡，则调用 attacker（也就是 Hero 模型）的 hit()方法，如果没有命中目标，则会在角色头上飘出一个 Miss 图片，表示未命中。

```
function PlayDuelController:hit(attacker, target, bullet)
    if not target:isDead() then
        local damage = attacker:hit(target)
        if damage <= 0 then
            local miss = display.newSprite("#Miss.png")
                :pos(bullet:getPosition())
                :addTo(self, 1000)
            transition.moveBy(miss, {y = 100, time = 1.5, onComplete =
            function()
                miss:removeSelf()
            end})
        end
        return damage > 0
    else
        return false
    end
end
```

Actor 的 hit()方法进行了闪避和伤害计算，最后执行扣除血量的操作，当血量更新时，会触发 HeroView 的更新血量逻辑，而当血量被减少到 0 以下时，Hero 模型会执行 kill 事件，切换到死亡状态，同时触发 HeroView 的 onKill_回调，播放死亡动画。中间的事件转发流程同前面介绍的流程一致，这里就不重复介绍了。

```
function Actor:hit(enemy)
    assert(not self:isDead(), string.format("actor %s:%s is dead, can't
    change Hp", self:getId(), self:getNickname()))
    -- 简化算法：伤害 = 自己的攻击力 - 目标防御
    local damage = 0
    if math.random(1, 100) <= 80 then -- 命中率 80%
        local armor = 0
        if not enemy:isFrozen() then -- 如果目标被冰冻，则无视防御
            armor = enemy:getArmor()
        end
        damage = self:getAttack() - armor
        if damage <= 0 then damage = 1 end -- 只要命中，强制扣 HP
    end
    -- 触发事件，damage <= 0 可以视为 miss
```

```
    self:dispatchEvent({name = Actor.ATTACK_EVENT, enemy = enemy, damage =
    damage})
    if damage > 0 then
        -- 扣除目标 HP，并触发事件
        enemy:decreaseHp(damage) -- 扣除目标 HP
        enemy:dispatchEvent({name = Actor.UNDER_ATTACK_EVENT, source = self,
        damage = damage})
    end
    return damage
end
```

22.4　小　　结

读完 22.3 节的示例代码后，本节简单点评一下这个例子，虽然从运行的效果上看 22.3 节例子非常简单，但代码阅读起来并不轻松，笔者认为整个例子可以变得更加简单一些，将模型刷新事件和状态更新事件的转发变得更加清晰一些。阅读这样的代码，需要先了解每个对象的职责，然后将其中的消息转发流程梳理清楚。

如果不使用 MVC 模式来实现 22.3 节的例子的话，那么代码至少可以减少 50%，因为可以不用将程序分成 3 层，然后通过消息在这三层之间来回通信。要获取的数据以及执行的操作都可以直接执行，不需要绕一圈，这虽然会增加一定的耦合，但耦合真的是令人无法接受吗？有时候适当的耦合反而可以让代码更加简单，22.3 节的例子只是演示了 Quick 的 MVC 框架的使用方法，并没有体现出 MVC 框架的优点，反而是让我们看到了一些缺点。

在这里对 MVC 框架做一个简单的分析，诚然 MVC 是一个不错的框架模式，否则不可能被应用得如此广泛，但使用一个框架的前提是需要它，它可以很好地解决问题，而不是这个框架很不错，很流行（系统学习某框架的情况除外）。

首先来看一下 MVC 的优点，主要的优点有耦合性低、可维护性高、方便管理，划分为 3 层是比较恰当的，每一层都有其明确的职责，每一层的接口明确，利于多人协作开发和维护（原本由 1 个程序员完成的工作可以划分为 3 个程序员同时执行），基于这些优点，MVC 框架应用于大型的复杂软件工程是很合适的。

那么 MVC 有什么缺点呢？主要有不易理解、复杂度高、效率较低 3 点。对于简单的功能，严格按照 MVC 模式进行分层，会增加结构的复杂性，导致过多的更新操作，使整个流程更加复杂。所以 MVC 并不适用于结构和规模较小的程序（想象一下使用 MVC 模式来实现一个 HelloWorld）。所以还是应该立足于需求，根据需求来划分出最合适的模块。

最后，除了 MVC 之外，还应该学习一下 Quick 的其他示例，以下几个示例有比较高的学习价值。

❏ UI 示例，演示了 Quick 封装的 UI 框架，该框架提供了丰富的控件以及完整的布局方案。由于使用 Lua 开发的大部分工作都是和 UI 打交道，而这套 UI 框架可以提高开发效率，是一套纯脚本的 UI 框架，使用 Sprite、Label 等基础对象组装而成，不同于 Cocos2d-x 的 Widget 框架，也和 CocosStudio 没有任何关系。

❏ StateMachine 示例，该示例演示了 Quick 的状态机组件，实际上这个组件的实用性还是很不错的，像 Quick 内部的很多控件都使用了该组件。Quick 3.5 版本移除了该示例，在 Quick 3.3 版本或 github 上的版本才有该示例的代码。

❑ Filters 示例，该示例演示了 Quick 实现的丰富特效，这些特效是在 C++层使用 Shader 实现的，Quick 在 Lua 层提供了简单的接口让程序员能够方便地使用这些效果。

❑ Coinflip 示例，该示例是一个完整的游戏示例，可以扫除初学者不知如何上手的问题，读者也可以从中酝酿使用 Quick 的感觉。

❑ Tests 示例，该示例系统地演示了 Quick 框架的大部分功能，是一堆例子的集合，读者可以将该示例中所有例子都运行一遍，观看效果，简单了解一下。在需要使用到某部分功能的时候，可以找到对应的代码来参考。

第 3 篇 网络篇

第 23 章　网络游戏——网游开发概述

本章将介绍 3 种最常见的网游类型，主要目的是作为网游开发的入门指引。如果读者对网游开发一无所知，那么本章可以起到一个不错的"扫盲"效果，如果读者对网游开发只是略知一二，那么本章会让读者对网游开发有进一步的了解。

这里将网游分为 3 种类型，弱联网、强联网以及局域网游戏，虽然都是网游，但这 3 种类型的游戏的实现差别较大，而且玩法体验也有明显的区别。

在本章中，我们会在一个实例中贯穿这 3 种不同的实现。实例的重点是网络而非游戏，所以本章仅是在实例中实现网络功能，并不注重其游戏性。

服务端对于很多没有接触过的人而言是神秘的，本章就来揭开这层神秘的面纱。除了针对 3 种不同的网游类型进行介绍，本章还会涉及网络编程的基础，以及前后端的设计和实现，网游开发过程中容易碰到的技术问题，并动手实现一个网游的雏形。本章作为网络游戏系列的开篇，会将 3 种不同类型的网游做个简单介绍，在后面几章中将详细介绍技术实现。本章主要介绍以下内容：

- ❑ 弱联网游戏。
- ❑ 强联网游戏。
- ❑ 局域网游戏。

23.1　弱联网游戏

弱联网的游戏类似开心泡泡猫、QQ 农场之类的游戏，如图 23-1 所示。弱联网游戏一般是**基于 HTTP 协议，用 PHP，ASP，JSP 之类的开发语言编写的 Web 程序作为服务器**。弱联网游戏实现成本比较低，特别是从页游移植到手机端，一般**使用 Libcurl** 就可以实现客户端与服务端的通信。一些单机游戏也使用弱联网的方式来实现如公告、每日签到这样的功能。

弱联网一般的实现方式为**短连接**，所谓短连接指的是客户端发起一个请求，服务端响应完就关闭的连接，是一次性的、用完就关闭的连接。例如，打开网页时会建立一个 TCP 连接，当网页显示完成时，浏览器会关闭这个连接。

有短连接就有对应的长连接，但不论是长连接还是短连接，这里说的主要都是 TCP 连接，因为 UDP 是无连接的，千万不要说建立了一个 UDP 连接，这个说法严格来说是错误的。

另外 TCP 连接的这个概念并不等同于网络连接，二者是不同层面上的东西，TCP 连接是一个虚拟的概念，而网络连接是物理上真实存在的连接，TCP 连接不等于网线，这个概念就像初学者容易把硬盘容量与内存卡容量弄混一样——"我的机器有 2TB 的内存"。TCP

连接的建立和关闭是通过三次握手和四次握手,而网线则是插上和拔下。TCP 连接对应的是两端的 TCP Socket 对象,而网线对应的是网卡设备。当然,TCP 和 UDP 都是依赖于底层的网卡网线来传输数据的。

图 23-1　QQ 农场

23.2　强联网游戏

强联网的游戏一般是比较复杂的网游,如英雄联盟、魔兽世界、大话西游、斗地主这样的游戏,如图 23-2 所示。强联网一般使用**长连接**,与弱联网的游戏相比最大的区别是是否具有实时交互的功能,例如,一个玩家在走路,其他玩家都可以实时地看到玩家的移动。

图 23-2　英雄联盟

长连接在这里指的是连接建立后一直保持，直到游戏结束或者网络异常连接才会中断，即非一次性的，较长时间保持着的连接。数据的传输是依靠连接进行传输，长连接使我们可以在游戏运行的过程中进行实时通信，不但可以从客户端发送到服务器，也可以由服务器主动推送给客户端，因为只要获取到 Socket 对象，即可调用 send() 方法来发送数据。

短连接因为是由客户端发起请求，服务器处理完返回给客户端后，客户端主动关闭，**关闭之后服务器无法获取到客户端的 Socket 对象，所以无法主动推送数据到客户端**，只能被动地根据客户端的请求来返回数据。长连接和短连接的定义，关键是看连接是否可以一直保持。

23.3　局域网游戏

局域网游戏一般也是实时交互的，但该类游戏的特点是**服务器是内嵌在客户端里的**，我们的程序既是客户端又是服务器。例如，红色警戒、魔兽争霸等游戏，都是可以在局域网内与好友对战的游戏，如图 23-3 所示。这种游戏不需要特别地去架设服务器，每个客户端都可以创建一个**房间**成为服务器。

图 23-3　红色警戒

一般的局域网游戏是 TCP 和 UDP 混合使用，可以用 **UDP 来完成广播，搜索房间以及建立房间的功能，用 TCP 来进行游戏数据的传输**。在局域网内，TCP 和 UDP 一般都能满足游戏需求，但 TCP 更加稳定，UDP 虽然效率略高，但在保证数据传输安全方面需要编写更加复杂的代码来实现，假如是不担心丢包，不严格要求数据包传输顺序的游戏，用 UDP 会更简单一些。

第 24 章　弱联网游戏——Cocos2d-x 客户端实现

本章要介绍的是签到功能的实现，该功能简单常见，通过该功能可以完整地了解一个弱联网请求的处理过程。只要掌握好该功能，其他如登录、公告、邮件、抽奖、商城之类的各种功能，都可以很轻易地实现出来。

本章的内容分为两部分，第一部分主要介绍客户端，如何在客户端**使用 Libcurl** 发起请求，以及处理请求，并进一步讨论 Libcurl 的使用问题。第 25 章主要介绍服务端，包含服务端 PHP + Nginx 的环境搭建，简单介绍 MySQL 数据库的搭建和使用，以及一些 PHP 语法和 SQL 语法，并用 PHP 和 MySQL 实现一个简单的签到服务。本章主要介绍以下内容：

❑ 客户端请求流程。
❑ Libcurl easy 接口详解。
❑ 使用多线程执行请求。
❑ 使用 Libcurl Multi 接口进行非阻塞方式请求。
❑ 使用非阻塞的 Libcurl 实现签到功能。

24.1　客户端请求流程

在客户端使用 Libcurl 发起请求时，需要顺序执行以下 4 个步骤。

（1）调用 curl_easy_init 初始化 libcurl。

（2）调用 curl_easy_setopt 设置请求，如设置请求链接、参数以及接收回调等。

（3）调用 curl_easy_perform 发起请求。

（4）调用 curl_easy_cleanup 关闭 Libcurl。

在使用 Libcurl 的时候需要**先调用 curl_easy_init()函数创建 CURL 对象**，然后根据需要调用 **curl_easy_setopt()函数对 CURL 对象进行设置**，如设置要请求哪一个链接、请求后的接收回调等。设置完了之后**调用 curl_easy_perform()函数发起请求**，在请求结束之后，可以**调用 curl_easy_cleanup()函数进行清理**，释放内存。简单的示例代码如下。

```
#include "curl/curl.h"

//在点击回调中发起请求
void CurlTest::onTouchesEnded(const std::vector<Touch*>& touches, Event
*event)
{
    //初始化 libcurl
    CURL* curl = curl_easy_init();
    //设置要请求的连接
```

```
curl_easy_setopt(curl, CURLOPT_URL, "http://webtest.cocos2d-x.org/
curltest");
//发起请求，该方法会阻塞程序
CURLcode res = curl_easy_perform(curl);
//清理 libcurl
curl_easy_cleanup(curl);

//显示请求结果
if(CURLE_OK == res)
{
    CCLOG("request success");
}
else
{
    CCLOG("request faile, code %d", res);
}
}
```

如果需要频繁地发起请求，可以只调用一次 curl_easy_init()和 curl_easy_cleanup()函数，然后在这期间进行多次调用 curl_easy_setopt()（设置请求参数）和 curl_easy_perform()函数（发起请求）以提高请求效率。

24.2　Libcurl easy 接口详解

首先是 curl_easy_init()和 curl_easy_cleanup()这对函数，它们负责 libcurl 的初始化和清理，必须成对出现，可以多次调用来创建多个 Libcurl 对象，在函数内部会调用 curl_global_init()以及 curl_global_cleanup()函数来执行全局的初始化和清理，这些函数都**不是线程安全的**。

curl_easy_perform()函数将使用一个配置好的 CRUL 指针发起请求，当返回 CURLE_OK 时表示请求成功，否则表示请求失败，失败的原因可以查看 CURLcode 枚举的定义。

curl_easy_setopt()方法是 curl 中最最复杂的一个方法，其函数原型如下。

```
CURLcode curl_easy_setopt(CURL *curl, CURLoption option, ...);
```

curl_easy_setopt()方法可以为 CURL 对象设置数 10 种选项，不同的选项对应不同的参数类型，可以输入整型、字符串、函数地址等。函数最后一个参数...表示可以输入任意类型和数量的参数，类似 printf 函数。下面介绍一些常用的选项。

24.2.1　关于请求链接

CURLOPT_URL 选项可以指定要请求的 URL 链接，该选项对应的参数为 char*类型，程序员需要传入一个网址，如 http://www.baidu.com。

CURLOPT_TIMEOUT 选项可以设定**请求的超时时间**，该选项对应的参数为 long 类型，单位为秒，默认为 0，表示不限定超时时间。如果需要更精确的时间，可以使用 CURLOPT_TIMEOUT_MS 选项来设置以毫秒为单位的超时时间。**当 CURLOPT_TIMEOUT 和 CURLOPT_TIMEOUT_MS 都被设置时，最后调用的设置会生效。**

CURLOPT_HTTPGET 选项可以设置请求类型为 GET，该选项对应的参数为 long 类型，设置为 0 表示禁用，设置为 1 表示开启。当将该选项设置为 1 时，**程序会自动将 CURLOPT_NOBODY 和 CURLOPT_UPLOAD 设置为 0**。默认就是 Http Get 模式，Get 模式是最简单的 HTTP 请求模式，通过 URL 地址向服务器请求内容，可以在 URL 的尾部追加 ?key1=value1&key2=value2&key3=value3（例如 **http://www.baidu.com?ie=utf-8**）来向服务器传递少量的 key value 参数（**URL 最大长度大约是 2000 个字节**）。当设置了 PUT 或 POST 模式时，设置 HTTP GET 将重置回 Get 模式。

CURLOPT_PUT 选项可以设置请求类型为 HTTP PUT，该选项对应的参数为 long 类型，默认为 0 表示禁用，设置为 1 表示开启。PUT 请求将上传数据到服务器（如上传照片文件），通过**设置 CURLOPT_READDATA 选项可以指定要传输的数据内容**。在 Libcurl 7.12 之后的版本，CURLOPT_PUT 被 **CURLOPT_UPLOAD** 替代。

CURLOPT_POST 选项可以设置请求类型为 HTTP POST，提交表单数据到服务器，启用该选项后，可以**设置 CURLOPT_POSTFIELDS 和 CURLOPT_COPYPOSTFIELDS 选项来指定要传输到服务器的数据**。该选项对应的参数为 long 类型，默认为 0 表示禁用，设置为 1 表示开启。

24.2.2　关于 Post 提交表单

CURLOPT_POSTFIELDS 选项可以设置要 POST 到服务器的数据，当请求类型为 POST 时才会生效，对应的参数为 char*，参数的值指定格式的字符串，如"key1=value1&key2=value2&key3=value3"。

CURLOPT_HTTPPOST 选项可以设置要发送的 Post 数据，可以传输文本数据以及文件（**传输文件时需要指定一个可读的文件路径**），通过 curl_formadd() 方法填充一个 curl_httppost 结构体，在调用 curl_easy_setopt() 方法设置 CURLOPT_HTTPPOST 时，将 curl_httppost 结构体作为选项设置的参数传入。示例代码如下。

```
struct curl_httppost *formpost=NULL;
struct curl_httppost *lastptr=NULL;
curl_global_init(CURL_GLOBAL_ALL);

//添加一个 key 为 sendfile, value 为指定文件路径的表单信息
//在表单被提交时，指定的文件路径对应的文件 postit2.c 会被一起发送到服务器
curl_formadd(&formpost,
        &lastptr,
        CURLFORM_COPYNAME, "sendfile",
        CURLFORM_FILE, "postit2.c",
        CURLFORM_END);

//添加一个 key 为 filename, value 为 postit2.c 的表单文本信息
curl_formadd(&formpost,
        &lastptr,
        CURLFORM_COPYNAME, "filename",
        CURLFORM_COPYCONTENTS, "postit2.c",
        CURLFORM_END);

CURL* curl = curl_easy_init();
//设置要提交的表单
curl_easy_setopt(curl, CURLOPT_HTTPPOST, formpost);
//提交请求
curl_easy_perform(curl);
```

```
    curl_easy_cleanup(curl);

    //最后不要忘了清理表单对象占用的内存
    curl_formfree(formpost);
```

curl_formadd 的第一和第二个参数都是 curl_httppost 二级指针，第一次调用时参数应该被设置为 NULL，接下来的参数 "..." 是可变参数，在这里必须成对地传入 CURLformoption 枚举成员和对应的值，在最后以 CURLFORM_END 结尾。

curl_formadd() 函 数 可 以 添 加 字 符 串 CURLFORM_COPYCONTENTS、 文 件 CURLFORM_FILE 以及二进制数据 CURLFORM_PTRCONTENTS（二进制数据需要再设置 **CURLFORM_CONTENTSLENGTH 来指定数据的长度，默认为 0，会调用 strlen 来判断长度**），如果传输的是文件，可以设置 CURLFORM_CONTENTTYPE 来指定文件类型，在 http://tool.oschina.net/commons 网址中可以找到常用的类型。

curl_formadd() 函数所分配的 curl_httppost 指针对象必须使用 curl_formfree() 函数来释放，以避免内存泄漏。关于 curl_formadd() 函数更详细的内容可参阅 http://curl.haxx.se/libcurl/c/ curl_formadd.html。

24.2.3　关于读写

CURLOPT_WRITEDATA 可以传入一个指针，当设置 CURLOPT_WRITEFUNCTION 选项注册回调函数时，设置的指针会作为参数传入回调函数中。如果不注册回调函数，传入一个文件句柄，如**一个以可写方式打开的文件句柄（一个 FILE 指针转换为 void*）**，那么接收到的数据将会被写入到这个文件中。

CURLOPT_WRITEFUNCTION 可以传入一个函数地址，**在接收到数据之后会调用该函数**，回调函数的原型为 size_t fun(void* ptr, size_t size, size_t nmemb, void *userdata)，第 1 个参数 ptr 是接收到的内容，第 2 和第 3 个参数相乘可以得出接收到的内容有多少字节。当设置了回调函数之后，在 CURLOPT_WRITEDATA 设置的指针会作为 userdata 传入（**如果有**）。需要注意的是，在一次请求中，这个回调可能会被多次调用，由于 TCP 传输的问题，一个响应的数据包可能会被分为多段进行传输（**半包粘包问题**），应该在回调中将数据缓存，当数据接收完整之后再进行处理。那么如何判断数据接收完整呢？如果是阻塞则调用 curl_easy_perform() 函数，在 curl_easy_perform() 函数返回之后再进行处理,否则需要自己根据协议来判断，一般是判断 ptr 内容是否包含协议的结束标识。

CURLOPT_READDATA 和 CURLOPT_WRITEDATA 类似，可以传入一个 void 指针来作为 CURLOPT_READFUNCTION 设置的回调的第 4 个参数，也可以设置一个可读的文件句柄，当 Libcurl 读取文件上传到服务器时，从这个文件读取数据，默认值为 stdin 标准输入流。

CURLOPT_READFUNCTION 和 CURLOPT_WRITEFUNCTION 类似，设置一个回调函数，在 Libcurl 上传文件到服务器时调用，回调函数的原型为 size_t read_callback(char *buffer, size_t size, size_t nitems, void *instream)。默认的读取回调是标准函数 fread()，buffer 是要填充的缓存区，size * nitems 可以得到要读取的内容大小，instream 一般是一个文件句柄（**由 CURLOPT_READDATA 设置**），填充完缓存区后，返回成功读取的元素个数。

curl_easy_setopt() 函数还可以设置其他数 10 个参数，包括下载进度回调、限速、传输安全、cookie 等,具体可以参考官方对 curl_easy_setopt 的详细介绍，网址为 http://curl.haxx.se/

libcurl/ c/curl_easy_setopt.html。

24.3　使用多线程执行请求

有时 curl_easy_perform 操作会造成一定的阻塞，当使用 Libcurl 从网上下载文件时（**很多情况下会用来动态更新资源**），或者在网络不佳的情况下，很容易碰到阻塞，一旦发生了阻塞，程序会整个停止，可以使用多线程或 Libcurl 的非阻塞方式来解决阻塞问题。下面是 CURL 中使用多线程发起多个请求的示例。

```
#include <stdio.h>
#include <pthread.h>
#include <curl/curl.h>

#define NUMT 4

//要访问的连接数组
const char * const urls[NUMT]= {
    "http://curl.haxx.se/",
    "ftp://cool.haxx.se/",
    "http://www.contactor.se/",
    "www.haxx.se"
};

//线程函数，执行一个请求
static void* pull_one_url(void *url)
{
    CURL *curl;

    curl = curl_easy_init();
    curl_easy_setopt(curl, CURLOPT_URL, url);
    curl_easy_perform(curl); /* ignores error */
    curl_easy_cleanup(curl);

    return NULL;
}

int main(int argc, char **argv)
{
    pthread_t tid[NUMT];
    int i;
    int error;

    //在创建线程之前先初始化 CURL
    curl_global_init(CURL_GLOBAL_ALL);

    //for 循环创建线程
    for(i=0; i< NUMT; i++) {
        error = pthread_create(&tid[i],
                        NULL, /* default attributes please */
                        pull_one_url,
                        (void *)urls[i]);
        if(0 != error)
            fprintf(stderr, "Couldn't run thread number %d, errno %d\n", i,
                error);
        else
```

```
        fprintf(stderr, "Thread %d, gets %s\n", i, urls[i]);
    }

    //在主线程中等待其他线程全部执行完，pthread_join()是一个阻塞函数
    for(i=0; i< NUMT; i++) {
        error = pthread_join(tid[i], NULL);
        fprintf(stderr, "Thread %d terminated\n", i);
    }

    curl_global_cleanup();
    return 0;
}
```

在 Cocos2d-x 3.0 中，也可以使用 C++ 11 的 thread 来替代 pthread 系列函数，例如，将 pthread_create()替换为 std::thread t(pull_one_url, urls[i])，将最后的 pthread_join()替换为 t.join();（可以选择定义 N 个线程对象，或者用一个数组来保存它们的指针）。

需要注意的是，**一个 CURL 对象，只能在一条线程中处理，不能多条线程同时处理一个 CURL 对象**，另外注意 **curl_global_init()和 culr_global_cleanup()是一对线程不安全的函数**，curl_global_init()函数应该在所有线程创建之前执行，而 culr_global_cleanup()函数应该在所有线程结束后执行。

如果在线程中接收到消息，要处理消息时，涉及 Cocos2d-x 界面内容修改的部分必须在 Cocos2d-x 主线程执行，多个线程同时操作 Cocos2d-x 的场景，有可能导致黑屏或崩溃等异常。

通过调用 Schedule 的 performFunctionInCocosThread()方法传入回调函数，可以在主线程中执行相应的代码。

24.4　使用 Libcurl Multi 接口进行非阻塞请求

24.3 节介绍了 easy 接口，easy 接口提供了最基础的 CURL 对象，能够以阻塞的方式处理单个请求，如果需要**同时发起多个请求**，需要借助线程。

而 Multi 接口能够**在同一线程内以非阻塞的方式处理多个并发请求**。由于 multi 接口是非阻塞的，所以使用起来比 easy 接口要复杂很多，并且在很多情况下需要结合 select()函数来处理请求。

select()函数是用于并发管理通知的系统函数，在 Windows 和 Linux 以及 Mac 下都有。当使用非阻塞的方式处理请求时，请求的结果并不会立即返回。那么如何知道请求的结果是否返回了呢？答案是**在每一次主循环中调用接收数据的方法去接收数据**（这里接收数据的方法被 Libcurl 封装起来了），如果请求返回了，就可以接收到内容。

当有很多个并发请求的时候，这种方法就需要在每一次主循环中遍历所有的请求对象，让它们接收数据（**一般指 Socket**），这种遍历的方式效率低下。而 select()函数可以帮助程序员管理这些连接，当连接的数据到达可以读取的时候，通知应用程序来处理连接，这种监听——触发的方式与遍历的方式相比，效率提高了很多。程序员需要在每次主循环执行时调用 select()方法来判断是否有消息可处理，如果是则对触发的消息进行处理。

24.4.1　multi 接口

以下是 Libcurl 提供的 Multi 系列接口。

```
//初始化一个 CURLM*指针，同 curl_easy_init 类似
CURLM *curl_multi_init( );

//清理 CURLM*指针，同 curl_easy_cleanup 类似
CURLMcode curl_multi_cleanup( CURLM *multi_handle );

//添加一个 easy 对象到 Multi 对象中，由 Multi 对象进行管理
CURLMcode curl_multi_add_handle(CURLM*multi_handle,CURL*easy_handle);

//将一个已添加到 Multi 对象中的 easy 对象移除
CURLMcode curl_multi_remove_handle(CURLM*multi_handle,CURL*easy_handle);

//用于替代 curl_easy_perform，发起以及处理非阻塞的请求
//running_handles 表示当前正在处理的请求数量
CURLMcode curl_multi_perform(CURLM*multi_handle,int*running_handles);

//从 Multi 对象中获取文件描述符集合，用于 select()函数的参数
//文件描述符在这里实际上是一个 Socket 网络连接对象
//当 Libcurl 并未初始化任何 Socket 对象时，max_fd 为-1
CURLMcode curl_multi_fdset(CURLM *multi_handle,
                  fd_set *read_fd_set,
                  fd_set *write_fd_set,
                  fd_set *exc_fd_set,
                  int *max_fd);

//curl_multi_timeout()函数用于询问 libcurl 超时时间，在超时时间结束之前，应该
调用一次 curl_multi_perform()方法
//超时时间的单位为毫秒，为 0 表示应该立即处理，为-1 表示没有设置超时时间，无须处理
CURLMcode curl_multi_timeout(CURLM *multi_handle, long *timeout);

//Multi 对象会将每个请求结束后的信息存入 Multi 栈中，curl_multi_info_read()
方法可以读取所有已完成请求的信息
//这里的请求结束，包含了正常结束和异常结束。
//只有通过 curl_multi_info_read()方法才能知道请求的结果，因为 perform 并不会
告知请求结束了或者发生了异常
//curl_multi_info_read()每次调用，都会将信息从 Multi 栈中移除，msgs_in_
queue()函数会告诉我们栈中还剩下多少消息
//当 Multi 栈中没有消息时，该函数返回 NULL
CURLMsg *curl_multi_info_read( CURLM *multi_handle,  int *msgs_in_
queue);

//设置 Multi 选项，在大多数情况下不需要设置
//大部分选项是为比较复杂的 Multi Socket API 提供
CURLMcode curl_multi_setopt(CURLM * multi_handle, CURLMoption option,
param);
```

24.4.2　Multi 工作流程

1. Multi接口工作流程

Multi 接口工作流程如图 24-1 所示，使用非阻塞的 Libcurl 需要经历以下步骤。

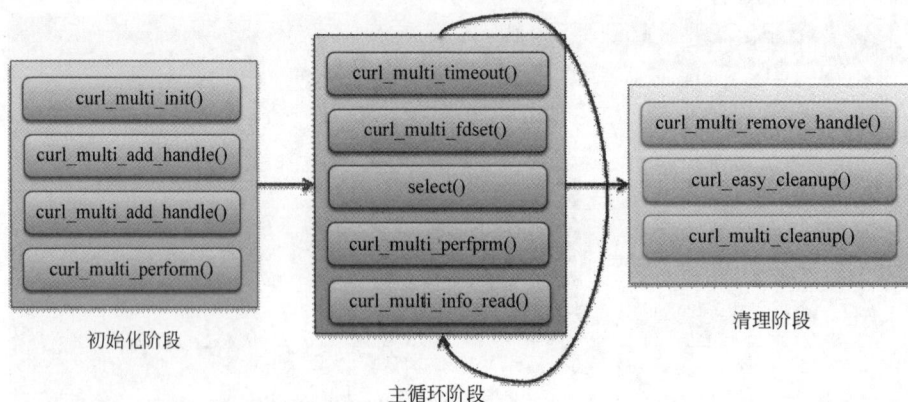

图 24-1　Multi 接口工作流程

首先是初始化阶段：

❑　调用 curl_multi_init()函数初始化返回一个 CURLM 指针。

❑　调用 curl_multi_add_handle()函数添加要请求的 CURL 对象。

❑　调用 curl_multi_perform()函数开始请求。

接下来是主循环阶段：

❑　调用 curl_multi_timeout()函数获取等待时间。

❑　调用 curl_multi_fdset()函数从 CURL 中获取 maxfd 以及 fdset。

❑　调用 select()函数询问 fdset 中是否有数据可读或可写。

❑　如果是则调用 curl_multi_perform()函数驱动 CURL 进行读写操作。

❑　操作完成后，循环调用 curl_multi_info_read()函数来判断请求的结果。

所有的请求处理完之后，假设不需要再请求，可以进入清理阶段：

❑　先将结束的请求调用 curl_multi_remove_handle()函数进行移除。

❑　调用 curl_easy_cleanup()函数清除 CURL 指针。

❑　调用 curl_multi_cleanup()函数清除 CURLM 指针。

2．Multi接口使用详解

首先用 curl_easy_init()函数和 curl_easy_setopt()函数创建并设置好 Libcurl 连接句柄，并且用 curl_multi_init()函数初始化一个 CURLM 句柄对象，然后调用 curl_multi_add_handle()函数将 CURL 句柄添加到 CURLM 句柄中（**可以添加多个句柄到 CURLM**），然后调用 curl_multi_perform()函数将启动非阻塞的请求。

那些被添加到 CURLM 句柄中的 Libcurl 句柄将会被执行，curl_multi_perform()方法将会立即返回，但并不表示请求已经被处理完了，curl_multi_perform()函数的第二个参数是一个输出参数，表示还未处理完的句柄数，在每次调用完 curl_multi_perform()函数的时候，假设某个请求已经处理结束，该参数会减 1。

可以在程序的主循环中执行 curl_multi_perform()函数，直到所有的请求都处理完毕。但更好的写法是在主循环中使用 select()方法来进行检测，当有事件触发的时候，再去调用 curl_multi_perform()函数，Libcurl 也建议我们这么做。select()方法在第 26 章中会详细介绍。

如果需要处理服务器返回的内容，可以通过在创建 CURL 的时候（**不是 CURLM**），设置 CURL 的 CURLOPT_WRITEFUNCTION 选项来指定处理回调，如果有多个请求，那么可以给每个请求设置不同的回调来处理，如果希望设置同一个函数来处理不同的请求，那么可以通过设置 CURLOPT_WRITEDATA 选项来设置回调函数的第 4 个参数，在函数中根据参数来区分请求。WriteFunction 回调应该记录服务器返回的内容，当这个请求结束之后，再来进行处理。

在调用 select()方法之前需要知道超时时间，curl_multi_timeout 返回的超时时间是 Libcurl 内部计算的时间而不是手动设置的超时时间，表示需要在这个时间之内调用一次处理函数（可以是 **curl_multi_perform()**也可以是 **curl_multi_socket()函数**），超时时间的单位为毫秒，为 0 表示应该立即处理，为-1 表示没有设置超时时间，无须处理。

在调用 select()方法之前，还需要调用 curl_multi_fdset()方法从 CURL 中获取文件描述符集合，作为 select()方法的参数。当输出的 maxfd 为-1 时表示 Socket 套接字还没有准备好，这时候如果调用 select()函数可能会出错，Libcurl 建议我们在这种情况下等待 100 毫秒之后，再重新操作。

在 Multi 接口中，一个 **CURL** 请求的结果，不论成功还是失败，都会将请求的结果存储到一个 **Multi** 栈中，我们需要主动调用 **curl_multi_info_read()函数**来获取请求的结果。curl_multi_info_read()函数需要传入一个 int 指针参数来保存 Multi 栈剩下的信息数量，并返回一个 CURLMsg 指针，通过循环调用来取出所有结束的请求。

3．Multi接口示例代码

Multi 接口的示例代码如下。

```
#include <stdio.h>
#include <string.h>
#include <sys/time.h>
#include <curl/curl.h>

int main()
{
    int still_running;
    int msgs_in_queue;

    CURL *handle1 = curl_easy_init();
    CURL *handle2 = curl_easy_init();
    CURLM *multi_handle = curl_multi_init();

    //初始化两个普通的请求
    curl_easy_setopt(handle1, CURLOPT_URL, "http://www.baidu.com/");
    curl_easy_setopt(handle2, CURLOPT_URL, "http://www.google.com/");

    //将两个请求添加到 multi_handle()函数中
    curl_multi_add_handle(multi_handle, handle1);
    curl_multi_add_handle(multi_handle, handle2);

    //still_running 是当前还在执行的句柄数
    curl_multi_perform(multi_handle, &still_running);

    do
    {
        //根据 still_running 来判断是否有请求未执行完
        if(still_running <= 0)
```

```
    {
        break;
    }
    struct timeval timeout;
    int rc;
    fd_set fdread;
    fd_set fdwrite;
    fd_set fdexcep;
    int maxfd = -1;
    long curl_timeo = -1;
    FD_ZERO(&fdread);
    FD_ZERO(&fdwrite);
    FD_ZERO(&fdexcep);
    timeout.tv_sec = 1;
    timeout.tv_usec = 0;
    //获取要等待的超时时间，并设置到 timeout 中
    curl_multi_timeout(multi_handle, &curl_timeo);
    if(curl_timeo >= 0)
    {
        timeout.tv_sec = curl_timeo / 1000;
        if(timeout.tv_sec > 1)
            timeout.tv_sec = 1;
        else
            timeout.tv_usec = (curl_timeo % 1000) * 1000;
    }
    //从 CURLM 中取出 fdset，并返回 maxfd
    curl_multi_fdset(multi_handle,&fdread, &fdwrite, &fdexcep, &maxfd);
    if(maxfd == -1)
    {
        //如果 maxfd 为-1，说明网络未完成初始化，建议等待 100 毫秒
        //Windows 和其他平台的等待方法不同
#ifdef _WIN32
        Sleep(100);
        rc = 0;
#else
        struct timeval wait = { 0, 100 * 1000 };
        rc = select(0, NULL, NULL, NULL, &wait);
#endif
    }
    else
    {
        //select()函数监听是否有读写事件触发，此时的 select()函数是阻塞函数，
        会阻塞 timeout 所指定的时间
        //如果不希望 select 阻塞，可以将 timeout 的两个成员变量都设置为 0，传入
        NULL 表示一直阻塞
        //当有连接可读或可写时，select()函数会立即返回可读写连接的数量，如果超时
        则返回 0，返回-1 表示异常
        rc = select(maxfd+1, &fdread, &fdwrite, &fdexcep, &timeout);
    }
    //根据 select()函数的结果来处理
    switch(rc)
    {
        //select()函数发生了错误
        case -1:
            still_running = 0;
            printf("select() returns error, this is badness\n");
            break;
        //有数据可读或可写，调用 curl_multi_perform()函数驱动数据读写
        //curl_multi_perform()函数会将剩余正在执行的请求输出到 still_running 中
```

```
                   //CURL 句柄设置的回调
                   case 0:
                   default:
                       curl_multi_perform(multi_handle, &still_running);
                       break;
               }

               CURLMsg * msg = NULL;
               do
               {
                   msg = curl_multi_info_read( multi_handle, msgs_in_queue);
                   if(msg)
                   {
                       //打印请求结果, 并清理 CURL 对象
                       printf("%d request finish result %d ", msg->easy_handle,
                       msg->data.result);
                       curl_multi_remove_handle( multi_handle, msg->easy_handle);
                       curl_easy_cleanup( msg->easy_handle);
                   }
                   else
                   {
                       break;
                   }
               } while(true);
           }while(true);

           //清理 Multi 对象
           curl_multi_cleanup( multi_handle );
           return 0;
       }
```

24.5　使用非阻塞的 Libcurl 实现签到功能

　　24.4 节的例子关于请求的使用并不是在 Cocos2d-x 中使用的, easy 接口以及多线程请求这两种方式都可以在 Cocos2d-x 中直接使用,但是 Multi 接口要在 Cocos2d-x 中使用则需要一些改变。因为 24.4 节的例子实现了程序的主循环, 以及等待 100 毫秒、等待超时等阻塞操作, 而在 Cocos2d-x 中则不需要去实现程序的主循环。

　　程序要实现的签到功能非常简单, 首先客户端发起签到请求, 将自己的用户 ID 提交, 那么用户 ID 从哪来呢? 因为我们并没有注册和登录这样的服务, 所以这个 ID 也由签到服务来生成, 这个做法只是为了演示, 存在安全隐患, 请勿模仿。程序默认的 ID 是-1, 保存在 UserDeafult 中, 当请求服务器时, 如果服务器发现程序的 ID 是-1, 那么将视为一个新的用户并分配一个 ID, 然后我们将 ID 保存到 UserDeafult 中, 下次再请求, 从 UserDeafult 中获取 ID, 发送的就是服务器返回的 ID。

　　为什么要这么复杂地创建和维护这个 ID 呢? 因为程序要实现每日签到的功能, 必须知道用户今天是否签到了, 服务器需要一个 ID 来记录用户今天是否已经签到了。正常的签到请求是不应该由客户端发送 ID 的, 其存在的安全隐患就是, 客户端可以发送任何 ID 过来, 帮任何一个人进行签到。这种模式称为信任客户端, 也就是客户端说了算。在这种模式下的服务器开发会轻松很多, 但换来的是外挂的有机可乘。所以安全的做法是对客户端最少的信任, 将数据和逻辑控制在服务端。

　　请求完之后，会接收到服务器返回的信息，首先把 ID 记录下来，然后判断签到成功
与否，弹出对应的对话框即可。当然，如签到成功的话可以给出各种奖励的，大家可以自
由发挥。

24.5.1　初始化界面

　　在场景的 init()函数中，先进行初始化，首先初始化 CURLM 对象及一些成员变量，并
在场景中添加一个签到按钮，当用户单击按钮时，执行 signin()函数。m_multi_handle 和
m_still_running 是场景的成员变量。

```
//初始化变量
m_multi_handle = curl_multi_init();
m_still_running = 0;

//单击 signin 按钮发起登录请求
auto item = MenuItemFont::create("signin", [this](Ref*)->void
{
    int uid = UserDefault::getInstance()->getIntegerForKey("uid", -1);
    this->signin(uid);
});
Menu* menu = Menu::create(item, NULL);
addChild(menu);

//注册 update 回调
scheduleUpdate();
```

24.5.2　发起请求

　　发起签到请求的代码很简单，只是添加一个 CURL 对象到 Multi 对象中，比较关键的
地方是在接收数据处为每个 CURL 对象分配了一个 string 对象，在接收数据时将接收到的
数据追加到 string 对象的尾部。

```
size_t writeFun(void* ptr, size_t size, size_t nmemb, void *userdata)
{
    *((string*)(userdata)) += (char*)ptr;
    return nmemb;
}

void HelloWorld::signin(int uid)
{
    CURL* request = curl_easy_init();
    m_requestMap[request] = "";
    char buf[128];

    curl_easy_setopt(request, CURLOPT_URL, "http://localhost/signin.php");

    snprintf(buf, sizeof(buf), "uid=%d", uid);
    curl_easy_setopt(request, CURLOPT_POSTFIELDS, buf);

    curl_easy_setopt(request, CURLOPT_WRITEFUNCTION, writeFun);
    curl_easy_setopt(request, CURLOPT_WRITEDATA, &m_requestMap[request]);

    curl_multi_add_handle(m_multi_handle, request);
```

```
        curl_multi_perform(m_multi_handle, &m_still_running);
    }
```

在 signin 成员函数中发起请求，根据传入的 uid 来发起请求，请求的 URL 是 http://localhost/signin.php，在第 25 章中会介绍服务器的搭建以及服务器代码的编写。

我们要传入的 uid 是从 UserDeafult 中获取的一个数值，默认为-1，表示一个新用户，当收到签到结果时会将 uid 保存，在这里将 uid 作为 POST 参数设置进去。

在这里设置了 CURLOPT_WRITEDATA 和 CURLOPT_WRITEFUNCTION，首先传入了 writeFun 指针作为数据接收回调函数，并设置 m_requestMap[request]的地址作为回调函数的 userdata 参数，m_requestMap 是场景的成员变量，其类型是 std::map<CURL*, std::string>，以 CURL*为 key，以 string 为 value。

当我们发起一个请求时，为这个 CURL*对象分配一个 string 用于接收服务器返回的数据，并在 writeFun 中把数据追加到字符串中。这样做的目的是当知道某个 CURL 对象请求完毕时，可以根据这个对象来获取其接收到的数据。

将数据接收和数据处理分离，对于一些请求过长的内容，会分为多次下发，这样在接收函数中只需要将接收到的内容保存追加即可，不需要去判断是否接收完成。注意！**这里为每个 CURL 都分配了一个独立 string 来接收数据，这个 string 的指针作为 writeFun 的 userdata 传入。**

最后将 CURL 对象添加到 CURLM 中，并调用 curl_multi_perform()函数开始执行，此时会输出正在执行的请求数量到 m_still_running 中。

24.5.3　处理结果

在场景的 update()函数中判断是否有请求正在执行，如果有则调用 curl_multi_perform，然后调用 process()成员函数进行处理。在 process()中判断是否有请求结束了，如果有则进行处理。首先判断请求是否成功，如果请求失败，则弹出对话框 net work error，在访问一个不存在的网页时会执行，如果请求成功，则判断服务器返回的结果，看是否签到成功，如成功则弹出 sign in success 对话框，如失败则弹出 sign in faile 对话框（**在同一天重复签到，服务器会返回签到失败**）。

最后设置服务器返回的 uid，并清理 CURL 对象及 m_requestMap 中对应的响应内容。

```
void HelloWorld::update(float dt)
{
    //根据 m_still_running 来判断是否有请求未执行完
    if (m_still_running <= 0)
    {
        return;
    }
    curl_multi_perform(m_multi_handle, &m_still_running);
    process();
}

void HelloWorld::process()
{
    CURLMsg * msg = NULL;
    int msgs_in_queuc;
    while (msg = curl_multi_info_read(m_multi_handle, &msgs_in_queue))
```

```
    {
        CURL* easy = msg->easy_handle;
        //打印请求结果，并清理 CURL 对象
        if (msg->data.result == CURLE_OK)
        {
            //调用 getMapFromResult()方法解析返回结果，后面会介绍到该方法的实现
            auto dict = getMapFromResult(m_requestMap[easy]);
            if (dict["result"] == 1)
            {
                cocos2d::MessageBox("sign in success", "signin");
            }
            else
            {
                cocos2d::MessageBox("sign in faile", "signin");
            }
            UserDefault::getInstance()->setIntegerForKey("uid",
dict["uid"]);
        }
        else
        {
            cocos2d::MessageBox("net work error", "signin");
        }
        m_requestMap.erase(easy);
        curl_multi_remove_handle(m_multi_handle, easy);
        curl_easy_cleanup(easy);
    }
}
```

当运行服务器并单击 sign in 按钮时，会弹出签到成功或失败的提示信息，如图 24-2 所示。

图 24-2 签到成功

24.5.4 解析结果

在 24.5.3 节的代码中使用了 getMapFromResult()函数将服务器返回的字符串，解析到一个 Map 中，Map 的 key 是 string 类型，value 是 int 类型。服务器下发的内容会是这样的 "uid=122\nresult=1"，在 getMapFromResult()函数中先用\n 作为分隔符，抽出所有的 a=b 这

样的字符串，然后再以=为分隔符，将 a 和 b 分离，最后进行转换并存到要返回的 Map 中。

```cpp
vector<string> splitString(const string& str, char p)
{
    size_t offset = 0;
    vector<string> vec;
    do
    {
        size_t pos = str.find(p, offset);
        if (pos == string::npos)
        {
            vec.push_back(str.substr(offset, str.length() - offset));
            break;
        }
        else
        {
            vec.push_back(str.substr(offset, pos - offset));
            offset = pos + 1;
        }
    } while (true);
    return vec;
}
map<string, int> getMapFromResult(const string& result)
{
    map<string, int> ret;
    vector<string> vec = splitString(result, '\n');
    for (auto iter = vec.begin(); iter != vec.end(); ++iter)
    {
        vector<string> vecKV = splitString(*iter, '=');
        if (vecKV.size() == 2)
        {
            ret[vecKV[0]] = atoi(vecKV[1].c_str());
        }
    }
    return ret;
}
```

在实际开发过程中，用 Json 和 Protobuffer 来作为传输的协议格式是比较常见的，在例中没有使用而是使用了一段自定义的文本协议。

第 25 章 弱联网游戏——PHP 服务器实现

本章主要介绍弱联网服务端的开发，包含服务端 PHP + Nginx 的环境搭建，简单介绍 MySQL 数据库的搭建和使用，以及一些 PHP 语法和 SQL 语法，并用 PHP 和 MySQL 实现一个简单的签到服务。

PHP 是一门常用于网站后端开发的脚本语言，也常用于网页游戏开发，这里将结合 Nginx 服务器，使用 PHP 脚本来开发一个简单的服务。MySQL 数据库是用来存储数据的工具，可以使用 SQL 语法结合 PHP 的 MySQL 插件来操作 MySQL 数据库，服务器开发最主要的工作就是操作数据库以及逻辑处理。本章主要介绍以下内容：

- ❑ 环境搭建。
- ❑ 编写 PHP。
- ❑ 实现签到服务。

25.1 环 境 搭 建

首先搭建一下 PHP 环境，目前 PHP 服务器有很多选择，如 IIS、Apache 和 Nginx 等。这里选择 Nginx（因为其比较稳定高效）。此外，还需要下载 Nginx、PHP 以及 MySQL，下载网址如下。

- ❑ Nginx：http://nginx.org/en/download.html；
- ❑ PHP：http://windows.php.net/download/；
- ❑ MySQL：http://dev.mysql.com/downloads/mysql/。

25.1.1 安装 PHP

先将 PHP 解压，进入 PHP 解压目录并修改 PHP 的配置文件 php.ini-development，修改为 php.ini，然后打开 php.ini，在 php.ini 文件中，可以看到很多分号开头的行，分号在这里是注释的意思，我们需要将下面的注释关闭，开启对应的功能。

extension_dir 扩展目录配置，在 Windows 下为"ext"，如图 25-1 所示。

```
732    ; Directory in which the loadable extensions (modules) reside.
733    ; http://php.net/extension-dir
734    ; extension_dir = "./"
735    ; On windows:
736    extension_dir = "ext"
```

图 25-1 配置 extension_dir

MySQL 相关的扩展如下，需要开启该扩展才能在 PHP 中访问 MySQL 数据库，如图 25-2 所示。

```
;extension=php_mysql.dll
;extension=php_mysqli.dll
```

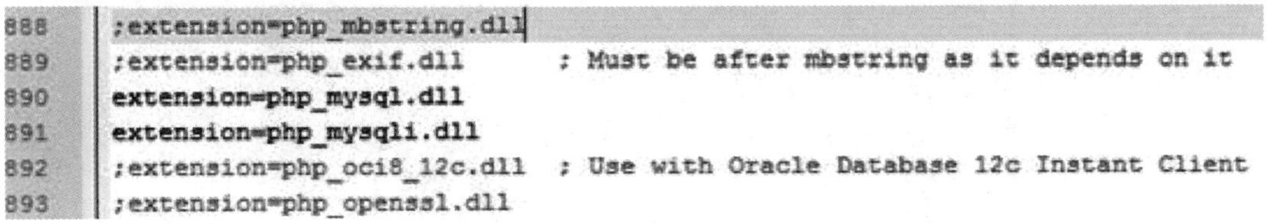

```
888    ;extension=php_mbstring.dll
889    ;extension=php_exif.dll      ; Must be after mbstring as it depends on it
890    extension=php_mysql.dll
891    extension=php_mysqli.dll
892    ;extension=php_oci8_12c.dll  ; Use with Oracle Database 12c Instant Client
893    ;extension=php_openssl.dll
```

图 25-2　配置 MySQL 链接库

cgi 路径信息配置如下，开启该配置是为了在 Nginx 中使用 PHP。

```
;cgi.fix_pathinfo=1
```

25.1.2　安装 Nginx

接下来解压 Nginx，然后进入 Nginx 目录，找到 Nginx.conf，在 Nginx.conf 中可以配置网站路径，当要访问 HTML 页面时，会从 root 路径下寻找该页面，默认的 root 路径是在 Nginx 当前目录的 html 目录下，可以修改为自定义的路径。

```
location / {
    root    html;
    index   index.html index.htm;
}
```

然后找到 PHP 相关配置，将下面配置前的#号删除，#号在这里是注释的意思，删除#号来开启 PHP，当要访问一个 PHP 文件时，会从下面的 root 路径下寻找该页面。Fastcig_pass 配置表示 PHP 扩展启动的 IP 和端口。**将 Fastcgi_param 配置中的/scripts 修改为 $document_root。**

```
#location ~ \.php$ {
#    root           html;
#    fastcgi_pass   127.0.0.1:9000;
#    fastcgi_index  index.php;
#    fastcgi_param  SCRIPT_FILENAME  /scripts$fastcgi_script_name;
#    include        fastcgi_params;
#}
```

25.1.3　安装 MySQL

双击下载的 mysql-5.5.42-win32.msi 文件直接运行安装（**根据自己的系统选择要下载的 MySQL**），然后一直单击 Next 按钮即可完成安装，安装完成之后需要配置 MySQL。配置 MySQL 也是根据自己的需要一直单击 Next 按钮。但在配置字符集时，可以将默认的字符集调整为 utf8，以避免后期会碰到的一些乱码问题，如图 25-3 所示。

另外，还可以选择将 bin 目录包含到 Windows 的 path 环境变量中，以方便后面的一些操作，最后需要设置 MySQL 数据库的账户名和密码，如图 25-4 所示。一切配置完成之后，即会根据配置启动 MySQL。

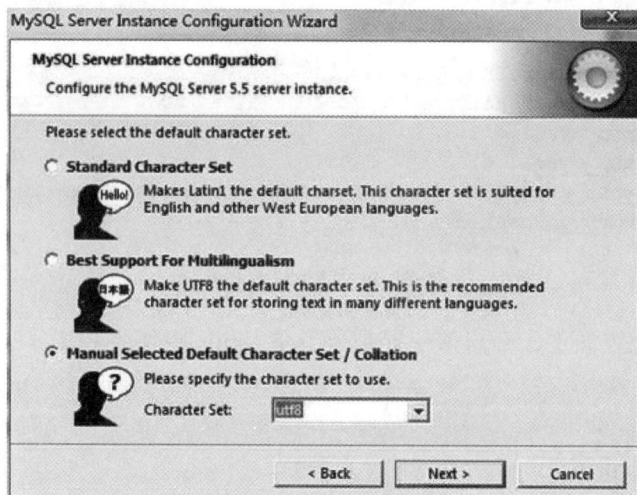

图 25-3　字符集 utf8

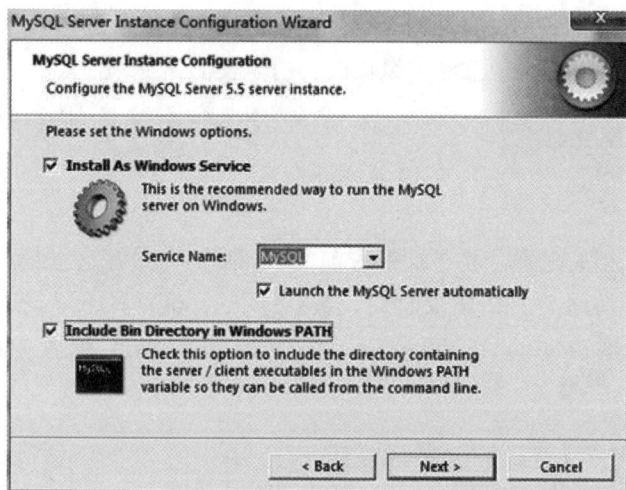

图 25-4　配置 MySQL

25.1.4　启动服务

进入 PHP 的安装目录，输入如图 25-5 所示的命令，按 Enter 键启动 PHP 扩展。127.0.0.1:9000 对应上面 Nginx 配置的 IP 和端口，当端口发生冲突的时候，就要考虑修改配置和启动端口，换一个端口。

```
D:\webserver\php5.6.5>php-cgi.exe -b 127.0.0.1:9000 -c php.ini
```

图 25-5　启动 PHP

启动 PHP 之后，直接运行 Nginx 程序启动 Nginx，这时打开浏览器输入 localhost 可以打开默认的 Nginx 欢迎页面，如图 25-6 所示。

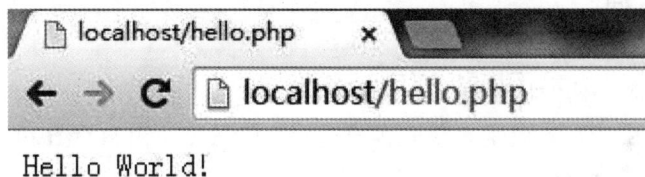

图 25-6　运行 PHP 文件

该页面位于 Nginx 目录下的 html 目录中。接下来创建一个 hello world 的 PHP 文件来进行测试。在 Nginx 的 html 目录下创建一个 hello.php 文件，输入以下内容：

```php
<?php
echo "Hello World!<br>";
?>
```

然后在浏览器中输入 http://localhost/hello.php，即可看到创建的 Hello World。

25.2　编写 PHP

关于 PHP 的语法这里并不打算系统地介绍，w3school（网址为 http://www.w3school.com.cn/php）已经进行了系统介绍了。这里仅针对性地介绍一些必要的内容。

25.2.1　基本语法

❑ PHP 脚本使用 <?php 标签开头，以 ?> 标签结尾，PHP 代码必须放在标签内。
❑ PHP 的变量以$开头，后接变量名。无须创建变量，而是直接使用，变量区分大小写，只能包含字母，下划线和数字，并且不能以数字开头，如$temp = 10;。
❑ PHP 是弱类型的语言，不需要明确指定变量的类型，如上面的 temp 会被自动定义为整型变量。
❑ PHP 包含 3 种不同的变量作用域 local（局部）、global（全局）、static（静态），局部变量声明在函数内，全局变量声明在函数外，静态变量的声明需要加上 static 前缀。
❑ PHP 的函数以 function 函数名(参数列表) { 函数体 } 的方式编写，不需要声明返回值的类型，如果有返回值，直接在函数体内返回即可，参数列表的方式为$var1, $var2…形式输入。
❑ 使用 array() 可以创建数组，PHP 有索引数组以及关联数组，使用$arr = array(1, 2, 3);可以创建一个索引数组，用$arr[index]来取出指定下标的元素，关联数组可以使用$arr = array("one"=>"1", "two"=>"2", "three"=>"3");来创建，使用$arr["one"]进行访问。
❑ Foreach($arr as $value) { } 语句可以遍历 arr 数组，使用 foreach($arr as

$key=>$value) { } 语句可以遍历 arr 关联数组。

25.2.2　表单处理

客户端可以向服务器发送数据，主要有 Get 和 Post 两种方式，在 PHP 中，可以**通过 $_GET 数组，以及$_POST 数组来获取客户端提交的数据（在 HTML 的 form 表单中，指定 method 为"get"或"post"）**。

那么 Get 和 Post 有什么区别呢？Get 数据通过 URL 参数传入到当前脚本中，而 Post 数据是通过 HTTP Post 表单方式传入的。Get 数据对任何人都是可见的，并且 Get 数据长度限制为 2000 字符。可以使用 Get 方式发送非敏感数据，而 Post 数据对其他人是不可见的，而且发送的信息没有限制；使用 Post 方式发送敏感数据。例如，用户上网站经常需要输入密码登录，这就是一个提交表单的过程，用户名和密码会被解析到$_POST 数组中以供验证。

25.2.3　操作 MySQL

数据库操作是服务器最频繁的工作，SQL 语法在这里也不作详细介绍，读者可以在 http://www.w3school.com.cn/sql/index.asp 中深入地了解 SQL 方面的知识。在 PHP 中，可以使用以下方法来操作 MySQL。

- ❑ mysql_connect(servername,username,password);　连接 MySQL 数据库，传入 IP、用户名和密码，最后返回一个数据库连接对象，后面操作数据库都需要使用这个对象。
- ❑ mysql_close($con); 关闭数据库连接对象。
- ❑ mysql_error(); 查看 MySQL 错误。
- ❑ mysql_query(sql, $con); 传入 SQL 语句和数据库连接对象，执行 SQL 查询。可以直接用 if 语句来判断执行是否成功或失败。
- ❑ mysql_select_db("my_db", $con); 选择要操作的数据库，传入数据库名字以及数据库连接对象。

使用 mysql_query 查询数据会作为一个变量返回，因此需要使用 mysql_fetch_array 来获取每一行查询到的数据，然后进行处理，具体使用方法如下：

```
$result = mysql_query("SELECT * FROM Persons");
while($row = mysql_fetch_array($result))
{
    $row['FirstName'] . " " . $row['LastName'];
    echo "<br />";
}
```

25.3　实现签到服务

在编写服务器之前，需要建立数据库，然后再建立对应的 SQL 表，我们需要一张签到奖励表。签到奖励表有两个字段，第一个是用户 ID，第二个是该用户签到的日期。

下面使用打开 MySQL 的命令行客户端，在 Windows 程序中的 MySQL 目录下可以找到，运行客户端后输入用户名和密码（**安装 MySQL 时配置**），可以进入操作数据库的命令行界面，输入 create database gamedemo; 命令创建一个名为 gamedemo 的数据库，如图 25-7 所示。然后使用 use gamedemo; 命令将当前操作的数据库切换到 gamedemo，如图 25-8 所示。

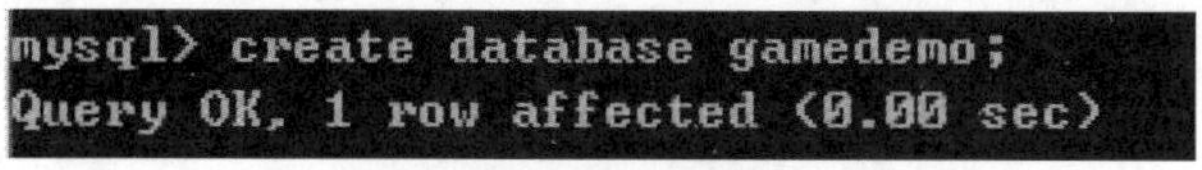

```
mysql> create database gamedemo;
Query OK, 1 row affected (0.00 sec)
```

图 25-7　创建数据库

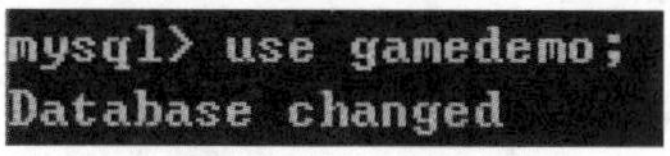

```
mysql> use gamedemo;
Database changed
```

图 25-8　切换数据库

接下来需要创建一张表，使用 create table signin(id int not null auto_increment, primary key(id), signindate date); SQL 语句来创建表格，如图 25-9 所示。

```
mysql> create table signin(id int not null auto_increment, primary key(id), sign
indate date);
Query OK, 0 rows affected (0.05 sec)
```

图 25-9　创建表格

表格名为 signin，第一个字段 id 作为 int 类型的主键，自动增长，第二个字段 signindate 是日期类型，表示玩家签到的日期（**主键指表中的一个或多个字段，通过主键可以确定一条唯一的记录**）。因为这里只是单纯地实现签到功能，并没有注册登录的概念，所以直接自增 ID，然后让客户端记住这个 ID，下次再次请求，还是拿这个 ID 来访问。

接下来实现签到处理，在 signin.php 中连接数据库，并根据玩家提交的 userid 字段信息来查询玩家的签到时间，如果是一个新的玩家或者该玩家今天未签到，那么返回签到成功的信息，否则返回签到失败的信息。

```php
<?php
date_default_timezone_set("PRC");
//连接数据库
$con = mysqli_connect("localhost", "root", "123456");
if(!$con)
{
    die('Could not connect: ' . mysqli_error($con));
}
//选择数据库
mysqli_select_db($con, "gamedemo");
//获取客户端提交的 userid 字段
$userid = $_POST["userid"];
//获取今天的时间
$today = date("Y-m-d",time());
//使用 select 查询语句
$userInfo = mysqli_query($con, "select * from signin where id =" . $userid);
```

```
//如果该用户已经登录过则更新
if($row = mysqli_fetch_array($userInfo))
{
    //每日只能签到一次
    if($today != $row["signindate"])
    {
        //使用 update 语句更新该用户最近签到的日期并返回
        //在这里应该把签到要奖励的东西记录数据库并返回
        mysqli_query($con, "update signin set signindate = " . $today . " where
        id = " . $userid);
        echo("sign in success! userid " . $userid);
    }
    else
    {
        echo("sign in faile!");
    }
}
//如果是新用户，则插入一条新记录
else
{
    if(!mysqli_query($con, "insert into signin(signindate) Values('" .
    $today . "') "))
    {
        die('insert faile: ' . mysqli_error($con));
    }

    $userid = mysqli_insert_id($con);
    echo("sign in success! add 100! userid " . $userid);
}
mysqli_close($con);
?>
```

❑ 在初次编写上面这段代码的时候，很容易忘记在变量前加$，编写 SQL 语句时出现语法错误，把"和'弄混。

❑ date_default_timezone_set("PRC"); 这行语句设置了默认时区，在 php.ini 中配置默认时区，也可以在代码中添加这行代码进行设置，如果不设置时区，date 函数的调用会触发警告。

❑ 上面所有 mysql_xxx 相关的方法都使用了 mysqli_xxx，因为 mysql_xxx 在运行时发出警告，这个扩展将会被弃用，让我们使用 mysqli 来替代。

❑ echo()方法会输出一段字符串，这段字符串会返回给客户端，相当于服务器给客户端的响应。在签到成功和签到失败时分别输出了不同的响应。

❑ 另外，需要操作数据库的话，还是需要了解一下最基础的增、删、改、查 4 大语句。

第 26 章　强联网游戏——TCP 和 Socket

在强联网这几章（26～29 章）中，要介绍一些非常有意思的内容，把强联网这几章的知识掌握好可以巩固网络基础知识，因为内容过于丰富，所以需要分为 4 章来介绍。

第 26 章介绍 TCP 的基础知识，包括 Socket 接口、跨平台处理、心跳检测、半包粘包、非阻塞、Select 详解，最后以一个简单的 TCP 服务器和客户端作为总结。

第 27 章介绍一个横版 RPG 的单机版本的实现，这不是一个纯粹的单机游戏，其可以很优雅地变身为网络版，所以读者应好好吸收这一章的一些设计思路。

第 28 章介绍前后端通信流程的设计，以及服务端的实现，使用一个简易的开源服务器框架 KxServer 来实现服务器，并轻松将部分前端的逻辑代码移植到后端。

第 29 章通过少量的改动，并使用 KxClient 将单机版本变身为网络版，讨论并解决游戏的实时同步问题。

本章主要介绍以下内容：

❑ Socket 接口与 TCP。

❑ 简单的 TCP 服务器端与客户端。

❑ 非阻塞 Socket 与 select()函数。

❑ 半包粘包。

❑ 心跳与超时。

26.1　Socket 接口与 TCP

什么是 Socket？什么是 TCP？Socket 和 TCP 有什么联系？

Socket 也称为套接字，描述了 IP 和端口，用于网络通信，应用程序需要通过套接字来发起网络请求或接收网络消息。

TCP 是一种面向连接的、可靠的、基于字节流的传输通信协议。TCP 在两个主机中间提供了一条可靠的连接来进行数据传输。可以创建一个 TCP Socket，来创建这样的一条连接。

每一条 TCP 连接，都是由一端的 IP+端口连接到另一端的 IP+端口，每台主机都有 IP（多网卡的情况下可以有多个 IP），用于标识唯一的一台主机，每台主机最多有 65535 个端口，一个端口可以对应多条连接，连接数的上限取决于操作系统，例如，服务器开一个端口，可能有几万条连接连到服务器的这个端口，这是没有问题的。

在编写强联网的实时网游时，用得最多的就是 TCP 了（**HTTP 协议也是基于 TCP 协议实现的**），TCP 提供可靠的连接，可以确保数据**有序**地到达目标地址，在连接正常的情况下，**不需要**担心发出去的数据会**丢失**（TCP 底层实现了丢包重发的机制，通过 ACK 确认来判断发出的包对方是否收到)、**错乱**(TCP 的数据包是有序的)或者**错误**(TCP 使用一个校验和函数来校验数据是否有错误)。在使用 TCP 之前,先简单介绍接下来要使用到的几个 Socket API,这些看似简单的 Socket API 实际上隐藏着大量细节,对其内部运行流程及细节和原理的了解在一定程度上决定了程序员的网络编程水平,本章试图详细讲述这些内部细节,但却并非区区数万字所能概括,因此只能提醒初学者,网络编程并非只是调用几个函数那么简单。

🔔说明:本章的内容对于初学者而言,可能有些地方较为深入,第一次看本章内容时不必纠结于其中的一些概念,了解大概流程即可,**可以在看完第 3 篇的通篇内容之后,再回过头来细读本章。**

26.1.1　TCP 服务器与客户端交互流程

在介绍 Socket API 之前,先了解一下 TCP 客户端与服务端是如何通信的。TCP 服务器与客户端交互的流程分为 3 个阶段,建立连接阶段,数据通信阶段以及关闭连接阶段。下面简单了解一下这 3 个阶段中的应用层需要做什么以及 TCP 底层做了什么。

首先是建立连接阶段,连接是由客户端主动发起的,那么在客户端连接的时候,服务端必须是处于监听状态才能连接成功(**例如,我要去你家里串门,那么你必须在家我才能进去**)。

所以服务端必须先启动并进入监听状态,这时候服务端需要依次调用 3 个函数,socket() 函数创建套接字,bind() 函数绑定网卡和端口,listen() 函数进入监听状态。网卡和端口是整台主机的公有资源,所有的进程都可以访问,当某网卡的某端口已经被绑定时就不能再重复绑定(**除非所有绑定的 Socket 都设置了 SO_REUSEADDR 选项**)。

客户端需要依次调用两个函数来连接服务器,这两个函数中 socket() 函数创建套接字,connect() 函数连接服务器。对于客户端套接字而言,bind() 函数并不是必须的,在调用 connect() 函数时操作系统会自动选取网卡和端口,connect() 函数将向服务端发送一个 SYN 报文,服务端 Socket 处于监听状态时,会回复一个 SYN+ACK 报文,在客户端 Socket 接收到这个报文后,会再次回复一个 ACK 报文,这 3 次报文的传输称为 3 次握手,完成 3 次握手后 TCP 连接就建立完成了。3 次握手由客户端的 connect() 函数发起,由两端的 TCP 底层完成,在握手完成后,阻塞的 connect() 函数调用会返回连接成功。

当服务器的 Socket 处于监听状态时,接收到客户端发起的 SYN 报文,会回复 SYN+ACK 报文进行 3 次握手,在服务端 Socket 的 TCP 底层,存在两个队列,一个是正在执行 3 次握手的队列(正在连接队列),一个是已完成连接的队列,队列的大小由 listen() 函数的第二个参数指定,但这个参数对应的队列大小是实现相关的。在已监听的服务端 Socket 调用 accept() 函数可以从 TCP 底层的已完成连接队列中取出一个连接的 Socket 对象,然后进行通信,如果底层的已完成连接队列为空,那么 accept() 函数会阻塞,一直等到有客户端连接成功为止。

建立连接的流程如图 26-1 所示,但客户端的连接并不会改变服务器的监听 Socket 的状态,syn_recv 和 established 状态对应客户端连接的 Socket 对象而不是监听 Socket 对象。

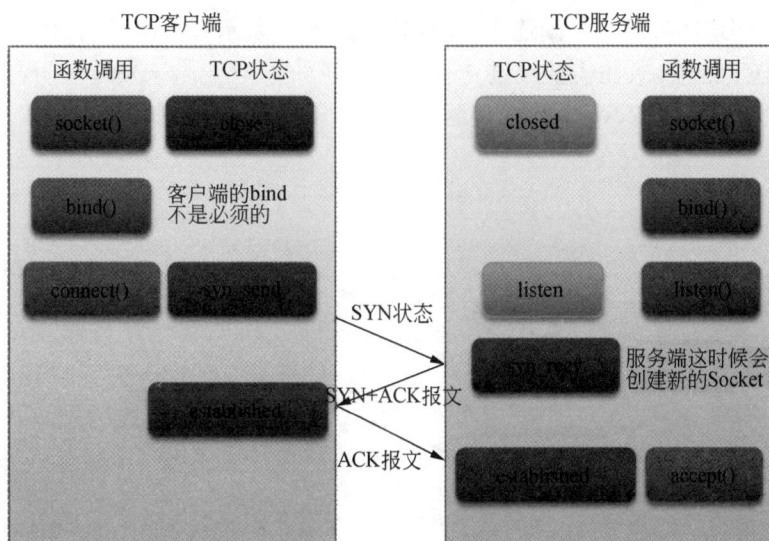

图 26-1 3 次握手流程图

在数据通信阶段中，服务端和客户端都可以调用 send()函数来发送数据，调用 recv()函数来接收数据。客户端 Socket 必须是已连接的 Socket 才可以发送和接收消息，而服务端需要使用 accept()函数返回的 Socket 来发送和接收消息。在每次数据传输到对端之后，对端的应用层就可以调用 recv()函数进行接收了，同时对端的 TCP 底层会回复一个 ACK 报文给发送端，告诉发送端已经收到消息了，流程如图 26-2 所示。

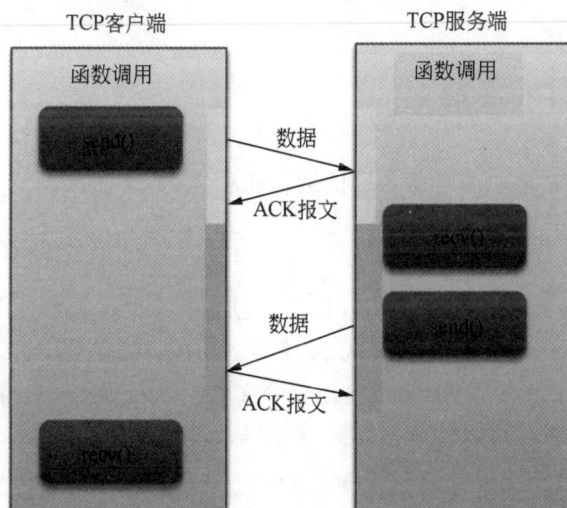

图 26-2 数据发送接收流程图

send()函数会将数据从应用层复制到 TCP 底层的发送缓冲区中，然后由 TCP 进行发送，send()函数完成时，发送端并不能保证对端已经接收到。当发送缓冲区已满时，send()函数会被阻塞，直到 send()函数的所有内容被拷贝进发送缓冲区。recv()函数会阻塞直到对端发送数据到本端的接收缓存区中，recv()函数会将接收缓存区的内容复制到应用层。当接收缓存区已满时，对端发送过来的数据会被丢弃，但 TCP 的流量控制会尽量避免这一情况发生。

最后是关闭连接阶段，关闭连接的流程如图 26-3 所示。任何一端都可以调用 close() 函数来关闭 TCP 连接，关闭需要经过 4 次握手，一般是由客户端来发起关闭。当调用 close() 函数关闭后，对端调用 recv() 函数时会返回 0，这时对端需要调用 close() 函数来完成连接的关闭。

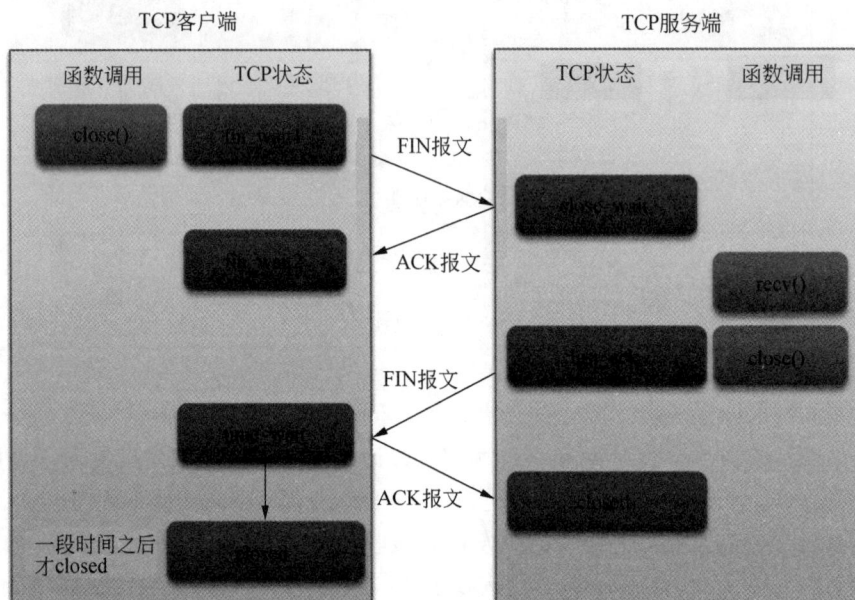

图 26-3　4 次握手流程图

26.1.2　Socket API 详解

在大概了解了 TCP 客户端与服务端的通信流程之后，下面来看一下相关的 Socket API。

1. socket() 函数

在使用 socket() 函数进行通信之前，需要先创建一个 Socket 对象，通过调用 socket() 函数传入一个协议域、一个 socket 类型以及指定的协议，来创建一个 Socket 套接字并返回套接字的描述符。在 Linux 下的 Socket 是一个文件，所以 socket() 函数返回了一个文件描述符。socket() 函数描述符可以用来绑定、连接以及发送和接收数据。

```
int socket(int domain, int type, int protocol);
```

❑ domain：协议域，又称协议族。常用的协议族有 AF_INET、AF_INET6、AF_UNIX、AF_ROUTE 等。协议族决定了 Socket 的地址类型，在通信中必须采用对应的地址，如 AF_INET 决定了要用 IPv4 地址（32 位）与端口号（16 位）的组合，AF_UNIX 决定了要用一个绝对路径名作为地址。

❑ type：指定 Socket 类型。常用的 Socket 类型有 SOCK_STREAM、SOCK_DGRAM、SOCK_RAW、SOCK_PACKET、SOCK_SEQPACKET 等。流式 Socket（SOCK_STREAM）是一种面向连接的 Socket，针对于面向连接的 TCP 服务应用。数据报

式 Socket（SOCK_DGRAM）是一种无连接的 Socket，对应于无连接的 UDP 服务应用。

- ❑ protocol：指定协议。常用协议有 IPPROTO_TCP、IPPROTO_UDP、IPPROTO_SCTP、IPPROTO_TIPC 等，分别对应 TCP 传输协议、UDP 传输协议、STCP 传输协议、TIPC 传输协议。type 和 protocol 不可以随意组合，如 SOCK_STREAM 不可以跟 IPPROTO_UDP 组合。当第 3 个参数为 0 时，会自动选择第 2 个参数类型对应的默认协议。
- ❑ 返回值：如成功则返回所创建的 Socket 的文件描述符，失败返回-1。

如果调用成功就返回新创建的套接字的描述符，如果失败，Windows 下会返回 INVALID_SOCKET，Linux 下失败返回-1。套接字描述符是一个整数类型的值。每个进程的进程空间里都有一个套接字描述符表，该表中存放着套接字描述符和套接字数据结构的对应关系，套接字数据结构都是在操作系统的内核缓冲里。

2. bind()函数

在进行网络通信的时候，必须把套接字绑定到一个地址上，可以使用 bind()函数进行绑定。套接字的协议族决定了要绑定的地址类型，常用的 TCP 和 UDP 协议都是需要绑定到一个 32 位的 IP 地址+16 位的端口号上。当不要求绑定到一个明确的地址和端口时，例如，作为客户端连接服务器时，可以不调用 bind()函数进行绑定，而是在连接时让操作系统自动将套接字绑定到一个可用的地址上。

```
int bind(int sockfd, const struct sockaddr* address, socklen_t address_len);
```

- ❑ sockfd：套接字描述符，要绑定的套接字。
- ❑ address：sockaddr 结构指针，该结构中包含了要结合的地址和端口号。这个结构的定义在不同的平台有区别。实际上需要填充一个 **sockaddr_in** 结构体，在调用时将这个结构体指针转换为 sockaddr 指针传入。
- ❑ address_len：address 的长度，传入实际结构的长度即可。
- ❑ 返回值：如成功则返回客户端的文件描述符，失败返回-1。

address 结构的填充是这样的：我们需要绑定 IP 和端口并设置协议族，在设置端口和 IP 时，需要将 IP 和端口从主机字节序转换成**网络字节序**。htons()和 htonl()函数可以完成这个功能。另外设置 IP 时，Windows 下需要将 IP 设置到 sockaddr_in.sin_addr.S_un.S_addr 中，而在 Linux 下，需要设置到 sockaddr_in.sin_addr.s_addr 中。

```
sockaddr_in addr;
addr.sin_family = AF_INET;
addr.sin_port = htons(port);
//Windows 下
addr.sin_addr.S_un.S_addr = inet_addr("192.168.0.29");
//Linux 下
addr.sin_addr.s_addr = inet_addr("192.168.0.29");
bind(socketfd, (struct sockaddr*)addr, sizeof(addr));
```

作为服务器的套接字需要绑定 IP 和端口，相当于通知操作系统，在这个网卡设备上，所有发往我所监听的端口的消息让我来处理。那么一台主机可能拥有多个网卡，甚至动态地增减网卡（**未尝试过**），通过绑定 INADDR_ANY，也就是"0.0.0.0"这个任意地址类型，可以绑定所有网卡。这相当于通知操作系统，只要是发往我监听的端口的消息都交给我处理，不管是哪个网卡。

```
//将 inet_addr 改为 htonl(INADDR_ANY)
addr.sin_addr.s_addr = htonl(INADDR_ANY);
```

3. listen()函数

listen()函数可以将一个已经完成绑定的套接字设置为监听状态，并使其可以接受连接请求。当**调用了 listen()函数之后，这时候客户端可以连接成功，完成 3 次握手**。连接成功的 Socket 会被放到一个队列中，调用 accept()函数可以从队列中取出 Socket 套接字并进行通信。

由于 3 次握手需要一段时间，所以一个连接有可能处于**正在执行 3 次握手**的半连接状态下，操作系统会为它另外维护一个队列。已连接和半连接队列的大小是有限制的，第 2 个参数 backlog 被定义为这两个队列的大小总和，这个参数所能接受的取值范围与操作系统的实现相关。一般将其设置为 100。当大量进程在同一个瞬间连接服务器时，如果队列已满，那么新的连接的 SYN 请求会被丢弃，这时候 TCP 的超时机制会让客户端自动重发 SYN 请求。

```
int listen(int sockfd, int backlog);
```

- ❑ sockfd：套接字描述符。
- ❑ backlog：排队等待应用程序 accept()函数的最大连接数。
- ❑ 返回值：如成功则返回客户端的文件描述符，失败返回-1。

4. accept()函数

当有客户端连接上服务器完成 3 次握手时，会被放到一个队列中，调用 accept()函数可以从队列中取出一个 Socket 套接字进行通信。一个队列中可能有多个已连接的套接字等待 accept()函数调用。**这是一个阻塞操作**！非阻塞的 accept()函数在没有新的客户端需要 accept()函数调用时，会立即返回失败。

```
int accept( int sockfd, struct socketaddr* addr, socklen_t* len);
```

- ❑ sockfd：一个已经成功调用了 listen()函数的套接字描述符。
- ❑ addr：这是一个输出参数，返回客户端连接的地址信息，通过这个结构可以知道客户端的 IP 和端口，这个信息可以作为日志记录，也可以作黑名单或白名单使用。如果不关心客户端的地址信息，可以设置为 NULL。
- ❑ len：接收返回地址的缓冲区长度，如果不关心客户端的地址信息，可以设置为 NULL。
- ❑ 返回值：如成功则返回客户端的文件描述符，失败返回-1。

5. connect()函数

当希望连接 TCP 服务器时，需要调用 connect()函数，传入一个未连接的 Socket 套接字，以及要连接的服务器 IP 和端口来连接服务器。connect()是一个阻塞的函数，会向服务器发起 3 次握手，当 3 次握手成功之后或者连接失败才返回。当套接字是一个非阻塞套接字时，connect()函数会立即返回。当连接成功或失败时，Socket 会变成可写，这时需要判断 Socket 是否连接成功。

```
int connect(int sockfd, const struct sockaddr* server_addr, socklen_t
addrlen)
```

- ❑ sockfd：一个未连接的套接字描述符。
- ❑ server_addr：要连接的 TCP 服务器地址信息，参考 bind()函数。
- ❑ addrlen：server_addr 结构体的大小。
- ❑ 返回值：如成功则返回 0，否则返回-1。

6. recv()函数

对一个已连接的套接字调用 recv()函数可以接收数据，这个函数是一个阻塞函数，会一直阻塞住，直到有数据可读才会返回。recv()函数会从 TCP 缓存区中读取数据到传入的缓存区中，如果 TCP 缓存区的内容大于接收缓存区的容量，那么需要调用多次 recv()函数来接收。非阻塞的 recv()函数会将数据读出，如果没有数据则立即返回。

```
int recv(int sockfd, char* buf, int len, int flags);
```

- ❑ sockfd：一个已连接的套接字描述符。
- ❑ buf：用于接收数据的缓冲区。
- ❑ len：缓冲区长度。
- ❑ flags：指定调用方式，0 表示读取数据到缓存区，并从输入队列中删除。MSG_PEEK 表示查看当前数据，数据将被复制到缓冲区中，但并不从输入队列中删除，MSG_OOB 表示处理带外数据。
- ❑ 返回值：若无错误发生，recv()函数返回读入的字节数，如果连接已中止则返回 0，否则返回-1。

7. send()函数

对一个已连接的套接字，调用 send()函数可以发送数据，这个函数是一个阻塞函数，正常情况下会将要发送的数据复制到 TCP 底层的发送缓存区，并发送到连接的另一端，当另一端接收到时（**并不需要程序调用 recv()函数**），会回复一个 ACK 报文来告诉连接的一端已经接收到了（**如果没有收到这个确认，那么 TCP 会重发这个包**）。

send()函数并不一定能将要发送的数据全部发送出去，当 TCP 缓冲区快满的时候，例如，要发送 100 个字节的数据，而 TCP 发送缓存区只能放下 10 个字节的数据，非阻塞的 send()函数会一直等到将所有要发送的内容写到发送缓存区之后函数才返回。而非阻塞的 send()函数会返回 10，只有前面 10 个字节的数据会被发送出去，剩下的内容需要再次调用 send()函数发送。

```
int send( int sockfd, const char* buf, int size, int flags);
```

- ❑ sockfd：套接字。
- ❑ buf：待发送数据的缓冲区。
- ❑ size：待发送缓冲区长度。
- ❑ flags：调用方式标志位，一般为 0。

❑ 返回值：如果成功则返回发送的字节数，失败则返回-1。

8. close()函数

close()函数可以关闭一个 Socket 套接字，当要关闭一条连接的时候，可以调用 close()
函数来关闭。close()函数并不会立即关闭连接，而是发送一个 FIN 报文给对方，进入 4 次
握手流程，当 4 次握手流程走完，Socket 会进入 TIME_WAIT 状态，不论是客户端还是服
务端，谁主动关闭，谁就会进入 TIME_WAIT 状态，这个状态会占用一定的资源，在一段
时间后才会完全关闭（**大约是 2～3 分钟**）。

```
int close(int sockfd);
```

❑ sockfd：要关闭的 Socket 套接字。
❑ 返回值：如成功则返回 0，失败返回-1。

26.1.3　Windows Socket API 详解

在 Windows 下使用 Socket，需要做一些调整，首先 Socket 套接字在 Windows 下并不
是一个 int 类型，而是 SOCKET 类型。socket()函数如果失败，会返回 INVALID_SOCKET，
而不是-1，将 Socket API 的套接字类型由 int 变为 SOCKET 即可。

在 Windows 下需要包含 WinSocket 的头文件 WinSock2.h。在 Windows 下还需要引用
WinSocket 的库文件，可以加上以下代码：

```
#pragma comment(lib, "ws2_32.lib")
```

另外，要在 Windows 下使用 Socket，还需要先调用 WSAStartup()函数来初始化
WinSocket，当不需要使用 Socket 时，再调用 WSACleanup()函数进行清理。下面是使用
WSAStartup()函数初始化 WinSocket 的代码，当初始化失败时，会调用 WSACleanup()函数
进行清理。

```
WSADATA wsaData;
WORD wVersionRequested = MAKEWORD( 2, 2 );
int err = WSAStartup( wVersionRequested, &wsaData );
if ( err != 0 )
{
    return;
}

if ( LOBYTE( wsaData.wVersion ) != 2 || HIBYTE( wsaData.wVersion ) != 2 )
{
    WSACleanup();
    return;
}
```

26.2　简单的 TCP 服务器端与客户端

在了解完 TCP 服务器与客户端的工作流程之后，本节来实现一个最简单的 TCP 通信
示例，相当于是网络编程的 Hello World——回显服务器。服务器可以在 Windows 运行，

也可以在 Linux 下运行。

26.2.1　TCP 服务器实现

　　首先是服务器的实现，服务器会在 8888 端口进行监听，当一个客户端连接上时，等待客户端发送消息，接收到客户端发送的消息再原样发送给客户端，然后关闭客户端。

　　如果是在 Windows 下，需要创建一个 Win32 控制台项目（WIN32 预处理是 Win32 工程属性中定义的），首先要包含一些头文件，然后做一些预处理以方便代码的跨平台。

```
#include<stdio.h>

//消除平台相关的时间，Socket 差异
#ifdef WIN32

#include <WinSock2.h>

typedef SOCKET sock;
typedef int sockLen;
#define badSock (INVALID_SOCKET)

#pragma comment(lib, "ws2_32.lib")

#else

#include<sys/types.h>
#include<errno.h>
#include<fcntl.h>
#include<unistd.h>
#include<sys/socket.h>
#include<netinet/in.h>
#include<arpa/inet.h>

typedef int sock;
typedef socklen_t sockLen;
#define badSock -1
#endif
```

在 main() 函数中，实现我们的服务器。

```
int main()
{
    int err = 0;
    char buf[512];
    initSock();

    //创建一个 TCP Socket
    sock server = socket(AF_INET, SOCK_STREAM, 0);
    check(server != badSock);

    //绑定到端口
    sockaddr_in addr = sockAddr(8888);
    err = bind(server, (sockaddr*)&addr, sizeof(addr));
    check(err != -1);

    //开始监听
    err = listen(server, 10);
    check(err != -1);
```

```
    do
    {
        //取出一个客户端连接
        sock client = accept(server, NULL, NULL);

        //接收数据并打印
        int n = recv(client, buf, sizeof(buf), 0);
        printf("server recv %d byte: %s", n, buf);

        //发送回给客户端并关闭客户端
        n = send(client, buf, n, 0);
#ifdef WIN32
        closesocket(client);
#else
        close(client);
#endif

    } while(true);

    cleanSock();
    return 0;
}
```

服务器用到了自定义的 initSock()、cleanSock()和 sockAddr()函数，用来初始化 Socket、清理 Socket，以及获取 Socket 地址结构体。具体实现代码如下。

```
void initSock()
    {
    #ifdef WIN32
        WSADATA wsaData;
        WORD wVersionRequested = MAKEWORD( 2, 2 );
        int err = WSAStartup( wVersionRequested, &wsaData );
        if ( err != 0 )
        {
            return;
        }

        if ( LOBYTE( wsaData.wVersion ) != 2 ||HIBYTE( wsaData.wVersion ) !=
2 )
        {
            WSACleanup();
            return;
        }
    #endif
    }

    void cleanSock()
    {
    #ifdef WIN32
        WSACleanup();
    #endif
    }

    sockaddr_in sockAddr(int port)
    {
        sockaddr_in addr;
        addr.sin_family = AF_INET;
        addr.sin_port = htons(port);
```

```
#ifdef WIN32
    addr.sin_addr.S_un.S_addr = htonl(INADDR_ANY);
#else
    addr.sin_addr.s_addr = htonl(INADDR_ANY);
#endif

    return addr;
}

sockaddr_in sockAddr(int port, const char* ip)
{
    sockaddr_in addr;
    addr.sin_family = AF_INET;
    addr.sin_port = htons(port);

#ifdef WIN32
    addr.sin_addr.S_un.S_addr = inet_addr(ip);
#else
    addr.sin_addr.s_addr = inet_addr(ip);
#endif

    return addr;
}
```

26.2.2 TCP 客户端实现

最后是客户端的实现，需要创建一个新的程序，客户端实现了连接服务器，发送数据，接收数据后打印并关闭的工作，代码如下。

```
int main()
{
    int err = 0;
    char buf[512];
    initSock();

    //创建一个 TCP Socket
    sock client = socket(AF_INET, SOCK_STREAM, 0);
    check(client == badSock);

    //连接服务器
    sockaddr_in addr = sockAddr(8888, "127.0.0.1");
    err = connect(client, (sockaddr*)&addr, sizeof(addr));
    check(err == -1);

    //发送数据到服务器
    sprintf(buf, "hello world!");
    send(client, buf, strlen(buf) + 1, 0);

    //接收数据并打印
    int n = recv(client, buf, sizeof(buf), 0);
    printf("client recv %d byte: %s\n", n, buf);

#ifdef WIN32
        closesocket(client);
#else
        close(client);
#endif
```

```
        //暂停
        getchar();
        cleanSock();
        return 0;
    }
```

运行服务器,然后再运行客户端,可以看到服务器打印了一句 server recv 13 byte : hello world!,而客户端也打印了一句 client recv 13 byte : hello world!,因为将 hello world!后面的 \0 结尾也发送过去了,所以接收到的是 13 个字节。

26.3　非阻塞 Socket 与 select()函数

26.3.1　非阻塞 Socket

在 26.2 节的例子中,使用了阻塞的 Socket 进行通信,accept()、connect()、recv()和 send() 这几个函数的调用会导致程序阻塞,当处于阻塞状态下,程序就做不了其他事情了。例如, 客户端在调用 connect()函数连接服务器的时候,我们希望场景的 Loading 动画正常播放, 而当 connect,阻塞时,Loading 动画会卡住。在游戏中调用 recv()函数接收数据时,整个 游戏都会被阻塞。将 Socket 设置为非阻塞可以很好地解决这个问题,所有的函数执行后都 会立即返回,不会阻塞游戏。

使用多线程也可以解决阻塞问题,但多线程用起来相对比较危险,特别是在访问公共 资源的时候,需要为这些公共资源上锁,锁的粒度太大,容易影响效率,锁的粒度太小, 没有锁好可能导致程序出现各种 BUG,并且多线程的 BUG 比较难定位,除非要做的事情 足够简单、独立,完全在掌控之中,或者是对多线程有着丰富的经验,可以让一切都在掌 控之中,否则建议还是使用非阻塞的 Socket。

在 Windows 下是通过 ioctlsocket()函数来设置套接字的非阻塞,而在 iOS 和 Android 下是通过 fcntl()函数,可以用预处理来封装一下阻塞设置的代码。

```
void setNonBlock(sock s, bool noblock)
{
#ifdef WIN32
    //when noblock is true, nonblock is 1
    //when noblock is false, nonblock is 0
    ULONG nonblock = noblock;
    ioctlsocket(s, FIONBIO, &nonblock);
#else
    int flags = fcntl(s, F_GETFL, 0);
    noblock ? flags |= O_NONBLOCK : flags -= O_NONBLOCK;
    fcntl(s, F_SETFL, flags);
#endif
}
```

26.3.2　select()函数的使用

当将 Socket 设置为非阻塞之后,可以使阻塞的 socket()函数立即返回,例如 recv()函数, 需要实时地知道对方有没有发送消息过来,可以通过在游戏主循环里不停地调用 recv(),

当接收到数据的时候，recv()函数会返回接收到的字节数，没有数据则返回-1（**错误码一般为 EAGAIN 或者 EWOULDBLOCK**），非阻塞操作中，**EAGAIN 或者 EWOULDBLOCK 错误是可以接受的**。在主循环里面不断地调用 recv()函数的方法效率较低（**假设是服务器这么做，只要有几百个连接，对性能的影响就已经非常大了**）。另外对于非阻塞的 connect()函数，我们需要知道什么时候连接成功，可以使用 socket()函数来发送或接收数据，也需要在主循环中不断地检测是否连接成功。

推荐的做法是使用 **IO 复用**配合非阻塞 Socket，什么是 IO 复用？IO 复用是一种高效管理连接的 IO 模型，可以很高效地管理成百上千的连接，当 Socket 有数据来到，或者要发送，IO 复用会通知应用程序，然后让应用程序去调用 recv()或 send()，而不是让所有的 Socket 不断地去调用 recv()函数。使用 select()函数可以实现简单的 IO 复用，在前面几章中已经使用了 select()函数。Epoll 和 IOCP 分别是 Linux 和 Windows 下（**目前**）最强大的 IO 复用实现，用于高效地管理成千上万的连接，但对于一般的 Cocos2d-x 客户端而言，select()函数就足够了，并且 select()函数在 Linux、Mac 和 Windows 下都有实现，很容易就可以编写出跨平台的 select()。我们可以在游戏的主循环 update 中，调用 select()函数来检测套接字触发的事件，根据事件进行相应的处理。

select()的函数原型如下。

```
int select(int maxfd, fd_set* readfds, fd_set* writefds, fd_set* errorfds,
struct timeval* timeout);
```

❑ maxfd 参数在 Linux 下是所有待检测的 Socket 套接字描述符中，最大的描述符的值+1，而 Windows 下该值可以忽略。

❑ fd_set 结构体是 Socket 套接字的集合，readfds、writefds 和 errorfds 对应监听套接字是否可读、可写以及异常。这几个参数既是输入参数又是输出参数。当 Socket 套接字有数据可读时，套接字会被放到 readfds 中，当 Socket 套接字有数据可写时，或调用 connect()函数的套接字连接成功时，会被放到 writefds 中，当调用 connect 的套接字连接失败时，会被放到 errorfds 中。

❑ timeout 可以指定 select()函数的超时时间，timeval 结构体包含两个变量，tv_sec 为秒，tv_usec 为微秒（百万分之一秒），select()函数会按照指定的时间进行等待，如果在指定的时间内触发了事件，则返回，否则会在时间结束后返回。当 timeout 传入 NULL 时，select()函数会一直阻塞直到监听到事件才返回。指定的时间为 0 时，select()函数不阻塞。

❑ select()函数的返回值等于 0 时，表示超时，无事件触发。大于 0 时，返回值表示准备就绪的 Socket 套接字数量，小于 0 时表示出错。

在调用 select()函数之前需要设置好 fd_set，而在调用完 select()函数之后，需要根据返回值来判断 fd_set 中是否有套接字准备就绪。通过下面几个宏可以操作 fd_set。

❑ FD_CLR(s, *set) 将套接字从 set 中移除。

❑ FD_ISSET(s, *set) 判断套接字在 set 中是否处于就绪状态。

❑ FD_SET(s, *set) 将套接字添加到 set 中。

❑ FD_ZERO(*set) 将 set 清空。

Windows 下 select()函数详细文档可参与 https://msdn.microsoft.com/en-us/library/ms740141 (VS.85).aspx。

select()函数可以用来批量检测套接字是否可读、可写或异常，在使用 select()函数的时候有以下几步。

（1）将需要检测的套接字放到对应的套接字集合中（fd_set 对象在系统底层是一个数组，有监听可读，可写和异常 3 个集合）。

（2）在主循环中，调用 select()函数，将几个集合作为参数传入，同时传入最大套接字 ID 以及等待的时间参数。

（3）在调用完 select()函数之后，根据返回的结果进行处理，处理完之后，重新执行步骤（1）。

关于 select()函数的使用，也可以参考 http://blog.csdn.net/piaojun_pj/article/details/5991968 中的内容。

26.3.3　调整 TCP 服务器为 Select 模型

下面将前面例子的 TCP 服务器调整为 select()函数+非阻塞 Socket 来实现。这意味着可以同时处理多个连接，所以这里会用一个 stl 的 set 容器来管理连接。首先将监听的 Socket 设置为非阻塞，这样调用 accept()函数就不会阻塞住了，accept()函数返回的 Socket 也需要设置非阻塞，这样与客户端的通信也不会阻塞了。

接下来使用 select()函数来检测这些套接字是否可读，select()函数返回结果之后，需要遍历所有的 Socket 来检测这些 Socket 是否触发了事件，然后进行处理。示例代码如下。

```
//添加两个全局变量方便处理
fd_set g_inset;
set<sock> g_clients;

int main()
{
    int err = 0;
    int maxfd = 0;

    initSock();

    //创建一个 TCP Socket
    sock server = socket(AF_INET, SOCK_STREAM, 0);
    check(server != badSock);
    setNonBlock(server, true);

    //绑定到端口
    sockaddr_in addr = sockAddr(8888);
    err = bind(server, (sockaddr*)&addr, sizeof(addr));
    check(err == -1);

    //开始监听
    err = listen(server, 10);
    check(err == -1);

    //设置 select()函数的等待时间
    timeval t;
    t.tv_sec = 0;
    t.tv_usec = 1000;

    //清空全局的 fd 可读集合，将服务器的监听 socket()函数添加进去
```

```
    FD_ZERO(&g_inset);
    FD_SET(server, &g_inset);

    do
    {
        //每次都重置 inset，这样只需要维护好 g_inset 即可
        fd_set inset = g_inset;
        int ret = select(maxfd, &inset, NULL, NULL, &t);

        if(ret > 0)
        {
            //如果是服务器就绪，说明有客户端连接
            if(FD_ISSET(server, &inset))
            {
                processAccept(server, maxfd);
                --ret;
            }

            //判断是否有客户端套接字就绪，有则处理
            for(set<sock>::iterator iter = g_clients.begin();
                iter != g_clients.end() && ret > 0; )
            {
                sock client = *iter;
                if(FD_ISSET(client, &inset))
                {
                    --ret;
                    //如果客户端关闭从 g_inset 和 g_clients 中清除该客户端
                    if(!processClient(client))
                    {
                        FD_CLR(client, &g_inset);
                        g_clients.erase(iter++);
                        continue;
                    }
                }
                ++iter;
            }
            //当 select()函数触发的事件处理完，会提前结束遍历
        }
    } while(true);

    return 0;
}
```

上面代码中调用了两个函数，即 processAccept()函数以及 processClient()函数，分别用来处理客户端连接以及客户端发送消息。

```
void processAccept(sock &server, int &maxfd)
{
    sock client = accept(server, NULL, NULL);
    if(client != badSock)
    {
        //添加到 g_clients 进行管理，并设置到 g_inset 中，在下次循环时监听该套接字
        g_clients.insert(client);
        FD_SET(client, &g_inset);
        //将客户端 Socket 设置为非阻塞
        setNonBlock(client, true);

        //在 Linux 下，需要为 select()函数传入一个正确的 maxfd
#ifndef WIN32
        if(maxfd < client)
```

```
    {
        maxfd = client;
    }
#endif
    }
}

bool processClient(sock &client)
{
    char buf[512];
    //接收数据并打印
    int n = recv(client, buf, sizeof(buf), 0);
    if(n > 0)
    {
        printf("server recv %d byte: %s\n", n, buf);
        //发送回客户端并关闭客户端
        n = send(client, buf, n, 0);
    }
    else if(n == 0)
    {
        //关闭 Socket，返回 false
        printf("client close");
#ifdef WIN32
        closesocket(client);
#else
        close(client);
#endif
        return false;
    }

    return true;
}
```

通过调整之后，服务端就可以同时处理多个客户端了，这也称作并发处理。select()函数适合处理 1000 以内的连接数，并且很多系统限制了 select()函数能处理的最大连接数为 1024，强行修改这个值，可以使 select()函数能处理更多的连接数，但同时效率也会随之下降。如果希望处理更多的连接，epoll()和 iocp()函数拥有更强大的并发处理能力。对于一般的客户端程序，大概了解非阻塞操作就够用了，在游戏每一帧的 update 去调用一次非阻塞 recv()函数的消耗并不算大，但建议仍然应该使用 select()函数来进行轮询。

26.4　半包粘包

在了解了非阻塞和 select()函数的使用之后，接下来需要了解一下数据接收相关的处理，在初学阶段，基本上消息处理都很轻松，但随着传输频率的提高以及传输数据的复杂，就会开始接触到半包粘包的问题。

26.4.1　什么是半包粘包

半包粘包是使用 **TCP** 的时候经常会碰到的问题，这个问题是必须了解并解决的一个问题！这是由于 TCP 的特性导致，但这本身不是 TCP 的缺陷，而是应用层需要处理的内容，TCP 本来就是流式套接字，只管把数据有序地发送到对端。这里的包是应用层的概念。TCP 的更底层会有 IP 包，但与应用层的包不一样，应用层的包是程序逻辑上的概念。

半包指的是你一次性发送 100 个字节的内容，但是对方调用 recv()函数只接收到了 50 个字节。而连包是指你第一次发送了 50 个字节，然后再发送 50 个字节，对方调用 recv()函数一次接收到了 100 个字节。

举个例子，开学之际，学校的食堂服务器要向全校的师生连续发 3 条信息：热烈欢迎，新老师生，前来用餐。那么在半包的情况下，可能第一次收到"热烈"，第二次收到"欢迎"，然后是剩下的内容。而连包的情况可能第一次收到的是。"热烈欢迎新老师生前"，第二次收到"来用餐"。

半包在什么情况下容易出现呢？一般是一次性发送的数据量太大，TCP 无法一次性发送完，例如，需要将一个视频文件（几十 MB）发送给对方，TCP 底层会对其进行分片，数据发送到对方的 Socket 中无法一次性发送完，因此会出现半包。

相对于半包，粘包的情况非常常见，因为 TCP 有一个延迟发送的规则，调用 send()函数会将数据写入到 TCP 的发送缓冲区中，但不会立即发送，因为在 TCP 中会有很多细小的分节（ACK 报文），TCP 在发送的时候捎上这些小分节可以很好地节约带宽，而且一般一个 send()函数会对应一次 recv()函数，就是收到数据之后，处理完成，返回，TCP 的这个规则可以很好地适应这种情况，将 recv()函数的 ACK 报文和 send()函数的数据一起发出，而且当**快速的调用 send()函数两次的时候**，对方调用 **recv()函数接收到的一般也会是这两次 send()函数的所有数据**。

除了将数据一次性发送的规则之外，TCP 的接收是底层先将数据复制到系统的 TCP 接收缓冲区（**每个连接都有一个**），连续发送 N 次的数据都会先放到接收缓冲区里，recv()函数的调用是从这个系统的缓冲区中读取数据，所以当调用 recv()函数接收的时候，可能之前发送的几个包都在这里了。一次调用 recv()函数就可以全部接收过来。

对于半包，处理的策略是不能丢弃，因为一旦将这个半包丢弃，后面的数据会全部错乱，因此需要把半包缓存起来，等待剩余的数据，然后拼成一个完整的包再处理。对于粘包的处理策略是，将数据包一个个从一连串的内存中区分开，然后单独处理。

26.4.2　处理半包粘包

处理半包粘包的重点在于，如何判断这个包是一个半包还是粘包亦或是正常的包，常用的有两种判断方法。

- ❑ 第一种是为每个数据包定义一个包头，**在包头中填上这个数据包的大小**，根据这个字段和接收到的实际数据大小来判断包是否完整。
- ❑ 第二种是**在每个包的最后加上一个结束标识**，当判断到这个结束标识的时候，认为数据包已经完整，否则认为数据包不完整，粘包的情况也可以使用这个结束标识来区分。

一般情况下使用第一种，因为第一种的效率和适用性会更好一些，第二种方法需要校验接收到的所有数据来查找结束标识，并且在数据内容中，不得出现与该标识相同的内容，否则数据包会解析错误，而第一种方法就没有这些问题了，下面的代码将介绍半包粘包是如何处理的。

　　下面是一个 TcpClient 接收数据的回调，TcpClient 封装了一个 Socket，当这个 Socket 可读时，外部会调用 TcpClient 的 onRecv()函数进行接收。代码里用到了 m_ProcessModule 的 RequestLen()和 Process()函数，这两个函数的功能分别是根据数据包结合协议计算出该数据包完整长度是多少，以及处理一个完整的数据包。

　　在接收到数据之后，先判断是否存在半包，如果是则先将数据拼接到半包之后，然后根据接收到的数据是否完整来进行处理，优先处理半包拼接成的数据包，再将剩余的粘包进行遍历处理，直到处理完所有的包或者碰到半包无法处理，或者数据解析异常。

```
int CTcpClient::onRecv()
    {
    char buf[512];
    int requestLen = 0;

    int ret = recv(m_socket, buf, sizeof(buf), 0);
    if(ret <= 0) return -1;

    char* processBuf = buffer;
    char* stickBuf = NULL;

    //m_RecvBuffer 缓存了上一次没有接收完的半包
    //如果存在半包，需要把新的内容追加到半包后面
    //这时有两种情况，接收到的数据长度大于半包所剩余的内容长度，或者小于等于半包所
      剩余的内容长度
    if (NULL != m_RecvBuffer)
    {
        unsigned int newsize = ret;
        if ((m_RecvBufferLen - m_RecvBufferOffset) < (unsigned int)ret)
        {
            newsize = m_RecvBufferLen - m_RecvBufferOffset;
            stickBuf = processBuf + newsize;
        }

        //复制到接收缓冲区中
        memcpy(m_RecvBuffer + m_RecvBufferOffset, processBuf, newsize);
        m_RecvBufferOffset += newsize;
        ret += m_RecvBufferLen;
        processBuf = m_RecvBuffer;
    }

    //对包进行处理，m_ProcessModule 是一个处理对象
    //这里用来查询包的长度
    requestLen = m_ProcessModule->RequestLen(processBuf, ret);
    if (requestLen <= 0 || requestLen > MAX_PKGLEN)
    {
        //解析出来的包数据错误
        return requestLen;
    }

    //如果未到达预期的包长度，说明是半包
    //将半包缓存到 m_RecvBuffer 中
    if (ret < requestLen)
    {
        if (NULL == m_RecvBuffer)
        {
            m_RecvBuffer = new char[requestLen];
            m_RecvBufferLen = requestLen;
```

```
            m_RecvBufferOffset = ret;
            memcpy(m_RecvBuffer, processBuf, ret);
        }
        return ret;
    }


    //如果等于或超过了预期的长度，可以逐个处理
    //直到处理完所有的包或者碰到半包无法处理
    while (ret >= requestLen)
    {
        m_ProcessModule->Process(processBuf, requestLen, this);
        processBuf += requestLen;

        //m_RecvBuffer 中只会有一个半包，并且最先处理的就是半包
        //处理完这个半包后就可以释放缓存半包的内存了
        if (NULL != m_RecvBuffer)
        {
            processBuf = stickBuf;
            delete [] m_RecvBuffer;
            m_RecvBuffer = NULL;
            m_RecvBufferOffset = m_RecvBufferLen = 0;
        }

        //如果存在粘包，继续处理后面的包
        //直到处理完所有的包，或碰到半包、数据异常才返回
        ret -= requestLen;
        if (ret > 0
            && NULL != processBuf)
        {
            //取出下一个包所需的长度
            requestLen = m_ProcessModule->RequestLen(processBuf, ret);
            if (requestLen <= 0 || requestLen > MAX_PKGLEN)
            {
                return requestLen;
            }
            //半包缓存
            else if (ret < requestLen)
            {
                //在这里 m_RecvBuffer 一定是 NULL
                m_RecvBuffer = new char[requestLen];
                m_RecvBufferLen = requestLen;
                m_RecvBufferOffset = ret;
                memcpy(m_RecvBuffer, processBuf, ret);
                return ret;
            }
        }
    }
}
```

26.5　心跳与超时

现在我们已经可以正确地处理数据以及正常的连接关闭了，但这还不够，还需要掌握一些网络异常处理的能力。说到网络异常，最常见的网络异常就是断网。网络的正常关闭，是由一方调用 close()函数发起的，通过发送 FIN 报文给对方来进行 4 次握手关闭。当程序

崩溃时，操作系统会关闭套接字，完成 4 次握手。**所以程序的正常退出以及异常退出，操作系统都会帮我们回收，关闭套接字资源。**当然，自己创建的套接字自己关闭是一个良好的习惯。

　　当将网线拔掉、WiFi 信号突然中断或者主机突然断电时，是没有任何消息通知到 TCP 的，我们的 socket 仍然可以发送、接收数据，但数据无法传输到对端，数据是否传输到了对端，TCP 是通过对端回复的 ACK 报文来确定的。如果没有回复，则视为丢包，丢包的情况下，TCP 的处理是超时未收到确认的 ACK 报文，则进行重发。由于没有任何消息通知到 TCP，所以从 TCP 层的角度来看，当前的连接是正常的，但实际上已经无法工作了。这种情况下，我们知道网络断了，但是 TCP 不知道。

　　当我们很快速地断网再重连，这时候 Socket 的连接并不一定会产生异常。也就是说，物理网线的断开跟 TCP 连接的断开不是一回事，是一条虚拟的连接，由 TCP 协议维护的虚拟连接，不要把这条连接与网线混为一谈，虽然数据是通过网线发出去，这肯定没错，所以这条网线用来描述 TCP 连接感觉就非常地恰当，但是，UDP 是无连接的，它的数据传输就不用经过网线了吗？所以，TCP 上面说的这条连接，跟大部分初学者理解的物理网线连接不是一回事，TCP 连接更像是一条想象中的连接。

　　如图 26-4 演示了物理连接中断时，TCP 的数据传输情况。实际上拔网线，同本机到对端主机的物理线路中任何一个环节中断了，在 TCP 的角度来看都是一样的。如果在这种状态下，将主机断电，或者将应用程序关闭，那么这个 TCP 连接的对端，就永远收不到任何消息了。

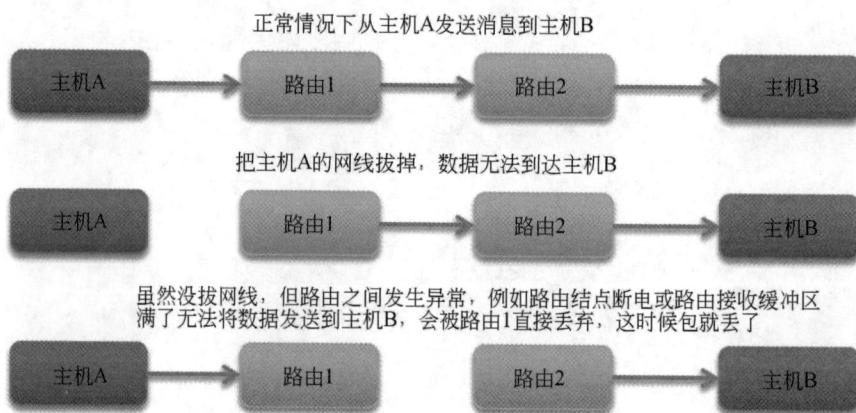

图 26-4　连接中断

26.5.1　TCP 的死连接

　　这种在 TCP 层处于连接状态，而通信两边的数据又无法传输的 TCP 连接称之为死连接。对于这个问题，客户端和服务端所处的情况不同，解决问题的策略也不同。死连接会占用系统资源，当服务器存在大量的死连接而没有及时清理时，会降低服务器的运行效率，甚至耗光服务器的 Socket 资源，导致服务器无法连接（现在的硬件设备不太容易出现这种情况）。所以对于服务器而言，只需要能在一段时间内检测出死连接并关闭清理即可。这段时间可以是 30 分钟、2 个小时，不需要过于频繁地检查。

对于客户端而言，在大多数情况下，希望程序能够立即检测到网络断开的消息。及时反馈是客户端的需求，程序员可以**在客户端发起请求的同时添加一个计时器，当收到服务端的响应时，移除这个计时器，当计时器的时间到了之后还没有接收到服务端的响应，那么视为连接已中断**。当然，也可以使用和服务端一样的检测方法，在没有用户触发请求的情况下，来检测连接是否断开。

26.5.2　检测死连接

由于死连接的 Socket 在逻辑上并没有任何异常，所以无法从 Socket 本身检测到任何错误。那么如何判断一个连接是否已死呢？死连接的特点就是不会有任何消息发过来，你的消息也无法到达对端。在实际中用的最多的就是心跳包。

什么是心跳包？一般是一个非常小的包，在里面程序员可以按照自己的协议发送任何数据，它的作用就是让程序员接收到数据，**当一段时间没有接收到数据时，关闭这个连接**，所以，**心跳包还需要借助定时器来实现**，每次收到心跳包，都更新一下定时器的超时时间。心跳包这个说法很形象！人死了，就没有心跳了，而连接死了，也不会有心跳。心跳包一般是用来检测死链接用的，但不仅仅局限于这个用途，心跳包还可以用于各种检测，如看服务端是否有新的公告，或者时间之类的校验，不过最多的还是检测死链接。

用心跳来检测死连接，因为死连接不会有心跳，玩家的网线断了，玩家客户端的心跳肯定是发不到服务端的，这种情况下，服务端就可以根据客户端的心跳频率判断它是不是死链接，假设客户端在 30 分钟内都没有心跳，那就可以断定客户端死了。服务端这时候可以主动关闭这条连接，心跳脉搏的频率可以自己定，5 分钟到 1 个小时都是正常的范围，**根据业务需求来定一个合理的超时时间**。如果不想这么麻烦，也可以用 TCP 自带的 Socket 选项 SO_KEEPALIVE 来设置 TCP 的保活定时器，系统默认是 2 小时监测一次。

服务端也可以主动发送一个数据到客户端，但一般不这么做，像这种既可以是客户端主动发送又可以是服务端主动发送的事情，肯定是让客户端来做的，因为每个客户端做一次，放到服务端可能就是数万次了。往死链接上发送数据时，如果对方主机在一定时间内没有收到响应，则会返回一个 RST 报文，意思是这条连接已经失效了，重置这条连接。

第 27 章 强联网游戏——单机版动作游戏

本章将实现一款横版 ACT 的单机版本的游戏，最终目的是把它做成一个网游，为什么选择 ACT？因为 ACT 网游的实时同步是比较复杂的，虽然做一个回合制的例子会简单很多，但实现一个实时同步的 DNF 会有趣得多！

ACT 的实时同步例子会更有借鉴意义，学习完这些知识，可以将超级玛丽、雪人兄弟、魂斗罗等经典游戏制作成多人网游。虽然是横版 ACT，但该例子的主要目的是介绍强联网，所以游戏会比较简单（这也意味着很简陋）。

实时同步是一个不小的话题，本书关于实时同步的介绍仅仅是些许皮毛，在完成本书之后，笔者会在笔者的博客上发表系列关于各种实时同步方案的文章，有兴趣的读者可以看一下，网址为 http://www.cnblogs.com/ybgame/。

应该说本章内容对初学者而言还是略有难度的，读者读完后可能会有不少疑惑，但相信读者将第 3 篇的全部章节内容看完再回过头来翻阅，就可以解决不少疑惑。初次阅读本章内容，只需要了解整个程序的结构，消息（**指令**）的流向，以及实体和场景的逻辑处理即可。本章主要介绍以下内容：

- ❑ 需求分析与类设计。
- ❑ 创建工程和场景。
- ❑ 添加实体。
- ❑ 实体显示组件。
- ❑ 消息定义。
- ❑ 添加 SingleProxy。
- ❑ 游戏的主逻辑。

27.1 需求分析与类设计

首先要做的游戏是一个 ACT 的动作游戏，这里就不做怪物和 AI 了，直接设定几个玩家进入场景后，进行移动和 PK。本章实现一个简单的例子，只实现一些最基础、也是最重要的功能。

- ❑ 创建角色。
- ❑ 控制角色移动。
- ❑ 控制角色攻击。

我们的目标是实现一个网络游戏，那么为什么要做一个单机呢？一方面单机方便调试，另外一方面，有些游戏的需求本身就是既可以单机玩又可以联网玩，这两种玩法主要的差异就是网络相关的处理。所以本例设计的目的就是将这部分差异封装起来，使这两者的切换变得简单。

虽然本章要做的是一个单机版游戏，但是如果一开始没有考虑网络的因素，没有一个好的设计，那么要将它变为一个网络游戏就非常麻烦了。所以在这里的设计需要考虑一些网络因素，但这并不影响单机版本的实现。

考虑网络的设计并非在很多地方判断 if 当前是网络模式，而是只在一两处地方做这样的判断，绝大部分的逻辑并不需要关心这个问题。**对客户端而言**，单机版本和网络版本主要有以下几个区别。

第一个就是**角色的创建和销毁**，在单机状态下，一开始就创建好所有的角色，而在网络状态下，一个新的用户连接上来，所有人的屏幕上都要出现这个新角色，并且新用户自身的屏幕也需要显示场景中的所有角色。

第二个就是**玩家对角色的控制**。在单机的情况下，程序员可能会写这样的代码：如果**玩家按下了左方向按钮，角色向左移动**。但是在网络的情况下，流程将会是玩家**按下左方向按钮通知服务器，服务器通知所有玩家，所有的客户端在接收到该消息之后，角色才进行移动**。当然，这中间会涉及一些实时同步以及体验的问题，这些问题留到最后再讲解。

客户端的职责如下：

❑ 场景的创建以及 UI 的创建。

❑ 按下左、右方向按钮或攻击按钮时发送消息。

❑ 根据指令创建角色、控制角色移动和攻击。

服务端的职责如下：

❑ 为每个连接上来的玩家分配一个 ID。

❑ 将当前场景中的玩家信息同步给客户端。

❑ 将玩家操作的指令同步给客户端。

在单机模式下，玩家的 ID 以及场景中的数据都由客户端自己定义，玩家操作时发送的消息将直接转发给客户端本地的接收者。

综上所述，例子中的代码中就需要**将控制的输入和生效隔离开**，这样控制部分的代码以及生效部分的代码都不需要去理会是单机还是网络了。怎么隔离呢？通过消息机制。

客户端有场景，在服务端也需要模拟一个场景，因为当一个新玩家进入游戏的时候，需要将当前场景中的数据同步给新玩家，所以服务端就需要有场景的数据，并且这些数据必须是活动的，例如，在(100, 100)位置有一个角色，正在以 100 每秒的速度往右边移动，那么一秒后，该角色的位置就是(200, 100)了，所以服务器需要使用定时器来驱动服务端的角色数据（**服务器主动更新**）。如果服务器不使用定时器，那么服务端的数据就得不到实时更新，在不使用定时器的情况下如果需要实时更新服务器的数据，就只能依靠客户端来驱动，客户端每移动一下，同步到服务端（**服务器被动更新**）。开发网络游戏有一个原则——网络数据的传输应该尽可能地少。

这两种方案传输的数据量和频率差别都很大，并且由客户端来告知服务器每一帧的移动位置，违背了另外一个原则——把关键的数据和逻辑放在服务端。违背了这个原则就很容易出现外挂，以及客户端显示不正确的情况。**当客户端的数据与服务端的数据不一致时，以服务端为准**。所以我们服务器需要模拟一个客户端的场景。

要模拟客户端的场景，那么就需要执行与客户端一致的游戏逻辑，这种情况下可以考虑让服务端和客户端共用逻辑代码，只需要客户端在编码时将显示和逻辑分开即可。

KxClinet 框架封装了一个纯粹逻辑层的 Cocos2d-x，没有显示功能，但支持节点的 visit 和 update、Director 等逻辑相关的功能。所以可以将关于显示部分的代码抽离出来，放到一个显示组件中，只有在客户端才添加该组件。该组件在每帧的 update 中根据其 Owner 的数据来更新显示，播放相应的动画，逻辑层无须关心显示层，写逻辑代码时将省心不少。

　　逻辑和显示分离的另一个原因是方便同步，服务器每秒会执行 N 次逻辑，那么客户端每秒也会执行 N 次逻辑，这个 N 可以调整，合理的值是 5～10 次，服务端的 update 是由服务端的定时器来驱动的，如果客户端的 update 由 Schedule 来驱动，那么是难以控制帧频的，所以所有的对象逻辑更新都需要通过一个入口来驱动（**各自驱动会导致帧频不统一**）。前后端以同样的频率执行逻辑，对那些一帧的误差可以导致结局截然不同的游戏而言至关重要。由于显示从逻辑中分离出来，那么显示的目的除了使用逻辑数据更新显示层以外，还有使用更密集的帧频来保证显示的平滑和流程。

　　此外还需要将显示和逻辑分离，因为我们的服务器和客户端可以共用一部分逻辑代码，服务器与客户端有着共同的逻辑，因此需要在服务器模拟一个场景，服务器需要根据玩家的操作，实时地用逻辑上的帧来保证逻辑同步，用显示上的帧来保证显示平滑。

　　下面来看看需要实现的类、类与类之间的关系，以及每个类的职责。从图 27-1 中可以发现，不论是单机还是网络，所有的指令最终会交由战斗场景处理。

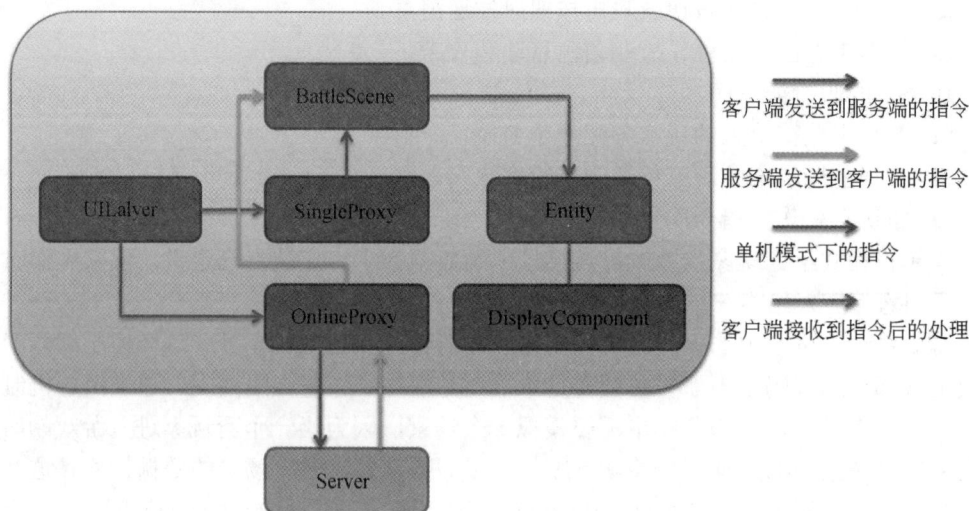

图 27-1　相关的类

❑ BattleScene：战斗场景，游戏的入口，负责场景的初始化，执行指令，以及驱动场景逻辑更新，场景中的实体更新和管理。该类也会在服务端运行。
❑ UILayer：战斗的背景和 UI 层，挂载在客户端的战斗场景中，按下按钮时发送对应的指令。
❑ Entity：游戏中的实体对象，在这里指游戏角色，内部实现了状态更新以及状态切换、移动、攻击等逻辑。
❑ DisplayComponent：游戏实体的显示组件，会被挂载到客户端的实体上，负责实体的显示。
❑ SingleProxy：单机模式下的代理，接收玩家输入的指令，将指令转发给场景。

另外还用到两个通用的功能类（**个人珍藏**）：EventManager 简洁高效的消息管理类，可以帮助注册监听以及发送消息；AnimateManager plist 帧动画管理类，方便地加载和播放 Plist 帧动画。

27.2　创建工程和场景

首先创建一个 NetDemo 工程，这里使用 Cocos 引擎来创建工程，创建完之后，将所需的资源导入，然后调整界面，在界面上设置一个背景以及 3 个按钮，如图 27-2 所示（按钮看着很熟悉吧，没错，笔者是从 Cocos 引擎的 TestCpp 中引用过的。背景和角色是从一位网友的三国游戏中引用过来的，这里仅供学习），为 3 个按钮分别命名为 btnLeft、btnRight 和 btnAttack，设置好按钮的图片并为攻击按钮输入"攻击"文本。然后保存发布，这时候可以运行一下，查看效果。

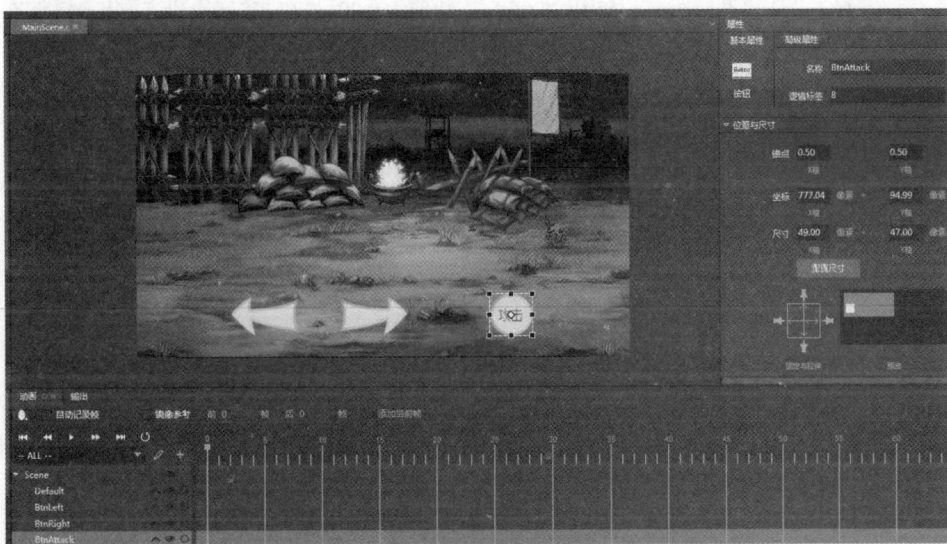

图 27-2　编辑 UI

然后发布资源，切换到 VisualStudio 工程，将动画资源导入到 res 目录下，并将 kxClient 和 Common 两个目录放到 Classes 下，并添加到 VisualStudio 工程中。VisualStudio 的解决方案目录如图 27-3 所示，kxClient 下的内容本节暂时不会用到，Common 目录是笔者自己编写的一些通用的类，接下来会用到。

接下来在 AppDelegate 中加载好动画资源，方便后面使用。在 res 目录下的 animate 目录下有 4 个用 TP 工具打包好的 Plist 帧动画，分别是 101.plist～104.plist，分别对应所有角色的 4 个状态——站立、移动、攻击、受击，每个角色都会有这 4 个动画。状态加上 100*角色 ID 就是对

图 27-3　解决方案界面

应的唯一动画 ID。下面先将角色的 4 个动画添加进来。在 AppDelegate 中包含以下头文件。

```
#include "AnimateManager.h"
```

在 applicationDidFinishLaunching 中调用 AnimateManager::addAnimateFrames()函数加载资源，传入每个动画的 ID 以及对应的动画 Plist 文件路径。

```
bool AppDelegate::applicationDidFinishLaunching()
{
    //省略部分代码...
    int type = 1;
    for (int i = EStateIdle; i < EStateDie; ++i)
    {
        string path = "animate/" + toolToStr(type * 100 + i) + ".plist";
        AnimateManager::addAnimateFrames(type * 100 + i, path.c_str());
    }
    return true;
}
```

然后创建一个新的场景 BattleScene，并在 AppDelegate 中将启动场景调整为 BattleScene。为 BattleScene 添加一个 createSingleScene()静态方法，该方法将创建一个单机场景，并为场景加载 UI 以及初始化 SingleProxy。

```
Scene* CBattleScene::createSingleScene()
{
    CBattleScene* scene = new CBattleScene();
    if (scene->init())
    {
        scene->autorelease();
        #ifndef RunningInServer
        //创建 SingleProxy
        CSingleProxy* proxy = new CSingleProxy();
        proxy->init(scene->getEventMgr());
        CProxyManager::getInstance()->addProxy(0, proxy);
        //添加 UI 层
        scene->addChild(CBattleUI::loadUI(scene));
        #endif
        return scene;
    }
    scene->release();
    return NULL;
}
```

CBattleUI::loadUI()是一个静态方法，该方法读取我们编辑的场景文件，创建 UI，并为 UI 添加单击事件，在点击 UI 时，触发相应的事件。

```
Node* CBattleUI::loadUI(CBattleScene* scene)
{
    auto rootNode = CSLoader::createNode("MainScene.csb");
    //注册单击回调
    Helper::seekWidgetByName((Widget*)rootNode, "BtnLeft")->
    addTouchEventListener(
    [scene](Ref* ref, Widget::TouchEventType ev) -> void
    {
        Message msg;
        msg.id = scene->getUid();
        msg.length = sizeof(Message);
        switch (ev)
```

```
        {
            case cocos2d::ui::Widget::TouchEventType::BEGAN:
            msg.cmd = CommandPlayerMoveLeftCS;
            break;
            case cocos2d::ui::Widget::TouchEventType::ENDED:
            case cocos2d::ui::Widget::TouchEventType::CANCELED:
            msg.cmd = CommandPlayerStandCS;
            break;
            default:
            return;
        }
        scene->getEventMgr()->raiseEvent(msg.cmd, &msg);
    });
    Helper::seekWidgetByName((Widget*)rootNode, "BtnRight")->
    addTouchEventListener(
    [scene](Ref* ref, Widget::TouchEventType ev) -> void
    {
        Message msg;
        msg.id = scene->getUid();
        msg.length = sizeof(Message);
        switch (ev)
        {
            case cocos2d::ui::Widget::TouchEventType::BEGAN:
            msg.cmd = CommandPlayerMoveRightCS;
            break;
            case cocos2d::ui::Widget::TouchEventType::ENDED:
            case cocos2d::ui::Widget::TouchEventType::CANCELED:
            msg.cmd = CommandPlayerStandCS;
            break;
            default:
            return;
        }
        scene->getEventMgr()->raiseEvent(msg.cmd, &msg);
    });
    Helper::seekWidgetByName((Widget*)rootNode, "BtnAttack")->
    addTouchEventListener(
    [scene](Ref* ref, Widget::TouchEventType ev) -> void
    {
        if (ev == cocos2d::ui::Widget::TouchEventType::ENDED)
        {
            //单击攻击时发送攻击消息
            Message msg;
            msg.id = scene->getUid();
            msg.length = sizeof(Message);
            msg.cmd = CommandPlayerAttackCS;
            scene->getEventMgr()->raiseEvent(msg.cmd, &msg);
        }
    });
    return rootNode;
}
```

　　接下来看一下 BattleScene 的初始化，首先创建了一个 EventManager 用来发送消息，初始化了一些变量，将 UID 初始化为 1，注册了一些事件，当事件触发的时候会回调 onCommand()函数。然后手动执行了一个消息，添加角色。最后调用 scheduleUpdate()函数注册 update。

```
bool CBattleScene::init()
{
    bool ret = Scene::init();
```

```
    m_EventMgr = new CEventManager<int>();
    m_Delta = 0.0f;
    m_TickDelta = 0.1f;
    m_UID = 1;

    //注册事件
    for (int i = CommandSCBegin; i < CommandSCEnd; i++)
    {
    m_EventMgr->addEventHandle(i, this, CALLBACK_FUNCV(CBattleScene::
    onCommand));
    }

    #ifndef RunningInServer
    Message msg;
    msg.cmd = CommandAddPlayerSC;
    msg.id = m_UID;
    //添加自己
    onCommand(&msg);
    //添加一个靶子
    msg.id = m_UID + 1;
    onCommand(&msg);
    scheduleUpdate();
    #endif

    return ret;
}
```

在 update 中，进行了逻辑帧频的控制，将每一帧的时间限制为 0.1 秒，也就是 m_TickDelta 所设定的时间，根据设定的频率来执行 logicUpdate()函数。

```
void CBattleScene::update(float dt)
{
    //每一帧都累加delta
    m_Delta += dt;
    //当卡顿时delta会变大，这时逻辑帧的频率也会跟着变快
    //单逻辑帧执行的逻辑时间不变
    if (m_Delta >= m_TickDelta)
    {
        m_Delta -= m_TickDelta;
        logicUpdate(m_TickDelta);
    }
}
```

27.3　添 加 实 体

CommandAddPlayerSC 消息会通知场景添加一个角色，也就是 Entity。Entity 的职责是维护一个角色的状态，并执行单个角色相应的逻辑。提供状态切换的接口，并在内部执行状态的更新。同时维护一个角色的逻辑属性，如位置、方向、移动速度等属性。实体的状态主要有以下几个状态。

```
enum EntityState
{
    EStateNone,      //空状态
    EStateIdle,      //站立状态
```

```
    EStateRun,      //移动状态
    EStateAttack,   //攻击状态
    EStateHurt,     //受击状态
    EStateDie,      //死亡状态
};
```

CEntity 的定义如下：

```
class CEntity : public Node
{
public:
    CEntity();
    virtual ~CEntity();
    virtual bool init(int id, int type);
    //更新状态
    virtual void logicUpdate(float dt);
    //获取当前状态
    EntityState getState();
    //外部调用切换状态
    bool changeState(EntityState newState);
    //省略了一些方法...
private:
    EntityState m_State;
    EntityState m_NextState;
    Vec2 m_Pos;
    int m_Id;
    int m_RoleType;
    int m_Hp;
    int m_Attack;
    int m_Direction;
    float m_MoveSpeed;
    float m_AttackSpeed;
    float m_StateDuration;
}
```

在 init()函数中为客户端的实体添加了显示组件 CDisplayComponent，并调用了 scheduleUpdate()函数，Node 的 update 会驱动组件的 update 方法，在 CDisplayComponent 的 update 中，来驱动角色的显示更新。

```
bool CEntity::init(int id, int type)
{
    bool ret = Node::init();
    m_Id = id;
    m_RoleType = type;
    #ifndef RunningInServer
    //添加显示组件
    CDisplayComponent* display = new CDisplayComponent();
    display->init(this);
    addComponent(display);
    display->release();
    scheduleUpdate();
    #endif
    return ret;
}
```

CEntity 的 logicUpdate()函数根据角色的当前状态执行了相应的逻辑。

```
void CEntity::logicUpdate(float dt)
{
```

```
    switch (m_State)
    {
        case EStateRun:
        //根据移动速度移动改变位置
        m_Pos.x += dt * m_MoveSpeed * m_Direction;
        m_StateDuration = dt;
        break;
        case EStateAttack:
        //如果是攻击状态，需要在指定的帧数判断攻击
        //如果攻击命中了敌人，将敌人切换至受击状态
        m_StateDuration -= dt;
        if (m_StateDuration < m_AttackSpeed * 0.5f
        && m_StateDuration + dt >= m_AttackSpeed * 0.5f)
        {
            checkAttack();
        }
        if (m_StateDuration <= 0.0f)
        {
            m_State = m_NextState;
        }
        break;
        case EStateHurt:
        //动画播放完自动切换状态
        m_StateDuration -= dt;
        if (m_StateDuration <= 0.0f)
        {
            m_State = m_NextState;
        }
        break;
        default:
        break;
    }
}
```

changeState 接口提供给外部一个改变实体状态的方法，首先判断是否能够进行状态切换，如果能，在状态改变时更新状态的持续时间，并设置结束后的跳转状态。例如 Hurt 状态会持续 0.3 秒，在 3 秒后恢复到 Idle 状态。

```
bool CEntity::changeState(EntityState newState)
{
    //死亡状态不能再切换至其他状态
    if (m_State == EStateDie)
    {
        return false;
    }
    switch (newState)
    {
        case EStateIdle:
            //在玩家松开移动按钮时从移动状态切换到 Idle
            if (m_State != EStateRun)
            {
                return false;
            }
        break;
        case EStateRun:
            //只有在 Idle 状态下才能切换移动状态
            //玩家按下移动按钮时切换
            if (m_State != EStateIdle && m_State != EStateRun)
            {
```

```
                return false;
            }
        break;
        case EStateAttack:
            //只有在 Idle 和 Run 状态下可以攻击
            if (m_State != EStateIdle && m_State != EStateRun)
            {
                return false;
            }
            m_StateDuration = m_AttackSpeed;
            m_NextState = EStateIdle;
        break;
        case EStateHurt:
            m_StateDuration = 0.3f;
            m_NextState = EStateIdle;
        break;

        default:
        break;
    }
    m_State = newState;
    return true;
}
```

27.4　实体显示组件

实体显示组件 CDisplayComponent 在 init 时，创建了一个 Sprite 添加到其 Owner 中，也就是 Entity 中。这个 Sprite 就是 m_Displayer，负责 Entity 的显示。在 CDisplayComponent 的 update 中，实现了以下 3 个功能。

❑ 当 Entity 切换状态时，播放对应状态的动画（**由于默认的 m_State 是 None，而 Entity 的状态会是 Idle，所以会播放 Idle 动画**）。

❑ 根据 Entity 的逻辑位置来更新 Entity 的显示位置。

❑ 根据 Entity 的方向来更新 Entity 的 flipX 值。

```
void CDisplayComponent::update(float delta)
{
    if (m_State != m_Owner->getState())
    {
        //播放动画
        m_State = m_Owner->getState();
        int animateId = m_Owner->getType() * 100 + m_State;
        m_Displayer->stopActionByTag(MAIN_ACTION);

        auto newAni = AnimateManager::createAnimate(animateId, 0.1f, true);
        newAni->setTag(MAIN_ACTION);
        m_Displayer->runAction(newAni);
    }

    int dir = m_Owner->getDir();
    float newX = m_Owner->getPosition().x + m_Owner->getMoveSpeed() * dir
    * delta;
    if ((dir > 0 && newX > m_Owner->getPos().x)
        || dir < 0 && newX < m_Owner->getPos().x)
    {
```

```
        //超出则重置
        m_Owner->setPosition(m_Owner->getPos());
    }
    else
    {
        //否则更新位置
        m_Owner->setPosition(newX, m_Owner->getPositionY());
    }

    bool flipX = (dir == -1);
    if (flipX != m_Displayer->isFlippedX())
    {
        m_Displayer->setFlippedX(flipX);
    }
}
```

27.5 消 息 定 义

我们用到的消息定义如下，其中 CS 后缀表示客户端发给服务端的消息（**Client to Server**），SC 后缀表示服务端返回给客户端的消息（**Server to Client**）。当然，在单机模式下不会有服务器，那么 SingleProxy 会将 CS 消息转换成 SC 消息返回，这样对于接收消息的人来说，只需要处理好消息对应的逻辑即可，不需要关心消息是从哪里发出来的。至于枚举中的 Begin 和 End 命令，是为了方便遍历用的，在 CBattleScene 的 init 中，场景监听了所有的 SC 事件。

```
//消息枚举
enum MessageType
{
    CommandCSBegin = 0,
    CommandAddPlayerCS,             //请求添加玩家
    CommandRemovePlayerCS,          //请求移除玩家
    CommandPlayerMoveLeftCS,        //请求向左移动
    CommandPlayerMoveRightCS,       //请求向右移动
    CommandPlayerStandCS,           //请求站立
    CommandPlayerAttackCS,          //请求攻击
    CommandCSEnd,

    CommandSCBegin = 100,
    CommandAddPlayerSC,             //通知添加玩家
    CommandRemovePlayerSC,          //通知移除玩家
    CommandPlayerMoveLeftSC,        //通知向左移动
    CommandPlayerMoveRightSC,       //通知向右移动
    CommandPlayerStandSC,           //通知站立
    CommandPlayerAttackSC,          //通知攻击
    CommandSCEnd,
};

struct Message
{
    int length;
    int cmd;
    int id;
```

```
    inline void* data()
    {
        return this + 1;
    }
};
```

27.6　添加 SingleProxy

CSingleProxy 继承于 CBaseProxy，而 CBaseProxy 继承于 Ref，实际上 CSingleProxy
实现的功能非常独立，与 CBaseProxy 并没有太大的关系，只是一个消息转发而已。在 init
中注册了 CS 系列消息，当客户端发送这类消息时，会回调 OnEventSend()函数，在
OnEventSend()函数中将命令从 CS 转成 SC，然后调用 OnRecv()函数把修改后的指令传入。
在 OnRecv()函数中，会发出 SC 事件，而 CBattleScene 的 onCommand()方法会被调用。

```
bool CSingleProxy::init(CEventManager<int> *eventMgr)
{
    if (NULL == eventMgr)
    {
        return false;
    }

    m_pEventManager = eventMgr;
    //注册事件 id
    for (int i = CommandCSBegin; i < CommandCSEnd; i++)
    {
        m_pEventManager->addEventHandle(i, this, CALLBACK_FUNCV
        (CSingleProxy::OnEventSend));
    }
    return true;
}

void CSingleProxy::OnEventSend(void *data)
{
    //解析出长度
    Message *msg = reinterpret_cast<Message*>(data);
    int len = msg->length;

    //转成服务器相应的命令
    int offset = msg->cmd - CommandCSBegin;
    msg->cmd = CommandSCBegin + offset;

    OnRecv(reinterpret_cast<char*>(data), len);
}

int CSingleProxy::OnRecv(char *buffer, int len)
{
    if (NULL != m_pEventManager)
    {
        Message *msg = reinterpret_cast<Message*>(buffer);
        m_pEventManager->raiseEvent(msg->cmd, buffer);
    }

    return 0;
}
```

27.7 游戏的主逻辑

在 CBattleScene 的 logicUpdate()函数中（**由 update 调用**），驱动了场景中所有 Entity 的更新，场景使用了一个 Map 来管理 Entity，每个玩家都拥有一个 Entity 对象，Map 的 key 是玩家的 UID，所有的 Entity 的 logicUpdate 都会在每个逻辑帧执行时被调用。

```cpp
void CBattleScene::logicUpdate(float dt)
{
    for (map<int, CEntity*>::iterator iter = m_Entitys.begin();
        iter != m_Entitys.end(); ++iter)
    {
        iter->second->logicUpdate(dt);
    }
}
```

onCommand()方法实现了**消息最终的处理**，添加 Entity，或者改变某个 Entity 的状态。

```cpp
void CBattleScene::onCommand(void* info)
{
    Message* head = (Message*)info;
    int cmd = head->cmd;
    int uid = head->id;

    CEntity* executer = m_Entitys[uid];
    if (cmd != CommandAddPlayerSC
    && NULL == executer)
    {
        return;
    }

    //执行命令
    switch (cmd)
    {
        case CommandAddPlayerSC:
        executer = new CEntity();
        executer->init(uid, 1);
        executer->setPos(Vec2(200, 350));
        executer->setPosition(Vec2(200, 350));
        addChild(executer, 1);
        m_Entitys[uid] = executer;
        break;

        case CommandRemovePlayerSC:
            executer->changeState(EStateDie);
        break;

        case CommandPlayerMoveLeftSC:
        if (executer->changeState(EStateRun))
        {
            executer->setDir(-1);
        }
        break;

        case CommandPlayerMoveRightSC:
        if (executer->changeState(EStateRun))
```

```
    {
        executer->setDir(1);
    }
    break;

    case CommandPlayerStandSC:
        executer->changeState(EStateIdle);
    break;

    case CommandPlayerAttackSC:
        executer->changeState(EStateAttack);
    break;
    }
}
```

　　最后运行游戏，可以看到如图 27-4 所示的画面，单击左、右方向按钮以及"攻击"按钮时，角色会做出相应的动作。

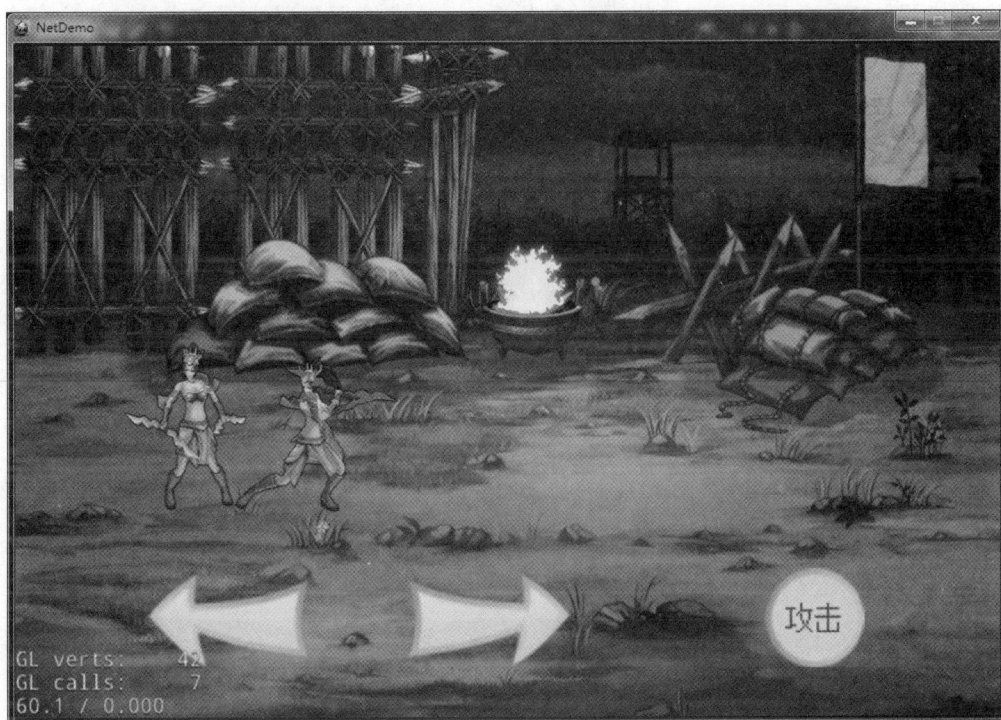

图 27-4　运行效果

第 28 章 强联网游戏——C++服务器实现

第 27 章中实现了游戏的单机版本，也为网络版预留了一些设计，本章将使用 kxServer 框架来编写服务器，这里的平台是 Windows，但服务器可以很方便地移植到 Linux 上。

实际上很多网游的服务器都是由多个服务器进程组成的，而组织这一组服务器的结构和联系，定义每台服务器的职责，使其能稳定高效地实现需求，称之为服务器架构设计。

在服务器架构设计中，有两个核心概念——分布式和集群，分布式指将一个大的任务划分为若干小任务，每个服务器执行一个小任务，由**多个服务器协同完成这一个大任务**。而集群则是指**多个服务器执行相同的任务，这些服务器之间互相独立**。

但本章并不介绍服务器架构的问题，本章要实现的服务器是单进程、单线程的独立服务器。不要小瞧它，麻雀虽小五脏俱全，不使用架构是因为不需要。架构是为了更好地解决复杂的问题，避免单个服务器的职责过于复杂，以及方便扩展。不要为了架构很强大而去使用架构，而是为了解决实际问题针对问题设计架构。本章主要介绍以下内容：

- ❑ 服务端需求分析。
- ❑ kxServer 的使用。
- ❑ NetDemoServer 服务器。
- ❑ 接收客户端请求。
- ❑ 移植前端代码。
- ❑ 梳理流程和总结。

28.1 服务端需求分析

第一步肯定是启动服务器，这时候还没有玩家连接进来，服务器会完成初始化并等待玩家连接，这时候场景不会有任何实体，但是在服务器启动的时候，场景就已经存在了，并且会定时更新。

当客户端连接上时，需要管理这个玩家（**以及玩家的连接**），并且**将当前服务器场景的数据下发给客户端**，为每个玩家分配一个唯一的 UID，添加一个 Player 类来定义玩家，再用一个容器来管理 Player。当接收到玩家发送的数据时，需要发送消息到场景中进行处理，并且广播给所有的玩家。

当一个玩家断开连接时，应该清理这个玩家的信息并通知到场景中，以及广播给所有的玩家。

28.2 kxServer 的使用

这里先简单介绍一下 KxServer，KxServer 是由笔者开发和维护的一个轻量级、开源的服务器程序框架，使用该框架可以快速开发出游戏服务端程序（在本书完成后，会对 **KxServer 整套框架进行重构，并编写相关文档，欢迎关注**）。

KxServer 的框架主要由以下 4 个部分组成。

❑ BaseServer：服务器的实例，将服务器的其他模块组织起来，相当于 Cocos2d-x 的 AppDelegate，只要继承并实现相关的虚函数即可。

❑ Communication：服务器的通信模块，主要封装了 TCP、UDP。为 TCP 划分了 Connecter、Clienter 和 Listener 这 3 个概念方便使用。

❑ Poller：轮询器，封装了 select、epoll 等 IO 复用，用于轮询 Communication 是否有数据可读、可写或异常。

❑ Module：每个 Communication 都会有一个 Module 对象，当接收到数据或者异常时，会回调其 Module 对象。

另外，kxServer 还提供了高效的定时器功能，通过继承 TimerObject，实现 onTimer 回调，并将自己的 Timer 对象添加到 TimerManager 中即可。kxServer 的结构图大致如图 28-1 所示。

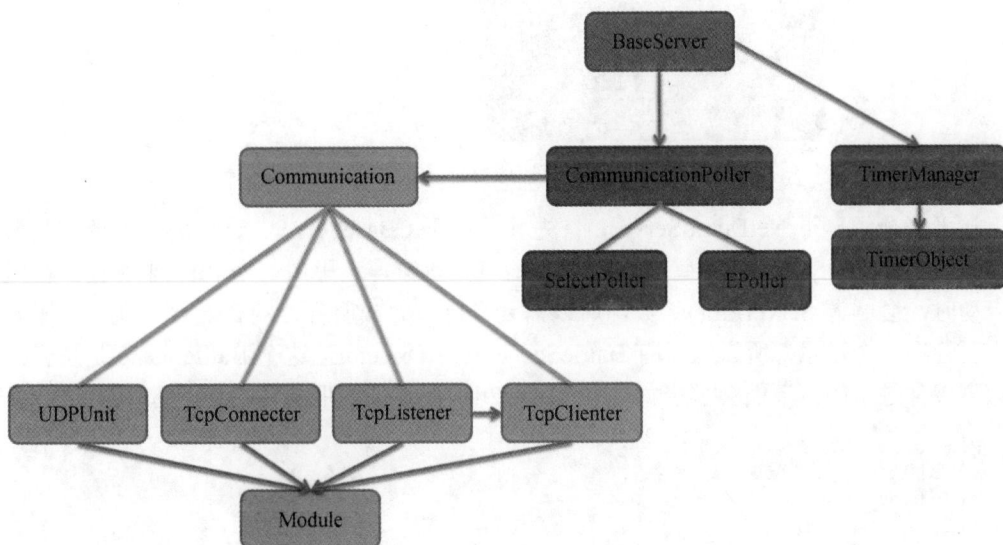

图 28-1 KxServer 框架组成

28.3 NetDemoServer 服务器

kxServer 的使用非常简单，当需要实现一个服务器时，只需要继承 BaseServer，在自己的 Server 类中实现初始化和卸载的一些处理。然后设置好回调的 Module，在 mian()函数中，实例化自己的 Server 类，并调用 serverStart()函数即可。在本例中，我们将客户端命名为 NetDemo，那么服务器就命名为 NetDemoServer，服务器的 main()函数如下。

```
int main()
{
    CNetDemoServer* server = CNetDemoServer::getInstance();
```

```
   server->ServerStart();
   CNetDemoServer::destory();
   return 0;
}
```

整个服务器要编写的代码量非常少，代码结构如图 28-2 所示，需要重新编写代码就是最下面的个 cpp 文件，平均每个.cpp 文件的代码量不到 100 行。

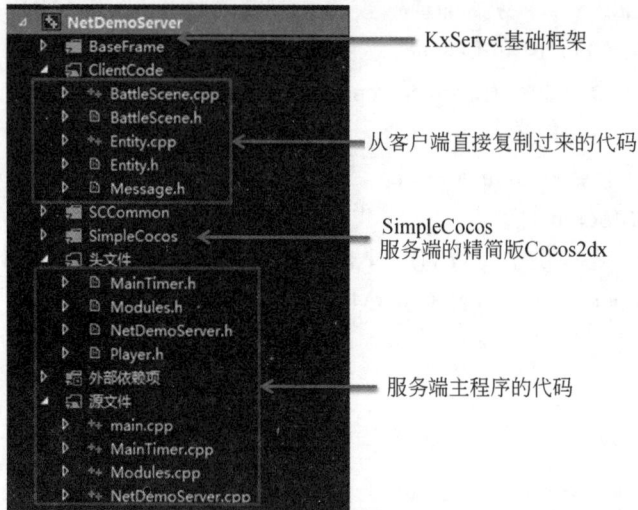

图 28-2　服务器的目录结构

接下来介绍一下 NetDemoServer，首先其继承于 CBaseServer，这里为了方便将其做成了单例。NetDemoServer 需要管理服务器上所有的玩家，这里用一个 Map 来存储。在服务器启动时，会回调 ServerInit()函数，所以需要在这里完成服务器的初始化，在这里服务器也需要管理一个场景，所以这里有 BattleScene 以及 Director，这个 BattleScene 是从客户端那边直接拿过来的，下面会解释如何让 Cocos2d-x 的逻辑在服务端"跑"起来。

```
#include "KxCSComm.h"
#include "CommTools.h"
#include "BattleScene.h"
#include "Player.h"
#include "KXServer.h"
#include "MainTimer.h"

class CNetDemoServer : public KxServer::CBaseServer
{
private:
   CNetDemoServer();
   virtual ~CNetDemoServer();
public:
   static CNetDemoServer* getInstance();
   static void destory();

   CPlayer* createPlayer(KxServer::ICommunication* com);

   void removePlayer(KxServer::ICommunication* key);

   inline CPlayer* getPlayer(KxServer::ICommunication* key)
   {
   return m_Players[key];
```

```
    }

    inline map<KxServer::ICommunication*, CPlayer*>& getPlayers()
    {
    return m_Players;
    }

    //处理消息
    void processMessage(KxServer::ICommunication *target, void* buffer, int
len);

    //广播给所有玩家
    void boardCast(char* buffer, int len);

    //将场景数据推送到客户端
    void pushSceneToClient(int uid, KxServer::ICommunication* client);

    //服务器的游戏逻辑主循环
    void mainLoop();

    //初始化服务器
    virtual bool ServerInit();
private:
    int m_Uid;
    CBattleScene* m_Scene;
    CEventListener* m_Listener;
    Director* m_Director;
    CMainTimer* m_Timer;
    map<KxServer::ICommunication*, CPlayer*> m_Players;
    static CNetDemoServer* m_Instance;
};
```

在 CNetDemoServer 的 ServerInit()函数中初始化服务器:

（1）首先创建一个监听者，监听 8888 端口，并为其设置 CListenerModule 和 CClientModule。这两个 Module 是处理客户端连接以及处理客户端请求和异常的模块。

（2）接下来创建一个 CSelectPoller，并将 listener 添加到 poller 中，这里的 m_poller 是 BaseServer 的成员变量，在服务器的主循环中，会不断去轮询它。

（3）接下来创建 CBattleScene 和 Director 对象，这两个对象是为了帮助程序员模拟客户端逻辑。

（4）然后添加一个 CMainTimer 到 CTimerManager 中，在 CMainTimer 中驱动 Director 执行。

（5）最后创建一个 CEventListener，用于监听场景中触发的消息并处理。

```
//初始化服务器
bool CNetDemoServer::ServerInit()
{
    CTCPListener* listener = new CTCPListener(8888);
    listener->SetModule(new CListenerModule());
    listener->SetClientModule(new CClientModule());

    m_Poller = new CSelectPoller();
    m_Poller->AddPollObject(listener, POLLTYPE_IN);

    m_Scene = CBattleScene::create();
```

```
    m_Director = new Director();
    m_Director->init();
    m_Director->runWithScene(m_Scene);

    //启动定时器，定时更新场景
    m_Timer = new CMainTimer();
    m_Timer->SetTimeOut(0.1f);
    CTimerManager::GetInstance()->AttachTimerWithFixTime(m_Timer);

    m_Listener = new CEventListener(m_Scene->getEventMgr());

    return true;
}
```

CEventListener 在监听的事件触发后，会回调 onServerMessage()函数，在这个函数中可以执行相应的逻辑。

```
class CEventListener : public Ref
{
public:
    CEventListener(CEventManager<int>* eventMgr);
    ~CEventListener();
    void onServerMessage(void* data);

private:
    CEventManager<int>* m_EventMgr;
};
```

CPlayer 只是一个简单的结构，用于定义一个玩家的信息，这不同于 Entity，但可以根据 CPlayer 的 UID 来创建 Entity，而每个玩家的 UID 都是唯一的。

```
class CPlayer
{
public:
    void init(int uid, KxServer::ICommunication* com)
    {
        m_Uid = uid;
        m_Communication = com;
        m_IsJoin = false;
    }

    inline int getUid()
    {
        return m_Uid;
    }

    inline void join()
    {
        m_IsJoin = true;
    }

    inline bool isJoin()
    {
        return m_IsJoin;
    }
    inline KxServer::ICommunication* getCommunication()
    {
        return m_Communication;
    }
```

```
private:
    int m_Uid;
    bool m_IsJoin;
    KxServer::ICommunication* m_Communication;
};
```

28.4　接收客户端请求

首先需要在 ListenerModule 中处理新玩家的连接。在 ServerInit()函数中，将
CListenerModule 设 置 为 监 听 的 Module ， 当 有 玩 家 连 接 进 来 时 ， 会 回 调
CListenerModule::Process()函数，在这里调用 CNetDemoServer 的 createPlayer()函数来创建
一个玩家，并为它分配一个唯一的 UID。然后调用 CNetDemoServer 的 processMessage()函
数，发送一条 CommandAddPlayerCS 消息。

```
void    CListenerModule::Process(char*    buffer,    unsigned    int    len,
ICommunication *target)
{
    if (NULL == target)
    {
        return;
    }
    //处理客户端的连接
    CPlayer* player = CNetDemoServer::getInstance()->createPlayer(target);
    Message msg;
    msg.cmd = CommandAddPlayerCS;
    msg.id = player->getUid();
    msg.length = sizeof(msg);
    //广播玩家加入消息
    CNetDemoServer::getInstance()->processMessage(target, &msg, msg.length);
}
```

CNetDemoServer 的 createPlayer()函数会用递增的方式来确保每个 Player 的 UID 不重
复，并将 Player 添加到 m_Players 容器中。

```
CPlayer* CNetDemoServer::createPlayer(ICommunication* com)
{
    ++m_Uid;
    CPlayer* player = new CPlayer();
    player->init(m_Uid, com);
    m_Players[com] = player;
    return player;
}
```

在 processMessage()函数中处理了所有的消息，除了 CommandUserLoginCS 以及
CommandSceneInitCS 消息，其他消息都是将 CS 转换成 SC，然后触发，在 BattleScene 中
监听了 SC 消息，这时候调用 EventManager 的 raiseEvent()函数，服务器这边的 BattleScene
就会触发相应的逻辑，同时广播给所有的客户端，那么客户端的 BattleScene 也会收到这个
消息，所以客户端相应的逻辑会被触发执行。

```
//处理消息
void CNetDemoServer::processMessage(ICommunication *target, void* buffer,
int len)
```

```
{
Message* msg = reinterpret_cast<Message*>(buffer);
switch (msg->cmd)
{
    case CommandUserLoginCS:
    {
        CPlayer* player = m_Players[target];
        if (NULL != player)
        {
            msg->cmd = CommandUserLoginSC;
            player->getCommunication()->Send((char*)buffer, len);
        }
    }
    break;
    case CommandSceneInitCS:
    {
        CPlayer* player = m_Players[target];
        if (NULL != player && !player->isJoin())
        {
            player->join();
            pushSceneToClient(player->getUid(), target);
        }
    }
    break;

    default:
        msg->cmd += CommandSCBegin;
        m_Scene->getEventMgr()->raiseEvent(msg->cmd, buffer);
        boardCast((char*)buffer, len);
    break;
    }
}
```

在最后的 boardCast() 函数中，会将消息逐个发送给所有的**已加入**玩家，在 CPlayer 中，默认的 m_isJoin 属性是为 false，所以 CommandAddPlayerCS 并不会发送给玩家自己。在玩家连接成功之后，需要发送一条 CommandUserLoginCS 来请求登录服务器，因为场景需要知道玩家的 UID 是多少，所以需要通过一个请求来问服务器，玩家的 UID 是多少，然后客户端才可以创建战斗场景并切换。而 CommandSceneInitCS 则是客户端进入到战斗场景时，向服务器请求整个场景的数据时发送的命令，目的是将服务器当前的场景显示到客户端上。

```
//广播给所有玩家
void CNetDemoServer::boardCast(char* buffer, int len)
{
    for (auto player : m_Players)
    {
    if (player.second->isJoin())
        {
            player.first->Send(buffer, len);
        }
    }
}
```

我们需要在 ClientModule 中处理客户端发送过来的消息，以及客户端断开连接的处理。在 ServerInit() 函数中，将 ClientModule 设置为 TcpListener 的 clientModule，TcpListener 本身不会去调用该函数，当 TcpListener 接受了一个新的连接时，会创建一个 TcpClient，并将 clientModule 设置为 TcpClient 的 Module，当客户端发送消息过来时，会回调

CClientModule::Process()函数。客户端发送的任何消息，都是通过调用 processMessage()函数给 CNetDemoServer 来处理。

```
void CClientModule::Process(char* buffer, unsigned int len, ICommunication
*target)
{
    CPlayer* player = CNetDemoServer::getInstance()->getPlayer(target);
    if (NULL == player)
    {
        return;
    }
    Message* msg = reinterpret_cast<Message*>(buffer);
    msg->id = player->getUid();
    //接收客户端发送的消息
    CNetDemoServer::getInstance()->processMessage(target, buffer, len);
}
```

我们需要在 CClientModule 中处理玩家断开连接的情况，这种情况下，需要清理场景中的 Entity 以及 CNetDemoServer 中的 Player，这里先将 Player 移除，并发送一条 CommandRemovePlayerCS 消息来移除 Entity，并通知其他玩家这个玩家下线了。

```
void CClientModule::ProcessError(ICommunication *target)
{
    CPlayer* player = CNetDemoServer::getInstance()->getPlayer(target);
    if (NULL == player)
    {
        return;
    }
    Message msg;
    msg.cmd = CommandRemovePlayerCS;
    msg.id = player->getUid();
    msg.length = sizeof(msg);
    //处理客户端断开
    CNetDemoServer::getInstance()->removePlayer(target);
    //广播玩家退出消息
    CNetDemoServer::getInstance()->processMessage(target,            &msg,
msg.length);
}
```

另外需要提一下的是，程序中定义了一个 BaseModule 作为这几个 Module 的基类，并实现了一个 RequestLen()虚函数，用于帮助程序判断半包和粘包，只需要在 RequestLen()虚函数中返回一个包所需的完整长度即可。

```
class CBaseModule : public KxServer::IBaseModule
{
    virtual int RequestLen(char* buffer, unsigned int len)
    {
        if (len < sizeof(int))
        {
            return sizeof(int);
        }
        else
        {
            return *(int*)buffer;
        }
    }
};
```

28.5　移植前端代码

我们将前端的逻辑代码复制过来即可编译工作，一方面是因为有 simpleCocos 的支持，另一方面也是我们编写的代码遵循了一定的规则，将显示与逻辑分离开，才能将与显示无关的代码在服务端复用。

simpleCocos 的结构非常简单，只有 4 个类，分别是 Director、Ref、Vec2 和 Node，其中 Ref 和 Vec2 本身是非常简单的两个类，而 Director 和 Node 在这里则抛掉了其大部分的功能。而 Scene 在这里跟 Node 是一样的，我们用了一行 typedef 来进行跨平台的处理。在 Director 的 mainloop 中，我们会调用 runningScene 的 update，而在 update 中驱动整个游戏的逻辑。在 ServerInit()函数中，注册了一个定时器，该定时器以每秒 10 次的频率执行逻辑，其执行的逻辑就是调用 CNetDemoServer 的 mainLoop()函数。

```
void CMainTimer::OnTimer(const TimeVal& now)
{
    CNetDemoServer::getInstance()->mainLoop();
    SetTimeOut(0.1f);
    CTimerManager::GetInstance()->AttachTimerWithFixTime(this);
}
```

在 CNetDemoServer 的 mainLoop()函数中，调用 m_Director->mainLoop()函数，而在 m_Director->mainLoop()函数中，驱动 runningScene 的 update。整个游戏的逻辑都是由场景的驱动的，而 mainLoop()函数驱动了场景。其他的逻辑都是用事件来触发，本身耦合性非常低，只要正确地触发了消息，逻辑就会正确地执行。

```
void Director::mainLoop()
{
    if (m_pScene != NULL)
    {
        m_pRunningScene = m_pScene;
        m_pScene = NULL;
        m_pRunningScene->onEnter();
        m_pRunningScene->onEnterTransitionDidFinish();
    }
    if (NULL != m_pRunningScene)
    {
        m_pRunningScene->update(m_fDelta);
    }
}
```

28.6　梳理流程和总结

到这里，整个服务器的核心代码已经介绍完了，代码量应该说比客户端还少（**主要是移植了部分逻辑，以及使用了框架**）。应该说难度不大，只要了解了整个思路，就可以掌握好。最后来简单梳理一下流程。

首先是 KxServer 的使用，继承 BaseServer，在 ServerInit()函数中进行初始化，绑定 Module，在 Module 中实现客户端请求的处理。对于一些需要定时执行的逻辑，可以借助

TimerManager 来实现。

在这个简易的服务器中，完整的交互流程可以分为 4 个阶段，即服务器启动，玩家连接并登录，玩家进行游戏，玩家退出游戏。

1. 服务器启动阶段

在这一阶段中，服务器首先初始化了 Listener，并设置好相应的 Module，等待玩家连接，并启动了游戏场景，用计时器以每秒 10 帧的频率更新场景。

2. 玩家连接阶段

处理玩家的连接是整个流程中最为复杂的一个阶段。对客户端而言，这部分的初始化决定开始的是单机游戏还是网络游戏。这个阶段需要前后端密切配合。第一步肯定是玩家连接服务器，对客户端而言，只有在连接成功之后，才能切换场景。但场景需要知道玩家的一些信息，主要是 UID，所以在这里加一条登录协议，这是大部分游戏都会用到的一条协议。当玩家登录成功后，收到了一些必须的信息，才能进行下一步。

那么切换到战斗场景之后，此时战斗场景是空无一人的。这时候需要同步服务端的场景到客户端，并进行显示。这时候客户端需要发送一条 CommandSceneInitSC 请求，CNetDemoServer 的 processMessage 会对这条请求做特殊处理，调用 pushSceneToClient() 函数来单独同步场景信息给这个玩家，并将玩家设置为已加入的状态，已加入的意思就是已经加入战斗场景。因为在玩家场景初始化之前，如果收到其他玩家的操作指令，是无法正确处理的，这时可能会导致客户端存在误差。场景的数据如何序列化和反序列化，在第 29 章中会详细介绍。

3. 玩家进行游戏阶段

在这个阶段，玩家所有的操作指令，服务端都需要进行处理，一般会先进行一些简单的校验，在这里是直接让玩家的操作在服务端生效，通过消息机制来影响到服务端的战斗场景，并广播给所有的玩家，让玩家的战斗场景也执行相应的指令。

4. 玩家退出游戏阶段

这个阶段是由 ClientModule 的 onError() 函数触发的，需要保证玩家对应的资源能被清理干净，并且通知其他玩家，该玩家已经退出游戏。

实现了服务器之后，接下来可以开始为客户端添加网络功能了。

第 29 章　网络游戏——前后端网络同步

本章将要为客户端添加网络功能，完成整个网络游戏。本章主要介绍以下内容：
- ❑　整理入口场景。
- ❑　连接服务器。
- ❑　添加 OnlineProxy。
- ❑　打包与恢复场景。
- ❑　实时同步。

29.1　整理入口场景

在单机模式的例子中，在 AppDelegate 中直接进入了 BattleScene，在这里先添加一个新的入口场景，为了方便后面的局域网游戏，在游戏开始时先进入入口场景，然后在入口场景中选择要进入单机模式、网络模式还是局域网模式。所以我们将场景切回到 HelloWorld，在 HelloWorld 场景中添加相应的 UI。

在 CocoStudio 中创建一个 Scene，命名为 LoginScene，然后设计出如图 29-1 所示的 UI，调整好位置并为按钮命名，中间的 TextIp 是一个文本框，用于输入服务器的 IP，当单击"网络模式"按钮时，连接指定的服务器。这里默认填写本地 IP：127.0.0.1。在 HelloWorld 的 init()函数中调整代码，为"单机模式"和"网络模式"两个按钮分别注册单击事件。

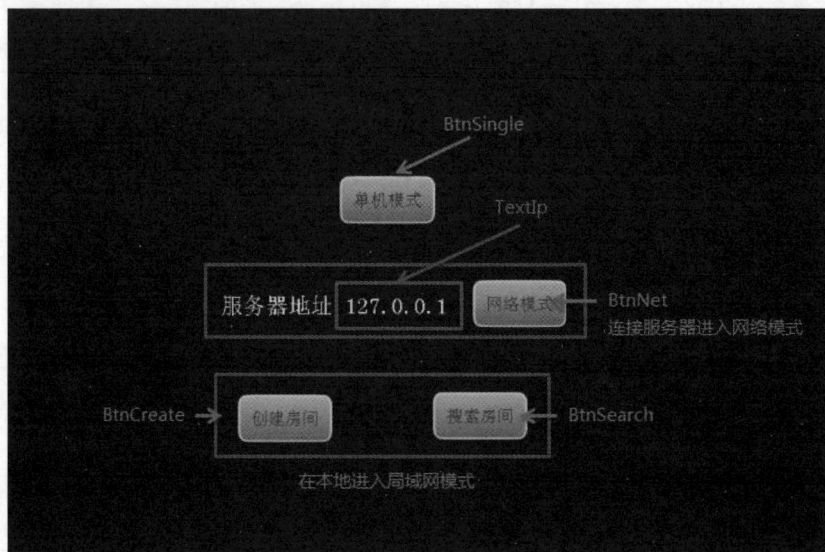

图 29-1　登录界面

```
bool HelloWorld::init()
{
    if ( !Layer::init() )
    {
        return false;
    }
    //初始化网络
    CGameNetworkNode *gameNetwork = CGameNetworkNode::getInstance();
    Director::getInstance()->setNotificationNode(gameNetwork);

    //加载登录场景
    auto rootNode = CSLoader::createNode("LoginScene.csb");

    //注册单击回调
    //单机场景
    Helper::seekWidgetByName((Widget*)rootNode, "BtnSingle")->
    addClickEventListener(
    [](Ref* sender) -> void
    {
        auto scene = CBattleScene::createSingleScene();
        Director::getInstance()->replaceScene(scene);
    });

    Helper::seekWidgetByName((Widget*)rootNode, "BtnNet")->
    addClickEventListener(
    [=](Ref* sender) -> void
    {
        //连服务器
        TextField* text = dynamic_cast<TextField*>(Helper::
        seekWidgetByName((Widget*)rootNode, "TextIp"));
        const char* ip = text->getString().c_str();
        if (!CGameNetworkNode::getInstance()->connectToServer(ip, 8888,
        new CConnecterModule()))
        {
            cocos2d::MessageBox("Connect To Server Faile!", "Error");
        }
        else
        {
            //连结成功，发送登录请求（登录成功后会跳转场景）
            Message msg;
            msg.cmd = CommandUserLoginCS;
            msg.length = sizeof(msg);

    CGameNetworkNode::getInstance()->getConnector()->Send(reinterpret_ca
    st<char*>(&msg), msg.length);
        }
    });

    addChild(rootNode);
    return true;
}
```

在 init()函数中先初始化了 KxClient，也就是 KxServer 的一个简化版，用于在客户端方便地使用，我们需要初始化一个 CGameNetworkNode，并设置为 Director 的 NotificationNode，CGameNetworkNode 管理了一个 Poller，在每次调用 visit()方法的时候都会进行轮询。

```
CGameNetworkNode *gameNetwork = CGameNetworkNode::getInstance();
Director::getInstance()->setNotificationNode(gameNetwork);
```

在"单机模式"按钮的单击回调中，直接使用了 createSingleScene 来创建单机场景并切换。而在"网络模式"按钮的单击回调中，获取 TextIp 的文本内容作为 IP 传入，并调用 CGameNetworkNode 连接指定服务器的 8888 端口，传入 CConnecterModule 作为连接的回调处理 Module。连接成功之后，向服务端发送一个 CommandUserLoginCS 消息。

29.2　连接服务器

在入口场景的"网络模式"按钮单击回调中，连接了服务器，并发送了一条登录请求给服务器。另外还为 TCPConnecter 设置了 CConnecterModule，在 Process 中，当服务端返回的命令是 CommandUserLoginSC 时，则调用 createOnlineScene()函数创建一个战斗场景并跳转。如果是其他消息，则调用 proxy 的 OnRecv()方法进行处理。

```cpp
void    CConnecterModule::Process(char*    buffer,    unsigned    int    len,
ICommunication *target)
{
    //收到数据，交由 proxy 处理
    Message *msg = reinterpret_cast<Message*>(buffer);
    if (msg->cmd == CommandUserLoginSC)
    {
        //登录成功
        auto scene = dynamic_cast<CBattleScene*>(Director::getInstance()->
        getRunningScene());
        if (NULL == scene)
        {
            scene = CBattleScene::createOnlineScene();
            scene->setUid(msg->id);
            Director::getInstance()->replaceScene(scene);
        }
        else
        {
            CBaseProxy *pProxy = CProxyManager::getInstance()->
            getCommProxy();
            if (NULL != pProxy)
            {
                pProxy->OnRecv(buffer, len);
            }
        }
    }
}
```

29.3　添加 OnlineProxy

在 CBattleScene 中添加了一个新的接口 createOnlineScene 来创建有网络功能的战斗场景，和单机版不同的是创建的 Proxy 不一样，这里创建的是 **CNetProxy**。

```cpp
CBattleScene* CBattleScene::createOnlineScene()
{
#ifndef RunningInServer
    CBattleScene* scene = new CBattleScene();
    if (scene->init())
```

```
    {
        scene->autorelease();
        //创建 Proxy
        CNetProxy* proxy = new CNetProxy();
        proxy->init(scene->getEventMgr());
        CProxyManager::getInstance()->setCommProxy(proxy);

        //加载 UI
        scene->addChild(CBattleUI::loadUI(scene));
        return scene;
    }
    scene->release();
#endif
    return NULL;
}
```

在 NetProxy 的 init()函数中，监听了所有的 CS 事件，这是玩家操作触发的事件，而在 **CNetProxy 的 OnEventSend()函数中，会将玩家的操作发送到服务端。**

```
bool CNetProxy::init(CEventManager<int> *eventMgr)
{
    if (NULL == eventMgr)
    {
        return false;
    }
    m_pEventManager = eventMgr;
    //注册事件 ID
    for (int i = CommandCSBegin; i < CommandCSEnd; i++)
    {
        m_pEventManager->addEventHandle(i, this, CALLBACK_FUNCV(CNetProxy::
        OnEventSend));
    }
    return true;
}

void CNetProxy::OnEventSend(void *data)
{
    //解析出长度
    Message *msg = reinterpret_cast<Message*>(data);
    int len = msg->length;
    CGameNetworkNode::getInstance()->getConnector()->Send((char*)data, len);
}
```

在 CConnecterModule 的 Process 中，调用了 CNetProxy 的 OnRecv()函数，将服务器发来的消息交由 CNetProxy 处理，CNetProxy 的 OnRecv()函数会触发相应的消息，最后这些消息将被 BattleScene 处理。

```
int CNetProxy::OnRecv(char *buffer, int len)
{
    if (NULL != m_pEventManager)
    {
        Message *head = reinterpret_cast<Message*>(buffer);
        m_pEventManager->raiseEvent(head->cmd, buffer);
    }
    return 0;
}
```

29.4　打包与恢复场景

在 CBattleScene 的 onEnter()函数中发送了一条 CommandSceneInitCS 来初始化场景，服务器收到这条消息会将场景数据发回。

```
void CBattleScene::onEnter()
{
Scene::onEnter();

#ifndef RunningInServer
    Message msg;
    msg.cmd = CommandSceneInitCS;
    msg.id = m_UID;
    msg.length = sizeof(msg);
    m_EventMgr->raiseEvent(msg.cmd, &msg);
    scheduleUpdate();
#endif
}
```

在 CNetDemoServer 的 pushSceneToClient()函数中，将场景的数据打包并下发给客户端，在这里动态分配了一块比较大的内存，MemMgrAlocate()和 MemMgrRecycle()是 KxServer 提供的方法，相当于 new()和 delete()方法，但这两个方法会操作一个内存池来提高效率。因为场景的数据是动态的，我们并不知道场景中有多少个玩家，这是一个变量，所以需要用类似数组这样的方法来封装一个动态数据包，下发给客户端。

```
//将场景数据推送到客户端
void CNetDemoServer::pushSceneToClient(int uid, ICommunication* client)
{
    void* buf = MemMgrAlocate(1024);

    Message* msg = reinterpret_cast<Message*>(buf);

    int len = 0;
    void* data = msg->data();
    m_Scene->saveSceneData(data, len);

    msg->cmd = CommandSceneInitSC;
    msg->length = sizeof(Message)+len;
    msg->id = uid;
    client->Send(reinterpret_cast<char*>(buf), msg->length);

    MemMgrRecycle(buf, 1024);
}
```

saveSceneData()函数会将当前场景的数据保存到缓存区里，我们要保存的数据包括每个 Entity 的 ID、State、StateDuration、Dir 以及 Position。根据这些数据，才可以重现场景中当前的 Entity，以及正在发生的事情。只有当每个 Entity 都处于相同的状态，才能正确处理后续的指令。分析哪些数据需要被下发，然后将这些数据抽出来，用最精简的数据来恢复整个游戏，在网游开发中特别重要，这在断线重连的实现中，也是经常用到的。

```
void CBattleScene::saveSceneData(void*& buffer, int& len)
{
```

```
        int* pcount = reinterpret_cast<int*>(buffer);
        *pcount = m_Entitys.size();
        len += sizeof(int);

        EntityInfo* info = reinterpret_cast<EntityInfo*>(pcount + 1);
        for (map<int, CEntity*>::iterator iter = m_Entitys.begin();
        iter != m_Entitys.end(); ++iter)
        {
            CEntity* entity = iter->second;
            info->uid = iter->first;
            info->state = entity->getState();
            info->stateDuration = entity->getDuration();
            info->dir = entity->getDir();
            info->x = entity->getPos().x;
            info->y = entity->getPos().y;
            len += sizeof(EntityInfo);
            ++info;
        }
}

void CBattleScene::loadSceneData(void* buffer)
{
    int* pcount = reinterpret_cast<int*>(buffer);
    EntityInfo* info = reinterpret_cast<EntityInfo*>(pcount + 1);

    for (int i = 0; i < *pcount; ++i)
    {
        CEntity* entity = m_Entitys[info->uid];
        if (NULL == entity)
        {
            entity = new CEntity();
        }
        entity->init(info->uid, 1);
        entity->setPos(Vec2(info->x, info->y));
        entity->setPosition(info->x, info->y);
        entity->changeState(static_cast<EntityState>(info->state));
        entity->setDir(info->dir);
        entity->setDuration(info->stateDuration);
        addChild(entity, 1);
        m_Entitys[info->uid] = entity;
        ++info;
    }
}
```

　　在 CBattleScene 的 onCommand()函数中，调用了 loadSceneData()函数来恢复场景，在场景的保存和加载中，都是通过指针来操作数据，如果读者看不明白，可以回到本套书的基础卷的图解指针一章中进行复习。

```
case CommandSceneInitSC:
//初始化场景
loadSceneData(msg->data());
break;
```

29.5　实 时 同 步

　　到这里已经实现了服务端和客户端，运行游戏已经可以正常地进入到游戏中，并且可以在多个客户端同步进行游戏了，但是还存在一些小问题，实际上这些小问题正是强联网游戏中最令人头疼的大问题，那就是由于网络延迟导致的客户端显示结果不一致以及卡顿等问题。

网络延迟是什么情况呢？一个开始移动的消息同时从服务器发到两个客户端上，一个客户端花了 0.1 秒接收到，另外一个客户端花了 2 秒才收到，那么第一个客户端肯定就比第二个客户端要早开始移动。当停止移动的消息发过来，这时候就算两个客户端是同时收到，它们移动的时间也是不一样长，一样的速度，不一样的移动时间，那么停止时的位置就不一样了。如何确保玩家移动的位置一样呢？只需要在每次移动结束时，将客户端当前的位置进行一次强同步即可，这也就是在玩 LOL 等网游时，网络延迟较高时，玩家的角色移动了一段距离后，会被拉回来一小段的原因。

这个位置的强同步，实际上就是设置角色的逻辑位置，因为显示和逻辑是分离的，所以修改逻辑位置后，显示层会平滑地过渡到最终位置。客户端有一些专门的算法来做网络延迟时的位置计算，在客户端发出移动消息时，还未接收到服务端的响应就开始移动，在接收到服务端的响应之后再进行一些纠错。但这里我们只做一次简单的强同步就可以把移动结果纠正过来，确保两端的移动结果一致。而在做这个处理之前，**角色一旦进行移动，仔细观察就会发现两个客户端的角色位置存在一些误差**。这里我们在松开左右按钮时，发送 CommandPlayerStandCS 消息时，把当前角色的位置也捎上（**对于请求而言，位置不是必需的，但这里为了简化处理部分的代码就直接捎上，这样也可以直接适用于单机模式**）。

```
void raiseStandEvent(CBattleScene* scene)
{
    char buf[64];
    //单击"攻击"按钮时发送攻击消息
    Message* msg = reinterpret_cast<Message*>(buf);
    msg->id = scene->getUid();
    msg->length = sizeof(Message);
    msg->cmd = CommandPlayerStandCS;

    CEntity* myrole = scene->getEntity(scene->getUid());
    float* x = reinterpret_cast<float*>(buf + msg->length);
    *x = myrole->getPos().x;
    ++x;
    *x = myrole->getPos().y;
    msg->length += sizeof(float)* 2;

    scene->getEventMgr()->raiseEvent(msg->cmd, buf);
}
```

在网络模式下，这个请求会被发送到服务器，在 CNetDemoServer 的 processMessage 中，需要取出这个角色的位置并填充到消息中，然后进行处理，因为我们需要以服务端的位置为准。

```
case CommandPlayerStandCS:
{
    CPlayer* player = m_Players[target];
    if (NULL != player)
    {
        //强同步位置
        float* x = reinterpret_cast<float*>(msg->data());
        float* y = x + 1;
```

```
        CEntity* entity = m_Scene->getEntity(player->getUid());
        *x = entity->getPos().x;
        *y = entity->getPos().y;
        msg->cmd = CommandPlayerStandSC;
        m_Scene->getEventMgr()->raiseEvent(msg->cmd, buffer);
        boardCast((char*)buffer, len);
    }
}
break;
```

在 CBattleScene 的 onCommand()函数中，还需要对 CommandPlayerStandSC 进行特殊处理，也就是对该对象强制同步一次位置。在网络模式下，所有的客户端都会收到服务端该角色的当前位置，并保持一致。

```
case CommandPlayerStandSC:
{
    executer->changeState(EStateIdle);
    //加上位置同步
    float* x = reinterpret_cast<float*>(msg->data());
    float* y = x + 1;
    executer->setPos(Vec2(*x, *y));
}
break;
```

移动的结果完成了同步纠正的工作，但是在移动的过程中，假设玩家进行攻击的话，两个客户端的位置不一样，有可能导致结果不一致，一个有打到，一个没有打到。这种会导致逻辑结果不一致的关键动作，应该由服务端来统一控制，在这里把攻击者的攻击动作和被攻击者的伤害触发分离，伤害计算是关键动作，所以根据服务端下发的消息来播放攻击结果。**分析哪些动作应该由服务端来执行，在实时同步的网游开发中也是很重要的，判断的标准是，这个动作的执行是否会导致各个客户端之间的逻辑不一致。**首先在攻击判断时，发送一个消息，单机模式下，场景收到该消息时让对应的角色执行被攻击的逻辑。而网络模式下，服务端并不处理客户端发送的这条消息，而是在服务端本地监听攻击消息并下发，因为服务端也模拟了一个游戏场景，程序监听服务端内部触发的这个消息，并下发给客户端执行。

首先在 Entity 中攻击检测通过的地方，发送 CommandPlayerBeAttackCS 消息，在 CNetDemoServer 的 processMessage 中，忽略对客户端发送的 CommandPlayerBeAttackCS 消息的处理（**实际上放到客户端过滤更好**）。

```
Message msg;
msg.cmd = CommandPlayerBeAttackCS;
msg.id = entity->getId();
msg.length = sizeof(msg);
scene->getEventMgr()->raiseEvent(msg.cmd, &msg);
```

在服务端的 CEventListener 中，监听到服务端发送的 CommandPlayerBeAttackCS 消息，会转发到场景中，在服务器本地进行处理，并广播给所有的玩家。

```
void CEventListener::onServerMessage(void* data)
{
    Message* msg = reinterpret_cast<Message*>(data);
    switch (msg->cmd)
    {
        case CommandPlayerBeAttackCS:
```

```
        msg->cmd = CommandPlayerBeAttackSC;
        m_EventMgr->raiseEvent(msg->cmd, data);
        CNetDemoServer::getInstance()->boardCast((char*)data,
msg->length);
    break;
    default:
    break;
    }
}
```

到此强联网的实现介绍完毕，接下来将开始学习局域网游戏的开发。

第 30 章   局域网游戏——使用 UDP

本章开始学习局域网游戏的开发，与强联网游戏不同的是，局域网游戏的目的是让玩家们在一个本地的局域网进行游戏，在无法连接外网的情况下，可以在内网进行游戏。例如非常经典的游戏 CS、红色警戒、帝国时代、魔兽争霸等。而连接到同一个 WiFi 下的手机，也是可以进行局域网游戏的。

与 TCP 协议同级的 UDP 协议是局域网游戏开发的基础，所以读者需要先了解一下UDP。本章主要介绍以下内容：
- 使用 UDP。
- UDP 通信流程。
- UDP 广播。
- 简单的 UDP 服务器。
- 简单的 UDP 客户端。

30.1   使用 UDP

为什么要使用 UDP 呢？要回答这个问题就得对比一下 UDP 和 TCP。

首先 TCP 是面向连接的，而 UDP 是面向无连接的，UDP 更加高效，一个 TCP Socket 对应一条连接，连接一旦建立，只能在这条连接上传输数据，两端都是固定的地址。而一个 UDP Socket 则可以对任意地址发送数据，也可以接收任意主机发送过来的数据，一堆 UDP 主机可以使用一个 UDP Socket 互相通信。

当需要主动与其他主机通信时，TCP 必须知道目标主机的 IP 和端口，而 UDP 则可以通过 UDP 广播来探测目标主机，在不知道目标主机 IP 的情况下获取到网络中的主机。这在建立了一个局域网的游戏房间之后来搜索房间是非常有用的，因为在编写代码的时候，并不知道房主的 IP 是多少，而通过 UDP 广播可以知道。

UDP 协议比 TCP 协议更加高效，无须建立连接和关闭连接，占用更少的系统资源，没有额外的数据报文传输。但 **UDP 并不能保证数据的可靠传输**，也不能保证数据传输是有序的（**有的包后发先至**），也不能保证一个包只会被对方收到一次（**重复包**），甚至不能保证数据一定能被对方接收到（**存在丢包**），TCP 通过底层的校验解决了数据包的顺序和重复的问题，通过 ACK 报文以及超时重发机制和流量控制解决了丢包的问题。

TCP 的传输是通过流，而 UDP 的传输是通过数据报，这两种模式有什么不同呢？流可以发送大量的数据，但应用层需要解决半包粘包的问题，而 UDP 则没有这些问题，每个 UDP 的包都是一个完整的包，但 UDP 包的大小受到 MTU（**链路层的最大传输单元**）的限制，这个 MTU 限制根据网络环境不同而变化，一般尽量控制一个 UDP 包在 512 个字节以内比较合适，如果超过 MTU 的限制，那么这个数据包就会被丢弃，接收方也就无法接收到这个包了。**UDP 的丢包一般出现在接收方的 UDP 接收缓冲区满了，或者网络环境比较糟糕的情况下。**

UDP 和 TCP 是可以同时使用的，根据实际的需求以及它们的特性来决定如何选择，如何搭配。那么如何使用 UDP 呢？

30.2　UDP 通信流程

UDP 的通信流程比 TCP 简单很多，大体如图 30-1 所示。创建一个 UDP Socket 之后就可以直接发送数据了，bind 是一个可选的操作，如果希望作为服务端来监听其他主机发送的消息，那么还是需要绑定一个 IP 和端口。因为不论是接收单播还是广播消息，都需要有主机在指定的端口上监听。

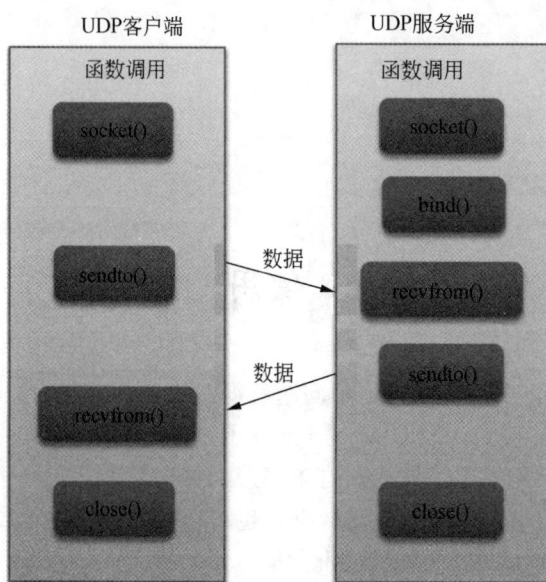

图 30-1　UDP 通信流程

sendto()和 recvfrom()是 UDP 的发送和接收接口。

30.2.1　sendto()函数

通过套接字 sockfd 将数据 buf 传输给指定地址的主机，主要用于传输 UDP 数据报，但 TCP 也可以使用 sendto()函数来隐式地建立连接。而 UDP Socket 也可以在调用 connect()函数之后调用 recv()函数和 send()函数，但这和 TCP 调用 connect()函数不一样，UDP 的connect()函数只是帮程序员缓存目标地址而已，相当于帮程序员记住了 sendto()函数的后两个参数。默认情况下该函数是一个阻塞函数。

```
int sendto(int sockfd, const void * buf, int size, unsigned int flags, const
```

```
struct sockaddr * to, int tolen);
```

- ❑ sockfd：套接字。
- ❑ buf：待发送数据的缓冲区。
- ❑ size：待发送缓冲区长度。
- ❑ flags：调用方式标志位，一般为 0。
- ❑ to：目标地址结构体。
- ❑ tolen：目标地址结构体的长度。
- ❑ 返回值：如果成功，则返回发送的字节数，失败则返回-1（只是成功地发出去）。

30.2.2　recvfrom()函数

recvfrom()函数可以从指定的套接字 sockfd 的接收缓冲区中读取数据，并且会返回发送数据的源地址以及源地址的长度，需要注意的是，必须为源地址的长度 fromlen 赋值。默认情况下 recvfrom()函数会阻塞直到接收到数据为止，recvfrom()函数每次只返回一个数据包，如果接收缓冲区里有多个包，需要多次调用 recvfrom()函数取出。

```
int recvfrom(int sockfd, const void * buf, int size, unsigned int flags,
struct sockaddr * from, int* fromlen);
```

- ❑ sockfd：套接字。
- ❑ buf：接收数据的缓冲区。
- ❑ size：接收缓冲区长度。
- ❑ flags：调用方式标志位，一般为 0。
- ❑ from：用于接收源地址结构体的指针。
- ❑ fromlen：源地址结构体的长度指针。
- ❑ 返回值：如果成功，则返回发送的字节数，失败则返回-1。

30.3　UDP 广播

使用 UDP 可以发送广播，当向一个网络中广播一个指向某 UDP 端口的 UDP 数据报时，该网络中所有绑定了该端口的主机都可以接收这个消息。一般使用 255.255.255.255 这个地址来发送广播，该地址被称为受限的广播地址，广播地址一共分为 4 种。

- ❑ 受限的广播，地址为 255.255.255.255，路由器不会转发该地址的数据报，这样的数据报只会出现在**本地网络**中。
- ❑ 指向网络的广播，地址为主机号全为 1 的地址，A 类网络广播地址为 netid.255.255.255，netid 为 A 类网络的网络号。
- ❑ 指向子网的广播，地址为主机号全为 1 且有特定子网号的地址，需要根据子网掩码来确定是不是指向子网的广播地址。
- ❑ 指向所有子网的广播，地址为主机号和子网号全为 1，需要根据子网掩码来确定是不是指向所有子网的广播地址。

下面简单介绍几个基础的概念。

30.3.1　什么是网络号和主机号？

　　一个 IP 地址有 32 位，一般的 **IP 地址由网络号和主机号组成**，网络号表示你在哪个网络，就好比你所在小区的地址，主机号表示你是这个网络中的哪一台主机，就好比你的房子是小区里面的哪一间？一个用来区别网络，一个用来区别主机。那么如何看一个 IP 的网络号是多少？主机号是多少呢？这需要根据子网掩码来确定，后面会介绍到。32 位的 IP 地址一共 4 个字节，通常用 4 个十进制的数来对应这 4 个字节，这种表示方法称为点分十进制表示法（如 192.168.1.1）。另外，如果一台主机有多张网卡的话，那么其就具有多个 IP 地址，就好比家里开了几个门。

30.3.2　A 类、B 类、C 类地址与广播地址

　　一开始并没有划分地址的分类，而是用一个字节（**高位字节**）来表示网络号，剩下的三个字节表示主机号，但一个字节最多只能表示 256 个网络，这是远远不够的。于是高位字节被重新定义为网络的类别。我们将 IP 分为 A、B、C、D、E 共 5 类，如图 30-2 所示。

A类	0		7位网络号				24位主机号			0.0.0.0 到 127.255.255.255
B类	1	0		14位网络号				16位主机号		128.0.0.0 到 191.255.255.255
C类	1	1	0		21位网络号				8位主机号	192.0.0.0 到 223.255.255.255
D类	1	1	1	0		28位多播组号				224.0.0.0 到 239.255.255.255
E类	1	1	1	1	0		27位待用			240.0.0.0 到 247.255.255.255

图 30-2　网络地址分类

　　A、B、C 类有不同的网络类别长度，D 类用于多播地址，E 类作为预留。A、B、C 类的网络，每个网络内部都有若干主机地址，当向某个网络发送**主机号全为 1** 的数据报时，会对该网络下的所有主机发送广播，例如发送地址为 192.168.1.255 的广播，那么网络号为 192.168.1 的所有主机都会接收到广播（**当子网掩码为 255.255.255.0 时**）。

30.3.3　什么是子网和子网掩码

　　可以将子网理解为网络号，而子网掩码用于确定 IP 的网络号。从二进制的角度来看，**子网掩码确定了子网的覆盖区间，前面的多少位是网络段**。将 32 位的 IP 地址和子网掩码转成二进制，进行位与操作，可以得到 IP 的网络号。剩下的部分则是 IP 的主机号，网络号相同、主机号不同的 IP，视为在同一个子网内。

　　如图 30-3 是一个经典的局域网 IP，通过子网掩码的计算，可以很简单地得出其子网号，余下的是主机号，在这里主机号为 10。在这个子网内，最多可以有 256 台主机，但因为主机号 0 为网络地址，而主机号 255 为广播地址。所以减去两个，实际可以有 254 台主机。

　　如果网络中不止这么多主机怎么办呢？这时候应调整子网掩码，例如将子网掩码调整为 255.255.0.0，这时候子网号和主机号都发生了变化，如图 30-4 所示。

IP地址	192.168.1.10	11000000	10101000	00000001	00001010
子网掩码	255.255.255.0	11111111	11111111	11111111	00000000
子网号	192.168.1.0	11000000	10101000	00000001	00000000

图 30-3　子网号计算 1

IP地址	192.168.1.10	11000000	10101000	00000001	00001010
子网掩码	255.255.0.0	11111111	11111111	00000000	00000000
子网号	192.168.0.0	11000000	10101000	00000000	00000000

图 30-4　子网号计算 2

子网掩码的规则必须二进制是从高位到低位连续的 1，前面都是用连续 8 位的 1，也就是 255 作为掩码，但子网掩码并不局限于 255，只要满足从高位到低位连续的 1 即可。下面以 255.255.254.0 作为子网掩码，在该子网中，可以容纳 512-2 台主机，如图 30-5 所示。

IP地址	192.168.1.10	11000000	10101000	00000001	00001010
子网掩码	255.255.254.0	11111111	11111111	11111110	00000000
子网号	192.168.0.0	11000000	10101000	00000000	00000000

图 30-5　子网号计算 3

30.3.4　本地网络的定义是什么

我们最常用的广播地址为受限的广播地址 255.255.255.255 只会出现在本地网络中。那么本地网络指的是什么？这里的本地网络指同一子网。谁能听到受限的广播呢？答案是在同一子网中的主机。这需要双方的子网掩码设置一致，并且在同一局域网内。

30.3.5　发送广播

另外，若试图在 sendto()函数中使用一个广播地址来发送广播，但是尚未用 setsockopt 和 SO_BROADCAST 这两个选项对 Socket 对象设置广播权限（Windows 下和 Linux 下都需要），sendto()函数的调用会失败，所以在进行广播之前，需要设置选项为 1。在不需要再使用广播的时候，可以设置回 0。

```
int opt = 1;
setsockopt(sock, SOL_SOCKET, SO_BROADCAST, (char*)&opt, sizeof(opt));
```

在设置完成之后，进行广播就不会报错了。

```
sockaddr_in addr = sockAddr(8899, "255.255.255.255");
int addrLen = sizeof(addr);
```

```
int ret = sendto(server, "hello udp", 10, 0, (sockaddr*)&addr, addrLen);
```

30.4　简单的 UDP 服务器

　　TCP 一般是并发服务器，可以同时处理多个用户的请求，而 UDP 一般是迭代服务器，迭代服务器同时只能处理一个用户，在一个用户的请求没处理完之前，不会去处理其他用户。相对并发服务器，迭代服务器的处理就非常简单了，只需要接收请求，处理后返回，然后接着处理下一个请求。

　　下面编写一个简单的 UDP 迭代服务器，与阻塞型的 TCP 服务器一样，但是少了 listen() 和 accept() 函数的调用。

```
int main()
{
    int err = 0;
    initSock();
    //使用 SOCK_DGRAM 数据报作为 Socket 类型
    sock server = socket(AF_INET, SOCK_DGRAM, 0);
    check(server == badSock);

    //绑定到 8899 端口
    sockaddr_in addr;
    memset(&addr, 0, sizeof(addr));
    addr = sockAddr(8899);
    err = bind(server, (sockaddr*)&addr, sizeof(addr));
    check(err == -1);

    do
    {
        char buf[1024];
        memset(buf, 0, sizeof(buf));
        sockaddr_in clientAddr;
        //必须指定 addrLen
        int addrLen = sizeof(clientAddr);
        //接收并打印数据
        int ret = recvfrom(server, buf, sizeof(buf), 0, (sockaddr*)
        &clientAddr, &addrLen);
        printf("recv %s", buf);
        //将数据发送回客户端
        sendto(server, buf, ret, 0, (sockaddr*)&clientAddr, addrLen);
    } while (true);

#ifdef WIN32
    closesocket(server);
#else
    close(client);
#endif
    cleanSock();

    return 0;
}
```

30.5　简单的 UDP 客户端

接下来实现 UDP 客户端，对客户端而言，bind 操作是可有可无的。在客户端中调用 sendto()函数发送 hello udp 到服务器，在 sendto()函数中指定服务器的地址和端口，在接收到服务器返回的数据时，将数据打印出来。

```
int main()
{
    int err = 0;
    initSock();
    sock server = socket(AF_INET, SOCK_DGRAM, 0);
    check(server == badSock);
    char buf[1024];
    sockaddr_in addr = sockAddr(8899, "127.0.0.1");
    int addrLen = sizeof(addr);
    int ret = sendto(server, "hello udp", 10, 0, (sockaddr*)&addr, addrLen);
    ret = recvfrom(server, buf, sizeof(buf), 0, (sockaddr*)&addr, &addrLen);
    printf("recv %s\n", buf);

#ifdef WIN32
    closesocket(server);
#else
    close(client);
#endif
    cleanSock();

    getchar();
    return 0;
}
```

第 31 章 局域网游戏——建立、搜索、加入房间

本章介绍局域网游戏的设计和实现，在这里基于强联网章节中的例子来继续开发。局域网游戏和一般的网络游戏最大的不同，就是没有一台独立的服务器，所以服务器的职责一般会由其中的一个玩家来承担。相当于在客户端中实现一个服务器，为所有玩家提供服务。

此外，一般的网络游戏客户端，都会知道一个明确的服务端 IP 并发起连接，而局域网游戏中，由于并不能预先知道会有多少个玩家作为服务器，以及他们的 IP 是多少，因此需要通过 UDP 广播来帮助确定。

所以，在我们进行局域网游戏的时候，首先会有一个玩家建立主机（或房间），然后其他玩家来搜索局域网中的房间并加入。当搜索到局域网中的主机时，知道了目标 IP 之后，就与普通的网络游戏客户端没什么区别了，连接服务器，然后进行游戏。

在强联网游戏中将客户端的代码移植到了服务端，因为服务端需要模拟同样的逻辑，而本章需要将服务端的代码移植到客户端，由于良好的实例设计以及使用了相同的语言和框架，让移植变得非常轻松。本章主要介绍以下内容：

❑ 建立房间。
❑ 移植后端代码。
❑ 搜索房间。

31.1 建 立 房 间

建立房间需要做以下几件事情。

（1）建立 UDP 服务端，监听 UDP 端口。目的是为了能被其他主机搜索到。

（2）初始化 NetDemoServer，建立 TCP 服务端。目的是为其他主机提供服务。

（3）连接自己的 TCP 服务器，切换战斗场景。

```
//创建服务器
//1.创建 UDP 并添加到监听
//2.创建 LocalServer
//3.创建网络战斗场景，进入场景
Helper::seekWidgetByName((Widget*)rootNode,
"BtnCreate")->addClickEventListener(
[=](Ref* sender) -> void
{
    CUDPUnit* udpserver = new CUDPUnit(CGameNetworkNode::getInstance()->
    getPoller());
    udpserver->Bind(NULL, 7788);
```

```
    udpserver->SetModule(new CUdpServerModule());
    auto scene = CBattleScene::createOnlineScene();
    CNetDemoServer::getInstance()->ServerInit(scene);
    //连接自己的 TCP 服务器
    if   (!CGameNetworkNode::getInstance()->connectToServer("127.0.0.1",
    8888, new CConnecterModule()))
    {
        cocos2d::MessageBox("Connect To Server Faile!", "Error");
    }
    else
    {
        //连接成功,发送登录请求(登录成功后会跳转场景)
        Message msg;
        msg.cmd = CommandUserLoginCS;
        msg.length = sizeof(msg);

    CGameNetworkNode::getInstance()->getConnector()->Send(reinterpret_ca
    st<char*>(&msg), msg.length);
    }
    Director::getInstance()->replaceScene(scene);
});
```

上面的代码中先创建了一个 CUDPUnit 对象,绑定了 7788 端口,UDP 是不需要进行监听的,当接收到其他 UDP 发往 7788 端口的数据时,会回调 CUdpServerModule 的 Process()方法,然后将客户端发过来的数据报原样返回,当然也可以添加一些额外的信息,如 XXX的房间。但这里,主要是想让其他玩家知道自己,给他们一个反馈,所以发任何数据都是可以的。

```
void   CUdpServerModule::Process(char*   buffer,   unsigned   int   len,
KxServer::ICommunication *target)
{
    //原包返回
    target->Send(buffer, len);
}
```

接下来创建了一个网络场景,并用于服务器的初始化,这里直接手动调用了服务器对象的 ServerInit,这和服务端的流程不大一样,在后面介绍服务端代码移植时会详细介绍。那么作为房主,**我们可以选择连接自己的服务器或者是不连接**,直接在本地处理自己的逻辑,但为了简化问题,避免主机玩家的逻辑过于复杂,房主自己也会作为一个客户端连接到自己的服务器中。

对所有的客户端一视同仁,会方便处理,而自己连接自己所带来的额外消耗,实际上并不会是瓶颈所在。ServerInit 中已经创建了 TcpListener,所以我们可以直接作为一个普通的客户端来连接服务器,**否则需要对房主的本地服务器、场景进行特殊处理**。

连接成功之后还会发送一条 CommandUserLoginCS 消息,服务器处理完会返回 CommandUserLoginSC 消息,这里与其他客户端有一点不同的是,局域网中,发送完消息就直接切换场景了,而其他的客户端是在收到 CommandUserLoginSC 消息之后才切换场景。正常的流程是连接成功切换场景,连接登录成功的前提是有服务器,而创建服务器时又需要一个场景,所以对于房主而言,先有服务器还是先有场景这个问题,跟先有鸡还是先有蛋的问题有些类似。

为了解决这个问题,需要对房主进行一些特殊处理,因为在这里需要和本地服务器共

用一个场景（**虽然房主即是客户端，但没必要跑两个场景，因为前后端的场景都是一样的**），
而这时候我们的场景已经创建了，就不可以在 CommandUserLoginSC 消息的处理中再创建
一个。因此可以选择把这个场景缓存起来，到接收到 CommandUserLoginSC 消息时再切换，
这时候只需要判断是否缓存了这个场景，如果是则直接用，不是则创建一个新的，这样的
逻辑也适用于房主和其他玩家。但直接切换会更省事一些，**如何选择，根据实际情况而定**。

```cpp
void    CConnecterModule::Process(char*    buffer,    unsigned    int    len,
ICommunication *target)
{
    //收到数据，交由 proxy 处理
    Message *msg = reinterpret_cast<Message*>(buffer);

    if (msg->cmd == CommandUserLoginSC)
    {
        //登录成功
        auto scene = dynamic_cast<CBattleScene*>(Director::
        getInstance()->getRunningScene());
        if (NULL == scene)
        {
            scene = CBattleScene::createOnlineScene();
            Director::getInstance()->replaceScene(scene);
        }
        scene->setUid(msg->id);
    }
    else
    {
        CBaseProxy *pProxy = CProxyManager::getInstance()->
        getCommProxy();
        if (NULL != pProxy)
        {
            pProxy->OnRecv(buffer, len);
        }
    }
}
```

可以看到在登录成功的时候进行了判断，如果当前场景是 CBattleScene，说明是房主，
房主只会设置自己的 UID 并不会创建场景，如果是其他玩家，则创建场景，走的是跟普通
客户端一样的流程。一般情况下，因为是本机，所以会立即收到消息，如果没有立刻收到
CommandUserLoginSC 消息会怎样呢？结果将是场景里面一个角色都没有，当然玩家的任
何输入也是无效的，直到 CommandUserLoginSC 消息下发下来，才会后续返回场景恢复等
指令来刷新场景。

31.2　移植后端代码

前面最关键的一点，就是服务器的初始化 CNetDemoServer::getInstance()->ServerInit
(scene)，这行代码实际上做了很多的事情。对于客户端而言，加这一行代码来创建服务器，
显然比重写服务端的所有逻辑要方便很多，因为把后端的代码移植了过来。

实际上，将服务端的代码移植过来这个行为需要根据实际情况而定，但在很多情况下，
这样做是合适的，因为复用了代码。选择的标准是看移植的成本高，还是重写的成本高，

移植过来更方便维护，还是重写更方便维护。而在本例中，把服务端的代码移植过来无疑是一件非常划算的事情，接下来看下服务器怎么移植。

首先，服务器不继承于 BaseServer，因为 BaseServer 的启动是一个死循环，当然，要继承也可以，但不继承会简洁一些。然后在 NetDemoServer.h 中对 CNetDemoServer 进行了预处理，在客户端模式下不需要继承 BaseServer。

```
#ifdef RunningInServer
    #include "MainTimer.h"
    class CNetDemoServer : public KxServer::CBaseServer
#else
    #include "GameNetworkNode.h"
    class CNetDemoServer
#endif
```

接下来调整 ServerInit()函数，以及屏蔽 mainLoop()函数，在客户端中，ServerInit()函数是由外部调用，传入 BattleScene，而在服务端则是 ServerInit()内部创建的场景。当然，ServerInit()函数是服务器在前后端的主要区别。之所以屏蔽 mainLoop()函数，是因为服务端需要借助定时器来驱动场景，而在客户端，Cocos2dx 已经做了这个事情。

```
#ifdef RunningInServer
    //服务器的游戏逻辑主循环
    void mainLoop();

    //初始化服务器
    virtual bool ServerInit();
#else
    //初始化服务器
    virtual bool ServerInit(CBattleScene* scene);
#endif
```

接下来将一些服务端的变量也屏蔽掉，因为不需要，其实 mainLoop()函数和这些变量是可以留着的，只要置空或不去调用即可，但这里尽量精简了。

```
#ifdef RunningInServer
    Director* m_Director;
    CMainTimer* m_Timer;
#endif
```

接下来是最主要的，ServerInit()函数的初始化实现，在客户端的 ServerInit()函数中，首先屏蔽了 Timer 的创建，因为不需要，另外也屏蔽了 Scene 和 Director 的创建，也不需要了。Poller 的创建，这里替换为从 CGameNetworkNode 中获取。GameNetworkNode.h 头文件是客户端网络基础框架的头文件，我们对该头文件的包含也做了预处理。

```
#ifdef RunningInServer
    void CNetDemoServer::mainLoop()
    {
        m_Director->mainLoop();
    }
    //初始化服务器
    bool CNetDemoServer::ServerInit()
    {
        CTCPListener* listener = new CTCPListener(8888);
        listener->SetModule(new CListenerModule());
        listener->SetClientModule(new CClientModule());
        m_Poller = new CSelectPoller();
```

```
                m_Poller->AddPollObject(listener, POLLTYPE_IN);

            m_Scene = CBattleScene::create();
            m_Director = new Director();
            m_Director->init();
            m_Director->runWithScene(m_Scene);

            //启动定时器，定时更新场景
            m_Timer = new CMainTimer();
            m_Timer->SetTimeOut(0.1f);
            CTimerManager::GetInstance()->AttachTimerWithFixTime(m_Timer);
            m_Listener = new CEventListener(m_Scene->getEventMgr());
            return true;
        }
#else
    //初始化服务器
    bool CNetDemoServer::ServerInit(CBattleScene* scene)
    {
        CTCPListener* listener = new CTCPListener(8888);
        listener->SetModule(new CListenerModule());
        listener->SetClientModule(new CClientModule());

        m_Scene = scene;
        m_Listener = new CEventListener(scene->getEventMgr());
        CGameNetworkNode::getInstance()->getPoller()->AddPollObject
        (listener, POLLTYPE_IN);
        return true;
    }
#endif
```

此外，只需要将服务端的 Module 代码一并移植到客户端即可，在完成移植之后，可以单击创建房间，这时候会自动切换场景并可以正常操作，同时也可以被其他玩家搜索加入。但这里面隐藏着一个小问题，就是房主本身所有的指令都会执行两次，第一次是在 NetDemoServer 中进行处理的时候，调用了 raiseEvent()函数，发送 SC 事件到场景中进行处理；第二次是在广播的时候，所有的客户端都接收到消息，并调用 raiseEvent()函数发送相同的事件，在这里可以为房主的客户端进行过滤，也可以在 NetDemoServer 中进行过滤，在广播的时候过滤掉房主自己。

31.3　搜　索　房　间

现在已经有玩家建立好主机了，接下来我们来搜索到这个房间，此时需要一个新的界面，在 CocosStudio 中添加一个新场景，在场景中进行搜索操作，以及显示搜索到的结果列表。我们建立一个 RoomScene 文件，在场景中添加一个 ListView，用来显示房间列表，再添加一个刷新按钮和返回按钮，如图 31-1 所示，为控件命名之后发布资源到工程资源目录。

接下来为入口场景的搜索房间按钮添加回调，在单击时切换到 RoomScene 中。

```
Helper::seekWidgetByName((Widget*)rootNode,
"BtnSearch")->addClickEventListener(
[=](Ref* sender) -> void
{
```

```
    auto scene = RoomScene::createScene();
    Director::getInstance()->replaceScene(scene);
});
```

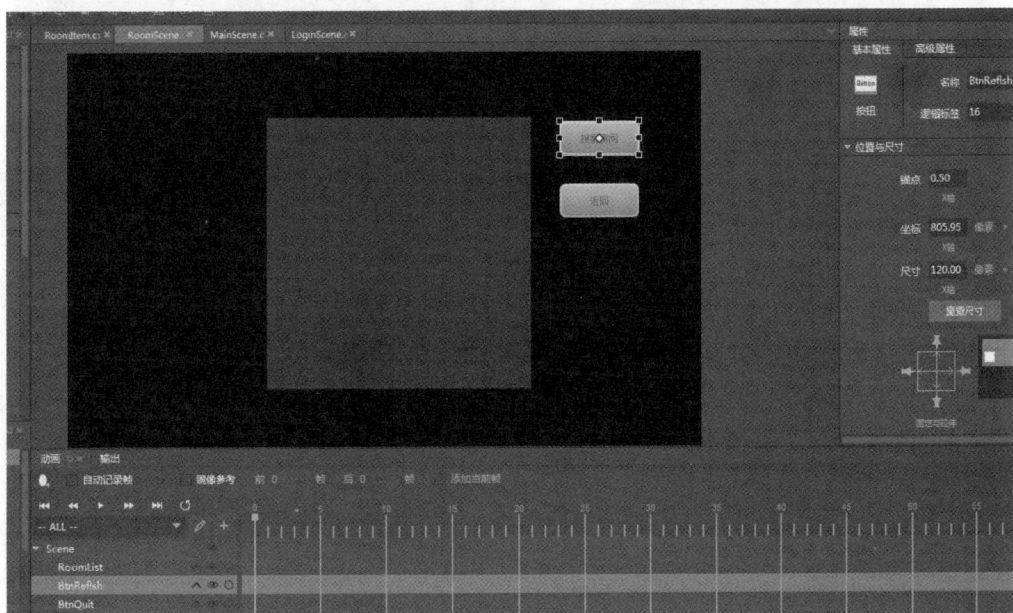

图 31-1　使用 CocoStudio 创建场景

在 RoomScene 中加载了 RoomScene.csb 文件，并为按钮注册了回调。对客户端的 UDP
进行初始化，在玩家单击"返回"按钮时关闭 UDP Socket 并返回入口场景，在玩家单击"搜
索"房间时调用 refleshRoom 来刷新房间。

```
bool RoomScene::init()
{
    /////////////////////////////
    //1. super init first
    if (!Layer::init())
    {
    return false;
    }
    //初始化网络
    CGameNetworkNode *gameNetwork = CGameNetworkNode::getInstance();
    m_Udp = new CUDPUnit(gameNetwork->getPoller());
    CUdpClientModule* module = new CUdpClientModule();
    module->setRoom(this);
    m_Udp->SetModule(module);

    //加载场景
    auto rootNode = CSLoader::createNode("RoomScene.csb");

    //注册单击回调
    //返回
    Helper::seekWidgetByName((Widget*)rootNode, "BtnQuit")->
    addClickEventListener(
    [&](Ref* sender) -> void
    {
        m_Udp->Close();
        auto scene = HelloWorld::createScene();
```

```
        Director::getInstance()->replaceScene(scene);
    });

    //搜索
    Helper::seekWidgetByName((Widget*)rootNode, "BtnReflsh")->
    addClickEventListener(
    [&](Ref* sender) -> void
    {
        refleshRoom();
    });

    m_ListView = dynamic_cast<ListView*>(
    Helper::seekWidgetByName((Widget*)rootNode, "RoomList"));

    addChild(rootNode);
    return true;
}
```

在 refleshRoom 中，先清理当前的房间列表，并发送一个 UDP 广播，所有的房主在收到这个广播之后会进行回复，对于房主的回复，将在 CUdpClientModule 的 Process 中进行处理。

```
void RoomScene::refleshRoom()
{
    //清空列表
    m_ListView->removeAllItems();
    m_Rooms.clear();

    //发送广播
    Message msg;
    msg.cmd = CommandSearchRoom;
    msg.length = sizeof(msg);
    m_Udp->BoardCast((char*)&msg, msg.length, 7788);
}
```

在 CUdpClientModule 的 Process 中，调用 inet_ntoa()方法将房主的 UDP 地址转换成字符串，并添加到房间列表中。

```
void CUdpClientModule::Process(char* buffer, unsigned int len, KxServer::
ICommunication *target)
{
    //取出 IP，通知到显示层
    CUDPUnit* udp = dynamic_cast<CUDPUnit*>(target);
    char* ip = inet_ntoa(udp->GetAddr().sin_addr);

    //接收到广播的结果
    m_Room->addRoom(ip);
}
```

在 addRoom 中，首先判断是否已经有这个房间了，因为 UDP 包存在重复的可能性，这里将相同的 IP 过滤掉，然后创建一个按钮添加到列表中，按钮的文本为服务端的 IP。单击服务器列表中的按钮，会连接指定的服务器，这里同正常的客户端连接服务器是一样的，获取按钮文本的IP，然后连接服务器的 8888 端口。

```
void RoomScene::addRoom(std::string roomIp)
{
    if (m_Rooms.find(roomIp) != m_Rooms.end())
```

```
        return;

    Button* btn = Button::create("dl_xz_jing02.png", "dl_xz_jing02.png");
    btn->setCapInsets(Rect(5, 5, 18, 20));
    btn->setScale9Enabled(true);
    btn->setContentSize(Size(120, 35));
    btn->setTitleText(roomIp);
    btn->addClickEventListener([btn](Ref* sender) -> void
    {
        const char* ip = btn->getTitleText().c_str();
        if (!CGameNetworkNode::getInstance()->connectToServer(ip, 8888,
        new CConnecterModule()))
        {
            cocos2d::MessageBox("Connect To Server Faile!", "Error");
        }
        else
        {
            //连接成功，发送登录请求（登录成功后会跳转场景）
            Message msg;
            msg.cmd = CommandUserLoginCS;
            msg.length = sizeof(msg);
            CGameNetworkNode::getInstance()->getConnector()->Send
            (reinterpret_cast<char*>(&msg), msg.length);
        }
    });

    m_Rooms.insert(roomIp);
    m_ListView->pushBackCustomItem(btn);
}
```

在同一局域网内的不同的主机上创建房间，然后进入搜索房间场景，单击"搜索房间"
按钮会刷新出房间列表，如图 31-2 所示，单击房间列表中的服务器按钮会进入服务器。

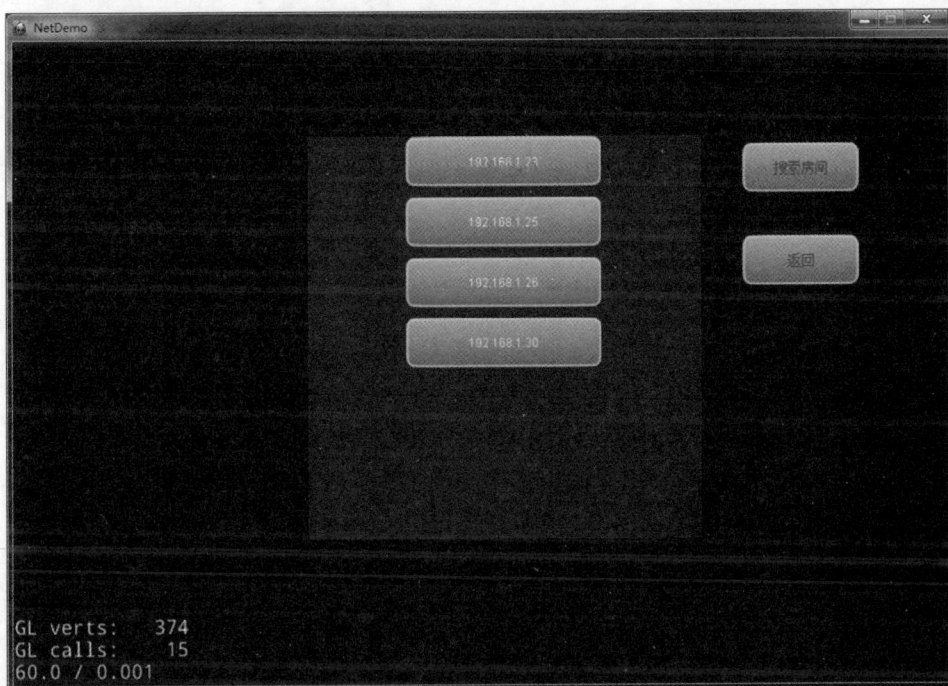

图 31-2　房间 IP 列表

第4篇　跨平台篇

第 32 章　Android 环境搭建

Cocos2d-x 的 Android 环境搭建之烦琐一直为众人所诟病，而且由于使用了大量的工具，在环境搭建的过程中遇到的问题也是层出不穷，就算是经验丰富的程序员，在搭建 Android 环境时，也多多少少会碰到问题，但随着 Cocos2d-x 不断地完善，Android 环境的搭建已经越来越轻松了。

通过本章的学习，读者可以了解搭建 Cocos2d-x 的 Android 环境的基本概念，总结环境搭建时容易碰到的问题，了解 Eclipse 和 Android Studio 两种环境搭建的方式，以及如何创建 Android 项目和打包。本章主要介绍以下内容：

- ❏ Android 环境搭建基础。
- ❏ 使用 Eclipse 打包。
- ❏ 使用 Android studio 打包。
- ❏ 新建 Android 项目。
- ❏ 实用技巧。

32.1　Android 环境搭建基础

Android 环境的搭建看上去很烦琐，但是可以将其分解为简单的步骤，然后了解每个步骤的目的，这样就会简单很多。无论以何种方式、在哪个平台搭建 Android 环境，以下 3 个部分都是必须的。

32.1.1　JDK 和 JRE

JDK 是 Java 的 SDK，JRE 是 Java 的运行环境，对于一般的用户来说，安装 JRE 即可运行程序，而对于开发者则需要安装 JDK 来进行开发，**JDK 本身包含了 JRE**。

Android 程序本身是一种 Java 程序，要开发 Android 程序，首先需要程序员能够开发 Java 程序。在搭建 Android 环境之前，必须把 Java 环境搭建好，而 Java 环境的搭建非常简单。

1. 安装JDK和JRE

首先在 Java 的官网下载 JDK，网址为 http://www.oracle.com/technetwork/java/javase/downloads/index.html。下载之后运行安装程序，之后一直单击 Next 按钮即可完成安装，如图 32-1 所示。

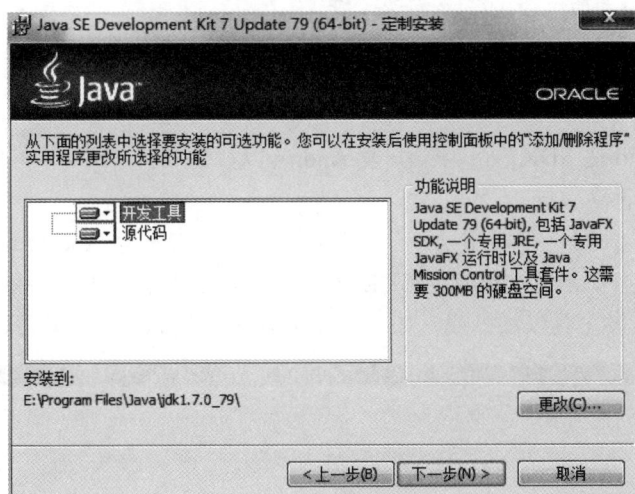

图 32-1　安装 JDK

注意：安装路径中不要有中文，这是一个好习惯。

2. 设置环境变量

在安装完成之后，需要设置几个环境变量。

❑ JAVA_HOME：设置为 JDK 的安装路径。

❑ CLASS_PATH：设置为.;%JAVA_HOME%\lib\dt.jar;%JAVA_HOME%\lib\tools.jar;。

❑ Path：在尾部追加%JAVA_HOME%\bin;。

Windows 设置环境变量的步骤如图 32-2 所示。

（1）右击桌面上"我的电脑"或"计算机"，在弹出的快捷菜单中选择"属性"命令。

（2）在弹出的窗口中选择"高级系统设置"。

（3）在弹出的"系统属性"对话框中单击"环境变量"按钮。

（4）双击已有的环境变量或单击"新建"按钮可以修改和添加环境变量。

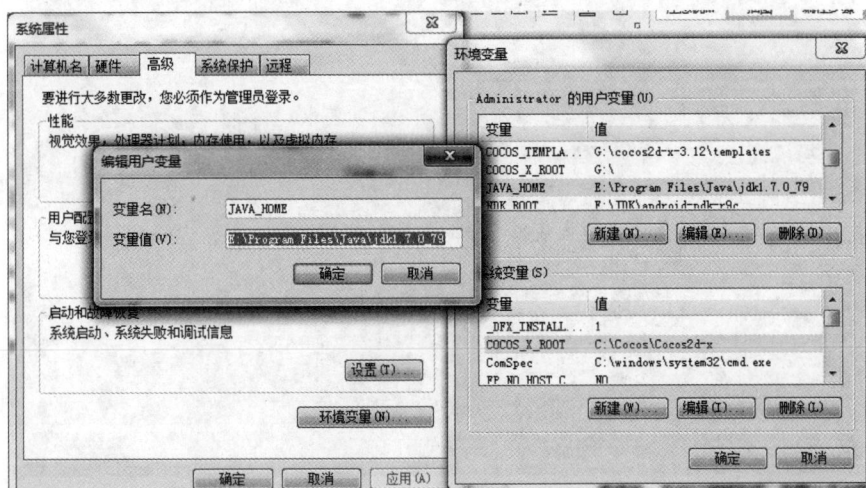

图 32-2　设置环境变量

32.1.2　关于 ADK

ADK 是 Android 的 SDK，可用于开发 Android 程序，直接下载即可使用，但是需要使用另外一个工具来下载。

如使用 Eclipse 开发，可以用 ADT 来下载 ADK，ADT 为 Android 开发工具 Android Develop Tools，相当于是 Android 的 SDK 大管家，可以用于管理各种版本的 ADK，并提供一系列 Android 开发工具以供下载，如 ADB、模拟器、日志打印工具等，如图 32-3 所示。

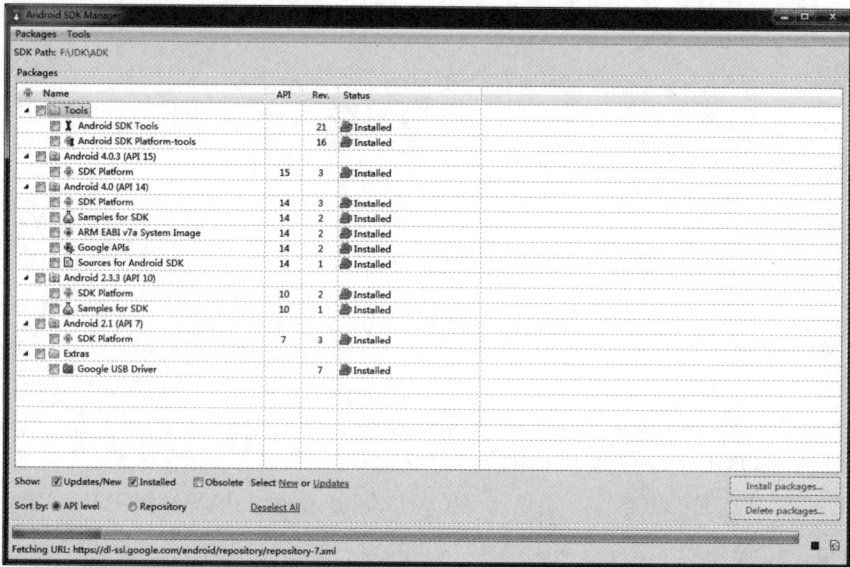

图 32-3　ADT 管理 ADK

如使用 Android Studio 开发可以直接在 Android Studio 中下载 ADK，基本上 ADT 的所有功能 Android Studio 都有，如图 32-4 所示。

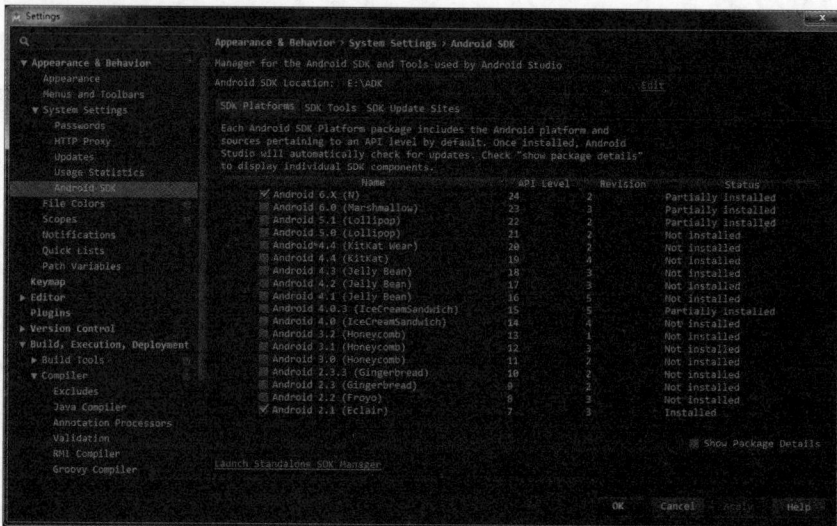

图 32-4　Android Studio 管理 ADK

32.1.3　关于 NDK

由于 Cocos2d-x 是使用 C++开发的，为了使 Cocos2d-x 能够在 Android 上编译运行，需要使用 NDK 将 Cocos2d-x 编译为一个库供 Android 程序调用。读者可以在这个地址 http://wear.techbrood.com/tools/sdk/ndk/根据自己的操作系统选择 NDK，下载并解压即可。

32.2　使用 Eclipse 打包

搭建完基础环境之后，可以在 Eclipse 中编译 Android 程序了，首先需要下载 Eclipse，可以在 Eclipse 的官网下载 Eclipse，网址为 http://www.eclipse.org/downloads/。

32.2.1　打开 Android 项目

下载安装后运行 Eclipse，然后选择"文件"→"菜单"→"新建"→"项目"命令，在打开的窗口中选择 Android Project from Existing Code 选项，打开一个已存在的 Android 项目，如图 32-5 所示。

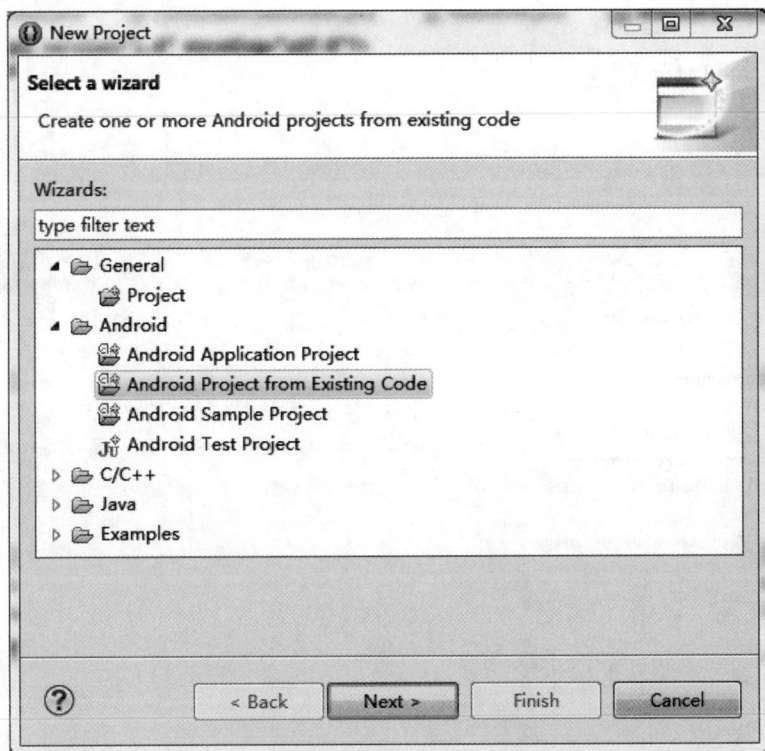

图 32-5　打开 Android 项目

也可以打开 Cocos2d-x 自带的 cpp-empty-test 示例，找到 cpp-empty-test 下的 proj.android

目录并打开即可，如图 32-6 所示。

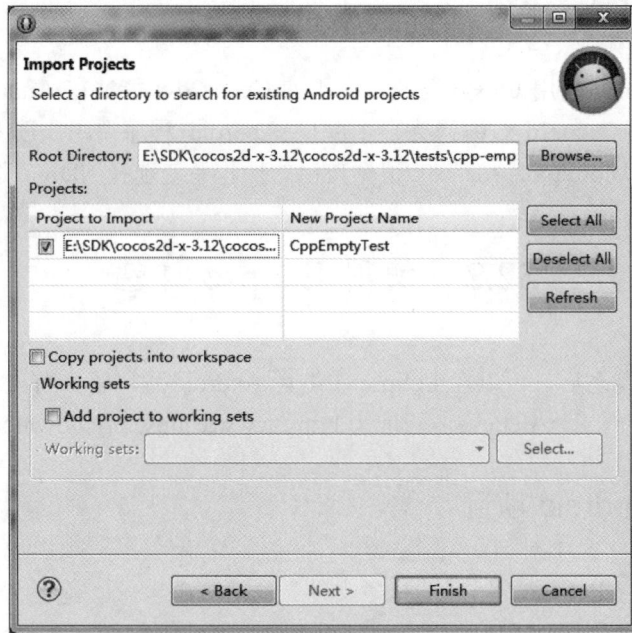

图 32-6 打开 cpp-empty-test Android 项目

32.2.2 解决 Java 报错

在打开项目之后，很有可能发现项目中存在报错问题，如图 32-7 所示，此时需要把错误改正才可以继续。当然，没有错误的话就可以跳过这一步了。

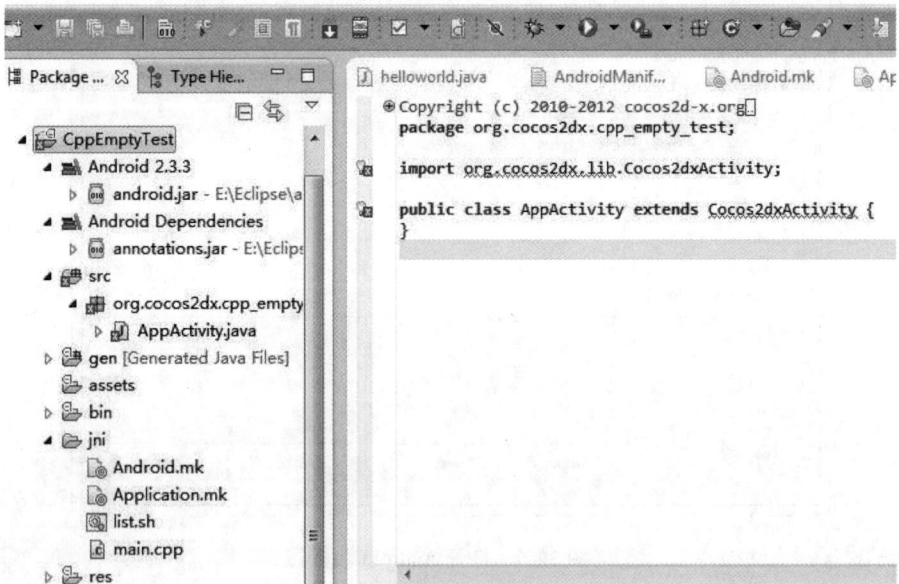

图 32-7 Java 报错

1. 引用Cocos2d-x包错误

Java 报错有非常多的原因，图 32-7 中的错误位于导入 org.cocos2dx.lib 包时报错，错误信息是找不到这个包，这是一个很常见的错误。org.cocos2dx.lib 封装了 Cocos2d-x 的 Android 底层框架，一般在 Cocos2d-x 项目中会引用到，当这个引用丢失时会报图 32-7 所示的错误。

解决这个问题的方法很简单，直接在 Eclipse 中打开 Cocos2d-x 引擎的 Android 项目即可（位于 platform\android\java 目录下），如图 32-8 所示，打开引擎的 Android 项目之后，CppEmptyTest 项目的报错消失了，打开项目的属性→Android 窗口，可以看到原本丢失引用的红色叉叉图标变成了绿色的对勾图标。

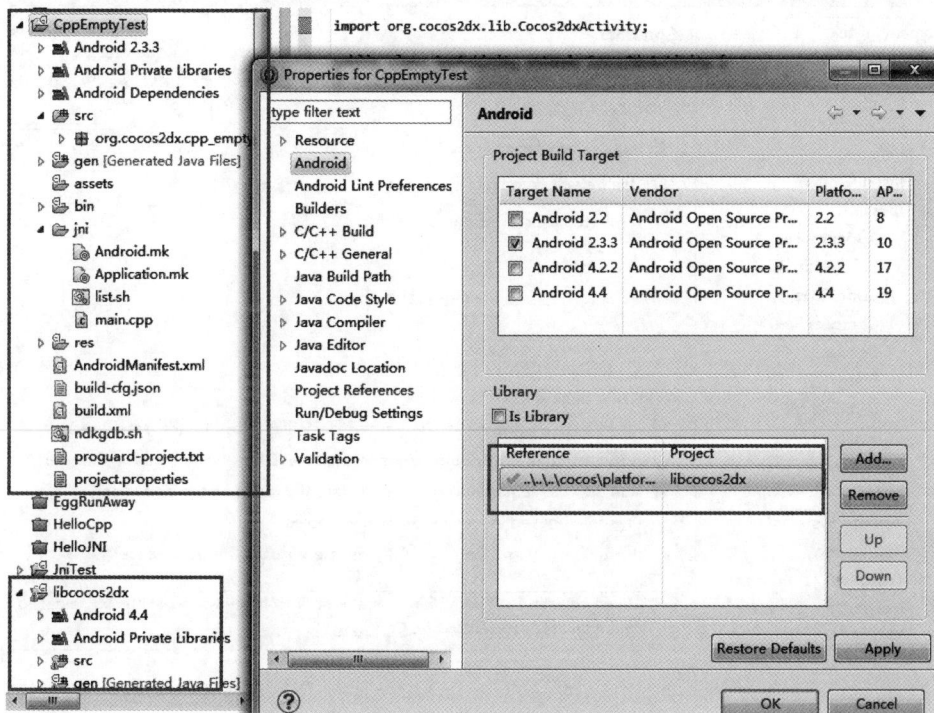

图 32-8　打开 Cocos2d-x 的 Android 包

除了打开项目之外，也可以将 Cocos2d-x 的 Java 代码复制到项目的 src 目录下，在 Linked Resources 里面修改 src_common 的路径到正确的路径（旧版本引擎），如图 32-9 所示，方法非常多。

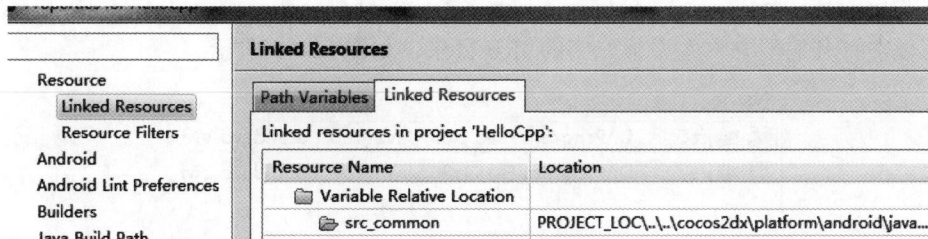

图 32-9　添加 Linked Resources

2. JDK版本错误

另外一个导致 Java 代码报错的问题是 JDK、JRE 版本错误的问题，这种错误一般表现在正常的 Java 代码报错，例如 JDK 中某个对象的方法或属性错误，正常来说不会出现这个问题，但在安装了多个版本的 JDK 或 JRE 时比较容易出现这个问题。

这种情况下应该搜索报错信息来确定应该使用哪个版本的 JDK，下载对应版本的 JDK 之后，重新配置 JDK 和 JRE，如图 32-10 所示，可以在 Preferences-Java-Compiler 列表项的 Compiler compliance level 下拉列表框中选择对应的 JDK 版本，如果 JDK 和当前的 JRE 版本不一致，在窗口下方会有提示，单击提示的 Configure 链接可以进行配置。

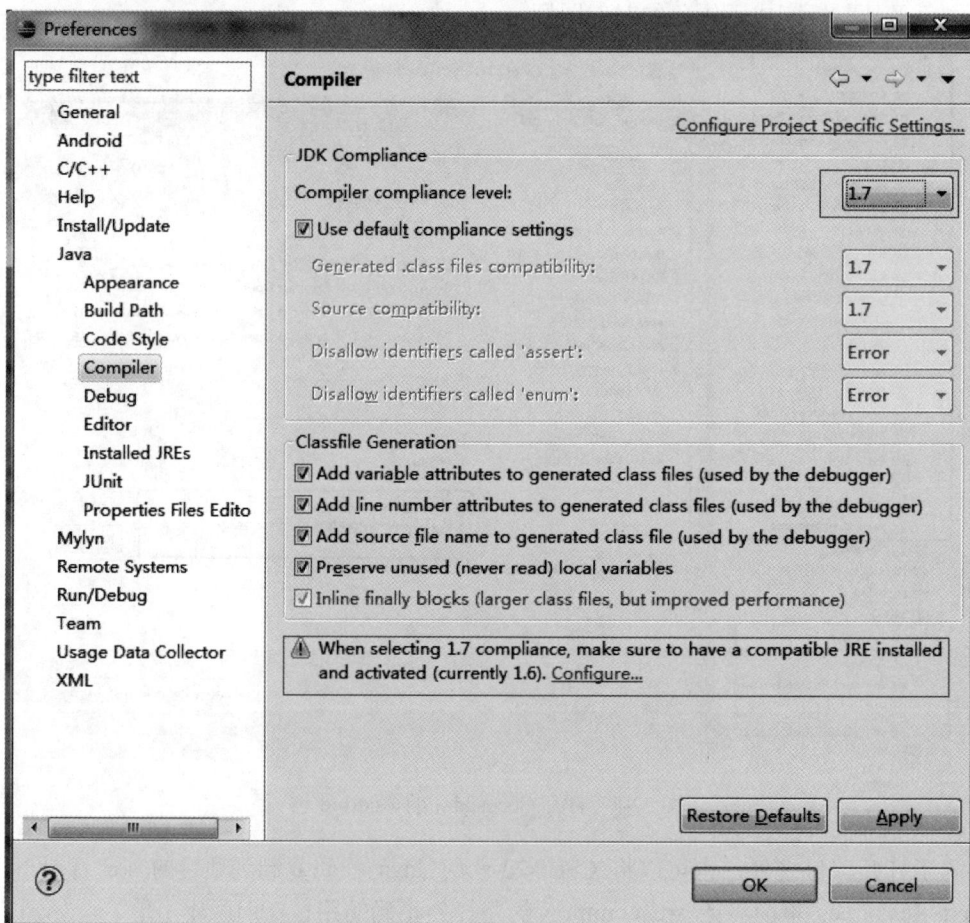

图 32-10　修改 JDK 版本

可以在打开的配置界面添加对应的 JRE 目录，如图 32-11 所示。

Name	Location	Type
☑ jre6	D:\Program Files (x86)\Java\jre6	Standard VM
☐ jre7	D:\Program Files (x86)\Java\jre7	Standard VM

图 32-11　设置 JRE

设置完 JRE 之后，还需要对项目进行设置，在项目属性中，选择 Java Build Path 的 Libraries 选项卡，然后单击 Add Library 按钮，在弹出的窗口中添加 JRE System Library，如图 32-12 所示，单击 Next 按钮，在弹出的窗口中选择 Workspace default JRE 即可。

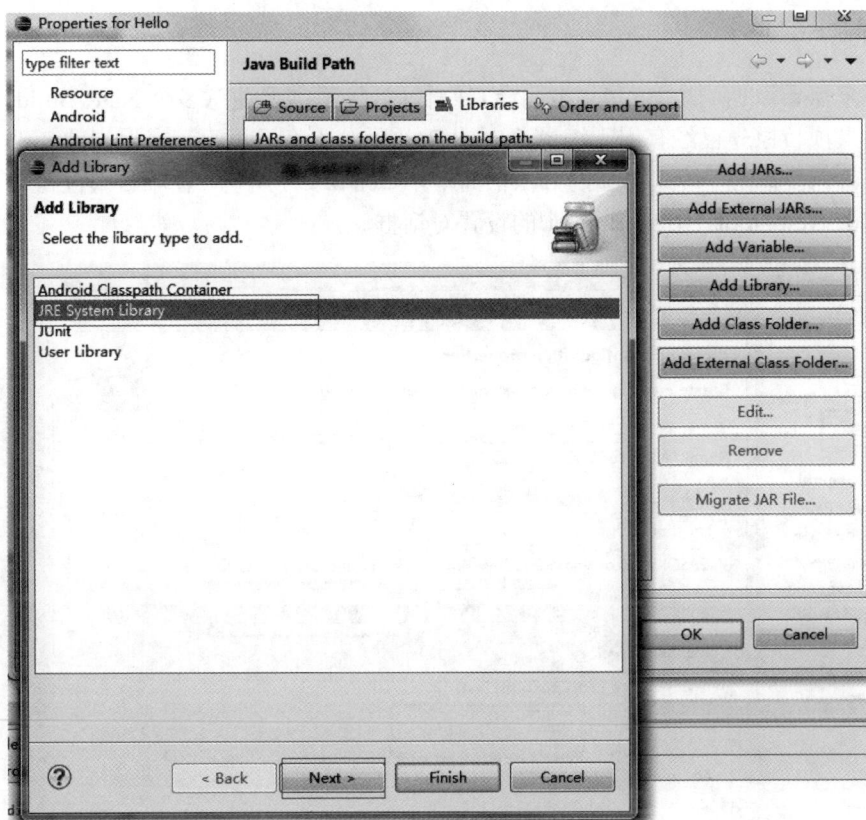

图 32-12　为项目设置 JRE

在设置好 JRE 之后，项目的 ADK 属性可能被重置，如果项目的 ADK 引用被重置了，只需要打开项目属性的 Android 界面，然后选择对应的 ADK 即可。

3. ADK版本错误

当 Java 代码中调用 ADK 部分的代码报错时，一般是因为 ADK 版本错误，此时需要搜索报错的代码来确定对应的 ADK，然后在 ADT 中下载指定的 ADK，然后在项目属性的 Android 界面选择对应的 ADK 即可。

ADK 的版本不对应还可能出现如图 32-13 所示的错误，此时可以在 Application.mk 文件中添加 APP_PLATFORM :=android-XXX 代码，指定 Android 的正确版本号，代码中的 XXX 表示 Android 的版本号。我们可以在 ADT 中看到它们的对应关系。

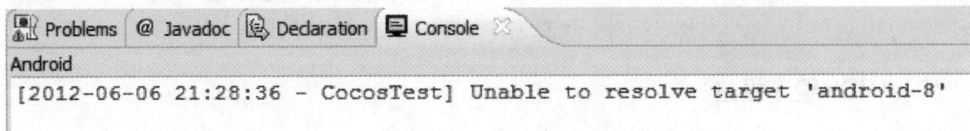

图 32-13　ADK 版本错误

32.2.3 设置 NDK

1. 添加Builder

接下来需要添加一个 Builder 来编译 C++代码,这里需要注意多个 NDK Builder 的冲突问题,如果项目原先已经有用于编译 C++的 Builder,那么可以直接在原先的基础上修改,如果没有就需要添加一个。添加的方法很简单,如图 32-14 所示,在项目属性窗口 Builders 项中,单击 New 按钮,弹出 Builder 的设置对话框。

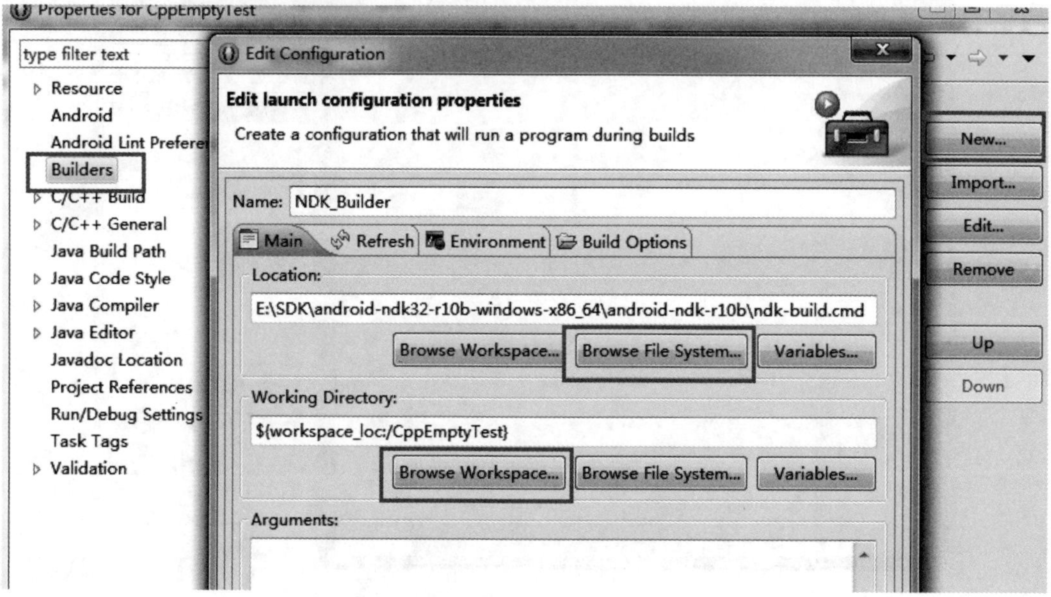

图 32-14 添加 Builder

在 Main 选项卡中单击 Location 下的 Browse File System 按钮,打开 NDK 路径下的 ndk-build.cmd 文件,单击 Working Directory 下的 Browse Workspace.按钮,选择当前项目。

2. 设置NDK_MODULE_PATH

接下来还需要设置环境变量 NDK_MODULE_PATH,NDK_MODULE_PATH 主要用于搜索其他 NDK 模块(每个模块会对应一个 Android.mk,通过这个 Android.mk 来编译指定的 cpp 文件生成模块),例如,需要搜索 cocos 下的 Android 模块,这里将 NDK_MODULE_PATH 设置为相对路径../../..;../../../cocos;../../../external;,如图 32-15 所示,主要根据 Cocos2d-x 引擎中 Android.mk 的存放位置决定,这里这样设置是因为笔者的项目位于引擎的相对路径下,当然也可以设置为绝对路径,或者使用环境变量。

3. 解决NDK编译报错

在使用 NDK 进行编译时,容易报以下几种错误。

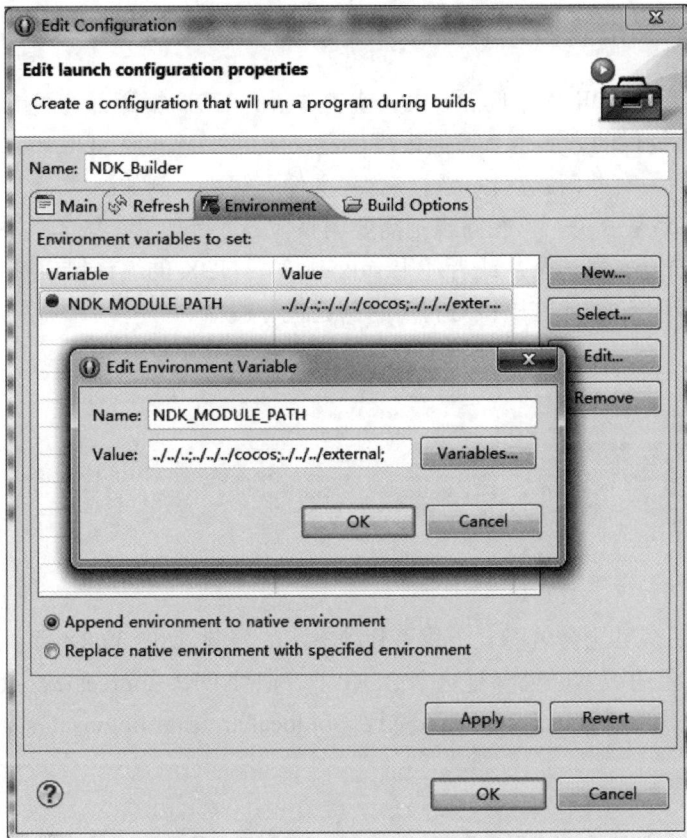

图 32-15 设置 NDK_MODULE_PATH

首先是找不到模块，如图 32-16 所示，我们的 Android.mk 引用了一个模块，Cocos2dx 模块，而 NDK 没有找到该模块，所以报错，之前的版本是直接包含 Cocos2dx 模块的 Android.mk，所以不会报错。而这里使用了 import，错误信息提示我们，可以通过设置 NDK_MODULE_PATH 环境变量来解决错误，但这个环境变量比较容易设置错误。一般一个 **Android.mk** 包含一个或多个模块，当你要 import Cocos2dx 模块时，会在这个路径 %NDK_MODULE_PATH\cocos2dx 下寻找 Android.mk 文件。

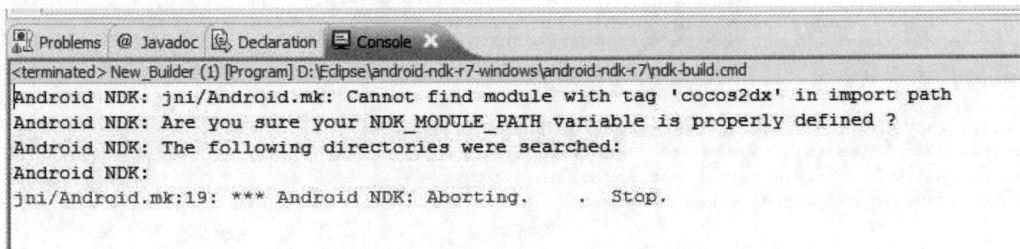

图 32-16 找不到模块

接下来是 Builder 冲突问题，当已经激活了一个默认的 C++Builder 时（一般只有在安装了 CDT 插件之后才会出现），可能会报以下错误，此时可以将默认的 Builder 修改为 NDK Builder，也可以将默认的 Builder 禁用。

```
Cannot run program "bash": Launching failed
Error: Program "bash" not found in PATH
```

有时还可能遇到 NDK 版本问题，太久或者太新的 NDK 编译都有可能报错，或者引用到一些 NDK 没有提供的方法也有可能报错，建议使用 NDKr9～NOK10b 之间的版本来编译。当编译出错时，有些问题可以通过包含头文件来解决，例如图 32-17 所示的问题，可以通过包含<cstdio>来解决。有些问题则需要调整代码，例如这个版本的 NDK 不支持 abs 方法，可能需要自己实现一个，或者使用 std::abs 等，NDK 的编译错误基本都需要根据实际的报错问题来解决，因此这里很难将所有问题进行概括。

```
<= CCFileUtilsAndroid.cpp
tform/android/CCFileUtilsAndroid.cpp: In member function 'virtual bool cocos2d::CCFileUtilsAndroid::isFileExist(const string&)':
tform/android/CCFileUtilsAndroid.cpp:88:9: error: 'FILE' was not declared in this scope
tform/android/CCFileUtilsAndroid.cpp:88:15: error: 'fp' was not declared in this scope
tform/android/CCFileUtilsAndroid.cpp:88:50: error: 'fopen' was not declared in this scope
tform/android/CCFileUtilsAndroid.cpp:92:22: error: 'fclose' was not declared in this scope
tform/android/CCFileUtilsAndroid.cpp: In member function 'unsigned char* cocos2d::CCFileUtilsAndroid::doGetFileData(const char*, const char*, long
tform/android/CCFileUtilsAndroid.cpp:150:13: error: 'FILE' was not declared in this scope
tform/android/CCFileUtilsAndroid.cpp:150:19: error: 'fp' was not declared in this scope
tform/android/CCFileUtilsAndroid.cpp:150:55: error: 'fopen' was not declared in this scope
```

图 32-17　NDK 编译报错

当编译完成后有可能会出现一个找不到静态库的问题，如图 32-18 所示。该问题与 NDK 版本相关，R7 以上的版本已经修复这个 BUG 了，把<NDK>\sources\cxx-stl\gnu-libstdc++\libs\armeabi\目录下的 libgnustl_static.a 复制到 obj\local\armeabi\libgnustl_static.a 目录下即可解决。

```
Prebuilt        : libgnustl_static.a <= <NDK>/sources/cxx-stl/gnu-libstdc++/libs/armeabi/
make: *** [obj/local/armeabi/libgnustl_static.a] Error 1
```

图 32-18　NDK 编译后报错

32.2.4　解决打包报错

在生成 apk 时，需要手动**将游戏的资源复制到 assets 目录下**，当资源文件的文件名存在中文或空格时，可能会导致打包失败，这时需要修改资源文件名。当资源文件中存在 gz 文件时，也可能导致打包资源失败，如图 32-19 所示，这时需要删除 gz 文件，或将该文件修改为其他格式。

```
.n http://schemas.android.com/apk/res/android); using existing value in manifest.
sts\test.android\assets\Images\test_image_rgba4444.pvr.gz': file already in archive (try '-u'?)
se\cocos2d-1.0.1-x-0.12.0\tests\test.android\bin\resources.ap_'
sts\test.android\bin\resources.ap_' failed
```

图 32-19　资源打包失败

除了资源问题，还有一些其他问题也可能导致生成 apk 失败，在控制台会报 Could not find HelloCpp.apk 错误，如图 32-20 所示，出现该问题可以尝试用以下步骤来解决。

首先是有可能是没设置 JRE，当 Eclipse 中没有设置 JRE 时，无法生成 apk，在项目属性中选择 Java Build Path→Libraries→Add library 选项，设置 JRE。

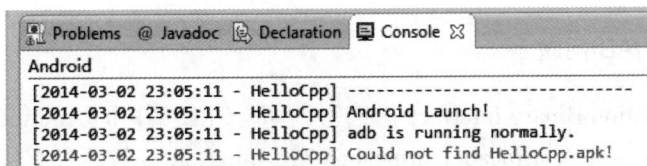

图 32-20　生成 apk 失败

　　然后还有可能是 ADK 的设置有误，先删掉原来的 ADK 再重新添加，然后选择工程→Android Tools→Fix Project Properties。

　　另外还有可能是 ADT 版本太低不兼容，或者是 ADK Build-Tool 没有安装，升级 ADT或安装 ADK Build-Tool 后再解决该问题。

32.2.5　解决运行报错

运行程序后闪退有以下几种常见的问题。

1. 资源问题导致的闪退

当忘记将 res 或 Resource 目录下的资源复制到 Android 项目的 assets 目录下时，访问该资源时会报错。

另外是**大小写的问题，Android 是区分大小写的**，如果大小写不一致，也会导致加载资源报错。还有，如果**将文件分隔符/写成了**，也会导致在 Android 平台下加载资源失败。

2. so问题导致的崩溃

　　由于生成的 so 有问题导致的崩溃，可尝试重新生成 so，也有可能是 NDK 的问题，因为 NDK 导致生成的 so 有问题，还有可能是生成的 so 引用了其他的 so，但 **apk 没有找到对应的 so** 导致，如图 32-21 所示。比较常见的情况是 C++代码编译出错了，但是程序员没注意，直接安装了没有包含 so 文件的 apk。

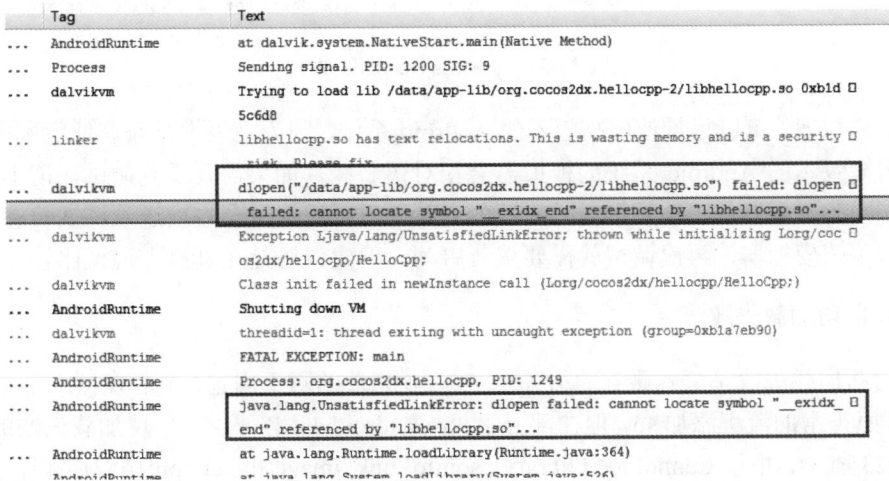

图 32-21　找不到 so 导致的崩溃

3. 第三方库的ABI问题

ABI 是 Application Binary Interface 的缩写，不同 CPU 架构的 Android 设备可以支持不同的 ABI，常见的 ABI 有 armeabi、armeabi-v7a、mips、x86 等。只有使用支持的 ABI 编译出来的 so 才可以在对应的设备上运行，其中 armeabi 是兼容性最好的，但性能不是最佳，被所有的 Android 设备支持。第 33 章中会详细介绍 ABI。

当程序引用了一些第三方的库，一般第三方库会提供多个 ABI 的动态链接库.so 文件或静态库.a 文件，如果程序同时支持了多个 ABI，需要保证每个 ABI 的目录下都有对应的 so，否则程序会由于找不到对应的库而崩溃。

例如，应用程序同时支持 armeabi 和 armeabi-v7a，当需要添加一个新的 so 时，需要把 armeabi 和 armeabi-v7a 版本的 so 放到 Android 项目 libs 目录对应的目录下。

4. 模拟器版本过低

模拟器版本过低是一个在模拟器下比较容易出现的 OpenGL 问题，主要因为模拟器不支持 OpenGL ES 2.0，如图 32-22 所示。创建 Android 4.0 以上的模拟器，并在创建时将 Gpu emulation 设置为 true 即可解决。

Cocos2dxActivity	product=sdk
Cocos2dxActivity	isEmulator=true
dalvikvm	threadid=11: thread exiting with uncaught exception (group=0xb1a7eb90)
Choreographer	Skipped 85 frames! The application may be doing too much work on its main th □ read.
AndroidRuntime	FATAL EXCEPTION: GLThread 93
AndroidRuntime	Process: org.cocos2dx.hellocpp, PID: 1354
AndroidRuntime	java.lang.IllegalArgumentException: No configs match configSpec
AndroidRuntime	at android.opengl.GLSurfaceView$BaseConfigChooser.chooseConfig(GLSurfaceView □ .java:863)
AndroidRuntime	at android.opengl.GLSurfaceView$EglHelper.start(GLSurfaceView.java:1024)
AndroidRuntime	at android.opengl.GLSurfaceView$GLThread.guardedRun(GLSurfaceView.java:1401)
AndroidRuntime	at android.opengl.GLSurfaceView$GLThread.run(GLSurfaceView.java:1240)
gralloc_goldfish	Emulator without GPU emulation detected.
Choreographer	Skipped 220 frames! The application may be doing too much work on its main t □

图 32-22　模拟器 OpenGL 报错

关于模拟器，可以尽量使用高版本的 Android 系统，因为高版本是兼容低版本应用的，并且使用高版本的 Android 系统的模拟器会相对快一些，如果需要反复调试，请不要关闭模拟器，因为模拟器的启动是很耗时间的，启动之后再次调试会直接进入调试状态，而如果调试完关闭模拟器，再次调试就需要重新启动，但建议还是在真机上调试比较好一些。

5. so自动加载失败

so 自动加载失败是笔者碰到的另外一个与 so 相关的棘手问题，笔者在接入 fmod 音效库时，按照正常的流程添加 so，但在部分手机（Android 4.4 以下）上出现加载失败的情况，如图 32-23 所示，报了 Cannot load library : soinfo_link_image(linker.cpp:1652)错误，so 文件放的位置以及文件本身都是没有问题的，并且 Android 4.4 以上的版本都可以加载，这个错误与 Android 的 so 自动加载机制有关，在 Android 4.4 以下的版本，我们需要在 Java 代码中手动加载。

图 32-23　动态加载 so 失败

手动加载的方式是在 Activity 中添加一个 static 作用域，并调用 System.loadLibrary() 函数将 so 文件手动加载，示例代码如下。

```
public class AppActivity extends Cocos2dxActivity {
    static
    {
        //手动加载 so
        System.loadLibrary("fmod");
        System.loadLibrary("fmodstudio");
    }
```

32.3　使用 Android Studio 打包

在 **Cocos2d-x-3.7rc0** 这个版本之后支持了 Android Studio 的打包，Android Studio 是一个不错的 IDE，相比 Eclipse 各方面都有提升，这也是 Android 发展的一个趋势，但目前（到 Cocos2d-x 3.12 版本为止），Cocos2d-x 对 Android Studio 的支持实际上只是一发烟雾弹，因为程序员可以在**不安装 Android Studio 的情况下使用 Cocos2d-x 的 Android Studio 工程进行编译打包。**

32.3.1　cocos compile 命令

Android Studio 的打包非常简单，有两个前提条件，一个是 Android 基础环境搭建，也就是 JDK、JRE、ADT、ADK、NDK 等环境的搭建，另外一个是执行了 Cocos2d-x 引擎目录下的 setup.py，正确设置了环境变量。如果一切设置正确，则可以在命令行使用 cocos compile 命令来编译打包 APK。输入 cocos compile –h 命令可以查看帮助信息，cocos compile 的帮助信息非常多，如图 32-24 是 cocos compile 支持的编译选项。

如图 32-25 是 Android 相关的参数，有时候当编译出现报错时，由于多个 CPU 同时编译，屏幕可能会输出错乱的信息，这种情况下可以添加-j1 参数，指定只有一个 CPU 编译，这样就可以获取到正确的错误信息了。

另外，如果使用了 Lua 脚本，在编译时动态使用 --lua-encrypt 选项为 Lua 脚本进行加密也是一个很方便的功能。

```
C:\Users\WangYongBao>cocos compile -h
usage: cocos compile [-h] [-s SRC_DIR] [-q] [-p PLATFORM] [--list-platforms]
                     [--proj-dir PROJ_DIR] [-m MODE] [-j JOBS] [-o OUTPUT_DIR]
                     [--ap ANDROID_PLATFORM] [--ndk-mode NDK_MODE]
                     [--app-abi APP_ABI] [--ndk-toolchain TOOLCHAIN]
                     [--ndk-cppflags CPPFLAGS] [--android-studio] [--no-apk]
                     [--vs VS_VERSION] [--source-map] [--advanced]
                     [-t TARGET_NAME] [--sign-identity SIGN_ID] [--no-res]
                     [--compile-script {0,1}] [--lua-encrypt]
                     [--lua-encrypt-key LUA_ENCRYPT_KEY]
                     [--lua-encrypt-sign LUA_ENCRYPT_SIGN]

编译并打包工程。

optional arguments:
  -h, --help            show this help message and exit
  -s SRC_DIR, --src SRC_DIR
                        指定工程路径。
  -q, --quiet           较少的输出。
  -p PLATFORM, --platform PLATFORM
                        指定目标平台。
  --list-platforms      List available platforms
  --proj-dir PROJ_DIR   指定目标平台路径。
  -m MODE, --mode MODE  设置编译模式，可选值为 debug|release，默认值为 debug。
  -j JOBS, --jobs JOBS  指定使用几个 cpu 进行编译。
  -o OUTPUT_DIR, --output-dir OUTPUT_DIR
                        指定输出文件的路径。
```

图 32-24　cocos compile 编译选项

```
Android 相关参数:
  --ap ANDROID_PLATFORM
                        指定编译 Android 工程所需使用的目标平台。
  --ndk-mode NDK_MODE   设置 ndk-build 的模式，可选值为
                        debug|release|none，如果指定为 none，ndk-build
                        不会被调用。默认值与 '-m' 参数值相同。
  --app-abi APP_ABI     设置 ndk-build 的 APP_ABI 属性。可以使用 ':'
                        分隔多个值。示例：--app-aib armeabi:x86:mips。默认值为
                        'armeabi'。
  --ndk-toolchain TOOLCHAIN
                        指定 ndk-build 的 NDK_TOOLCHAIN 属性。
  --ndk-cppflags CPPFLAGS
                        指定 ndk-build 的 APP_CPPFLAGS 属性。
  --android-studio      使用 Android Studio 工程来编译 Android 平台。
  --no-apk              不生成 apk 文件。
```

图 32-25　Android 相关参数

32.3.2　编译打包 Android Studio

要编译 android-studio 项目，需要是 **Cocos2d-x-3.7rc0 以及之后的引擎才可以**，在命令行进入项目的目录，然后执行 cocos compile -p android --android-studio 命令，即可编译 Android Studio 项目，如图 32-26 所示（如果不希望使用 Android Studio 工程来编译，也可以把--android-studio 参数去掉，这样会直接使用项目下的 proj.android 来进行打包）。

初次编译会下载一些东西，时间比较久，大概需要十几分钟的下载时间。编译完成后可以在项目目录的 bin\android\debug 下找到生成好的 apk，如果需要发布 release 版本，则需要在编译时加上-m release 选项，在最后会要求输入签名文件和相关密码来生成 release 版本，**release 版本的性能可是比 debug 版本高出一大截呢**。

```
E:\SDK\cocos2d-x-3.12\cocos2d-x-3.12\tests\cpp-empty-test>cocos compile -p android --android-studio
编译模式: debug
使用 Android Studio 工程: E:\SDK\cocos2d-x-3.12\cocos2d-x-3.12\tests\cpp-empty-test\proj.android-stu
dio
未指定 Android 目标平台版本, 自动查找一个可用版本...
正在执行: '"E:\Eclipse\android-sdk_r16-windows\android-sdk-windows\tools\android" update project -t
android-10 -p E:\SDK\cocos2d-x-3.12\cocos2d-x-3.12\tests\cpp-empty-test\proj.android-studio\app'

Updated project.properties
Updated local.properties
Updated file E:\SDK\cocos2d-x-3.12\cocos2d-x-3.12\tests\cpp-empty-test\proj.android-studio\app\progu
ard-project.txt
正在执行 ndk-build...
NDK 编译模式: debug
从 E:\Eclipse\android-ndk-r9\RELEASE.TXT 文件获取 NDK 版本失败。
NDK_TOOLCHAIN_VERSION: 4.8
正在执行: '"E:\Eclipse\android-ndk-r9\ndk-build" -C E:\SDK\cocos2d-x-3.12\cocos2d-x-3.12\tests\cpp-e
mpty-test\proj.android-studio\app -j4 NDK_MODULE_PATH=E:\SDK\cocos2d-x-3.12\cocos2d-x-3.12\tests\cpp
-empty-test\proj.android-studio\../../..;E:\SDK\cocos2d-x-3.12\cocos2d-x-3.12\tests\cpp-empty-test\p
roj.android-studio\../../../cocos;E:\SDK\cocos2d-x-3.12\cocos2d-x-3.12\tests\cpp-empty-test\proj.and
roid-studio\../../../external NDK_TOOLCHAIN_VERSION=4.8 NDK_DEBUG=1'

make: Entering directory `E:/SDK/cocos2d-x-3.12/cocos2d-x-3.12/tests/cpp-empty-test/proj.android-stu
dio/app'
StaticLibrary  : libcocos2d.a
StaticLibrary  : libcocostudio.a
StaticLibrary  : libcocosbuilder.a
StaticLibrary  : libcocos3d.a
```

图 32-26　编译 Android Studio

32.3.3　打包遇到的问题

在使用 ndk-r12b 打包时，笔者遇到了 relocation overflow in R_ARM_THM_CALL 错误，如图 32-27 所示。

```
[armeabi-v7a] SharedLibrary  : libMyGame.so
G:/testsummoner/proj.android-studio/../cocos2d/cocos/.\2d/CCNode.cpp:903: error: relocation overflow
THM_CALL
F:/NDK/android-ndk-r12b/build//../sources/cxx-stl/gnu-libstdc++/4.9/include\bits/regex.h:2109: error
on overflow in R_ARM_THM_CALL
F:/NDK/android-ndk-r12b/build//../sources/cxx-stl/gnu-libstdc++/4.9/include\bits/regex.h:2109: error
on overflow in R_ARM_THM_CALL
F:/NDK/android-ndk-r12b/build//../sources/cxx-stl/gnu-libstdc++/4.9/include\bits/regex.h:515: error:
```

图 32-27　relocation overflow in R_ARM_THM_CALL 错误

当程序员使用 Thumb 指令集编译时可能导致该错误，观察图 32-28 中的编译信息，可以发现是使用 Thumb 进行编译的，只要将 Thumb 指令集修改为 ARM 指令集即可。

```
G:\testsummoner>cocos compile -p android --android-studio
编译模式: debug
使用 Android Studio 工程: G:\testsummoner\proj.android-studio
未指定 Android 目标平台版本, 自动查找一个可用版本...
正在执行: '"E:\ADK\tools\android" update project -t android-15 -p G:\testsummoner\proj.android-studi

Updated project.properties
Updated local.properties
Updated file G:\testsummoner\proj.android-studio\app\proguard-project.txt
正在执行 ndk-build...
NDK 编译模式: debug
正在执行: '"F:\NDK\android-ndk-r12b\ndk-build" -C G:\testsummoner\proj.android-studio\app -j4 NDK_MO
G:\testsummoner\proj.android-studio\../cocos2d;G:\testsummoner\proj.android-studio\../cocos2d/cocos;
moner\proj.android-studio\../cocos2d/external NDK_TOOLCHAIN_VERSION=clang NDK_DEBUG=1'

make: Entering directory `G:/testsummoner/proj.android-studio/app'
[armeabi] Gdbserver      : [arm-linux-androideabi] libs/armeabi/gdbserver
[armeabi] Gdbsetup       : libs/armeabi/gdb.setup
[armeabi-v7a] Gdbserver      : [arm-linux-androideabi] libs/armeabi-v7a/gdbserver
[armeabi-v7a] Gdbsetup       : libs/armeabi-v7a/gdb.setup
[armeabi] StaticLibrary  : libcocos2d.a
[armeabi] Compile++ thumb: cocostudio_static <= CCDatas.cpp
[armeabi][armeabi] Compile++ thumb: Compile++ thumb: cocostudio_static <= CCDecorativeDisplay.cpp co
tatic <= CCBatchNode.cpp

[armeabi] Compile++ thumb: cocostudio_static <= CCDisplayFactory.cpp
[armeabi] Compile++ thumb: cocostudio_static <= CCDisplayManager.cpp
[armeabi] Compile++ thumb: cocostudio_static <= CCSkin.cpp
[armeabi] Compile++ thumb: cocostudio_static <= CCColliderDetector.cpp
[armeabi] Compile++ thumb: cocostudio_static <= CCArmatureDataManager.cpp
```

图 32-28　Thumb 编译

程序员可以在报错的 Android.mk 文件中添加上下面一行代码来修改指令集：

```
LOCAL_ARM_MODE := arm
```

在 Cocos2d-x 中，本身就有该行代码，但是需要依赖自定义的 USE_ARM_MODE 变量来开启，程序员可以在 Application.mk 中加上该行代码来开启 ARM 模式。

```
USE_ARM_MODE := 1
```

修改完再编译，可以发现图 32-29 中，编译信息中的编译模式从 Thumb 切换到了 ARM。

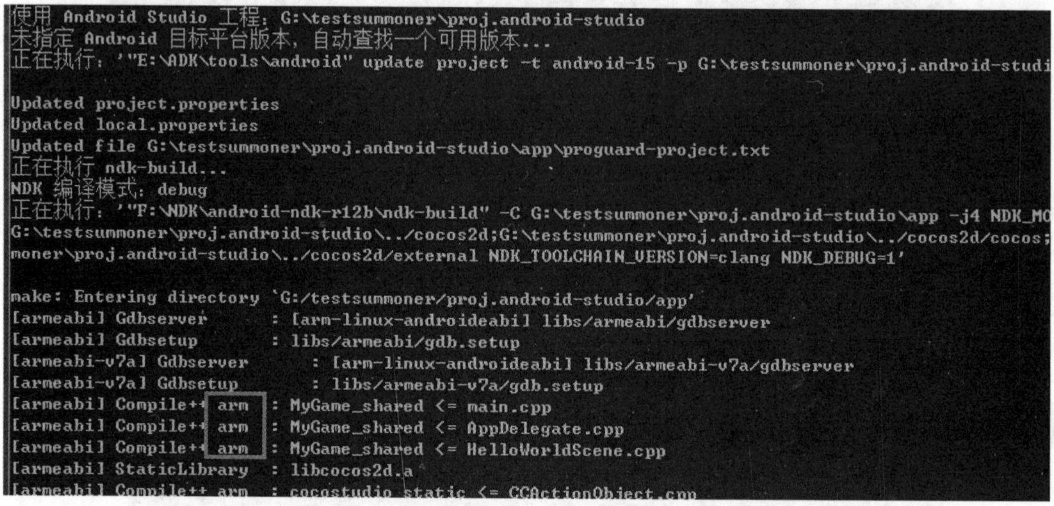

图 32-29　ARM 编译

ARM 处理支持两种通用指令集，分别是 32 位的 ARM 和 16 位的 Thumb，Thumb 可以看作是 ARM 的子集，Thumb 模式编译出来的代码占用的存储空间要比 ARM 模式更加节省，只有ARM模式的60%～70%，但Thumb模式下需要执行的指令比ARM模式多30%～40%，在 ARM 模式下一条复杂指令可以完成的工作，Thumb 模式下可能需要两三条指令，但由于 Thumb 指令简单，所以 Thumb 代码的功耗会更低一些。如果使用 32 位的存储器，ARM 代码会更加高效，而在 16 位存储器下则是 Thumb 代码更高效，目前大部分 Android 设备都是 32 位的。

32.4　新建 Android 项目

在 Cocos2d-x 2.1.3 以及之前的版本，并没有一个很好的途径让程序员去创建一个 Android 项目，官方的方式是在 Coco2d-x 的根目录下找到 create-android-project.bat 或者 create-android-project.sh 来执行创建一个新的 Android 项目，需要程序员配置 ADK、NDK、CYGWIN（Windows 下）的环境变量，输入包名和项目名会在 Cocos2d-x 下创建新项目，但一般程序员不会用 CYGWIN，因为太庞大了，所以也就不使用 create-android-project 脚本了，大部分是在 Cocos2d-x 自带的 Android 示例上进行修改。

在 Cocos2d-x 2.1.4 之后的版本开始使用 Python 脚本来统一创建新项目，3.x 版本的

Python 脚本比 2.x 版本更加强大，可以使用 cocos 命令一键生成各个平台的项目，也可以使用 cocos 命令进行打包编译。

在使用 cocos 命令之前，需要做两件事情：

- ❑ 安装 Python 2.7。
- ❑ 在命令行下执行引擎目录下的 setup.py 脚本进行初始化，如图 32-30 所示。

```
G:\cocos2d-x-3.12>setup.py

Setting up cocos2d-x...
->Check environment variable COCOS_CONSOLE_ROOT
  ->Search for environment variable COCOS_CONSOLE_ROOT...
    ->COCOS_CONSOLE_ROOT is found : G:\cocos2d-x-3.12\tools\cocos2d-console\bin

->Check environment variable COCOS_X_ROOT
  ->Search for environment variable COCOS_X_ROOT...
    ->COCOS_X_ROOT is found : G:\

->Check environment variable COCOS_TEMPLATES_ROOT
  ->Search for environment variable COCOS_TEMPLATES_ROOT...
    ->COCOS_TEMPLATES_ROOT is found : G:\cocos2d-x-3.12\templates

->Configuration for Android platform only, you can also skip and manually edit your environment vari

->Check environment variable NDK_ROOT
  ->Search for environment variable NDK_ROOT...
    ->NDK_ROOT is found : F:\NDK\android-ndk-r12b

->Check environment variable ANDROID_SDK_ROOT
  ->Search for environment variable ANDROID_SDK_ROOT...
    ->ANDROID_SDK_ROOT is found : E:\ADK

->Check environment variable ANT_ROOT
  ->Search for environment variable ANT_ROOT...
    ->ANT_ROOT is found : C:\Cocos\tools\ant\bin


Please restart the terminal or restart computer to make added system variables take effect
```

图 32-30　执行 setup.py 脚本

setup.py 会要求程序员输入 NDK_ROOT、ANDROID_SDK_ROOT（ADT 的安装路径），以及 ANT_ROOT 等环境变量。

完成设置之后就可以使用 cocos new 命令来创建一个新的项目。输入 cocos new -h 可以查看创建项目的帮助信息，如图 32-31 所示。

```
G:\cocos2d-x-3.12>cocos new -h
usage: cocos new [-h] [-p PACKAGE_NAME] [-d DIRECTORY] [-t TEMPLATE_NAME]
                 [--ios-bundleid IOS_BUNDLEID] [--mac-bundleid MAC_BUNDLEID]
                 [-e ENGINE_PATH] [--portrait] [--no-native]
                 (-l {cpp,lua,js} | --list-templates | -k TEMPLATE_NAME)
                 [PROJECT_NAME]
```

图 32-31　cocos new 帮助信息

帮助信息中还列出了每一个选项的详细介绍，如图 32-32 所示。

使用 cocos new 命令依次传入项目名、包名、使用的语言，可以创建一个新项目，如图 32-33 所示。进入项目目录即可看到各个平台的 project 目录。

```
positional arguments:
    PROJECT_NAME            设置工程名称。

optional arguments:
    -h, --help              show this help message and exit
    -p PACKAGE_NAME, --package PACKAGE_NAME
                            设置工程的包名。
    -d DIRECTORY, --directory DIRECTORY
                            设置工程存放路径。
    -t TEMPLATE_NAME, --template TEMPLATE_NAME
                            设置使用的模板名称。
    --ios-bundleid IOS_BUNDLEID
                            设置工程的 iOS Bundle ID。
    --mac-bundleid MAC_BUNDLEID
                            设置工程的 Mac Bundle ID。
    -e ENGINE_PATH, --engine-path ENGINE_PATH
                            设置引擎路径。
    --portrait              设置工程为竖屏。
    -l {cpp,lua,js}, --language {cpp,lua,js}
                            设置工程使用的编程语言, 可选值: [cpp | lua | js]
    --list-templates        List available templates. To be used with --template
                            option.
    -k TEMPLATE_NAME, --template-name TEMPLATE_NAME
                            Name of the template to be used to create the game. To
                            list available names, use --list-templates.

lua/js 工程可用参数:
    --no-native             设置新建的工程不包含 C++ 代码与各平台工程。
```

图 32-32　cocos new 参数介绍

```
G:\>cocos new mygame -p com.cocos.mygame -l cpp
> 拷贝模板到 G:\mygame
> 拷贝 cocos2d-x ...
> 替换文件名中的工程名称, 'HelloCpp' 替换为 'mygame'。
> 替换文件中的工程名称, 'HelloCpp' 替换为 'mygame'。
> 替换工程的包名, 'org.cocos2dx.hellocpp' 替换为 'com.cocos.mygame'。
> 替换 Mac 工程的 Bundle ID, 'org.cocos2dx.hellocpp' 替换为 'com.cocos.mygame'。
> 替换 iOS 工程的 Bundle ID, 'org.cocos2dx.hellocpp' 替换为 'com.cocos.mygame'。
```

图 32-33　创建新项目

32.5　实 用 技 巧

32.5.1　关于版本问题

由于打包所需要的工具比较多, 各个工具之间的版本兼容性问题是一个关键点, 出现了问题有些情况下还不容易定位, 那么应该使用哪个版本的 NDK 呢? 程序员如何定位当前出现的问题是工具的问题, 还是项目自身的问题, 或者是 Cocos2d-x 的问题呢?

程序员通过引擎目录下的 README.md 文件, 可以了解到应该使用哪些版本的工具进行编译, 在文件中可以找到 Build Requirements 和 Runtime Requirements 的相关信息, 它们分别提出了编译和运行当前版本引擎所需的环境, 以下是 3.12 版本的需求介绍。

```
Build Requirements
------------------

* Mac OS X 10.7+, Xcode 5.1+
* or Ubuntu 12.10+, CMake 2.6+
* or Windows 7+, VS 2013+
```

```
* Python 2.7.5
* NDK r11+ is required to build Android games
* Windows Phone/Store 8.1 VS 2013 Update 4+ or VS 2015
* Windows Phone/Store 10.0 VS 2015
* JRE or JDK 1.6+ is required for web publishing

Runtime Requirements
--------------------
  * iOS 6.0+ for iPhone / iPad games
  * Android 2.3.3+ for Android games
  * Windows 8.1 or Windows 10.0 for Windows Phone/Store 8.1 games
  * Windows 10.0 for Windows Phone/Store 10.0  games
  * OS X v10.6+ for Mac games
  * Windows 7+ for Win games
  * Modern browsers and IE 9+ for web games
```

例如，笔者使用 NDK r9c 版本来编译 Cocos2d-x 3.12，在指定 armeabi-v7a 之后出现了莫名其妙的崩溃，一使用异步加载资源程序就闪退，通过阅读 README.md 文件后，发现当前版本引擎需要 NDK r11 及以上的版本，于是，笔者使用了最新的 NDK r12 编译出了可正常运行的 apk。

如果要使用新的 NDK 来编译，除了修改环境变量 NDK_ROOT 之外，还需要重新启动计算机，我在 Window 7 下修改了该变量之后注销并重新登录计算机，发现编译时有部分代码仍然使用了旧的 NDK 来编译，但关机重启电脑之后就一切正常了，所以修改了 NDK 的环境变量之后，建议重启一下计算机，这样会稳妥一些。

32.5.2　关于减少包体积

Cocos2d-x 现在可以说是非常庞大了，增加了各种各样的功能，但大多数情况下程序员并不需要那么多东西，减少包体积的方法很简单，从 Android.mk 中去除引用，有时还需要添加一些预处理进行禁用，下面简单介绍一下。

例如，很多项目都没有使用到物理引擎，那么如何屏蔽掉物理引擎呢？首先可以修改引擎目录下的 cocos 目录中的 Android.mk，在引用物理引擎的代码前添加#注释掉对物理引擎的引用，请留意下面加粗字体的代码：

```
LOCAL_STATIC_LIBRARIES := cocos_freetype2_static
LOCAL_STATIC_LIBRARIES += cocos_png_static
LOCAL_STATIC_LIBRARIES += cocos_jpeg_static
LOCAL_STATIC_LIBRARIES += cocos_tiff_static
LOCAL_STATIC_LIBRARIES += cocos_webp_static
# 首先注释掉静态库的引用
#LOCAL_STATIC_LIBRARIES += cocos_chipmunk_static
LOCAL_STATIC_LIBRARIES += cocos_zlib_static
#LOCAL_STATIC_LIBRARIES += recast_static
#LOCAL_STATIC_LIBRARIES += bullet_static

LOCAL_WHOLE_STATIC_LIBRARIES := cocos2dxandroid_static

# define the macro to compile through support/zip_support/ioapi.c
LOCAL_CFLAGS    := -DUSE_FILE32API
LOCAL_CFLAGS    += -fexceptions
LOCAL_CPPFLAGS := -Wno-deprecated-declarations
LOCAL_EXPORT_CFLAGS   := -DUSE_FILE32API
```

```
LOCAL_EXPORT_CPPFLAGS := -Wno-deprecated-declarations

include $(BUILD_STATIC_LIBRARY)

#============================================================

include $(CLEAR_VARS)

LOCAL_MODULE := cocos2dx_static
LOCAL_MODULE_FILENAME := libcocos2d

LOCAL_STATIC_LIBRARIES := cocostudio_static
LOCAL_STATIC_LIBRARIES += cocosbuilder_static
LOCAL_STATIC_LIBRARIES += cocos3d_static
LOCAL_STATIC_LIBRARIES += spine_static
LOCAL_STATIC_LIBRARIES += cocos_network_static
LOCAL_STATIC_LIBRARIES += audioengine_static

include $(BUILD_STATIC_LIBRARY)
#============================================================
$(call import-module,freetype2/prebuilt/android)
$(call import-module,platform/android)
$(call import-module,png/prebuilt/android)
$(call import-module,zlib/prebuilt/android)
$(call import-module,jpeg/prebuilt/android)
$(call import-module,tiff/prebuilt/android)
$(call import-module,webp/prebuilt/android)
# 去除引入对应的 NDK 模块
#$(call import-module,chipmunk/prebuilt/android)
$(call import-module,3d)
$(call import-module,audio/android)
$(call import-module,editor-support/cocosbuilder)
$(call import-module,editor-support/cocostudio)
$(call import-module,editor-support/spine)
$(call import-module,network)
$(call import-module,ui)
$(call import-module,extensions)
#$(call import-module,Box2D)
#$(call import-module,bullet)
#$(call import-module,recast)
$(call import-module,curl/prebuilt/android)
$(call import-module,websockets/prebuilt/android)
$(call import-module,flatbuffers)
```

此外，还需要在 Application.mk 文件中添加禁用物理引擎的编译选项，否则会编译失败。

```
APP_CPPFLAGS := -DCC_ENABLE_CHIPMUNK_INTEGRATION=0
APP_CPPFLAGS := -DCC_ENABLE_BOX2D_INTEGRATION=0
APP_CPPFLAGS := -DCC_USE_3D_PHYSICS=0
APP_CPPFLAGS := -DCC_USE_PHYSICS=0
```

对于其他要禁用的功能，程序员可以通过搜索 **CC_USE** 来判断是否有相关的预处理需要进行屏蔽。

第 33 章　使用 JNI 实现 C++与 Java 互调

Cocos2d-x 是用 C++语言开发的引擎，而 Android 下使用的开发语言是 Java，Cocos2d-x 之所以能够在 Android 下运行，这归功于 JNI 技术，JNI 是 Java Native Interface 的缩写，意为 Java 原生接口，这是一种可以让 Native 代码调用 Java 代码，以及让 Java 代码能够调用其他 Native 代码的技术。JNI 技术是通过 NDK（Native Development Kit）实现的，用以将 C\C++代码编译成 Native 代码。

这里的 Native 代码指的就是 C/C++代码，在 Android 平台下，Cocos2d-x 还实现了一层 Java 底层框架，用于让 Cocos2d-x 适应 Android 平台。在 Android 平台的开发过程中，有时难免会需要调用一些 Android 系统的平台接口或一些使用 Java 编写的第三方库，或者使用 Java 来实现某些功能，在很多情况下可能需要在 C++中调用这些 Java 代码，或者在 Java 代码中调用 C++，这时就需要使用 JNI 来实现 C++与 Java 的互调。本章主要介绍以下内容：

- ❑ Android 基本概念。
- ❑ Hello JNI 项目。
- ❑ 编写 JNI 的 C++代码。
- ❑ Java 调用 C++。
- ❑ 在 C++程序中使用 Java。
- ❑ 在 Cocos2d-x 中实现 Java 和 C++的互调。
- ❑ Android.mk 和 Application.mk 详解。
- ❑ ABI 详解。
- ❑ 调试 JNI 代码。

33.1　Android 基本概念

要开发 Android 游戏，需要简单了解 Android 开发的一些基本概念，如 Activity、Intent、资源与 R.java、AndroidManifest.xml。

33.1.1　Activity 简介

Activity 是活动，相当于一个窗口，一个 Android 程序可以有多个 Activity，在 AndroidManifest.xml 中配置为 MAIN 的 Activity 也相当于 main()函数，程序员进行 Android 开发一般会继承一个 Activity，在里面创建自己的界面。如图 33-1 演示了 Activity 的生命周期，Activity 一共有 4 种状态、7 个重要回调、3 个周期。

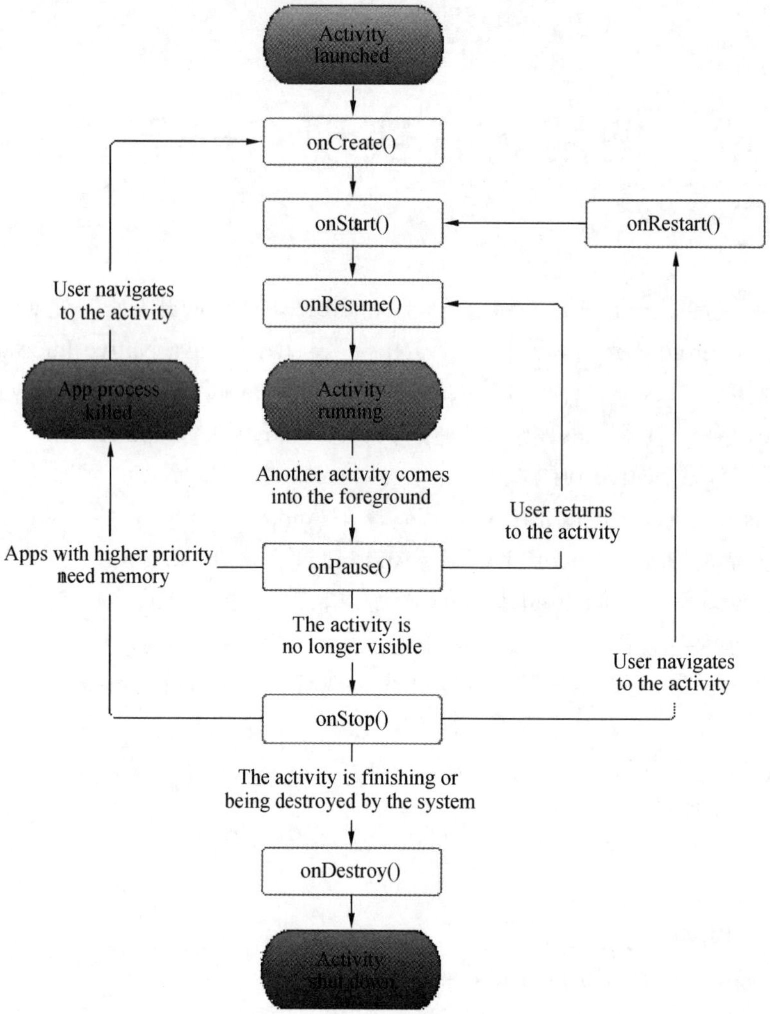

图 33-1　Activity 流程图

4 种状态分别是 Running 活动状态、Paused 暂停状态、Stopped 停止状态和 Killed 死亡状态。

- Running 活动状态：Activity 启动后处于屏幕的最前端，此时处于可见并可与用户交互的活动状态。
- Paused 暂停状态：当 Activity 被另一个透明或对话框样式的 Activity 覆盖时的状态，**此时其仍然可见，但已经失去了焦点，不可与用户交互**。
- Stopped 停止状态：当 Activity 不可见时的状态，如按 Home 键或被另一个 Activity 完全遮挡住。
- Killed 死亡状态：当一个 Activity 没有启动，或被程序员调用 finish() 函数强制结束，或者由于内存或程序自身原因崩溃时，处于死亡状态。

Activity 的 7 个重要回调分别是 onCreate()、onStart()、onResume()、onPause()、onRestart()、onStop()、onDestroy()。它们会在 Activity 与各种状态之间切换时调用，如图 33-1 所示。

Activity 的 3 个生命周期分别如下。

- ❑ 完整周期：从 Activity 启动的 onCreate()到 Activity 结束的 onDestroy()。
- ❑ 可视周期：Activity 由可见的 onStart()到不可见的 onStop()。
- ❑ 可操作周期：Activity 由可操作的 onResume()到不可操作的 onPause()。

33.1.2　Intent 简介

Intent 表示意图，例如，程序员希望从这个 Activity 切换到另外一个 Activity，这就是一个意图，这里简单理解为窗口切换的一个中介吧。当然，**在 Cocos2d-x 中的场景切换是不经过这一层的**，当程序员从游戏场景切换到一个全屏的广告时，一般是通过一个 Intent。

33.1.3　资源与 R.java

R.java 位于 Android 项目的 gen 目录下，是 Android 自动生成的一个类，用来索引资源，**在 res 目录下添加的任何资源都会在这里生成一个索引**，好处是不容易写错资源名字，导致找不到资源，因为所有的资源都会在输入 R.之后显示在提示列表中。

R.java 类也经常出问题，在引用错误的第三方库，或者重复引用的时候，都有可能让 R.java 失踪，这时候 R.xxx 下面就会显示红色的波浪线。

33.1.4　AndroidManifest.xml 简介

AndroidManifest.xml 是 Android 应用程序的 XML 配置文件，配置了程序有哪些 Activity，哪个是入口，需要哪些权限等，以及设置横竖屏、开启 debug 模式等，都需要修改这个文件。

33.2　Hello JNI 项目

33.2.1　使用 Eclipse 创建项目

在这里先用 Eclipse 创建一个 Hello JNI 的 Android 工程，使用 Android 2.2 的版本（Android 1.5 以上都是可以的），**包的名称设置为 com.hellojni**，然后确定生成，如图 33-2 所示。

创建完之后，打开 res\layout\main.xml，在里面的 TextView 节点下添加一行 android:id="@+id/mytext"，添加这个 ID 是为了后面可以直接操作这个文本框，因为我们需要通过 ID 来获取这个文本框对象。在 Android 中，可以直接编辑 Layout 下面的 XML 文件来控制程序的布局，Eclipse 也提供可视化的编辑器来生成这些 XML 布局文件。

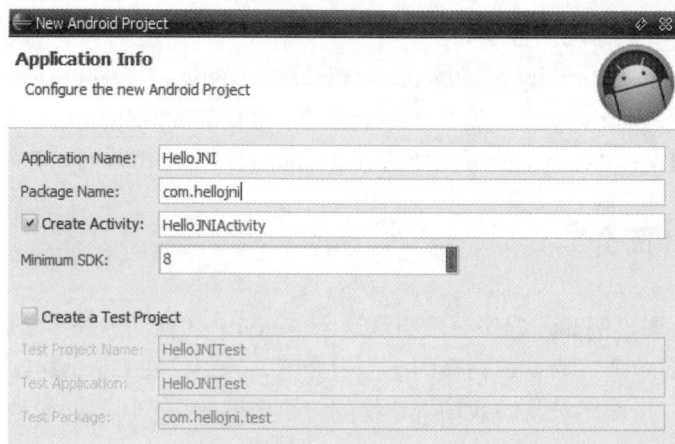

图 33-2 使用 Eclipse 创建项目

```xml
<TextView
    android:id="@+id/mytext"
    android:layout_width="fill_parent"
    android:layout_height="wrap_content"
    android:text="@string/hello" />
```

接下来简单调整一下 src 目录下自动生成的代码，加粗部分是笔者自己添加的代码。

```java
//先导入 TextView 的包
import android.widget.TextView;

public class HelloJNIActivity extends Activity {
    /** Called when the activity is first created. */
    @Override
    public void onCreate(Bundle savedInstanceState) {
        super.onCreate(savedInstanceState);
        setContentView(R.layout.main);
        oncallbackInt(13213);
        oncallbackStr("宝爷威武");
    }

    private void oncallbackInt(int i)
    {
     //传递整数的函数
     TextView v = (TextView)(this.findViewById(R.id.mytext));
     v.append("\n" + i);
    }

    private void oncallbackStr(String str)
    {
     //传递字符串的函数
     TextView v = (TextView)(this.findViewById(R.id.mytext));
     v.append("\n" + str);
    }
}
```

编译运行可以看到如图 33-3 所示的内容，Hello World，HelloJNIActivity 是例子默认输出的文本，后面那段"霸气"的文本就是笔者添加的了，在 onCreate()回调的时候调用 setContentView()函数设置布局为 main.xml，这时会根据 layout/main.xml 布局文件来初始化布局，然后调用了两个笔者自己添加进去的函数，得到了图 33-3 所示的结果。

图 33-3 运行 HelloJNI

布局文件可以手动编辑，也可以直接用 Eclipse 提供的工具进行可视化的编辑，非常方便。

33.2.2 使用 Android Studio 创建项目

笔者使用的是当前最新的 Android Studio 版本 2.1.1，在开发 Android 应用的时候，Android Studio 的开发体验还是挺不错的，但也碰到了一些问题，下面会简单分享一下。

首先创建一个新项目，在菜单上选择 File→New→New Project 命令创建新项目，在弹出的对话框中填写公司名为 **hellojni.com**、项目名为 **HelloJNI** 以及存储的位置，单击 Next 按钮。

在弹出的对话框中选择 ADK 版本，使用默认版本即可，再单击 Next 按钮，然后可以看到一个模板选择的对话框，如图 33-4 所示。选择一个空的 Activity（默认选项），单击 Next 按钮会要求输入 Activity 的名字，以及选择是否生成 Layout 文件，默认即可，最后单击 Finish 按钮完成项目的创建。

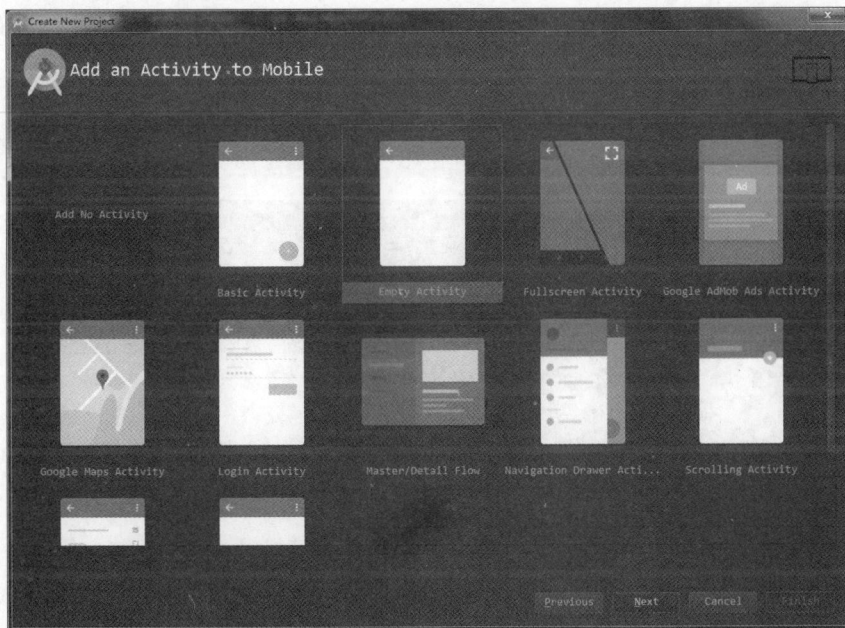

图 33-4 Android Studio 创建新项目

接下来开始创建工程，如果是第一次使用 Android Studio 的话，这里有可能由于更新 Gradle 而卡在 building gradle project info 界面，此时可以下载安装最新的 Gradle，也可以通过翻墙软件让 Android Studio 自动下载。

如果读者使用的 JDK 不是 1.8 或以上版本，那么项目可能会报一个错误，让读者升级到 JDK 1.8，笔者这里提示的错误是 compileDebugJavaWithJavac.compileSdkVersion 'android-24' requires JDK 1.8 or later to compile。读者可以安装 1.8 或降低 ADK 的版本来解决该问题，降低 ADK 的版本需要在 **build.gradle** 文件中同时修改 compileSdkVersion 为 23、buildToolsVersion 为 23.0.1、targetSdkVersion 为 23，以及 dependencies 中的 compile 选项为 com.android.support:appcompat-v7:23.1.0，如图 33-5 所示。

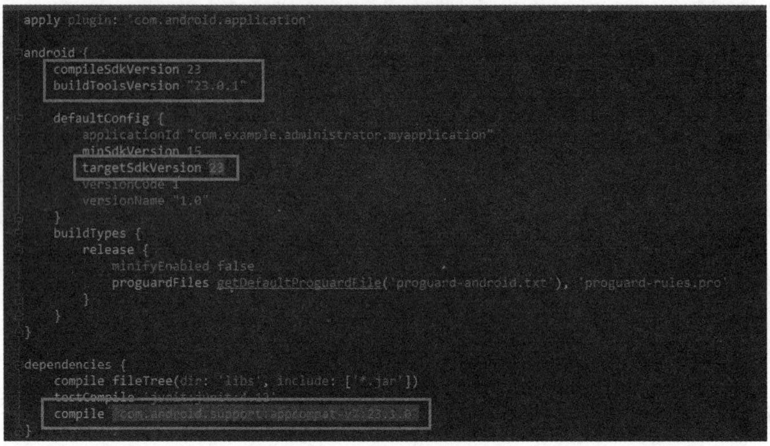

图 33-5　降低 ADK 版本

接下来打开左侧项目栏中 res/layout 下的 activity_main.xml，会出现如图 33-6 所示的界面，可以在 Design 设计模式和 Text 文本模式间进行切换，图 33-6 处于文本模式中，插入如下代码，添加一个 TextView 到布局文件中。在设计模式下还可以手动修改这些控件。

```
<TextView
    android:id="@+id/mytext"
    android:layout_width="fill_parent"
    android:layout_height="wrap_content" />
```

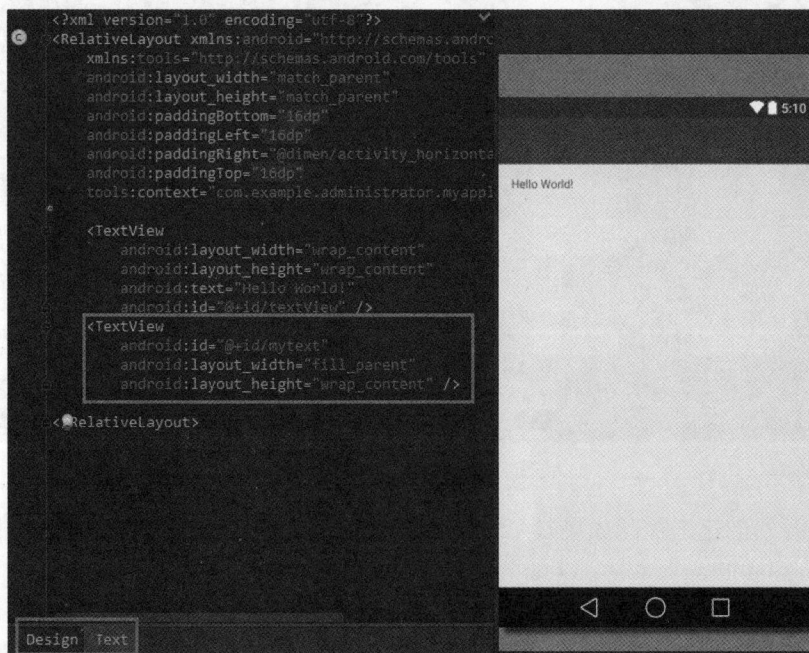

图 33-6　文本模式编辑布局

在 MainActivity.java 中添加同样的代码，运行后可以看到如图 33-7 所示的界面。这里笔者是在虚拟机上运行的，需要先安装 Android 虚拟机，安装完之后可能会提示还需要开启 VT 功能，这时候需要重启计算机，进入 BIOS 模式手动开启 VT 功能。

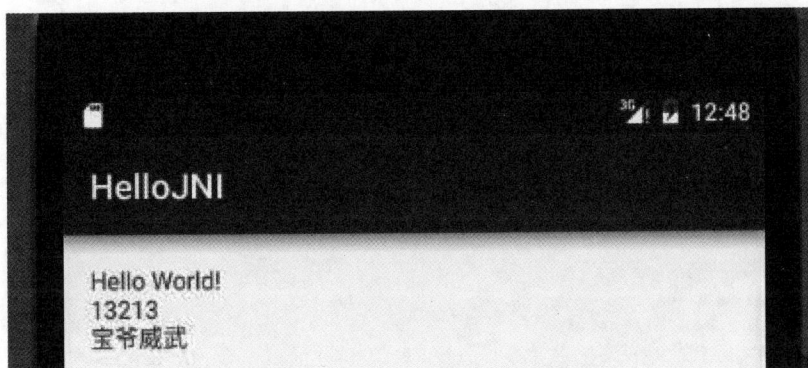

图 33-7　Android Studio 虚拟机运行 HelloJNI

33.3　编写 JNI 的 C++代码

前面介绍了一个简单的 Android 程序，接下来要实现在 Java 中调用 C/C++函数，在 C/C++中回调 Java 的函数以及传参，下面会分别介绍在 Eclipse 下和 Android Studio 下如何操作。

33.3.1　为 Eclipse 添加 Android.mk 和 hello.c

首先在 Android 项目下新建一个 jni 文件夹，然后在 jni 文件夹下面添加一个 hello.c 文件和一个 Android.mk 文件，然后填写以下内容，将 hello.c 文件编译到 myjni 库里。

Android.mk 文件如下。

```
LOCAL_PATH := $(call my-dir)

include $(CLEAR_VARS)

LOCAL_MODULE    := myjni
LOCAL_SRC_FILES := hello.c

LOCAL_LDLIBS    := -llog

include $(BUILD_SHARED_LIBRARY)
```

上面的 Android.mk 文件会将 hello.c 编译成 so，供 Android 调用，下面是 hello.c 文件的内容，其中，前面的 LOGI 和 LOGW 两个宏是用于在 Android 环境下打印日志用的，可以在 Logcat 窗口查看程序输出的日志。

```
#include <jni.h>
#include <android/log.h>
```

```
#define LOGI(...) ((void)__android_log_print(ANDROID_LOG_INFO, "native-
activity", __VA_ARGS__))
#define LOGW(...) ((void)__android_log_print(ANDROID_LOG_WARN, "native-
activity", __VA_ARGS__))

JNIEXPORT void JNICALL Java_com_hellojni_HelloJNIActivity_callJNIInt
( JNIEnv* env, jobject obj , jint i)
{
    //找到java中的类
    jclass cls = (*env)->FindClass(env, "com/hellojni/HelloJNIActivity");
    //再找类中的方法
    jmethodID mid = (*env)->GetMethodID(env, cls, "oncallbackInt", "(I)V");
    if (mid == NULL)
    {
        LOGI("int error");
        return;
    }
    //打印接收到的数据
    LOGI("from java int: %d",i);
    //回调Java中的方法
    (*env)->CallVoidMethod(env, obj, mid ,i);
}

JNIEXPORT void JNICALL Java_com_hellojni_HelloJNIActivity_callJNIString
( JNIEnv* env, jobject obj , jstring s)
{
    //找到Java中的类
    jclass cls = (*env)->FindClass(env, "com/hellojni/HelloJNIActivity");
    //再找类中的方法
    jmethodID mid = (*env)->GetMethodID(env, cls, "oncallbackStr",
    "(Ljava/lang/String;)V");
    if (mid == NULL)
    {
        LOGI("string error");
        return;
    }
    const char *ch;
    //获取由Java传过来的字符串
    ch = (*env)->GetStringUTFChars(env, s, NULL);
    //打印
    LOGI("from java string: %s",ch);
    (*env)->ReleaseStringUTFChars(env, s, ch);
    //回调Java中的方法
    (*env)->CallVoidMethod(env, obj, mid ,(*env)->NewStringUTF(env,s));
}
```

33.3.2　在 Android Studio 下编写 JNI

在 Android 下不需要编写 Android.mk 文件，只需要创建 JNI 目录，编写 C/C++代码，设置 build.gradle 和 gradle.properties。

1. 添加JNI目录

可以在项目视图上右击打开菜单，选择 New→Folder→JNI Folder 命令来创建一个 JNI 目录，如图 33-8 所示。

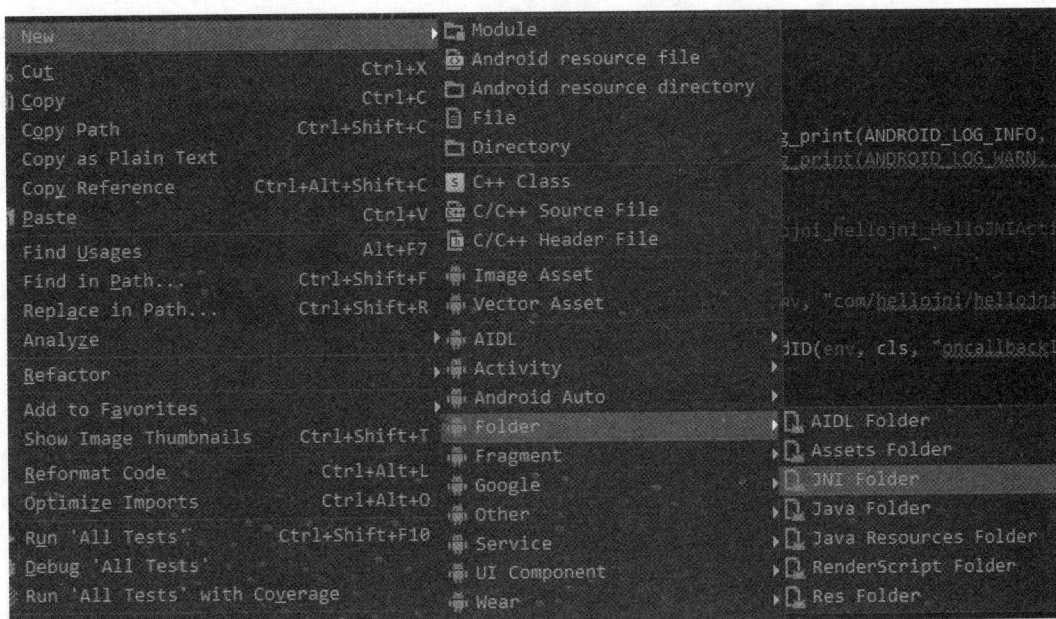

图 33-8　创建 JNI 目录

2. 添加C/C++代码

创建完 JNI 目录之后可以在 JNI 目录下创建一个 hello.c 文件，然后输入下面的代码。需要注意的是该段代码与 Eclipse 下的代码有些区别，如果直接复制 Eclipse 下的代码会报错，其跟 Eclipse 下的 hello.c 文件主要有以下区别。

- 添加了#define NULL 0，因为这里编译表示 NULL 未定义。
- 由于这里的包名和 Eclipse 下不同，多了一个.hellojni，所以函数名和 FindClass() 方法传入的字符串也要对应地添加上 hellojni。
- 去掉了 callJNIString()方法中打印 UTF 字符串的代码，因为运行时报了字符格式的错误。

```c
#include <jni.h>
#include <android/log.h>

#define LOGI(...) ((void)__android_log_print(ANDROID_LOG_INFO, "native-
activity", __VA_ARGS__))
#define LOGW(...) ((void)__android_log_print(ANDROID_LOG_WARN, "native-
activity", __VA_ARGS__))
#define NULL 0

 JNIEXPORT void JNICALL Java_com_hellojni_hellojni_HelloJNIActivity_
 callJNIInt( JNIEnv* env, jobject obj , jint i)
 {
    //找到Java中的类
    jclass cls = (*env)->FindClass(env, "com/hellojni/hellojni/
    HelloJNIActivity");
    //再找类中的方法
    jmethodID mid = (*env)->GetMethodID(env, cls, "oncallbackInt", "(I)V");
    if (mid == NULL)
    {
```

```
        LOGI("int error");
        return;
    }
    //打印接收到的数据
    LOGI("from java int: %d",i);
    //回调 Java 中的方法
    (*env)->CallVoidMethod(env, obj, mid ,i);
}

JNIEXPORT void JNICALL Java_com_hellojni_hellojni_HelloJNIActivity_
callJNIString( JNIEnv* env, jobject obj , jstring s)
{
    //找到 Java 中的类
    jclass cls = (*env)->FindClass(env, "com/hellojni/hellojni/
    HelloJNIActivity");
    //再找类中的方法
    jmethodID mid = (*env)->GetMethodID(env, cls, "oncallbackStr",
    "(Ljava/lang/String;)V");
    if (mid == NULL)
    {
        LOGI("string error");
        return;
    }
    //回调 Java 中的方法
    (*env)->CallVoidMethod(env, obj, mid , s);
}
```

如果先编写 Java 代码，可以使用更便捷的方法来创建上面的 hello.c 文件。在进入命令行使用 javah -jni 包名+类名可以生成一个头文件，将 Java 代码中声明的 native()方法，自动按照指定的格式生成对应的 C/C++方法，然后把头文件中的代码复制到 hello.c 中，就不用去写冗长的函数名了。

3. 设置build.gradle和gradle.properties

接下来需要手动在项目的 app 目录下的 build.gradle 中添加代码，如图 33-9 所示。

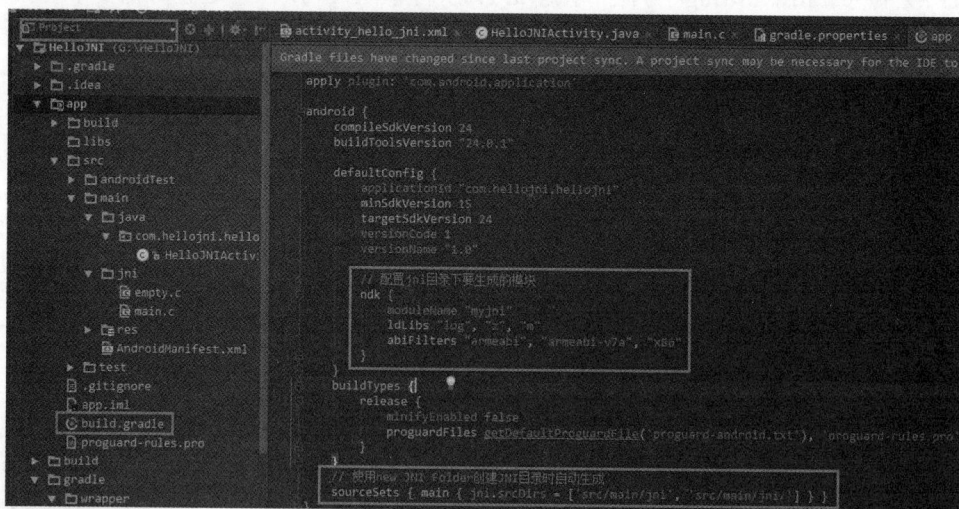

图 33-9　配置 build.gradle

在 android 的 defaultConfig 下添加如下所示的 NDK 配置代码，可以配置要如何编译 JNI

目录下的代码。

```
ndk {
    moduleName "myjni"
    ldLibs "log", "z", "m"
    adbfilters "armeabi", "armeabi-v7a", "x86"
}
```

如果在此时编译，会报如图 33-10 所示的错误，让我们在 gradle.properties 文件中添加一行 android.useDeprecatedNdk=true 选项，此时可以直接单击错误提示中的链接，Android Studio 会自动在 gradle.properties 文件中加上这行代码（真是方便）。

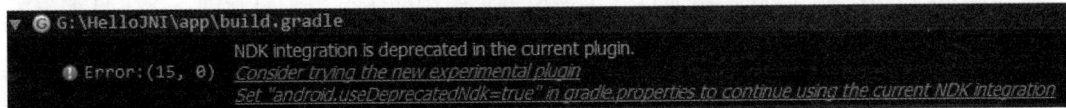

图 33-10　配置 gradle.properties

网上有一种说法是 Android Studio 中假设只有一个 C/C++文件会编译报错，需要添加一个空的 C/C++文件，但笔者使用 Android Studio 2.1.1 时并没有发现该问题。

33.3.3　C++的函数原型

需要注意的是前面函数的声明有一个标准格式：

JNIEXPOR 返回值 JNICALL Java_包名_Java 类名_函数名(JNIEnv* , jobject, 自定义参数...)

例如，前面代码中的 Java_com_hellojni_HelloJNIActivity_callJNIString 方法，包名是 com.hellojni.Hello，类名是 HelloJNIActivity，函数名为 callJNIString，由于 "." 是 C++中的关键字，所以需要使用下画线 "_" 来替换 "."，所以这些 "." 都是通过下画线 "_" 连接的。

函数需要对应到 Java 中的 native 函数，并不是凭空写的，相当于要在 Java 中声明，然后在 C/C++中定义，然后才可以在 Java 中使用。稍后会介绍如何在 Java 中声明。

这里的返回值是 **Native 类型**的，假设返回一个整数，那么 void 对应的修改为 jint 类型，字符串的返回值对应的是 jstring，对应的类型可以参照图 33-11 所示。

图 33-11 所示的是基础类型，如图 33-12 是基础类型对应的数组类型。

JNI and Java Type Conversions

Java Primitive	Native Primitive	Size (in bits)
boolean	jboolean	8*
byte	jbyte	8
char	jchar	16*
short	jshort	16
int	jint	32
long	jlong	64
float	jfloat	32
double	jdouble	64
void	void	N/A
*unsigned		

Native C and Java Arrays

Java Type	Native C Type
boolean[]	jbooleanArray
byte[]	jbyteArray
char[]	jcharArray
short[]	jshortArray
int[]	jintArray
long[]	jlongArray
float[]	jfloatArray
double[]	jdoubleArray
Object[]	jobjectArray

图 33-11　JNI 与 Java 类型对照表　　　图 33-12　JNI 与 Java 数组类型对照表

33.3.4　C++调用 Java

在定义完函数原型之后，我们的 Java 就可以找到对应的 C++函数了，接下来在 C++中应该如何调用 Java 的函数呢？

JNIEnv 的 FindClass 可以找到 Java 中的类，调用 GetMethodID 可以获取里面的方法，CallVoidMethod 可以调用 Java 中的方法，关于 JNI 提供的方法，可以参考 NDK platform 目录下的 include/jni.h。

程序员在查找类的时候，是通过一个类似目录结构的字符串来查找的，这个目录结构**对应 Java 的命名空间，也就是包，最后是类名**。

在查找函数的时候，需要传入两个字符串，第一个字符串用于描述函数的名称，第二个字符串用于描述函数的原型，描述原型的字符串书写规则如下。

(参数列表;) 返回值类型

这里的参数列表和返回值类型可以参照图 33-13 所示，假设是传入一个 int，返回一个 long，那么这串字符串就是(I;)J，而如是传入 String 就有点不一样了，**String 在 Java 中并不是一个基础类型而是一个类，传入类对象，需要用 L 加上包名/类名，String 所在的包是 java.lang 所以 String 就是 Ljava/lang/String**，传入自定义的类也是如此。

Method Signature Encoding

Java Type	Code
boolean	Z
byte	B
char	C
short	S
int	I
long	J
float	F
double	D
void	V
class	Lclassname;

图 33-13　类型签名字符串

找到函数之后，调用 CallVoidMethod()函数传入找到的函数 ID 以及参数，JNI 就会调用对应的 Java 函数了，有一点需要注意的是，在传字符串的时候，Java 传过来以及程序员要传给 Java 的都是 UTF 编码的格式，所以在取出 Java 传入的字符串时，要用 JNIENV 的 GetStringUTFChars 转换一下，将 jstring 转成 char*，但注意用完之后要**调用 ReleaseStringUTFChars()函数释放内存**。

NewStringUTF()函数创建出来的 jstring，是在 Java 虚拟机的堆空间分配的内存，由 Java 虚拟机的内存管理机制管理，在不需要用到这个 jstring 的时候，可以**用 JNIEnv 对象的 DeleteLocalRef()函数来释放**，类似 Cocos2d-x 的 release 操作，这样会减少对象的引用计数。

表 33-1　JNI中的创建和释放函数

创　建	释　放
NewStringUTF()	DeleteLocalRef()
GetStringUTFChars()	ReleaseStringUTFChars()
Get<Type>ArrayElements()	Release<Type>ArrayElements()
GetStringCritical()	ReleaseStringCritical()

参照表 33-1，所有 Get 开头的函数，一般都有对应的 Release 操作，而所有 New 开头的函数，一般都是对应 DeleteLocalRef()函数来进行释放。

本节涉及的内容比较多，对于 C++代码的编写主要涉及两部分的内容，即函数原型如何定义，以及在 C++中调用 Java，对于 C++调用 Java 的部分，后面的内容中还会详细介绍。

33.4　Java 调用 C++

1. 修改Java代码

相比起 C++代码的编写，Java 的调用就简单很多了，我们在 hello.c 中实现了两个原生方法，那么要在 Java 中使用，只需要两个步骤，一是声明这个原生方法，二是加载我们编写的 JNI 模块。

```
private native void callJNIString(String str);
private native void callJNIInt(int i);
```

Hello.c 根据 JNI 的规则，在对应的命名空间类下实现了两个方法，然后直接在 HelloJNIActivity 中声明这两个方法即可，类似使用第三方库的时候 include 一个头文件。

```
static
{
    //加载本地库
    System.loadLibrary("myjni");
}
```

在 HelloJNIActivity 中添加上面的代码，就会在启动的时候加载我们编写的静态库，在 Android.mk 中将模块命名为 myjni，这会生成一个 libmyjni.so 文件，可以直接加载该文件。

当然，代码还需要调整的就是，调用我们的原生方法试试看，把在 onCreate()函数中添加的两行代码修改如下：

```
callJNIInt(13213);
callJNIString("宝爷威武");
```

一切代码都写好之后还需要编译，编译有两种方法，一种是直接进入 cygwin 手动用 ndk-build 来编译在 jni 目录下的代码；另一种是直接在 Eclipse 下配置，但需要 NDK r7 以上的版本，然后直接编译。

2. 在Eclipse下运行

如图 33-14 所示，新建一个 Builder，然后选择 ndk-build.cmd 来编译 HelloJNI 项目，最后单击运行可以看到代码在编译，如图 33-15 所示，如果编译出错的话也可以直接看到。

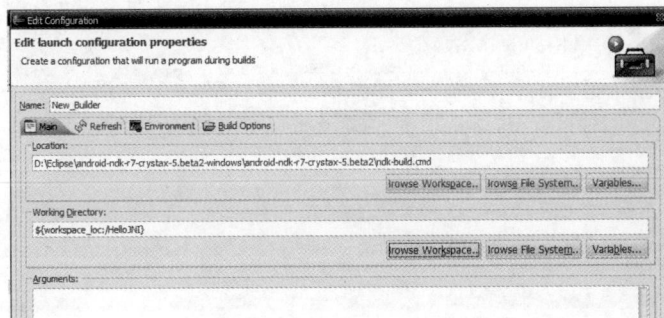

图 33-14　创建 Builder

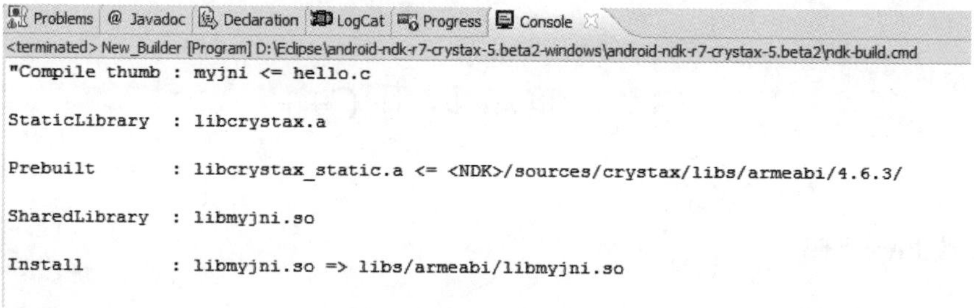

图 33-15　运行结果

可以看到,显示的结果与之前调用的一样,但是这次调用经过了 Java——C++——Java,绕了一大圈。

3. 在Android Studio下运行

在 Android Studio 下运行时,直接单击运行即可,无须设置 Builder,读者可自己操作一下,这里不再详细介绍。

33.5　在 C++程序中使用 Java

前面的例子虽然也有 C++调用 Android 的部分,但并不是一个完整的流程,它是基于 Java 调用 C++传入的环境 JNIEnv 指针,假设在纯粹的 C++环境下,应该如何调用 Java 呢? C++调用 Java 的静态函数和成员函数又有什么区别呢? 如何实例化一个对象? 如何操作这个对象的属性? 本节会完整地介绍这些内容。

这次我们写的不是 Android 程序了,而是用 C++写一个 exe 控制台程序,然后在该程序里调用 Java,前面的例子是从 Android 启动,然后调用 C++,最后 C++回调 Java 的例子,本节的例子是直接启动 exe,调用 Java 编译而成的 class 文件。

首先来编写一个 Java 文件,实现几个简单的函数,一个静态函数,然后传入两个字符串,把它们拼接在一起返回,然后编写一个成员函数,传入两个数字,返回两个数字的和,另外还加上一个 String 类型的属性 name。**注意这里并没有打 Java 包（就是放到类似 com/xxx/ooo 的目录下，然后再 Package com.xxx.ooo）**。

```java
public class Test {
public String name;

    //返回两个字符串相加的静态函数
    public static String strAdd(String str1, String str2) {
        return str1 + str2 + "!";
    }

    //返回两个整数相加的成员函数
    public int intAdd(int int1, int int2) {
        return int1 + int2;
    }
}
```

Java 代码写好了,然后需要将其编译成 class 文件,在 Eclipse 里写完后会自动被编译成 class 文件，并被放在 Java 项目的 bin\classes 目录下。如读者使用 Eclipse 的话，写完后保存，然后把 class 文件复制过来就可以了。也可以直接用命令行编译，将 Java 文件进行编译，如图 33-16 所示。

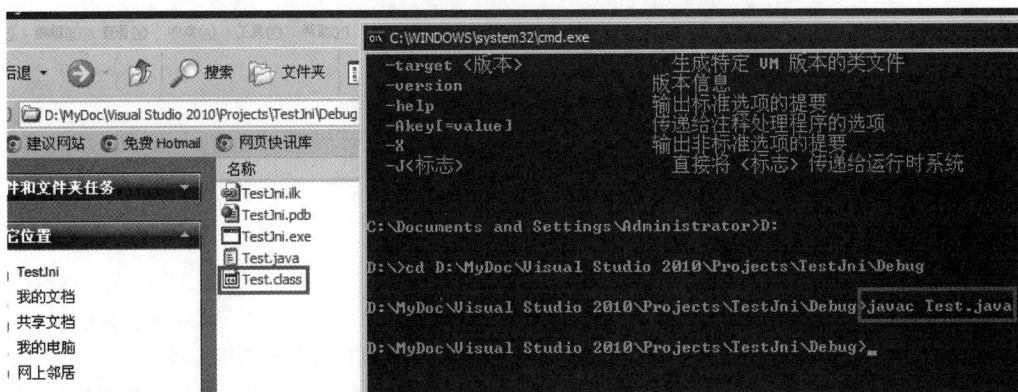

图 33-16　执行 javac 编译

使用 javap 命令可以查看编译的 class 文件，输入 **javap -s -private 类名** 可以显示 class 文件的信息，如图 33-17 所示。

图 33-17　执行 javap 命令

其中，-s 表示显示类的签名，-private 表示显示类的全部方法，下面的信息对于用 C++ 来调用 Java 是很有用的，可以让我们不必去记住麻烦的签名对照表，每个函数的签名，都在该函数后面的 Signature 之后，只要把这段代码复制到程序里面就可以了。下面是 strAdd 方法和 strInt 方法的签名。

```
strAdd:(Ljava/langString;Ljava/lang/String;)Ljava/lang/String;
strInt:(II)I
```

注意：strAdd 中，每个类最后都要有一个 ";" 来标识这个类结束了。

最后将编译出来的 class 文件放到工作目录下，笔者这里的工作目录是 ProjectDir 目录，也就是如图 33-18 所示的一个目录。

编译完 Java 程序后，接下来就要用 C++ 来调用 Java 程序了，使用 C++ 直接调用 Java 需要以下几步。

（1）初始化 Java 虚拟机。

（2）获取 class 对象。

（3）获取方法对象。

（4）调用 Java 方法。

（5）销毁 Java 虚拟机。

图 33-18　TestJni 目录

OK，接下来用 Visual Studio 新建一个 C++控制台项目，命名为 TestJni，然后在项目里面添加一个 main.cpp，注意是 cpp，如果是.c 的话，那么要写的代码会有些不同，原因在后面解释吧。我们需要对项目进行一些简单的设置，以便于能够使用 JNI 并且顺利地编译成功然后运行。

首先是头文件路径的设置，如果这一步没有做，在编译 main.cpp 的时候会编译失败，这里需要设置的路径是 JDK 的路径\include，JDK 的路径/include/win32，如图 33-19 所示。

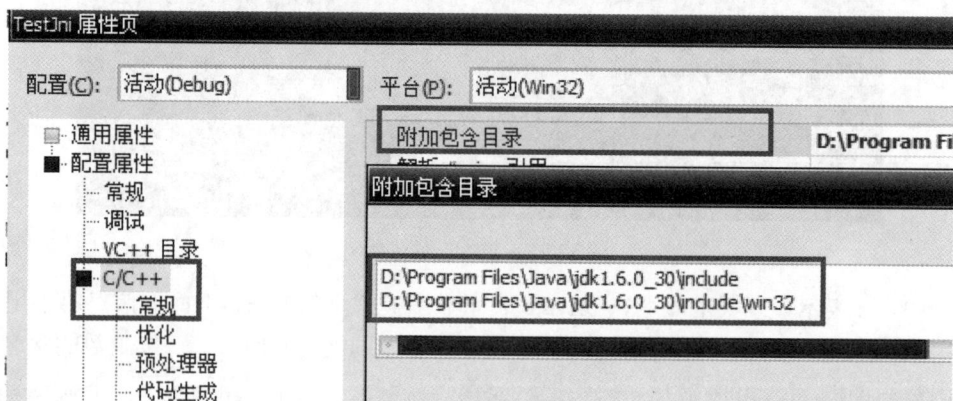

图 33-19　设置包含目录

然后需要设置链接库以及链接库的路径，如果这一步没有做，在编译完代码将所有的代码链接成可执行程序的时候会报错，因为程序使用了 JNI 的东西，所以需要把它链接到程序中，需要设置附加库目录为 JDK 的路径/lib，如图 33-20 所示。

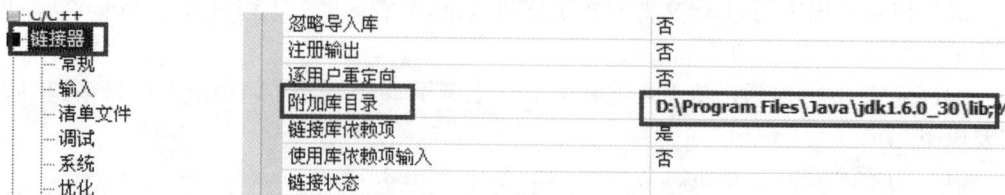

图 33-20　设置附加库目录

接下来是链接库，需要添加 jvm.lib 到附加库依赖项中，如图 33-21 所示。

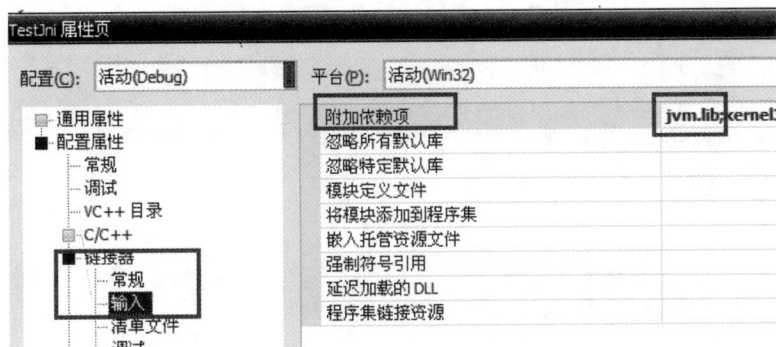

图 33-21　附加依赖项

最后，需要将 JRE Java 运行环境添加到我们的工作路径中，如果这一步没有做，在运行 exe 的时候会提示找不到 jvm.dll，这个 dll 就在 JRE 目录/bin/client 文件夹中，在"调试"页面的"环境"选项后添加 path=你的 jvm.dll 所在的路径即可，如图 33-22 所示。

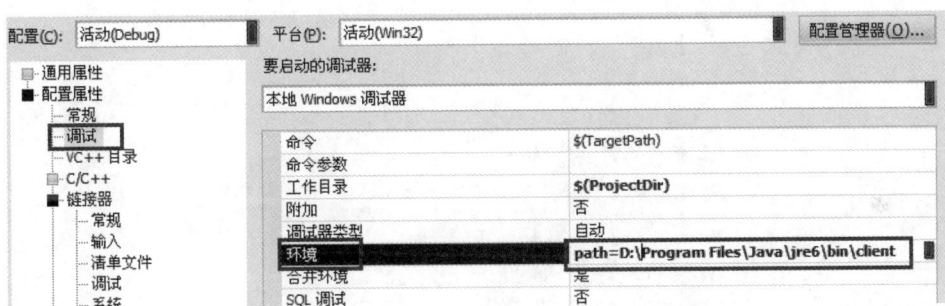

图 33-22　设置环境

设置完项目，接下来可以开始编写代码了，下面的代码可以直接运行，请读者仔细查看这段代码，虽然代码注释已经解释得很清楚了，但还是要特别注意**每个操作调用的函数是不一样的**，特别是静态函数和成员函数。

```cpp
#include <jni.h>
#include <string.h>
#include <stdio.h>

int main(void)
{
    JavaVMOption options[1];
    JNIEnv *env;
    JavaVM *jvm;
    JavaVMInitArgs jvmArgs;

    jclass cls;
    jmethodID mid;
    jfieldID fid;
    jobject obj;

    //设置 class 目录
    options[0].optionString = "-Djava.class.path=.";
    memset(&jvmArgs, 0, sizeof(jvmArgs));
    //JNI 的版本
    jvmArgs.version = JNI_VERSION_1_6;
    //option 数组的大小
```

```
jvmArgs.nOptions = 1;
jvmArgs.options = options;

//启动虚拟机
if (JNI_CreateJavaVM(&jvm, (void**)&env, &jvmArgs) != JNI_ERR)
{
    //先获得 class 对象
    cls = env->FindClass("Test");
    if (cls != 0)
    {
        //获取方法 ID，通过方法名和签名调用静态方法
        mid = env->GetStaticMethodID(cls, "strAdd",

"(Ljava/lang/String;Ljava/lang/String;)Ljava/lang/String;");

        if (mid != 0)
        {
            //调用 strAdd 静态方法，传入两个 BAO，它会返回 BAOBAO！
            const char* name = "BAO";
            jstring jname = env->NewStringUTF(name);
            //这里调用的是 StaticObjectMethod,静态方法
            jstring ret = (jstring)env->CallStaticObjectMethod(
                cls, mid, jname, jname);

            //将函数的返回值转成 char*然后再打印出来
            const char* str = env->GetStringUTFChars(ret, 0);
            printf("strAdd: %s\n", str);

            //释放 GetStringUTFChars 返回的字符串
            env->ReleaseStringUTFChars(ret, str);
            //释放 NewStringUTF()函数创建的字符串
            env->DeleteLocalRef(jname);
        }

        //调用默认构造函数<init>来 new 一个对象
        mid = env->GetMethodID(cls, "<init>", "()V");
        obj = env->NewObject(cls, mid);
        if (obj == 0)
        {
            printf("Error: Create Test failed!\n");
        }

        //调用成员函数 intAdd，它的签名是(II)I，后面没有跟分号哦
        mid = env->GetMethodID(cls, "intAdd", "(II)I");
        if (mid != 0)
        {
            //调用成员函数 intAdd 返回 1 和 9 的和
            //这里调用的是 ObjectMethod
            int sum = (int)env->CallObjectMethod(obj, mid, 1, 9);
            printf("intAdd: %d\n", sum);
        }

        //通过属性名和签名获取属性 ID，然后设置属性值
        //这里获取 Test 对象的 name 变量，它是一个 String 类型的变量
        fid = env->GetFieldID(cls, "name", "Ljava/lang/String;");
        if (fid != 0)
        {
            const char* name = "baoye";
            jstring arg = env->NewStringUTF(name);
```

```
            env->SetObjectField(obj, fid, arg);
            env->DeleteLocalRef(arg);
        }

        //将属性值取出来
        fid = env->GetFieldID(cls, "name", "Ljava/lang/String;");
        if (fid != 0)
        {
            jstring name = (jstring)env->GetObjectField(obj, fid);
            const char* str = env->GetStringUTFChars(name, 0);
            printf("Test.name is %s\n", str);
            env->ReleaseStringUTFChars(name, str);
        }

        if (obj != 0)
        {
            env->DeleteLocalRef(obj);
        }
    }

    //释放 JVM
    jvm->DestroyJavaVM();
}
else
{
    printf("Error: Create JVM Faile!\n");
}

return 0;
}
```

程序的运行结果如图 33-23 所示。

最后来梳理一下这段 C++代码的步骤。

（1）设置好参数。

（2）创建 JVM 虚拟机。

（3）找到了我们的 Test 类。

（4）调用静态函数 strAdd 传入两个 BAO。

（5）创建 Test 对象。

图 33-23　TestJni 运行结果

（6）调用 Test 对象的成员函数 intAdd 传入 1，9。

（7）获取 Test 对象的成员变量 name，设置为 baoye。

到这里还有一个问题没说，就是**这段代码在 C 语言环境下编译运行，编译会出错！**在 C 语言环境下编译会得到一系列的编译错误，**XXX 的左侧必须指向结构/联合**，在所有 JNIEnv 指针和 JavaVM 指针调用成员函数的地方会提示这个错误，这是因为 **C 语言和 C++ 语言对结构体的解析不同导致的，在 C++语言中是类，而在 C 语言中则是纯粹的结构体，**在 C 语言中编译需要将所有 env->xxx(env, ...) 改为 (*env)->xxx(......)。

33.6　在 Cocos2d-x 中实现 Java 和 C++的互调

使用 Cocos2d-x 开发 Android 时，在 Cocos2d-x 里调用 Java 代码的情况可能会更多一些，例如，使用了某些 Android 平台的第三方库，以及 91 平台的 SDK、新浪微博的 SDK 和一些广告平台的 SDK，本节将简单介绍一下如何在 Cocos2d-x 中使用 JNI。

33.6.1　Cocos2d-x 的 JNI 初始化

Cocos2d-x 为程序员准备好了一个 JNI 环境指针，在 Cocos2d-x 中所有对 Java 的调用，都要通过其来执行。首先来看 Cocos2d-x JNI 环境的初始化，这里以官方 tests 示例中的 cpp-empty-test 为例。

首先 Android 程序的入口在 Java 层，并不在 C++ 层，Android 的入口位于 AndroidManifest.xml 文件中，标记为主 Activity 的 Activity 类，这个类一般位于 proj.android（或 proj.android-studio）目录下的 src 目录下。在 src 目录下可以找到一串根据创建项目时的包名生成的目录，例如 org.cocos2dx.cpp_empty_test。这个包名会生成 org\cocos2dx\cpp_empty_test 目录，在这个目录下默认会生成一个 AppActivity.java。入口的 Activity 类就定义在这个 Java 文件中。

Cocos2d-x 的 Activity 一般继承于 Cocos2dxActivity，负责在 Android 环境下初始化 Cocos2d-x，在主 Activity 中一般会调用 System.loadLibrary 来加载程序员用 NDK 编译出来的游戏库。

在 Cocos2d-x 引擎的 cocos\platform\android 目录下的 javaactivity-android.cpp 文件中，程序员可以找到下面这段代码（原本是在项目的 jni 目录下的 main.cpp 中）。

```
JNIEXPORT jint JNI_OnLoad(JavaVM *vm, void *reserved)
{
    JniHelper::setJavaVM(vm);

    cocos_android_app_init(JniHelper::getEnv());

    return JNI_VERSION_1_4;
}
```

当主 Activity 调用 loadLibrary 将游戏库加载进去的时候，就会执行 JNI_OnLoad()回调，在这里通过 JniHelper 的 setJavaVM()函数，将 Android 系统传入的 Java 虚拟机保存起来，方便后面在 Cocos2d-x 中调用 Java 方法。

33.6.2　在 Cocos2d-x 中调用 Java

有了 JNI 环境之后，想在 Cocos2d-x 中调用 Java 就很方便了，下面来看一下如何在 Cocos2d-x 中调用 Java。

Cocos2d-x 将 JNI 环境封装了一层，称之为 JniHelper，位于引擎的 cocos/platform/android/jni 路径下，最关键的函数是 **getJavaVM()**，因为有了它就可以调用 Java 了，此外 JniHelper 的 **callStaticXXXMethod** 系列接口比起直接调用 getJavaVM()要节省不少的代码量，所以可以直接使用，其中的 XXX 为 Java 静态函数返回值的类型，如果返回 int 则 XXX 替换为 Int，没有返回值则 XXX 替换为 Void。关于 callStaticXXXMethod 系列接口的使用，读者可以直接看一下 Cocos2d-x 自己是怎样使用它们的。

例如，在引擎的 cocos\platform\android 目录下的 CCApplication-android.cpp 文件中的 setAnimationInterval()函数。

```
void Application::setAnimationInterval(float interval) {
    JniHelper::callStaticVoidMethod("org/cocos2dx/lib/Cocos2dxRenderer",
    "setAnimationInterval", interval);
}
```

直接调用 JniHelper 的 callStaticVoidMethod 系列接口，传入要调用的类以及类的**静态方法**，并传入参数。非常的方便！

33.6.3　在 Java 中调用 Cocos2d-x

在 Java 中调用 Cocos2d-x，原理也同前面介绍的在 Java 中调用 C++一样。在编写 C++ 代码之前，先要确定要在哪里调用 C++代码，因为函数名需要以调用处的 Java 代码的包名和类名作为前缀，拼写规则为前面所讲的：

> **JNIEXPORT** 返回值 **JNICALL** Java 包名_Java 类名_函数名**(JNIEnv*** , **jobject**, 自定义参数**...)**

这个函数也需要在头文件处声明一下，在函数体内实现我们的逻辑，剩下就是 Java 的任务了，C++部分代码的编写和 33.6.1 节的例子类似，根据需求写函数即可，但要注意函数声明的拼写，Java 部分的代码会更简单一些。

首先**不需要调用 System.LoadLibrary 来加载我们的 so**，我们的代码会被统一编译到游戏的 so 里，如果想编译成另外一个 So 然后加载也是可以的，接下来还是在对应的 Java 代码中声明 native()函数然后调用即可。

33.7　Android.mk 和 Application.mk 详解

在程序员开发 Cocos2d-x 游戏的时候，未必会写一些 Java 代码来与 C++互相调用，但一定会涉及修改 Android.mk，至少程序员需要把新添加的 C++文件添加到要编译的源文件列表中，本节将介绍 Android.mk，如何添加源文件，如何添加第三方库。

33.7.1　认识 Android.mk

Android.mk 是一个用描述你要编译的代码的文件，本质上和普通的 MakeFile 没什么区别，都是告诉编译器如何编译整个工程的源码，要编译哪些文件，编译的顺序，编译的规则，选项等。

Android.mk 中广泛运用到了模块的概念，**一个模块一般表示一个静态库或动态库**，例如，Cocos2dx 引擎本身是一个模块，而它的扩展库 extensions、音乐库 CocosDenshion 也是一个模块。

程序员自身编写的游戏代码也是一个模块，而描述一个模块如何生成以及模块之间的关系，就是 Android.mk 的任务了。一般一个 Android.mk 表示一个模块，但也可以在一个 Android.mk 文件中描述几个模块。

要了解 Android.mk，需要从 Android.mk 的 Hello World 开始，打开你的 Ndk 目录，在 samplcs

目录下找到 hello-jni，在其 jni 目录下可以找到 Android.mk，打开这个文件，内容如下。

```
LOCAL_PATH := $(call my-dir)

include $(CLEAR_VARS)

LOCAL_MODULE    := hello-jni
LOCAL_SRC_FILES := hello-jni.c

include $(BUILD_SHARED_LIBRARY)
```

Android.mk 必须以 **LOCAL_PATH 变量定义开头**，用于定位源文件，$(call xxx) 这个写法会调用 xxx 函数，my-dir 函数会返回当前这个文件本身所在的目录。

include 操作将包含一个 Makefile 文件，CLEAR_VARS 是系统的一个特殊的 Makefile 文件，它会清除许多 LOCAL_XXX 变量，因为这些是全局变量在上一个 Makefile 中的赋值，可能会导致这里的编译出现意外的结果。

LOCAL_MODULE 用于标识当前编译的模块，这个模块名必须是唯一的，并且不能包含任何空格，模块生成的库会被自动添加上 lib 前缀和 so 后缀。

LOCAL_SRC_FILES 变量包含一个 C 或 C++源文件的列表，它们会被加入编译。

在文件的最后包含了一个 BUILD_SHARED_LIBRARY 的 Makefile，它会将这个模块生成一个动态库。

33.7.2　用 Android.mk 添加源文件以及指定头文件目录

当程序员要开始编写 Android.mk 的时候，有经验的可能会先找到 TestCpp 里的 Android.mk 文件，看它是怎么写的，然后参考着写一个，接下来会找到一个超长的 Android.mk 文件，里面密密麻麻地写了 TestCpp 中所有参与编译的源文件，而我们的游戏至少也有几十个源文件，而一个一个地写进去是否太麻烦呢？

程序员希望指定一个目录，然后该目录下的所有源文件都参与编译，那么如何让 Android.mk 自动搜索某个目录下的所有源文件，而不用程序员自己手动把目录下的源文件逐个添加到 LOCAL_SRC_FILES 中。

```
FILE_LIST := $(wildcard $(LOCAL_PATH)/../../Classes/*.cpp)
LOCAL_SRC_FILES += $(FILE_LIST:$(LOCAL_PATH)/%=%)
```

上面的代码用基于 Androd.mk 所在路径的相对路径指定了 Classes 文件夹下所有的 cpp 文件，可以多次使用这两行代码来指定多个路径。

33.7.3　在 Android.mk 中引用其他模块（第三方库）

在 Android.mk 中可以很轻松地引用其他模块，例如，引用 Cocos2d-x 模块、XML 模块，其实这里的模块与在 Visual Studio 中的引用外部 lib 库是一个概念，只是这里引用的模块都是使用 NDK 生成的模块。

1. 引用外部模块的步骤

引用一个外部模块需要以下几步。

（1）首先需要可以找到这个模块，通过 NDK_MODULE_PATH 或 import-add-path 方法可以设置模块的搜索路径。

第一种方式是在你的 NDK_MODULE_PATH 中添加要导入的 Android.mk 所在的路径。NDK_MODULE_PATH 的路径不可以包含空格，使用分号";"为分隔符，多个路径会顺序搜索。

第二种方式为在 Android.mk 调用 import-add-path 方法，在 Android.mk 中动态设置搜索路径，笔者个人比较推荐使用这种方法，调用的代码如下。

```
$(call import-add-path,$(LOCAL_PATH)/../../../cocos2d)
$(call import-add-path,$(LOCAL_PATH)/../../../cocos2d/external)
$(call import-add-path,$(LOCAL_PATH)/../../../cocos2d/cocos)
```

（2）在程序员自己的 Android.mk 的结尾处添加引用模块的指令，module-path 是要引用的模块所在的路径，例如 Cocos2d-x：

```
$(call import-module, module-path)
```

（3）在 Android.mk 中将其添加到本地包含的静态库或者动态库中。

```
LOCAL_STATIC_LIBRARIES += module-name    （本模块依赖于静态库 module-name）
LOCAL_SHARED_LIBRARIES += module-name    （本模块依赖于动态库 module-name）
```

2. 添加自定义的模块示例

例如，现在写一个动态库，然后在程序的 Android.mk 中导入该库。首先创建一个目录叫作 MyModule，在目录下添加一个 Add.cpp 文件，在上面写上一个简单的函数。

```
int Add(int a, int b)
{
return a + b;
}
```

再添加一个 Add.h 文件，声明该函数。

```
int Add(int a, int b);
```

最后在该目录下添加一个 Android.mk 文件。

```
LOCAL_PATH := $(call my-dir)
include $(CLEAR_VARS)
LOCAL_MODULE := MyAdd
LOCAL_SRC_FILES := Add.cpp
LOCAL_EXPORT_C_INCLUDES := $(LOCAL_PATH)
include $(BUILD_SHARED_LIBRARY)
```

确定 MyModule 所在的路径在 NDK_MODULE_PATH 中，例如，我们的 MyModule 的绝对路径为 F:\MyGame\TestNdk\MyModule，那么 NDK_MODULE_PATH 需要包含 F:\MyGame\TestNdk 这个路径，然后在自己的 Android.mk 中这样引入 MyAdd 模块：

```
LOCAL_PATH := $(call my-dir)
include $(CLEAR_VARS)
LOCAL_MODULE := chipmunk_static
LOCAL_MODULE_FILENAME := libchipmunk
//这里省略加入源文件，以及头文件路径的指定
LOCAL_SRC_FILES := ......
```

```
LOCAL_EXPORT_C_INCLUDES := $(LOCAL_PATH)/include/......
LOCAL_C_INCLUDES := $(LOCAL_PATH)/include/......
//在编译之前，指定你的模块依赖于 MyAdd 模块
LOCAL_SHARED_LIBRARIES += MyAdd
//编译成 so
include $(BUILD_SHARED_LIBRARY)
//最后写入 import 命令，这里是 MyModule，是 Android.mk 基于 NDK_MODULE_PATH 的相对
路径，我们的模块名字不叫 MyModule，叫 MyAdd，但是 MyModule 路径下的 Android.mk 描述
了这个模块
$(call import-module, MyModule)
```

33.7.4　Android.mk 的一些变量和函数

常用系统脚本如下。

❑ CLEAR_VARS：一个能够清除大部分的 LOCAL_XXX 变量的脚本，必须在一个新模块开始之前包含这个脚本。

❑ BUILD_SHARED_LIBRARY：一个能够将模块编译成动态链接库的脚本，必须先定义 LOCAL_MODULE 和 LOCAL_SRC_FILES 变量。

❑ BUILD_STATIC_LIBRARY：一个能够将模块编译成静态链接库的脚本，其他同上。

常用函数如下。

❑ my-dir()函数：返回最近包含的 Makefile 的路径，一般是当前 Android.mk 的目录。

❑ all-subdir-makefiles()函数：返回 my-dir 目录下所有的 Android.mk 列表，递归搜索所有子目录。

❑ this-makefile()函数：返回当前 makefile 的路径。

❑ import-module() 函 数 ：根 据 名 称 导 入 另 一 个 模 块 的 Android.mk，在 NDK_MODULE_PATH 的目录中搜索。

常用系统变量如下。

❑ LOCAL_PATH：当前文件的路径，需要在模块开头的地方定义。

❑ LOCAL_MODULE：当前模块的名字，必须是唯一且不包含任何空格。

❑ LOCAL_SRC_FILES：组成模块的源文件列表。

❑ LOCAL_C_INCLUDES：头文件 include 的搜索路径。

❑ LOCAL_CFLAGS：编译器参数的选项。

❑ LOCAL_STATIC_LIBRARIES：需要被链接进该模块的静态库模块的列表。

❑ LOCAL_SHARED_LIBRARIES：该模块在运行时依赖的动态模块列表。

33.7.5　关于 Application.mk

Application.mk 用于向 NDK 描述你的应用程序，一个应用程序是由若干个模块组成的，在 Application.mk 中可以设置以下变量。

❑ APP_PROJECT_PATH：应用程序的路径，把 Application.mk 放到项目的 jni 目录下，可以不设置这个变量。

❑ APP_MODULES：选择要构建的 Android.mk，假设不填这个，NDK 只构建当前目

录下的 **Android.mk**，以及 Android.mk 中引用到的模块，多个模块之间需要用空格区分开，NDK 会自动查找它们的依赖项。

❑ APP_OPTIM：可以定义为 release 或 debug，debug 模式会更易于调试，默认是 release 模式。

❑ APP_CFLAGS：可以设置程序中所有 Android.mk 编译的选项，如-G、-I、-L 等选项，这个设置将被应用于所有的 Android.mk。

❑ APP_CPPFLAGS：该选项和 APP_CFLAGS 相似，但其只对参与编译的 cpp 文件有效。

❑ APP_ABI：为了支持基于 ARMv7 的设备的软浮点单元指令，会设置为 armeabi-v7a，为了同时支持 ARMv5TE 和 ARMv7，可以将 APP_ABI 设置为 armeabi armeabi-v7a。

❑ APP_PLATFORM：用于描述需要编译的平台，这里需要根据下载的 ADK 来填写，如果这里填写错误的话，有可能导致 Cocos2d-x 的 Android 项目报错。打开 NDK 目录，在 platforms 目录下，就是可以填写的所有平台，如 Android-9，每个 Android 平台都会对应一个 ADK 版本，这两个需要正确地对应。

❑ APP_STL：用于指定如何使用标准 C++的库，system 表示使用 Android 系统默认的 C++运行时库，stlport_shared 表示使用 NDK 提供的动态 STLPort 库，stlport_static 表示使用 NDK 提供的静态 STLPort 库。

33.8　ABI 详解

ABI 是 Application Binary Interface 的缩写，意为应用程序二进制接口，它定义了二进制文件如何运行在相应的平台上，执行何种指令集。这是一个很关键但却很容易被忽视的知识点，在 Android 开发中会碰到很多种 ABI，不同 CPU 架构的设备需要对应不同的 ABI。

ABI 与我们编译的 so 文件息息相关，使用不同的 ABI 会编译出不同的 so 文件，如果希望在指定的设备上使用我们的 so，就必须提供使用该设备支持的 ABI 编译出来的 so。

33.8.1　常见的 ABI

接下来了解一下常见的 ABI。常见的 ABI 主要有 armeabi、armeabi-v7a、armeabi-v8a、mips、mips_64、x86、x86_64 等，http://www.eepw.com.cn/article/268232.htm 中的文章对比了 ARM、X86 和 MIPS 这 3 种主流芯片的架构。

在 Android 开发中使用最多的是 ARM，下面简单介绍一下 ARM 平台上的几种 ABI。

❑ armeabi：通用性最好，支持所有 ARM 设备，支持软浮点运算（不支持硬浮点运算）。

❑ armeabi-v7a：支持 ARMv7 设备、硬件浮点运算以及 FPU 指令。

❑ armeabi-v8a：armeabi-v7a 的升级版，同时支持 64 位和 32 位程序。

33.8.2　如何选择 ABI

当我们要支持一种 ABI，就需要将这种 ABI 对应的 so 放到程序安装包中对应的目录下，当程序运行时，会按照最适合当前设备的 ABI 去对应的目录下查找，例如，程序可能先去查找 armeabi-v7a 目录，找不到再去查找 armeabi 目录，都找不到就报错（注意这里找的是目录）。如果我们的程序支持所有的 ABI，那么不论在什么设备上，都可以获得最佳的性能，但这也意味着需要将所有 ABI 对应的 so 打包到程序安装包中，大大增加了安装包的体积。

那么这么多的 ABI，应该如何选择呢，armeabi 是最通用的 ABI，兼容所有的 Android 手机，但性能略差一些。armeabi-v7a 比 armeabi 有显著的性能提升，而且目前支持 armeabi-v7a 的设备是最多的，如果程序同时要求性能和兼容性，那么至少在 APK 中同时支持 armeabi 和 armeabi-v7a。

如果程序对性能要求不高，那么只使用 armeabi 即可，如果希望同时兼顾安装包的体积以及程序运行的性能，那么可以为不同的设备提供多个安装包。如果我们的项目是 SDK 项目，那么应该提供支持全平台 ABI 的 so。

33.8.3　如何生成对应 ABI 的 so

当程序员决定要支持某一种 ABI 时，在生成 so 的时候，就需要做相应的配置，可以在 Application.mk 文件中设置 APP_ABI 变量来添加想要支持的 ABI。

```
APP_ABI:= "armeabi", "armeabi-v7a", "x86"
```

如果是在 Android Studio 下，可以通过修改 app 目录下的 build.gradle，在 android→defaultConfig→ndk 下的 adbfilters 添加对应的 ABI。

```
ndk {
    moduleName "myjni"
    ldLibs "log", "z", "m"
    adbfilters "armeabi", "armeabi-v7a", "x86"
}
```

在配置完成之后，编译 so 时会依次编译多个版本的 so，并生成到 APK 中对应的 ABI 目录下。如果使用了第三方的 so，这里有一点需要注意的地方，假设应用程序支持了 armeabi 和 armeabi-v7a 两种 ABI，那么应该同时引入第三方 so 的 armeabi 和 armeabi-v7a 版本，因为**不同 ABI 的 so 是不能混合使用的！**

因为程序运行时，是先确定 libs 目录下要使用哪一个 ABI 目录，然后其他 ABI 目录就被忽视了，假设没有将第三方 so 的 armeabi-v7a 版本放进去，那么在运行时就会找不到对应的这个 so，从而崩溃。所以**要么所有用到的 so 都必须支持某个 ABI，否则就不要支持这个 ABI**！另外在编译 so 时，应该尽量选择更低一些的 ADK 版本，以获得更好的兼容性。

33.9　调试 JNI 代码

Android Studio 的一个强大功能就是可以调试 JNI 代码，虽然调试起来并不是很方便，但可以断点调试已经很不错了，虽然据说 Eclipse 也可以使用 GDB 调试 JNI 代码，但之前笔者花了不少时间进行各种尝试都没能成功，出现的各种问题太多了，因此把调试环境搭好 BUG 早就解决了。

33.9.1　Android Studio JNI 调试环境搭建

Android Studio 的调试功能使用起来就很方便（相对于 Eclipse），如果是首次调试，需要下载 LLDB 插件，可以直接在 Android Studio 的 SDK Tools 下载（File 菜单→Settings →Appearance&Behavior→System Settings→Android SDK→LLDB 2.1），如图 33-24 所示。

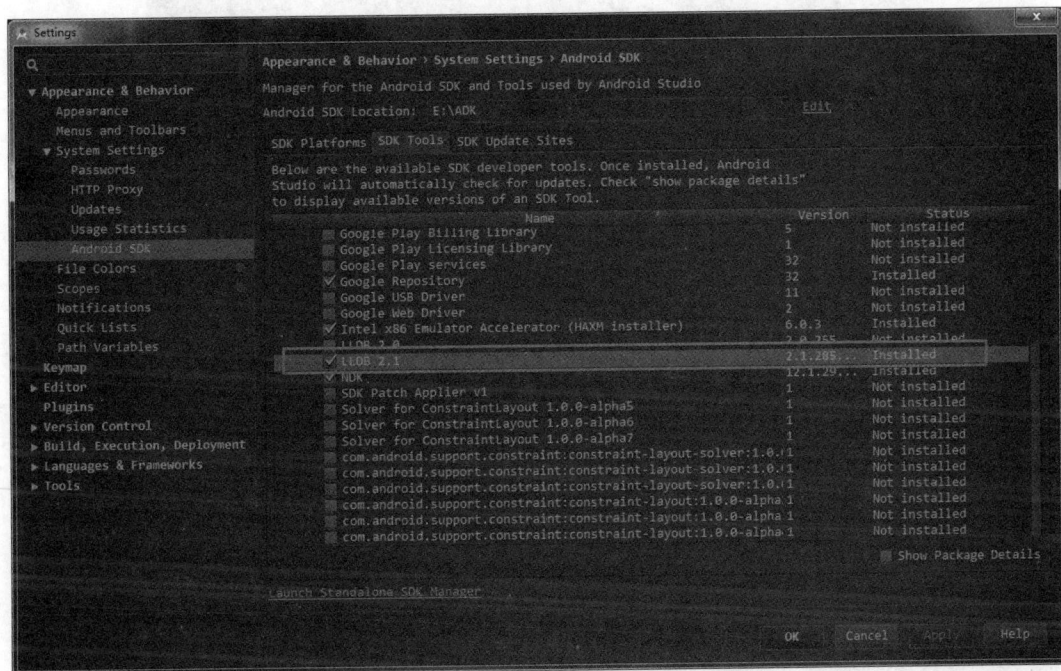

图 33-24　在 SDK Tools 中下载 LLDB

安装完 LLDB 之后，断点调试只需要 3 步即可。

1. 切换为Android Native模式

只要在项目的 **build.gradle** 中的 **android——defaultConfig** 下添加正确的 **NDK 构建选项**，Android Studio 就会自动在项目的运行配置中添加 app-native 模式以供选择，默认是 app 模式，将调试模式切换为 app-native，如图 33-25 所示。

读者如果还没有安装 LLDB，那么单击调试时会出现如图 33-26 所示的界面，提示 C++ debugger package is missing or incompatible，意为 C++调试工具出错或找不到，单击右边的 Fix 按钮可以自动下载 LLDB 进行修复。

2. 激活Jni Debuggable

接下来还需要为当前项目开启 Jni Debuggable 选项，如果没有开启，会看到如图 33-27 所示的报错：Build type isn't JNI debuggable。

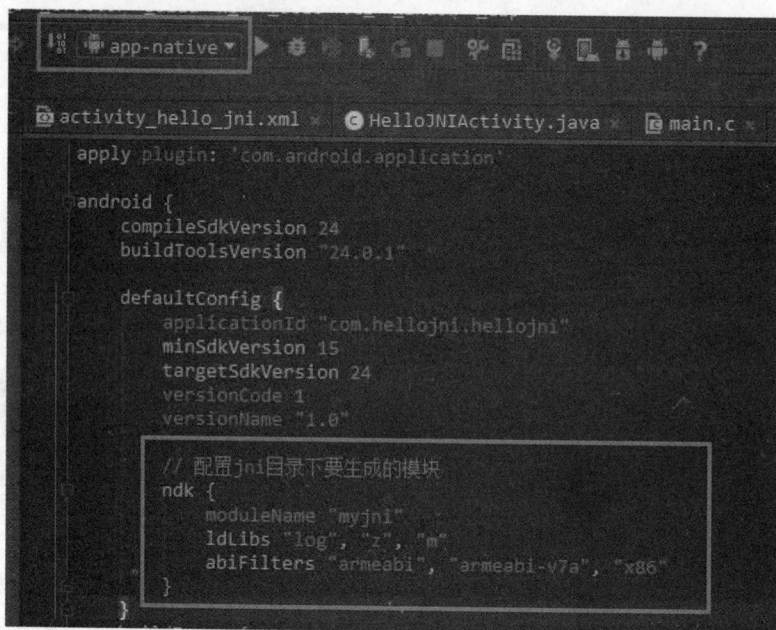

图 33-25　切换为 Android Native 模式

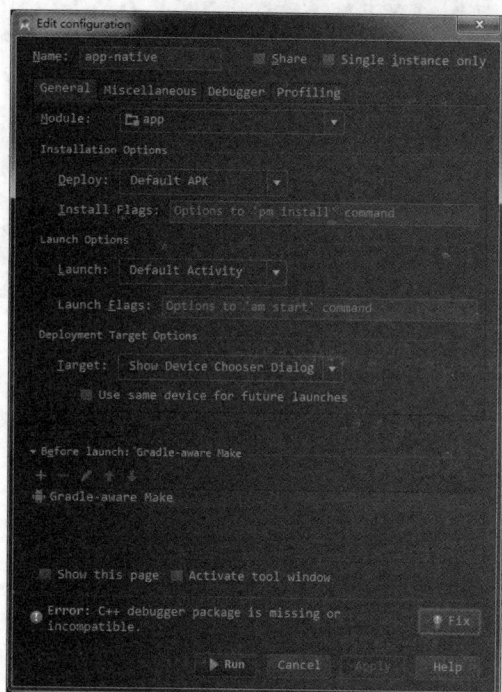

图 33-26　LLDB 丢失错误

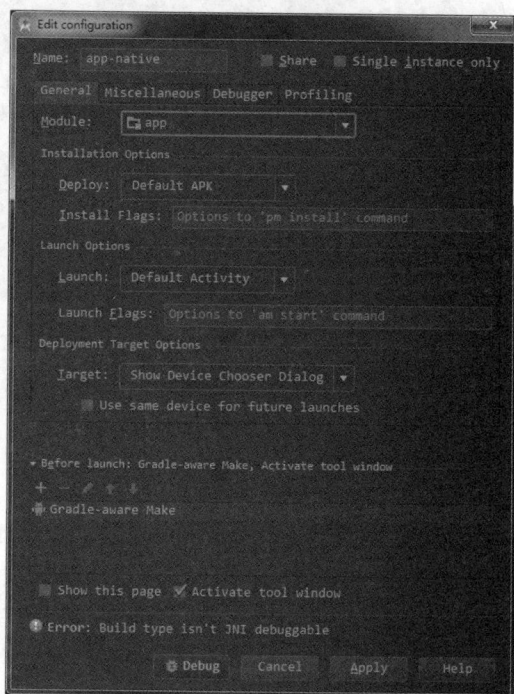

图 33-27　Build type isn't JNI debuggable 报错

　　此时可以手动在项目的 build.gradle 中的 android → buildTypes → debug 下，将
jniDebuggable 设置为 true，也可以在 File 菜单中选择 Project Structure，在弹出的对话框中
选择 Build Types 选项卡，将 debuge 模式下的 Jni Debuggable 下拉列表选项框切换为 true，
如图 33-28 所示。

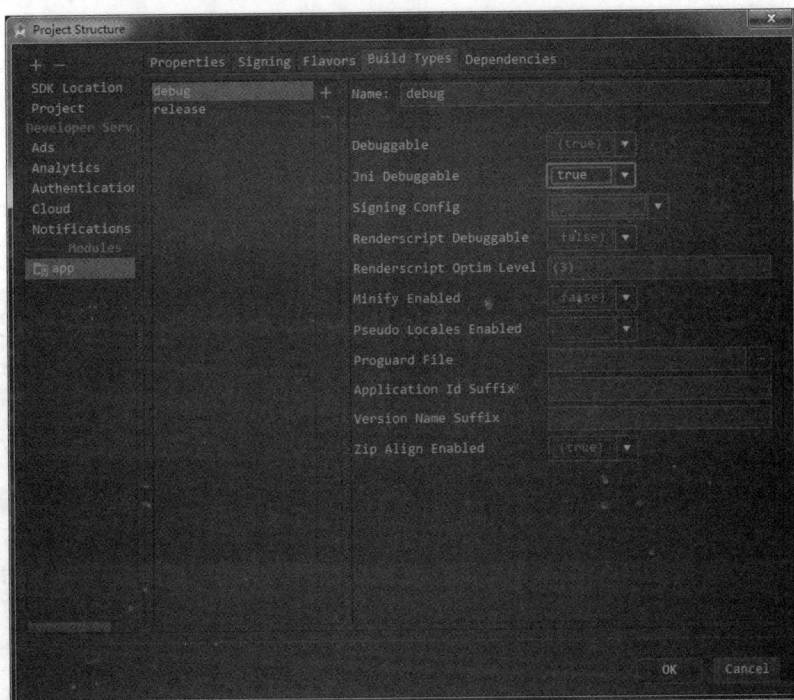

图 33-28 设置 Jni Debuggable

3. 启动调试

接下来就可以在 C/C++文件中打断点了，如果直接单击运行项目的运行按钮，是不会命中断点的，还需要单击运行按钮旁边的调试按钮来启动调试，如图 33-29 所示。

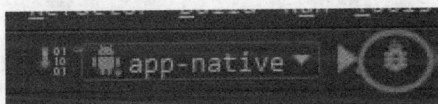

图 33-29 单击调试按钮

单击完调试按钮之后，手机会进入 Waiting For Debugger 状态，Android Studio 的 Console 界面会输出启动调试的相关信息，如图 33-30 所示。稍等片刻就会发现程序停在了我们设置的断点处。

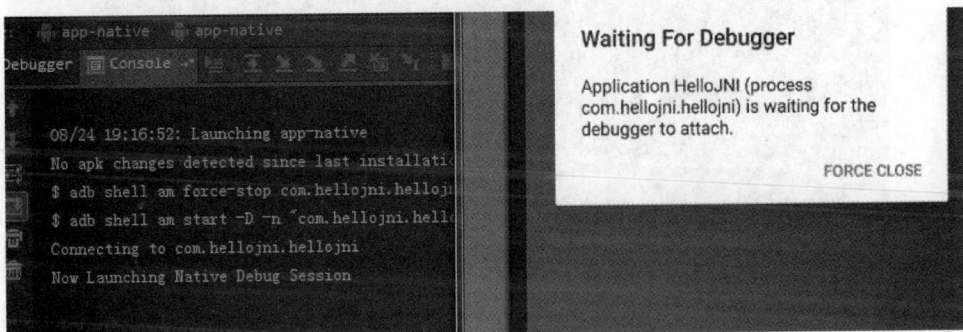

图 33-30 等待调试

33.9.2　Android Studio 的断点调试

知道了如何断点之后，下面来了解一下如何在 Android Studio 中进行调试，如图 33-31 所示。首先下方的 Debugger 窗口中有 Frames 子窗口，可以用于切换堆栈。Variables 窗口可用于查看变量，LLDB 窗口可以执行 LLDB 调试指令（GDB 的升级版）。

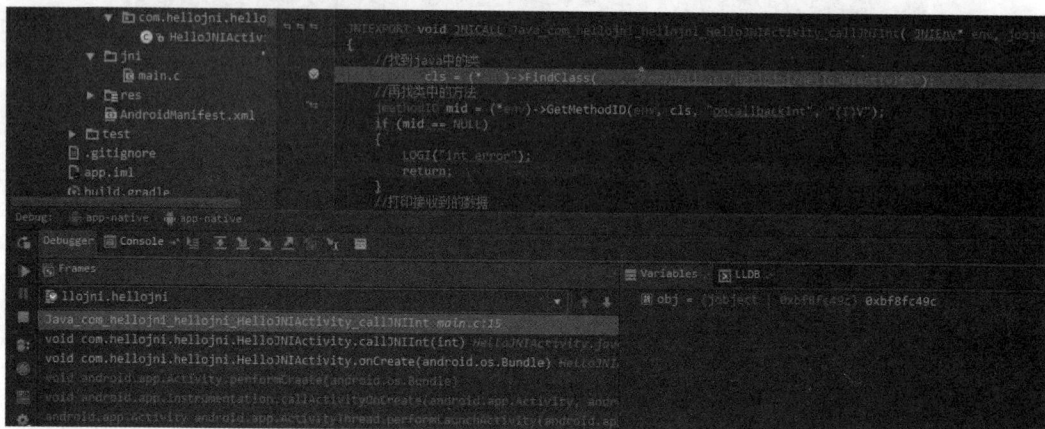

图 33-31　调试窗口

在调试窗口上的右键菜单中提供了一些便捷的调试操作，例如 Evaluate Expression 执行表达式，可以在打开的 Evaluate Expression 对话框中输入一些表达式，如在这里输入变量 i，按 Enter 键后会输出表达式执行后的结果，这里会打印出 i 的值，如图 33-32 所示。

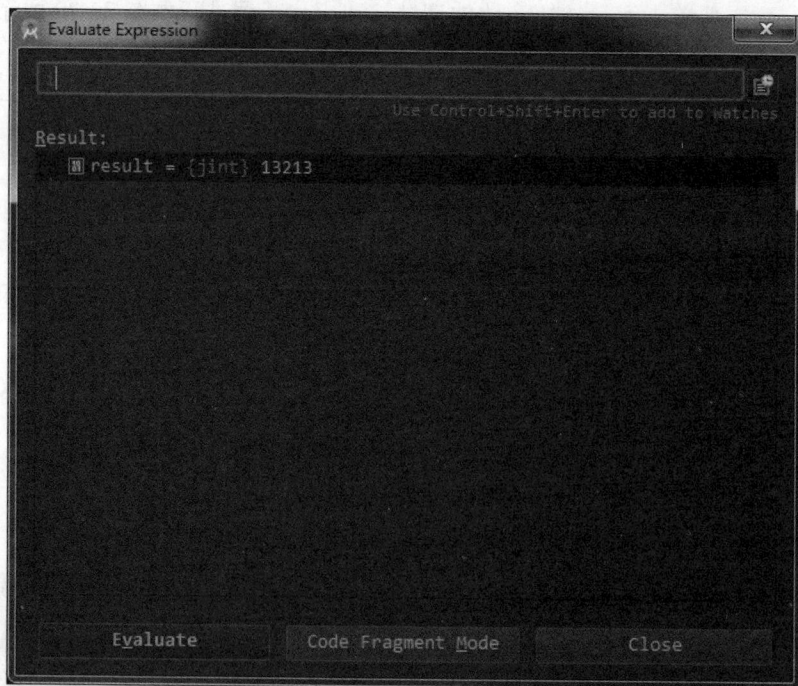

图 33-32　Evaluate Expression 对话框

另外还有一个 Watches 窗口，可以用于添加监视变量，可以在 Watches 窗口中添加当前的临时变量 i，如图 33-33 所示。

图 33-33　Watches 窗口

最后简单介绍一些常用的 Android Studio 的调试快捷键。

❑ F7：Step Into　单步执行（进入函数）。

❑ F8：Step Over 单步执行（不进入函数）。

❑ Shift + F8：Step Out 跳出（执行完当前函数）。

❑ F9：Resume Program 继续执行（直到下一个断点）。

第 34 章　iOS 环境搭建与真机调试

相对于 Android 环境的搭建，iOS 的环境搭建就非常简单了，而且调试问题非常方便，如果需要发布 iOS 和 Android 版本，那么建议先在 iOS 下将程序调试好，这样 Android 版本的发布会顺利很多。本章主要介绍以下内容：

❑ iOS 环境搭建。

❑ iOS 证书。

❑ iOS 真机调试。

❑ 打包 IPA。

34.1　iOS 环境搭建

程序员只能在 Mac 电脑上开发 iOS 程序，只需要下载 Xcode 开发工具，即可运行 Cocos2d-x 的 iOS 示例程序。这里笔者使用的 Xcode 是 7.3.1 的版本，要求 OSX 操作系统的版本至少是 10.10.5 以上。

34.1.1　环境搭建

安装完 Xcode 之后，可以下载最新版本的 Cocos2d-x，解压后进入其 build 目录，打开 cocos2d_test.xcodeproj，切换到 cpp-empty-test iOS，并在最右侧的列表中选择模拟器，然后单击工具栏中的"运行"按钮，可以运行 Cocos2d-x 自带的示例项目，如图 34-1 所示。项目编译完之后就会启动模拟器，在模拟器中运行程序。

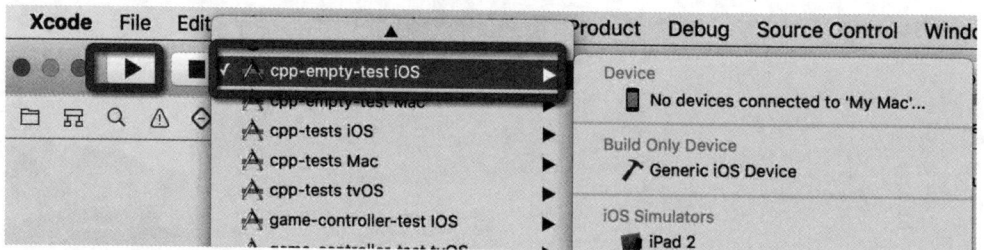

图 34-1　运行 cpp-empty-test iOS

在项目运行时，可以在代码中打断点调试，也可以使用 Profile 工具进行性能诊断，在第 8 章中有详细介绍。

如果要创建新的项目，可以使用 cocos 命令行工具进行创建，步骤和其他平台的项目一样，首次创建项目需要执行引擎目录下的 setup.py 脚本进行初始化，如图 34-2 所示。由于 Mac 默认安装了 Python，所以可以直接运行 setup.py。

```
prodeMacBook-Pro:cocos2d-x-3.12 wyb$ ./setup.py

Setting up cocos2d-x...
->Check environment variable COCOS_CONSOLE_ROOT
  ->Search for environment variable COCOS_CONSOLE_ROOT...
    ->COCOS_CONSOLE_ROOT not found

  -> Add COCOS_CONSOLE_ROOT environment variable...
    ->Added COCOS_CONSOLE_ROOT=/Users/wyb/Desktop/work/cocos2d-x-3.12/tools/cocos2d-console/bin

->Check environment variable COCOS_X_ROOT
  ->Search for environment variable COCOS_X_ROOT...
    ->COCOS_X_ROOT not found

  -> Add COCOS_X_ROOT environment variable...
    ->Added COCOS_X_ROOT=/Users/wyb/Desktop/work

->Check environment variable COCOS_TEMPLATES_ROOT
  ->Search for environment variable COCOS_TEMPLATES_ROOT...
    ->COCOS_TEMPLATES_ROOT not found

  -> Add COCOS_TEMPLATES_ROOT environment variable...
    ->Added COCOS_TEMPLATES_ROOT=/Users/wyb/Desktop/work/cocos2d-x-3.12/templates

->Configuration for Android platform only, you can also skip and manually edit "/Users/wyb/.bash_profile"
```

图 34-2　执行 setup.py

如果需要开发 Android 版本，可以配置 Android 平台相关工具（NDK、ADK、ANT）的路径，不需要则可以直接跳过，完成配置之后，需要执行 source /Users/wyb/.bash_profile 命令使其生效。注意将命令中的 wyb 切换为当前登录的 Mac 用户名。

初始化完成后即可使用 cocos new 命令来创建项目。

34.1.2　Windows 移植 iOS

有些时候是在 Windows 上进行开发，然后在 Mac 上打包 iOS 版本，这种情况下需要将在 Windows 下添加的源码添加到 Xcode 项目中，并设置对应的搜索路径使其编译通过。另外还需要注意资源名字大小写的问题，在 Mac 上是区分大小写的。

1. 添加源码

在 Xcode 的项目视图右键选择 Add Files to XXXX 菜单项，会弹出如图 34-3 所示的界面，可以选择添加一个文件夹到 Xcode 中。

Xcode 有两种文件夹的类型，初学者很容易混淆，分别是 groups 和 folder references 这两种类型。

groups 是组类型，在 Xcode 中是一种逻辑目录结构，对应文件夹颜色是黄色，调整 groups 文件夹并不会影响到磁盘对应的目录结构，**组类型的特点是，目录下的源码会参与编译，但如果目录下添加了新的源码，需要手动添加到 groups 文件夹中。**

folder references 是引用类型，会实时对应磁盘中的目录结构，对应文件夹颜色是蓝色的。需要注意的是引用类型目录下的源码无法参与编译，所以**如果将源码目录以引用方式添加到项目中，链接的时候会报错**，因为源码没有被编译，一般使用引用类型的目录来存放资源。

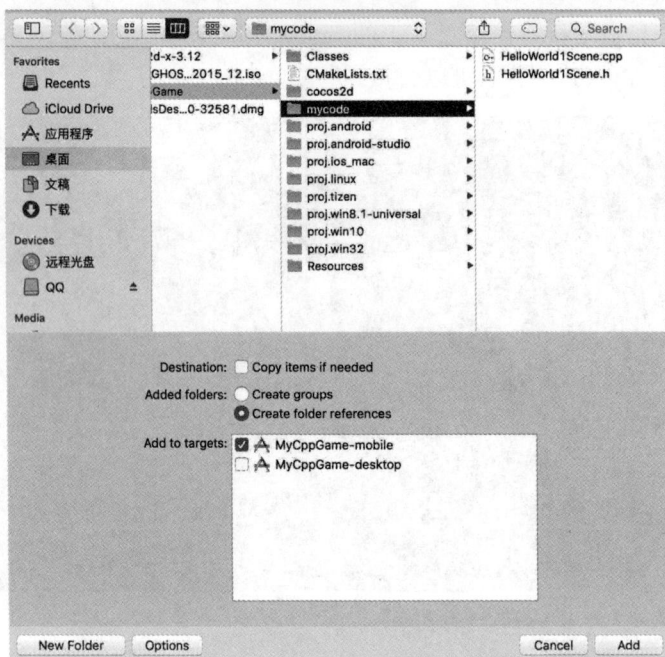

图 34-3　添加文件

2. 添加头文件搜索路径

添加完源码之后，还需要指定头文件的搜索路径，在项目的 Build Settings 中找到 Search paths 下的 User Header Search Paths，可以在这里添加搜索路径，如图 34-4 所示。

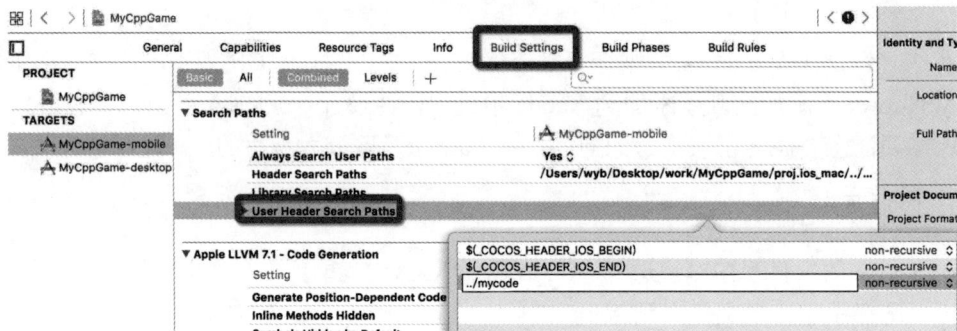

图 34-4　添加头文件搜索路径

例如 Classes 目录，可以在这里添加..\Classes 相对路径进行搜索，如果目录下嵌套了多个子目录，在添加搜索路径时，可以选择目录右侧的 recursive 进行递归搜索，默认是 non-recursive。

34.2　iOS 证书

在使用证书进行调试或者打包 IPA 之前，需要先了解一下 iOS 开发者的证书，关于证书、公钥私钥、签名等基础概念，这些看上去复杂的东西都是为了安全，在本书的第 2 章中有详细的介绍，读者在阅读接下来的内容之前可以回顾一下，但第 2 章中更多的是一些理论的介绍，而在本节要介绍的更多是在 Mac 下的实际操作。

34.2.1　Mac 的证书

在 Mac 中，我们的证书都是由"钥匙串访问"这个工具进行管理（可以在 Lanuchpad →其他→钥匙串访问找到它），在钥匙串访问中的"我的证书"栏下可以查看到所有的证书，如图 34-5 所示。打开证书可以看到证书对应的私钥，必须要有私钥才能使用证书对代码进行签名，在证书名后面的（S7B7DNP4B5）是证书的 ID，每个证书都有一个有效期，所以当前的系统时间需要被正确设置！

图 34-5　证书

使用证书对应用进行签名，相当于为应用程序打上一个防伪标签，因为 iOS 中使用 APP ID 来区分应用，那么如果程序员开发一个程序套上某知名应用的 APP ID，不就可以鱼目混珠了吗？考虑到 APP ID 可以冒充，所以需要使用证书对应用进行签名，iOS 使用证书+APP ID 来验证一个程序。

34.2.2　注册开发者

首先需要是注册的开发者，个人开发者每年需要为此缴纳 99 美元的费用，企业账号每年是 299 美元，注册开发者的步骤比较烦琐，需要可以支付美金的 VISA 信用卡，网上有很多教程，读者可以参考以下两个网址。

❑ http://www.jianshu.com/p/fb6d4dc45da4；
❑ http://jingyan.baidu.com/article/0b63dbfe0affc4a483070d3.html。
另外，在淘宝网上也可以找到代理注册 iOS 开发者账号的商家。

34.2.3　如何获得证书

有了开发者账号之后，可以在 Apple 的开发者中心 https://developer.apple.com/account/ 获取证书，登录开发者账号，在开发者中心左侧选择 Certifactes, IDs & Profiles 选项进入证书下载界面，如图 34-6 所示。

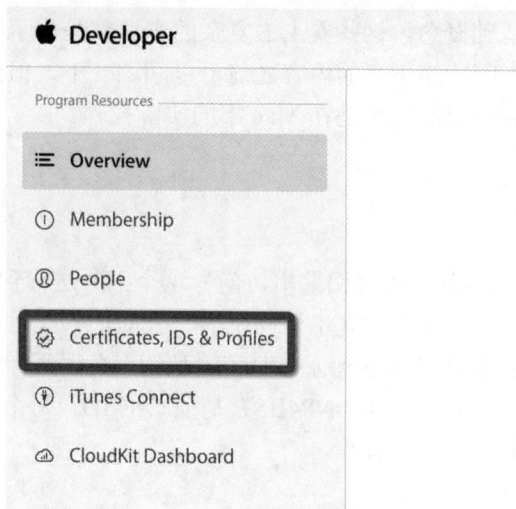

图 34-6　选择 Certifactes, IDs & Profiles 选项

　　在证书下载界面中选择对应的证书进行下载，然后双击下载好的证书进行安装，如图 34-7 所示。

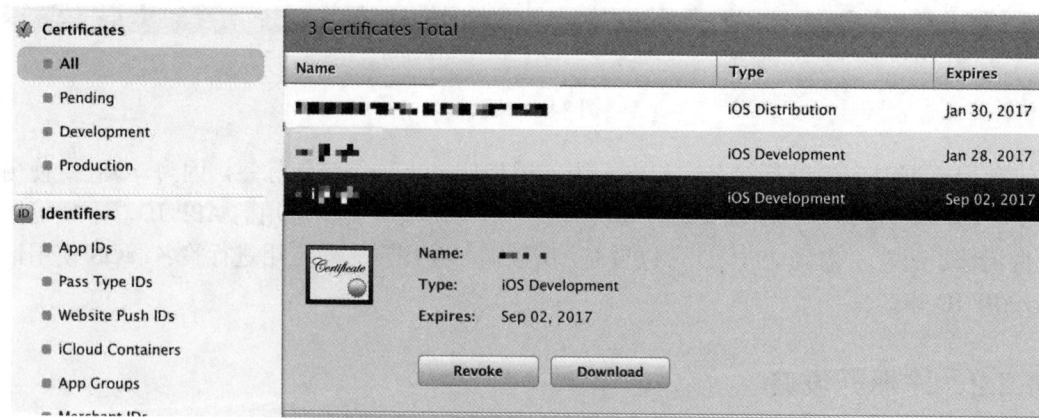

图 34-7　下载证书

34.2.4　创建证书

　　如果没有证书那么需要先创建一个证书，在 iOS 开发者中心创建一个 iOS 证书需要 4 个步骤，即选择证书类型，请求证书，生成证书以及下载证书。

　　在选择证书类型的界面可以看到有很多类型的证书，按照使用的阶段可以分为两类，即 Development 开发证书以及 Production 产品证书，开发证书用于开发调试时使用，产品证书用于上线发布时使用，如图 34-8 所示，这里主要使用的是 iOS App Development 和 App Store and Ad Hoc 这两种。

　　❑ iOS App Development 证书，可用于为 iOS app 的开发版本进行签名。

　　❑ App Store and Ad Hoc 证书，可用于为要提交到 App Store 的 iOS App 发布版本进

行签名。

Development

○ **iOS App Development**
Sign development versions of your iOS app.

● **Apple Push Notification service SSL (Sandbox)**
Establish connectivity between your notification server and the Apple Push Notification service
sandbox environment to deliver remote notifications to your app. A separate certificate is
required for each app you develop.

Production

● **App Store and Ad Hoc**
Sign your iOS app for submission to the App Store or for Ad Hoc distribution.

图 34-8　iOS 证书

这里选择 iOS App Development 证书，选择好证书类型之后单击"下一步"按钮，会进入请求证书界面，这里可以直接单击"下一步"按钮进入生成证书界面。

在生成证书界面中需要传入一个 certSigningRequest 文件（CSR 文件），这个文件需要先下载图 34-9 中 Worldwide Developer Relations Certificate Authority 链接中的文件并安装。然后使用钥匙串访问的证书助手创建一个请求证书（CSR 文件），如图 34-10 所示。

Intermediate Certificates
To use your certificates, you must have the intermediate signing certificate in your system
keychain. This is automatically installed by Xcode. However, if you need to reinstall the
intermediate signing certificate click the link below:

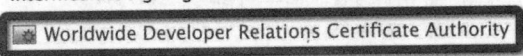

Worldwide Developer Relations Certificate Authority

图 34-9　全球开发者证书授权

| 钥匙串访问 | 文件 | 编辑 | 显示 | 窗口 | 帮助 |

关于钥匙串访问

偏好设置...　　⌘,

证书助理　▶　打开...
票据显示程序　⌥⌘K　创建证书...
　　　　　　　　创建证书颁发机构...
服务　▶　作为证书颁发机构为其他人创建证书...

隐藏钥匙串访问　⌘H　从证书颁发机构请求证书...
隐藏其他　⌥⌘H　设定默认证书颁发机构...
全部显示　　　　评估"iPhone Developer: ojoe23@gmail.com (S7B7DNP4B5)"...

图 34-10　请求证书

打开证书助理之后在弹出的界面中输入电子邮箱地址，并选择存储到磁盘，这样就可以得到一个 CSR 文件了，如图 34-11 所示。

图 34-11　生成 CSR 文件

接下来在证书的生成界面，选择生成好的 CSR 文件提交，如图 34-12 所示。

图 34-12　提交 CSR 文件

然后进入下一步界面，开发者中心会生成一个证书并跳转到证书下载界面，如图 34-13 所示，单击界面中的 Download 按钮下载证书并安装。

34.2.5　关于证书密钥

安装完证书之后可以在钥匙串管理中的 "我的证书" 中找到，**如果安装的证书展开后下方没有密钥（如图 34-5 所示），那么这个证书是不能用于代码签名的。**当将一个证书导入一台新的计算机中时，可能会出现这种情况。

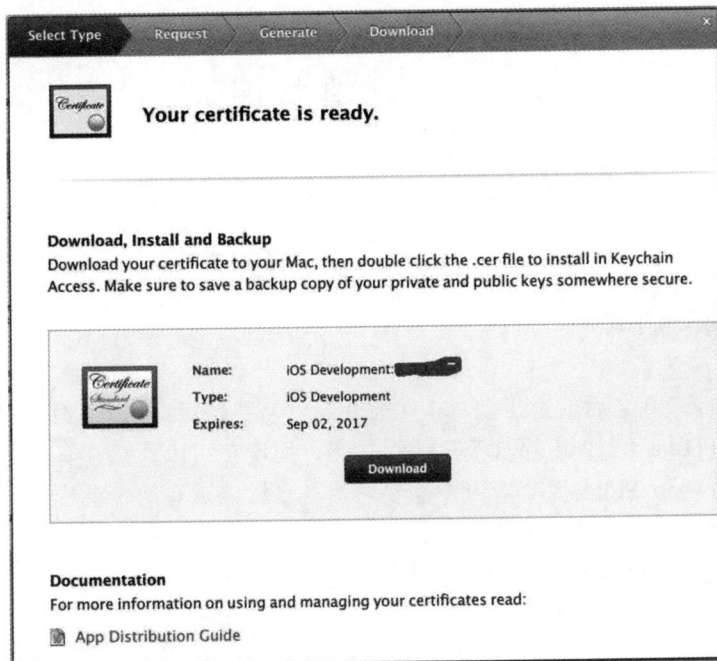

图 34-13　下载证书

如出现这种情况，则需要在原先的计算机中将证书的密钥文件导出，然后在新电脑导入该密钥文件，才能使证书生效，如果已经无法从原先的计算机中导出密钥文件，那么这个证书就无法使用了，需要将证书删除重新创建一个。

在密钥上右击，在弹出的快捷菜单中选择导出 XXX，会弹出如图 34-14 所示的界面，将密钥保存成 p12 文件。

接下来在目标机器上打开钥匙串访问，在上方的菜单中选择"文件"→"导入项目"命令，如图 34-15 所示。在弹出的对话框中选择 p12 文件，即可将密钥导入到新的电脑中。

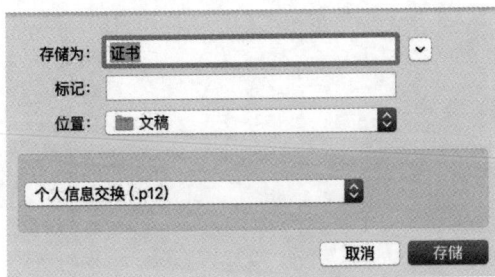

图 34-14　导出密钥

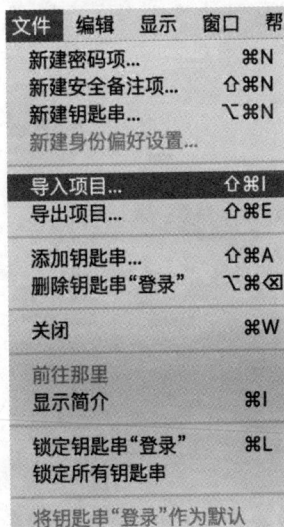

图 34-15　导入密钥

34.3　iOS 真机调试

不论程序员是否有开发者证书，都可以对 iOS 设备进行真机调试，下面简单介绍这两种方式的调试。

34.3.1　无证书调试

苹果在 Xcode 7.0 之后放宽了要求，此前开发者需要每年支付 99 美元的费用成为注册开发者才能在 iPhone 和 iPad 等真机上运行代码，而现在可以直接在真机上进行调试，除非程序员希望向 App Store 提交应用才需要付费。真机调试有两个前提（并没有限制真机的 iOS 版本必须为 9.0 以上）：

❑ 需要安装 Xcode 7.0 以及以上版本。

❑ 需要有一个 Apple ID。

1. 添加Apple ID

首先需要在 Xcode 中添加 Apple ID，在 Xcode 菜单上选择 Perferences，在弹出的首选项窗口中选择 Accounts，单击图 34-16 中所示的"+"按钮添加 Apple ID，输入账号和密码。

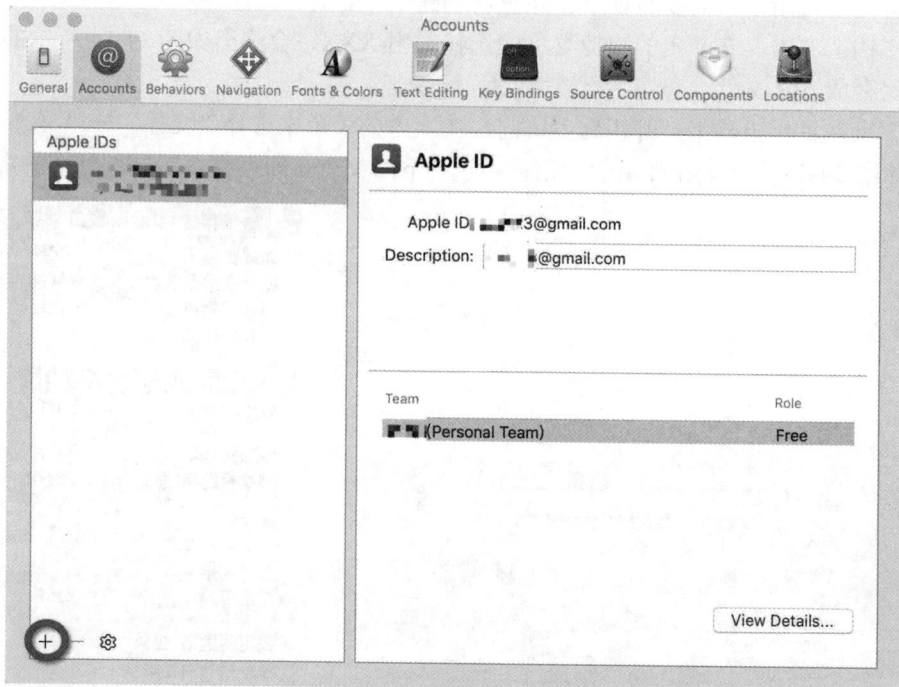

图 34-16　添加 Apple ID

添加完 Apple ID 之后，可以单击右下角的 View Details 按钮创建和查看证书，直接运行会自动创建证书。

2. 真机调试运行

在添加完 Apple ID 之后，可以将真机连上计算机，然后将运行按钮旁边的模拟器切换为真机设备，如图 34-17 所示。如果是首次将手机连接到这台计算机，手机上会弹出一个对话框，询问是否信任这台计算机，需要选择信任才可以继续。

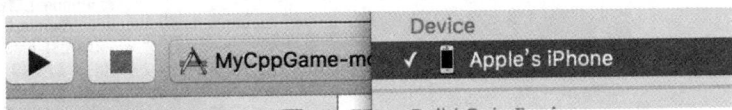

图 34-17　选择设备

首次单击"运行"按钮，会弹出图 34-18 所示的对话框，单击 Fix Issue 按钮。

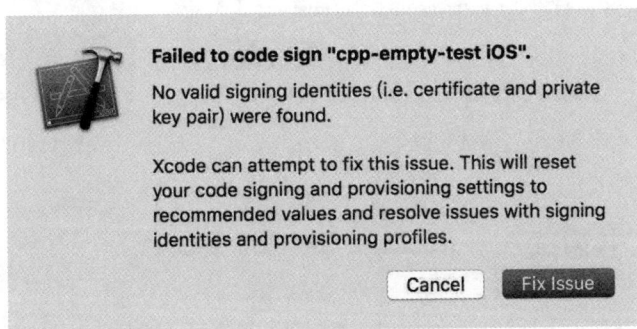

图 34-18　Fix Issue

接下来会弹出图 34-19 所示的对话框，选择 Apple ID 对应的 Personal Team，然后单击 Choose 按钮，稍等片刻即可在手机上运行起来。

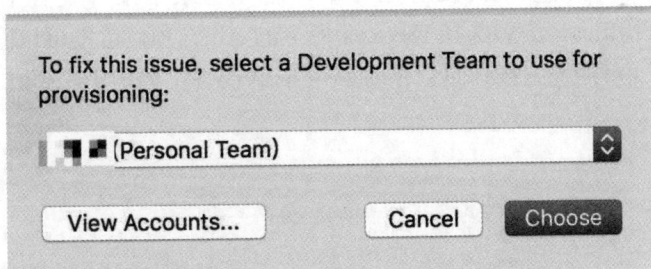

图 34-19　选择 Personal Team

3. 调试问题

在调试时可能会遇到一些问题，如在调试 cpp-empty-test 时，笔者出现过调试不了，Xcode 提示 Bundle Identifier 错误，修改 Bundle Identifier 之后可以正常调试，原先是 org.cocos2dx.cpp-empty-test，笔者将 Bundle Identifier 中的"-"删除，变成 org.cocos2dx.cppemptytest 即可。

另外在某些设备上调试会弹出如图 34-20 所示的界面，这时候需要在设备的"设置"

→"通用"→"设备管理"中选择信任 App 证书，如图 34-21 所示。

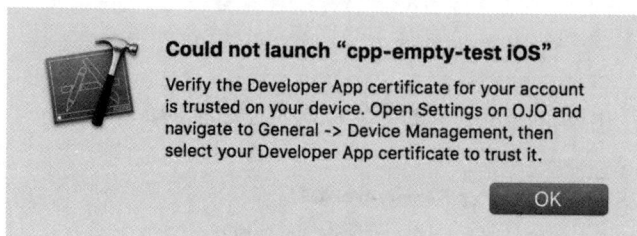

图 34-20 调试失败

图 34-21 信任证书

34.3.2 使用证书调试

使用开发者证书进行调试需要经过 3 大步骤，首先关联调试设备，然后创建授权文件，最后进行真机调试。

1. 关联调试设备

程序员需要把设备关联到开发者账号中，首先登录苹果开发者中心，选择左侧的 Certifactes, IDs & Profiles，然后选择 Devices 栏下的 All 选项，这里可以看到关联的所有调试设备，单击右上角的"+"按钮可以添加新的调试设备，如图 34-22 所示。

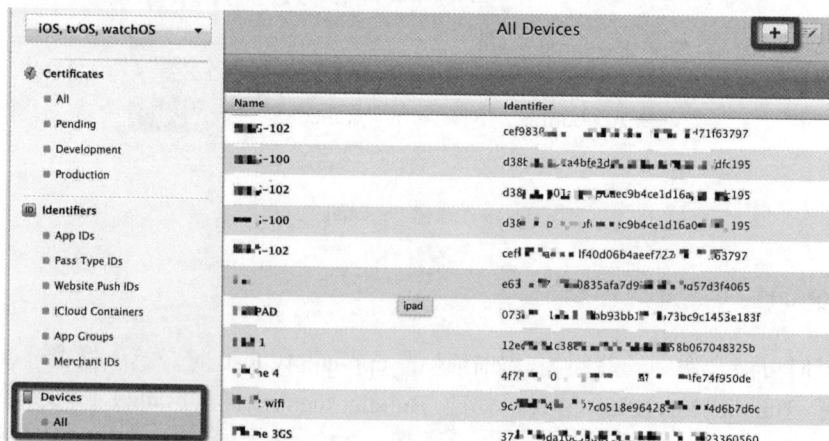

图 34-22 关联调试设备

单击"+"按钮之后，在弹出的界面中输入设备的名字以及设备的 UDID 即可添加新设备，如图 34-23 所示。

图 34-23　注册调试设备

可以将设备插入计算机，在 Xcode 中查看设备的 UDID，在 Xcode 上方的 Window 菜单中选择 Devices 选项，进入如图 34-24 所示的界面，选择插入的设备，可以看到设备的 Identifier，这就是设备的 UDID，将这串 UDID 复制然后添加到图 34-24 中，即可添加调试设备。

图 34-24　获取设备的 UDID

2. 创建授权文件

接下来需要在开发者中心创建一个授权文件，授权文件是很有苹果特色的一个东西，将证书、APP ID、调试设备整合在一起，就成了一个 Provisioning Profile。登录苹果开发者中心，选择左侧的 Certifactes, IDs & Profiles，然后选择 Provisioning Profiles 栏下的 All 选项，可以查看当前账号所有的授权文件。单击页面右上角的"+"按钮可以添加一个新的授权，如图 34-25 所示。

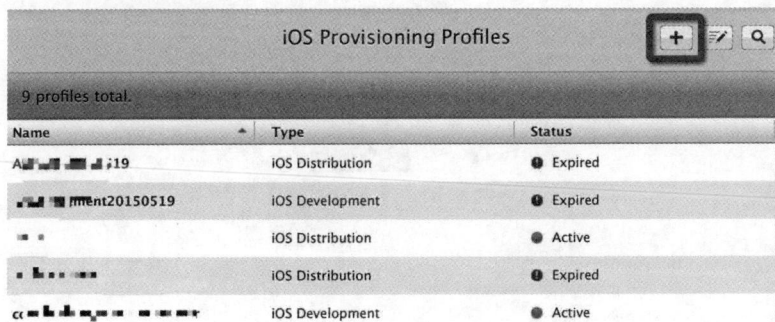

图 34-25　添加授权文件

一般一个授权文件会对应一个 App ID，但也可以使用通配符来表示多个 App ID，例如，Cocos2d-x 官方示例的 App ID 都是以 org.cocos2dx.作为前缀，我们可以用一个 org.cocos2dx.*作为 App ID 来表示所有以 org.cocos2dx.为前缀的 App。另外 Apple 会自动生成一个 Xcode: iOS Wildcard AppID，这个 App ID 对应一个*，表示任意 App ID。在 App IDs 栏中可以添加 App ID。

添加一个授权也有 4 个步骤，首先选择授权类型，然后配置授权文件，之后生成授权文件，最后下载授权文件。可以选择开发授权，也可以选择发布授权，如图 34-26 所示。

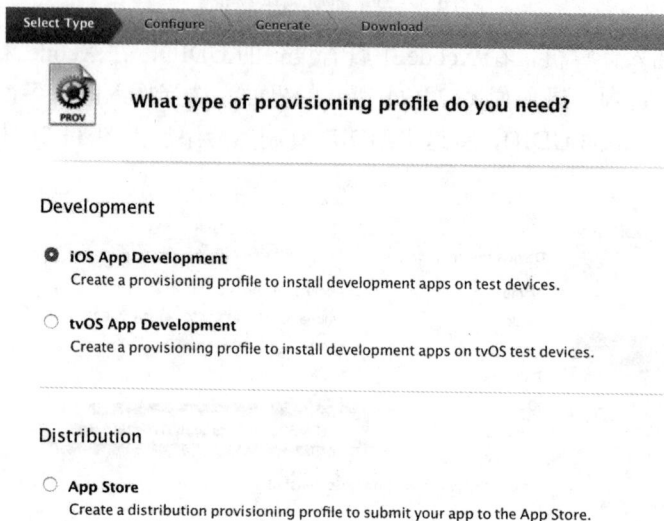

图 34-26　选择授权类型

选择完授权之后接着会选择 App ID、证书，以及可以使用的调试设备，最后输入授权文件的名字，即可生成授权文件，生成完授权文件后会自动跳转到下载界面，如图 34-27 所示。

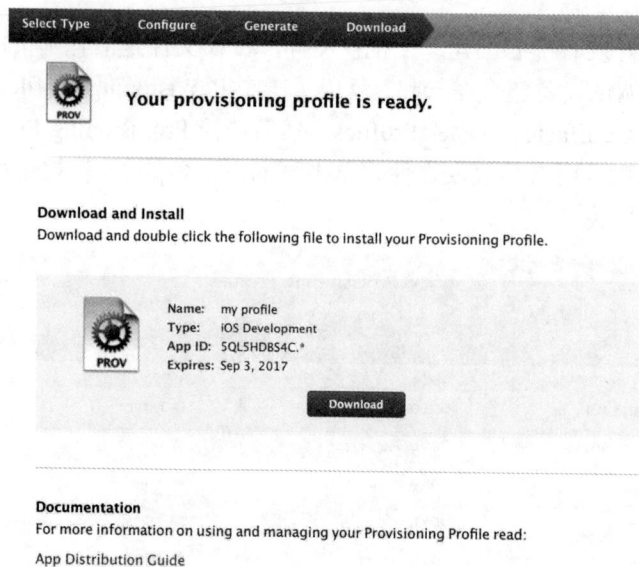

图 34-27　下载授权文件

下载授权并安装（双击授权文件），即可在 Xcode 中使用。

3. 联机调试

一切准备就绪之后，可以在 Xcode 中对项目的 Build Settings 进行设置，找到 Code Signing 栏目，在这里可以选择要使用哪个证书为应用签名，以及要使用的授权文件。程序员可以为 Debug 版本和 Release 版本设置不同的证书，如图 34-28 所示。

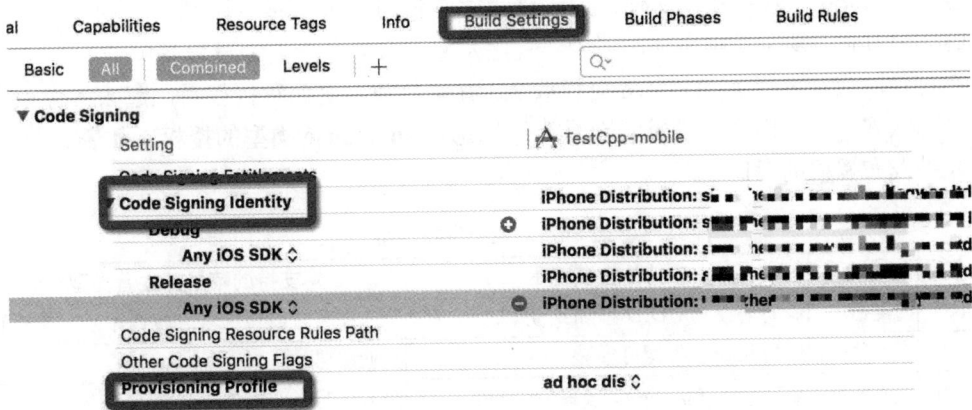

图 34-28　设置证书

设置完之后可以选择调试设备，然后直接在真机进行调试。

34.4　打包 IPA

不论是需要发布到 App Store 还是在其他手机上运行我们的程序，都需要把 iOS 程序打包成 ipa 文件，打包 ipa 的方法有很多，如命令行打包、iTunes 打包以及 Xcode 打包，其中 Xcode 打包是最为推荐的一种方式。

34.4.1　正确设置签名证书与授权文件

在打包之前，应该保证 Xcode 中项目的 Build Settings 中，代码签名证书 Code Signing Identity 和 Provisioning Profile 授权文件被正确地设置好。

1. 开发者证书

在开发者中心可以创建很多种证书，如开发者证书、推送证书、支付证书等，开发者证书有两种，调试用的 Development 证书以及发布用的 Distribution 证书，在调试时我们应该使用 Development 证书，它对应开发者中的 iOS App Development 证书，在发布时应该选择 Distribution 证书，其对应开发者中心中的 App Store and Ad Hoc 证书。

❑ iOS App Development 证书：可用于为 iOS app 的开发版本进行签名。

❑ App Store and Ad Hoc 证书：可用于为要提交到 App Store 的 iOS App 发布版本进行签名。

2. 授权文件

一个证书对应一个授权文件，每个授权文件都会对应一个 APP ID（可以使用通配符）、一个 Distribution 证书以及一系列调试设备。个人开发者可以创建以下几种类型的授权文件，程序员应该根据自己的需求创建对应的授权文件。

❑ iOS App Development：调试授权文件，用于将开发版本的程序安装到调试设备中。
❑ App Store：发布授权文件，用于将程序发布到 App Store。
❑ Ad Hoc：发布授权文件，用于将程序发布到有限数量的调试设备中。

在打包时应该选择 **App Store 授权或 Ad Hoc 授权**，这两种授权对比起来就像正式版本和内测版本一样。而企业开发者账号还可以选择 **In House 类型的授权**，如表 34-1 所示为这几种发布授权的对比。

表 34-1　发布授权类型

证书名称	对应版本	支持的安装范围	支持的苹果开发者类型
Ad-Hoc	内测版	需要把设备 UDID 添加到证书才可安装	个人账号、公司账号、教育账号、企业账号
In-House	企业版	任何 iOS 设备均可安装	企业账号
App-Store	App-Store	只能通过 App Store 安装	个人账号、公司账号、教育账号

需要特别注意的是，使用 App Store 授权发布的版本只能通过 App Store 安装，如果希望在提交到 App Store 之前进行内测，那么应该将设备添加为程序员的调试设备中，并将设备加入到授权文件的调试设备列表中，然后使用 Ad Hoc 授权，否则无法安装。

34.4.2　使用 Xcode 打包

使用 Xcode 打包首先需要**将设备切换到 Generic iOS Device**，然后在上方的 Product 菜单中选择 Archive，接下来项目会开始编译，如图 34-29 所示。

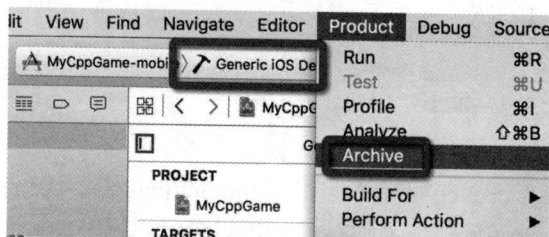

图 34-29　Archive 打包

接下来应用程序会自动编译，编译结束后弹出图 34-30 所示的界面，单击 Export 按钮可以导出 IPA。

选择 Export 之后会弹出如图 34-31 所示的界面，让我们选择导出的方式，这里有 4 种导出方式，下面简单对比一下。

❑ Save for iOS App Store Deployment：打包发布版本用于提交到 iOS App Store。
❑ Save for Ad Hoc Deployment：打包内测版本，用于在注册的调试设备上运行，不能提交 iOS App Store（一般越狱版本也是使用这种方式导出）。

图 34-30　Archives 界面

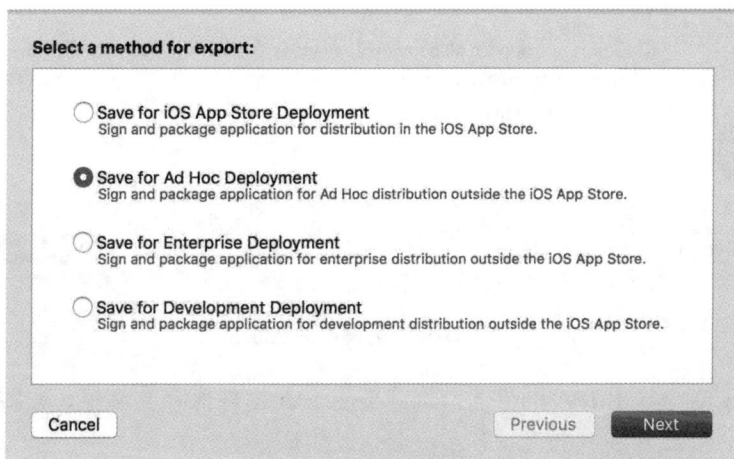

图 34-31　导出方式

❑ Save for Enterprise Deployment：打包企业版本，可在任意设备运行（但苹果要求
只能在公司内部发布），不能提交 iOS App Store。

❑ Save for iOS App Store Deployment：打包调试版本（新选项），与 Ad Hoc 类似，
不能提交 iOS App Store。

这里选择 Ad Hoc 的方式导出，如果导出到 App Store，Xcode 会要求在 Xcode 中登录
开发者账号，然后使用开发者账号导出。Ad Hoc 方式则没有硬性要求。

如果程序员使用的证书和授权是 Development 版本而不是 Distribution 版本，那么导出
会失败，提示找不到 Distribution 证书，如图 34-32 所示。

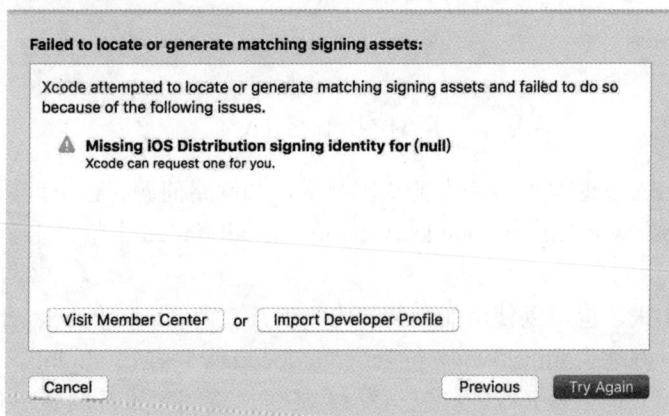

图 34-32　找不到 Distribution 证书

选择 Ad Hoc 方式导出，会弹出 Device Support 界面（如图 34-33 所示）让选择要支持的设备，选择所有设备即可，单击 Next 按钮进入下一步。

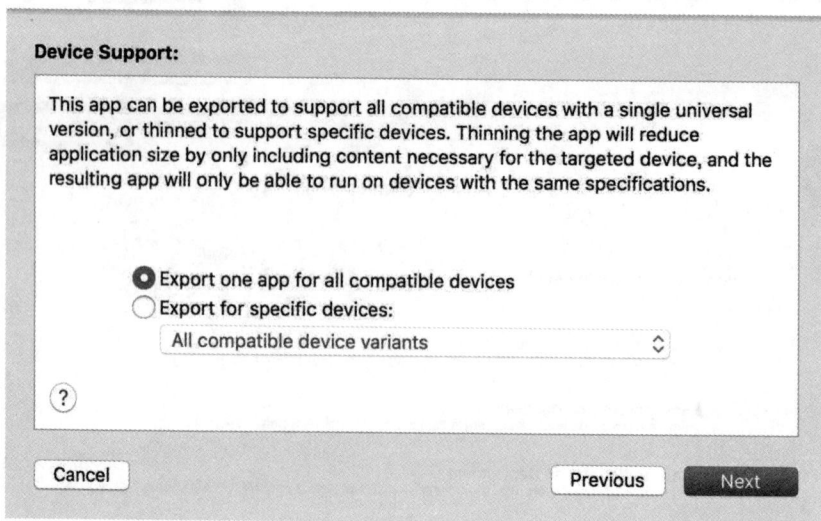

图 34-33　选择设备支持

最后会弹出一个导出 IPA 的界面，询问要将 IPA 文件保存到哪里，如图 34-34 所示，选择好目录之后单击 Export 按钮，IPA 就会自动生成。

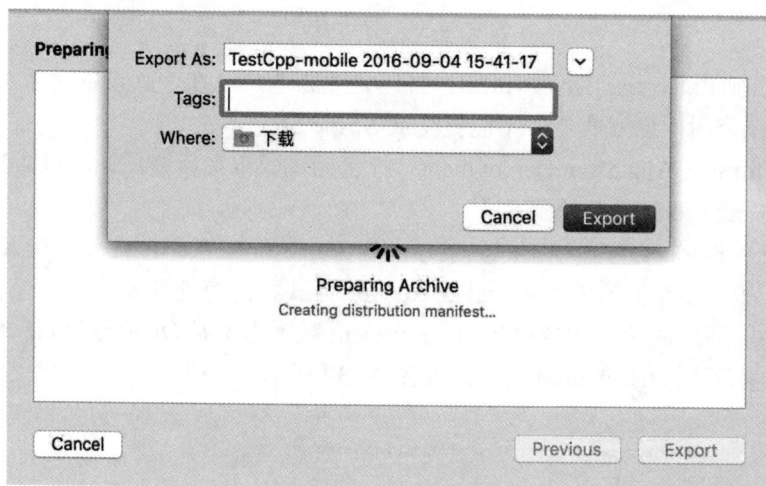

图 34-34　保存 IPA

如果导出的 IPA 安装失败，引发的原因很多，如网络问题、证书问题、iOS 系统版本问题等，网址 https://www.pgyer.com/doc/view/ios_install_failed 中整理出了大量安装失败的原因排查。

如果排查不出来，也可以使用蒲公英的内测工具，查看 iOS 的安装日志，通过错误日志直接定位问题，网址为 https://www.pgyer.com/doc/view/ios_install_log。

如果希望更深入地了解 iOS 的打包与发布，还可以查阅苹果开发者中心的官方文档（英文），网址为 https://developer.apple.com/library/ios/documentation/IDEs/Conceptual/AppDistributionGuide/Introduction/Introduction.html。

34.4.3 其他打包方式

接下来简单了解一下其他打包方式，首先是 iTunes 打包，这种打包方式很快捷，但笔者认为不应该使用这种非正式的打包方式，但如果程序员使用的是内测版本，使用这种方式打包也是可以的。

iTunes 打包的方式其实有很多种变化，但总结起来无非分为两大步骤，首先获得.app，然后使用.app 生成 IPA。

1. 生成.app

生成.app 的方法有两种，一种是在设备上运行，然后在 Products 目录中找到项目名.app 目录，一般在运行或者编译之后，可以在以下目录找到.app 目录：

```
\Users\用户名\Library\Developer\Xcode\DerivedData\项目名-XXXX\Build\Products\
target 目录
```

可以在命令行中输入 cd 命令来进入目录，也可以在 Finder 中选择上方的前往菜单→前往文件夹...，在弹出的前往文件夹窗口中输入目录。目录中的用户名和项目名需要替换成程序员自己的实际用户名和项目名，项目名后面的 XXXX 会是一段较长的字符串，该目录如图 34-35 所示。

```
prodeMacBook-Pro:DerivedData wyb$ pwd
/Users/wyb/Library/Developer/Xcode/DerivedData
prodeMacBook-Pro:DerivedData wyb$ ls -l
total 0
drwxr-xr-x@ 3 wyb  staff  102  9  4 18:17 ModuleCache
drwxr-xr-x@ 8 wyb  staff  272  9  3 11:39 MyCppGame-ckwguygoldkkovfaesivmbrqoyyd
drwxr-xr-x@ 8 wyb  staff  272  9  4 15:22 TestCpp-gucaporxowjzzeeuocibzpjoghjf
drwxr-xr-x@ 8 wyb  staff  272  9  3 14:55 cocos2d_tests-fxtfzwlfwykiwqftugvjrnykbzyb
drwxr-xr-x@ 4 wyb  staff  136  8 27 10:37 project-aozafofdktvfydbvxcpwfpetuusd
prodeMacBook-Pro:DerivedData wyb$
```

图 34-35　项目目录

第二种方式是使用命令行进行编译，使用 cocos compile -p ios 会编译所有的代码，并生成.app 目录，该指令还可以指定签名，但也可以在 Xcode 项目中设置。默认生成的是 debug 版本，会输出到当前 Cocos 项目的 bin\debug\ios 目录下，如图 34-36 所示。

```
onsole/bin"
      /usr/bin/touch -c /Users/wyb/Desktop/work/MyCppGame/bin/debug/ios/MyCppGame-mobile.app

** BUILD SUCCEEDED **

编译成功。
```

图 34-36　生成.app 目录

如果加上-m release 选项可以指定生成 release 版本，会输出到当前 Cocos 项目的 bin\release\ios 目录下。

cocos compile 命令实际上是调用了 Xcode 自带的 xcodebuild 来生成编译代码，程序员也可以直接使用 xcodebuild 命令来编译。xcodebuild 的选项非常多，使用起来比较复杂，这里不作详细介绍，感兴趣的读者可以在命令行中输入 xcodebuild -help 查看帮助。

2. 将.app打包成IPA

有了项目的.app 目录之后，就可以将.app 打包成 IPA 文件了，将.app 打包成 IPA 有两种方法，一种是手动将.app 目录拖曳到 iTunes 中，如图 34-37 所示。

然后选中 iTunes 中的应用，在右键快捷菜单中选择"在 Finder 中显示"，如图 34-38所示，然后在弹出的 Finder 窗口中找到 IPA 文件。

图 34-37　拖曳.app 文件到 iTunes

图 34-38　在 Finder 中找到 IPA

另一种是使用命令行 xcrun 手动将.app 目录打包成 IPA 文件，通过执行以下命令可以生成 IPA 文件到指定的目录中。

```
xcrun - sdk iphoneos PackageApplication -v .app 目录路径 -o 输出路径/文件名.ipa
```

使用-v 参数指定.app 目录的路径，-o 参数指定输出的 ipa 文件。执行完该命令很快就会在指定的目录下生成 IPA 文件，如图 34-39 所示。

```
prodeMacBook-Pro:Debug-iphoneos wyb$ xcrun -sdk iphoneos PackageApplication -v MyCppGame-mobile.app -o MyC
ppGame-mobile.ipa
Packaging application: 'MyCppGame-mobile.app'
Arguments: output=MyCppGame-mobile.ipa  verbose=1
Environment variables:
_CF_USER_TEXT_ENCODING = 0x1F6:0x19:0x34
LOGNAME = wyb
XPC_SERVICE_NAME = 0
Apple_PubSub_Socket_Render = /private/tmp/com.apple.launchd.7fOoXkWMp1/Render
VERSIONER_PERL_VERSION = 5.18
COCOS_X_ROOT = /Users/wyb/Desktop/work
TERM = xterm-256color
TMPDIR = /var/folders/d4/62f_4ptd2n1538dp9wph44cc0000gp/T/
OLDPWD = /Users/wyb/Library/Developer/Xcode/DerivedData/MyCppGame-ckwguygoldkkovfaesivmbrqoyyd/Build/Produ
cts
HOME = /Users/wyb
```

图 34-39　使用 xcrun 打包

第 35 章 Objective-C 与 C++互调

开发 iOS 程序，难免会涉及一些 iOS 平台相关的代码需要编写，例如，在接入一些广告、分享、统计等 SDK 的时候，都涉及编写 Objective-C 代码，然后在 C/C++中调用，Android 下需要通过 JNI 技术来实现 Java 与 C/C++的互调，其中细节繁多，非常复杂，而 Objective-C 与 C/C++的调用则非常简单。本章主要介绍以下内容：

❑ Objective-C 基础语法。
❑ Objective-C 与 C++混编。

35.1 Objective-C 基础语法

35.1.1 Objective-C 的一些特性

首先简单快速地了解一下 Objective-C 的特性，要快速掌握 Objective-C，需要了解 Objective-C 的 message 特性、函数调用、变量定义、字符串、id 等概念。

1. Objective-C 的文件

Objective-C 的文件有 3 种，分别是.h、.m 和.mm，.h 文件用于声明接口，.m 和.mm 文件用于实现接口，.m 文件中的 m 是 message 的缩写，message 是 oc 的主要特性。.m 和.mm 的区别在于.mm 文件中可以直接使用 C/C++的语法，而.m 只支持 Objective-C 的语法。

2. Objective-C 与 C/C++的相同点

❑ 每行语句都需要以分号；结尾。
❑ 支持 C/C++的基础数据类型，如 int、char、short、long、float、double、unsigned 等，但在 Objective-C 中 void 关键仅可以用于修饰函数的返回值和参数（表示无参数）。
❑ 支持 //注释和 /* */ 注释。
❑ 变量的命名规则和 C/C++一致。
❑ 循环语句、条件语句以及各种运算符的规则和 C/C++一致。
❑ Objective-C 的 self 等同于 C/C++的 this，nil 等同于 C/C++的 NULL。

3. Objective-C 的函数

Objective-C 的函数与 C/C++的函数有较大的区别，主要体现在函数定义和函数调用上，除了可以使用 C/C++的格式来定义函数之外，Objective-C 的函数定义格式如下。

```
- (返回值类型) 方法名:( 参数类型 1 )参数名 1
连接参数 2:( 参数类型 2)参数名 2...
连接参数 n:( 参数类型 n) 参数名 n
{
    函数体
}
```

上面格式中的方法名、返回值类型、参数类型、参数名很容易理解，无须解释，但连接参数又是什么意思呢？连接参数可以使代码更容易阅读和调用，可以理解为参数的一个注释吧。

调用 Objective-C 函数的格式如下：

```
[obj dowhat]
```

表示调用 obj 对象的 do what 方法，也表示向 obj 发送 do what 消息。调用函数传入多个参数时，需要用 **Enter 键或者逗号**来区分这些参数。

4. Objective-C的@与字符串

Objective-C 中的@非常有特色，同时挺让人费解的，@到底是干什么的呢？@主要有以下作用。

- 修饰字符串常量，将字符串转换为 NSString 对象，在 Objective-C 中，**NSString 和 char*不可以混用**，例如@"hello world"。
- 格式化输出字符串，%@类似 C/C++中 printf 的%s，如 NSLog(@"you say %@", @"hello world"。
- 修饰 Objective-C 的保留关键字，如@interfere、@class、@end 等关键字。

5. 其他

- 在比较 BOOL 时，不要拿 BOOL 和 YES 比较，和 NO 比较更妥当，YES 定义为 1，NO 定义为 0，都是一个字节。
- id 表示指向某个对象的指针，意为 identifier，表示一种泛型，相当于 C 语言的 void*指针。
- #import 关键字等同于确认头文件只被包含一次的#include 关键字。

35.1.2　Objective-C 的类

接下来看一下如何在 Objective-C 中编写一个类，首先需要一个头文件，在头文件中声明一个类。

```
@interface Cls: NSObject
{
StructA a;
int b;
}

- (void) setA: (StructA) a;
```

```
- (void) Fun;

@end
```

上面代码中使用@interfere 声明了一个 Cls 类（接口），Circle 接口继承于 NSObject，它有 a 和 b 两个数据成员，还有 setA 和 Fun 两个方法，在类声明的最后以@end 关键字结尾。

接下来在.m 或.mm 文件中实现，首先用@implementation 关键字修饰 Cls，表示这是 Cls 类的实现代码，**在这里可以定义那些头文件中没有声明的方法，相当于私有函数**，但 Objective-C 没有真正的私有函数，在调用方法的时候 Objective-C 会隐秘地将自己作为 self 参数传递进去，相当于 C/C++的 this 指针，只要类存在该方法，那么我们在运行时发送该消息，这个方法还是会执行的。

```
@implementation Cls

- (void) SetA: (StructA) sa
{
    a = sa;
}

- (void) Fun
{

}
@end
```

在定义完类之后，就可以使用了，要实例化（创建）对象，需要发送 new 消息，代码如下：

```
id c = [Circle new];
[c Fun];
[c SetA: a];
```

关于 Objective-C 类的一些相关知识补充如下。

- 一般的类都会继承自 NSObject，继承 NSObject 之后可以使用 Cocoa，其提供了大量有用的特性。
- 可以重写父类的接口，在调用接口时，会自下而上地先从子类开始找，找到就执行，找不到就继续寻找父类的接口。
- 通过 super 关键字可以调用父类，向父类发送消息。
- @class ClassA 是前向引用，相当于 C++两个互相包含的类，需要在声明之前加多一条前向声明。
- 在类的成员方法前面用 "+" 表示这个方法会创建一个表示该类的对象。
- Objective-C 的对象默认有 alloc()、new()、dealloc()方法可用于创建对象。
- Objective-C 的对象使用了引用计数进行管理，retain 和 release 会更新引用计数，与 Cocos2d-x 类似，此外使用了 NSAutoreleasePool 自动释放池来自动管理一些对象，与 Cocos2d-x 的 AutoreleasePool 类似。

35.2　Objective-C 与 C++混编

Objective-C 调用 C++很简单，在 Objective-C 只要将文件后缀设置为.mm，即可像在.cpp 中一样使用 C++的东西，当然，还需要包含对应的头文件。

C++调用 Objective-C 稍微麻烦一些，需要通过.mm 在中间封装一层，在.mm 的头文件中提供给 C++调用的接口，然后在.mm 的代码实现中调用 Objective-C 的代码。例如，在 Cocos2d-x 中弹出一个 iOS 的确定菜单，类似于 Windows 的 MessageBox。

首先在 MyMessageBox.h 头文件中添加一个函数。

```
void ShowMessage(const char* pszTitle , const char* pszMsg );
```

然后在 MyMessageBox.mm 中实现对应的代码。

```
#include "MyMessageBox.h"
#include <stdarg.h>
#include <stdio.h>

#import <UIKit/UIAlert.h>

void MyMessageBox(const char* pszTitle , const char* pszMsg )
{
    NSString * title = (pszTitle) ? [NSString stringWithUTF8String :
    pszTitle] : nil;
    NSString * msg = (pszMsg) ? [NSString stringWithUTF8String : pszMsg] :
    nil;
    UIAlertView * messageBox = [[UIAlertView alloc] initWithTitle: title
                                              message: msg
                                              delegate: nil
                                    cancelButtonTitle: @"OK"
                                    otherButtonTitles: nil];
    [messageBox autorelease];
    [messageBox show];
}
```

在任何希望弹出消息框的 Cocos2dx C++代码里，都可以像下面的代码这样调用。

```
#include "MyMessageBox.h"
...
MyMessageBox("ShowMessage", "This is a Message");
...
```

需要注意的是，上面的 MyMessageBox()函数中，涉及字符串的转换，需要把 **C++的 char*转换成 Objective-C 认识的类型 NSString 才可以在 Objective-C 中调用**。转换的方法就是 NSString 的 stringWithUTF8String()方法，将 UTF-8 的 char*字符串传入会返回对应的 NSString 对象。

第 36 章 接入 AnySDK

在使用 Cocos2d-x 开发跨平台的手机游戏时，各种第三方 SDK 的接入令人头疼，程序员经常需要接入统计、分享、推送、广告以及各大渠道的平台 SDK，开发和维护成本都非常高。而触控官方的 AnySDK 则大大降低了接入 SDK 的成本。

AnySDK 是 Cocos 官方推出的一套第三方 SDK 接入解决方案，其操作简单、功能强大并且完全免费，除了 Cocos2d-x 之外，还支持 Android、iOS、Unity、HTML 5 等平台和引擎。使用 AnySDK 可以让程序员很大程度上从烦琐的 SDK 接入中解放出来，专注于游戏内容的开发。本章主要介绍以下内容：

- ❑ AnySDK 概述。
- ❑ 接入 AnySDK Android 框架。
- ❑ 接入 AnySDK iOS 框架。
- ❑ 登录流程。
- ❑ 支付流程。
- ❑ 母包联调。
- ❑ 打包工具

36.1 AnySDK 概述

在学习如何接入 AnySDK 之前，先从整体上了解一下 AnySDK，为什么要接入 AnySDK，以及如何接入 AnySDK。

36.1.1 为什么要接入 AnySDK

目前国内有大大小小上百家手游渠道，每一个渠道都会要求开发者在游戏中正确接入相应渠道的登录及支付 SDK，才能通过渠道审核并上架，如图 36-1 所示。在接入 SDK 的过程中会有以下一些问题。

- ❑ 由于每一家渠道 SDK 的设计不同，SDK 里自带的资源文件、功能接口等都不一样。
- ❑ 在同一份游戏代码中无法同时接入多个渠道的 SDK，因此**开发者必须维护多套游戏代码项目来分别接入各家渠道 SDK**。
- ❑ 网络游戏的服务端也需要为每个渠道实现对应的登录和支付验证接口。
- ❑ 除了需要对各个渠道进行复杂的设置之外，还需要手动编写 Objective-C 和 JNI、Java 代码。

根据 AnySDK 收集的数据显示，一个有经验的开发者平均接入一款渠道 SDK 需要耗费的时间（客户端接入+服务端对接）大概在两到三天之间，而如果是之前没有接入 SDK 经验的开发者，这个时间会增加两倍，因为有很多渠道的特殊需求及"潜规则"需要了解。

更严重的问题是，当游戏要接入上线的渠道非常多的时候，耗费的时间数量会成倍增长，也就是说开发者接入前一款 SDK 时所做的工作并不能减少接入下一款 SDK 需要的工作量。就算程序员完成接入了，后续的更新和维护工作也令人痛苦，如图 36-1 所示。

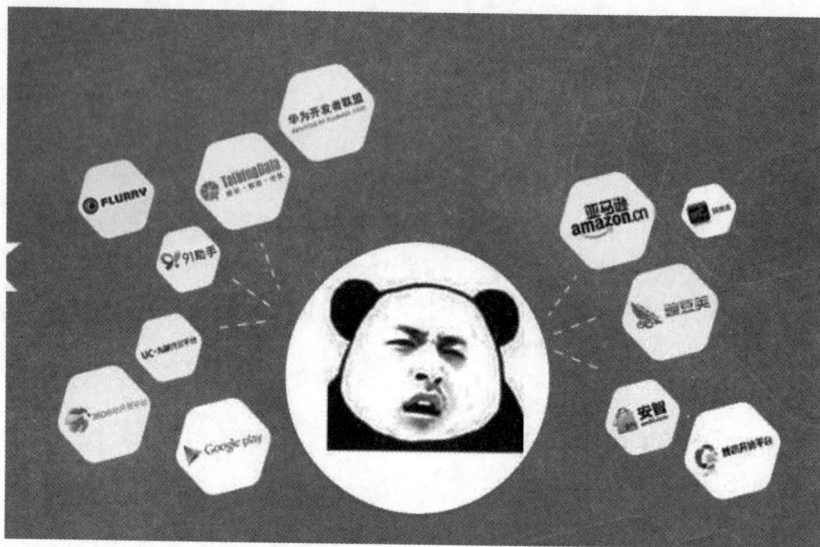

图 36-1　痛苦的开发者

接入 SDK 几乎是每个游戏都要做的工作，但凡是重复性的工作，必然可以通过工具、方法进行简化、省略。AnySDK 就是一款为开发者加速接入第三方 SDK 的工具。

AnySDK 可以帮开发者实现**只接入一次就可以批量打出所有渠道包**，并且不需要关心 SDK 的版本更新和处理因为渠道服务端接口变化造成的紧急重复更新工作。AnySDK 提供了各个语言版本的框架，开发者只需选择自己熟悉的开发语言即可。

根据 AnySDK 的文档操作接入一次，花费的时间与手工接入一个渠道 SDK 的时间相同，然后就可以通过 AnySDK 提供的打包工具打包出包含不同 SDK 的渠道包。

36.1.2　AnySDK 架构简介

AnySDK 的整体架构如图 36-2 所示，AnySDK 主要由 3 大部分组成，AnySDK 管理后台+AnySDK 服务器、AnySDK Framework 客户端框架以及 AnySDK 打包工具。

❑ AnySDK 管理后台可以对开发者的游戏、渠道、支付、登录验证等信息进行管理，还可以创建和管理测试账号。

❑ AnySDK 服务器是**游戏服务器与各个渠道服务器对接的一个中间层**，每个渠道的登录和支付验证协议都不相同，AnySDK 服务器统一了协议。

❑ AnySDK Framework 客户端框架是游戏程序和渠道 SDK 的中间层，与 AnySDK 服务器类似，在客户端的代码中只需要接入 AnySDK Framework，就可以很方便地接入各个渠道 SDK，无须修改客户端代码，开发者可以在 Cocos2d-x、Android、iOS、

Unity、HTML 5 等平台和引擎中接入 AnySDK Framework 客户端框架，接入了 AnySDK Framework 客户端框架的客户端生成的程序包被称为母包，开发者会使用它来为每个渠道生成一个特定的渠道包。

❏ AnySDK 打包工具是**快速将母包生成渠道包**的工具，每个渠道都会有一些配置，开发者需要在 AnySDK 打包工具中进行设置，如 Icon 角标、包后缀、支付回调、AppID 和 AppKey 等，设置好渠道的配置信息之后，就可以一键生成渠道包。需要注意的是 **iOS 是输入一个工程，然后在工程中生成多个渠道的 Xcode** 项目，开发者需要为每个渠道的子项目单独打包。

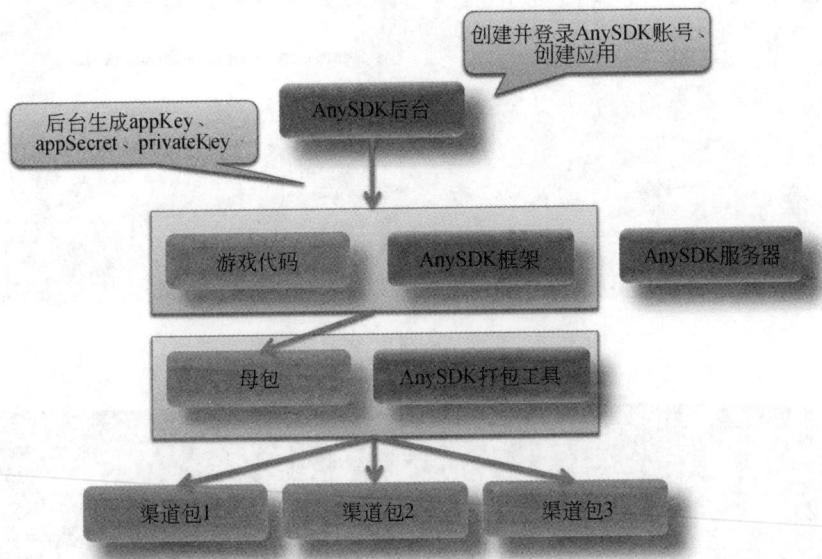

图 36-2　AnySDK 框架

36.1.3　AnySDK 快速接入指引

接下来简单介绍一下接入 AnySDK 的步骤。

1. 准备工作

首先需要注册一个 AnySDK 的账号，用于登录 AnySDK 打包工具以及 AnySDK 管理后台，网址为 http://dev.anysdk.com/，管理后台的使用可以参考 **http://docs.anysdk.com/开发者管理后台使用说明**。

注册完账号之后，需要下载安装并登录 AnySDK 客户端工具，如图 36-3 所示。

登录之后可以看到如图 36-4 所示的界面，左侧是安妮市场、打包工具等按钮，右侧是各类资讯信息，包括最新的渠道公告、行业资讯、AnySDK 最新公告以及 AnySDK 美女主程的生活和工作详情等，主界面的最右侧还有程序员老黄历这个实用的隐藏功能。

开发者需要在打包工具中新建一个游戏，创建完游戏后可以得到游戏的 AppKey、AppSecret 以及 PrivateKey，具体的步骤可以参考 AnySDK 的客户端使用手册 **http://docs.anysdk.com/PackageTool**。

图 36-3　登录 AnySDK 客户端工具

图 36-4　AnySDK 客户端工具主界面

　　然后在安妮市场中下载 AnySDK Framework 为 Cocos2d-x 提供的 C++框架，如图 36-5 所示，开发者需要为 Android 和 iOS 平台下载对应的 C++框架（这里也提供了 Unity、Lua、JS、Java 版本的框架下载）。安妮市场除了可以下载 AnySDK Framework 之外，还提供了各种插件、SDK 和工具下载。

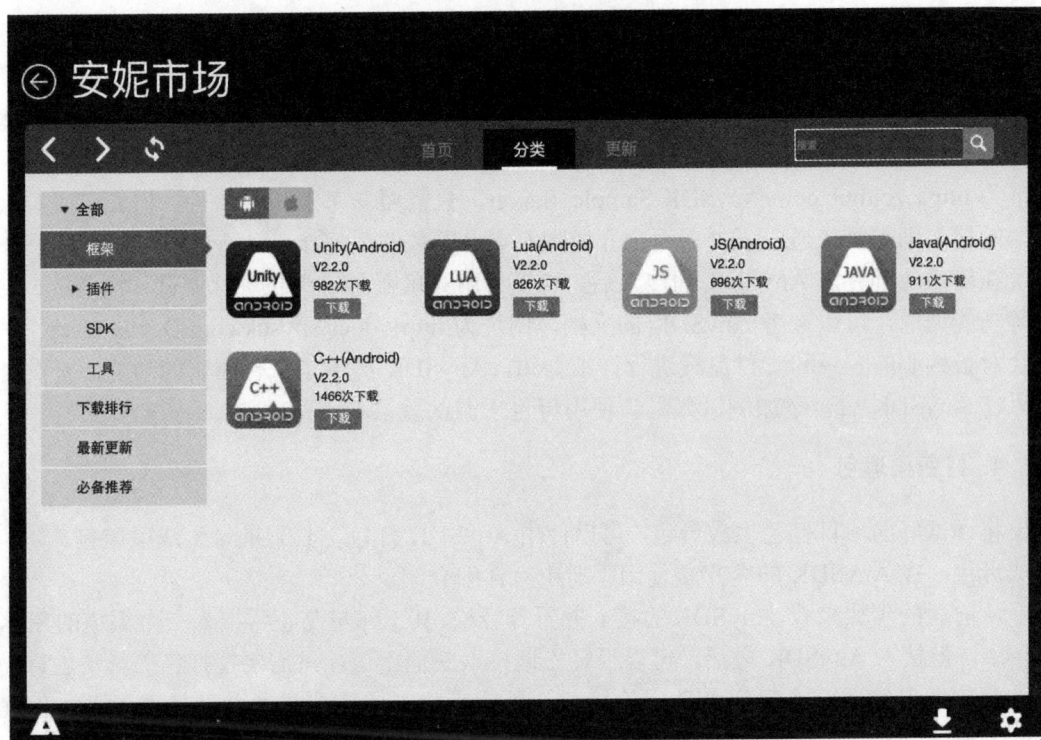

图 36-5　安妮市场

2. 接入AnySDK Framework

完成准备工作之后，需要在 Cocos2d-x 项目中接入 AnySDK Framework，Cocos2d-x 3.13 之后的版本是内置了 AnySDK，所以可以直接使用。

AnySDK Framework 的接入大致可以分为两步，即环境搭建和代码接入，开发者需要为 Android 和 iOS 分别进行环境搭建（Cocos2d-x 3.13 之后的版本已经搭建好了环境）。

完成环境搭建之后，需要在游戏逻辑中接入 AnySDK，例如，单击"登录"按钮调用 AnySDK 的登录接口、单击"购买道具"时调用 AnySDK 支付接口，AnySDK Framework 根据市场上存在的第三方 SDK 概括为 6 大系统，即用户系统、支付系统、广告系统、统计系统、社交系统、分享系统。

- 用户系统接口：登录、注销、切换账号、平台中心、显示悬浮按钮、隐藏悬浮按钮、显示退出页、显示暂停页等渠道相关功能。
- 支付系统接口：支付、获取订单号。
- 广告系统接口：显示广告、隐藏广告。
- 统计系统接口：开始会话、结束会话、设置会话时长、设置是否捕捉异常、异常错误信息报告、自定义事件等统计功能。
- 社交系统接口：提交分数、显示排行榜、解锁成就、显示成就榜。
- 分享系统接口：分享。

在完成 AnySDK Framework 的接入后，需要编译游戏项目生成母包，这些内容稍后会进行介绍。

3. 搭建服务器与前后端联调

如果开发者开发的是一个网络游戏，那么还需要为服务器接入 AnySDK，Web 服务器的接入非常简单，AnySDK 提供了各种语言的 Web 服务器示例，在 github 上可以下载到，网址为 https://github.com/AnySDK/Sample_Server，只需要参考 Demo 即可。但 C/C++等服务器的接入则需要变通一下，后面会介绍到 C/C++服务器如何接入 AnySDK。

在前后端都完成 AnySDK 的接入后，可以使用测试账号对母包进行调试，将登录、支付等功能调通，可以参考 AnySDK 的文档，网址为 http://docs.anysdk.com/Debug-User，稍后会对最核心的登录和支付流程进行详细介绍，AnySDK 提供了母包测试的功能，开发者可以在 AnySDK 后台添加测试账号，使用母包来调试登录和支付功能。

4. 打包渠道包

将调试好的项目打包生成母包，可以使用 AnySDK 打包工具来批量生成渠道包。如何生成母包，在 AnySDK 的客户端使用手册中有详细介绍。

从前面的步骤来看，AnySDK 的接入并不算轻松，其工作量与正常接入一个渠道的 SDK 差不多，但接入 AnySDK 之后，可以很轻松地接入其他渠道，只需要在打包工具中进行简单的配置即可完成一个渠道 SDK 的接入。虽然有些渠道需要进行一些特殊处理，但在 AnySDK 的官方文档中非常详尽地介绍了这些问题的处理。

- ❑ Android 常见问题：http://docs.anysdk.com/SDKParams。
- ❑ iOS 常见问题：http://docs.anysdk.com/IOS-SDKParams。
- ❑ H5 常见问题：http://docs.anysdk.com/H5-SDKParams。
- ❑ 打包常见问题：http://docs.anysdk.com/Client-faqs。

36.2　接入 AnySDK Android 框架

在安妮市场中下载 C++（Android）框架之后，解压出来可以发现 3 个 protocols 目录，如图 36-6 所示，开发者需要根据自己项目的 STL 标准库类型来决定使用哪个目录的内容。

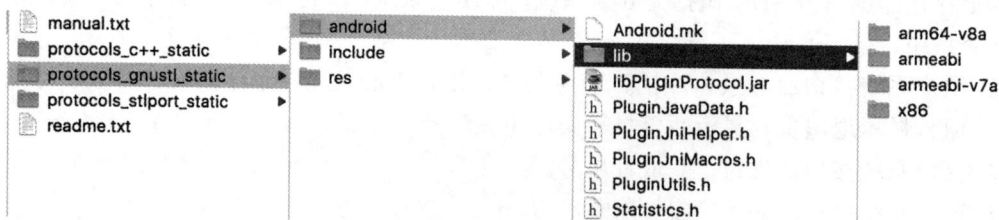

图 36-6　C++（Android）框架

在 Android 项目的 Application.mk 文件中可以找到开发者的项目当前的 STL 标准库类型，如 APP_STL := gnustl_static 表示当前项目以 gnu 静态库的方式引入 STL 标准库，需要使用 protocols_gnustl_static 目录下的框架。

AnySDK Android 框架的接入包含两个部分，将 AnySDK Framework 导入到 Cocos2d-x

项目中，以及在 Cocos2d-x 项目中完成初始化。另外，AnySDK 还提供了一个示例项目供
开发者参考，网址为 https://github.com/AnySDK/Sample_CPP_Cocos2dx。

36.2.1　导入 Android AnySDK Framework

C++（Android）框架包含了静态库和对应的头文件、jar 包、C++头文件以及 res 资源
目录，接下来了解一下如何导入这些文件。

1. 复制AnySDK Framework

在 Cocos2d-x 的 android 工程目录下面新建 protocols 目录，然后将开发者选择的对应
版本框架 protocols 目录下的 include 文件夹和 android 文件夹复制到 protocols 目录下。然后
将框架目录下的 res 文件夹中的所有资源文件拷贝到 android 项目对应的文件中。

2. 修改Android.mk文件配置framework编译选项

这一步是修改游戏工程中 C++代码的 NDK 编译配置文件 Android.mk，将 AnySDK 提
供的 framework 库链接到游戏工程的库中。

（1）将 protocols 目录添加到 NDK_MODULE_PATH 环境变量中，在 android.mk 第一
行 LOCAL_PATH := $(call my-dir) 下面新加一行代码如下：

```
LOCAL_PATH := $(call my-dir)
$(call import-add-path,$(LOCAL_PATH)/../)
```

（2）添加 AnySDK framework 静态库声明，在 Android.mk 文件的 LOCAL_C_INCLUDES
声明下面添加一行代码如下：

```
LOCAL_WHOLE_STATIC_LIBRARIES := PluginProtocolStatic
```

注意：此处注意语法规则，如果工程原有 mk 文件中没有其他 LOCAL_WHOLE_STATIC_
LIBRARIES 声明，则添加上面的代码即可，**如果 mk 文件中有其他的
LOCAL_WHOLE_STATIC_LIBRARIES 声明，那么就需要加在原有声明之后，
并且将:=修改为+=**。我们必须添加到 LOCAL_WHOLE_STATIC_LIBRARIES 中，
而不能添加到 **LOCAL_STATIC_LIBRARIES**，否则会导致 AnySDK 部分函数找
不到。

（3）添加库路径声明代码，在 Android.mk 文件的最后一行添加以下代码，用于导入框
架中 android 目录下的 Android.mk 文件。

```
$(call import-module,protocols/android)
```

3. 导入框架自带的jar包

如果开发者是用 Eclipse 工具开发，右击 Eclipse 工程，在弹出的快捷菜单中选择
Properties，然后选择 Java Build Path，在面板上选择 Libraries，单击 Add JARs...将
libPluginProtocol.jar 引进游戏工程，如图 36-7 所示。

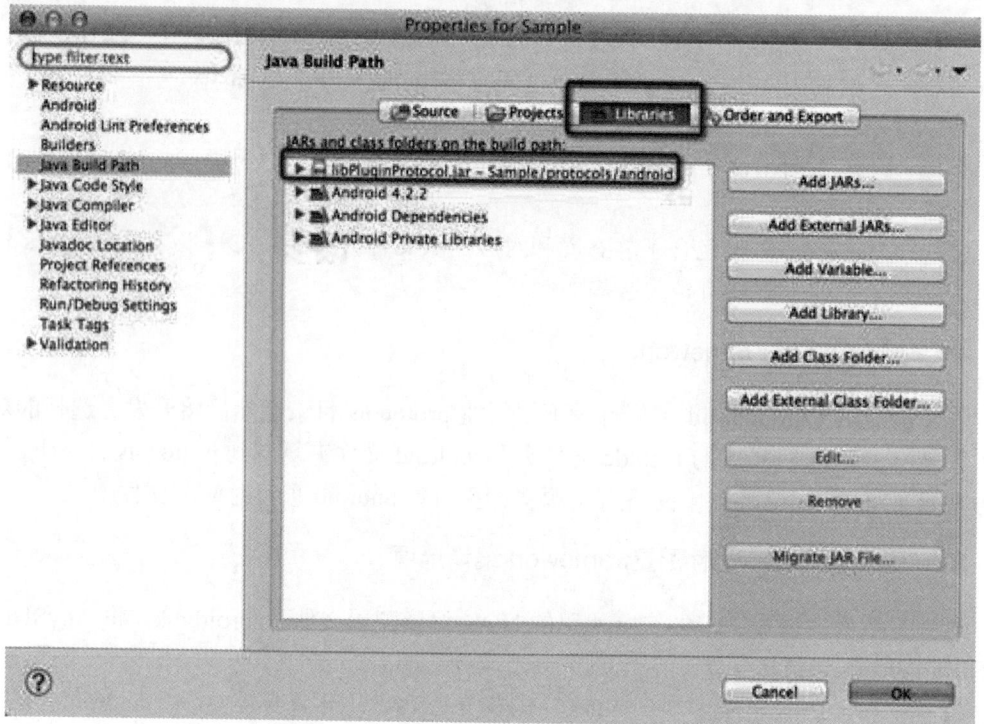

图 36-7　导入 jar 包

🔔说明：**游戏工程的 Android API 最小支持 10。**

如果使用 cocos compile 命令编译的话，需要将 jar 包放在 libs 里（部分版本是放在 jars 里）。

4. 配置AndroidManifest.xml添加框架需要的权限

此外，还需要在 AndroidManifest.xml 中添加框架所需要的权限。

```
<uses-permission android:name="android.permission.INTERNET" />
<uses-permission android:name="android.permission.ACCESS_NETWORK_STATE" />
<uses-permission android:name="android.permission.ACCESS_WIFI_STATE" />
<uses-permission android:name="android.permission.RESTART_PACKAGES" />
<uses-permission
android:name="android.permission.KILL_BACKGROUND_PROCESSES" />
```

一般来说，即便不集成 AnySDK Framework，大部分的项目也都会注册申请这些权限。

36.2.2　初始化 AnySDK Framework

导入了 AnySDK Framework 之后，还需要对 AnySDK Framework 进行初始化，之后才能使用 AnySDK 的接口。

1. 初始化JavaVM

开发者需要在游戏工程加载 jni 的时候为 AnySDK framework 设置 JavaVM 引用，在游戏的 Android 项目目录下的 jni 目录下找到 main.cpp 添加代码，首先需要导入头文件并声明命名空间。

```
#include "PluginJniHelper.h"
using namespace anysdk::framework ;
```

🔔**注意**：此处导入头文件时要根据项目设定的头文件定义路径来写，以保证编译时能成功找到相应头文件。

接下来需要添加设置 JavaVM 的代码，若此处已有其他引擎初始化 JavaVM 的代码，保留其代码并在后面添加 PluginJniHelper::setJavaVM(vm); 即可。

```
PluginJniHelper::setJavaVM(vm); //add for plugin
```

Cocos2d-x 2.x 版本(proj.android/jni/hellocpp/main.cpp)、Cocos2d-x 3.3r0 之前版本的 JavaVM 初始化代码如下：

```
#include "PluginJniHelper.h"

#define  LOG_TAG    "main"
#define  LOGD(...)  __android_log_print(ANDROID_LOG_DEBUG,LOG_TAG,__VA_
ARGS__)

using namespace cocos2d;
using namespace anysdk::framework;

jint JNI_OnLoad(JavaVM *vm, void *reserved)
{
  JniHelper::setJavaVM(vm);
  PluginJniHelper::setJavaVM(vm);
  return JNI_VERSION_1_4;
}
```

Cocos2d-x 3.3rc0 及以上版本的 JavaVM 初始化代码如下：

```
#include "PluginJniHelper.h"

#define  LOG_TAG    "main"
#define  LOGD(...)  __android_log_print(ANDROID_LOG_DEBUG,LOG_TAG,__VA_
ARGS__)

using namespace cocos2d;
using namespace anysdk::framework;

void cocos_android_app_init (JNIEnv* env, jobject thiz) {
   LOGD("cocos_android_app_init");
   AppDelegate *pAppDelegate = new AppDelegate();
   JavaVM* vm;
   env->GetJavaVM(&vm);
   PluginJniHelper::setJavaVM(vm);
}
```

🔔**说明**：因为 setJavaVM 需要在 onCreate()方法之前，所以写在 JNI_OnLoad 里肯定没错。Cocos2d-x 3.3rc0 及其以上版本的 cocos_android_app_init 是在 onCreate()方法之前的，所以也可以写在这里。Cocos2d-3.x 版本头文件需要写全路径，例如 3.2 版本 #include "../../../../proj.android/protocols/android/PluginJniHelper.h"。

2. 在Java层初始化AnySDK Framework框架

首先找到游戏工程的主 Activity，以 cocos2d-x 引擎游戏为例，主 Activity 即是继承了 Cocos2dxActivity 的 MainActivity。然后在主 Activity 的 onCreate()方法中新增如下代码来初始化 AnySDK Framework：

```java
import com.anysdk.framework.PluginWrapper;

public class MainActivity extends Activity{
    protected void onCreate(Bundle savedState)
    {
        super.onCreate(savedState);
        PluginWrapper.init(this); //for plugins
    }
```

说明：AnySDK 的回调函数默认是在主线程，使用 Cocos2d-x 的话，可以在 onCreate()方法中加上 PluginWrapper.setGLSurfaceView(Cocos2dxGLSurfaceView.getInstance());将回调改成在 GL 线程里操作，如不在 GL 线程里操作界面会有问题。

另外还需要重写 Activity 生命周期相关方法，代码如下：

```java
@Override
protected void onDestroy() {
    PluginWrapper.onDestroy();
    super.onDestroy();
}

@Override
protected void onPause() {
    PluginWrapper.onPause();
    super.onPause();
}

@Override
protected void onResume() {
    PluginWrapper.onResume();
    super.onResume();
}

@Override
protected void onActivityResult(int requestCode, int resultCode, Intent data)
{
    PluginWrapper.onActivityResult(requestCode, resultCode, data);
    super.onActivityResult(requestCode, resultCode, data);
}

@Override
protected void onNewIntent(Intent intent) {
    PluginWrapper.onNewIntent(intent);
    super.onNewIntent(intent);
}

@Override
protected void onStop() {
    PluginWrapper.onStop();
    super.onStop();
}
```

```
@Override
protected void onRestart() {
    PluginWrapper.onRestart();
    super.onRestart();
}
```

说明：在 Cocos2d-x 3.0 之后的版本中集成 Cocos2dxActivity 之后已经不需要手动实现 Activity 里的生命周期方法，因此如果开发者发现主 **Activity** 没有这些方法，就需要自己去重写这个方法（直接复制上面的代码片段也可以），并且 **super.onCreate (savedState);** 应在 **PluginWrapper.init(this);** 之前调用，因为调用 **init()** 函数的时候需要调用 C++ 函数，而 so 文件是在 **onCreate()** 调用时加载。

3. 在C++层初始化AnySDK Framework框架

在 C++ 层调用任何 AnySDK Framework 函数之前都需要调用 init 函数进行框架初始化，推荐在 java 层初始化完成之后通知 C++ 层初始化框架，代码如下：

```
#include "AgentManager.h"

using namespace anysdk::framework;

std::string appKey = "BC26F841-0000-0000-0000-000000000000";
std::string appSecret = "1dff378a8f254ec0000000000000";
std::string privateKey = "696064B29E9A00000000000000";
std::string oauthLoginServer = "http://oauth.anysdk.com/api/
OauthLoginDemo/Login.php";

AgentManager::getInstance()->init(appKey,appSecret,privateKey,oauthLogi
nServer);
```

说明：appKey、appSecret、privateKey 这 3 个参数是**在打包工具客户端创建游戏之后生成的游戏唯一参数**，可以在打包工具游戏管理界面查看到。

而 oauthLoginServer 参数是游戏服务提供的用来做登录验证转发的接口地址，在此处配置的接口地址仅用于 sim sdk 测试模式下（即直接运行母包时）做登录时框架请求的地址，而在正式打出渠道包的时候会被替换成相应渠道在打包工具中配置的地址参数。

4. 加载及卸载SDK插件

在初始化框架完成之后加载所有集成的 SDK，代码如下：

```
AgentManager::getInstance()->loadAllPlugins();//对插件进行初始化,包括对各个sdk 的初始化
```

注意：由于部分 SDK 在初始化时涉及 SDK 闪屏的操作，因此强烈建议在完成 AnySDK Framework 框架初始化后调用加载插件操作，代码如下：

```
import com.anysdk.framework.PluginWrapper;

public class MainActivity extends Activity{
    protected void onCreate(Bundle savedState){
    super.onCreate(savedState);
```

```
    PluginWrapper.init(this);          //for plugins
    wrapper.nativeInitPlugins();       //通过 jni 调用用初始化函数
}

void Java_com_anysdk_sample_wrapper_nativeInitPlugins(JNIEnv* env, jobject
thiz)
{
    AgentManager::getInstance()->loadAllPlugins();
}
```

当游戏不需要插件时，可对插件进行卸载。

```
AgentManager::getInstance()->unloadAllPlugins();//对插件进行卸载，需要卸载时
可调用
```

5. 代码混淆

如果要混淆 java 代码，请不要混淆联编的 jar 包中的类。可以添加以下类到 proguard
配置，排除在混淆之外。

```
-keep class com.anysdk.framework.** {*;}
-keep class com.anysdk.Util.SdkHttpListener {*;}
```

36.3　接入 AnySDK iOS 框架

在安妮市场中下载 C++（iOS）框架之后，解压出来也可以发现 3 个 protocols 目录，
如图 36-8 所示，开发者需要根据项目的 C++标准库类型来决定使用哪个目录的内容。

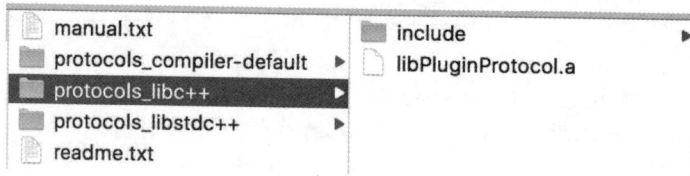

图 36-8　C++（iOS）框架

在 Xcode 中查看项目的 Build Settings 中的 C++ Standard Library 选项，如图 36-9 所示。
根据标准库的类型来选择对应目录，如 libc++对应 protocols_libc++目录。

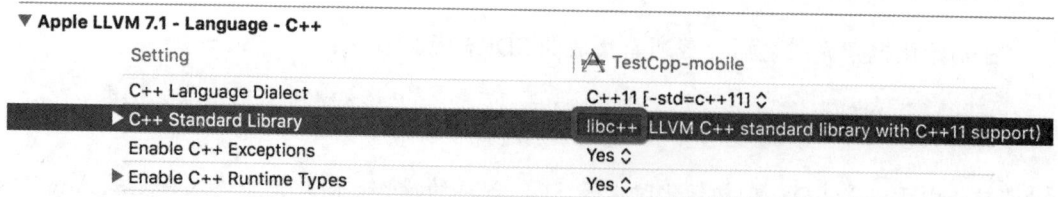

图 36-9　C++ Standard Library 选项

AnySDK iOS 框架的内容看上去比 Android 框架要简单，iOS 框架的接入也包含两个部
分，即将 AnySDK Framework 导入到 Cocos2d-x 项目中并进行相应的设置，以及在 Cocos2d-x
项目中完成初始化。

36.3.1　导入 AnySDK Framework

1. 删除多余的Target

目前打包工具只支持单个 Target，若有多个 Target 会导致打包出来的工程文件缺失，无法正常运行，可在目标上右击，在弹出的快捷菜单中选择"删除"命令，如图 36-10 所示。

如果有其他 Target 所需要用到的同名.plist 文件，也需要删除，否则打包后工程 AnySDK 文件夹下可能会缺失.plist 文件，一般 Cocos2d-x 的 Xcode 项目会有 ios 和 mac 两个目录，如图 36-11 所示，这里可以删除 mac 目录下的 info.plist 文件，也可以将整个 mac 目录删除。

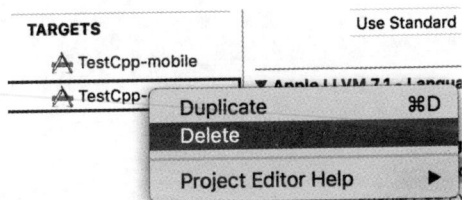

36-10　删除多余的 Target

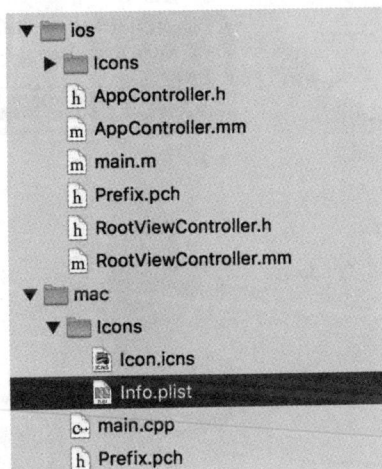

图 36-11　删除 mac 目录或 Info.plist 文件

2. 将图标转为Asset Catalog形式

在母工程中需要将 Icon 转为 Asset Catalog 形式，否则可能导致打包后图标替换错误或者闪屏替换出现问题。

打开项目设置的 General 选项，如图 36-12 所示，若按钮为此样式，单击该 Use Asset Catalog 按钮，Xcode 会自动转化原有图标，生成一个 Images.xcassets 文件夹。

图 36-12　转换 App 图标为 Asset Catalog 形式

3. 在项目中引用libPluginProtocol

一般有两种方式可以引入一个库文件，添加文件到项目中或添加 lib 到项目中，两种方式都可以，除了导入静态库之外，还需要将静态库的 include 目录添加到头文件搜索路径中，开发者可以在项目设置的 Search Paths 下的 User Header Search Paths 中添加搜索路径。

添加文件的方式导入静态库，需要在项目上右击，在弹出的快捷菜单中单击 Add Files to XXX，之后会弹出文件选择对话框，找到对应的 protocols 目录，选取并单击 add，就完成了 libPluginProtocol 库的导入，如图 36-13 所示，注意在添加时要选中 Create groups 单选按钮。

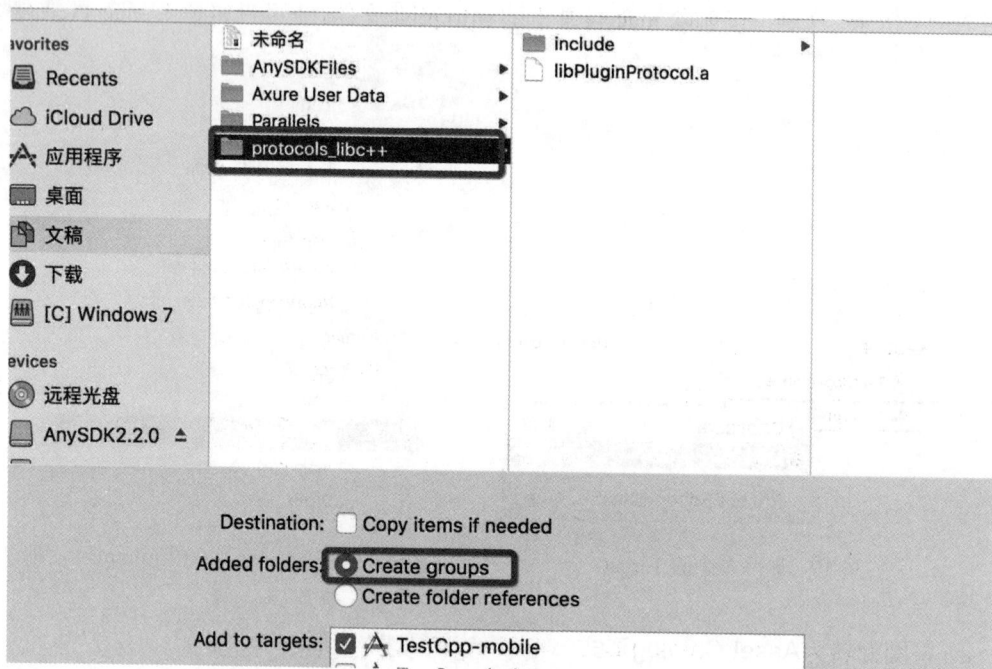

图 36-13 添加 libPluginProtocol 库

请不要修改.a 的文件名（不同框架下文件名可能为 libPluginProtocol.a，libPluginProtocol_libc++.a 或 libPluginProtocol_libstdc++.a），否则打包时检测框架版本号时会报错。

另外一种方式是添加 lib 到项目中，在 Xcode 中选中项目，选择 TARGETS→Build Phases→Link Binary With Libraries，单击"+"按钮，如图 36-14 所示，弹出一个界面，单击 Add Other，之后会弹出文件选择对话框，找到 libPluginProtocol.a，选取并单击 open，就完成了 libPluginProtocol 库的导入。

4. 导入框架依赖库

libPluginProtocol 需要依赖以下几个系统库：

❑ CFNetwork.framework；

❑ CoreFoundation.framework；

- ❑ MobileCoreServices.framework；
- ❑ SystemConfiguration.framework；
- ❑ libz.dylib(Xcode7:libz.tbd)。

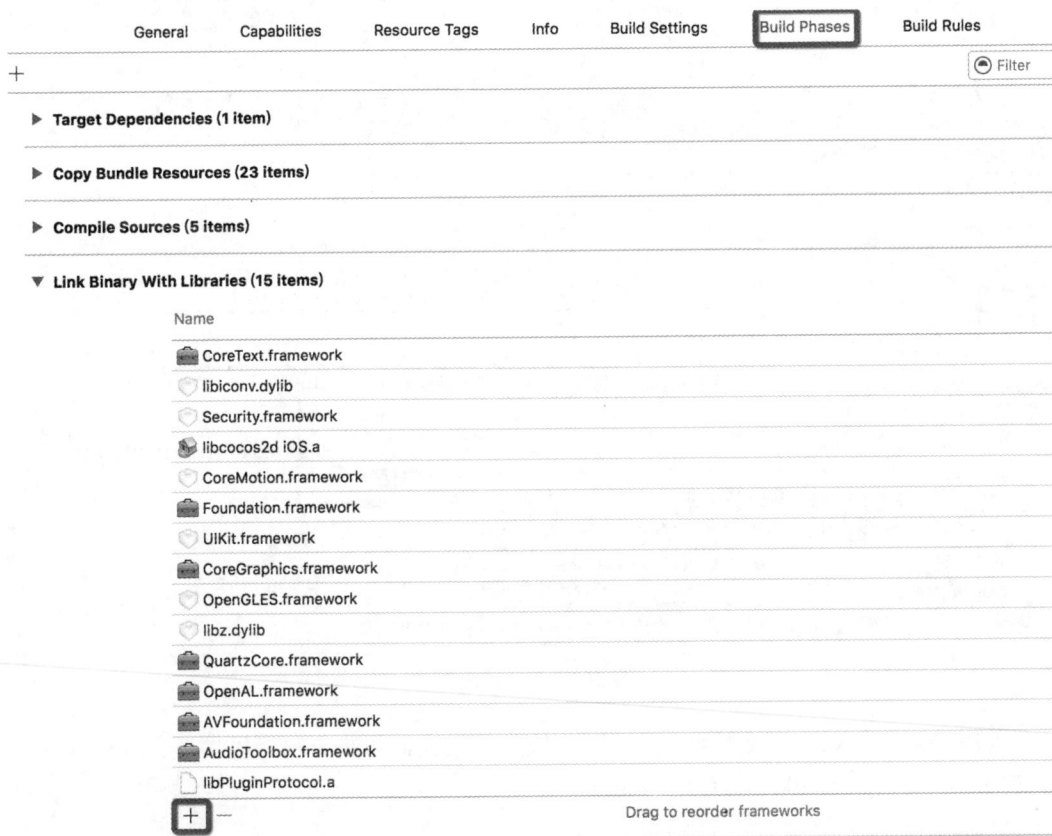

图 36-14　导入静态库

5. 添加链接参数

打开项目工程配置，添加库的链接参数，在项目工程配置中，找到 Linking 中的 Other Linker Flags，添加-ObjC 参数，如图 36-15 所示。

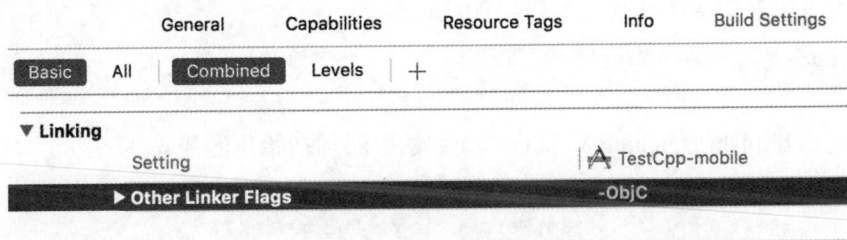

图 36-15　添加链接参数

如果添加链接参数后编译报错，需要根据错误信息来解决，如图 36-16 所示的错误，可以通过导入系统库 MediaPlayer.framework 和 GameController.framework 解决。

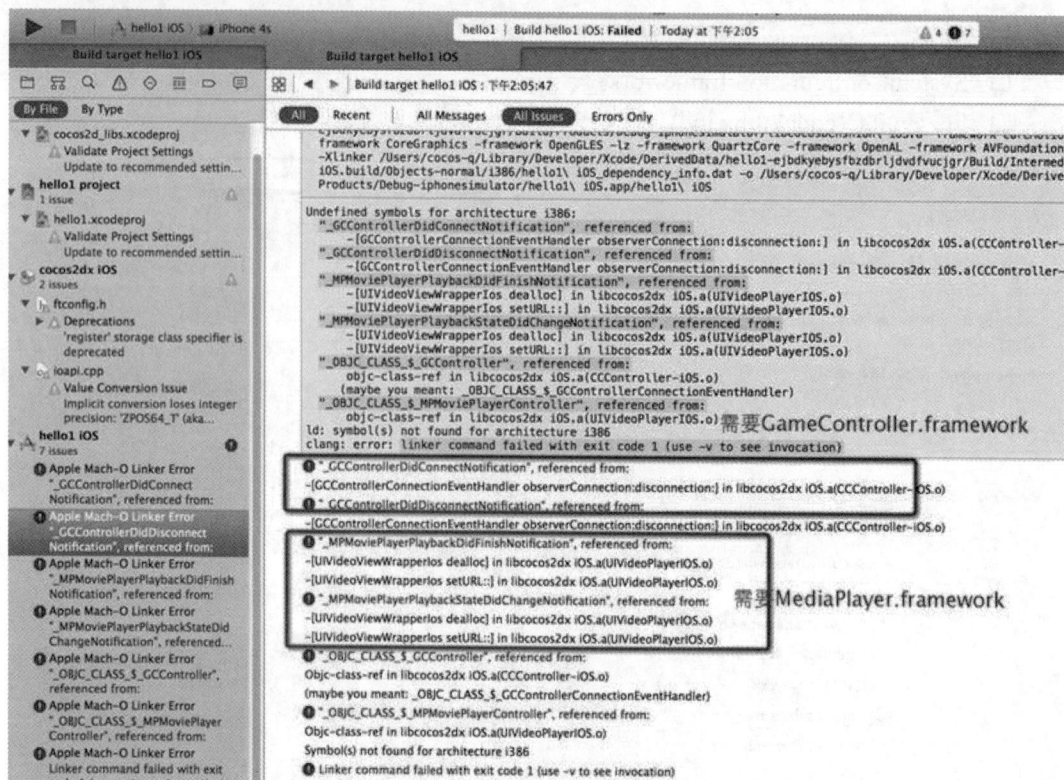

图 36-16 编译出错

使用 Cocos2d-x2.2.x 版本编译时还可能报其他错误，解决方法可以参考 AnySDK 的官方文档 http://docs.anysdk.com/CppTutorial。

36.3.2 初始化 AnySDK Framework

导入了 AnySDK Framework 之后，还需要对 AnySDK Framework 进行初始化才能使用 AnySDK 的接口。在 iOS 中初始化 AnySDK Framework 非常简单，只需要在项目启动时调用初始化 AnySDK Framework 的代码即可。

开发者可以在 Cocos2d-x 的 Xcode 项目的 iOS 目录下的 AppController.mm 文件中进行初始化，首先包含头文件以及引入命名空间。

```
#include "AgentManager.h"
using namespace anysdk::framework;
```

然后在 didFinishLaunchingWithOptions 方法中添加初始化的代码如下。

```
//获取 AgentManager
AgentManager* agent = AgentManager::getInstance();
std::string appKey = "Your APPKEY";
std::string appSecret = "Your APPSECRET";
std::string privateKey = "Your PRIVITEKEY";
std::string oauthLoginServer = "http://oauth.anysdk.com/api/
OauthLoginDemo/Login.php";
//初始化 Agent
```

```
agent->init(appKey, appSecret, privateKey, oauthLoginServer);
//加载插件
agent->loadAllPlugins();
```

这段代码与 Android 中 C++层的初始化是一样的,开发者也可以将初始化统一放到 C++的 AppDelegate 中, 在 C++中进行初始化。

36.4　登　录　流　程

登录是所有网络游戏都必须接入的一个核心功能, 这个功能需要客户端和服务端协同完成。接下来了解一下 AnySDK 的登录流程, 以及客户端和服务端如何接入登录。

36.4.1　登录流程简介

正常的登录流程只是客户端发送账号密码给服务器, 服务器进行校验并将结果返回给客户端, 但接入了 SDK 之后的流程会复杂一些, 完整的登录流程如图 36-17 所示。

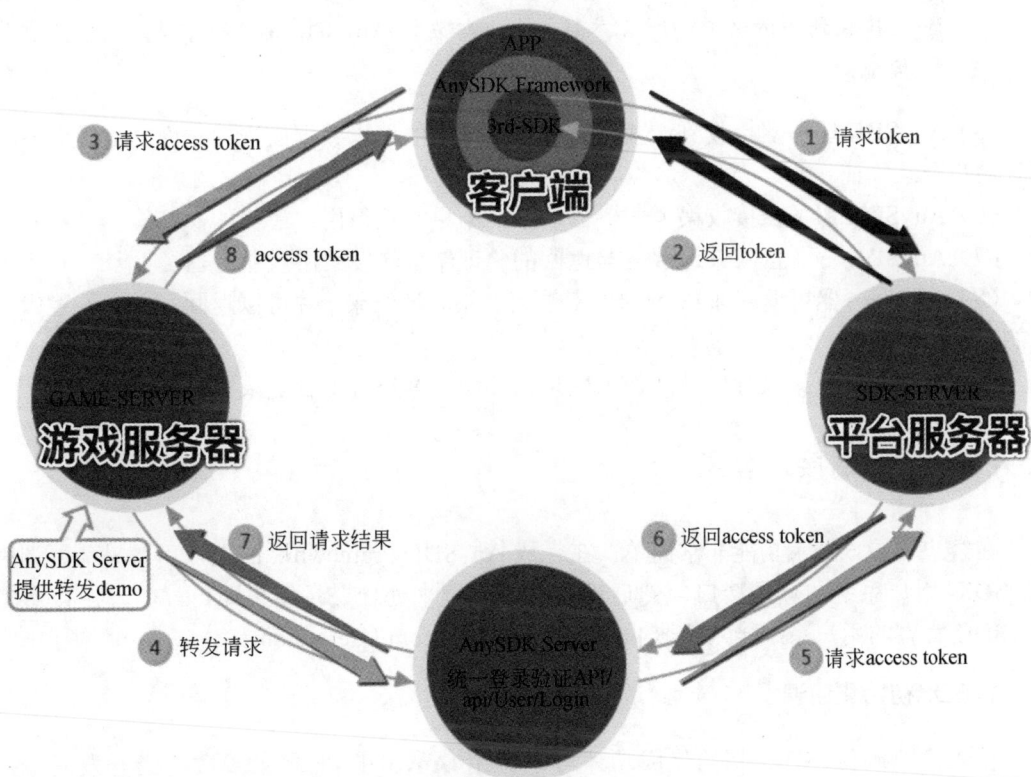

36-17　登录流程

客户端、平台 SDK 服务器、AnySDK 服务器以及游戏服务器参与了整个登录流程, 并将该流程划分为 8 个步骤。

（1）游戏客户端调用 AnySDK 框架 login 接口，客户端弹出渠道 SDK 登录界面，输入账号密码后单击登录，相应渠道 SDK 内部向渠道平台服务器发起登录请求。

说明：要接到 AnySDK 初始化成功的回调之后，才可以调用 AnySDK 框架的登录接口。

（2）渠道 SDK 服务器校验平台用户登录成功后，返回的用户 ID 和授权码 token，这里的用户 ID 和授权码相当于用户的账号和密码。

（3）AnySDK 框架从渠道 SDK 中获取到用户 ID 和授权码，然后向游戏服务器发送请求去做用户登录信息验证（此步请求的接口地址就是开发者填写在打包工具渠道参数上的用户登录验证地址）。

说明：以上 3 步都是由 AnySDK Framework 完成的，不需要开发者再写代码，这个流程开发者是无法干预的。

（4）游戏服务器接收到客户端请求过来的参数之后，将用户信息等参数再转发给 AnySDK 服务器（此步骤执行的操作在下面有提供 PHP 和 Java 语言的示例代码，开发者可以直接使用或者参考实现）。

说明：由于每个渠道 SDK 登录得到的参数个数与内容都是不同的，因此游戏服务器要遍历接收到的请求中的所有参数并全部转发给 AnySDK 服务器，否则无法通过登录验证。

（5）AnySDK 服务器接收到游戏服务器发送过来的请求数据后去向对应的渠道服务器进行用户登录验证。

（6）AnySDK 服务器接收渠道服务器的验证结果并获得用户最终的 token。

（7）AnySDK 服务器将渠道服务器返回的验证结果转发给游戏服务器。

（8）游戏服务器再返回通知 AnySDK 框架登录验证结果，并可以返回一些游戏逻辑相关的数据给游戏客户端。

（9）AnySDK 框架执行登录回调函数来通知游戏客户端是否登录成功。

36.4.2　客户端接入登录

在客户端接入登录功能非常简单，在完成 AnySDK Framework 的接入后，只需要调用 AnySDK 用户系统的登录接口，然后设置登录回调来处理登录结果即可。具体可以参考 AnySDK 官方的用户系统接入手册 http://docs.anysdk.com/Usersystem。

1. SDK初始化回调

首先需要确保 SDK 初始化成功才可以调用 AnySDK 的登录函数，当开发者调用 AgentManager 的 loadAllPlugins 接口时，会自动对插件和 SDK 进行初始化，但 SDK 是否初始化成功，需要根据 SDK 初始化回调来确定。

要获取 SDK 的初始化回调就需要设计一个类继承于 UserActionListener，并重写其 onActionResult()方法，如 AnySDK 自带示例的 PluginChannel 类，开发者的各种操作 AnySDK 框架都会通过 onActionResult()方法将操作结果通知给开发者，如 SDK 初始化、用户登录等操作。

```
class PluginChannel:public UserActionListener
{
public:
virtual void onActionResult(ProtocolUser* pPlugin, UserActionResultCode
code, const char* msg)
{
    switch(code)
    {
    case kInitSuccess://初始化 SDK 成功回调
        //SDK 初始化成功，游戏相关处理
        break;
    case kInitFail://初始化 SDK 失败回调
        //SDK 初始化失败，游戏相关处理
        break;
    }
}
}
```

接下来需要创建一个 PluginChannel 对象，并绑定到 UserPlugin 中，通过调用 AgentManager 的 getUserPlugin()方法获取 UserPlugin 对象，然后调用 UserPlugin 对象的 setActionListener()方法绑定，代码如下（这段代码是 PluginChannel 内部调用的，所以可以直接传入 this）：

```
if(AgentManager::getInstance()->getUserPlugin())
{
    AgentManager::getInstance()->getUserPlugin()->setActionListener(this);
}
```

2. 调用登录

在 SDK 初始化成功之后，可以调用 UserPlugin 的 login()方法来登录，开发者可以直接调用 login()方法，也可以传入一个字符串 map，将一些参数传递给游戏服务器。代码如下：

```
//调用用户系统登录功能
void PluginChannel::login()
{
    ProtocolUser* _pUser = AgentManager::getInstance()->getUserPlugin();
    if(!_pUser) return;
    map<string, string> info;
    info["server_id"] = "2";
    info["server_url"] = "http://xxx.xxx.xxx";
    info["key1"] = "value1";
    info["key2"] = "value2";
    _pUser->login(info);
}
```

登录参数可以传入一个 map，可传入服务器 id(server_id)、登录验证地址（server_url）和透传参数（任意 key 值）。

服务器 ID：key 为 server_id，服务端收到的参数名为 server_id，不传则默认为 1。

登录验证地址：key 为 server_url，传入的地址将覆盖配置的登录验证地址。

透传参数：key 任意（以上两个 key 除外），服务端收到的参数名为 server_ext_for_login，是个 JSON 字符串。

说明：除了在代码中添加透传参数，另外还可以在 **AnySDK 客户端的渠道参数配置中配置登录验证透传参数，服务端收到的参数名为 server_ext_for_client**（代码中添加的透传参数会被放到 **server_ext_for_login** 中）。

开发者可以在 onActionResult()方法中获取登录结果，就像获取 SDK 初始化结果一样，如表 36-1 中列出了登录操作会触发的回调。

表 36-1　登录回调信息

回 调 信 息	code	msg
登录成功	kLoginSuccess	游戏服务端回传给客户端数据的 ext 字段
登录失败	kLoginFail	null 或者错误信息的简单描述
登录网络出错	kLoginNetworkError	null 或者错误信息的简单描述
已经登录	kLoginNoNeed	null 或者错误信息的简单描述
登录取消	kLoginCancel	null 或者错误信息的简单描述

UserPlugin 还提供了其他辅助接口，如 bool isLogined()方法 可用于判断是否已经登录。std::string getUserID() 方法可用于获取用户 ID。UserPlugin 还提供了如账号切换、注销等接口，可以参考 AnySDK 的用户系统接入手册。

36.4.3　服务端接入登录

AnySDK 要求开发者提供一个 Web 服务器来实现登录验证，开发者需要将服务器登录验证的 URL 配置到打包工具中，也可以在客户端调用 login()方法时放到 map 参数中传入。

1. Web服务器的登录验证

Web 服务器的功能非常简单，只是原样地将客户端登录验证请求转发给 AnySDK 服务器，然后将验证结果原样返回给客户端。AnySDK 提供了各种语言的 web 服务器示例，参考网址为 https://github.com/AnySDK/Sample_Server。

开发者可以直接使用 AnySDK 提供的服务器代码，然后根据自己的需求适当调整代码，如果开发者的游戏是单机游戏，还可以不架设自己的服务器，直接使用 AnySDK 登录验证地址 http://oauth.anysdk.com/api/User/LoginOauth/。AnySDK 还提供了服务端登录功能接入手册 http://docs.anysdk.com/OauthLogin。

2. C/C++服务器的登录验证

如果开发者的游戏服务器本身是 Web 服务器，那么直接使用 AnySDK 提供的服务器示例代码就可以了，但如果开发者使用的是 C/C++实现的长连接服务器，那么就需要做一些额外的处理。

当客户端通过 Web 服务器的验证之后，要去连接 C/C++服务器，这时候 C/C++如何验证客户端是否已经登录了呢？这里有两种验证方法。

□ 第一种方式是在 Web 服务器验证通过之后生成一个密码，或者直接使用渠道 SDK 的 token 字段作为密码，将这个密码通过扩展字段告知客户端，并将密码写入数据库中。

　　客户端在登录 C/C++服务器时提交用户 ID 和该密码进行验证，C/C++服务器将用户提交的密码与数据库中的密码进行对比校验。

- 　　第二种方式是在 Web 服务器验证通过之后，将客户端登录请求的内容通过扩展字段返回给客户端，客户端将登录请求的内容发给 C/C++服务器，C/C++服务器再次请求 AnySDK 服务器进行验证。相当于客户端的一次登录操作，开发者向 AnySDK 验证了两次，一次是 Web 服务器的验证，另一次是 C/C++服务器的验证。

　　重复的验证看上去有些多余，那么是否可以只在 C/C++服务器验证，把 Web 服务器去掉呢？从 AnySDK 的登录验证流程来看是不可以的，因为开发者调用了 login 之后，就只能等待 AnySDK 的登录回调，AnySDK 框架会自动发起 HTTP 登录验证请求。

　　不论使用哪种方式进行验证，都需要通过扩展字段向客户端返回数据，AnySDK 统一登录验证获取的数据统一以 Json 格式返回，其中包含 status、data、common、ext 这 4 个子域部分。

- 　　status：用于表达验证请求成功与否。
- 　　data：保存渠道平台返回的验证信息（此部分数据的格式根据不同渠道的实现不同而有所差异，有些渠道会返回较多的用户信息数据，有些渠道只会返回校验结果，AnySDK 返回这些数据是为了能让游戏服务器获取到所有的原始验证信息，开发者可以使用这些数据，也可以直接忽略这部分数据，不会影响接入）。
- 　　common：包含渠道编号、渠道 SDK 标识，渠道返回的用户 userId（渠道唯一），以及用户登录前选择的游戏服务器 ID（此数据只有当客户端调用带 serverId 的重载登录函数时才会有值，否则默认为空），开发者请使用此部分统一数据作为用户数据。
- 　　ext：默认为空，游戏服务器可以在 ext 域中存放游戏逻辑相关的数据（比如开发商服务器内部设定用户标识），**这些数据会在游戏客户端获取到登录成功回调时附带的 msg 信息里完整地拿到**，然后用来执行相应的游戏逻辑。

　　如果登录成功，AnySDK 服务器会返回类似下面代码的一串 Json 字符串，开发者可以向 ext 字段添加任何信息来返回给客户端。

```
{
    "status":"ok",
    "data":
    {
        "id":"18135798",
        "name":"\u6b27\u9ea6\u560e\u5730",
        "avatar":"http:\/\/u1.qhimg.com\/qhimg\/quc\/48_48\/22\/02\/55\
        /220255dq9816.3eceac.jpg?f=6c449fbaaa093e52b4053e46170af079",
        "sex":"\u672a\u77e5",
        "area":"",
        "nick":""
    },
    "common":
    {
        "channel":"000023",
        "user_sdk":"360",
        "uid":"18135798",
        "server_id":"1",
        "plugin_id":"12"
    },
```

```
    "ext":""
}
```

36.5　支 付 流 程

支付是游戏的一个重要功能，是网络游戏最主要的收入来源，支付 SDK 可以让玩家在游戏中充值购买游戏道具，这个功能也需要前后端协同完成。

36.5.1　支付流程

支付流程是一个异步的流程，要注意的问题比登录流程多一些，登录流程出现问题的话，最多是玩家登录不了，而支付流程出问题则可能出现玩家充值了但程序没有发给道具，或者玩家一次充值程序重复发放了道具，所以支付流程的处理应该更加严谨。在游戏服务器和渠道 SDK 服务器之间，同样是通过 AnySDK 服务器来进行中转，接入 AnySDK 的整个支付流程如图 36-18 所示。

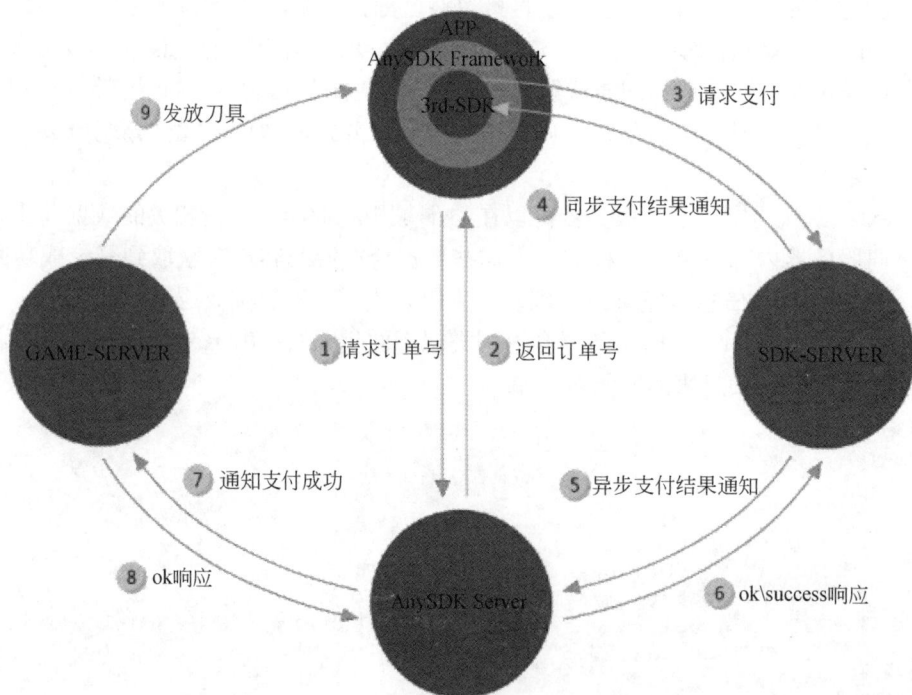

图 36-18　支付流程图

（1）游戏客户端调用 AnySDK 框架支付接口（payForProduct），AnySDK 框架请求 AnySDK 服务器生成本次交易订单号。

（2）AnySDK 服务器返回订单号给客户端，AnySDK 框架获取到 AnySDK 服务器生成的支付订单号。

（3）AnySDK 框架调用渠道 SDK 支付接口向渠道平台服务器请求支付。

（4）支付成功后，渠道支付 SDK 会返回支付成功通知 AnySDK 框架，框架再执行支付成功回调函数通知游戏客户端。

注意：**这里 SDK 返回的成功回调只是指交易已经成功提交给渠道服务器，并不表示此笔订单已经支付成功**，有些渠道支付 SDK 是只要进入支付选择界面，SDK 生成订单就会返回支付成功回调，即使玩家取消支付或者支付失败，因此订单的支付结果只能以**游戏服务器是否接收到渠道服务器的支付订单回调信息**为准，而不能以本地支付回调为准。

（5）渠道平台服务器完成订单支付后发送订单验证信息异步通知 AnySDK 服务器。

注意：这里需要开发者在渠道后台（即开发者获取 SDK 参数的页面）**将支付订单回调地址配置为 AnySDK 提供的各渠道专用的支付回调地址**，回调地址可以在打包工具参数配置页面查看。

（6）AnySDK 服务器对渠道服务器发送过来的订单信息做校验，并返回正确的响应。

（7）AnySDK 服务器将订单支付结果信息推送到游戏服务器提供的支付订单回调地址。此地址在打包工具配置渠道参数界面配置。

（8）游戏服务器对 AnySDK 推送过来的信息做校验，只要游戏服务器完成本次通知处理，不论是确认订单有效发放道具或是订单无效丢弃，请务必返回正确的响应 ok 或 OK，否则 AnySDK 会重复通知。

（9）游戏服务器验证支付通知并发放道具。

36.5.2　客户端接入支付

由于整个支付流程是异步的，所以客户端的支付需要处理两部分，首先是请求支付，然后是道具发放的处理。当然，在使用支付插件之前，需要调用 AgentManager 的 loadAllPlugins 先初始化插件，跟用户插件一样。具体可以参考 AnySDK 官方的支付系统接入手册 http://docs.anysdk.com/IAPSystem。

1. 请求支付

AnySDK 框架支持多个支付插件，AnySDK 客户端选择多少个支付，getIAPPlugin 就能获取到多少个。一般情况只会选择一个支付插件，如果选择多个支付插件需要开发者自己提供相关界面完成多支付的逻辑展示。

```
std::map<std::string , ProtocolIAP*>* _pluginsIAPMap= AgentManager::
getInstance()->getIAPPlugin();

std::map<std::string , ProtocolIAP*>::iterator it = _pluginsIAPMap->
begin();
if(_pluginsIAPMap)
{
    if(_pluginsIAPMap->size() == 1)//只存在一种支付方式
    {
        (it->second)->payForProduct(productInfo);
```

```
    }
    else //多种支付方式
    {
    //开发者需要自己设计多支付方式的逻辑及 UI
    }
}
```

调用插件的 void payForProduct(TProductInfo info);方法可以发起支付请求,该方法要求传入一个 TProductInfo 结构体,TProductInfo 实际上是一个 map,记录了支付的一些相关的信息,开发者需要提供表 36-2 中的参数。

表 36-2　支付参数

参　　　数	是否必传	参　数　说　明
Product_Id	Y	商品 ID(联想、七匣子、酷派等商品 ID 要与在渠道后台配置的商品 ID 一致)
Product_Name	Y	商品名
Product_Price	Y	商品价格(元),可能有的 SDK 只支持整数
Product_Count	Y	商品份数(除非游戏需要支持一次购买多份商品,否则传 1 即可)
Product_Desc	N	商品描述(不传则使用 Product_Name)
Coin_Name	Y	虚拟币名称(如金币、元宝)
Coin_Rate	Y	虚拟币兑换比例(如 100,表示 1 元购买 100 虚拟币)
Role_Id	Y	游戏角色 ID
Role_Name	Y	游戏角色名
Role_Grade	Y	游戏角色等级
Role_Balance	Y	用户游戏内虚拟币余额,如元宝、金币、符石
Vip_Level	Y	Vip 等级
Party_Name	Y	帮派、公会等
Server_Id	Y	服务器 ID,若无填 1
Server_Name	Y	服务器名
EXT	N	扩展字段

🔔注意:调用支付函数时需要传入的一些玩家信息参数(如角色名称、ID、等级)都是渠道强制需求(如 UC、小米),并非 AnySDK 收集所用,如果开发者不填或者填假数据都会导致渠道上架无法通过。必传参数不能为空,若当前没有可用的值可以写任意值上去,个别渠道可能还需要添加其他参数,请参考常见问题中的渠道说明,根据渠道判断并添加上相应参数。

Product_Id 是支付请求中最关键的一个参数,就是要购买的商品 ID,开发者需要在渠道的开发者后台添加对应的商品,如果同一个商品在不同的渠道有着不同的商品 ID,那么开发者可以在 AnySDK 的开发者后台添加对应的商品映射,然后在代码中使用统一的商品 ID,具体操作可以参考 AnySDK 官方的商品映射文档 http://docs.anysdk.com/ProductMapping。

2. 发放道具

在请求支付之前,需要设置好支付结果的回调,要处理支付回调就需要设计一个类继承于 PayResultListener,并重写其 onPayResult()方法,如 AnySDK 自带示例的 PluginChannel 类,AnySDK 会调用 onPayResult()方法传入支付的结果。

```
class PluginChannel:public PayResultListener
```

```
{
public:
    //支付回调
    virtual void onPayResult(PayResultCode ret, const char* msg,
    TProductInfo info)
    {
        //处理回调函数
        switch(code)
        {
        case kPaySuccess:                      //支付成功回调
        //支付成功后，游戏相关处理
            break;
        case kPayNetworkError:                 //支付网络出错回调
        case kPayCancel:                       //支付取消回调
        case kPayProductionInforIncomplete:    //支付信息填写不完整回调
        case kPayFail:                         //支付失败回调
        //支付失败后，游戏相关处理
            break;
        /**
        * 新增加:正在进行中回调
        * 支付过程中若 SDK 没有回调结果，就认为支付正在进行中
        * 游戏开发商可让玩家去判断是否需要等待，若不等待则进行下一次的支付
        */
        case kPayNowPaying:
            break;
        }
    }
}
```

通过 AgentManager 的 getIAPPlugin()方法获取 IAP 插件 map，遍历所有的 IAP 插件，调用它们的 setResultListener()方法将回调对象设置进去（下面这段代码是 PluginChannel 内部调用的，所以可以直接传入 this）：

```
std::map<std::string , ProtocolIAP*>* _pluginsIAPMap= AgentManager::
getInstance()->getIAPPlugin();
std::map<std::string , ProtocolIAP*>::iterator iter;
for(iter = _pluginsIAPMap->begin(); iter != _pluginsIAPMap->end(); iter++)
{
    (iter->second)->setResultListener(this);
}
```

在支付流程图中道具是由游戏服务器发放的，道具的发放应该包含两个处理，把道具添加到数据库中，以及通知客户端获得了道具，由于支付流程图中的游戏服务器是一个 Web 服务器，而 Web 服务器要给客户端做主动推送还是比较麻烦的，所以建议由客户端主动查询游戏服务器，在客户端接收到支付成功之后，每隔 1～2 秒请求一下游戏服务器支付的结果，在完成本次支付之后才允许玩家进行下一次支付。

由于支付流程有可能由于服务器的问题导致一直没有发放道具，那么客户端可以做一个超时处理，例如超过 1 分钟，提示玩家支付超时，让玩家稍后重试或询问客服人员，调用支付插件的 resetPayState 方法重置支付状态。

36.5.3　服务端接入支付

与登录类似，开发者需要提供一个支付回调地址给 AnySDK，用于接收 AnySDK 返回

的支付结果，在回调中开发者需要进行 IP 校验、验签、以及订单状态检查，这些判断都通过之后给玩家发放道具，最后返回字符串 OK 给 AnySDK 服务器。

IP 校验可以避免白名单以外的 IP 发送假的支付结果给支付服务器，通过签名验证可以保证传入的支付结果是有效的，假冒的支付结果无法验签通过，这样双重验证就确保了支付结果的安全性。

AnySDK 提供的服务器示例实现了除发放道具外的所有逻辑，开发者可以直接在 AnySDK 的服务器示例上添加发放道具的逻辑即可。

如果是客户端在支付之后定时向服务器查询，那么订单支付失败了也应该将失败的结果返回给客户端，然客户端可以结束这次支付。

除了考虑支付失败的问题，发放道具的逻辑还需要考虑 AnySDK 服务器重复回调的问题，在回复 OK 字符串给 AnySDK 服务器之前，AnySD 服务器会以特定的时间间隔回调支付地址，有可能开发者正在处理该订单，AnySDK 服务器又针对该订单回调支付地址，所以开发者需要将已经发放道具的订单号存到数据库中，每次回调先判断该订单是否已处理。

如果不希望数据库被已完成的订单塞满，可以将订单号写入高效的 Redis 数据库中，并设置 2 天的超时时间，因为 AnySDK 的通知间隔不会超过 2 天，这样开发者只需要判断当前的订单是否与 2 天内的已完成订单重复即可。

如果希望在 C/C++服务器接入支付功能，流程也很简单，在发放完道具（写入游戏数据库）之后，将订单信息写入 Redis 数据库中，C/C++服务器收到客户端发起的查询请求后，从 Reids 数据库中查询该订单的支付结果，并将结果返回给客户端。

36.6　母包联调

接入登录和支付这两个核心功能之后，就可以对客户端和服务端进行联调了，可以将母包打包成渠道包再进行联调，也可以使用 AnySDK 的测试账号直接用母包进行联调。

要联调母包，首先需要在 AnySDK 的开发者后台创建测试账号，如图 36-19 所示，开发者还可以在这里编辑测试账号，修改测试账号的密码和余额，账号中的余额可以用来测试支付。

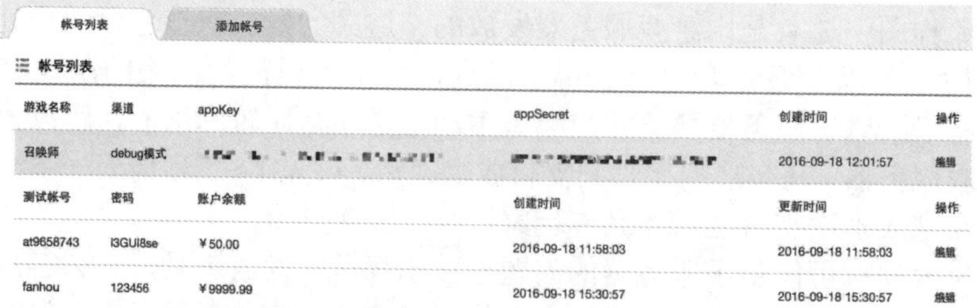

图 36-19　开发者后台

36.6.1　调试登录

在手机上运行母包，在调用登录时可以看到 AnySDK 提供的测试登录界面，如图 36-20

所示，输入测试账号和密码可以测试登录功能。

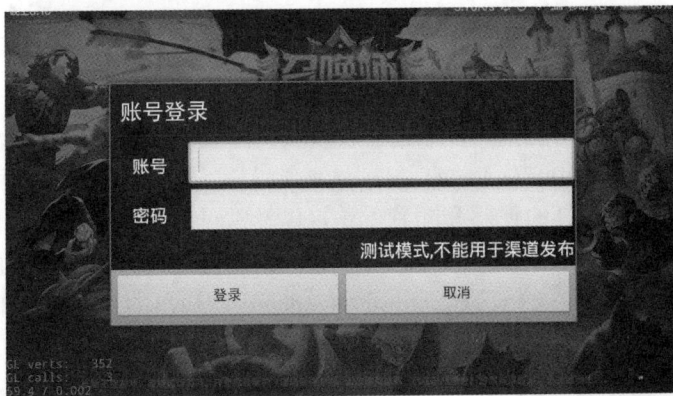

图 36-20　测试登录

36.6.2　调试支付

在登录之后，调用 AnySDK 的支付插件时也会弹出 AnySDK 提供的支付测试界面，如图 36-21 所示，通过测试账号的余额可以测试支付功能。支付之后可以在 AnySDK 开发者后台查看测试账号的余额。

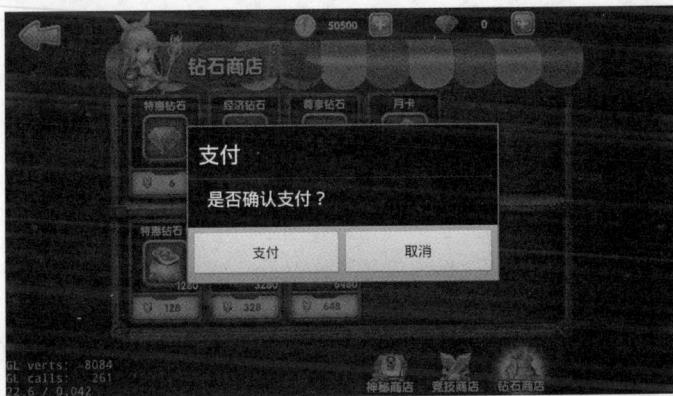

图 36-21　测试支付

在调试时，客户端不需要调整任何代码，但服务端需要根据注释开启母包调试的代码才可以进行母包调试。

另外由于调试支付功能需要开发者提供一个外网的回调地址，如果开发者处于内网环境中，没有外网 IP 的话，在个人调试时，可以使用花生壳软件，通过端口映射让 AnySDK 能够访问到服务器。

如果开发的是单机游戏，AnySDK 提供了一个伪游服地址（http://pay.anysdk.com/callbacktest/devnull.php），该地址只是单纯的返回 ok。由于有的 SDK 的客户端回调并不准确，会有并未充值却回调成功的情况，所以建议用户搭建服务器接收通知，客户端再去服务端查订单结果。

36.7　打包工具

AnySDK 的打包工具功能强大，配置也较烦琐，在 AnySDK 的客户端使用手册中有详细介绍 http://docs.anysdk.com/PackageTool。

文档中详细介绍了工具的使用和配置方法，以及常见问题，然而 iOS 的打包并没有说明，iOS 不同于 Android，Android 的打包要求输入的是母包 APK，输出的是渠道包 APK，可以直接使用。但 iOS 要求输入的是母包的 xcodeproj，输出的是渠道包的 xcodeproj，如图 36-22 所示。

图 36-22　打包 iOS

选择渠道之后进行打包，打包完成后会弹出如图 36-23 所示的界面，单击右侧的"打开工程"按钮会在 Xcode 中打开生成的渠道 xcodeproj 文件。

图 36-23　打包 iOS 完成

打包之后 AnySDK 会在项目的目录下增加一个 proj.ios_mac_anysdk 目录，母包和渠道包的 xcodeproj 都在该目录下，每个渠道的 xcodeproj 文件名都会以渠道编号为后缀，例如，海马玩渠道生成的是 XXX-500017.xcodeproj，如图 36-24 所示。

图 36-24　AnySDK 生成的项目目录

之后就只需要使用 proj.ios_mac_anysdk 目录下的母包项目即可，原先的 proj.ios_mac 目录可以不用了。之后打包 IPA 文件还需要在每个渠道项目上执行 Xcode 的打包操作，具体可以参考 34.1 节的内容。

关于打包工具还有一点需要**特别注意**的是，修改打包工具中的参数配置是会同步到 AnySDK 后台，并立即生效！同时对于之前已经发布的版本，也是会生效的。

笔者在使用的过程中出现了一个严重问题。在开发的游戏上线之后，希望搭建另外一套和正式环境一样的沙箱环境，当正式环境出了问题之后可以在沙箱环境中测试，定位问题。服务器搭建完成之后，笔者就打了一个沙箱环境的包，这个包在打包时将打包工具中的登录和支付参数配置为了沙箱环境的回调地址，修改之后**直接导致了线上版本中的玩家登录不了，以及充值没有发放道具**。因为这个参数配置并不是打到安装包里的，而是配置到了后台，正式环境下的包从后台获取配置，所以也会被影响，于是笔者在 AnySDK 中另外新建了一个 XXX 沙箱应用，专门用于沙箱调试。

36.8　小　　结

虽然看上去 AnySDK 的内容很多，但一旦上手了，后面带来的方便远大于学习这套工具时的麻烦，正所谓磨刀不误砍柴工，在前期花一些时间来学习了解 AnySDK 是明智的选择，而且 AnySDK 文档丰富，技术讨论群中又有技术人员积极解决问题，学习成本比想像中要低。

如果免费版本满足不了需求，那么可以购买企业版本可以得到 7×24 小时的技术支持，如果需要接入的渠道 AnySDK 不支持，还可以根据 AnySDK 的文档和示例自行开发插件，具体可以参考 AnySDK 的插件自助开发手册 http://docs.anysdk.com/Sh-overview。

除了登录和支付，AnySDK 还支持统计、分享、广告、社交、推送等 SDK 的统一接入，这些基本都不需要服务器接入，每个系统都会提供相应的插件供开发者使用，这些系统的使用方法在 AnySDK 的官方文档中有详细介绍 http://docs.anysdk.com/。